U0287288

Joseph Needham

SCIENCE AND CIVILISATION IN CHINA

Volume 5

CHEMISTRY AND CHEMICAL TECHNOLOGY

Part 6

MILITARY TECHNOLOGY: MISSILES AND SIEGES

Cambridge University Press, 1994

国家自然科学基金资助项目

李 约 瑟

中国科学技术史

第五卷　化学及相关技术

第六分册　军事技术：抛射武器和攻守城技术

李约瑟　叶　山　著

石施道（高利考夫斯基）

麦克尤恩　　　　　　　协助

王　铃

科 学 出 版 社

上 海 古 籍 出 版 社

2 0 0 2

图字：01-2000-0027

内 容 简 介

著名英籍科学史家李约瑟花费近 50 年心血撰著的多卷本《中国科学技术史》，通过丰富的史料、深入的分析和大量的东西方比较研究，全面、系统地论述了中国古代科学技术的辉煌成就及其对世界文明的伟大贡献，内容涉及哲学、历史、科学思想、数、理、化、天、地、生、农、医及工程技术等诸多领域。本书是这部巨著的第五卷第六分册，主要论述中国古代军事技术中的兵器、攻防技术、军事思想等方面的成就。

图书在版编目(CIP) 数据

李约瑟中国科学技术史.第五卷　化学及相关技术.第六分册　军事技术：抛射武器和攻守城技术/（英）李约瑟，（加拿大）叶山著；钟少异等译.—北京：科学出版社，2002
ISBN 978-7-03-009546-6

Ⅰ.李…　Ⅱ.①李…　②叶…　③钟…　Ⅲ.①自然科学史—中国②武器—军事技术—中国—古代　Ⅳ.N092

中国版本图书馆 CIP 数据核字（2001）第 039773 号

责任编辑：姚平录　孔国平/责任印制：吴兆东/封面设计：张　放
编辑部电话：010-64035853
E-mail：houjunlin@mail. sciencep. com

科学出版社出版
上海古籍出版社
北京东黄城根北街 16 号
邮政编码：100717
http://www. sciencep. com
北京虎彩文化传播有限公司印刷
科学出版社发行　各地新华书店经销
*
2002 年 5 月第 一 版　　开本：787×1092 1/16
2024 年 3 月第七次印刷　　印张：34
字数：855 000
定价：**298.00 元**
（如有印装质量问题，我社负责调换）

中國科學技術史

李約瑟 著

冀朝鼎

第五卷　化学及相关技术

第六分册　军事技术：抛射武器和攻守城技术

翻　　译　钟少异　程健民　高　道
校　　订　程健民　钟少异
校订助理　姚立澄
审　　定　杨　泓　王兆春

志　　谢　沈文魁　钟锡华　荣新江　刘浦江　姚崇新
　　　　　王焕生　李天生

谨以本书奉献给已故的

周恩来

（1898—1976）

南昌起义的领导者（1927）

中华人民共和国总理（1949—1976）

本计划的坚定支持者

兵器是不吉利的器械，而非高尚者的用具。贤明的统治者，只在不得已时才使用它，因为他将和平置于一切之上。纵然他能够获胜，他也不会感到高兴，因为那样做等于是以杀人为乐。以杀人为乐者，将永远不能在天下实现其意愿。

诚然，武器是不祥之物。所有的生命永远憎恶它。因此，有道者不与之发生关系。

在庙堂之上，君王将左方尊视为光荣的吉祥之地，右侧则是与灾难和战争有关的活动场所。上将军居右，偏将军居左——他们的位置安排系按照哀丧之礼。杀戮众多，理当悲伤和哭泣。因此，甚至以丧礼来迎接得胜的将军。

〈兵者不祥之器，非君子之器，不得已而用之，恬淡为上，故不美，若美之，是乐煞人。夫乐煞者，不可得意于天下。

夫佳兵者，不祥之器，物或恶之，故有道不处。

故吉事尚左，凶事尚右，是以偏将军居左，上将军居右。煞人众多，以悲哀泣之。战胜以哀礼处之。〉

《道德经》第三十一章

（据高亨的解释）

目　　录

插 图 目 录

列 表 目 录

凡　例

1. 本书悉按原著迻译，一般不加译注。第一卷卷首有本书翻译出版委员会主任卢嘉锡博士所作中译本序言、李约瑟博士为新中译本所作序言和鲁桂珍博士的一篇短文。

2. 本书各页边白处的数字系原著页码，页码以下为该页译文。正文中在援引（或参见）本书其他地方的内容时，使用的都是原著页码。由于中文版的篇幅与原文不一致，中文版中图表的安排不可能与原书一一对应，因此，在少数地方出现图表的边码与正文的边码颠倒的现象，请读者查阅时注意。

3. 为准确反映作者本意，原著中的中国古籍引文，除简短词语外，一律按作者引用原貌译成语体文，另附古籍原文，以备参阅。所附古籍原文，一般选自通行本，如中华书局出版的校点本《二十四史》、影印本《十三经注疏》等。原著标明的古籍卷次与通行本不同之处，如出于算法不同，本书一般不加改动；如系讹误，则直接予以更正。作者所使用的中文古籍版本情况，依原著附于本书第四卷第三分册。

4. 外国人名，一般依原著取舍按通行译法译出，并在第一次出现时括注原文或拉丁字母对音。日本、朝鲜和越南等国人名，复原为汉字原文；个别取译音者，则在文中注明。有汉名的西方人，一般取其汉名。

5. 外国的地名、民族名称、机构名称，外文书刊名称，名词术语等专名，一般按标准译法或通行译法译出，必要时括注原文。根据内容或行文需要，有些专名采用惯称和音译两种译法，如"Tokharestan"译作"吐火罗"或"托克哈里斯坦"，"Bactria"译作"大夏"或"巴克特里亚"。

6. 原著各卷册所附参考文献分 A（一般为公元 1800 年以前的中文书籍），B（一般为公元 1800 年以后的中文和日文书籍和论文），C（西文书籍和论文）三部分。对于参考文献 A 和 B，本书分别按书名和作者姓名的汉语拼音字母顺序重排，其中收录的文献均附有原著列出的英文译名，以供参考。参考文献 C 则按原著排印。文献作者姓名后面圆括号内的数字，是该作者论著的序号，在参考文献 B 中为斜体阿拉伯数码，在参考文献 C 中为正体阿拉伯数码。

7. 本书索引系据原著索引译出，按汉语拼音字母顺序重排。条目所列数字为原著页码。如该条目见于脚注，则以页码加 * 号表示。

8. 在本书个别部分中（如某些中国人姓名、中文文献的英文译名和缩略语表等），有些汉字的拉丁拼音，属于原著采用的汉语拼音系统。关于其具体拼写方法，请参阅本书第一卷第二章和附于第五卷第一分册的拉丁拼音对照表。

9. p. 或 pp. 之后的数字，表示原著或外文文献页码；如再加有 ff.，则表示所指原著或外文文献中可供参考部分的起始页码。

缩 略 语 表

以下为正文中使用的缩略语。杂志和类似出版物的缩略语收于参考文献部分。

B Bretschneider, E. (1), *Botanicon Sinicum* (successive volumes indicated as BⅠ,BⅡ, BⅢ).

CKCTCCS 《中国近代战争史》。

CKT 著者不详,《战国策》。

CLCI 孙诒让,《周礼正义》,1899 年。

CSHK 严可均辑,《全上古三代秦汉三国六朝文》,1836 年。

HCC 许洞,《虎钤经》,宋, 962 年始撰, 1004 年完成。

HHS 范晔、司马彪,《后汉书》,450 年。

HNT 刘安等,《淮南子》,前 120 年。

HSPC 王先谦,《汉书补注》,1900 年。

K Karlgren, B. (1), *Grammata Serica* (dictionary giving the ancient forms and phonetic values of Chinese characters).

KHCPTS 《国学基本丛书》。

MCPT 沈括,《梦溪笔谈》,宋, 1089 年。

PTSC 虞世南,《北堂书钞》,唐, 630 年。

R Read, Bernard E. (1—7), 李时珍《本草纲目》某些章节的索引、译文及摘要。如查阅植物类, 见 Read (1); 如查阅哺乳动物类, 见 Read (2); 如查阅鸟类, 见 Read (3); 如查阅爬行动物类, 见 Read (4 或 5); 如查阅软体动物类, 见 Read (5); 如查阅鱼类, 见 Read (6); 如查阅昆虫类, 见 Read (7)。

SPPF 《孙膑兵法》,周 (齐),约前 235 年。

SPPY 《四部备要》。

SPTK 《四部丛刊》。

STTH 王圻,《三才图会》,明, 1609 年。

TCHCC 《丛书集成》,上海商务印书馆, 1935—1939 年。

TCKM 朱熹等,《通鉴纲目》;《资治通鉴》的缩写,中国之通史,宋, 1189 年,附有较晚的续篇。

TCTC 司马光,《资治通鉴》,1084 年。

TFYK 王钦若、杨亿,《册府元龟》,1013 年。

TH Wieger, L. (Ⅰ), *Textes Historiques*.

TKKW 宋应星,《天工开物》,明, 1637 年。

TPYC 李筌,《神机制敌太白阴经》;关于军事和水军的论著,唐, 759 年。

TPYL 李昉,《太平御览》,宋, 983 年。

TSCC　陈梦雷，《图书集成》，1726 年。翟林奈的著作［Giles，L.（2）］中提供有索引。该书的 1884 年刊本以卷和页编次，1934 年影印本以册和页编次。

TT　Wieger，L.（6），《道藏目录》。

WCTY　曾公亮，《武经总要》，宋，1044 年。

WCTY/CC　曾公亮，《武经总要》（前集），宋，1044 年。

WPC　茅元仪，《武备志》，明，1628 年。

作者的话

这是关于军事技术的三个“地”之分册的第一册[1]，但它并非是首先出版的一册。关于火药的史诗的第七分册，已经先于它出版。分册次序的这种错乱，应归因于合作工作的急切需要——没有这种合作，整个宏大计划将不可能圆满完成。

紧接引言之后的两节主要是由石施道（Krzysztor Gawlikowski）起草的，他是关于《孙子兵法》这部不朽著作的主要权威，此书尽管极为古老但至今仍甚为战略家所推崇。这里所显示的最令人感兴趣的差别之一是，在古代和中世纪中国，普通民众较之有教养的士大夫更具有军事头脑。这可以从诸如《封神演义》等小说，诸如三国关羽和宋代岳飞等军事英雄人物的被神化，以及对于格斗技术（“功夫”）的极其普遍的兴趣中得到证明。另一方面，在所有时代，在控制军人方面又始终无人比士大夫更为成功，使“随时可用而不凌驾于上”（on tap but not on top）贯穿于两千多年中。据说毛泽东曾讲，“枪杆子里面出政权”，同时又没有人能比他更强调党必须指挥枪。在这点上，他（以不同的方式）继承了中国世代的传统。

至于弓、弩（可能发明于中国文化区并两度传入欧洲）以及火药之前的砲，我有幸分别得到了麦克尤恩（Edward McEwen）和王铃的合作；前者是一位完美的弓箭手和制弓者，后者志愿将其兴趣从火药史扩大到火炮问世之前代理其位置的那些机械。最后，关于古代和中世纪围攻战中的早期攻守城技术，应完全归功于麦基尔大学（McGill University）的叶山（Robin Yates），他是关于《墨子》名副其实的权威，对于整个这一册的校对，他也付出了大量辛劳。一如既往，我谨向所有合作者致以最热诚的感谢。

现在，是向所有那些为使本册完成而进行无私的行政工作的人们表示感谢的时候了。这个分册的出版经历了异乎寻常的漫长时间，而且自从最初送印以来，有许多变化。当时我们正迁入位于剑桥赫歇耳路（Herschel Road）和西尔维斯特路（Sylvester Road）街角的专门建造的新家。对于当时的东亚科学史基金会（the East Asian History of Science Trust）秘书儒格霖（Colin Ronan）[2]为将我们安顿于那里所给予的一切帮助，以及他日常所担负的大量行政事务，我们甚为感激。现在出版本分册的责任已落在李约瑟研究所副所长及出版委员会主席、干练的古克礼（Christopher Cullen）身上。

因为这是新的研究所和图书馆落成后第一批问世的分册之一，所以理当在此向建筑师克里斯托夫·格里耶（Christophe Grillet），其助手兼建造者罗杰·贝利（Roger Bailey），工长彼得·阿什曼（Peter Ashman），以及所有曾为这幢美丽而优秀的建筑不遗余力地工

---

[1]　当王铃和我于1948年计划这些卷册时，我们认为七卷应足以涵盖所有科学和技术的内容。但我们没有料到每个方面所要涉及的材料的丰富性。与这一计划有关的人们便将原定的七卷称为“天”之卷，而将每卷中分出的部分称为“地”之册。这证明将若干部分作为独立成形的分册推出是必要的，实际上，第五卷可能会达到13册之多。

[2]　他也是《中国科学技术史简编》（Shorter Science and Civilisation in China）系列各册的撰写者。

作的工人致敬。我们所有的工作人员，一起完成了从位于布鲁克兰兹大街（Brooklands Avenue）的旧家迁入新居的奇迹。然后，我必须感谢我们的秘书，细心而沉着的黛安娜·布罗迪（Diana Brodie），她曾重新打印这个分册的许多页；还要感谢研究所的现任秘书安杰拉·金（Angela King）和温内·申（Winne Chen）所作的极其宝贵的后援工作。我们也愉快地向图书馆的前任馆长梁夫人（梁钟连杼）表示感谢，她曾将许多汉字抄写到连续的草稿上，并且感谢她现在的继任者莫菲特（John Moffett），以及我的研究助手乔瓦娜·缪尔（Jovana Muir）和科琳·里舍（Corinne Richeux）。最后，我要感谢剑桥大学出版社的编辑及出版部门的负责人伊恩·怀特（Iain White）和海伦·斯皮莱特（Helen Spillett）所给予的帮助，他们在这个分册形成的初期很早就接管了它，并解决了牵涉到的所有难题。

　　自从这个分册最初送印以来，我们遭受了巨大的打击，即失去了鲁桂珍，我毕生的合作者及第二位妻子。在我们仅仅度过两年幸福的婚姻生活之后，她于 1991 年 11 月被夺走。她曾仔细地审阅了书写于所有卷册上的每一个单词，包括此分册，而且针对关于中国的知识的错综复杂性，给予了大量宝贵的指导。她也在主要关于医学问题的许多最初的论文中与我合作。可以毫不夸张地说，如果没有她，整个计划将根本不可能起动。

　　1987 年，我们也曾震惊于都柏林（Dublin）的维克托·米勒（Victor Meally）的死讯，他曾以"仔细爬梳"的方式审阅了我们已出版的所有卷册，使我们知道了其中的错误和排印差错。对于他以如此热忱和奉献精神所做的工作，我们至为感激。

　　最后，我们必须感谢为我们解释我们所不懂的语言的学者。朝鲜文，我们仰赖莱迪亚德（Gari Ledyard）教授；日文，依靠已故的查尔斯·谢尔登（Charles Sheldon）博士及现在的牛山辉代（Ushiyama Teruyo）博士；阿拉伯文，依靠道格拉斯·邓洛普（Douglas Dunlop）博士；梵文，依靠沙克尔顿·贝利（Shackleton Bailey）教授。

　　还应感谢叶山的研究助手克里斯托弗·克利里（Chrislopher Cleary）博士，萨拉·伯吉斯（Sarah Burgess），布雷特·欣施（Bret Hinsch）和刘慧坚，并且感谢哈佛燕京图书馆的工作人员。

　　现在，让我们拉开那遮掩着过去两千年来中国的军事活动和军事科学，因而使它不能被普遍认识的帷幕吧。

第三十章 军事技术

(a) 引 言

在前面一节中，我们的探讨趋势已将我们引向水战的领域[1]，因此，我们不能再拖延时间，必须着手研究与战斗本身有关的发明。将中国人视为在战争上永远失败的民族，就如同认为他们缺乏伟大的航海才能一样，是一个十足的谬误。而欧洲人却有时如此以为，误解源于具有浓厚和平传统的世俗哲学在中国的支配地位，也可能是文艺复兴之后，西方的科学如此显著地提高了后来接触到中国沿海地区的那些西方人的战争潜力所致。事实上，中国从来不曾缺乏忠诚的战士、心灵手巧的军事技师，以及杰出的将领；而某些历史境遇无疑为他们的天才提供了比其他人更为广阔的天地。贯穿于中国的各个时期并围绕着其边界的战争故事，持续不断而错综复杂。在终结于始皇帝统一的封建时期无数战役之后，是持续贯穿于汉代的与匈奴（Huns）的斗争。三国时期（3世纪），有诸葛亮、曹操和孙权等军事家史诗般的冲突；此后，北方诸国的野蛮王朝与局限于其南方领地的各原帝国的战争，持续达千百年之久。在隋唐时期的长久和平之后，再次出现了相同的格局，我们发现，12世纪的宋朝被迫退到杭州，恰如将近1000年前的刘宋曾定都于南京一样。但是，北方人这时候吸收了有丰富才干和勇气的汉人，以服务于他们的军备，以后人们将清楚地看到，正是在11和12世纪，军事技术取得了最伟大的进步。关于火药及其有关成分的燃烧和爆炸性能的新知识的多种多样的应用，全部诞生于宋和金（女真）之间的战争，包括真正的金属管火炮的发明，它现可确定为公元1128年[2]。在中国军事科学这一登峰造极的成就之后，接着是明代的长期衰退，在这个朝代，防御一直未遇到严重的挑战，直至满族入侵，才发现其在物质和精神上都是不足的。当时，耶稣会的火炮铸造师们象征性地预告了近代时期的来临。

关于战争技术的研究，并非如我们在某些心境下可能认为的那样，是如此可哀的一个学科[3]。在所有时代，它都促进了技术的进步，在中国和其他地方均是如此[4]。对潜

---

① 本书第四卷第三分册，pp. 678ff.。

② 见 Lu, Needham & Phan (1) 及本书第五卷第七分册，附录 I。

③ 史前和古代社会组织的纯经济方面很可能被强调得稍微多了一些，而忽视了它们的生存机制、它们与更高级社会组织的融合与抗融合。

④ 这当然不是指战争在将来仍将是一个促进因素。它似乎已经达到了这样的程度，将没有任何东西能幸存下来而为其所促进。

在的最坚固金属持续不断的寻找，不仅为制作撞击兵器，而且也为制作针对撞击兵器的个体防御物，比如在铠甲的所有型式中取代精制的动物皮或钻孔的竹、木札，导致了从青铜经铁至各种钢的过渡。化学家继续了冶金学家开创的事业。火药的发明所产生的影响是何等地巨大，这是弗朗西斯·培根（Francis Bacon）所不敢低估的[①]。在人类历史上，化学爆炸绝对是全新的事物，较之我们今天物理的亚原子（sub-atomic）爆炸，其性质更新，因为当时人类从未了解任何形式的爆炸。为此所需之物质的制备，导致了对结晶和过滤的研究；而不需要空气的燃烧，则导致了对两种"要素"之关系的冥想。接着，当真正的管形火炮问世之后，飞行及剧烈运动的动力学问题便开始认真地提了出来。现在，射体的轨道能够在较之任何古老的弹射机械远为广大的范围内被控制。这些，当然在它们那个时代，为工程技艺的运用提供了丰富的机会，在中国和西方均是如此。而且现在，火炮膛孔所要求的精确圆柱体，除了引发对热和机械功的关系的近代理解以外，也导致了对自身非常古老的圆柱体的另一拥有者[②]，即活塞，以梦想不到的方式加以利用的可能性。从前，在马来西亚人的点火器、中国人的风箱和亚历山大人的唧筒上，它总是被用作工具的手柄，而现在，它第一次被视为发射体，但是一个系留的发射体，如果能在圆柱体的内部造成顺从的连续爆炸，便可以产生交替的直线运动[③]。技术史中导致蒸汽机和内燃机诞生的这一最新的篇章自然是众所熟知的，而需要说明的是介于至关重要的化学混合物的成就与真正的管形火器问世之间的那段更早的朦胧篇章。这一章属于中国，其所包含的事件约发生于公元 850 年至公元 1350 年，我们将在适当的时候予以论述[④]。中空的竹茎是大自然的盛意，它引发了所有圆筒形的枪炮管，但我们以后将会看到，其与火药相联系的第一次应用，是在没有考虑圆柱体的情况下发生的。

3

　　如往常一样，在本章中，我们将试图回避与科技史没有密切关系的许多次要枝节。诸如战略和战术本身的研究便是其中之一。也只能用最少篇幅来介绍各种撞击兵器，因为其重要性并不很大，或许其重要性比我们曾在本书第二十七章（a）中讨论的手工匠师的工具[⑤]更小。它将很容易使人陷入关于"武器和铠甲"的大多数著作所体现的古物研究主义的泥淖。还需要注意技艺（techniques）和技术（technology）的区别，稍后当我们研究更加复杂的机械，诸如弩和弩机，中国中古时代的弹射式砲，以及筑城和攻城的方法时，我们将接触到后者。

　　关于中国，无论在中文或西方语言中[⑥]，我们都没有见到类似于奥曼［Oman（1）］

---

　　① 参见本书第一卷，p. 19，所引弗朗西斯·培根之语。

　　② 关于这个问题，见本书第四卷，第二分册，pp. 135ff.。

　　③ 这里可以恰当地运用在较早时期被证明是有效而常见的术语的延伸意义，即"水之运动"（ad-aqueous）和"水之外排"（ex-aqueous），"空气之运动"（ad-aerial）和"空气之外排"（ex-aerial）。可以说，所有古代的活塞都属于"气体之运动"（ad-gaseous），而发射和由它派生的所有活塞都属于"气体之外排"（ex-gaseous），其作功依赖于被圆柱体所封闭的能量。"气体外排"活塞，其发射物形态，可能是中国人最伟大的发明，它应归功于军事技师对火焰和烟雾喷射器的试验。

　　④ 见本书第五卷第七分册。

　　⑤ 本书第四卷第二分册，pp. 50ff.。

　　⑥ 当然，现在已有陈廷元和李震（1）编的十六卷本《中国历代战争史》。关于中国近代战争，可见《中国近代战争史》。

关于战争艺术的历史或洛特［Lot（1）］关于中世纪的军队和战役那样伟大的著作①，这使我们的叙述工作变得愈加困难。冯·帕夫利科夫斯基-肖勒瓦［von Pawlikowski-Cholewa（1）］在关于亚洲军队的一本半通俗性的书中述及了中国的军事史，但内容肤浅，而且纯粹汇编自西方的第二手资料。沃尔纳［Werner（3）］曾试图论述中国的武器，但部分地可能由于撰写时的环境，除了那些熟知该主题者外，也不受称道。通过雷海宗（1）的著作，我们对历史上的中国士兵有所了解。这几乎就是全部的情况。

在进一步深入细节领域之前，有必要试对中国文化区军事技艺的历史作一简要的概述②。首先我们可以谈一谈陆军，即服务于不同邦国，具有公认的组织体制的军队主体，我们发现，其最重要的特征是车战。商和周，直至公元前第1千年的最后三分之一，在车战中长期保持的方法具有更早时代古埃及、赫梯和巴比伦军队的特点。一些人认为③，这种战斗类型是由在大草原或沙漠边缘狩猎，并与在同一地区竞争的其他群体作战的乘车者群体自然而然地发展而成。然而，中国的车战时代较之其他文明的类似时期，呈现出一些不同的特色④。其有效的马的挽具发展得如此之早⑤，因而战车的搭乘者一直不少于三人，一名弓箭手，立于驭者之左，还有一名长矛手，立于驭者之右。前者使用一对复合的反弯弓，后者配备各式长柄撞击武器，用于刺、击其他战车上的乘员。每个人当然也都装备有剑、短刀和匕首，最初为铜质，最后为铁质。他们的躯体用皮革制成的轻型甲胄防护。全部由封建贵族成员组成的战车部队由不很重要的步卒伴随着，主要为马夫和侍从，后来也装备以戟类兵器，以攻击骑马或乘车之人。

这些军队的行进队形⑥已有所知，例如南方（这是君主和皇帝必须面对的方位）

① 除了许多专家的著作将于下文适当之处提及外，有必要在这里列举一些最重要的著作，它们是研究中国的类似发展情况所必须参考的。日耳曼学派军事史家耶恩斯［Jähns（1，2，3）］、德尔布吕克［Delbrück（1）］和克勒［köhler（1）］的巨著，覆盖了自古代文明始的整个西亚和欧洲。但关于古典时代，最新而更可靠的参考书是克罗迈尔和法伊特［Kromayer & Veith（1）］的专题著作。它取代了吕斯托和克希利［Rüstow & Köchly（1）］虽老而仍有意义的著作。关于印度的类似主题，见查克拉瓦蒂［Chakravarti（1）］和戴特［Date（1）］的著作；东南亚，见夸里奇·威尔士［Quaritch Wales（3）］的著作。为认识战争的基本原理，汉学科学史家一般需借助于军事理论家，但那是自相矛盾之辈，在他们当中，误入歧途并不困难。我们发现，温特林厄姆［Wintringham（1）］的书特别有帮助，富勒（Fuller）和雷恩（Renn）的著作亦如基根［Keegan（1）］的著作一样，皆可从中获益。

② 非常遗憾，没有人试图提供一套关于各个时代中国军队的武器装备及其使用的连贯图片。很久以前，普拉特［Plath（2）］和毕瓯［Biot（19）］对周代的情况作了大量论述，但需依据近代汉学知识进行彻底的修订。周纬（1）和林巳奈夫（5）分别用中文和日文对新近考古发现的研究，表明了哪些能够做到，此外还有大量篇幅较短的研究文章出现于汉学杂志上。这些将在本书第五卷第八分册"撞击武器"一节中予以讨论。夏德［Hirth（3），pp.166ff.］的著作拓展了普拉特［Plath（2）］和毕瓯［Biot（19）］对中国军事技艺的比较分析。至于葛兰言［Granet（3），pp.307ff.］，我们要感谢他对周代战争甚为可喜的研究，以及从《左传》中汇集了大量的记述。蓝永蔚（1）更新了他关于春秋时期步战的研究。芝加哥大学（the University of Chicago）的爱德华·肖内西（Edward Shaughnessy）正准备依据青铜器铭文和考古学报告研究西周时期的战争，我们热切地期待其成果的发表。

③ 例如毕瓯［Biot（18）］。

④ 然而，夏含夷［Shaughnessy（1）］主张，中国的战车派生于西方的原型。

⑤ 参见本书第二十七章（d）；第四卷第二分册，pp.304ff.；Chauncey S. Goodrich（2），pp.279—306。

⑥ 在较晚的时代，关于编队和布阵的方法大为兴盛（参见本书第五卷第八分册），但从来不曾达到印度和东南亚的军事作者曾经达到的古怪荒诞的程度。见 Quaritch Wales（3），pp.99，159，198ff.；Chakavarti（1），pp.111ff.。

的旗帜总是飘扬于前锋之上，宿营时，则象征性地代表母城的存在。占卜被广为运用[1]，以及将囚徒作为祭神牺牲的理论的偶尔显露，使人自然地联想起某些中美洲印第安人的习俗。而作为中国车战时代主要特征的那种骑士品质，并非与欧洲中世纪的情况完全不同，这经常使人想起《道德经》的克己反论[2]。

自然，这对技术发展有抑制作用的一面。《左传》为我们保存了公元前 574 年一个启示性的故事[3]。一天

> 潘尪的儿子党与养由基一起，竖置一些胸甲作为靶子进行射击。他们成功地一次贯透了(不少于)七 5 层甲。于是他们向楚王禀报说："大王，您拥有像我们这样的两名臣僚，对战斗还有什么可畏惧的？"楚王却愤怒地说："你们给国家带来巨大的耻辱。我预料，明天你们如用弓射击，将双双(在战斗中)丧生，成为你们技艺的牺牲品。"
>
> 〈潘尪之党与养由基蹲甲而射之，彻七札焉。以示王，曰："君有二臣如此，何忧于战？"王怒曰："大辱国。诘朝，尔射，死艺。"〉

尽管这显然没有发生，但两位弓箭手的技艺明显超越了"费厄泼赖"(fair play，公平比赛)这一封建时代的观念的界限。我们未被告知他们的技艺主要依赖于什么器械，关键是这样的改进往往不受鼓励[4]。

然而，演变缓慢地发生，在适当之处，我们将看到许多变化，诸如钢剑的采用[5]，弩的普及[6]，等等。在整个中国文化区的技术统一过程中，人们甚至能够发现一个事例，它肯定是见于记载的最古老的技术性军事使团之一。在公元前 6 世纪晋国和楚国的战争中，晋廷中的楚国流亡者巫臣建议，将他派往南方较不开化的吴，教他们车战，以从后方牵制楚国。此事发生于公元前 583 年，后来楚国的势力被大大削弱[7]。

为了霸权，以及最终为了皇权的争斗一旦开启，所有这些便逐渐被打碎[8]。在两个诸侯国的竞争中，当绝对的胜利本身成为目标，而不仅仅追求道义威望的累积时，战车的局限性便很快体现出来。可供选择的解决办法是，借用北方边境游牧部落的方法，让一些弓箭手骑上马背，以及大大增加军队中步兵的规模[9]。在同一时期，对城市的进攻和防御呈现新的严重性，所运用的方法必然包含了诸多的发明，如弹射式砲、坑道和隧洞、水和火的利用、移动式攻城塔等，以及类似之物。相应地，战国时期在战术论著上获得了重大收获。这些问题可由若干引文予以说明。

---

① 但伴随着众多反对者（参见下文 p. 55）。在印度，对占卜的依赖看来更大，而且缺乏对立面 [Quaritch Wales (3), p. 25; Chakravarti (1), pp. 95ff.]。

② 参见本书第十章；第二卷，pp. 56ff.。

③ 《左传·成公十六年》；译文见 Couvreur (1), vol. 2, p. 134, 由作者译成英文。

④ 从欧洲封建时代末期能见到许多类似的情况，例如 1595 年，德累斯顿（Dresden）的克里斯托夫·特雷斯勒（Christopher Trechsler）发明了一种机枪，而皇帝却禁止其使用 [A. Rohde (1), p. 20]，虽不完全是，但必须说是基于人道方面的理由。

⑤ 见本书第五卷第八分册。

⑥ 见下文 pp. 135, 170。

⑦ 见《左传·成公七年》[译文见 Couvreur (1), vol. 2, p. 64]；《史记》卷三十一、二十九 [译文见 Chavannes (1), vol. 4, pp. 5, 322]。关于这一事件的历史背景，见马伯乐的著作 [Maspero (2), 2nd ed., pp. 281ff.]。我们要感谢格里菲思（S. B. Griffith）将军引导我们注意及此。

⑧ 参见 Kierman (2)。

⑨ 见 Yates (3)。

公元前540年的一个故事讲述了晋国军队如何赢得对山戎的重大胜利[①]。

荀吴，晋国的中军统帅及穆之领主，在大原击败了无终和群狄（野蛮人）。其 **7**
原因是增加了步卒的数量。行将交战之际，魏舒对他说："这些人都徒步战斗，我
们则乘车。此处地形充满障碍物。如果我们将每辆车用10名武装的步卒取代，我
们将必定赢得战斗。即使在狭隘的崎岖之地作战，我们也将获胜。我建议，我们只
使用步卒，而且我自己将作出第一个榜样。"

〈晋中行穆子败无终及群狄于大原，崇卒也。将战，魏舒曰："彼徒我车，所遇又厄，以什
共车，必克。困诸厄，又克。请皆卒，自我始。"〉

结果从魏舒的分封扈从开始，整个军队弃车而下，主帅同意了这个方案。但并非没有反
对者，荀吴的宠臣之一拒绝放弃他的战车，被魏舒斩首示众[②]。起先，野蛮人嘲笑中国
人的新战术，结果，中国人势不可挡地获得了胜利。此后，贯穿于战国时期，步兵兵种
一直是不可忽视的因素之一。

然而，更为重要的是采用了北方游牧部落的骑射技艺（图1）。我们极为清楚地知
道这是如何发生的，或者至少了解这种趋势的一个焦点的详细情况。在赵国，它拥有现
今山西和河北的众多地方，因而紧邻着北方的边界，从公元前325年至前298年，为武
灵王统治时期。公元前307年，他召集臣僚说，他"建议采用胡服并习练骑射"（"今吾
将胡服骑射"）[③]。于是，与大草原的"天生"骑兵相对抗的专业骑兵[④]，被导入了中国
的军事领域[⑤]，而且毫无疑问地一直延续到近代。因此，典型的汉代边境战略和战术， **8**
在周代结束之前，已被制定妥当。比如，我们知道，赵国的名将李牧，他在边境地区遍
布关塞和烽燧，以骑射之士组成的快速纵队随时地打击游牧部落的入侵[⑥]。然而，在最
初的时候，还是有反对者，赵武灵王从其顾问楼缓和老臣肥义那里获得了所需要的全力
支持。

不迟于汉代初期，武器技术已达到了相当高的水平。主要的进展是弩的采用和普

①　《左传·昭公元年》[译文见 Couvreur (1), vol. 3, p. 28, 由作者译成英文]。
②　葛兰言评论，对于保守的贵族而言，这不仅打破了封建时代战争的旧秩序，而且摧毁了世袭贵族具有特定
军事功能的整个观念。它显然与欧洲中世纪封建时代末期的情况类似。
③　《史记》卷四十三，第二十一页起 [译文见 Chavannes (1), vol. 5, pp. 69ff.]；相同内容亦见于《战国
策》卷十九 [译文见 Crump (1), pp. 296ff.]。极大地震动了保守儒家感情的服装变化，其原因是为了便于在马背
上活动和射击，在表现桥上战斗的著名的武梁祠汉代画像石上，描绘了传统地着长裳战斗的周代武士。而现在则采
用长裤。此外，请见埃伯哈德和艾伯华的专论 [Eberhard & Eberhard (1)]。实际上，骑兵很可能在先于武灵王的
时代已被采用，因为新近发现的《孙膑兵法》，年代为公元前4世纪下半叶，即论及了骑兵，似乎中国人对此已完
全习惯 [Yates (3), 杨泓 (1), Goodrich (2)]。战国时期长剑和璲的采用，也使人联想到骑战已经开始 [Trous-
dale (1)]。
④　Lattimore (1), pp. 61, 64, 387ff.。
⑤　拉铁摩尔 (Lattimore) 说，骑马的弓箭手摧毁了中国的旧封建贵族，恰如英格兰的长弓战胜了法兰西的骑
士。有趣的是，据认为印度也有类似情况。霍普金斯在一篇权威论文 [Hopkins (1)] 中叙述了梵文史诗中的军事
技艺，它或许可被视为大体能与中国战国时期的情况相比拟。在印度战车时代，弓（而非弩）是重要的，撞击武器
也同样重要，贵族还穿着金属的铠甲。但据查克拉瓦蒂 [Chakravarti (1), pp. 22ff.] 和其他作者的论述，十分清
楚，在印度，战车不是让位于骑士弓箭手，而是被作为原始的、非常脆弱的坦克使用的象所取代。从公元1世纪
起，骑兵兵种的重要性有所增加，但一直不曾取代对大象的依赖。伽色尼的马赫穆德（Mahmūd of Ghaznah，约
1000年）和穆罕默德·古里（Muhammad Ghōri，约1200年）的胜利是骑士弓箭手仅有的胜利。关于这个主题，戈
德 [Gode (1)] 提供了进一步的文献资料。
⑥　《史记》卷八十一，第十页。

6

图1 汉代画像石所描绘的骑射之士，采自 Chavannes (11)。

及，虽然没有非常迅捷的火力，但比起与之相对抗的任何抛射武器，弩更为准确，发射的弩箭更为致命。这些弩的青铜扳机机构，是冶金铸造技术的杰作，以后我们将给予密切的关注。将三个弹力装置连结于一体的大型弩，为围绕筑城地域的阵地战提供了有力的砲式武器。战国时期发展起来的所有攻守城技术，这时被推进到了完善的水平，此后便没有多少超越可言了。（作为一个例子）我们已经看到，在公元前 101 年，李广利如何利用水力技师来破坏中亚城市的城墙[①]。

另一个发展的高潮出现于三国时期。蜀汉军事家诸葛亮的名字，不仅与军事供应方面一项极重要的发明，即也能用以构成营阵的独轮手推车相联系[②]，而且还与一次发射多支箭矢的弩砲，以及连发弩，也即弹仓弩相关连。实际上，弩砲在 400 年前的战国晚期至秦代即已出现[③]，它们之被归于诸葛亮，暗示在后汉和三国时期的武库中，它们变得更为普通了。这些我们将于不久予以考察。此时期，在陆战和水战两个方面，纵火材料的运用也都有显而易见的进展，赤壁之战[④] 是一个明证，而且马镫的逐渐采用，导致了骑战的革命。自战国末期始，金属铠甲已有应用。六朝期间，看来少有变化。但北魏和隋有一项值得重视的改进，即穿着具有特殊颜色的军服，从而易于在战斗中辨别己方人员。最近的考古发现和文献资料表明，这一改进可能早在公元前 5 世纪即已开始，但可能未被参加战斗的所有军队所采用。以前，我们已见到这样做的一个实例，即公元 589 年以陈的灭亡而告结束的那次战役[⑤]。唐代仍然没有多少新进展，而在道教庙宇的隐蔽实验室中，正孕育着一个未来的胚胎，这便是炼丹家用类似于、但还不完全就是行将产生如此众多后果的那种混合物所做的试验。实际上，化学武器不可思议地流行起来，到这个朝代的末年，包含有喷射石脑油的双动唧筒（double-acting pumps）的火焰喷射器已臻于完善，而火药约于公元 10 世纪初在战争中的第一次应用的确与之有联系。

现在，弩和弩式弹射器或弩砲发射阶段无突变地与火药发射阶段相融和。11 和 12 世纪，在宋和辽，以及宋和金之间的战争中，采用了多种多样的装置。元崛起之后，发明的高潮仍在继续，但势头有所削弱，直至明初。在此期间，在欧洲新的影响到来之前，所有早期技术经历了一次系统化。

在这一章的末尾，我们将就中国和欧洲军事史的比较作若干阐说。军事理论家发现有可能区别不同的时期，在一些时期，主要强调短兵格斗的集群冲击；而在另一些时期，主要着重抛射武器的密集射击。似乎前者与极其精心制作的防护性躯体铠甲相关联，而后者已倾向于不用铠甲进行防护。在铠甲防护或短兵冲击时期，信心依赖于集群推进（或保持预备阵地），个体的士兵则期望，铠甲能够保护自己，而自己的武器却能够杀伤他人。在无铠甲防护或抛射打击时期，信心依赖于机动性和火力，个体的士兵则期望，他所发射之弹能够击中别人，而自己却能够避开他人的射击。中国的军事技艺是否以其他文明中所采取的极端形态经历了这些阶段？似乎未必如此。在中国的军队中，

①　本书第一卷，p. 234。

②　参见本书第二十七章（c）；第四卷第二分册，pp. 258ff.。

③　Yates（3）。

④　本书第一卷，p. 114。

⑤　见本书第一卷，p. 122。这一改进在欧洲出现很晚，它是 17 世纪英国内战中新模范军队（the New Model Army）的革新之一。

从来没有任何与希腊的重甲步兵或罗马军团①相类似之物。在中国，更难进行这种区分。中国的士兵主要是弓箭手，他们经常是骑马而较少步行，也时常进行短兵格斗，攻打营垒或围攻城池时，更广泛如此。当比弯弓弹力更为强劲的一种新的推进力被惊讶地发现时，正是在中国获得了其早期全部最辉煌灿烂的改进，并达到如此成熟的程度，以致迅速地传遍文明世界的其他部分，这决不是一种巧合。

（b）中国的兵法文献

（1）军事理论家

战术和战略的抽象研究在任何时候都必定是统治者所高度关注的主题，没有一种文明比中国有更多或更古老的关于这方面的文献。的确，这些文献无须耽搁我们很长时间，因为它们的内容是社会性的而非技术性的，但它们构成了一系列值得注意的实用的论著②。不过，在书面表述之前，还有口传。

民间传说认为兵法起源于中华帝国神话式的缔造者黄帝的时代。据说黄帝第一个在战斗准备上采用了军事战斗队形对士兵进行操练和演习；据说他的臣佐们已采用了弓、箭和鼓③；鼓在古代战争中发出攻击信号，有实际上的重要作用，此外它还有重要的礼仪作用④。稗史认为黄帝在战斗中使用了经过特殊训练的野兽，如熊、虎、貔和其他食肉兽⑤，但由于这样的战斗方法史料中无记载，所以很早的作家就提出，那些动物的名称实际上是军队的队名，可能那些动物的皮被人穿在身上，它们的模拟像被绘在武士的兵器和甲胄上⑥。当然也必须记住，这样的皮和画像也许真有某些不可思议的意义，比如恐吓敌人，同时加强军队自身的战斗士气。的确，这些绘在甲胄、武器上的画像作为中国军事传统之一一直沿用到 20 世纪⑦。同时，"虎" 和 "貔虎" 的名称常常是勇敢士兵的同义词。

还有一种传说，蚩尤，南方各族的领袖和黄帝的对手⑧，开始制造各种金属兵

---

① 参阅 Connolly (1)。

② 在欧洲也有介于战斗理论发展和军事经验之间的连接点，即斗争方法。

③ 《史记》卷一，第三页；《世本·作篇》；《太平御览》卷七十九，第四七四页；参见夏曾佑 (1)，第 13—14 页。

④ 例如，在战斗后，将供献祭的俘虏的血涂在鼓上是重要的军事仪式。见 Kierman (2)，p. 45。参见《前汉书》卷一上，第十至十一页；Biot (1)，vol. 1，p. 265。

⑤ 见《史记》卷一，第三页。

⑥ 郭璞（276—324 年）是第一个提出这种解释的人。见他对《史记》（卷一，第五页）的注解。后来，这种解释被发展了，即把它解释为与宣称动物是他们的祖先并用动物作为标志的图腾氏族有关。范文澜 (1)，第 90 页；参见 Vyatkin (1)，p. 225。考古发掘已证明，商代常常在武士的兵器和甲胄上装饰动物头像（即在胸甲、盾、头盔和武器上），见杨泓 (3)，第 84 页；(2)，第 80 页；(1)，第 9—11 页；李复华 (1)。在南方，则戴伪装成动物头的特殊战斗面具 [Eberhard (27)，p. 372]。可以认为，这些就是神话所反映的习惯。关于阿兹台克文化 (Aztec civilisation) 中鹰和美洲虎骑士的作用，参见 J. Soustelle (2)，p. 43，figs. 7，8。

⑦ 在 20 世纪初，有时在古堡上画上龙和假的大炮射击窗 [Janchevitskii (1)，p. 299]。在第二次世界大战中，中国方面的飞机上画有野兽的外貌，如 "飞虎"。

⑧ 参见本书第二卷，p. 115。

器①。事实上，在公元前第 1 千年的最后几百年，他被崇拜为战神②。在中国神话中特别著名的涿鹿山之战中，曾对敌人发动火攻和水攻③，这种方法后来就成为传统的中国作战方法之一。传说敌对双方都使用巫术并召唤自然之力（五行）来协助他们，这些在晚古被认为是不变的、永恒的战争要素。

这样的神话和传说显然不能视为信史，但它们对于有关作战方法、战争艺术以及中国人认为最重要的战争要素的古代观念提供了某种序曲。这些传说所证明的基本点是：古典中国战争艺术的起源早于国家的出现，即它是在接近新石器时代结束之前，由早期农人和猎人的原始部落首先想出来的。

最初的兵法著作据认为是由上述神话中的人物写成的；然而，毫无疑问，这些著作的作者是可疑的。有趣的《阴符经》颇受尊敬，传说为黄帝所撰，但很可能成书于 6 或 7 世纪④。

传说还认为黄帝的助手风后是受到敬重的《握机经》⑤的作者。流传至今的文本也许是晚得多的一种本子，可能晚至公元之初⑥。许多被归于传说时代并在《前汉书》的文献目录内提及的论著都久已失传⑦。根据保存至今的古籍中的参考书目和引文，可以坚信尚有比我们知悉的著作更早的古代军事论著存在。例如，从《左传》中我们得知《军志》是一部一度曾深受尊敬的军事手册⑧，尽管另一本名为《军政》的书的存在产生了问题⑨。

最早以真名流传至今者是公元前 7 世纪晋国的狐偃和齐国的王子城父，"二人发展

12

---

　　①　《世本·作篇》；《太平御览》卷七十七，第四六六页，卷七十九，第四七四页。顾颉刚 [（9），第 32—42 页；（5），第 176—188 页] 对这些神话作了极为详细和透彻的论述。另见许仁图（1），第 101—110 页。

　　②　参见《前汉书》卷一上，第十至十一页；卷二十五下，第一二〇、一二一〇页。参见 Karlgren（2），p. 284；Chavannes（1），Vol. 3，p. 434；梁园东（1），第 1 卷，第 3 页。顾颉刚认为在汉代这两位英雄都被崇拜为战神 [顾颉刚（10），第 187 页]。在去作战前很可能不必向他们献祭；军事仪式通常与为土神而建的祭台（"社"）有关，即在出征前和后在社上献祭；李宗侗（1），第 104 页；Maspetro（2），英译本，p. 100；Bodde（25）。应当说明的是，黄帝和蚩尤都以各种相当错综复杂的方式和"土"相联系。关于黄帝和蚩尤，见 Mark Lewis（1），p. 99。

　　③　《吕氏春秋·荡兵》。

　　④　梁启超 [（6），第 155—156 页] 断定成书年代为公元前 3 世纪，但兰德 [Rand（2），pp. 107—137] 有说服力地证明该书不可能成于隋朝统一之前。按照这个传说的普及本，此书原本是一女神在山顶上授给黄帝的。这个传说还有另一种解释，即给黄帝的不是一本书，而是真正的兵符，即授权招兵打仗的标志。此书由理雅各从其他重要的道家经文集中译出；见 Legge（5），vol. 2，pp. 255—264。他还简述了该经文历史，并接受此书成书不早于 8 世纪的假设。然而，兰德 [Rand（2）] 坚持《阴符经》不能成书于隋朝之前，因而一般地支持理雅各的解释。

　　⑤　书名的第二字常用"奇"代替，意义相似，但较狭窄，指间接攻击，或用计谋进攻。

　　⑥　参见梁启超（6），第 74 页。也可能为刘宋。

　　⑦　其中提到《蚩尤二篇》、《黄帝十六篇》，还有其他数篇被认为是黄帝的臣僚所著；《前汉书》卷三十，第一七五八至一七五九页，参见 Yates（7）。

　　⑧　《左传》，僖公二十八年、宣公十二年、昭公二十一年 [Legge（11），pp. 209，319，689]。

　　⑨　按照顾立雅 [Creel（7），p. 288] 的说法，这两个字在《左传》中出现数次，但并不构成书名。然而在《孙子》中，它们被用作书名 [见《孙子兵法·军争篇》；郭化若（1），第 117 页]。

13　和阐明了战争的原理"（"申明军约"）①。但第一位有著作保存下来的作者是孙武，他的《孙子兵法》，虽写于车战的全盛时代，但时至今日，西方和亚洲的军界仍给以最高的敬重②。现代的评论③承认他是真正的历史人物，孔子的同时代人，阖庐④（卒于公元前496 年）统治下吴国的一位官员，可能是一位将军。毫无疑问，他在攻打楚国获得胜利的战役中起了作用，但早已预见到吴国的主要危险将来自越国，后来确是如此。以下的引文体现了他的著作⑤的某些优秀思想。

　　　　能举秋毫不算力大，能见日月不算眼明，能听雷霆不算耳灵。古时候所谓善战的人，不仅能够胜利，而且比他人胜得更容易。因此善战的人所取得的许多胜利，既没有智慧的名声，也没有勇敢的荣誉。他打胜仗靠的是不犯错误。[所以] 不犯错误就是确保必胜，因为这意味着战胜一个已被打败的敌人。所以善战的人总是使自己立于不败之地，而不错过打败敌人的时机。

　　　　因此，在战争中，胜利的战略家只在稳操胜算之后才求战，注定失败者则先作战，而后再求胜。善于用兵的领导人修习"道"⑥并严格遵守法则；所以他有能力控制胜利。关于用兵的方法：一是"度"，二是"量"，三是"数"，四是"称"⑦，五是"胜"。地生度，度生量，量生数，数生称，称生胜。

　　　　〈故举秋毫不为多力，见日月不为明目，闻雷霆不为聪耳。古之所谓善战者，胜于易胜者也。故善战者之胜也，无智名，无勇功。故其战胜不忒，不忒者，其所措必胜，胜已败者也。故善战者，立于不败之地，而不失敌之败也。

　　　　是故胜兵先胜而后求战，败兵先战而后求胜。善用兵者，修道而保法，故能为胜败之政。

---

　　① 这是《史记》（卷二十五，第二页）的原文。它们载于论述音律管（标准律管）的那一卷的引言之中，关于音律管的情况，本书第二十六章（h）中已说了很多。同时，从本书第十八（e）中可见，该引言似乎是一已遗失的兵书的一部分，该兵书也许是司马迁自己写的［参见 Chavannes (1), vol. 1, pp. ccff., vol. 3, pp. 293ff.］。在古代中国，音乐被认为与战争有密切关系。与五行相对应的五音，由于据认为对两军的"气"有影响，而被用来以半巫术的方法打败敌人。见《六韬·龙韬·五音》。此处和以下的三小节一样均采用李浴日 (2) 编的《中国兵学大系》的版本，该大系包括有最重要的中国军事典籍。《六韬》又名《太公六韬》。此书的准确年代及其演变尚不明。哈隆 [Haloun (5)] 指出它和兵书《太公兵法》有密切关系，也许是在公元 2 世纪或再晚些时候从《太公兵法》中分离出来。曾在敦煌发现《六韬》的手写本，确定为唐代前期的抄本，现为巴黎国立图书馆（the Bibliothèque Nationale, Paris）所保存，编号为 Pelliot MS♯P4502，但缺书名，因而不能用以证明原书名。1972 年在山东临沂西汉墓中发现了见于后世著录的《六韬》现存文本和段落的残简，因此至少这些残简必定属于战国、秦或汉初 [见银雀山汉墓竹简整理小组 (1)，第 91—102 页（摹本）和第 107—126 页（释文）；吴九龙 (1)；参见 Volker Strätz (1), pp. 3—32]。

　　② 在《孙子兵法》的现代汉语翻译本中，必须提到以下两种：郭化若 (1) 和孙一之 (1)。标准英译本则数翟林奈 [L. Giles (11)] 的著作。从郑麟 [Chêng Lin (2)] 至梅切尔-考克斯 [Machell-Cox (1)]，许多其他人曾试作新译本，但均不能超过翟林奈。格里菲斯的著作 [Griffith (1)] 是较成功的译本之一，它还包含一些注释。孔拉德 [Konrad (1)] 努力将该书译成俄文，他根据大量中文原始资料增加了广泛的注释以及他自己的说明。格里菲斯 [Griffith (1), pp. 179—183] 论述了该书被译成欧洲语言的历史。

　　③ 参见杨家骆 (2)，及 Giles (11) 的导言。

　　④ 这位国王是夫差的父亲，夫差开凿运河，于公元前 473 年被勾践打败，使吴国灭亡。参见本书第四卷第三分册，p. 271。

　　⑤ 《孙子·形篇》，译文见 Giles (11), p. 29。

　　⑥ 这个词被翟林奈始终如一地译为 the moral law（道德法）。因为本书第二十八章所述的理由，我们宁愿避免使用 "law" 这个有很多含义的词。从《孙子兵法·计篇》可知，作者用 "道" 表示基于深信其事业之正义性的士兵和将军、人民和统治者的团结一致。以后在本册 p. 64 我们将返回到这个主题。

　　⑦ 注意，这个词指并不等臂提秤，参见本书第二十六章（c）。

兵法：一曰度，二曰量，三曰数，四曰称，五曰胜。地生度，度生量，量生数，数生称，称生胜。〉①

在这里，我们能够见到在军事指挥和科学精神的成长之间的某些联系。对事实的准确了解和头脑冷静的仔细分析并不远离科学的世界观。历史上各个时期的伟大指挥员，无论中国的还是别国的，必须具备这样一些素质：能找出情况的真相，当找到之后，还要正视现实而不自欺；知道怎样避免一切不确定的因素，无论地理的距离还是兵力的数量，都要根据具体的数字进行研究；尽可能地提高和保持通信勤务的效率；然后才能最终在对难以估计和未知的事项进行评价时作出正确的推测。在研究大自然和人类时，我们可以认为它们是导向合理性和客观性的因素，尽管毫无疑问它们总是受到战争本身所必有的不合理性的制约。

孙子还显示了理性主义的另一方面，即反对占卜和预言。他的书完全没有任何对"超自然的"帮助的依赖；他说："禁止以征兆定吉凶，去除迷信的疑惧。那么，直至死亡来临，也没有灾难可怕。"（"禁祥去疑，至死无所灾。"）②这也见于其他几种中国古代兵法③。当然，古代的作者可能把国家本身的占卜程序作为例外，但这样对占卜进行限制是较开明的。

让我们再从《孙子》中引用一段话。

孙子说："在战时，将军从国君处接受命令。聚集军队，集中力量之后，在扎营之前，他必须融合和协调各不同的部队。此后最困难的事情就是实施战术机动。

难就难在变迁为直，化患为利。因此，走一条长而曲折的道路，以小利引诱敌人离开其原路，这样虽比敌人后出发，却比敌人先到达目的地，说明懂得了"以迂为直"的计谋。

以一支军队进行机动是有利的，但以一支乌合之众进行机动是最危险的。如果你为争利而让配备齐全的军队前进，可能会到得太迟而失去机会。反之，如果你为争利而派遣一支快速纵队，则就会损失辎重。如你命令士兵卷甲急进，日夜不息，一口气走平时二倍的路程，走100里去争利，则你的三军的将领都会落入敌人之手。较强健的士兵会在前面，体弱疲倦的落在后面，按此计划只有十分之一的军队能到达目的地。如果你为了以机动制胜敌人，走50里路去争利，则你会失去先头部队的将领，而部队也只有半数赶到目的地。如果走30里的路去争利，部队也只有三分之二赶到。因此，军队没有辎重就会失败，没有粮食就会失败，没有供应基地就会失败……在你开始行动之前必须深思熟虑。谁懂得以迂为直的计谋，谁就能取得胜利。这就是机动的法则。"

---

① 这段连锁推理使人想起《道德经》第二十五章的话："人以地为法则，地以天为法则，天以道为法测，而道以自身的本性为法则。"（"人法地，地法天，天法道，道法自然。"）参见本书第十章（c）。

② 《孙子·九地篇》，译文见 Giles (11)，p. 126。

③ 例如，《三略·中略》禁止在军中求巫占卜，《墨子》也是如此规定的 [Yates (4)，p. 585]。在这两例中，占卜的操纵显然是指挥官所掌握。他们确实进行了占卜，但不让他们的下级或占卜者未经授权进行占卜，以免扰乱士气。然而，兵阴阳家甚至在战国时代结束之前可能已把军事占卜发展为高级的法术，他们的做法在所有以后的军事百科全书中占有重要的地位 [Yates (7)，pp. 233—237]。《司马法·定爵》也如此要求。威尔士 [Wales (3)，p. 25] 看到了古代中国和印度的做法之间差别很大。印度的指挥官必须每一步都进行占卜。

《军政》说："在战场上说话传不远，所以使用锣和鼓；普通物指挥也看不清，所以使用旌和旗。"

"锣、鼓、旌、旗用来使军队的耳目集中于一点。因此，军队成为一个统一的集体，勇敢者不得单独前进，怯懦者也不得单独后退。这就是调度大量士兵的方法……

以自己的严整和镇静来对待敌人的混乱和哗恐，这是掌握军心的方法。当敌人还远离目标时，自己已靠近了它；当敌人还在跋涉前进时，自己已在从容等待；当敌人挨饿时，自己却吃得很饱；这是掌握军力的方法。不去截击旗帜整齐的敌人，不去攻击阵容镇定而自信的敌人，这是掌握敌情变化的方法。

不要去仰攻山上的敌人，当他下山时，也不要迎击，这是一条军事原则。

不要追击假装败走的敌人。不要进攻锐气正盛的敌人。不要吞食敌人放出的诱饵。不要阻遏正在撤退回国的敌人。当你包围敌人时，要留有缺口。不要对陷入绝境的敌人逼迫过紧。

这些就是用兵的方法。"①

〈孙子曰：凡用兵之法，将受命于君，合军聚众，交和而舍，莫难于军争。军争之难者，以迂为直，以患为利。故迂其途，而诱之以利，后人发，先人至，此知迂直之计也。

故军争为利，军争为危。举军而争利，则不及；委军而争利，则辎重捐。是故卷甲而趋，日夜不处，倍道兼行，百里而争利，则擒三将军，劲者先，疲者后，其法十一而至；五十里而争利，则蹶上将军，其法半至；三十里而争利，则三分之二至。是故军无辎重则亡，无粮食则亡，无委积则亡。……先知迂直之计者胜。此军争之法也。

《军政》曰："言不相闻，故为金鼓；视不相见，故为旌旗。"夫金鼓旌旗者，所以一人之耳目也；人既专一，则勇者不得独进，怯者不得独退，此用众之法也。

以治待乱，以静待哗，此治心者也。以近待远，以佚待劳，以饱待饥，此治力者也。无邀正正之旗，勿击堂堂之阵，此治变者也。

故用兵之法，高陵勿向，背丘勿逆。

佯北勿从，锐卒勿攻，饵兵勿食，归师勿遏，围师必阙，穷寇勿迫。

此用兵之法也。〉

孙武喜好对必须认真对待的因素进行分类。因此，在第一篇中他区分了五种在战争中经久不变的因素（"经"），即道、天、地、将、法。在第十篇中他论述了六种地形，在第十一篇中论述了九种不同作战地区，在第十三篇中论述了五类间谍（"间"）。第十二篇论述了五种火攻，这是唯一有点技术内容的篇章，我们在此知道纵火的方法可用以对付宿营士兵、粮草储积、辎重和军火库，第五种是向敌人掷"火坠"，这一定是指纵火的箭，但没有给出详情，论述则主要针对在干燥季节所放置的薪草。事实上，大多数现存的古代和中古的理论书籍对技术注意不够；对于双轮马拉战车②，辕辐和攻击城门16　城墙的攻城槌③，特别是弩及其弩机④，还偶然有些参考资料；但关于所使用的兵器和它们的特征就没有太多资料了。在《汉书》的文献目录中提到的许多技术性论著中，现

①　译文见 Giles (11)，pp. 55ff.。经作者修改。

②　《孙子·作战篇》；Giles (11)，pp. 9，15。

③　《孙子·谋攻篇》；Giles (11)，pp. 18ff.。

④　《孙子·势篇》；Giles (11)，p. 38。

在仅存《墨子》①。

至今，《孙子兵法》被大家十分正确地承认为中国古典兵法的基本典籍。它确定了整整一千年来中国战争的根本原则，没有一位后来的著作家能接近该论著所体现的水平。一位研究这个主题的中国学者断言，至今全世界讨论战争的文献中没有一部著作能与该论著相比②，这个说法可能是正确的。拉津（E. A. Razin）在将该论著和古代欧洲的军事思想作比较时写道：

　　……一位古代中国理论家分析了决定战争行为的最重要的要素，说明了战争本质的固有矛盾，并制定了指导作战的法则。古代欧洲的军事理论家甚至从来没有考虑过为自己设定这样的任务③。

虽然孙子和韦格蒂乌斯（Vegetius，4 世纪）对某些具体问题的探讨有汇合之处，但他们的著作实在不能相比④。然而，应注意的是，在西方如同在中国一样，大量古代著作已经丢失，我们的意见只能根据那些保存下来的文献。不过，要在近代欧洲找出一位能和孙子相比的军事理论家，也会是一个困难的命题⑤。对此，利德尔-哈特（Liddell-Hart）不得不说：

　　在所有昔日的军事思想家中，只有克劳塞维茨可以相比，但即使他也比孙子"陈旧"得多，部分已经过时，尽管他是在孙子之后两千多年时进行写作的。孙子有更清晰的远见，更深刻的洞察力和永恒的生气⑥。

关于《孙子兵法》的作者和著作年代，从宋代以来一直有热烈的讨论。在中国，对所提出的疑问的最全面的评论出自齐思和（4）。这些疑问可归纳成以下几个问题：《左传》详细描写了吴、楚战争，根据《史记》的列传，孙武参加了这场战争，但《左传》中却没有提到这样一位将领或他的战略。在《史记》叙述这些事件的篇章中，也丝毫没有提到他。列传本身提供的信息也很不充分，它只描写了他一生中的一次精彩的事件（但此事与他的著作的主题无关）。因此就有了孙武究竟是否真的存在的疑问。他的论著的情调在许多方面似乎和战国时代的观念和环境相适应，而非春秋时期。大量军队长时期作战，许多城市被围，属于使用例如"霸主"等名词的时代，其时，法家思想已经创始，五行相胜的观念也已提出。还必须强调的是论著中开始时只是记录逝世已久的人物的观点和陈述，后来才出现阐述作者本人观点和意见的论述。当然，在春秋时期既没有哲学派别，也还没有专家论著。

还经常争论，该论著系由据说是孙武后裔的孙膑（公元前 4 世纪）所著。在讨论军事问题时使用的简称"孙子"就是指他［齐思和（4），第 179 页］。由于流传至今的文本乃曹操所编定，因此他究竟修改了多少也不得而知。

许多这类疑问都没有充分的根据。例如，这部论著中提出的军事观念完全可以认为

17

---

①　Yates（3），（4），（5），（7）。依据现存文献所作古代和中古围攻战的论述，见下文 pp. 241—485。

②　张其昀（4），第 83 页。

③　Sidorenko（1），p. 6，序言。

④　欧洲文献中关于韦格蒂乌斯、皇帝莫里斯（the Emperor Mauritius）等许多"兵法家"的记述，见 Jähns（1），vol. 1，pp. 109ff.。亦可参见 Anderson（1），pp. 84，94。

⑤　冯·克劳塞维茨［von Clausewitz（1）］可能例外，参见 Koch（1）。

⑥　Griffith（1），p. v（利德尔-哈特的序言）。

起始于春秋时期之末，尤其是因为它们发源于贵族战争传统扎根非常不深的南方（在中原古国的外部）。尊信正确指出，论著中提出的基本思想，如害怕持久战和包围城市，与较早的时代有关，而战国时期的著作对这些问题则表现出了不同的态度①。如果承认在后来的编辑中可能进行了改动，那么许多有关术语的评论就失去了它们的意义。假如企图人为地把较晚的著作托之于某些较早的人物，可以设想一些知名历史人物多半会被选中；对作者的情况知道得如此之少这一事实，倒似乎证明了这部著作的真实性。张其昀（4）对这个问题提出了一个最新颖的假说，断言"孙武"起初是孙氏家族所保存的一部兵法著作的名称，后来它才开始被当作人名。他认为这个家族的祖先是伍子胥②。但这种论点已被某些其他古代著作中确实提到过孙武的事实所削弱。

18　　　然而，20世纪70年代的考古发现解决了许多早期的疑问，证实了我们已知著作的真实性，并且势必再次肯定传统说法的可靠性。1972年，在山东省的小城市临沂附近的银雀山山顶的两座汉代墓葬（属于公元前136—前118年间）中发现大量竹简。这些竹简构成许多涉及军事的卷册。其中有近乎完整的孙武论著，古代即已失传的孙膑的论述；有关孙武的典籍的残片，描述了他和阖庐的谈话以及他在宫廷中的活动，还有一些不被人知的与《孙子兵法》有关的残片③。

　　　1978年，在青海省上孙家寨村附近一个属于前汉末期的墓葬中发现了大量木简。这些木简包含了《孙子兵法》的残片，还有一个以前不知道的篇章和涉及军事的若干文件④。它们证实了虽然习惯常称《孙子》十三篇，但孙子还有其他的著述。所发现的两种早期文本互不相同。虽然不能绝对肯定说孙子是否是它们的作者，或者它们是否为他的学生所写，但从不同的残简得到的某些信息已清楚地说明，至少这些文本中的某一些必定是在吴国写成的，时间不迟于公元前5世纪。山东的文本，虽然比较全面（它包含我们所知的十三篇中的十二篇），但有许多空白，因为有些部分已经损遗。至于量的方面，它只有已知版本的三分之一，虽然已经注意到共有100多处变更，但其基本的风格，并无不同之处⑤。

　　　由于所有这些发现，就能肯定，有些孙子的著作已经失传。可能在古代就已经存在

---

　　① 见 Anon.（*210*），第131—132页。

　　② 张其昀（*3*），第81—82页。参见本书第三卷，pp. 485ff.。

　　③ 见 Anon.（*210*），又见 Anon.（*219*），以及许获（*1*）和罗福颐（*3*）。

　　④ 见 Anon.（*218*）和（*220*），以及朱国炤（*1*）。

　　⑤ 有两篇的顺序被颠倒，有两处篇名的字序被变更，还有几个字用别的字更换了。不过，该文本含有已丢失的，因而后来也被遗漏的涉及当地事情的残简，它还对某些概念提供了更全面的解释；此外，一个命题偶尔用稍为不同的方式阐述。有时旧文本更加准确，但在某些地方它较短。

　　发现的其他残简证实了司马迁提供的孙武传记，并增加了更多细节。见常弘（*1*）和郑良树（*1*），第47页起。某些资料，尤其是名为《见吴王》的这一篇，与《史记》中的孙武传记相似［郭化若（*2*），第504—505页］。

不同的版本；现在有几种版本为众所知悉①。

如果孙武的著述被承认，而且没有不该承认的理由，那么《孙子兵法》这部书应当评价为不仅是独一无二的军事思想的杰作，而且也是非常革命性的发展。与春秋时期（公元前722—前480年）相对照，当战争按照骑士制度的规则和要求由贵族进行时，孙武摒弃了习惯和道义所强加的一切约束，并主张军事行动只应以最大利益作为唯一奉行的原则。显然，该原则拒绝了以名誉为理由，或因王子之间的私仇，或诸如此类的理由而进行的战争。

此外，我们已特别提到过，孙武反对以古老的巫术宗教态度对待战争，如作出任一决定之前问卜求神，进行巫术和宗教仪式以保战斗胜利，他只承认合理的人的行动的作用，并坚决主张战争的结局仅取决于恰当的计划和有效的实施。他的论著以这样的路线论述了战争艺术的原则。读他的书可在字里行间体会到与道家和法家的密切关系，还有与自然主义的阴阳家以及与儒家的松散联系②。

在公元前3世纪，即韩非（卒于公元前233年）的时代，有两部著作非常普及。我们是从《韩非子》的如下一段话中知道的：

> 国中人人讨论战略和军事，家家有《孙子兵法》和《吴子兵法》的抄本，但军队却变得越来越弱。这是因为谈论战争的人多，而准备穿上铠甲去打仗的人非常少。

> 因此，开明的君主使用人的力量，而不注意他们的言词，奖赏成绩，但禁止无用的活动。于是人们将乐意尽力为他们的君主效劳，至死不辞。③

> 〈境内皆言兵，藏孙、吴之书者家有之，而兵愈弱，言战者多，被甲者少也。故明君用其力不听其言，赏其功必禁无用，故民尽死力以从其上。〉

它间接说明了人民大众对于军事的持久不衰的兴趣，我们将会看到（下文 pp. 80ff.），这种兴趣不顾文职官僚的重文轻武而持续许多世纪。

在《孙子兵法》之后，出现了周代的其他书籍，其中有些传了下来，而更多的已经失传。在传下来的书中有第二部非常著名的论著《吴子兵法》，它仅次于孙武的著作。事实上，在中国自古代以来战争艺术的古典理论就被定义为"孙吴兵法"④。这部著作出自一个非常光彩的人物吴起（卒于公元前381年）。他是卫国左氏人，从学于孔子的两弟子曾子与子夏。曾是鲁国、魏国和楚国的著名军事将领，在楚国进行激进的改革后

① 北宋《武经七书》内所包括的《孙子》是最普及的版本，它和根据南宋《孙子十一家注》所出的几种版本不同。不同的版本和出版物上常有小的差异和修改。已知的该论著的全部 10 个版本由杨炳安（1）详细复校和讨论过。保存下来的版本中最早的是木刻版南宋本，现已精确复制并载有郭化若（2）的序言。列宁格勒东方学院图书馆（the Oriental Institute Library in Leningrad）还藏有 12 世纪前半叶刊印的《孙子兵法》西夏文译本，但它的第 1 页现在大英博物馆；见 Grinstead（1）。按照克平 [Keping（1）] 的说法，这个译本所根据的是与所有其他版本不同且不知名的文本。的确，差异既存在于正文，也存在于对正文的评注。因此，十分明显，该版本不是翟林奈 [Giles（11），P. xxxi] 提到的那个已经失传，曾为多种中文版本提供基础的宋本。还要说明的是，各种版本之间的差异并不非常大；通常，差异是和编辑有关，而且一般来说，并没有改变孙武论点的意义。上面提到的古代版本之间的差异是更重要的。

② 所有这些问题可分别见本书第二卷，pp. 33ff., 204ff., 232ff., 及 3ff.。

③ 《韩非子·五蠹》；《韩非子集释》卷十九，第一〇六六至一〇六七页；由作者译成英文，借助于 Liao（1），vol. 2, p. 290, 参见（2），Watson（8），p. 100。

④ 这两个名字在古代的典籍中已联在一起，例如在《吕氏春秋·高义》中。在这部著作的许多译本中，应该提及下述两种：Griffith（1），pp. 150—168，Konard（2）。

被杀①。该论著诞生于他在魏国任职期间；按照风气，很可能由他的一个弟子所写②。由于他和儒家密切得多，他在许多问题上的观点与孙子的主张不同。

刚才提到的两部论著为宋神宗年间（1078—1085 年）编成的《武经七书》提供了基础。这部军事经典还包括当时认定的其他基本著作，如庞煖的论著③。其中还有其他汉以前的军事书籍，包括《司马法》，但此书并没有传统上认为是该书作者的齐国司马穰苴（公元前 6 世纪）那样古老④。另一部是《六韬》，假定为周朝缔造者的伟大顾问太公望所著，但事实上其年代可能为公元前 4 世纪⑤。然后是《尉缭子》，此书据认为是魏国惠王统治期间（公元前 369—前 335 年）的显要人物尉缭所著，不过它也可能是秦王政称帝前一同名的军事指挥官所写。若干世纪以来此书一直被认为是较晚时期的作品，但现在考古学的发现已经证实了它的真实性⑥。《三略》虽然被认为是秦代（公元前 3 世纪）黄石公所著⑦，但也许写于晚得多的 5 或 6 世纪⑧。《武经七书》中的最后一部著作是《李卫公问对》，虽然它采用唐太宗与其著名将军李靖(571—649年)之间

---

① 他的传记为司马迁所作（《史记》卷六十五，第二一六五至二一六九页）。在一篇关于吴子的文章中，郭沫若［(4)，pp. 202—230］重新考察了吴子的许多资料。例如，他提出吴起是《左传》的作者。另见 Ch. Goodrich (2)。

② 对于它的真实性问题已发表了各种观点和意见。郭沫若认为流传下来的文本不是真的，多半写于西汉中期。他还认为，也有可能它是《前汉书·艺文志·杂家》中提到的出自吴起的另一篇古代论文经修改和扩充后形成的文本［郭沫若 (4)，第 207 页；又见张心澂 (1)，下册，第 943—944 页］。胡应麟［(2)，第 18—19 页］认为该论著是真的，而且是吴起的一个弟子写于魏国，因为它只包含他生活在该国时的材料。正相反，孙一之［(1)，第 20 页］认为该著作包含了吴起在楚国效力期间的言论。由于流传下来的许多文献目录的说明存在着差异，所以事情变得更加复杂。在《前汉书》中，据说吴起的论著有 48 篇，而在《隋书》中只提到 1 篇，《宋史》中则说有 3 篇。我们所知的现存文本包括引言和 6 篇，而流传下来的不同版本之间也存在一些差异。

③ 其论著的若干片断早先编入《鹖冠子》内。见 Haloun (5)，p. 88。

④ 或认为此书为太公望所写，司马穰苴只是对它进行了编辑。也有人断定现在的文本不是真的，其成书年代为公元 5 或 6 世纪。参见张心澂 (1)，下册，第 945—950 页；孙一之 (1)，第 29 页。

⑤ 从宋代开始，此书通常被疑为伪书，成书于汉甚或 4 至 6 世纪之间。尽管在临沂汉代遗址中发现了它的某些部分，从总体上看成书日期仍存在很多疑问。参见许荻 (1)，第 29—30 页；罗福颐 (3)，第 33 页；张心澂 (1)，下册，第 933—938 页。有关太公望的古代传说已由萨拉·阿伦（Sarah Allan）进行了分析［见 Allan & Cohen (1)，pp. 57—99］。施特雷茨［Strätz (1)］在此书的德译本引言中提供了有关此书及其作者的资料。

⑥ 它也在临沂发现。然而，该古本与流传至今并被包括在《武经七书》中的文本有相当大的差异，首先它短得多，和唐代《群书治要》所收的文本相似。事实上我们涉及了该论著的三种版本，它们用不同的方式进行论说，但阐述的实际上是相同的主题。它们的分析暗示原来可能存在两种尉缭所著的文本，而（在《前汉书》中）班固把其中之一归入兵家，又把另一归入杂家。见张心澂 (1)，下册，第 944—945 页；许荻 (1)，第 30 页；罗福颐 (3)，第 33 页；Anon. (216, 217)；何法周 (1)；钟北华 (1)。对此书不同版本的新的中肯研究，关于它们的题材的讨论，以及关于该著作的基本资料，可在 86955 部队与上海师范学院出的《尉缭子》中找到，见 Anon. (221)。又见郑良树 (1)，第 115—148 页；及 Weigand (1)，引言；Yates (7)。

⑦ 参见本书第二卷，p. 155。

⑧ 此书有时也被归于太公望。传说张良（卒于公元前 187 年）漫游时，一自称黄石公的神秘老人将该书送给他；参见本书第二卷，p. 155。据说这本古书题名《太公兵法》；参见《史记》卷五十五，第二〇三四至二〇三五页。此后，该文本以《黄石公三略》的名字为大家所知；参见张心澂 (1)，下册，第 950—951 页。对这个传说的详细分析，见 Bauer (1, 2)。此书已由施密特［H. H. Sehmidt (1)］译成德文并加注释。

对话的通俗形式，但必定出于较晚时期的一位专家之手①。实际上，这部著作可能成书于 10 或 11 世纪。宋代军人追求升迁而必读的著作的名单到此为止②。

除了这些书外，还必须提到一些早已失传而近来又发现的典籍，这对于我们了解中国古代军事思想也是重要的。毫无疑问，其中最重要且最有意义的是前已提及的《孙膑兵法》。不过，尽管它已被认为是孙膑（公元前 4 世纪）所著，但也许只有一部分是他所写，有些篇章则出自他的弟子之手。孙膑是伟大的孙武的后裔③，他的祖先讨论了兵法的理论基础，孙膑则反之，涉及详细的情况，并用各不相同的办法处理具体问题。

在近来的考古发掘中还发现了其他较次要的典籍④。实际上，《前汉书》的文献目录⑤列出了不少于 55 种军事书籍，但其中有 16 种与占卜有关，包括占星术、堪舆（风水）及五行理论。也许，更有趣且更有意义的是另一批论及军事技术的 15 种著作，其中 7 种论及射箭，2 种专门研究弩，3 种论及撞击兵器。班固补充说这些是和建造各种战争机械，及训练使用它们的士兵有关的。在其惯常的总结中，他引证孔子及《易经》，以证明这样的训练是正确的，接着揭露在吕后掌权期间（约公元前 185 年），她的家族偷走了许多已搜集到的典籍。因此，约 60 年后，在武帝期间，杨仆受命重新收集这些典籍并进行注解，此项工作最后由任宏在约公元前 20 年完成。

在三国时代，诸葛亮（181—234 年）是在蜀国以政治家和战略家而著名的光辉人物，他对于中国的战争理论及军事作战指挥有巨大影响。他留下许多有创造性的政治和军事著作⑥，但其最受欢迎的著作是那部伪的《心书》，现有文本可能是元代的，甚至可能是明初的⑦。此书的名称与他的思想有联系，即用兵应主要根据双方士兵及民众的思想、信念和情绪。他被公认为是构想出"攻心"战略的人，虽然孙武和吴起关于这个

①　参见张心澂（1），下册，第 954—956 页。布德堡［Boodberg（5）］对此书的内容进行了分析和翻译。这部著作和《武经七书》所包括的所有其他著作在 1975 年被译成现代汉语，并增加了有帮助的注释、说明和关于作者的资料。魏汝霖［（1）、（2）］注了《孙子》和《三略》；刘仲平［（1）、（2）］注了《司马法》和《尉缭子》；徐培根（1）注了《六韬》；曾振（1）注了《李卫公问对》。不过，提供的信息有时不够中肯。

②　《玉海》卷一四〇，第四页。这部集成内的著作按特定的次序排列。最初，先后次序为：（1）《六韬》，（2）《孙子》，（3）《吴子》，（4）《司马法》，（5）《三略》，（6）《尉缭子》，（7）《李卫公问对》。该集成的宋代版本的编辑者朱服（约卒于 1086 年）将次序改变为：（1）《孙子》，（2）《吴子》，（3）《司马法》，（4）《尉缭子》，（5）《李卫公问对》，（6）《三略》，（7）《六韬》。几世纪来一直保持这种先后次序，因为它反映了认同《孙子》的重要地位。有时，将《李卫公》放在《尉缭子》前面。

③　实际上，"膑"肯定不是名字，而是绰号，意为削去膝盖骨，通常是一种刑罚。根据《前汉书》，该论著的名称是《齐孙子法》（齐国孙氏兵法），而他的祖先的著作的名称为《吴孙兵法》（吴国孙氏兵法）。这里所用的名称是现代考古学家所赋予的。此书的关键版本见 Anon.（222）；赵振铠（1）和毛鹰白（1）。徐培根所作的带注解的今译本是有价值的。沈阳一军事单位还作了传记资料分析并出版了另一同类译本，见 Anon.（223）。下文中提供的资料都是出自银雀山版本，即 Anon.（222）；但篇的编号为作者所加。

④　例如，应当提到《王兵》，以及 1972 年在临沂发现的其他典籍；见 Anon.（215）。1972 和 1973 年在马王堆公元前 2 世纪墓葬中所发现的物品，包括《刑德》这本书，军用地图和天文学资料（在古代中国的军事实践中也有用处），还有《老子》、《阴阳五行》，及一些其他论及军事的著作。见 Anon.（205）；（224），第 56—57 页；晓菡（1）；刘云友（1）；Bulling（16）；Riegel（1, 2）。

⑤　卷三十，第三十七页起。

⑥　它们被反复刊印；《诸葛亮集》可能是最好的现代集成。

⑦　参见张心澂（1），下册，第 953 页。我们将在本书第五卷第七分册中看到，在后世，诸葛亮的名字和许多重要军事发明，甚至火药有联系。

问题早已写过很多。诸葛亮以他的计谋和利用阴阳、五行、堪舆、占星术等而闻名[①]。元代的史诗般的小说《三国志演义》对于他的深孚众望贡献极大，在这部小说中他是主要的英雄人物之一。

还有一位在 436 年去世的檀道济，他被认为是《三十六计》的作者，但这是不可靠的，这部书的年代可能比他的时代较早些或较晚些。此书的名称本身已成为一种谚语，与兵法及日常的计策有同样的意义。这部分是由于该书描述了历史上出名的 36 种计谋或策略，部分是由于 36 这个数是象征性的。《易经》和《礼记》都说数 "6" 表示与军事等同的 "阴" 的集中[②]。因此数 6 乘 6 代表 "阴" 的最高集中，因而也代表 "武"（作战和兵法）的最高集中。此书以最简明的方式表达了中国军事思想的古老而重要的传统，并把已形成的计策以独立命名的方式进行分类。然而，此书在 1941 年以前一直不为人知。在一个省图书馆中发现的一个抄本的扉页有副标题《秘本兵法》，这也许能为此书为什么如此长久不为人知提供一条线索[③]。自从檀道济时代以来，在中国设想出了数百种计策[④]，然而关于这个主题的古典书籍，不仅广大读者，甚至许多理论家也不知道。

在此后的若干世纪所产生的军事著作并不如此丰富。写得也不少，但总的来说，它们大多发展或者甚至仅仅重复了古代著作中所提出的观念；但有关兵器、筑城、堪舆和占星术的各种问题被讨论得更为详细。然而，这就在军事科学和兵法的性质上产生了一定的变化。古代中国文献主要是和战争性质的思考及决定兵力使用的基本原则有关，具有对战争的明确的哲学观点，而后来的著作则更加集中于实用资料和建议。由于《孙子兵法》上的注解业已给出它所阐述的原则的各种应用实例，并用一种 "计" 的分类系统来处理千差万别的军事行动，战争的古代哲学最终变成了具体的专业知识，而战争艺术（兵法）也日益成为军事专业。

许多古代中国理论家和学派非常重视政治和道义的因素，认为它们是战争中的决定因素。这类典籍被保存了下来，而关于武器和军事装备的典籍则几乎丧失殆尽。似乎在战国时期两种倾向并存，一种优先考虑道义和心理因素，另一种强调技术装备的作用——墨家学派的著作和《孙膑兵法》就是例子。后来，军队的技术装备开始发挥无可比拟的更大作用，但旧的哲学观念仍然作为无可非议的真理保存了下来。

对于超人因素的态度也类似地发生了变化。在发生于公元前 6 世纪至前 2 世纪的战争艺术的理性主义时期之后，接着又返回到迷信和法术。寻找能保证胜利的军队布阵的法术模型，为此目的而采用五行的象征体系，以及借助阴阳力量。占星术、堪舆和分野被用来为军事目的服务。原先，胜利通过主动进攻作战而获得的原则已被接受；后来，截然相反的观点占了优势，只靠防御手段来达到战胜的目的。也许，这与道家学说的传播有关。

---

① 参见郭化若（7）。

② 见《易经》卷一，坤卦，有王弼的注解；及 Legge（9）。《礼记·月令》，有关冬季的规则；Legge（7），vol. 1, pp. 296, 300—302, 306；《管子·幼官第八》，图北节，译文见 Rickett（1），p. 210。亦可参见《虎钤经·结营统论第七十八》。

③ 卡尔·塞沙布（Carl Seyschab）博士友好地提供给我们的许多资料帮助我们解释了由典籍所提出的各种问题，如 "计" 的分类，以及其他和中国古代军事学有关的问题。参见 Seyschab（1）。

④ 最大的集成之一包括了 200 多种。我们在此见到中国人喜好分类和组织的又一实例。参见张乐水（1）。

(2) 军事百科全书家

到了唐代，无论是否所有可谈的战略均已讲过了，也无论那时是否已经积累了如此多的技术以致感到需要系统化，文献的性质发生了变化，百科全书代替了理论著作。在最后的理论著作中，必须提到据认为是李靖（卒于 649 年）所著的《李卫公兵法》，这位伟大的唐朝将军打败了突厥侵略者。但他的另一部以他和唐太宗对话的形式写成的书《李卫公问对》更为流行。此书可能在唐末之前已写成，但更可能成书于宋初。后来（我们已经知道）它被收入了《武经七书》之中。

然而，在所有早期的百科全书中，现在我们最感兴趣的是《太白阴经》（太白星即金星）①，它是由《孙子兵法》的注释者之一、道教徒李筌于 759 年所著②。此书令人赞美地叙述了当时的军事技术，由于它为以后朝代的大量发明提供了基础，所以特别有价值。该书以简要评述道德和谋略开始，指出了可视为作战得胜所必需的条件。其第二部分（关于战略）和许多理论家仍无多大差别，但第三部分介绍许多新的主题，如人和马的观相术、军队组织和战场纪律③。接着介绍了攻守城的器械，如抛石机、弩炮、地道和筑城、云梯、攻城塔、开合桥、雉堞、纵火方法，等等。还有一段论水战以及架桥和其他渡河方法，如以充气皮囊游泳④。关于筑城的故事在第五部分内继续讲述，这部分还讲述了补给品的清单、水钟定时、用烽火台发信号、医疗服务及屯田等⑤。然后以冗长的篇幅讲述各种军队阵图，包括方阵⑥和后面我们即将再提起的弩手的三排制。李筌最后叙述了指挥员应向鬼神进行的祭祀，并附以医疗人和马的处方，以较长的详述占卜程序的两卷结束此书。此时，技术人员的地位上升，其中星象工作人员和气象工作人员与军械士、机械师、医生和兽医毫无区别。

大约 3 个世纪之后，我们就能够看出这种情况，因为我们仍有当时的最有价值的材料。有非常流行的《虎钤经》⑦，此书为许洞（970—1011 年）所著，并于 1005 年献呈皇帝⑧。但更为关键的是曾公亮在 1040 年（序言作于 1044 年）所汇总的珍贵类书，即《武经总要》⑨。此书保密了许多年，在以后的 5 个多世纪内确实没有刊印过全文，即便

25

26

---

①　全称：《神机制敌太白阴经》。
②　先前我们已提到过他（本书第十章）。
③　此部分还简述了边境地区的地理（《关塞四夷篇第三十四》）。已由浦立本［Pulleyblank (5)］研究过。
④　这些章节在所有以后的类书中都能找到，均是抄录前人，有时加以增扩。
⑤　屯田在中国人逐步向北和西北方边境扩展中起了非常重要的作用。赵充国是首先这样做的将军之一，约公元前 60 年，他使他的部队定居于被游牧民的牧场包围的一块地方，建立起自给自足的设防军营，以后能成为城市。但张掖、酒泉和敦煌已于 60 年前当霍去病将匈奴人从那些地区驱赶走以后就驻有部队了。后来还有许多例子，如 1072 年的延安屯田。见毕瓯［Biot (18)］的文章，他参考了《玉海》卷一七七，以及其他原始资料。
⑥　为击退野蛮人的骑兵部队，它类似西方 19 世纪军队的方阵。
⑦　"虎钤"是君主授予领兵的将军的权力徽章或标帜。
⑧　关于作者和他的著作的详细资料，见 Franke (24)，p. 196，其中也包含这里提到的其他著作的资料，还有那些著于 11 至 19 世纪但未被我们在此处讨论的著作的资料。在本书第五卷第七分册中，我们将不时提到《虎钤经》，此书描写了刚巧在火药广泛使用之前的情形。它还包含某些有趣的漏壶的材料。
⑨　《武经总要》是由曾公亮在杨惟德和丁度的协助下编修的。

现在也只在一种丛书中可以得到①。它使得我们能够对唐代和宋初的知识作直接的比较。这部著作分为两个独立的部分②，各为 20 卷；如果我们注意到第二部分的四分之三是从各朝及其他的历史中提取的战例和战略所组成的巨大宝库，而最后的四分之一讲述占卜程序，那么此部分可以不予讨论。我们最感兴趣的是第一部分。

在关于训练和纪律的一般讨论之后，它便叙述长矛兵（"战锋队"）和骑兵（"用骑"）的部署。有一篇讨论通信和信号（"烽火"）部队，另一篇讨论筑城原则（"营法"）。阵法现在变得有些奇形怪状，仿效印度的模式，又类似各种星座，但就我们所知的中国的常识而论，这些可能多半是纸上谈兵。散布于阵形图上的各种不同武器的术语中，没有枪炮手（"火手"），因此它们的年代可能在 10 世纪中叶之前。这些图中有一幅是李靖的"偃月阵"，且能见到两个左翼司令部（"左总管"）和左翼后备军（"左虞侯"）。第十卷叙述挖坑道和挖地道用的设备，图示了临时坑木框架、用于搬走挖出的泥土和石块的辘轳等设备，还有许多不同种类的移动式云梯和盾牌③。于是在第十一卷末，曾公亮在讲了水战之后，谈了许多纵火方法的细节，包括利用可牺牲的动物，而且在第二十七页上为后世写下了我们在文献上所知道的第一个火药成分配方。在此，他突然中断，转入第十二卷长篇谈论不同种类的弩砲，然后又返回到火药以及它在球状抛掷火器、喷火器和毒烟罐方面的多种用途。下一卷完全叙述弓、弩、撞击兵器，以及铠甲，第一部分的剩余部分是地理部分，涉及边防，并按地方和省排列。

曾公亮所处的时代是宋朝成功统一帝国后约一个世纪，无大敌需要对付，因为自 1005 年起和（契丹）辽国没有交战。60 年后形势大变，自 1115 年起（女真）金朝建立了他们的北国。从 1126 年宋帝在开封被俘至 1135 年在杭州建立宋都之前，宋金两军之间发生了激烈战斗。在 1127 至 1132 年，湖北德安城（位今汉口以北）顶住了由几位金朝将军统率大量部队分别发起的八次围攻。城内是一位有名的将领汤璹，以及一位同样有名的文职地方官陈规，他们两个都活了下来，不但讲出了他们的经历，还写下了一篇关于防守城池的专题文章，现在读起来有如史诗一般。它就是《守城录》，在 1170 年和 1193 年呈献给皇上。双方在所有围攻期间都大量使用了抛石机，但在 1127 年，攻击者猛投了许多装火药的容器，后来在 1132 年防守者也用了火枪，这显然是陈规亲自发明的④。

此后，宋代的其他军事书籍似乎相当平淡乏味，如张预编撰的《百将传》。

蒙古人时代不是著书立说而是战斗的时期，下一个军事文献兴盛的时代是明朝⑤。从陆达节（1，2）的历代兵书目录中可以看到当时出现了大量此类书籍。有些只要提

---

① 此书在永乐统治期内，于 1403 至 1425 年间首次刊印，但该版本的书已失传。以 1231 年抄本为根据的 1598 年万历版有数套，现保存在北京各图书馆。现在可得到的最古老的刊本是 1510 年的，已被复制发行。

② 《前集》和《后集》。

③ 此处有两幅原始炮车上的金属管式大炮（射石炮或长管炮）的插图（卷十，第十三页），但没有其他情况下附有的解释性文字，可以相当肯定地说，这些必定是后来的编者所插入的，也许就是万历版的编者插入的。我们将在本书第五卷第七分册（Figs. 77，79）中复制这些图。

④ 详细情况见本书第五卷第七分册，pp. 220ff. 。

⑤ 我们必须始终记住焦玉所著的非常重要的《火龙经》，此书虽然直至 1412 年才刊印，但涉及 1300 和 1370 年间的各种火器。不过，因为它重点论述黑火药，所以将留在本书第五卷第七分册作全面讨论。

一下就可以了，如何良臣约在 1546 年所著的论训练和战术的《阵纪》；以及晚期最具创
新精神和最知名的理论家戚继光（1528—1587 年）撰写的两本著作，即《练兵实纪》   28
和《纪效新书》，它们甚至到本世纪初还深受尊敬[①]。这些书以组织成分为主，技术成
分为辅，但何良臣的书中有简短的一节叙述纵火和爆炸武器[②]，戚继光图示了佛郎机
（葡萄牙制造的后膛炮）[③]、滑膛枪、地雷和火箭。本书第五卷第七分册图 159 所示的用
活动盾牌构成的临时防御阵地也是引自该书。

关于明代晚期的文献，难处在于许多论述军事问题的书，特别是像李盘的著作那样
涉及民兵的招募和训练的书[④]，后来都为清政府所禁止[⑤]。例如，王鸣鹤在 16 世纪最后
10 年所写的关于军用烟火品制造和使用的一部重要著作《登坛必究》便是如此。不过，
此书的大部分内容编入了第三部大型中国军事科学类书《武备志》，该书完成于 1621
年，并由纂辑者茅元仪于 1628 年呈献给皇帝。

该书是中国历史上最广博的军事百科全书[⑥]。首先，茅元仪收录了《孙子》及其后
的古代兵书[⑦]，然后按朝代的先后选录战略史事[⑧]。再其次，各卷专门研究纪律、操练
和战术，又包括阵法，在此我们见到部署的各种武器、箭手、炮手、刀手和马[⑨]。这些
卷中有关训练的兵器插图与论述各种军用物资的下一部分多少有点重复，后者在这部著
作中是篇幅最长的[⑩]。其包含的范围从旌旗[⑪]和移动式射矛架[⑫]直到射石炮和水平至少   29
与同时代欧洲相当的加农炮，还有从葡萄牙引进的各式大炮[⑬]。有人从中找到了火箭发
射器群[⑭]和地雷[⑮]。最后，茅元仪增加了一大段占卜技术[⑯]，以及另一段兵要地志，其
中不但包括许多沿海地图，还有自 15 世纪以来海军远征的航海图[⑰]。关于这些值得注意

---

① 谢承仁和宁可（1）提供了戚继光的传记资料。现还有一本韦哈恩-米斯［Werhahn-Mees（1）］所著的有些
类似的德文书。戚继光似乎是提倡用神秘的武术训练正规士兵的第一位理论家。

② 《阵纪》卷四，第十页。

③ 《练兵实纪杂集》卷五，第十三页起。关于该主题，见本书第五卷第七分册，有更全面的叙述。

④ 即《金汤借箸十二筹》，约成书于 1630 年。书名的头两个字出自成语“金城汤池”。还有吕坤所著《救命
书》，见 Handlin（1）。

⑤ 尽管如此，我们以后将有机会在有特殊关系处提及许多这类书籍。

⑥ 在一个多世纪之前，梅辉立［Mayers（6）］曾对它作过并不非常正确的分析，他发现许多火器“或多或少
有些异想天开”，而且“显然是粗糙的和不切实际的幻想”。尽管他具备足够的化学和工程业务能力以及他那个时代
的汉学知识，但他并没有足够严肃地去理解它。很久以前，它就已成为耶稣会士钱德明［J. J. M. Amiot（2）］
的专题论文的基础，此文虽然在他们那个时代（1782 年）是有价值的，但其所包含的理论家们的译文非常粗劣，
表现出对火器毫无理解。

⑦ 卷十八。

⑧ 卷三十三。

⑨ 卷四十一

⑩ 卷五十五。

⑪ 卷九十九和卷一百。

⑫ 卷九十八，第十五页。

⑬ 例如卷一二二，第四页。

⑭ 卷一三二，第九页、第十页。

⑮ 卷一三四，第四页。

⑯ 卷四十一。

⑰ 卷五十二。

的文件，我们在本书第三卷第二十二章《地理学》中已经谈了一些，又在本书第四卷第三分册第三节《航海》中连带说了一些。

清朝建立以后，根据茅元仪的著作又出版了一些书，如 17 世纪施永图发行的《武备秘书》，但其改动多半是错误的[①]。

将不同朝代军事文献产生率的升降列成表是有意义的，陆达节的目录[②]为我们提供了这样做的可能，其中包括了那些仅有名称传下来的著作，详细数字如下：

表 1　从周朝至清朝的军事书籍

	年　数	军事书籍数	占总数比率（%）	每年出书数
周	809	92	11.4	0.10
秦	14	20	2.5	1.33
汉	422	25	3.1	0.06
三国	59	60	7.4	1.07
晋	155	16	2.0	0.07
南北朝	102	23	2.8	0.14
隋，唐	325	77	9.6	0.24
五代，宋	372	107	13.2	0.29
辽，金，元	253	16	2.0	0.04
明	276	268	33.3	0.97
清	267	101	12.5	0.38

30　由此可见，秦、三国和明代是最多产的，然而写作的密集度似乎并不总是与冲突和战争最多的时代有关，如果是那样的话，预期在南北朝以及宋朝和北方"蛮族"朝代会有更好的表现。毫无疑问，那种能使将军、技术专家和军事理论家用书面形式确立其思想和经验的必要条件是相当复杂的。但有这样一种分析总是有意义的。

显然，中国的军事文献是庞大的，尽管在国外还不幸地鲜为人知。甚至在古代，它也具有重要性，因为在《前汉书》的文献目录中就列有 55 种纯粹关于军事的书[③]。另有 15 种论及军事技巧的著作，其中 7 种是关于射箭术的，2 种是专门关于弩及其使用的，还有 3 种是关于各种战争器械的构造的。班固还告诉我们，在吕后时代（约公元前185 年），由于某些缘由或其他原因，她的家族偷走了许多早先已收集起来的典籍。于是，在 60 多年后，武帝委任杨仆（楼船将军）重新收集全部这些著作并加以编辑校订。这项工作约在公元前 30 年由任宏完成，任宏是一位爱好文学的警卫官，但这些典籍中的大多数后来也丧失了。

我们对中国古代军事理论和哲学的知识是不完全的，因为这种知识不得不依赖典籍，而许多典籍只靠偶然的机会得以保存或被提及。而且，那时许多学说是靠口传的，并没有写成文字本。同时在政治大变动期间，必然会丧失大量著作，其中包括许多重要的著作。

除了在今天认为是"军事的"典籍之外，还有许多其他我们通常认为是古代哲学家

①　参见 Pelliot (33)。

②　陆达节 (2)，第35—37 页；亦可参见陆达节 (1)。

③　卷三十，第三十七页起。

的经典或著作，它们有个别的篇章讨论准军事性的事情。其中有些在中国的军事思想方面起着重要作用，因而必须提及的有《道德经》、《管子》和《商君书》；这些书常常就被完全列为军事著作①，《荀子》有时也列入其中。其他和军事有关或有若干段落论及军事的典籍有《易经》、《书经》、《战国策》、《左传》、《吕氏春秋》、《孟子》、《墨子》和《鬼谷子》。但这些书中没有一本可以称为军事百科全书的。

（3）中国古典战争理论的基本观念；行动的一般原则　　31

在西方，行为的一般原则只是到现代才在哲学和心理学构架内逐渐形成。控制论也贡献了许多重要的观念。在中国，类似的理论在古代就已发展起来，它主要由军事理论家（"兵家"）创造和普及，但道家、纵横家、法家、阴阳家和儒家也注意它。在这个领域中最重要和最有影响的著作永远是孙子的论著②；它所包含的某些原则甚至已成为行动的普遍法则或与普遍法则密切相关。自从孙子的时代以来，行动的一般理论已成为古典中国战争理论的重要部分；甚至在古代，私营企业人员或政治家均研究军事论著，以作为他们日常活动的指南。

中国的理论家用类似人类行为学家③的方法分析人类的行为，与西方世界通行的社会学观点完全不同。在西方，许多社会学家认为行为是社会制度④的主要组成部分，但中国人则用宇宙的观点，分析它为自然秩序的一部分。他们总是寻找人类和自然现象所通用的法则。

另外一部对行为的一般理论有很多贡献的论著是《鬼谷子》，它可能写于公元前4世纪⑤。此书虽然与军事知识有密切关系而且有数段涉及军事，但并不属于兵家学派⑥。我们在其中找到了相当于"行为"的一般术语（尽管其重点在"获得结果"，而不是"行动"本身）。它们是"成事"和"捷万物"。因此，《鬼谷子》以更精致的形式表达行为的一般理论，但此书非常抽象，有时难于领会，缺乏孙子常用的、给人以深刻印象的隐喻。不过，这两本书都包含相似的思想。《鬼谷子》更多地强调"自然的方面"，需要调节阴和阳的力量、五行的变化，以及适当的时间。应该指出，这些"自然主义"的概念也被后来的军事理论家所引证，虽然《鬼谷子》远不如《孙子》那样普及，并且确实　　32
被认为有些"旁门左道"和"神秘"。

孙子的行动原则在首次阐述之后，就从未被实质性地变动或舍弃。后来的思想家只增加了一些新概念和解释。在介绍其主要原则之前，我们无论如何应当记住，对他来说，

---

① 例如，《图书集成》有关兵法的部分（《戎政典》卷八十二至九十）就包括这些书。它们均曾在较早出版的本书各卷中讨论过，尤其是本书第二卷。

② 上文 pp. 12—20 已经讨论过。

③ 即研究个人动作和行为之动机者。

④ Sorokin (1), pp. 395ff.；Parsons & Shils (1)。

⑤ 许多篇章据信成书于汉代以前，此书的大部分已被译成德文，见 Kimm Chung-Se (1)。关于这部著作及其作者的详情见佐藤仁（1）；陈英略（1，2）；梁嘉彬（1）；赵铁寒（1）。另见本书第二卷，p.206。

⑥ 《鬼谷子》有时甚至被列入军事论著中出版，并被作为军事典籍研究，见陈英略（2）。按照一种传说，孙膑是鬼谷子的学生［见 Kimm (1)，p. 109］。请注意，近来出土的孙膑的著作的确和他的学说相接近。

"行动"主要是双方为获得某些东西，如利益、领土、影响、较优的初始形势等等，而进行的角逐。孙子的原则初读时是不容易明白的，但这里我们采用了后来的解释和概念，以更有条理的方式介绍它们。

1. 根据计划而行动的原则。开始任何行动之前，应分析形势，并制订精密的计划。这必须根据双方首脑人物的强弱，他们的潜力和应变能力，同盟者和部下的意图等。为此目的，孙子采用了几个术语："计"（估计、计算）、"谋"（计划、策划）、"校"（比较、评价)[①]。只有根据估计胜利能有保证，才能行动。良好的计划是取得成功的基本要素[②]。

2. 获利的原则。每次行动要争取获得利益或避免损害。所选择的方法应当用尽可能少的代价和风险取得最大的利益[③]。根据这个原则，应在角逐过程中，显示自己的潜力，避免使用武器或强制。战斗总要造成损失，而且，如果强制用得过于频繁，它的威慑力量就消失了，不再有恐怖的作用。因此，显示自己的实力要远比使用其力量有效得多[④]。

3. 辅助的原则是不摧毁任何物或人。如有战斗，其目的是使一方屈服而保全所有东西，只有这样才能获得"全利"，即不加毁坏地夺取一切东西，自己也没有损失[⑤]。

4. 削弱敌人的原则。在战斗之前，有些准备是必不可少的，其目的应是加强自己的地位，削弱敌人（或对手）的地位。如果做好了，就可排除任何阻力，使胜利较易获得[⑥]。

5. 用困难疲劳对手的原则。使获利最大的有效原则就是诱使敌人来到预先计划好的地点或离开良好的阵地，以削弱他，并使他那方面产生缺陷。应当利用对方的错误，甚或诱使他犯错误[⑦]。此外，还可煽动某些其他人削弱或消灭敌人[⑧]。由于巧妙地利用不利于敌人的环境、条件，例如困难的地形，变化的气候，距离，饥

---

① 《孙子兵法》，"计篇"、"作战篇"。

② 在有些情形下，孙子甚至承认良好的计划是成功的保证，而在其他情形下，又说它只是增加胜利概率的因素。参见"计篇"、"谋攻篇"、"形篇"、"虚实篇"。孔子也发表过相似的观点，即只有在制订计划之后，才应诉诸行动，尤其是投入战争 [《论语·述而第七》第十一章；译文见 Legge (2)，p. 198]。

③ 《孙子兵法》，"计篇"、"势篇"、"虚实篇"、"九变篇"。

④ 在《孙子兵法·谋攻篇》中，只有一般的概念，但在其他古代原始资料中有更详细的表述，如《国语》卷一，第一页；卷二，第六至七页。甚至"武"这个字的语源据信也与这些观念有关。其意义本质上是防卫的，因为该字恰作戈在那里阻止敌方入侵国土。

⑤ 《孙子兵法·谋攻篇》。

⑥ 《孙子兵法》中有这种思想，但在《六韬》（特别是《武韬·文伐》）中这个思想得到充分的展开。在《淮南子·兵略训》中则作为一个原则提出。

⑦ 《孙子兵法》，"计篇"、"虚实篇"。

⑧ 这是外交政策中常用的一个基本原则。西汉时期著名的政治家和学者晁错在教导太子时说："用蛮族人攻击蛮族人，这是中国的方法。"（"以蛮夷攻蛮夷，中国之形也。"）《前汉书》卷四十九，第二二八一页。这种主意也用其他词语表达："以夷伐夷。"（"用蛮族人征讨蛮族人。"）《资治通鉴》卷四十七，第一五一五页。又见 Yang Lien-Shêng (15)，p. 33；Duman (1)，pp. 44—45。这方面的一个特殊例子就是为了战略上的侧翼包围行动而进行政治游说，此事我们在本书第一卷 pp. 223ff. 已作了详细讨论。欧洲人也能耍这种手段。

饿，疾病，等等，也可获得相似的效果①。这样就可以节省自己的力量，而使对方自己打败自己，或是被外部条件所打败②。似非而是的结论是：胜败并不根据力量的对比，而在于技巧；弱者可以打败强者，胜利建立于对方的所作所为③，而非自己之所为。后来，创造和抓住机会（"握机"）就成为一个有重大意义的概念④。

6. 独立自发运动的原则。一切个人（敌人、士兵、同盟者、官员，等等）在任何特定形态的环境下都有他们自己的意向、心理特征和动力。如果要引导他们或者阻止他们，那么就要利用他们自身的潜能（"势"）⑤，为达到这一点，不是仅仅发布命令或禁止做某些事。孙子使用了"圆石从高山上滚下"（"转石于千仞之山"）的隐喻。应该了解他人的心理特点（"石头的圆形"），然后创造必须的环境（"放置石头在高的斜坡上"）；只有在此时人们才会做所需的事，而且通常还没有意识到他们正在实现指挥员的计划。孙子将"势"比作张满的弩和冲开石头的山上激流⑥。

这个一般原则以几种方式实现。一种是选择合适的人去完成特定的任务；指挥员应了解他的下属的心理特点，并以有利的方式使用他们，或利用某人的聪明和敌人的愚蠢，或利用贪婪、不忠、勇敢、强大的体力，等等因素，以达此目的⑦。

另一种技巧就是领导其他人时要创造必须的条件，使他们按预想的方式行事。为此目的，孙子建议置人民于一种会使他们按计划的方式行事的真实境遇，或者设置一种仅用来误导敌人或对手的虚构境遇。他采用了术语"形"，并建议示己之形以误导敌人⑧。他主张以利引诱敌人，以险（常只是假想的）惊恐敌人，永远要记

34

---

① 《孙子兵法·虚实篇》。为了更好地理解把失败的重负置于敌方或利用外部条件这一观念，可用滑车或杠杆作比较。中国古代人在社会关系方面有某种相似的发明，他们试图用尽可能小的力去克服极大的阻力。关于中国古代物理知识的详细情况，见本书第四卷第一分册，pp.19—42。古代中国物理学和军事理论的联系是相当紧密的，墨家对两方面都作了研究。

② 不过，应当注意的是中国人理解"条件"与欧洲人不同；对他们来说"条件"是因果联结中最重要的部分，而且是积极的因素，原动的力量。《战国策》中的隐喻解释得很好，它把直接的原因与锋利的剑或尖锐的箭相比，而把条件比作势能，只有当人的力量用于剑上，或者一张弓配用了一支箭，它们才能杀死或杀伤某人［卷十二，第四二八页；译文见 Crump（1），p.195］。心理研究证实，中国人在今天还倾向于理解直接原因为不重要和偶然的，而条件必然产生特定的效果。如果他们想要做成或防止某事，他们就倾向于改变条件，而不求诸直接原因。见 Gawlikowski（5）。

③ 《孙子兵法》，"谋攻篇"、"虚实篇"。

④ 孙子懂得抓住机会的思想，但没有给它一个专用术语。随着这种观念的发展，该术语在后来的典籍中出现了（《李卫公问对》卷上；《握机经》）。在有些情况下，"握机"有其他含义，例如与天地万物有关的"操纵或使用运动的力量"，利用"自然神灵"和"天阵"。

⑤ 见埃姆斯［Ames（1）］的《淮南子》研究，他将"势"译为 strategic advantage（战略优势）和 political purchase（政治收买）。

⑥ 《孙子兵法·势篇》，参见 Giles（11），pp.37，41。

⑦ 《孙子兵法·势篇》及注释；郭化若（6），第117—119页。特别重要的是使用精选的军队去完成危险或困难的任务，或发动攻击的传统。通常使用敢死队员，他们已用特殊方式在心理上作好准备（《吴子》，"图国"（第五节）、"励士"；《六韬》卷六，第三页；《孙膑兵法》，"威王问"、"篡卒"）。

⑧ 《孙子兵法·虚实篇》。"形"的概念是相当复杂的。他把"无形之形"（"形无形"）作为最高的"形"，这和道家的学说有许多关系。这个概念后来被不同哲学派别作了许多详细阐述；例见李克［Rickett（2），pp.58—90］译为 "On Conditions and Circumstances"（论条件和环境）和 "Explanation of Xing Shi"（形势释义）的《管子》中的诸篇章，及 Ames（1）；参见 Lau（6），Yates（7）。

住，敌人同样也在这样做①。

　　另一个方面是统治者或指挥员要对人民和士兵进行教育，以培养未来作战所需的那些特质。吴子提出了几种方法以灌输信心和责任心，以及战斗的愿望②。

35
　　还有另一件事就是要使对手的心理发生暂时变化。例如，孙子建议激起敌人的愤怒使他采取非理性的行动，或严惩叛乱的头目以造成普遍的顺服③。

　　7. 以"实"击"虚"的原则④。战斗的性质就是避强击弱（如同水离开高处而流向低处）。在角逐中，人应发挥其优势和长处以便从敌人的劣势中获益，并攻击他的短处，"以碫投卵"⑤。所有这些就构成"形"。估量敌我双方各自的真实的"形"乃是计算和计划的基础。

　　后来这个原则被发展成为一条普遍的法则：在互补的基础上作战，即要用恰当的对应物或特点抵抗其敌手。例如，不应用自己的"集中"与敌人的"集中"相对抗，或者以"分散"对"分散"，因为"集中"和"分散"⑥是对应的，应该以之互相对抗⑦。力量对力量只能削弱自己，而不能保证胜利⑧。

　　此外还精心研究出一条特殊的原则：开始时只是作出反响，后来才反抗；开始时要有耐心，而后迅速击溃敌人；起先按照敌方的愿望行动，然后粉碎他的计划⑨。

　　8. 得和失相结合的原则。利不可避免地伴随着某些不利，某一方面的强与另一方面的弱相联系；有得必有失，因为在某一方面有利则必定在另一方面不利。只有运用得失相结合的方法，把弱和失变为有利，并把对方的有利变为弱和失，才能取得胜利⑩。

36
　　9. 按照事物的本性及其变化而行动的原则。应当永远顺天道，按照时间和空间的条件，以及变化的规律行事。没有东西是稳定的、绝对的和不变的⑪。季节、昼夜、风雨的变化是永恒的。强不可避免地变为弱，治变为乱，勇敢和求战变为希望撤退。如能推测和预言这些变化，使它们为自己所用，就能取得胜利。尤其重要的是把握转折点，并相应地立刻改变自己的行为。事件或特性发展的最高点称

---

　　①　《孙子兵法·虚实篇》。

　　②　《吴子兵法·励士》。又见《史记》卷六十五有关他的传记资料，译文见 Griffith（1），pp.57—59；《吕氏春秋·慎小》；《韩非子·内储说上》，译文见 Liao（1），vol.1，pp.300—301。郭沫若［（4），第214页］对这个传记资料进行了分析。另见 Ch. Goodrich（2）。

　　③　《孙子兵法·计篇》。又见他把宫女训练成为其所用的军队的记述［《史记》卷六十五；译文见 Griffith（1），pp.57—58］。1972年在其他有关孙子的资料中发现了关于这个事件的记载，这些文字没有包括在他的十三篇论著中［Anon（210），第106—108页］。这个记述构成了一种教材，类似于其他军事教科书。

　　④　这些术语在医学理论中也非常重要，"实"为"充盈"，"虚"为"虚弱"。见本书第六卷第四十四章。

　　⑤　《孙子兵法·势篇》；译文见 Giles（11），p.35。

　　⑥　关于这些概念见本书第二卷，p.41；苏格拉底以前的哲学家也有这些概念。

　　⑦　《孙膑兵法·积疏》；《鬼谷子》卷中，第九六至九七页；Rand（1），pp.75—76；现在这不被认为是《孙膑兵法》的一部分：吴九龙（1）将它定为《论政论兵之类》第二十七篇，"积疏"，竹简号 0122，0129，0170，0180等。

　　⑧　《商君书·去强》，译文见 Duyvendak（3），p.196；参见《道德经》第二十九、三十六章。

　　⑨　《孙子兵法·九地篇》。这个原则通常以隐喻或具体应用的方式阐述。也可引用一种通俗说法："先礼后兵"；缪天华（1），第90页。

　　⑩　《孙子兵法·军争篇》。

　　⑪　唯一不变的是变化的普遍性。

为"极"①。孙子建议当敌人的精神已变得较虚弱时，当敌方的命令失误时，以及当他的力量已耗尽时，就要对他进行攻击②。

　　10．用某些间接方法达到目标的原则。在角逐中，用间接的、对方所没有料到的方法，可以格外容易而确实地达到目标。直接的方法较易预言，且无需很多的想象力，成功的机会少得多，而且会被对方所封阻，导致非常重大的损失③。

　　与道家学说有密切关系的原则9④为所有哲学派别所接受，因而成为中国人思想的基本组成部分，尽管有许多不同的解释。有些哲学家以合理的方式理解它，另一些人则更喜欢采取准巫术的观点，追求星占学知识，五行的相互作用，等等⑤。

　　用兵思想的心理方面是非常重要的，因为任何成功总是主要根据知识和技能，预言未来变化的能力，己方的潜力，敌方的可能性，以及应付局势的能力，等等。自身力量的实际的具体的运用是次要的。此外，有很强的依赖于"事物的本性"，依赖于测算和预期的"自然变化"的倾向，结合着避免仅仅使用力量，或依靠先进器具的倾向⑥。这些观念自然使社会力量导向其他目标，而不是军事技术的改进。

37

(4) 战斗和竞争

　　前面已经指出，在中国逐渐形成的战争和战斗的概念与欧洲的完全不同。西方人倾向于"为反对某人而战斗"，而自从孙子的时代以来，中国人就倾向于"为某事而战斗"。在第一种情形中，双方都倾全力于敌人，并认为打败或歼灭其对手是他们的主要任务；在第二种情形下，注意力集中于特定的政治或经济目的。当双方互相反对而战斗时，他们的用兵逻辑非常简单，只有两个评价标准。当双方是为了某事而战时，它就变得复杂得多，用兵的逻辑是多标准的，因为打败敌人并不构成唯一的目标。的确，一方可能有几个目标。敌对方必须确定哪些构成战争的目的，如果双方为不同的目标而战，他就可能误入歧途⑦。此外，如果双方互相战斗，而且如果战斗是根据"决斗"的方式

---

　　① 见兰德〔Rand (1), pp.81, 87〕对这些概念的分析。参见《道德经》第二十三、二十四、二十九、三十六章；《易经》卷八，第五页；Wilhelm (2), p.340, 贝恩斯（Baynes）的英译文；《国语》卷二十一，第一至七篇。

　　② 《孙子兵法·军争篇》。其最著名的例子也许是曹刿所用的计谋。当敌人三次攻击他的部队时，他命令他们保持不动。只在后来，他才允许他们攻击对方。他用这样的方法使斗志高昂的己方部队对抗士气衰退的敌人。见《左传·庄公十一年》；Legge (11), p.86。亦可参见疱丁对这些原则的著名描述（参见本书第二卷，pp.45—46）。

　　③ 《孙子兵法·军争篇》。孙膑围魏救赵是最出名的例子之一。

　　④ 参见本书第二卷，pp.33ff.。

　　⑤ 这个原则对下列各卷的读者应是非常熟悉的。见本书第四卷第一分册，pp.9ff. 和图277，还有第五卷第四分册，pp.226ff. 和图1515。当任一过程达到它的最大强度时，便不可避免地开始衰退，而它的对立面就不可避免地取而代之。这对"阴"和"阳"来说是真实的。它已被称为"（传统）中国物理学（和化学）第一定律"，而且可被概括为"一变量的任一最大状态是固有地不稳定的"。这是古代中国科学和军事思想之间相对应的又一个象征。

　　⑥ 对使用力量的否定态度见：《韩诗外传》卷二，第二十四、三十一章；译文见 Hightower (3), pp.64, 71；又见 Lin Yutang (3), ch. 3, pp.77—78。关于道家对技术的态度，参见本书第二卷，pp.122—124。

　　⑦ 斯科特·布尔曼（Scott Boorman）对西方和中国的战略思想作了有趣的比较，他的某些概念已在这里被采用〔Boorman (1), pp.23—25, 211〕。"决斗式战争"的概念深刻地影响了西方的思想。甚至在一本分析全世界古代和"原始"战争的书中，作者写道："战争的目的必定是一个民族的失败"〔Turney-High (1), p.103〕，但从较近的研究的观点〔Otterbein (1)〕来看，这个意见需要改变。

进行，荣誉问题就成为决定一切的因素，有如搏斗的规则和威信的规则所体现的。反之，当为了某事而战时，就像一家"公司为它在市场上的地位而战斗"，完成目标是最重要的因素，武士般的行为是不适用的，可以轻易地牺牲声誉来达到目的。甚至可以接受让敌人取得暂时的胜利，如果这样做能最后导向达到其主要目标①。在第二种情况下，实际的战斗未必总是必需的，目标有时可以在没有强迫的情况下达到。竞争可以和共存相结合，实际上这种"敌人兼伙伴"可以允许存在很长时间，他为满足其需要的努力，在一定范围内可被接受。

38　　　　因此，自从公元前 5 世纪起，中国的军事和政治思想出现了一种很强劲的倾向，即避免在国家之间使用武力和战争；许多思想家认为，战争是非常危险的，代价很高，按照他们的意见，甚至胜利也是危险的。如孙子说："百战百胜，不算是好中最好，不战而使敌人屈服，才是好中最好。"（"百战百胜，非善之善者也；不战而屈人之兵，善之善者也。"）②又如，在《管子》中可以找到这样的话："最好完全没有战争，次好只有一次战争。"（"至善不战，其次一次。"）③相似的思想在《吴子》以及其他许多政治和历史著作中均有表达，它构成了中国古典战略的基础。

　　一般地说来，有三种主要的倾向。第一种，由儒家传播（某种程度上也由法家传播）④，建议靠改善政府工作，以及创造内部和睦及幸福来获得国家的优势。然而，虽然他们的方向可以视为相同，但他们的手法却截然不同。有时，为了足以保卫和平并在国际事务方面取得政治上的胜利，儒家和法家都主张建立强大的军队和良好的军备⑤。这些思想可在《尉缭子》、《吴子》、《司马法》、《六韬》、《三略》等许多军事论著中找到。

　　第二个学派认为，用熟练的外交手腕，派遣奸细和使节至外国，使敌人撤消计划，或仅用聪明的计谋（"谋攻"）就可以达到"不战而胜"。在上述情况中，虽然胜利实际上是靠智力竞争而非用武力所达成，但可以允许进行某些战斗。这种观念被"破敌于杯盘之间"（"拔城于尊俎之间"）这句名言所表达，即在庙堂举行宴礼时谋划战略（"折冲尊俎"）⑥。这样的思想为《孙子》、《李卫公问对》以及其他纵横家学派的古代哲学家所传播。某些概念当然也存在于所有前述的军事论著之中。

　　第三种倾向探求用阴阳理论、五行的力量、巫术般的数字命理学、占星术等轻易取胜，征服敌人；换句话说，就是依靠自然力和法术。这些观念也影响了许多理论家，在《吴子》、《六韬》和《孙膑兵法》中，尤其在《太白阴经》、《阴符经》、《虎钤经》、《握

---

　　①　在这种情况下，战略和战术很不一致，甚至可以是矛盾的。最终的胜利和战术问题无关；在许多次暂时的胜利之后可以在一个方面被打败。高川秀格［Takagawa Shukaku (1), p.70］说过，"在围棋中，战术依赖于战略，然而在国际象棋中，战略是建立在战术上的"。这种比较似乎某种程度上也适用于西方和东亚的战略思想。但在中国，战术胜利也有一些价值，许多理论家把达到战略目标和获得纯粹战术上的胜利清楚地区分开来。

　　②　《孙子兵法·谋攻篇》；译文见 Giles (11)，经修改。

　　③　《管子·兵法第十七》；译文见 Rickett (1)，p.230。

　　④　确实有些法家作者设想国家主要是一架战争机器，但他们之中无人认为没有促进人民幸福的良好法律，就可以取得战争的胜利。

　　⑤　参见《诗经·大雅·抑》第四节；译文见 Legge (8)，p.513；《管子·兵法第十七》，译文见 Rickett (1)，vol. 1, p. 224。这些思想对于汉代防御战略的发展可能贡献甚多。根据他们的见解，有适当的边境战备和健全的防御，应足以打败北方的蛮夷（《后汉书》卷——九），即匈奴。

　　⑥　见缪天华（1），第 342 页；参见《战国策》卷十二，第四四二页；译文见 Crump (1)，pp.201—202。

奇经》、《李卫公兵法》及其他典籍中，可以看到。

三者之中的第二种倾向——避免战斗和摧毁性的胜利——似乎是最重要的，而且它 39 统治了中国的军事思想和政治实践。它是从孕育了几种特定原则的文化背景中产生的，其中之一建议缓慢地逐步战胜或征服敌人，即"像蚕那样吃一整张［叶子］"（"蚕食鲸吞"）[①]。由这种对战争的态度所产生的另一条原则是"攻心为上，攻城为下；心战为上，兵战为下"[②]。因此它强调战争的心理方面，用武力的形象替代真实的战斗的可能性，以及操纵敌人的思想、人民的愿望及其领袖的计划。简单地说，古代中国人非常理解战争的最终目标是改变敌人的思想，因此，他们准备接受某些明显不利的事；同时，他们建议如有可能，不用武器直接达成此事。这样的思想不但在《孙子》和《吴子》这样的军事书籍中进行了阐述，而且在《左传》、《史记》、《前汉书》、《后汉书》以及其他典籍关于各种政治事件的叙述和关于政策的言论中也有阐述。

甚至当战争进行时，军事理论家们也建议限制强制和使用武力，而用其他手段替代，例如，在对方领袖间挑起不团结，贿赂指挥官，甚或刺杀他们。由于经常强调心理方面，他们建议战略和战术要根据敌对的指挥官的个人特性，或敌方的"国民心理"来制定。这样的例子能从《吴子》中的一段有趣的引文见到。

> 齐国人性格刚强，国家富裕，君臣骄傲奢侈，而且轻视平民。政事宽大，俸禄不均。他们列阵有两种心理，前面的强而后面的弱。因此，［军队］人数虽然众多，但不坚定。和他们作战的方法是将他们［军队］分割成三部分，从左右两方面攻击他们，威胁他们，并［一直］追击，则他们将被打败。

> 秦国人性格悍猛，地势险恶，政事严密。赏罚可信，民众顽强，作战坚决。其战阵容易分散，于是人自为战。攻击他们的方法如下：必先给他一些明显的便宜，然后以撤退引诱他。他们的部队将会因贪得而离开指挥官；然后你就可利用这种情况追猎已分散的部队。而且，如果你设置了埋伏，抓住了战机，甚至能擒获他们的指挥官。[③]

〈夫齐性刚，其国富，君臣骄奢而简于细民，其政宽而禄不均，一阵两心，前重后轻，故重而不坚。击此之道，必三分之，猎其左右，胁而从之，其阵可坏。

秦性强，其地险，其政严，其赏罚信，其人不让，皆有斗心，故散而自战。击此之道，必先示之以利而引去之，士贪于得而离其将，乖乖猎散，设伏投机，其将可取。〉

有时还以另一种方法将心理因素引入战争。通过政治上和心理上的准备，对方最终能被麻痹，其抵抗力严重削弱。例如，《六韬》在"文伐"的12种方法中说：

> 按照敌人的意愿行动，使他感到满意，因此，毫无疑问他将变得骄傲自满。在他的官员中将出现叛徒，那么以后就易于打败他。

> 用寻欢作乐加强对敌国统治者的蛊惑。通过提供超过其欲望的东西，送给他珍

40

---

① 见缪天华（1），第752页；《史记》卷六，第二七六页，译文见 Chavannes (1), vol. 2。

② 这个思想首先被记录在《军志》中，这是一部在《左传》［宣公十二年；译文见 Legge (11), pp. 314, 319］中曾被引用的已失传的军事论著。现在的表述方式出自《三国志》的注释（卷三十九，第九八三页），见于马谡在和诸葛亮讨论时所说的话，以一种通俗的表达方式而被他所引用。后来，《三国志演义》对于它的普及贡献甚大（第八十七回，第六九六页），译文见 Brewitt-Taylor, vol. 2, pp. 281—282。

③ 《吴子·料敌》；译文见 Griffith (1)，经修改。

珠、美女，等等，甚至不用战争，他的国家就会屈服。

对敌方宫廷高官进行贿赂，使其中央和地方当局之间产生不和，从而挑起内部冲突和混乱，于是该国将不可避免地瓦解[①]。

〈因其所喜，以顺其志。彼将生骄，必有奸事。苟能因之，必能去之。

辅其淫乐，以广其志，厚赂珠玉，娱以美人；卑辞委听，顺命而合，彼将不争，奸节乃定。

收其内，间其外。才臣外相，敌国内侵，国鲜不亡。〉

自诸葛亮时代（3 世纪）以来的另一种经典方法是在战时对待敌方将士非常礼貌和仁慈，在作战时将他们关押，但不久就把他们释放，送给他们礼物，并尽一切可能对他们表示亲切。因此，他们的作战意志必然会减退，最终会长期顺服，而无一点报复的愿望。

《吴子》详述了一种最令人感兴趣的观念。在此书中，战争按其起因被区分为五种。第一种是正义之战，目的是镇压暴力和平息骚乱[②]；第二种是侵略之战，目的是用更强的兵力获得利益；第三种是激怒之战，它是因统治者的愤怒而引起的；第四种是暴乱之战，仅仅为了获利而对一切礼法作战；第五种是因本国饥荒或混乱而引起的战争。各种战争的战略应是不同的，要想对抗任何种类的攻击，均应制定适当的计划。在正义之战中，礼法的标准是重要的。在侵略战中，退让是必需的，并且准备接受和议。激怒战可以外交说辞制止。暴乱战中可用诡计获得胜利。由内部情况引起的战争，必须以深谋熟虑，对现状进行调整来处置[③]。

所以，中国理论家创造了许多概念，但只有一个目的：即在战斗中避免依赖使用武力[④]。不同的方法常常结合使用，"攻击敌人的意图"应与外交和军事活动的各个方面结合起来。燕国在公元前 3 世纪所制定的自卫计划是不依靠实际作战而达到胜利的一个著名例子。《史记》中记载了燕太子丹的谈话：

现在秦王有贪得无厌的心理和不能满足的欲望。不达到征服天下的全部领土和臣服四海之内的君王，他不会满足。现在，他已俘虏了韩王，并吞并了他的全部领土。而且，他正派军队侵略南方的楚国和北方的赵国……赵国不能抵抗秦国，必定将投降，于是灾难将降临到燕国。燕国是一个小而弱的国家，它已经遭到几次军事挫折。我估计我们甚至用全国的力量也不能抵抗秦国，而其他诸侯君主是如此地惧怕他们，以致不敢形成联盟［抗秦］。我的想法是，如果我们能得到一位天下最勇敢的人作为使者去往秦国，并献给秦王重大的利益，他是一个贪婪的人。他一定会给此人机会去做我们要他做的事。假使我们能强迫秦王退还他已征服的全部土地……那就一切都好。如不还，就杀了他。秦国的将军们正在国外统领着军队，假如其内部发生动乱，则新王和将军们就会互相怀疑。利用这个机会，我们就能和其他诸侯君主形成一个联盟，这样，我们必定将打败秦国。

---

①　《六韬·武韬·文伐》；另见徐培根（1），第 93—94 页；译文见 Strätz（1），pp.47—50。

②　探索这种类型的敌对行动与基督教神学的"正义战争"（一种至今并非没有影响的观念）的异同将是令人感兴趣的。

③　《吴子·图国》；由作者译成英文，借助于 Griffith（1）。类似的思想，附有战略建议的战争分类，也可在其他原始资料中查到。例如，参见《逸周书》卷二，第三至四页。

④　然而，应当指出，在古代中国的典籍中，"武力"是以十分特定的方式——按照待机状态、效率而被理解的。参见《吴子·论将》，第二节。

〈今秦有贪利之心，而欲不可足也。非尽天下之地，臣海内之王者，其意不厌。今秦已虏韩王，尽纳其地。又举兵南伐楚，北临赵；……赵不能支秦，必入臣，入臣则祸至燕。燕小弱，数困于兵，今计举国不足以当秦。诸侯服秦，莫敢合从。丹之私计愚，以为诚得天下之勇士使于秦，窥以重利；秦王贪，其势必得所愿矣。诚得劫秦王，使悉反诸侯侵地，……则大善矣；则不可，因而刺杀之。彼秦大将擅兵于外而内有乱，则君臣相疑，以其间诸侯得合从，其破秦必矣。〉

为了这个目的，燕国派使者荆轲到秦王处，将重要的政治流亡者（樊於期，他已为此而自杀）的首级献给他，并假装把燕国最富裕的一个地区献给他。在接见时，该使者试图刺杀秦王，但没有成功[1]；后来燕国便被秦国所接管，第一个帝国就此形成。众所周知，在中国曾发生过许多类似的但取得了实际效果的事例。

自从这些观念被普遍地接受以来，国家间的竞争便不能由军事集团所控制。此外，按照西方的标准，中国的军人常常不是非常尚武的，前面已经看到，对他们所要求的品质往往使军队首长更像政治家。为什么在一次战争以后很容易把军人政府变成文人政府，这是一个重要原因。于是，在中国历史上，有许多战争，但没有军国主义[2]。

须记住，在国家间的竞争中，战争并非必要的，当战争真的发生时，战斗和动用武力也并非必要。同时，在中国的战争原则中可以看出两个重要的观念。第一种就是所谓"父子之军"，强调将领应该像对待自己的儿子一样对待士兵，和他们一起吃饭，与他们站在一起并对他们表示关怀，当然也执行纪律。这就是日常家族式社会模型的仿效。这种传统今天甚至在日本和香港仍是强固的，家长式的组织和各种依附人格依然十分普遍[3]。这条原则也为中国历史上多次出现的私人军队的发展创造了有利条件，因为它把将领是父亲般的人这一概念突了出来[4]。

第二种观念涉及把军队置于死地，形势危急，而士兵深信没有机会幸存，因此准备去死时所激发的勇敢。这也和对待死亡的普遍态度有关。与集体紧密连结在一起的个人也许能更容易接受死亡[5]。也许轮回的思想（由佛教传入）结合对祖先和英雄的迷信，产生了个体的死亡并非最终结束的信念。在许多情况下，个人必须为他的家庭或领袖献

42

---

① 此事件和早先在制图学中提到过的一件事有联系，它在本书第三卷，pp.534ff.，图222有较详细的叙述。太子丹的谈话已载于《史记》卷八十六，第十页起和第十七页，译文见 J. J. Y. Liu (1), p. 29，经作者修改。更详细的叙述见 Chêng Lin (1); Bodde (15); Margouliès (3)。荆轲企图行刺的故事后来在汉画像石艺术上经常出现，例如在武梁祠。关于荆轲的讨论，参见 W. Fairbank (1, 2); Wu Hung (1), pp. 604—613。

② 这个命题与特尼-海伊 [Turney-High (1), p. 103] 所述及的美洲印第安人区域流行军国主义但战争不多恰好相反。在中国文明中，军国主义传统的微弱不能过分简单化地认为仅仅是缺少这种倾向。它是有的，但未充分发展。如果它已发展起来，则强调的重点不是武力和勇敢，而是诡计和技巧，德行和秘密知识。参见《尉缭子·武议》，《六韬·龙韬·励军》，《吴子·论将》; J. J. Y. Liu (1); Ruhlmann (1)。

③ Reischauer (5), pp. 230—231, 237—242, 328—329; 李亦园和杨国枢 (1)，特别是第52—53页，110—113页，116—117页，245—247页，360页; 参见 Tasker (1), p. 19。某些学者推测，带有强固家庭束缚的各种人格依附与日常生活及政治上侵略倾向的抑制有联系。亦见李亦园和杨国枢 (1)，第138—139页，164—165页。

④ 例如，在那种写着将领的姓的旗帜下作战的传统，就体现了军队的私人性质。也存在着强烈的把军事勤务变为家庭任务的倾向，士兵的家庭世代和军官的家庭联系在一起。关于20世纪中国军队的私人性质，见 Chhi Hsi-Shêng (1), pp. 41, 61—68; Vysogorets (1) p. 126。关于18世纪山东军队起义的情形，见 Naquin (1), pp. 65, 84, 114。

⑤ 法家作者有时明确地谈到要用严厉的措施使民众去作战，这种做法与百姓当然希望的家庭安全和舒适大相径庭。

出他的生命，在某种特定环境条件下，他甚至必须自杀[1]。在西方，料到要死会导致丧失力量，而在东亚，在相同的情况下恰恰导致相反的结果，产生了愤怒的情绪。这种心理现象，即从个人行为的完全控制突然转变为丧失对情绪的一切控制的可能性，为军事理论家所利用。其结果是出现两种战斗型式。一种是"松懈的军队"，战斗没有勇气，当形势危急时，就准备逃跑；而另一种是"敢死的军队"，以大无畏的勇气战斗至死。看来，在20世纪之初进行的现代化过程中，最难办的似乎是训练官兵以"合理的方式"进行战斗，权衡牺牲及相应的利益，将有组织的和平衡的抵抗转变为有秩序的退却[2]。

中国的战争原则清楚地显示，理论家并不把最后胜利与任何军事潜力相联系。其主要因素是将领的才能。然而，为战争所设计的战略不应与军力的平衡相违背。虽然孙子要求有战术水平上的数量优势，但吴子甚至在一次单独的战役中拒绝这种必要性（他的原则是以一当千）。弱者怎样对抗强者的思想在中国军事思想中是一个主旋律，而且看来与道家有关[3]。为不同的兵力对比所提出的战略的最佳概述可在《孙膑兵法》中找到。这些原则的最有名的战例之一发生于吴、楚之间的战争中。公元前512年，伍子胥提出在北方为楚国制造一次虚假的危机以诱使它出兵，待楚军到达时，吴军就撤退。接着应在南方炮制一场明显的危机，并再次继之以撤退。一年之内，这样的过程重复数次，诱使楚国出兵，但不让他们获得任何东西，也不准许任何真正的战斗发生。最终，在这些事都做过以后，吴国的军队得以无多大困难就占领了楚国的首都[4]。

古典中国哲学的基本思想之一是"顺"而不是"逆"，这个思想为道家和阴阳家所详细阐述，并以多种方式影响军事思想。它形成一种特殊的作战方式，即以柔克刚。按照《六韬》所说，太公建议使敌人变得更强，并增加其兵力。这样，他就会变得骄傲，并低估对方的军队。当他变得十分强大时，一定会产生某些弱点，而这些弱点恰恰就是应该攻击的地方。这种方法叫做"攻强以强"。而且，太公建议在敌人的宫廷内制造不和，使其君主的受贿的侍者和官员反对其他官员，示以没有侵犯的意图，使其国民放弃战斗的精神，因此，"撤众以众"。他建议的另一方法是先闭塞敌人的心智，从而使其丧

---

[1]　孙逸仙讲过一个十分有趣的政治自杀例子。当建议在国民革命军中创造自我牺牲和敢死精神时，他讲到了两个中国学生，因为革命尚未开始，他们不能为祖国牺牲自己的生命，于是都投了海，就这样"为革命而死"［孙中山 (2)，第857页］。这种自杀没有实际的意义或用处，它只显示出他们对既定思想，即祖国的革命性变革的忠诚。《史记》上有许多关于同一主题的各种实例。在此书中可以找到对伟大诗人屈原著名的自杀的描述（卷八十四），以及一篇有名的记述，由于极端仁慈，吴子使其士兵产生了为他而献出生命的愿望［卷六十五；译文见 Griffith (1)，pp. 71—73］。在《史记》中，还有一个真正涉及自杀的军事诡计。在吴越之战中，一次越军发动攻击，三组士兵来到吴军阵前，大喊一声就砍去了自己的头。当吴国人惊讶地注视着时，越军的其他部分发动了突然的进攻，击败了敌军，并杀伤了国王。见《史记》卷四十一，第一七三九页；Yang Hsien-Yi & G. Yang (1), p. 47。关于中国人对死亡的态度的某些方面的分析，见 Granet (6), pp. 203—220。戴密微［Demiéville (11), pp. 3—7, 407—432］提供了中国和日本与佛教徒习俗有关的"思想自杀"(ideological suicides) 的另一个有趣分析。关于中国人对死亡的态度，又见 Watson & Rawski (eds.) (1)。

②　见以下著作中关于战斗和训练的描述：Vogak (1), Rzhevuskii (1), Vladimir (1), Rossov (1), Cherepanov (1), Blagodatov (1), Vysogorets (1)。

③　参见《道德经》第二十四、三十六章。

④　《左传·昭公三十年》；译文见 Legge (11), pp. 733—735。参见《孙子·虚实篇》注释［郭化若 (1)，第126页］。这个战略后来被共产党领袖在抗日战争中使用。见 Mao Tsò-Tung (4), On Protracted War。

失制订良策的能力，然后和他作战①。

这些军事观念显然和道家以及诸如儒家、法家的学说，阴阳家的理论，还有纵横家的思想有关。虽然本质上这些观念是以相同的文化遗产为根据，但又适应于东方的其他文化，包括从最遥远的古代以来许多民族所使用的主要战争原则②。虽然这些观念基本上与欧洲在13世纪末和第二次世界大战之间所接受的那些思想不同，但它们与罗马帝国的观念，而且非常奇怪，与现代思想，有许多共同之处。也可观察到，与16和17世纪特别重视诡计和策略的军事观念有某些相似之处。

当然，必须理解，在西方，战争主要是国家之间的冲突，如罗马人以及后来的克劳塞维茨 [von Clausewitz (1)] 所理解的那样。因此，战争是进攻性的。从公元前3世纪起的中华帝国，军事活动是维持永久的内部秩序，保持边境和平，以及保持邻近民族处于从属地位并承认宗主权的一种手段。与此相关连的是这样一个事实，即避免依赖强力似乎已成为东亚的非常古老的传统。当然，孙子的可能导致敌国灭亡的战国时代的进攻战观念与在多国政治环境中逐渐形成的19世纪的西方观念更加接近，而且决不可忽视；但是，中国人基本上采用防御战略，这种战略创立了稳定的社会和军事体制，它把重点置于以保存政治和经济制度为目标的宣传战和间谍活动上。 45

当然，中国人保存力量的努力并非独一无二的。理想的罗马将军不是一位带领部队不顾后果地冲锋直至胜利或死亡的英雄式人物，他宁可以缓慢而精心准备的行军向前推进，在他的后面修筑补给的道路，营地每晚设防，以避免不可预料的快速机动的风险。他宁可让敌人退入设防阵地，而不接受开阔地作战不可避免的损失，并且宁愿等待敌人在长期的围困中因饥饿而屈服，而不愿用强攻夺取筑城以致遭受巨大伤亡。由于克服了仍旧灌注着希腊尚武理想的文化精神，罗马伟大的将军们以他们的极端谨慎而出名。不是有一个将军叫做"迁延者"费边（Fabius Cunctator）吗？

但是，古代中国人看来甚至走得更远。他们也有大量以往的军事斗争经验，但他们的文明并不产生像希腊人和罗马人那样的军事导向文化和军事制度③。所有宣扬军事价值和提高军人威望的企图都失败了，因此在数千年的过程中，他们完全接受了非军国主义的战争观念。中国人很早就明白，一个强大而稳定的帝国宁可以政治手段和经济结构来建立，而不要用军事征服来建立。他们看来也缺乏进行伟大征服的愿望，而这种愿望自古以来就吸引着西方的心智。"军事产业"的缺乏和有意识地避免代价昂贵的胜利这两个因素，既有助于保存中国的国家及其文化，又有助于它们的缓慢成长。

战争的心理方面的巨大发展，以及抬高所有主观因素的作用，当然是和现实有联系的；在中国，后勤通常比在罗马薄弱得多，其结果是战争的物质方面是次要的，而且也被认为是次要的。中国的力量不仅在一定程度上基于技术的优越性④，而且也基于它的

① 《六韬·武韬·文启》；译文见 Strätz (1), pp. 62—63。

② 如将特尼-海伊 [Turney-High (1), pp. 25—26] 所概括的所谓"原始民族"所用的战术的基本要素与上述原则相比较，能看出它们是多么接近。魏汝霖和刘仲平 (1) 对中国军事思想的发展及其与各种哲学派别的关系作了恰当的叙述。

③ 见顾立雅 [Creel (7), pp. 1—3] 关于中国和罗马的鼓舞人心的比较。应该补充的是，西方的军国主义倾向也是由于存在于基督教内的以色列人的严阵以待的传统所激发。见 Bainton (1); Craigie (1)。

④ 例如，汉代的弩以及五代和宋的火药武器就属于这种情况，我们在本书第五卷第七分册中讨论后者。

政治、经济和人的潜力，以及它的高度文明。如果中国被外国人打败，那显然是由于内部政治原因，由于没有能力组织当时存在的潜力，而非由于技术的落后。中国古典战争理论一方面是惊人地"现代的"，另一方面，由于对武器的忽视，又属于过去。

（5）中国古典战争理论的其他组成部分

除了战斗原则和行动的一般原则之外，古典中国战争理论还包括其他几个组成部分：地（territory）的理论，指挥理论，军事调查分析，军队管理思想，以及情报、用水和用火，军阵和军训等观念。此外，自从汉代发展了军事装备的科学和伪科学，中国人也关心筑城、星占术、阴阳消息和五行、军队的魔阵，等等。这里对其中几个方面作一简短说明。

（i）地（土）

地的理论构成古典理论最重要的部分之一。适当利用地在获取胜利方面被看作是非常重要的，并且是保障军队的努力的一个独立因素。前面已经提到，条件被中国人看作积极的因素；地的形状形成了军队的力量，并决定其战斗力。然而，古典战争理论优先考虑人，而不是物质的因素。例如，在《尉缭子》中有如下的话："天时不如地利有助益，地利不如人和有助益。圣人只看重人事。"①（"天时不如地利，地利不如人和。圣人所贵，人事而已。"）不过，如果人是战争中最重要的因素，则次重要的就是地。

从孙子开始，对地从有形的和政治的两个方面进行了分析。关于第一方面，孙子采用了几种地的分类方法。最通俗的一种列举了"山"、"水"、"斥泽"和"平陆"②。后来又加上"林"，并为每种地域介绍了特定的战术。在有形的方面，孙子又定义了六种地："通"、"挂"、"支"、"隘"、"险"、"远"③。就其政治和心理方面而论，他把地分为九类：

1. 军心和兵心容易瓦解的地区（"散地"），即军队远征所经过的本国国土。
2. 会引起怀疑和犹豫的地区（"轻地"），个别人仍可能从该地逃跑。
3. 有战略价值的地区，双方都愿为争得该地而作战（"争地"）。
4. 任何一方可以从任何方向经过的开放地区（"交地"）。
5. 对国际关系至关重要的大路交叉的地区（"衢地"）。
6. 形势严重的地区（"重地"），即在推进的部队后面有许多未被包围的城市的敌国领土，以及难以从那里撤退的地区。
7. 山林、险阻、沼泽等道路难行的地区（"圮地"）。
8. 被包围的地区（"围地"），进入的道路少而且都易于被堵塞的能设伏的地区。
9. 死亡地区（"死地"），士兵只能求死而无从逃遁的地区④。

---

① 《尉缭子·战威》；译文见 Weigand（1），pp. 71—72。同样的观点也见《孟子·公孙丑章句下》第一章，译文见 Legge（3），p.84。

② 《孙子兵法·行军篇》。

③ 《孙子兵法·地形篇》。

④ 《孙子兵法·九地篇》。

这些类别甚至为中国的注释者以多种不同的方式进行解释,对于只习惯于依据地文学的特征进行分类的西方人来说,这是异乎寻常而又难以理解的,以至有时甚至被认为是不合逻辑的①。但是,如果记得,地被看作是产生战斗力的,并且是军队的原动力,那么这种分类就变得十分合乎逻辑了。按照决定人们行为的这些特性描述地确是有趣的尝试。

地在战争中的作用还以另一种方式来解释。《孙子》有如下的话:

> 依据战争的原则,第一衡量距离 (distance),第二衡量容量 (volume),第三是数 (number),第四是称 (weight),第五是胜利 (victory)。地产生距离,距离产生称,称产生胜利。②
>
> 〈兵法;一曰度,二曰量,三曰数,四曰称,五曰胜。地生度,度生量,量生数,数生称,称生胜。〉

这段文字也许是从比孙子的论著更古老的典籍中引用的。它还未被完全理解,而且一直困扰着注释者。然而,其基本的意义是够清楚的:地决定有形的距离和轮廓,这些又决定了军队的必要力量,因为可能有强和弱的地区,它们代表在特定的地点应使用的军队数量。军队的分布决定了在任何特定地点能集中的力量,而反过来这又影响力量的对比;决定胜利的就是这一最后的因素。这就是地形或地成为战争中的基本因素的根源所在。

应当提及,有些理论家,例如诗人杜牧 (803—852 年) 对这段文字的理解有所不同。对他来说,地不仅是轮廓和距离,而且是国家的规模及其人口和资源。这些因素在决定胜利方面也是重要的③。当然,有时借助阴阳学说用半巫术的方式解释地,这在战国时代以后变得普及起来。

48

(ii) 敌方活动的征兆

根据自然现象以及社会和心理知识,中国思想家描述了一整套提供敌国及其行动和企图的信息的征兆。这种知识对于将领来说是必需的,它有助于作出恰当的决定。自从孙子时代以来,这构成了中国军事科学的一个独立分支,而他的论述,虽然古老,但无疑仍是这方面最好的。他说道:

> 当敌军离我方很近而又保持安静,那么它是依仗据有险要的阵地。当敌军离我方很远而试图挑起战争,那么它是渴望对方前进。如果敌军的宿营地容易接近,那么它是在设置诱饵……在草丛中出现许多屏蔽物,意味着敌军要使我方起疑,鸟儿飞起是下有伏兵的征兆,受惊的走兽则告知突袭即将来临。尘土升起如高柱,那是战车在前进;尘土低而广布,那是敌步兵已经接近;当尘土向不同方向散开,说明敌人正在打柴。少量飞扬的尘土来回移动,意味着敌军在扎营。
>
> 言辞谦卑而加强准备是敌军大概要推进的征兆。言辞强烈而疾速进逼似要攻击,那是将要撤退的迹象。……这是计谋。许多人来回奔跑而士兵归入队列,那意味着关键时刻已来临。……由于缺粮。如果派去取水的人自己先喝,则军队正在遭

---

① 比如翟林奈 [Giles (11), pp. 100, 114] 所表达的意见。康拉德 [Konrad (1), p. 244] 对它理解得更好。

② 《孙子·形篇》;由作者译成英文。

③ 见《孙子兵法·形篇》注释。郭化若 (8),第 92 页。然而,这些思想与古典理论相差甚远。

受干渴之苦。如果敌人见利而无力夺取，则士卒已筋疲力尽……夜间有人惊呼意味着恐惧。军队内部骚动表明将领权威削弱。如果旌旗乱动，说明发生混乱。如果官吏发怒，意味着人已疲乏[①]。

〈敌近而静者，恃其险也。远而挑战者，欲人之进也。其所易者，利也。……众草多障者，疑也。鸟起者，伏也。兽骇者，覆也。尘高而锐者，车来也；卑而广者，徒来也；散而条达者，樵采也；少而往来者，营军也。

辞卑而益备者，进也。辞强而进驱者，退也。无约而请和者，谋也。奔走而陈兵者，期也。杖而立者，饥也。汲而先饮者，渴也。见利而不进者，劳也。……夜呼者，恐也。军扰者，将不重也。旌旗动者，乱也。吏怒者，倦也。〉

上述忠告有一些与古代所用的特定装备有关，或者与中国古典战争方法有关，但很多依然有效。在许多睿智的、至今仍是正确的论述中，有这样一段话：

再三犒赏说明已没有别的办法，一再重罚说明已陷于困境。先咆哮而后又畏惧敌人的众多，说明极其缺乏才智[②]。

〈数赏者，窘也；数罚者，困也。先暴而后畏其众者，不精之至也。〉

这些忠告间接地指明什么事应该避免，什么事是敌人所期望的。它也可以反过来用作诡计。例如，诸葛亮使用了一个有名的计谋，即反复移动旌旗以显示混乱，因而诱使敌人进攻。

在汉代以后，这些合理的判断原则又被补充了基于阴阳力量和各种法术程序的伪科学征兆。当然，在这两种原则间进行区别不是易事。在科学的和伪科学的两种情况下，调查研究是相似的，它毕竟包含了对暗示某些事情的物象的观察，然后按照当时的知识水平进行估计[③]。

(iii) 将

按照中国的古典理论，在取得军事胜利、保持内部和平及防止侵略方面，将帅是关键人物。《孙子》主张：

将帅是国家的辅佐，辅佐得周全，国家就会强盛；辅佐有缺陷，国家必然相应地衰弱[④]。

〈夫将者，国之辅也，辅周则国必强，辅隙则国必弱。〉

《吴子》甚至把将帅的作用提得更高：

百万大军，其潜在能力的建立都基于一个人。这就叫做精神的因素……指挥员的威、德、仁、勇，必须足以领导下属，安抚群众，威吓敌人，解决（下属的）一切疑难。当他发布命令，无人敢违抗，所到之处，敌寇也不敢对抗。如果得到这样

---

① 《孙子兵法·行军篇》；译文见 Giles (11) pp. 87ff., 经作者修改。
② 《孙子兵法·行军篇》；译文见 Giles (11), p.95, 经作者修改。
③ 参见本书第四卷第一分册，pp. 135ff., 在那里我们讨论过军事占卜者的作用，他倾听律管内的"气"声，并根据这些声音预测即将来临的战斗的结果。
④ 《孙子兵法·谋攻篇》；由作者译成英文。参见 Giles (11), p. 21。

的将领，国家必强，如果失去这样的将领，国家必亡。①

〈三军之众，百万之师，张设轻重在于一人，是谓气机……然其威德仁勇，必足以率下安众，怖敌决疑，施令而下不犯，所在寇不敢敌。得之国强，失之国亡。〉

在《六韬》中，相似的思想表达为："国家安危全在将帅"（"社稷安危一在将军"）②。这些观念可能源于任命将帅为边境地区首长的古老习惯，这种做法对于防御来说是很重要的③，但也是和古典战争理论重视人的因素以及重视运用才能胜于使用武力密切相关的。因此毫不奇怪，孙子甚至提议把整个战略集中于一个目标上，即杀死对方的将帅④。 **50**

古典战争理论强调道德和品格，思想一致和社会和谐，以及外部条件的控制，把将帅视为振奋全军的灵魂和力量。吴子和孙子对此表达得十分清楚⑤，但最好的隐喻出自孙膑，他把军队比作箭，把将帅比作弓，而把君主比作射手⑥。除了将帅通过恰当的训练和管理能在军中建立战斗精神这一合理思想以外，还有形而上学的观念。根据这些观念，将帅能靠与他自身精神和品德的神秘共鸣在军中创造必要的精神⑦。而且，他能利用和操纵阴阳力量和五行来帮助做到这一点⑧。当然，这是一种秘传知识，许多理论家拒绝考虑它。总之，与任何解释无关，这一点变得很清楚，即将帅应具备特殊的精神力量和品德。这些是理论家们所经常讨论的。

对于将帅职位的候选者来说，除了兼有军事和民事素质外，还要求有许多其他才能。吴子指出其中五点：统治民众的能力（"理"），时刻准备作战的能力（"备"），果断（"果"），谨慎（"戒"），言省令简（"约"）⑨。按照他的观点，将帅应当很谨慎，好像某人预料在敞开的门后面会遇到敌人；但从另一方面说，过分谨慎也是一大缺点。列举将帅的品德时也常常结合数说其可能的缺点。在《六韬》中有一段最好的描述：

勇敢的人低估危险而容易丧命。行动急的人缺乏稳定性，容易丧失希望。贪婪的人容易接受好处，可以被贿赂。仁慈而不忍将任务压在别人身上的人容易劳累。有远见而又常常担心后果的人反受窘困。自己诚实而轻信人的人因此受骗。自己廉正而不宽容人的人遭怨。聪明而常常缺乏决断的人易受袭击。刚愎而逞强的人会被诌媚所诱惑。怯懦而喜于将任务压在他人身上的人，他人会以只说不做来骗他。⑩ **51**

〈勇而轻死者，可暴也。急而心速者，可久也。贪而好利者，可赂也。仁而不忍人者，可劳也。智而心怯者，可窘也。信而喜信人者，可诳也。廉洁而不爱人者，可侮也。智而心缓者，

---

① 《吴子·论将》第一节；由作者译成英文，借助于 Griffith (1)。

② 《六韬·龙韬·立将》，由作者译成英文。

③ 见：顾颉刚（9），第9—10页；胡厚宣（8），初集第一册，第35—37页；陈梦家（4），第325页。据《史记》所说，吴子就是这样一位将帅。

④ 《孙子兵法·九地篇》；Giles (11), p. 145。

⑤ 《孙子兵法·势篇》，《吴子·论将》。

⑥ 《孙膑兵法·兵情》。

⑦ 兰德［Rand (1), pp. 58—75］对这些观念作了详细分析。但他过高估计了它们的重要性，甚至没有提到合理征兆的存在。

⑧ 《六韬·龙韬·五音》介绍了五种音调及其与五行和战阵的对应关系。亦见《太白阴经·占云气篇第八十八》。

⑨ 《吴子·论将》第一节。

⑩ 《六韬·龙韬·论将》；Strätz (1), pp. 68—69；由作者译成英文。

可击也。刚毅而自用者，可事也。懦而喜任人者，可欺也。〉

因此，正面的特性，当被孤立或发展至很高的程度，就变成了反面。所有这一切都是应用心理学的深刻分析。

有时，胜利与君主和将帅对道的理解有关。孙膑或许作出了最佳的阐述。

> 如果数量众多的军队能保证胜利，那么只要作简单的计算就可以找出胜者。如果财富能保证胜利，那么只要衡量谷物就可以知道胜者。如果锐利的武器和坚固的铠甲能保证胜利，那么很容易（事先）就可以知道胜者。但富有者仍不平安，贫穷者并未处于危险中；人数众多者仍未胜利，人数稀少者并未被打败。决定胜利、保证安危的（因素）是道。[①]

> 〈众者胜乎？则投筭（算）而战耳。富者胜乎？则量粟而战耳。兵利甲坚者胜乎？则胜易知矣。故富未居安也，贫未居危也，众未居胜也，少未居败也。以决胜败安危者，道也。〉

就《道德经》所提倡的虚无、绝圣弃智、清静无为和永远不违反事物的本性而论，道家的知识和同情心对于任一将领显然都是必要的。在中国历史上，"行之以道"有许多种解释。按照孙子的说法，它只是承认现实，并利用自然的变化和条件。儒家的解释引入了德的道义因素以及天意。晚期道家和自然主义者追求增长的宇宙知识。每种选择对将领都提出特殊的要求；有时甚至希望他具有魔力和这方面的知识，这种观点在古代是不存在的，但后来一直持续至近代[②]。例如，埃德加·斯诺（Edgar Snow）如此描述了抗日的共产党军队的领袖朱德将军的大众形象：

> 难怪中国民间流传他有各种各样神奇的本领：四面八方都能看到百里以外，能够上天飞行，精通道教法术，诸如在敌人面前呼风唤雨。迷信的人相信他刀枪不入，不是无数的枪子炮弹都没能打死他吗？[③]

对战争的主观态度就这样达到了顶点，胜利是与个人的秘传知识和法术能力相联系的。

在军事论著中常常考虑的另一个主题是将帅和君主间的关系。自孙子时代以来，通常的观点是将领应独立于君主和朝廷之外行动，从他接受命令的时刻起，直至战役结束为止，国君对他没有控制力。而且，孙子指出，治理国家的原则不应用于军队，任命军官的规则不应和文官的标准相混[④]。注释者们指出，用于治理国家的原则乃是根据仁、礼、义、信，但军队不能用礼和德作为标准——它应当运用诡计（"诈"）和以罚为基础的权威（"权"），而且总是按照变化的情况进行调整（"变"），而非遵守不变的原则。

52

---

① 《孙膑兵法·客主人分》，由作者译成英文，借助于 Rand (1)。

② 参见《史记》卷八十二，第二四五页，《田单传》；译文见 Watson (1)，pp. 31—32；J. J. Y. Liu (1)，pp.129—139；Naquin (1)，pp. 84—85, 133—134；Anon. (*251*)，第一册，第 241—244 页；参见 Anon. (*252*)。

③ Snow (1)，p. 362。

④ 《孙子兵法·谋攻篇》；参见 Giles (11)，p. 22。在这个方面，见本册（p. 82）我们对《封神演义》的论述。许多军队独立性的著名例子是众所周知的。《史记》中的传记讲述了一个宫廷笑话，孙子有一次被任命为由宫女组成的两支队伍的将领，因为这些妇女不服从他的命令，他就命令将队长（国王最宠爱的妃子）斩首。国王求他赦免，但孙子以"将在军"不受君命，拒绝服从。见《史记》卷六十五，译文见 Griffith (1)，pp. 57—58。又如，当周亚夫被任命为将军，皇帝来到营门，卫兵不允许他进去，并按正常的规定挡住他，后来得到将军的命令才放行。皇帝非常满意，还处罚了那些人人冲出去欢迎他的其他兵营的将军。见《史记》卷五十七，第二〇七页；《孙子·谋攻篇》注释，郭化若 (1)，第 71 页。

将帅的独立性常常以非常引人注目的方式表达。例如，《尉缭子》说，将军上不受天的制约，下不受地的制约，中不受人的制约（"夫将者，上不制于天，下不制于地，中不制于人"）①。

当君主在太庙正式任命将军时，就要重复一遍类似的套话，特别强调行事独立于君主和宫廷之外②。

根据这些观念，就产生了军队和国家完全分离的思想。如《司马法》写道：

> 古时侯国家不干涉军务，军队不干涉国事。如果军队干涉国事，百姓的德行就会衰落。如果国家干涉军务，百姓的德行也会衰落③。
>
> 〈古者国容不入军，军容不入国。军容入国则民德废，国容入军则民德弱。〉

然而，应当补充一句，对军权独立性的这种保护，始终是在精神上的从属地位下被表达；只在有限的工具职能的范围内，才给它一点自由。事实上，军队并没有完全独立于国家官僚政治之外，也从未完全与它分离。

（iv）间谍（"间"）

53

任何军队和任何战斗单位都需要军事情报，中国古典战争理论尤其强调这个方面，因为它与将战争理解为制定计划的竞争，是一种斗智，有密切的关系。比如孙子写道：

> 因此聪明的君主和有才能的将军，之所以动辄得胜，成功超过一般人，就是因为先知。④
>
> 〈故明君贤将，所以动而胜人，成功出于众者，先知也。〉

按照他和许多其他作者的观点，颠覆活动构成战斗和竞争的基础，符合"在交战之前削弱敌人"的原则。孙子甚至认为，战胜夏朝建立商朝，以及后来周朝的建立，主要是因为进攻方在对方的宫廷内有一个重要的人物才得以实现⑤。因此，所有重大的历史变化都以使用间谍作为其基本因素之一。当然，由于孙子还认识到需要有君主的开明和将军的智慧等某些品德，所以他对间谍在创造历史中的作用的观念进行了限制。他认为只有才智过人者才能够获得有品德的间谍并以正确的方法使用他们的情报和帮助。不过，关于间谍的价值的观念被继承了下来，因为它和人是战争的最重要因素这一古典理论的普遍信念互有关联。孙子说：

> 先见之明不能从鬼神（即占卜）得到，不能从事件的类推得到，也不能只用计算（即衡量军队的数量、距离，等等）得到，只能从了解敌情的人那里得到。⑥
>
> 〈先知者，不可取于鬼神，不可象于事，不可验于度，必取于人，知敌之情者也。〉

---

① 《尉缭子·武议》；Weigand（1），pp. 81ff。

② 《六韬·龙韬·立将》；《李卫公问对》卷下，第一四六页。见大庭脩（2），第70—71页，关于汉将。

③ 《司马法·天子之义》。

④ 《孙子兵法·用间篇》；Giles（11），pp. 160ff。

⑤ Giles（11），pp. 173—174。

⑥ 《孙子兵法·用间篇》，由作者译成英文，借助于 Giles（11），p. 163。"象于事"被注释者解释为同类的事件（"类象"），类似于董仲舒的观念（参见本书第二卷，pp. 281—282）。这句话的这个部分在新发现的文本中已丢失。它也可理解为"历史的类推"，这可能更近于孙子的原意。

孙子论述了五种间谍：①当地的间谍（"乡间"），战役进行时从民众中招募；②内部的间谍（"内间"），从敌方官吏中招募，他们之中，不论高尚者和叛徒，都能扰乱内部事务并提供重要情报；③双重间谍（"反间"），敌方的间谍为己方的目的所用（这些人被认为特别有价值）；④注定要死的间谍（"死间"），被派去欺骗敌人并料定会死；(5) 幸存的间谍（"生间"），被派往敌方并希望他们带着敌情回来①。

54　　　按照孙子所说，间谍应处于君主的直接监管之下，君主能同时使用不同的间谍组合。应绝对保守机密；在一个间谍将其使命泄露给某人的情形下，两人均应杀掉。对于间谍不应节省金钱、礼物和报酬，因为利用他们的帮助取得胜利比使用军队的全部力量便宜且容易得多。

传递秘密情报和命令的详细方法在另一些论著中有描述②。

(6) 中国军事思想中的主要争论

一些问题被理论家们用不同的方式加以解决。有时，虽然古典理论可能赞成一种观念，但另一种意见却在民众和官员中流行。即使为理论家所拒绝，这样的流行观点仍可能常常复兴，并对军事思想产生相当大的影响。

(i) 人 和 自 然

在中国的军事思想中，可以观察到两种主要的倾向。第一种以合理的并以人为宇宙中心的方式解释世界，胜利被认为是靠人的才能和努力而获得。第二种则追求利用以原始科学方式解释的自然世界各组成部分的方法，例如，它以为只有当人们的行为与自然环境，与当时的普遍条件，与五行等相协调时，才能够获得胜利。特别重要的是，这种观点认为，其中每一种要素只能被另一种特定的要素所克制，按照相克的次序，得出水胜火，火胜金，金胜木③。由于五行中的每一种元素都有相对应的数、行星、颜色、空间区域、音调和象征性相关系统中的六线形（hexagrams），因此这种观念包含了一个高度复杂的信念系统。由于巫术的观念和实践尚未从科学的观念和实践中分离出来④，所以第二种倾向不能被完全作为伪科学而予以摒弃。同时，因为巫术实践并未从宗教仪式中分离出来，军事论著还经常详细描述向鬼神进行适当的献祭。

55　　　在古典战争理论中，第一种理性主义的倾向一直占统治地位。然而，抬高自然的作用的观念也很有影响，许多军事思想家对此作出了贡献，发展形成了一个有军事价值的自然科学和原始科学的完整体系。但古典战争理论似乎完全朝着与那些被其他早期作者

①　《孙子兵法·用间篇》；Giles (11)，pp. 164ff.

②　例如，《六韬·龙韬》中的"阴符"、"阴书"两篇。将上述全部内容与考底利耶（Kautilya）的名著《政事论》（Arthasāstra）中有关密探和间谍的论述进行比较会很令人感兴趣，其译文见 Shamsastry (1)，pp. 17ff，22ff.，396—397，417ff.，427—428。这部印度著作一度被认为是公元前 1 世纪的作品，但卡利亚诺夫［Kalyanov (1)］认为应属公元 3 世纪。关于考底利耶和马基雅维利（Machiavelli）的比较，见 Sil (1)。

③　见本书第二卷，pp. 253—268，特别是 pp. 256—257；Forke (4)，vol. 2，pp. 431—478。

④　例见本书第二卷，pp. 57，84，89—98。

断定为非常重要的准科学观念和宗教实践相反的方向发展。的确，某些论著，如《孙子》和《尉缭子》①，完全拒绝神秘的方法，但另一些论著，如《吴子》②，却接受占卜和与五行对应有关的象征符号作为特别有用的组织模式，也作为加强己方部队斗志的手段③，还有些人，例如孙膑④，将自然哲学和古典理论结合起来。这里，我们只提出这种原始科学的基本要素，而不详细论述和分析它们的相互关系⑤。

（ii）时　　间

"适当的时间"的计算既有合理的、科学的考虑（比如，哪一天有风，宜于火攻），也有法术的成分（如"幸运日期"的计算)⑥。例如，金日，以及金时，通常被认为是防御者的有利时间，任何对他的进攻都不会成功⑦。

（iii）天

在古代中国，虽然没有像欧洲古代那样起巨大作用的星占学，但也有关于天体的重大意义的信仰。这些天体提供存在于特定时间和特定空间的自然之气（"天气"）的信息，与五行及其象征符号的流行相对应。有时它们被视为天帝的使者（"昊天上帝之使"）⑧。天体的模样启发了某些基本的战斗队形（"阵"），而星座则启发了营地的布局（"营"）。最流行的战阵称为"四兽"，它们对应于南、北、东、西的星座，并规定使用于不同方位的部队。一支军队的各部分和一个兵营的各营门也使用带有各自的星辰、星座和象征符号的旗帜。但最重要的是天体和五音的结合，因为按照五行理论，每种音或者产生一种特定的人气，或者克制另一种人气⑨。

还有"分野"，一种天地相对应的观念⑩，而天体经常也被用来断吉凶。例如，如

56

---

① 见《孙子》"九地篇"、"用间篇"；Giles (11), pp. 126, 163。《尉缭子·天官》；Weigand (1), pp. 58—59。

② 见《吴子》，"图国"，第一节；"治兵"，第七节。

③ 记得拉迪亚德·基普林（Rudyard Kipling）的《占星家之歌》（Astrologer's song）中有两行歌词：
什么战车，什么战马，会等着对抗我们
当星星在他们的行程中和我们并肩作战？
Kipling (2), p. 164, (3), p. 249。

④ 见《孙膑兵法》，"地葆"、"奇正"。

⑤ 关于它们的许多详细资料，见本书第二卷，pp. 346—364。

⑥ 每种文明都曾有过这种思想。例如希腊文中的 Kairos 就意为适宜于行动的恰当的或指定的时间，正确的时间。我们还记得"宣布上帝可接受的年份"这样的预言，它出自《旧约圣经》之《以赛亚书》[Torah (Isaiah, 61. 2)]，是由耶稣亲自在犹太教堂宣读的 [《路加福音》(Luke, 4. 19)]。像这样利用这种概念会使军队非常振奋，例如克伦威尔的新模范军（Cromwell's New Model Army）。

⑦ 《太公兵法》。有些有关时间的建议是十分合理的。例如，《司马法·仁本》中有不要在隆冬酷暑发动军事行动的忠告，因为这样士兵太辛苦了。也参见《礼记·月令》，《管子·幼官第八》，译文见 Rickett (1), pp. 213—219。

⑧ 《太白阴经·占五星篇第八十四》。

⑨ 《六韬·龙韬·五音》；《李卫公问对》卷中，第一三〇页；《太公兵法》；《风后握奇经》，第五页。《史记》卷二十四对音乐及其军事用途作了详细说明，译文见 Chavannes (1), vol. 3, pt. 2, pp. 230ff.。

⑩ 参阅本书第三卷，p. 545，我们在那里讨论了唐代分野体系的发展，其根源可上溯至战国时期。

果月亮有一圈红晕，就预示外边的部队将胜利，但如果月轮本身是红的，则兵营或城市内的部队可望取胜[①]。有时甚至发动军事战役的决心也是基于多个天体的颜色以及它们之间的相互关系[②]。除了太阳、月亮、行星和恒星之外，彗星被认为特别重要[③]。但古典理论家再次拒绝了所有这类准知识。

(iv) 风 和 云

风和云被认为是天上所发生的事件[④]。云的颜色被推测为指示了五行中的某一种元素起了支配作用，由此便得出是否可能胜利的结论[⑤]。风也是非常重要的。通常的意见是只有顺风才能进攻；如果风向变了，部队应立刻将其活动限于防守[⑥]。八风对应空间的八方，各有自己的名称和特征[⑦]。

除了云和风之外，天空的色彩、下雨和打雷也被认为是我方或敌方的"气"的征兆。这被视为胜利的基本因素[⑧]。

(v) 空间的划分

一切空间被分为本质为阳的"内"和本质为阴的"外"。此外，空间本身还被分为与五行相对应的五部分（东、西、南、北、中）。根据部队的空间分布和所希望的进攻方向，某些中国理论家建议使用相应颜色的服装和旗帜，以及相应的数字、尺寸、祭祀，等等。例如，墨家主张如果预料敌人对城镇的攻击从南方来，就应在这个城镇的南方举行一次对南方天帝的祭祀，并建议使用赤色的旗帜和军服，所射的箭和所用的礼器的尺寸等等都要以七为数[⑨]。许多理论家对于宿营和行军也作出类似的指令[⑩]。空间的划分与前述的自然特征有关，不过，有时使用和九宫相对应的更加详尽的方案[⑪]。

---

① 《太白阴经·占月篇第八十三》。

② 《太白阴经·占五星篇第八十四》。

③ 《虎钤经·彗星第一百四十九》；《尉缭子·天官》，译文见 Weigand (1)。

④ 参见本书第三卷，pp.462ff.。

⑤ 《太白阴经·占云气篇第八十八》；《虎钤经》，"云气统论第一百六十九"、"败兵云气第一百七十六"。并见 Loewe (12)。何丙郁和何冠彪［Ho Ping-yü & Ho Kuan-Piao (1)］最近研究了敦煌文献之一《占云气书》（S-3326），它可能著于 7 世纪初抄写于 10 世纪初。这是一本军用秘密占星术手册，含有许多对指导军队将领有用的预言，如："在庚辛日观察到赤云，不应攻打敌人"（"庚辛日，赤云，不可攻"）。亦可参见何丙郁和何冠彪 (1)、马世长 (1) 等中文论文。

⑥ 《吴子·治兵》。

⑦ 《孙膑兵法·地葆》；《太白阴经·占云气篇第八十八》；《太公兵法》；《虎钤经》，"占风统论第一百八十三"、"八节占风第一百八十九"。又见张其昀 (3)，第一册，第 1411 页，对不同资料的比较。另见 J. S. Major (4)。

⑧ 《六韬·龙韬·兵徵》；《太白阴经·占云气篇第八十八》。

⑨ 《墨子·迎敌祠第六十八》；参见 Yates (5)，pp. 353—355, fragment 52。

⑩ 《吴子·治兵》，第七节；《太白阴经·合而为一阵图篇第七十一》；《虎钤经·四兽第八十二》。

⑪ "九宫"是占星术中对天空的区划；它由一个中央宫和相应于八方与八卦的八个宫组成，与其他一切术数有关联。"九宫"常以气来确定，并被用于伪军事科学。见张其昀 (3)，第一册，第 507 页；《太白阴经》卷九；参见《虎钤经·八宫第一百三十二》。关于空间区划及其术数应用的其他资料见本书第四卷第一分册，pp. 261—269，293—296。

许多理论家建议军队宁可靠近阳地而避开阴地，于是全军可能根据这种信念确定其驻扎位置。因此某些有趣的结果出现了：在一支军队的后方和侧翼最好有山，前方有水或沼泽，军队的分布与此相反便被视为"不祥"①。在山的东面的阵地被视为"死阵"②。理论家还建议要用与土地颜色相当的旗帜，如在森林中用青色旗③。泥土的颜色也是重要的，而且能按照五行理论预测胜利。逆水流而动被认为"不祥"，向北流的水被视为"死水"，而向东流的则是"生水"④。

58

(vi) 战　　阵

自古以来，战阵被认为是军事艺术和军事知识的基础⑤。按照传说，阵是文明缔造者黄帝所发明的⑥，但其中有许多发明也要归功于众多著名的英雄。一些阵完全是实用的⑦，另一些则利用术数、六线形（hexagram）模式，等等。"圆阵"和"方阵"在许多古代资料中都曾提及⑧。圆阵对应于阳和天，而方阵对应于阴和地。最著名的成套战阵是"八阵图"，已知有多种解释⑨。最流行的说法是归之于诸葛亮，它除了前述的四兽阵式外，还包括天、地、风、云⑩。（参见表2和图2）这些阵被认为与八卦相对应，因此也体现"道"，并且设计了许多关于它们之间可能联系的复杂细节。阵及其组合分为用于不同情况的若干型式，例如，"正"（直接战斗）之阵适于投入战斗，"奇"（出其不意的机动）之阵可用以取得最后胜利。还规定了严密的顺序，标示出哪一个阵能跟随另一个阵，以及哪一种阵能用来克制敌方所采用的哪一个阵。各阵以形状、颜色和数字相区别⑪。（一种特别流行的命理学观念是以五开始，以八结束⑫。）其构成常常被认为

59

---

① 《孙膑兵法·地葆》；《太公兵法》；《虎钤经·结营统论第七十八》。对这种观念的批评另见《尉缭子·天官》。

② 《孙膑兵法·地葆》。他也考虑到较高的地点可保证对较低的地点取得胜利。

③ 《虎钤经·旗帜第六十九》，作者还忠告指挥官，其旗帜的颜色要与军服的颜色以及打算采取的行动（火攻用赤色）相一致，等等。

④ 《孙膑兵法·地葆》。

⑤ 参见《论语·卫灵公第十五》；译文见 Legge (2), p. 158。

⑥ 《太白阴经》卷六，第一三七页；《李卫公问对》卷上，第一〇六页。

⑦ 参见本书第五卷第七分册。

⑧ 《孙膑兵法·十阵》；《吴子·治兵》第五节；《鬼谷子》卷下，第一七六页。

⑨ 例见《太白阴经·离而为八阵图篇第七十二》（《兵学大系》本）和《武侯心妙》（《中国子学名著集成》卷七十二）。《八阵合变图说》，第六页及各处。参见《困学纪闻》，卷十三，第十三页，翁元圻注。在《小学绀珠》（卷九，第三五六页）所说的几种"八阵"中，有一种是由五行、天、地和人组成。应说明的是，"阵"字也用于意指"部分"。在《孙膑兵法》中，"八阵"只有这种意思，即一支军队分为八个部分，或者意指一支军队的特定排列，而不是战阵（见《孙膑兵法·八阵》）。因此，"八阵"这个术语有若干种含义。

⑩ 见《三国志》卷三十五，第九二七页；《李卫公问对》卷上，第一〇五页，卷中，第一二一至一二二页。诸葛亮有时也被称为"武侯"，被归于他的著作或阵就以此命名。

⑪ 见《太白阴经·合而为一阵图篇第七十一》；《虎钤经》，"四兽第八十二"、"握奇营第八十三"；《李卫公问对》卷上，第九十八至一〇一页。相同的基本符号和术数含意用于野营布置。亦见《风后握奇经》、《武侯八阵兵法》、《武侯心妙》。

⑫ 例见《李卫公问对》卷上，第一〇六页。

60　富有魔力并受法术的控制①。毫无疑问，像银雀山军事文献中的"十阵"那样明确合理
的布置和队形也是众所熟知的②。

表2　八阵（据《太白阴经》）

名　称	卦　名	正/奇	阴/阳	方　向	颜　色
天	乾	正	阴	西北	元（黑）
地	坤	正	阴	西南	黄
风	巽	正	阴	东南	赤
云	坎	正	阴	北	白
飞龙	震	奇	阳	东	上元 下赤
虎翼	兑	奇	阳	西	上黄 下青
鸟翔	离	奇	阳	南	上元 下白
蛇蟠	艮	奇	阳	东北	上黄 下赤

注：有些地方以"蛇"对应于坎卦、"云"对应于艮卦，这可能是一个错误。

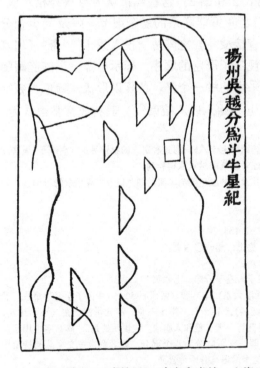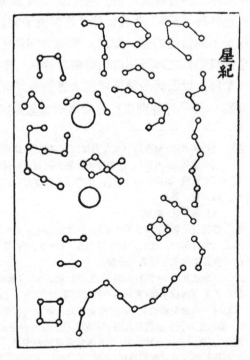

图2　《虎钤经》（商务印书馆，上海，1936年版）中的一个"分野"例子。

除了刚才提到的伪科学观念外，还有其他直接与法术及宗教有关的成分和做法。例
如，流行着有关预兆、算命、祭神、护身符、人体的法术训练和武器（特别是剑）的魔

---

① 见《太白阴经·祭毘沙门天王文篇第七十八》；《虎钤经·结营统论第七十八》。也见与"河图洛书"有关的
计算，Rickeff (1), pp. 183—188。

② 《孙膑兵法·十阵》。

力的信仰①。的确，这些信仰在 20 世纪初仍很强大②，虽然自孙子的时代起，它们就一直为许多专业人员所谴责和拒绝③。

（vii）道德和精神因素对天险和其他客观的物质的因素

在战役中，人及其道德和心理因素为一方面，自然为另一方面，关于其实际重要性——或者更概括地说，关于精神和物质因素的作用的意见分歧，构成了其他争论的基础。战争的结果取决于统治者的道德或其正确的领导还是国土的自然条件，取决于心理上的信念还是欺骗手段和有形的力量，取决于英勇的精神还是数量的优势，取决于人还是武器？这些问题被讨论了整整两千年。许多理论家试图用妥协的方式找到解决办法，另一些则倾向于一种选择。儒家提倡道德的、精神的和人的因素，其他人则引证物质的根据、强力或诡计。《司马法》和《吴子》代表第一种倾向，《孙子》代表第二种。

这种争议在吴起和魏武侯的著名的讨论中有最充分的体现。当武侯表达他的意见
说，河流和山脉为他的国家创造了宏伟的防御工事，吴起回答："我们必须依靠德，而不是险要的位置。"（"在德不在险。"）然后他举出许多历史上的和传说中的例子，许多不同的国家，虽然拥有有利的领土条件，但因没有一个有德的政府而被灭亡④。孟子抱有同样的观点：

> 国家的强大并非因为拥有像山脉和河流那样的天然屏障；使天下敬畏不是靠武器的锐利。谁得道就有众多的支持者，谁失道就缺少支持者。⑤
> 〈固国不以山溪之险，威天下不以兵革之利。得道者多助，失道者寡助。〉

《司马法》详细论述了以仁义为宗旨的战争观。按照这部论著的观点，战斗可能会因兵力的运用而延长，但最后胜利是精神和道德的结果，尤其是建立在基于对自己的正义性的理解的勇气和勇敢之上⑥。作者允许使用欺诈、诡计和军事科学，但强调它们都应服从于道德；只有道德才是决定性的。按照孟子的说法，来自施行仁政的国家的老百姓，手里拿着木制的棍棒，也可打败拥有最好的剑和铠甲的军队⑦，并能攻陷最坚固的城垒⑧。

由此，中国政治和军事思想中的一个重要观念，"义兵"的思想就产生了。这样的军队是为恢复正义而建立的，因此它的所作所为令百姓钦佩，由于它体现了德，所以必

---

① 《虎钤经》（"胜败第十七"至"袭虚第二十"）中描述了许多这种信仰。但应该注意到，在以宗教和法术（通常利用"阴阳"、"五行"及"八卦"）为一方，与以顺应"道"的自然哲学观念为另一方之间并无严格的分界线。许多涉及彗星、云、风、鸟的行为、蛇的活动、打雷等等的预兆被纯粹视为特定的自然之"气"的征候。有关剑的神话和信仰的某些描述见：Lanciotti (5)；Pèng Hao (1)；J. J. Y. Liu (1)，pp. 70, 85—87，129—134。

② 其中有许多在 1900 年义和团暴动时盛行；Anon (251)，第一册，第 90、353—354 页，第四册，第 438 页。参见 Naquin (1)，pp. 100—101，116—117，134；Couling (1)，pp. 59ff.；另见 Purcell (4)，Tan (1)，Esherick (1)，O'Connor (1)。

③ 见本书第二卷，pp. 365—395；参见 Anon (251)，第一册，第 48 页。

④ 《史记》卷六十五，第二一六六至二一六七页。参见 Griffith (1)，又见《六韬·文韬·守土》。

⑤ 《孟子·公孙丑章句下》；由作者译成英文，借助于 Legge (3)，p. 85，(2)，ii，1，para. 4。

⑥ 《司马法·严位》；另参见该书中的"天子之义"、"定爵"两篇。

⑦ 《孟子·梁惠王章句上》；译文见 Legge (3)，p. 11。

⑧ 《孟子·公孙丑章句下》；译文见 Legge (3)，p. 85。最后一点乃是基于"地利不如人和"的信念。

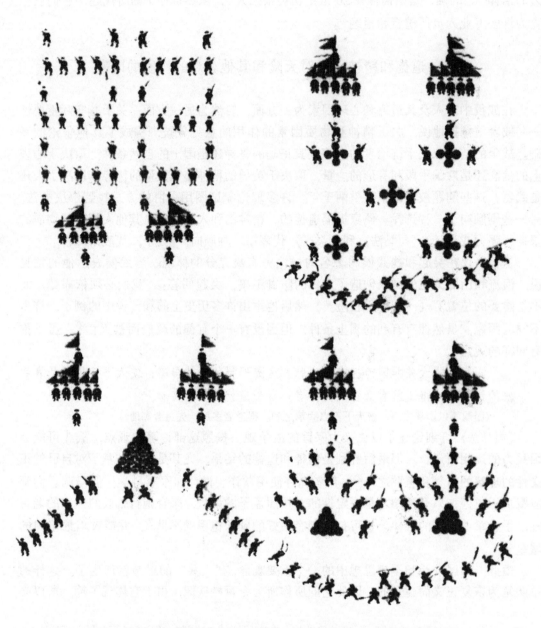

图 3—6　莫斯科列宁图书馆藏手绘图册《藤牌阵图》中描绘的清朝战阵。

然胜利[1]。这成为中国历史上最强有力的信念之一[2]。某些哲学家甚至拒绝让"正义的

----

① 这个观念在《吕氏春秋》卷七、《荀子·议兵》中有详细说明；译文见 Dubs (8)，pp. 157—170。参见《前汉书》卷七十四。"义兵"的名称似乎不是偶然的，因为"仁"对应于阳，"义"对应于阴。因此，义是军队的基本道德。

② 这似乎是建立新朝代的一个重要因素，因为面对被认为"得道"和"合法"，拥有"天命"的新统治者，旧势力的抵抗瘫痪了。正是由于这个因素，国民党在 1929 年较容易地统一了中国，同样，中国共产党在 1949 年实现了解放。在这两个事例中，地方长官都转而服从新政府，而旧政权在对方的军事胜利之前就自行腐蚀掉了。关于唐太宗运用此原则的情况，见 Bingham (1)，p. 96。

军队"使用欺诈[1]，但另一些人保持温和的观点：只要目的是正义的，暴力和诡计也可以使用[2]。

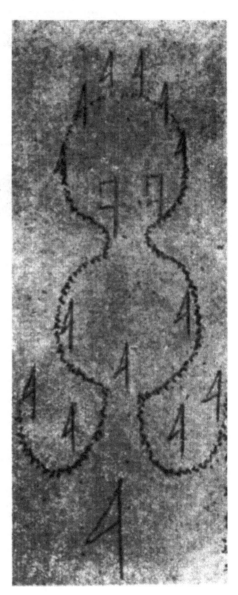

图7—8　太平军采用的战阵。

　　当然，在专业军事理论家和儒家之间一直有一个根本的争论。荀子在述及约公元前　65
250年发生于赵孝成王面前的一次辩论时，对此作了很好的表达：

　　　　国王说："我想问用兵的要点是什么？"

　　　　临武君回答："上要遵守天时，下要取得地利。注意敌人的调动。在敌人之后出发，但在它之前抵达目的地。这些就是用兵的要点。"

---

　　①　参见《荀子·议兵》；译文见 Dubs (8)，p. 159。

　　②　例见《管子·幼官图第九》，译文见 Rickett (1)；《盐铁论·晁错第八》，译文见 Gale (1)；《司马法·仁本》；然而，在不同的程度上，这个观点也为《尉缭子》、《六韬》、《三略》、《孙膑兵法》等许多军事论著所接受。

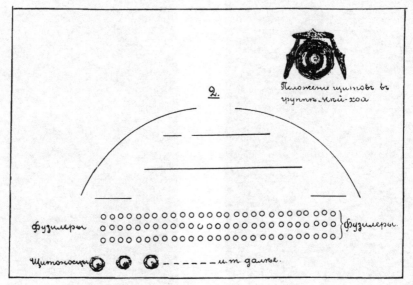

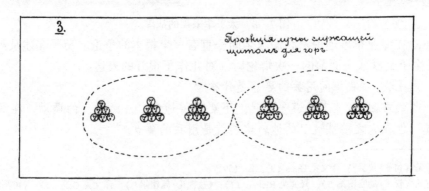

图 9—11 俄罗斯外交官普佳塔（D. V. Putyata）描绘的清朝战阵。

荀子说："不，我不同意。据我所听到的古代之道，凡用兵作战，一切全依靠团结民众。……如果官与民不联系在一起，并和国王相一致，那么汤和武（王）也不可能得胜。因此善于得到民众支持的人是最善于打仗的……"临武君回答说："不，我不同意。战争中重要的是势力和有利条件，行动要突然，并采用欺诈的计策。凡熟知如何用兵的人，行动突然，计划深藏，无人知道他何时会发起攻击。当孙（子）和吴（子）掌兵时，无敌于天下；为什么还要等民众的支持呢？"[①]

〈王曰："请问兵要。"临武君对曰："上得天时，下得地利，观敌之变动，后之发，先之至。此用兵之要术也。"孙卿子曰："不然。臣所闻古之道，凡用兵攻战之本在乎一民。……士民不亲附，则汤、武不能以必胜也。故善附民者，是乃善用兵者也……"临武君曰："不然。兵之所贵者，势利也；所行者，变诈也。善用兵者，感忽悠闇，莫知其所从出。孙、吴用之，无敌于天下。岂必待附民哉！"〉

这里所提到的士兵的团结当然是建筑在统治者和政府的德的基础之上。按照儒家的这种观念，施政的改善、采用恰当的农业组织和在民众中培养道德，便能够保证军事胜利。然而，其他军事理论家主张，必需有良好的武器、装备和筑城[②]。墨子对此表达得十分清楚：

如果仓库中没有武器储备，即使你可能是正义的，也不能够惩罚非正义者。[③]

〈库无备兵，虽有义不能征无义。〉

尽管如此，儒家的传统却盛行了两千年，甚至现代中国的某些政治领袖也支持这些观念而低估武器的作用[④]。

另一个重要争论涉及一个类似的问题：什么是取得胜利的最重要手段，是数量的优势还是正义和勇敢的精神？对于这个问题，有两种基本态度。第一种，由孙子提出，要求在战术上至少有5比1的数量优势[⑤]。第二种，由吴子提出，面对胆怯而准备逃跑的军队，英勇的敢死武士可以一当千[⑥]。然而应该提到，即使孙子也并不过分突出数量优势。按照他的观点，一个好的指挥员应该懂得怎样既用少量的也用大量的军队去获得最后的胜利；无论数量如何不平衡，最后胜利总是可能的。这种思想更有影响。吴子用很少量的军队去抗击大量军队的思想被认为是一个特例，只在民众的想像中才有人按照这种模式作战。虽然以多种不同方式表现出来的过高估计心理因素是中国军事思想的不变特点，但士兵们的巨大精神力量甚或法术力量，通常仍有巨大的帮助。实际的经验也常常支持这种信念。道义确实是一个非常重要的因素，在没有高度发达的后勤支援、用相对简单的武器进行的战争中，精神因素必然是极为重要的。

[66]

---

① 《荀子·议兵》；译文见 Dubs (8), pp. 157—158, 经作者修改; Watson (5), pp. 56ff.。

② 例如，《墨子》，"备城门第五十二"、"备高临第五十三"；《孙膑兵法》，"陈忌问垒"、"势备"；《吴子·论将》，第二节；《尉缭子》，"战威"、"守权"。《前汉书》卷四十九，第二二七九至二二八一页。

③ 《墨子·七患第五》；译文见 Rand (1)。参见《前汉书》卷四十九，第二二八〇页。

④ 例如，孙逸仙说，包括武器在内的物质条件，无论怎样必需，都比精神次要得多。他估计在取得胜利方面，武器的作用为百分之十，而精神的作用为百分之九十。按照他的看法，如果精神状态特别好，甚至物质潜力的对比为1:1000，也可取得胜利。见孙中山 (1)，第3, 9, 10, 14 页。毛泽东 (1, 2) 也说过有最大破坏力的现代武器是"纸老虎"，参见 Griffith (2)。

⑤ 《孙子兵法·谋攻篇》。

⑥ 《吴子·应变》。

（c）中国军事思想的特点

67

　　在进一步详细探讨中国古典战争思想体系之前，我们必须考虑中国人怎样解释他们的作战理论，他们对战争本身有什么想法，战争在他们的文明中占据什么位置，以及他们认为自己的观念有什么特色。在此必须充分认识的是，虽然这种古典理论原来是在中国产生的，但它对中国的邻邦，如越南、朝鲜和日本，却具有巨大的影响。

（1）活力持久的原因

　　中国古典军事著作，与古希腊和罗马的不一样，它们同时在两个方面起作用：既是思想史的一部分，又是作战的专题指南。在欧洲，我们仅在法律领域在可比较的时期找到了历史的连续性，但没有人认为罗马法的著作可以不加改变就应用于我们自己的时代。

　　尽管人们迷恋西方武器和现代精确科学，古典理论仍然是 20 世纪 20 年代中国军事教育的一部分，这可从那个时期的各种军队教材和理论性著作中得到证明[1]。革命军队中的苏联顾问曾经多次谈起并且写到过这种持续不断的传统。他们断言孙子、吴子和诸葛亮等古代作家对于中国将领来说仍是军事艺术上无可争辩的权威[2]，其中有一位维塔利·普里马科夫（Vitalii Primakov）甚至写道，由于他们的不同教育，中国军事人员对于战略具有完全不同的理解。他们和欧洲人不同，不把它解释为用武力进行攻击的事宜，而是谋略、诡计和智胜敌人的艺术[3]。实际上他们的行为完全与西方的战争法典所建议的相反。例如，他们避免歼灭敌军，或避免把它包围在一个圈中。而代之仅仅迫使它逃跑，并且作为一条不可违背的原则，留出一个让它撤退的通道——"金桥"（the golden bridge）[4]。他们试用一整套诡计使敌人和某些其他力量相冲突，或煽动叛乱，或

68　造成敌方队伍内部不睦[5]。为了达到这种目的，他们甚至毫不犹豫地用外国的军服伪装其士兵[6]。有时，他们试图用"水攻"[7]，或者利用尾巴上系有一束燃烧干草的惊跑动物进行攻击。这种战术从遥远的古代起就被使用[8]，而且，古典理论还促成了本世纪新的

----

① 例见朱执信（1）；吴石仙（1）；Anon.（256）。

② Strong（1），vol. 2，pp. 235—237；Dubinskii（1），p. 145；Blagodatov（1），p. 44；Vysogorets（1），pp. 39—41。

③ Primakov（1），p. 67。

④ 例见：Konchits（1），pp. 43，66—67；Vysogorets（1），p. 127；Cherepanov（1），pp. 188，191，194，195，198—199，230；Blagodatov（1），p. 86；Kazanin（1），p. 4。

⑤ Cherepanov（1），pp. 129—130，204；（2），p. 166；Primakov（1），pp. 184—186。

⑥ Kazanin（1），pp. 74—76。

⑦ Primakov（1），pp. 148—149。但在普里马科夫那个时期，毁坝淹没敌军并未付诸行动。直到抗日战争，黄河的堤坝才为此目的而被炸开。

⑧ Primakov（1），pp. 147—148。那时也访问过中国的另一位作者写到，1925 年，在天津曾有过用羊代替牛的筹划，不过没有实施。但作者报导，一位将军在 1926 年秋北伐期间使用了这种古代战术［Vishnyakova-Akimova（1），p. 134］。关于使用尾巴上系有燃烧的干草的动物以对付敌军之事，见 Karev（1），pp. 45—48；《史记》卷八十二，第二四五页；及本书第五卷第七分册，pp. 66，211，214.

政治和军事观念[①]。虽然它被那些或者倾向西方或者倾向苏联的主张现代化的人所中止，但在抗日战争的年代里又恢复了其重要性。例如萧键在1940年写道，孙子的理论有百分之七十仍然有效，摆在今日军人面前的任务是要使它和现代武器相结合[②]。

由于古典战争理论被认为是对战争本身的分析，以及对其永恒的规律的说明，所以在中国现已被用来分析从古至今全世界所发生过的全部战争[③]。实际上，孙子的论著已成为人民共和国屡次以通俗形式出版供广大读者阅读的唯一古代著作[④]，同时，许多古代著名战争的记述也以相似的风格出版，作为战争艺术的传统典范[⑤]。然而，孙子思想的这种惊人活力并不仅仅限于中国。在日本，这种战争的古典理论在整个20世纪中也被研究学习，并在第二次世界大战期间以极大的持久性逐渐灌输到全体民众之中[⑥]。在越南也有类似的情况。

古典理论在20世纪的活力问题不应过分简单化。在东亚的个别国家内，对这种体系的态度并不一致，而且有一定的波动。它们处于两个极端之间：其一是迷恋西方的现代武器和组织方法，同时拒绝继承过去的传统；另一是继续研究古代著作，认为它包含了永远有效的真理。在这两个极端之外，还有许多中间观点，倾向于在不同的范围以不同的方式选用过去的成果。有许多引述古典著作的语录（或有原始资料的出处，或没有）。从古代的思想体系借用有关的内容并非都是熟悉基本典籍的结果。古典战争理论常常是通过打上本国文化的醒目印记而被间接地吸收的。

尽管有多种多样的倾向和变化，但是古典理论仍在20世纪部分地保留了它的"永恒真理"的特性，这个特点通常只属于儒家思想或道家思想，或以稍为有些不同的方式属于佛教思想。更加令人吃惊的是，由于这种理论与实际需要结合得如此紧密，而且本质上没有任何宗教信仰的成分，它确实几乎是一种严谨的科学[⑦]。

这种古代理论在如此长的时间内具有惊人活力的原因何在？似乎是由于该理论主要是与战争的内在性质、战略的基本法则、以及交战的社会和心理方面有关。换句话说，它所涉及的恰好是那些变化最小的领域，因为古典理论丝毫不谈武器和技术问题。因此，不可能从它去发现一支古代军队是怎样组成的，或战车在战斗中能起什么作用，诸如此类；

69

---

① 例见 Anon. (253) 和 Anon. (246)，第155—160页；李浴日 (2)，第十四册。也有人指出蒋介石迷恋西方思想 [F. F, Liu (1), pp. 88—89]。许多传统的计谋后来在反对共产党军队的内战中发展成为战略的主要组成部分。见 Anon. (255)，第172页。

关于古典思想在共产党军事政治思想发展中的作用，见 Mao Tsè-Tung (3), pp. 4—9, 32—33, 83—87, 95, 97, 102; Griffith (2). pp. 39—56, 54, 56—65; Gawlikowski (2)；郭化若等 (1)。

古典理论对于奉军中流行的观念的影响也是很明显的。见 Anon. (249)。

② 萧键 (2)，第65—70页。

③ 例见萧键 (1)，李浴日 (1)，李占 (1)。

④ 出版次数最多的是孙子论著的中文白话本。它由40年代延安的孙子思想主要宣传者郭化若 (1) 所编。在1957—1965年间，上海和北京共出过九版，以后的许多年中继续有新版出现，甚至在香港也有。因此这种现象不仅仅是政治鼓动。还可以指出，《道德经》的一种新的普及本已作为"军事著作"出现于人民中国。

⑤ 因为这样的著作数量很大，我们只能提到几种。张习孔、曹增祥 (1) 和张谦 (1) 回顾了古代许多主要战争和战场。施进钟 (1) 和郭化若 (4) 叙述了著名的淝水之战，郭化若 (3) 叙述了赤壁之战，还有郭化若 (5)，叙述了齐国和燕国之间的即墨之战。

⑥ 见 Griffith (1), pp. 169—178。

⑦ 在关于战术的古典著作中，人们可以找到与西方文艺复兴时期学者的兴趣部分相似的著作。

总而言之，它避开了那些恰恰会随时间而显著变化的问题。古典理论不受时间限制的性质，在关于进行战争的心理原因的分析以及它所建议的行为规则方面特别明显，这些在西方世界和东方仍是意想不到地有效。因此拉津［Razin（1）］评论说，这种理论将基本的战争科学陈述得多么好啊[1]！安德里斯（Andries）甚至说得更重：“孙子的原则……是令人惊讶地现代的，作为军事理论，他的兵法是历来阐述得最好的之一。”[2]

当然，人们会问，在东亚社会生活的许多方面能看到的墨守传统是否难以解释这种理论的现代应用及其受人赞美的程度。我们认为其答案必然是部分肯定的，尽管我们还不能充分说明亚洲保守主义和传统主义的范围、原因及特征[3]。

70 　　古典战争理论还因为它提出了许多社会活动原则而保持生气，这些原则在性质上虽不十分普遍，但适应东亚人民的观点和情绪反应。只要文化不发生根本的变化，古典理论的许多基本原理必定会保持它们的实际适用性。当然，某些文化的变化的确发生了，因此古典理论的心理层面的某些方面已经过时。然而，甚至在新的工业文化已发展到先进阶段的日本，传统文化的许多关键部分仍然保留着。

古典理论与东亚民族文化之间的联系是多边的、高度复杂的和根深蒂固的，因为这种理论已成为高贵者的“正统文化”和普通的平民文化的共同基础。在欧洲，对克劳塞维茨思想的了解仅限于一小群人中，甚至军人也不认为必须懂得这些思想；而在中国及其邻国，孙子或诸葛亮的思想在受教育的民众中间是广为传播的知识，对于那些要在政治上一试身手者，更属必读[4]。甚至农夫、苦力和十几岁的少年都能头头是道、津津有味地谈论著名的用兵计谋和原则——这是凡在战争时期四川的茶馆内听到过此类谈论的人都知道的[5]。

但是，自从20世纪20年代以来，在这个领域内也发生了某些变化，某些高贵者和平民，特别是青年，注意起西方的模式、理想和时尚。不过，尽管由于政治的原因也引起了各种波动，中国人对古典战争理论的兴趣却比对欧洲军事思想的兴趣无可比拟地大得多。古典理论在中国民族文化中继续占有头等重要的地位，而且以稍为不同的方式在其相邻几个国家的文化中占有头等重要的地位。

为了解释这种现象，就不得不追溯古典理论的内容，以及在中国对战争的一贯思考

---

① 比如，很多通俗的谚语和成语就来自这种理论，其中许多含有它的基本内容。见陈纪纲（1），第8—11页。毛泽东的著作中所引用的《孙子》的话实际上几乎全部是通俗成语。

② Andries（1），p. 56。

③ 汤因比［Arnold Toynbee（3），p. 69］在分析他对日本的印象时写道，东亚人将新的东西放在旧的旁边，而西方人则用新的代替旧的。实际上，关于技术、社会结构和文学，人们已对东亚多次表达了类似的判断。例见：嵇文甫（1），第69—73页；Boriskovskii（1），pp. 99—101，107，127；Pershits, Mongait & Alekseev（1），pp. 75，84；Pomerants（1），p. 296。关于中国“传统主义”现象的分析，见 Gawlikowski（1）。

④ 这部分是由于史诗般传奇故事和戏曲在人民中的广泛流行；见下文 pp. 80。当然，在欧洲，如在巴尔干的民谣和故事中，也有类似的英雄人物，但他们的普及性比中国的差得多。

⑤ 我现在还生动地记得这样的一次谈论，发生于我当时在场的1943年。“记住我的话，”一个老农说：“刚好和从前一样——北方会得胜！”“从前”指公元3世纪的三国时代，当时北方的魏在曹操领导下与西部的蜀（四川）的诸葛亮和东部的吴的孙权作战。因此，他是讲在北方的毛泽东终有一天会打败在四川的蒋介石和在南京的汪精卫（日本人的傀儡统治者）。此话不但表现出敏锐的判断力，还反映了对通俗小说和戏剧《三国演义》非常熟悉（参见下文 p. 80）。

方式。

（2）兼容的传统；战争的非军事方式和军人的职责

在古代及其后的典籍中，会遇到三个涉及军事领域的通用术语："兵"——武器、71
士兵、军队、交战、战争；"戎"——武器、战车、好战、战争、士兵；"武"——军
事、尚武、与战争有关的、有军事能力的。还广泛使用了其他许多更详细的术语①。各
种百科全书解释战争的简单意义是用武装力量对抗敌人（"以兵力相对敌"），这看来是
将中国术语的含意表达得非常恰当的定义②。它显示，其基本问题是集合武装力量并将
之带上战场。

但是，指挥一支武装力量并不一定意味着武装战斗。古代中国人能进行非常现代的
武装力量佯动及其备战示威，而在临界处克制自己不动武，以便达到特定的政治目的。
他们认为政治目的是最重要的，因此他们的军事胜利在他们自己看来并不成为功绩，而
且会因此掩盖了首要目标，如在西方世界经常发生的那样。关于这种克制行为，有两个
众所周知的成语。其一是"城下之盟"，意为向对手屈服，或作为敌军包围己方都城的
结果而和敌方结合，换言之，被迫投降③。另一是"围魏救赵"。它指的是孙膑在公元
前353年的一次战争中所用的著名计谋。当时魏国侵犯赵国，他不是迅速调动齐军直接
援赵，而是让齐军包围魏国的都城。魏军匆忙回救本国，但在形势极不利的条件下打了
一仗。结果被打败。这样，既保卫了盟国，又制服了敌人④。通常理解该成语时，后一
部分——以武装力量制服敌人——实际上是不提的，因为真正注重的是间接的方法，以
突然占领其要地而使敌人陷入混乱或危及他们，结果敌人被迫投降。

还有另一种不涉及军队力量的方式，即著名的"空城计"。在三国时期，当著名的
诸葛亮仅与一支微不足道的部队停留在一座小城时，突然出现一大队敌军，他吃了一 72
惊。诸葛亮立刻命令大开城门，然后他自己坐在城楼上弹琴吟诗。敌将怀疑有奸诈的计
谋，因为他不能相信诸葛亮完全是在假装骗人，所以他把他的军队撤退到一个安全的距
离⑤。从此以后，这个计策就成为一种通过审慎地利用外表达到预期效果以避免真正战斗
的经典方式。武装力量的使用甚至还进一步受《诗经》中所建议的一种行动模式的限制：

> 整理好你们的战车和马匹，
>
> 你们的弓箭和各种武器，
>
> 还应做好作战的准备，

---

① 如"战"——战斗、战争；"伐"——公开攻击他国、讨伐、惩罚反叛、砍伐、打击；"征"——追捕、讨
伐、军事远征、纠正、调整；"侵"——秘密或非法攻击（针对君主或仁慈的统治者）、侵略；"奇"——间接攻击、
从侧后袭击、单数、奇怪、罕见；"攻"——攻击、打击。对这些或其他军事术语的分析，见谭全基（1），第
178—187页；Wallacker（5），pp. 295—299；Alekseev（1），pp. 187—189。

② 《辞海》，第553页。

③ 这个成语主要用来指明一种强制的形势，在文学中起隐喻的作用。见《辞海》，第230页；马国凡（1），
第108—109页；Dobson（1）。

④ 《史记》卷六十五，第二一六三页；《孙膑兵法·擒庞涓》；无谷（1），第10—11页；黄盛璋（4），第444页。

⑤ 《三国志》卷三十五，《蜀书·诸葛亮传》；无谷（1），第97—99页。

　　于是与（侵略性的）南方保持一个距离。①

〈修尔车马，

弓矢戎兵。

用戒戎作，

用遏蛮方。〉

也就是说，军力和战备的加强本身将威慑好战的南方蛮族部落。随之要以真正的儒家精神为指导，在国内改进统治方法和施行德政。在《左传》关于公元前596年的记事中，我们见到了对"武"（军事）这个字的意义的很好的解释，它说此字是由"止"和"戈"组成。由此推论，"武"这个词并不意味着战斗本身，而是既从内部，又从外部，用许多方法，包括抑制犯罪和不义、教化、确立和睦，来对抗敌人，保卫和平。此书批评不在本国实行德政而对他国炫耀武力、显示威风②。

　　《论语》也说：

　　　　如果远方的人民不归服，就要用修励文德来吸引他们；当他们已经来了，就必须使他们满意和安定。③

〈故远人不服，则修文德以来之。既来之，则安之。〉

　　《孙子兵法》非常宽广地思考战争。在此书中，我们读到：

　　　　用兵的法则是：完整无损地夺取敌国是上策；破坏和消灭那个国家不如它好。俘获全军比歼灭它更好，俘获整团、整队或整群比歼灭它们更好。因此，百战百胜，不算是好中最好的；不战而使敌人屈服，才是好中最好的。所以战争（"兵"）的最高明方式是挫败敌人的战略计划，其次是挫败其联盟，再次是在战场上攻击敌军，最下策是攻城。④

〈凡用兵之法，全国为上，破国次之；全军为上，破军次之；全旅为上，破旅次之；全卒为上，破卒次之；全伍为上，破伍次之。是故百战百胜，非善之善者也；不战而屈人之兵，善之善者也。故上兵伐谋，其次伐交，其次伐兵，其下攻城。〉

由此可见，战争（"兵"）包括用间谍扼杀敌人的计划于萌芽状态，用外交手段使他脱离同盟国而孤立。只有在此之后，才轮到孙子所说的率领军队上战场。有鉴于此，对于孙子所指出的，用最高明的战争艺术所获得的胜利，几乎不被人注意，而且并不产生荣誉，就不足为奇了⑤。

　　由于术语"武"和"兵"被赋予了如此广泛的含意，所以实质上，它们和欧洲语言中的术语war（战争）不再等同⑥。中国人将这些术语与范围非常广大的社会现象相联

73

---

　　①　《诗经·大雅·抑》；译文见 Legge (8)，vol. 2，p. 513，经作者修改。

　　②　《左传·宣公十二年》；译文见 Couvreur (1)，vol. 1，p. 635；Legge (11)，p. 320。

　　③　《论语·季氏第十六》第一章；译文见 Legge (2)，p. 172，经作者修改。关于儒家的战争观与和平观，以及一些人对用以对付蛮族人的军事手段的态度，见 yang Lien—shêng (16)，收入 Fairbank (5)，pp. 24—28。

　　④　《孙子兵法·谋攻篇》；译文见 Giles (11)，pp. 17—18，经作者修改，借助于 Konrad (1)。

　　⑤　《孙子兵法·形篇》；Giles (11)，pp. 28—29。

　　⑥　当然，中国人并没有垄断虚张声势或炫耀实力来阻挡敌人并不战而胜，但在欧洲，它没有成为像中国那样公开表达的战略原则。

系，因此对战争艺术（"兵法"）的理解就和欧洲人完全不同①。虽然专门的军事论著常常讨论战争的指挥和军事的准备，但其中许多也触及民政和适当的国内政策。的确，从许多古代和中古的典籍中可以见到，这些主题常常被置于优先的地位；同时，中国人把军事知识纳入许多政治、哲学和历史的书籍之中。

这在于休烈写于公元730年的奏本中明显可见。当吐蕃人要求得到经典书籍时，他反对赠与：

> 而且，臣听说这些吐蕃人虽然性野好战，但他们计划坚定，聪明勤劳，决意专心学习。如果他们读好《书经》，他们将学会战争策略。如果他们熟悉了《诗经》，他们将学会如何指挥军队，以及如何训练士兵进行防御。如果他们细心阅读了《礼记》，他们将学会按季节使用武器的制度。如果他们研究了《左传》，他们将知道军事行动可用计谋。②

> 〈且臣闻吐蕃之性，悍悍果决，敏情持锐，善学不迴。若达于书，必能知战；深于诗，则知武夫有师干之试；深于礼，则知月令有兴废之兵；深于传，则知用师多诡诈之计……〉

战略计划，"权谋"，对于军事理论家确实是知识的关键领域。在《前汉书》中，其原则被规定如下：

> 依靠正义之道和公正的政府保卫国家，筹运谋略和诡计以使用武装力量；先要计划和计算，然后才进行战争。善于利用"形"③（军力假目标）并隐蔽真实的力量，遵循"阴"和"阳"（时间和地形）的法则，应用知识和灵巧。④

74

> 〈以正守国，以奇用兵，先计而后战，兼形势，包阴阳，用技巧者也。〉

如古代典籍所示，将帅的任务必定包括行政型的职责；"将帅"这个特定术语确实是混淆不清的。《左传》在他必须做的事情中列出了以下几条：

> 因此，军事（"武"）包括镇压暴虐和残忍，结束战斗，维护君权，确立功勋，给人民带来和平，使（国中）所有人和睦相处以及增加（国家的）财富。⑤

> 〈夫武，禁暴、戢兵、保大、定功、安民、和众、丰财者也。〉

荀子提出了相似的观点：

> 保证天下富足的方法在于明白区分（职责）。农夫和普通百姓有责任保持田块整洁，田块间的分界线要清楚地标明，除去野草，种植谷物，上粪肥田。将帅的任务是不失农时，指导种田，推进工作，增大成绩，使村中长者保持和睦，遵守秩序，防止违法窃取特权。⑥

> 〈兼足天下之道在明分。掩地表亩，刺屮殖谷，多粪肥田，是农夫众庶之事也。守时力民，进事长功，和齐百姓，使人不偷，是将率之事也。〉

① 在许多军事著作的名称中出现的术语"兵法"是很难译的。首先，"兵"这个词的意义比欧洲语言中 war（战争）一词要广泛得多。其次，"法"这个术语有数种含意，它是（包括赏和罚的）成文法和行政条例，又表示原则、方法或模式，有时甚至是以儒家道德塑造人和社会的模型。短语"art of war"由于已经用惯，所以这里仍采用了它。关于"法"在中国文献中的用法，见 Needham（36，37），亦可见本书第二卷，pp. 205—215，546—547。

② 《旧唐书》卷一九六上；由作者译成英文，借助于 Pelliot（67），p. 21。

③ 见上文 p. 34。

④ 《前汉书》卷三十，第一七五八页，由作者译成英文。

⑤ 《左传·宣公十二年》；译文见 Couvreur（1），vol. 1, p. 636，Legge（11），经作者修改。

⑥ 《荀子·富国》，由作者译成英文，参见 Dubs（8），pp. 151ff.；Burton Watson（5）。

将帅的这种军（事）（行）政双重作用是与要求民众同时履行生产和军事职能（"兵民合一"），并按照等级制组织起来，形成能提供治安和军事部队的行政公社的思想相结合的。这些思想从古代直至最近时期极度吸引了中国人的心，而且几乎构成每一次试图改革的基础，所有变化只是组织的确切形式①。这样的思想早在古代的《周礼》中就已能找到②，从汉至唐的许多朝代的统治者曾力图实现它③。因此，出现了著名的屯田制，这是通常位于国家边境，必要时能实施耕种和军事职能的军事-农业殖民地或居留地。著名的宋代改革家王安石④，以及明代的统治者⑤。某种程度上还有清代的那些统治者⑥，都非常热衷于这些思想。在太平天国⑦和义和团⑧起义期间，它们再度兴起，在19世纪末和20世纪初的某些改革中，也还存在⑨。

一方面是成为准公社集体的农村居民组织，另一方面是军事单位，中国人在何等程度上被联结于二者之间的那些链环上，可由《新唐书》中的一句话看到："古时候军事规则诞生于井田制"（"古者兵法起于井田"）⑩。在此我们又遇到了"井田"的概念，即当中有一井的九块田，这是一个甚至比"屯田"更为古老的概念⑪。再前进一点，作者断言军事的基本作用是制止混乱（"置兵所以止乱"），"乱"是民众反叛和蛮族入侵的委婉说法。因此，如果"军事"这个术语被解释得足够宽的话，那么用以维持内部秩序和抵抗可能入侵的居民的行政-生产组织，实质上可看作与"军事组织"是等同的。这种体制对于解释中国官僚主义社会独一无二的长寿难道没有帮助吗？

因此，指挥战争行动的人们不仅关心军备、正规部队和辅助部队，而且还关心他们自己的、可能还有敌人的居民，人民的全部生活趋向于按照战时紧急需要进行整编。在

---

① 见陈登元（1）；鲍尔［Bauer（4）］对这种现象及其思想根源作了深入解释。

② 《周礼》卷一至十一；译文见 Biot（1），vol. 1，pp. 220ff.，240ff.。

③ 见王剑英（1）；张维华（1）；赵幼文（1）；谷霁光（1）；Loewe（4），vol. 1，pp. 56—57；Elvin（2），pp. 36—38，54—68。

④ 见 James T. C. Liu（2）；Lapina（1）。

⑤ 见王毓铨（1），（2）；Bokshchanin（1）。

⑥ 此时期这些原则只在有限的规模上实施，主要用于满洲人和蒙古人［Michael（1）］；中国的军事村主要组建于边境地区［Duman（2）；Kuhn（1）］。该书［Michael（1）］简要介绍了自古以来的各种屯田制，并分析了在官僚主义国家体制内将其性质从民转为军的可能性。

⑦ 见郦纯（1）；Michael（2）；Iliushechkin（1）。

⑧ 在义和团运动发展期间，将全体居民组织成准军事单位的想法不仅在起义者中存在，而且也为某些地方官员所提倡，最终为君主所认可。Anon.（252），上册，第1—2，4—6，16—17页；Anon.（251），第四册，第12—13页；Rudakov（1），pp. 49—51；Purcell（4）；Kaluzhnaya（1）。

⑨ 百日维新期间，于1898年9月5日发布了一道法令，实施全民军训制度，这是慈禧太后在反（军事）政变之后所支持的几项措施之一，而且该制度在1905年的改革中甚至还被推广。见鲍威尔的著作［Powell（1），pp. 96，101，173］，他认为这种军事改革受到了欧洲思想的启发。我们不认为他是对的，因为在法令和布告的本文中，我们发现许多出自古典论著的引语，而且这项改革的基本思想在中国由来已久。

⑩ 《新唐书》卷五十；由作者译成英文。我们这样译，所表达的思想毫无新意。在《前汉书》（卷二十三，第一〇八一页）中，它以另一种方式表达："军队从井田发展起来"（"因井田而制军赋"）。按照古代中国作者的看法，军队的真正创立建筑在井田社会组织的基础之上，因此国家军事组织和规则是从村落公社结构中产生出来的。这是在有些情形下需要将"兵法"译为"军事规则或原则"的一例。

⑪ 我们已经充分地考察了这个更早阶段的制度（本书第四卷第三分册，pp. 256ff.）。它有各种寓意和潜在的含意，例如洛书魔方的九畴，明堂九宫等（参见本书第三卷，pp. 58ff.）。

诸如食物供给事宜方面，指挥官们不得不实施"紧急状态"的森严举措，对日常生活进行一丝不苟的监控；常常想方设法，提高己方的士气，腐蚀敌人的士气。在阅读许多军事书籍中的有关指示时，就有这样的不可抗拒的印象，即这些事情对于书籍的著作者是非常重要的，并且是作战全过程必要的组成部分。他们对战争的态度就像官僚主义国家的官员——事实上，他们通常就是这种官员。弗兰克（Franke, H.）已令人信服地证实[1]，这种创始于古代的传统在以后的时代中被扩展了。

　　由于军人职能没有完全从国家的行政管理中分离出来，军人作为一个总体，尤其是每位指挥官，有着广阔的权力范围。而且，军队和军人作为一个集团并不形成具有自己的价值、意识和行为模式系统的独特社会团体。总之，他们没有自治权。个人常从文职调任军职，以及从军职调任文职[2]。实际上，在这个帝国流行的共同意识是任何一位好的行政长官也会是一个好的指挥官，因为他们的职责被理解为本质上是相同的，均是以行政管理的资格为基础的。虽然军人（既作为社会集团，也作为组织结构）的分离过程开始于春秋末期并发展于战国时期[3]，但在中国文化中从未完成。官员历来区分为"武"和"文"，但他们的职责远远没有确切地分开，他们同属于国家行政机构这一单一的组织之中[4]。

　　直至19世纪结束，军队仍保持其履行各种职能的传统：维持治安，守卫，负责运输、甚至生产。我们所说的古代中国军队实质上是中央和地方行政机构的许多不同的勤务部队，它们并不形成单独的组织整体，而是服务于各级行政机构的需要[5]。中国军队的现代化本质上是要使它具有统一的结构，并且使它摆脱纯粹军事性以外的许多行政职能。所有这些是比采购现代武器更为重要和困难的问题。

　　尤其由于传统地傲慢对待军人，军事职能的分立及其永久归诸确定的人们所领导受到了阻碍。因此，他们总是向往文职，认为这是一种提升；而且他们非常愿意接受行政、教育或生产方面的任务，因为这些事比军事杂务更受人尊敬。于是，两千年来，将民事和军事职能融合在一起的倾向，伴随着另一种相反的倾向，即将军人分离为具有有限的

76

77

---

　　① Franke (24), pp. 152—161, 173—179。

　　② 洛伊［Loewe (4), p. 87］写道："……约七十年后，当汉武帝的军人刚开始他们的扩张政策时，不能立刻找到可以信任的忠实的军事领袖以及熟悉战役行将进行地区的地形的人。同时，政府正着手吸收军人担任民政官员的计划，企图在他们中间建立起职业感。至于武帝对他的军事领袖所要求的基本品质，或者上述基本品质和高级文职人员的品质之间的区别，则并无说明。往往一个人从文职提升到军职，或反之……郡内高级官员常常兼有军事领导和民政管理的职责。但是，虽然不可能找到存在一批职业将帅的证据，却有不少立了大功的官员的事例，他们的全部生涯就是在武帝时代的战争中专心打仗。"所有这些特点在中国社会中一直持续到19世纪。不断的调动，特别是从文职转到军职是这种情况的一个结果；见 Michael (2), vol. 1, p. 87; Putyata (2), p. 172。军事指挥员和文职政治家之间没有明显的区别也可从"军事英雄"或武庙内供奉人物的名单中充分地表现出来。见《通典》卷五十三；又见魏汝霖、刘仲平［(1)，第141—145，151—154页］所收集的不同时期的名单。

　　③ 见童书业 (1)，第369—370页。其他一些学者所提供的资料显示，在春秋时代已存在"文士"和"武士"，这是低层贵族中的简单分工［郭沫若 (2), (4)，第80页；李亚农 (3)，第150—156页］。但也有这样的意见，即这种分工直到战国时代才开始［杨宽 (3)，第203—208页；张其昀 (3)，第57页］。

　　④ 当然，"武"有时压倒"文"，但不会经常发生，也不会持久。参见下文 p. 92。

　　⑤ 见 Michael (1), pp. 64—66; Putyata (1), pp. 12—27; Jakinf (1), vol. 1, pp. 254—257; Gawlikowski (3); Bobrov (1)。

民事权利、地位不如相应的民事集团的受鄙视的社会类别①。这两种倾向交替地占据支配地位，第一种倾向通常盛行于指挥官层次，第二种倾向一般适用于较下层军官和士兵。然而，甚至在两类功能相对分离的时期，军人仍要照顾许多影响着他们的较低地位的纯军事职能之外的事情。

这种社会态度是和严谨的理论观念相联系的。古代中国的所有哲学学派都认定政治性的因素而不是单纯军事力量决定战争的最终结果，这种观点也为许多军事理论家所接受②。在对胜利作出贡献的所有因素中，孙子把"道"放在首位，他写道：

（遵守）道（的原则）使民众与他们的统治者相一致，因而愿意追随他去死，也准备始终与他同生，而不怕任何危险。③

〈道者，令民与上同意也，故可以与之死，可以与之生，而不畏危。〉

《吴子》详述了这一观点：

武侯问："我想知道使我的战阵稳定、防守牢固的方法，以及在战争中怎样才能必胜。"

吴起答："……如果君王能在高位上任用有德才的人，使德才不足道者处于低位，那么你的阵势就已经稳定了。如果民众对他们的田地和住宅放心，对他们的长官友好，那么你的防御就已经稳固了。如果百姓赞成他们自己的君主，而不赞成邻国的所为，那么你的战争就已经打胜了。"④

〈武侯问曰："愿闻阵必定、守必固、战必胜之道。"起对曰："……君能使贤者居上，不肖者处下，则阵已定矣；民安其田宅，亲其有司，则守已固矣；百姓皆是吾君而非邻国，则战已胜矣。"〉

78　吴子还主张：

通常，管理国家和统领军队，必须以礼教导民众，以义（公正、美德、道理、正义）激励民众，为的是反复灌输荣誉感。现在如果士兵的荣誉感是强烈的，他们将能争取主动，进行作战，即使稍差些，他们仍能防守。⑤

〈凡制国治军，必教之以礼，励之以义，使有耻也。夫人有耻，在大足以战，在小足以守矣。〉

在儒家学派中甚至出现了直接怀疑军备和兵力的作用的说法。提出王道——依靠良好的管理，减少税役负担，提供兴旺发达的物质条件和以伦理道德教育民众，使国家昌盛的思想——孟子对梁惠王说了以下的话：

那时，你就能使你的民众仅用自制的棍棒去和拥有坚固的铠甲与锐利的武器的秦、楚军队对抗……所以说："仁慈者没有敌人"。⑥

〈……可使制梃以挞秦楚之坚甲利兵矣……故曰："仁者无敌。"〉

这段话实质上是孔子思想的详述，孔子曾断言，军队是可以打败的，但老百姓的志向却

---

① 见张其昀（3）；Kracke（1），pp. 56，91。在军队现代化过程中，提高兵役的声望是主要任务吗？Kracke（1），pp. 35—36，56—57，63，163。

② 当然，凯撒（Julius Caesar）或马基雅维利等著作家也强调政治上的忠诚和士气是战争中的主要因素，但可能不如中国人那样显著。

③ 《孙子兵法·计篇》；译文见 Giles（11），p. 2，经作者修改。

④ 《吴子·图国》第六节；译文见 Griffith（1），p. 154，经作者修改。

⑤ 《吴子·图国》第四节；译文见 Griffith（1），p. 152，经作者修改。

⑥ 《孟子·梁惠王章句上》；译文见 Legge（3），pp. 12，13。

不能强迫改变（"三军可夺帅也，匹夫不可夺志也"）①。相似的观念在各种古代典籍中曾多次表达过，在《左传》中已有其发展了的形式②。

由于对胜利的因素给以如此的界定，所以在指挥官的任务中包括政治和行政事务是完全可以理解的。吴子写道："军队的最佳指挥员是将民事和军事（的长处）熟练结合者"（"总文武者，军之将也"）③。在归于孔子的许多见解中，我们也发现这样的话：军事准备对于民事管理是不可缺少的，民事准备在军事领域中是同样重要的（"有文事者必有武备，有武事者必有文备"）④。于是，在一切组织中将"文"和"武"的要素结合起来，就成为甚至现代也能接受的理想⑤。在这样的条件下，军事职能从文职事务中分离出来，是完全不可能的。直到 20 世纪，情况才开始改变。在古代印度，我们遇到类似的对待指挥权的态度，指挥官的责任，范围非常广，包括行政事宜和国际关系。那时，总司令似乎有战争与和平部长的职称⑥。　　79

无论印度历史上究竟怎样，在中国方面，一般而论，他们"压制军人"（kept the soldiers down）达两千年之久，难道不是一个奇迹吗？正如邱吉尔在第二次世界大战中谈到科学家时所说的那样，他们是"随时可以使用，但不居首位"（on tap but not on top）。贯穿那 20 个世纪的文职气质占首位以及强调以和平的（虽非和平主义者）方式控制事件是最令人难以忘怀的，而社会认可的对军人的鄙视恰恰就是达成这样一种状况的社会机制的一部分。当然，这个制度时常崩溃，例如唐末的节度使；但是当军人自己成为君主或皇帝时，总是不可避免地又恢复了传统的评价，他们很快又去依靠文职官僚，这些官僚不可避免地带回他们自己的思想方法，并付诸实施。很早以前⑦，我们就听到了陆贾对第一位汉代皇帝说："是的，陛下，您在马背上征服了帝国，但不是在马背上也能统治帝国。"（"居马上得之，宁可以马上治之乎？"）

所有这些情况和欧洲的情况形成多么大的反差！罗马帝国曾作出某些努力来控制将领，但奥古斯都时代（Augustan）的皇帝们回避了此事，从此一去不复返。在中世纪，国王们亲自率领军队作战。在较近的时代，将领们常常在他们各自国家内成为最重要的人物，而且有些人，像拿破仑已上升至行使帝权。而在更接近我们自己的时代，曾有无休止的军事政变、军事政权和军国主义的元首。这一切可能恰恰就是军事贵族封建主义是欧洲的特点的另一种表达，但在中国则反之，是官僚封建主义，这种社会形式似乎较弱，实际上却比欧洲的那种强得多，某种程度上或许因为它更加合理。

毛泽东的名言"枪杆子里面出政权"，是很有道理的，但对他来说，一切都取决于

① 《论语·子罕第九》第 26 章；译文见 Legge（2），p. 88，经作者修改。李浴日 [（2），第十三册，第 1 页以下] 很好地汇集了孔子和孟子关于军事的言论，但他的解释很不理想。

② 我们在那里读到："据我所闻，只有当某位君主已做了坏事，才应对他采取军事行动。对手如一贯施行仁德，处罚公正，政府的命令正确，恰当管理各种事务及国家的法令和法律，就不能与他为敌。征伐不是针对这样的对手的。"（"会闻用师，观衅而动，德刑政事典礼不易，不可敌也，不为是征。"）《左传·宣公十二年》（前 596 年）；译文见 Legge（11），p. 317；Couvreur（1），vol. 1，p. 613。

③ 《吴子·论将》第一节；译文见 Griffith（1），p. 161，经作者修改。

④ 《史记》卷四十七，第一九一五页；译文见 Chavannes（1），vol. 5，pp. 283ff.。

⑤ 见张其昀（3），第 2 页；（4），第 1 页起。

⑥ Sharma（1），p. 15。

⑦ 本书第一卷 p. 103。

谁使用它，而那就必须是党了①。奥利弗·克伦威尔（Oliver Cromwell）大概会完全同意，只有在他的情况下，由国会作主而不是国王作主，因此建立了新模范军和东部诸郡联盟。但当战斗一结束，革命也平安无事了，文职力量立即接管，这再一次表明在中国历来比在欧洲更有效。

80

（3）军事思想在民众中的大普及

（i）史诗和戏曲

战争的古典理论不但成为中国政治思想的"官方文化"的组成部分，对行政官员和外交官员的实际活动产生了明确的影响；而且也为人民所吸收，成为普通大众文化的一部分②。

要说明这个问题似乎更加困难，但在开头可讲几件事。普通人常是文盲，不能直接了解战争方面的论著。这些论著通过历史题材的故事，通过采用某些主题的戏剧，通过通俗的农历新年张贴的年画而进入社会意识和平民文化。由走乡串户的说书艺人编织的章回故事产生了伟大的史诗，其中最普及的可能是《三国志演义》③、《水浒传》④、《说岳全传》和《西游记》⑤。这些故事中的大多数，与其他国家的通俗史诗一样，讲述战争和战役的故事，但《三国志演义》占有头等重要的地位，它再述了三国时期（公元3世纪）的许多事件。首先，它的领导人物之一是诸葛亮，伟大的军事战略家和理论家，西部蜀国的丞相，另一位是曹操，北方的魏王，战略家和《孙子》的注释者。实际上，这部"演义"是由许多段情节所组成，叙述了构成古代战争理论一部分的许多经典的战略战术，人们甚至称之为经典理论的通俗讲义。其次，它受大众喜爱的程度超过所有其他此类著作。虽然就我们现在所知，这部史诗形成于元末明初⑥，但它的情节更早时已非常普及。这为1101年逝世的苏东坡所证实：

81
> 王彭有一次告诉我，当孩子们淘气而他们的家人又管不住时，就给他们一点钱，让他们坐在一群人中听旧故事。在讲三国的故事时，孩子们听到刘备战败，就皱眉甚或流泪，但当他们听到曹操战败，就高兴得大声呼喊。⑦
>
> 〈王彭尝云："涂巷中小儿薄劣，其家所厌苦，辄与钱，令聚坐听说古话。至说三国事，闻刘玄德败，颦蹙有出涕者；闻曹操败，即喜唱快。……"〉

据阿列克谢耶夫（Alekseev）说，在本世纪初，以《三国志演义》的片断改编成的戏

---

① 参见 Bullard（1）。

② 至少从宋朝起这是成立的。宋朝以前平民的兴趣需进一步调查研究。

③ 见近来莫斯·罗伯茨的译本［Moss Roberts（1）］。

④ 译文见 Buck（1）；Jackson（1）。它就是著名小说 *All men are brothers*（《水浒传》的一种英译本——译者）。

⑤ 译文见 Walley（1），又见较近的 Yu（1）。

⑥ 据鲁迅［鲁迅（1），第99页；Lu Hsün（2）］的估计，其作者罗贯中最可能生活于1330—1400年间。关于这部史诗形成过程的时间确定问题，已由里夫京［Riftin（1），p. 182］作过最全面的分析。

⑦ 《东坡志林》卷一；译文见 Yang Hsien-Yi & Yang, Gladys（4）；参见鲁迅（1），第166页；Lu Hsün（1）。

剧，约占中国全部非常普及的戏剧剧目的百分之七十[1]，它们是全部剧目中上演最频繁的[2]。根据他的直接观察，阿列克谢耶夫写道：

> 我想中国可以毫不夸大地被称为戏剧之国。在中国，戏班子的数量之多，以欧洲的标准简直不可思议，这同样是戏剧惊人地普及的证明……没有一个能想象到的最边远落后地区，戏班子每年不去几次的。

> 无可争辩，世界上再也没有其他国家把对戏剧的爱好和平民大众的全部生活结合得如此紧密……一个衣衫褴褛的乞丐在街上边唱边演《空城计》中的诸葛亮是正常的情景。当我于 1907 年在中国旅行时，我总能听到司机、船工和行贩商人唱着戏剧的曲调[3]。

他也指出了史诗、戏剧和非常普及的年画之间的紧密联系，这些年画常常表现以"演义"为基础的戏剧场景[4]。实际上，《三国志演义》成了一本民间作战指南，数百年来，农民起义和游击队的领袖们就从它获得指导[5]。甚至近至 20 年代，它还决定着将帅们的军事思想[6]，就是这本"演义"，使毛泽东从中学到了经典的军事理论。

(ii)《封神演义》

另一部非常普及的军事史诗是《封神演义》，通常以《封神榜》闻名。它被认为是许仲琳所著，实际上是明代的陆西星在 16 世纪中叶所完成[7]。由于它比前面所提到的史诗较少确实的历史背景，也由于它包含大量科幻式的臆造资料，它需要另行归类——但作战的思想有充分的体现。我们已经提到过它[8]，可能在关于伊朗-中国文化交流的文字内。

82

其中心主题是昏恶的商代最后一位君主纣辛为周朝的开创者武王所推翻。陆西星本是一个道教徒和密宗佛教徒，他充分发挥想象力描写了拥护周朝的神仙们用以消灭帮助商朝的妖魔们的法术。有许多关于千里眼和顺风耳的叙述，分别预示着传送信息的电视和无线电。有大量魔术般的发火武器和风火轮[9]，毫无疑问是以当时的炸药武器为根据的，比如韦护的棍[10]。有多种光线，像激光那样杀死人；甚至连化学和细菌战也没有忘记，

---

① Alekseev (2)，p. 76。

② 见 Riftin (1) 中的注释。

③ Alekseev (2)，pp. 60—61。在 1942—1946 年的战争期间，我自己曾有过完全相同的经历。不论你到哪里，总有人用胡琴演奏曲调。

④ Alekseev (2)，p. 72。

⑤ 鲁地 (1)，第 61 页。太平天国，甚至清廷也采用它。见 Shih Yu-Chung (2)，pp. 285—287。在 20 世纪开始的时候，青年革命学生也为《演义》中的英雄以及它对军事理论的讲解所吸引，见 Rankin (1)，p. 39。

⑥ 从苏联顾问对 20 年代中国军队的回忆录中可以明显看出。例见 Primakov (1)，pp. 66—67，147；Blagodatov (1)，p. 44。

⑦ 已有专题论著予以证明，见 Liu Tshun-Jên (6)，它有一译本，即 Grube (1)。

⑧ 本书第一卷，p. 165，参见 pp. 88ff。

⑨ Liu Tshun-Jên (6)，pp. 237—238。"火尖枪"可能就是根据"火枪"演变而来（本书第五卷第七分册，pp. 220ff）。

⑩ 如我们在本书第五卷第七分册 p. 247 所见，有一种枪（gun）或原始的枪（proto-gun）就被称作"棍"。

武聖在此诸邪趋避
百事吉祥人口平安

图 12　关羽，战争与和平之神；
20 世纪初收集的一幅年画。

83

84

例如陈奇从他的鼻孔吹出了屠杀敌人的黄色气体①，在别的地方还谈到撒播"携带瘟疫的种子"②。有时天会降下血雨，城垛会裂开。这部小说如此长久地盛行不衰是不足为奇的。

纣辛最后在火焰中死亡，之后武王对曾帮助过他的神灵们和忠诚的大臣们给以奖赏，赐给封号、官爵和采邑。这本书的所有资料对陆西星来说都不是新的。许多想法可追溯至汉以前的道家和汉之后的佛教徒的传说。它的直接前身是名为《武王伐纣平话》的较早的小说。该书约于 1321 年刊印，但未载作者的名字。另一本叫《列国志传》的书，现仅存于日本，可能是《封神演义》的先驱之一。

（iii）关羽和岳飞的神化

这些故事在形成好战的群众思想方面所起的强大作用也间接从关羽（卒于 219 年）的神化得到体现，他是这些故事中的主角之一，被奉为战神，更确切地说，是战争与和平之神③——中国旧时城镇、乡村和家庭最受欢迎的护卫者④。《三国志演义》中的另外

① Liu Tshun-Jên (6)，p. 182。

② 同上，p. vi。

③ 这早在 1128 年授予他的头衔"壮缪武安王"中已有反映。这种在关羽死后不久所产生的对他的崇拜得到了当局的支持，并列为官方批准的宗教仪式。这位英雄获得了越来越显耀的封号，在太平天国起义之后，赢得了最高的称号"关夫子"，这是一个使他和孔夫子并列的称号 [Doré (1)，vol. vi，pp. 54ff.]。20 世纪初期，在民众中最普及的称呼是"关圣帝君"。然而，他只在较晚时期才占有战神的地位。在汉朝，蚩尤被崇拜为兵主。唐代开国以后，太公望在京城被奉为伟大的武圣人，当地的武庙与孔子的文庙相并列。清代以在群众中久受欢迎的关帝取代了他。中华民国在关帝之外又加上另一位英雄岳飞（1103—1141 年），他是多次抗金战役的统帅。他们地位相当，一起在武庙中受人崇拜。欲知细节，可见魏汝霖、刘仲平（1），第 139—156 页。关于对岳飞的崇拜，见卫德明 [Wilhelm (15)] 的有趣研究。用西方语言对关羽的神化的论述，无疑以迪辛格的著作 [Diesinger (1)] 为最佳。

④ 对于关羽的崇拜方式见 Day (1)，p. 52。对于他大受欢迎的程度，有许多可资利用的估计，但存在某些差异。甘布尔 [Gamble (1)，p. 401] 分析了华北一个区域内的庙宇，并报道说，在 1928 年，关帝庙在官方认可的所有庙宇中占百分之七十五，而在该地区的全部庙宇和神龛中占百分之十七。杨庆堃 [C. K. Yang (1)，p. 441] 通过对八个地区的地方志的分析所提供的 1946 年的数字则低很多，其总数占官方庙宇的百分之三十二，全部庙宇的百分之五点四。这些差异可能是由于时间的变化以及当地传统和分类方法的不同。关于庙宇的计算，应以供奉的主要神仙为基础，但因为关羽享有盛名，他的塑像和画像在许多庙宇、家庭和店铺中都有，因此上述数字并不能完全反映对他的崇拜的力度。自第二次世界大战后，对关羽的崇拜在中国大陆明显衰退，但在台湾和东南亚的许多华人聚居中心却仍然兴旺。

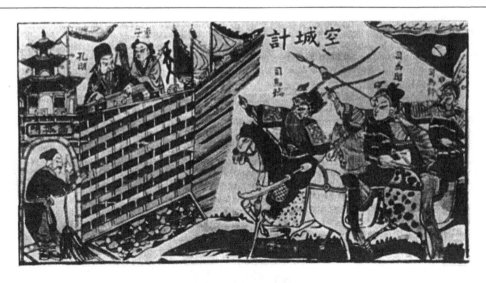

图 13　表现著名的诸葛亮"空城计"的年画。

一个人物张飞（卒于 221 年）起了相似的作用，但他所受到的崇敬要少得多，普及程度也低得无法比较[①]。有时岳飞（1103—1141 年）也是一位战神[②]。民间对关羽的崇祀清楚地表明以前提到过的指挥官的广泛职责，从欧洲的狭窄意识来看，这些指挥官不算是"军人"。以下就是杨庆堃所描写的崇拜迷信[③]：

> 商人崇拜他为商业契约中的财富和忠实之神，普通民众崇拜他为治病圣手，士兵们崇拜他为他们的保护神，许多地方社团崇拜他为防止灾难和破坏的大圣。对于许多兄弟会和秘密结社来说，他是兄弟关系的监督者，以及保佑共同利益和正义事业的神。

然而，对关羽的崇拜还有更加独特的道德和政治的一面，因而被政府和绅贵在全中国各地普遍加以鼓励。它是忠诚、正直以及对正统政权全心全意拥护等公民价值的象征[④]。

还可补充，关羽也被视为辟邪者、未来事件的预言家、文艺之神、寺庙的护卫者，甚至是戏剧之神[⑤]；对他的崇拜虽然由国家支持，但明显是大众性的，因此完全不同于对孔子的崇拜[⑥]。庙志和地方传说中关于他援助民众的故事都是用《三国志演义》中的

85

---

① 许烺光［Hsü Lang-Kuang (3)］根据 1941—1943 年间在云南进行的考察和访问描述了中国众神祠的特征，其中对这些人物在众神中所占的位置提供了某些看法。天庭以玉（皇大）帝为首，在他下面是诸大臣，其中最重要的是关羽和张飞。有些地方在玉帝之下还有三个宗教的创始人，即孔子、佛和老子，但他们和两位大臣及其他官职较低的神不同，是不那么活跃的。关公这位战神是所有神祇中最突出的，在所有宗教集会中最活跃，最受尊重和敬畏。他是一位历史人物，他的结拜兄弟张飞将军被视为占有和他相同的地位，但根据访问的结果，关羽远高于张飞。见 Hsü Lang-Kuang (3), pp. 139, 142。

② 岳飞是多次抗金战役的英雄，虽然对他的崇拜也受到官方的支持，但他受群众喜爱的程度要差得多。见卫德明［Wilhelm (15)］非常有趣的研究。

③ C. K. Yang (1), pp. 159—160。

④ 还需指出，在中国，像忠诚和友爱这样的优秀品德被认为是"理想战士"所必不可少的。施友忠认为［Shih Yu-Chung (2), p. 290］，关羽得以被奉为战神主要是由于这些道德上的品质。

⑤ Day (1), p. 54；Gamble (1), p. 418。

⑥ 娄子匡.（1），第 27 页。

线索编出来的，因而使他成为中国过去一千多年中群众想象中的主要代表人物①。在对关羽的崇拜中，军事的价值和美德显然与民事的价值和美德混合在一起，即文武结合②。

　　恰恰就是这种融合似乎提供了解开关羽及其他战神得到广泛崇拜之谜的钥匙③。当需要恢复或捍卫正义、道德、社会和精神秩序、和平及和谐等一切被认为其本身具有绝对价值的事物时，中国人认为即使对罪犯、做坏事者以及恶魔这一类人使用暴力，也是有道理的④。对英雄的崇拜似乎与儒家学说和佛教相矛盾⑤，但若分析其在中国的内容——从授予被崇拜人物的称号及对他们的祷词中反映出来——却证明矛盾只是表面的⑥。正如古代中国最严厉地谴责战争的墨家，也保存了最详细的关于战争行为的教导和描述，所以儒家和晚期的流行思想是反军国主义的，但决不是和平主义者⑦。

(iv) 侠客和武艺

　　然而，我们的分析仍是不完全的。艾伯华写道："虽然儒家的著作和中国的哲学一般认为一切军事行动都是不希望的，尽管有时是必要的，但为普通人而写的材料，显然还有普通人所写的材料，却赞美战争、战斗和英雄主义。"⑧诚如鲍尔所指出，后一类著作有时和官方的儒家思想意识相反⑨，他又说明，在普通人、起义者和秘密结社分子中间，流行一种既有宗教又有军事成分的独特混合思想以及社会军事组织模式和军事称

---

　　① 关于对他的崇拜的形成和发展，见 Gamble (1)，pp. 419—429；娄子匡 (*1*)，第26—62页。

　　② 有时在供奉他的寺庙中会遇到两座塑像，一个是披着盔甲，手持大刀的武将关羽，另一个则是身穿官服，手持毛笔和书籍的文官关羽。

　　③ 例如，门神被等同于唐代的两位将军（但这样的门神崇拜还要早得多）、四大天将、晏公元帅、曹大将军（保护健康）、保童将军、钟馗，等等。

　　④ 艾伯华 [W. Eberhard (29)，p. 66] 分析了许多当时的著作后，得出结论：为保卫国家或统治者或自己的父母而杀人被认为是正义的，甚至是光荣的。对不义进行报复而杀人是轻罪，但为小事、一时冲动，或为利而杀人则是非常严重的罪行。这篇文字中值得注意的一点是，在中国，坦诚（不是残酷）杀人被认为是轻罪，见 Eberhard (29)，p. 62。基于社会学的研究，奥尔加·朗 (Olga Lang) 已经说明了大众文学所激起的爱国主义和反抗压迫的理想怎样真正变为参军、特别是参加共产党的军队的动机。在他们取得最后胜利之前，她写作了 10 年，她的书名 *The Good Iron of the New chinese Army* (《新中国军队的好铁》) 需要作一点说明。中国人有一句古老的格言："好铁不打钉，好人不当兵。"[Smith (1)，p. 346；Scarborough & Allan (1)，p. 341] 但事实上红军是有使命和高尚理想的，因此参加红军的铁是好铁。参见 Cell (1)；Lary (1)；Bullard (1)。

　　⑤ 当然，佛教就其定义来说有如和平主义者，但有趣的是佛和菩萨不得不由如此多的比如教煌莫高窟中的半神半人兵将来保卫。很久以前，在本书第一卷的图 23，我们展示了其中一座塑像，穿戴的是波斯式铠甲。所有中国的佛教寺庙（以及许多道教宫观）都是由两个面貌特别凶恶的半神半人所保卫，大门每边各有一个。而且，他们的制服确实为劳弗 [Laufer (15)] 论述防御铠甲历史的权威著作提供了资料（参见本书第五卷第八分册）。另见 Demiéville (12)。

　　⑥ 中国人民并非不知道战争的恐怖，有许多诗歌可以证明，但他们无论何时从未出现那种可怕的伊斯兰教式的"圣战"(jihad) 观念。对他们来说，战争是令人遗憾的必需品，有时要用它整顿秩序，但从来不是强迫改变宗教教义的活动。在这一点上他们或许得助于没有宗教狂热，因为儒教和道教基本上是理性的，而佛教的本性是和平主义者。换句话说，他们可能曾赞成基督教的"正义战争"的教义，然而，由于像核弹那样大规模毁灭性武器的出现，甚至现在这也已过时。

　　⑦ 关于中国的和平主义史，见 Tomkinson (1)。

　　⑧ Eberhard (29)，p. 82。

　　⑨ Bauer (4)，pp. 119，290。

号。毫无疑问，各种尚武精神的表现，以及对战斗的颂扬，具有与"道"相对抗的意味，并且引起了兼有恐怖和迷恋的战栗。《道德经》说：

> 兵器是不祥的东西，有道的人和它们没有关系。军队驻扎的地方，荆棘丛生。以杀人为乐者，永远不能得志于天下。[①]

> 〈兵者不祥之器，故有道者不处。

> 师之所处，荆棘生焉。

> 夫乐杀人者，不可得志于天下矣。〉

但尚武精神并非总是和反对儒家学说相联系的。这里我们似乎只是涉及中国文化中的另一种倾向，这种倾向主要但并非仅仅属于平民[②]，而且至今还存在，这可从武打影片的盛行得到证明[③]。鲁尔曼（Ruhlmann）所述的武侠的特征进一步证实了这一观点：

87

> 剑侠的主要特征是巨大的体力……合格的斗士要在武术方面受到多年的训练，如打拳和角力、击剑和使用各种武器[④]。这些武术也是他们喜爱的消遣。他们也能跳跃和攀登高墙，在房顶上行走，等等，动作异常敏捷。有些人还会在水底行走……真正的剑侠并不满足于勇武善斗，还要在他们的技巧中增加富于幽默的举动，在严肃的动作上加点开玩笑的噱头……通俗小说中的大多数剑侠的特点是说话直爽、脾气暴躁。他们是迟钝的、坦率的、天真的、好斗的、暴烈的、易怒的、没有礼貌和完全无拘无束的。他们以自夸和争吵为乐，偶然还错杀人……为什么这些狂暴之徒还受到他们的同伴和小说爱好者如此的热爱呢？首先，因为他们在官方授予权力者们不走正道的世界里仍是诚实和正直的。和他们在一起任何人都知道该站在什么立场。他们在街道、酒馆或其他低贱场所里产生的友谊是无私的、意气相投的自然结合。他们对钱完全无动于衷，并且凡不属于他们的钱一分也不拿。他们不会奉承和拍马，没有任何东西能动摇他们的忠诚……他们是坚决的人，总是准备为他们的朋友献出自己的生命，从不愿意投降或让他们自己被人约束或羞辱。体力游戏引起他们自然的振奋，他们的力量和勇气导致毫无顾忌的自信，他们的粗野笑话显露出直爽的幽默感，他们的所有举止散发出生活的乐趣。他们具有属于"好汉"这个词汇

---

① Ch'u Ta-Kao (2), pp. 41—43；Duyvendak (18), pp. 76—77。

② 刘若愚[J. J. Y. Liu (1)]对中国军事文化和崇尚战争的许多表现作了描述。我们在《诗经》中找到许多颂扬战争和描写士兵之间的友好感情的诗歌［例如《召南·殷其靁》、《小雅·沔水》、《大雅·常武》和《周颂·载芟》；译文见 Legge (8), pp. 201—203, 281—284, 555—559, 643—647］。虽然它们往往来之于民众，但后来在更高层的官方文化中占有一席之地。

③ 确实如此，现在最受欢迎的一出京戏就是描写在一家小旅店内过夜的侠客和想杀他的店主在黑暗中的战斗。我们在中国常常看到演这出戏。

④ "武术"是各种身体锻炼和格斗技术的统称。有些只使用手和整个身体，如著名的中国功夫或日本的柔道和空手道，其他则使用传统的十八般兵器。它们常常是互相紧密联系的，不仅作为战斗技术，而且作为达到精神上的至善以及永生和涅槃等的方法来学习。在每种情况下，精神训练都被视为是必需的，它们从未被理解为仅仅是肉体的本领。这就是在佛寺内发展某些这类技术的理由。武术和精神因素往往是不可分离的，如在义和团运动中，将达到特定的精神和肉体的至善作为目标，以便进行实际的战斗反抗外国人。我们曾有机会联系针刺疗法简要地描述了全部这些技术，见 Lu Gwei-Djen & Needham (5), pp. 302ff。那是一门关于穴位的学问，穴位是身体表面的一些特定点，如有损伤就特别危险。

的一切好交朋友的品质。①

这一类英雄，形成了中国民众所喜爱的武士形象，自然能够迷住任何国家的老百姓。而且，鲁尔曼所描述的各类中国武侠均有一种基本的特性：即他们的活动是为了恢复秩序和正义，与坏人和腐败官府作斗争的。有时，在特定时代的令人悲伤的环境下，**88** 只有盗贼和造反者能像儒家的士绅那样行事并试图恢复道德秩序。如他所指出，这种传统在古代随民间英雄或"侠"（adventurers）的出现而开始②，甚至儒家也认为他们的行为在政治混乱时期是适当的。当然，像关羽那样同时体现军人、文官和学者的所有美德的英雄，更易被接受③。

所有这些武侠，在中国或多或少均受到儒家的教化，有时受人崇拜，他们普及了古典的战争理论，而这一点就构成了他们的社会作用与欧洲或西亚类似英雄所起作用的主要差异。然而，也确实有某些类似的事例，如中世纪时罗宾汉（Robin Hood）那样的游侠或民间英雄。他们的成名不仅是因为他们的勇敢和武艺，而首先是因为他们的美德，"降低强者的地位，提高低微和温顺者的地位"。

（4）民众生活中的军事思想

关于这一点，古典军事理论的广泛普及是主要因素，但不是惟一的因素。与此相伴，我们又遇到一种完全相反的倾向：把军事知识看作秘密，其方法只传给经挑选和可信赖的人，而且这些著作只以手稿方式妥善保管④。这是因为其知识范围广泛涉及法术和星占学的事情，还有专业秘密（与武术和谋略有关），这些都是从来不乐意泄露的。毫无疑问，那些知识周围的神秘覆盖物也与死亡、与"阴"的识别，并与否定许多官方认可的价值有联系。国家也竭力阻止那些被认为"危险的"或"不道德的"典籍大量流

---

① Ruhlmann (1), pp. 166—168。

② "游侠"这个流行名称常被译为 knight-errant 或 wandering knights。《史记》用一个短篇为他们立传（卷一二四）。司马迁将这个名称用于具有下述特征的好斗平民："虽然他们的行为可能不符合绝对的正义，但他们的话永远确实。他们始终履行他们的保证，他们总是践行他们的诺言。他们不顾个人安危生死，急切地站在忧患之中的人们一边。而且他们从不夸耀他们的成就，反而认为自行为别人所做的事情是耻辱。"（"其行虽不轨于正义，然其言必信，其行必果，已诺必诚，不爱其躯，赴士之厄困，既已存亡死生矣，而不矜其能，羞伐其德。"）译文见 Burton Watson (1), vol. ii, p. 453。这一切都有若干墨家思想（本书第二卷，pp. 165ff.）。

③ Rulmann (1), pp. 170—176。

④ 正是由于这个原因，前述《三十六计》的原本《秘本兵法》现已失传了。邓拓［马南邨（1），第 509 页］提到，此书多年来在人民共和国只以打字复印本的方式流传。在越南，这个国家军事理论的一本主要著作，即陈国峻（1116 至 1300 年间人）所写的《兵书要略》，直至 20 世纪 60 年代才出版。河内的社会科学委员会图书馆（The Library of the Committee for Social Sciences）有此书的手抄孤本。

兵书的秘密性往往由于据说是以神秘的方式所获得而被强调。《太公兵法》的故事就是这样的一个例子，它的一个古本系由一位神秘的老者赠与一位表示恰当敬意和志愿的弟子［《史记》卷五十五，第二○三四、二○三五页；译文见 Burton Watson (1), vol. i, pp. 135—136, 150］。那位弟子不是别人，就是张良。另一例是黄帝如何从一位神仙那里得到《阴符经》的故事。以后我们将知道（本书第五卷第七分册，pp. 29ff.），所有论述火药兵器的书籍中最主要的一本是怎样约在 1360 年由一位年老的神秘道人传给焦玉的。

通①。结果，这些典籍只能秘密地阅读，非法地散布，即使用过，也不说②。

古典理论及其应用的影响范围是极广的。它被应用于政治和外交，商人们把它作为做生意的理论也取得了成功③。它被推荐用于日常生活和各项社会活动④。然而，虽然它在常常呈现战斗特征的政治活动甚或贸易上的使用能够较容易地被理解，但将社会生活视为斗争的形式，似乎是使人惊奇的，尤其在中国⑤。要确定这种观点的来源需要进行一些研究，不过这样的传统在中国看来确实应追溯到西方社会达尔文主义的影响到来之前很久。的确，在20世纪之初，达尔文主义在中国之所以容易被吸收和传播，可能就是由于这种传统⑥。

在《庄子》那样古老的书中我们找到了如下的片断：

　　大言清楚而明晰，小言尖锐而争吵。睡眠时人的灵魂出游，醒着时他们的身体忙碌。在（人的）关系和（人的）联合中，不同思想的斗争每天都在进行，只不过有时摇摆，有时狡诈，有时隐密。遇见小的恐惧人就小心，逢到大的恐惧人就审慎。有些人像箭或弩弹一样跳起来，他们肯定是对和错的仲裁者。另一些人坚守他们的阵地好像发誓要与它结盟，他们是为胜利而防御。另一些人像秋冬那样失败，他们就这样一天天地衰落下去。另一些人埋头于他们所做的事，你无法使他们回头……欢乐、愤怒、悲伤、欣喜、焦虑、懊悔、多变、固执、谦逊、任性、坦率、傲慢——音乐从空的孔中发出，蘑菇从潮湿处长出，日夜在我们的面前互相更代，没有人知道它们从哪里发的芽。⑦

　　〈大言炎炎，小言詹詹。其寐也魂交，其觉也形开。与接为构，日以心斗。缦者，窖者，密者。小恐惴惴，大恐缦缦。其发若机栝，其司是非之谓也。其留如诅盟，其守胜之谓也。其杀如秋冬，

---

① 清朝在1648年实行了一项针对研读军事典籍的禁令。一年后，放松了限制并准许拥有某些种类的武器，但仍以死明令禁止私人拥有军事书籍（《清文献通考》卷一九五，第六五九九页）。1652年，颁布了第一个对有关通俗小说和故事（特别是关于军事英雄者）的禁令，它被皇帝的诏书重复了多次，直至19世纪［Shih Yu-Chung (2), p. 286］。当然，满清政府从一开始就认为所有以前的，特别是明朝的军事技术书籍本质上具有颠覆性，甚至《武备志》也被禁止。再者，直至20世纪70年代末不曾重新发行过《三十六计》，这样的决心背后必定有道义的和政治的考虑。

② 这方面的详细历史大概是绅贵和平民对战争态度比较史的重要部分。

③ 例如，益人的著作《以"孙子兵法"的法门来充实个人的经济》［益人 (1)］在20世纪70年代的香港十分受人欢迎。此书还曾以更简单的名称《"孙子兵法"和"经济学"》出版。相似的著作也在日本出现，见 Griffith (1), p. 176。

④ 20世纪70年代在香港出版的徐东哲 (1) 的著作即是一例。又见李占 (1)，第4页。

⑤ 见所罗门［Solomon (1), pp. 99—104］对成语"人吃人"所表达的世界观的详细分析。还有姜馨 (1)，在他的著作的第一页就以通俗的形式提出了"战争的准则"，他说："人生就是战争"。这句话源于马姆斯伯里（Malmesbury）家族的托马斯·霍布斯（Thomas Hobbes, 1588—1679年）："人类的状态……就是每一个人反对每一个人的战争状态。"［Leviathan（《利维坦》）, pt. 1, ch. 4］他是一位伟大的悲观主义者，当然，生活于资本主义社会的初始时代，无论他的名言对古代和更有组织的欧洲封建主义社会正确到什么程度，这样的社会肯定正是毛泽东及其领导的共产党军队决心以人类协作和合作化来取代的对象。

⑥ 关于此事，见 Pusey (1)。在1902年，有一位佚名的作家曾说："欧洲人用基于尼采的极端个人主义或者达尔文的进化论的藉口来美化帝国主义——但是直言之，帝国主义只不过是强盗主义。"（"欧人之文帝国主义，或根尼采之极端个人主义，或凭借达尔文之进化论，以为口实。然帝国主义，果如是乎？帝国主义，质言之，则强盗主义也。"）［张枬、王忍之 (1)，第一卷上册，第199页］

⑦ 《庄子·齐物论第二》；由作者译成英文，借助于 Burton Watson (4), pp. 32—33，某种程度上还借助于 Pozdneeva (1)。

以言其日消也。其溺之所为之，不可使复之也……喜怒哀乐，虑叹变热，姚佚启态。乐出虚，蒸成菌。日夜相代乎前，而莫知其所萌。〉

《韩非子》中甚至有一个更惊人的例子：

> 黄帝创造了这种说法："上级和下级每天打一百次仗。"下级隐藏他的自私意图并且试探上级，上级使用法度来制裁下级。因此，法度的设立是君主的法宝，拥有党徒和支持者仍是不够的。当上级失去一寸或两寸，则下级就将得到八尺或十六尺①。

> 〈黄帝有言曰："上下一日百战。"下匿其私，用试其上；上操度量，以割其下。故度量之立，主之宝也；党与之具，臣之宝也。臣之所不弑其君者，党与不具也。故上失扶寸，下得寻常。〉

这里所提到的类别：上级和下级，弱方和强方，不但可以用于官场，而且也可用于氏族内和各种不同的社会情形中②。《史记》有如下关于白圭（公元前4世纪末）的描述，他被认为是中国经商术的奠基者：

> 他饮食极简单，克制食欲和嗜好，节省衣着，与奴仆共担困难，但当他看到好的机会，他就会像猛兽鸷鸟一样扑上去。"如你们所看到的，"他说："我做生意用的是与（政治家）伊尹和吕尚③制定计划（"谋"），孙子和吴起运用军队（"用兵"），以及商鞅施行法律（"行法"）一样的方法。因此，如果一个人没有足够的智慧适应形势，足够的勇气作出决策，足够的仁慈掌握予取，足够的力量保卫他的阵地，那么即使他愿意学习我的方法，我也永远不把它们教给他。"④

> 〈能薄饮食，忍嗜欲，节衣服，与用事僮仆同苦乐，趋时若猛兽鸷鸟之发。故曰："我治生产，犹伊尹、吕尚之谋，孙吴用兵，商鞅行法是也。是故其智不足与权变，勇不足以决断，仁不能以取予，强不能有所守，虽欲学我术，终不告之矣。"〉

按照司马迁所述，他遵循交换律、时间和地点法则，并连同上述理论将这些规律运用到他的生意上去。

使用由计谋转化而来的通俗成语以应付日常生活的各种情况、他人的行动，并分析和计划自己的行为，也是一种古老的传统；在过去的一千年中，当战争史诗和章回小说如此地广泛流传时，这种转化更是频繁发生。

91　　尽管在氏族或农村公社中计谋可用来反对亲属，但它主要还是被用于反对外部人。赛沙布说，根据儒家思想，计谋属于和"正道"相反的称作"诡道"的规范综合体⑤。从个人的观点来说，社会被分成"自我"集团，即他或她是其中一分子的群体，和以某种方式与它发生联系的许多其他集团，以及由于社会分离主义而关系较不亲密的其他人

---

① 《韩非子·扬权》；译文见 Liao (1), vol. 1, pp. 59—60, 经作者修改（作者根据己意进行了节略，译者完整引录了《韩非子》的原文——译者）。

② 当毛泽东讨论他的军事艺术的渊源时，他使用了这些分类来描述他自己的家庭关系——他的父亲和母亲的关系，以及他父亲和他自己的关系。见 Snow (1), pp. 128—129。当林语堂 [Lin Yutang (3), pp. 56—57] 用军事术语来描述日常生活和中国人的行为方式时，甚至把饭店中顾客和侍者之间的关系作为例子。

③ 吕尚又称姜子牙、太公望。

④ 《史记》卷一二九，第三二五九页；译文见 Burton Watson (1), vol. ii, p. 483, 经作者修改。

⑤ Seyschab (1), pp. 13—22。

民①。虽然古典形态的儒家学说将其理想的影响扩展至全社会②，但后来形成了一个惯例，即用策略和计谋反对"外部人"是允许的③。不过这些行为处理起来有些为难，因而是不公开说的④，尽管在过去的几千年中许多氏族结构的巩固似乎加速了"自我"和"外部人"之间距离的扩大。在此值得回顾的是，直至太平天国起义，在中国几乎不曾努力发展国家意识⑤。中国人认为他们是"天下的居民"。直至19世纪中叶，当太平天国部分地由于宗教意识，部分地为了抵制那种视另一氏族的成员，另一乡村、公社、地区和省的居民为"敌人"的普遍做法而开始灌输全中国团结起来的思想时，中国人才认为广泛采用"诡道"是正当的⑥。而在边远的农村地区，直至20世纪中叶，才认为这样的思想是正当的⑦。

需要补充的是，军事理论中规定的人类行为原则与广泛传播的哲学思想相一致。它们还符合东亚的社会结构和普遍接受的行动规则。许多其他文化要素，似乎与军事理论也有十分密切的联系并且传播了它的基本原则，如流行的围棋，或个人格斗的各种技术，但它们的形成与军事理论无关，毕竟它们是同一文明的产物。 92

因此，不仅军事理论能向民众提供有用的行动模式，反之，在劳动技术中形成的，甚或从动物行为中观察到的诀窍也易于转变为军事艺术。这种十分普通的思想，作为士兵对外部世界的自然态度，由一位日本作家作了恰当的表达：

> 古时候的良将观察了渔夫、伐木工和农民的活动，立刻学会它们，并从它们创造出新的计谋，在战役中经常使用。如果一个人不断地把他的注意力集中于此，他会认识到他所见或所闻的每一件事都有助于（军事）谋划艺术。⑧

(5) 军事要素("武")在中国人的世界秩序中的位置

为了结束对战争和兵法的一般探讨，应当提及它们在中国人所创造的社会世界秩序中所占有的位置。我们已经说过，自汉代，或许还要更早的时期以来，"武"被视为黑暗、否定、"阴"的体现；而"文"被认为与"阳"，与文明、道德和礼仪，与经书，与高尚

---

① 李宗吾（1），第137—153页，是20世纪对这些思想的最全面描述。这种自我的表达与西方世界所想像的方式不同，它与社会脱离得较少，而同社会环境的联系较强。这是由于常常发生人格依附以及个人努力于完成他的社会义务而非他的私人欲望或幻想所致。瓦西里耶夫 [Vasiliev (1), pp. 52—82] 以有趣的方式提供了传统中国文化中自我的显著特征的各个方面。许烺光 [Hsü Lang-Kuang (2)] 也对这个问题提供了许多精确的观察。

② 见《论语·颜渊第十二》第五章和第十九章；译文见 Legge (2), pp. 117, 135。这些段落中有这样不朽的言论："他尊重人的尊严，奉行爱和礼节——对他来说，四海之内所有人都是兄弟。"（"君子敬而无失，与人恭而有礼，四海之内，皆兄弟也。"）佩列洛莫夫 [Perelomov (2), pp. 71—82] 对孔子道德观作了全面评述。

③ 参见一直流行到19世纪后期的英国农村口语："furriners from Devon"（德文郡来的外地人）。

④ Seyschab (1), p. 14。

⑤ 应当作出的保留是，较早，在宋代曾出现过十分接近于国家的和泛华的爱国主义思想 [Trautzettel (1), pp. 199—213]。又见克留科夫等 [Kryukov and others (1)] 关于中国人的国家观的多卷本著作。

⑥ 见洪秀全（1）：《原道醒世训》，收入《中国哲学史资料选辑》，近代之部上册，第51页。

⑦ 在一篇著名的声明中，孙逸仙写道："……中国的人，只有家族和宗族的团体，没有民族的精神，所以虽有四万万人结合成一个中国，实在是一片散沙。"孙中山（2），下卷，第593页；译文见 de Bary (8), vol. II, p. 107。

⑧ 桷山俟斋，《天狗艺术论》，初刊于1729年。参见 Kammer (1), p. 91。加上"军事"一词是因为此处讨论的是战略计划和军事诡计问题。

93　的教养，与民政及富裕和幸福的保证相等同①。于是，"武"与使用武力②和暴力，与刑
并因而与法，与拷问③、破坏和杀害，与制造灾祸，因而与残暴相等同④。根据五行观
念，"武"被归入一切皆凋谢和枯萎的"阴"的季节，即归入秋季和元素"金"。这个理
论将战争与火、土和水建立起联系，并与数字（九、六、五），与方向（主要是西方），
与某些动物相对应⑤。另一方面，"文"被确定为"阳"，与天相对应，"武"被确定为
"阴"，因此必属于地。从星占术方面来说，太白（金星）被认为是主管战争的天体，而
月亮狭义上主宰刑罚⑥。决定这些法术配对物的原则有过变化，而且并非总是没有矛
盾；某些关系似乎显而易见，另一些则是纯推测性的⑦。

　　在战国时代末期，卦中的实线和虚线被认为是对应"阳"和"阴"。因此在八卦理
论和军事思想之间发生了密切的联系，而且诞生了天、地、人之间的对应观念。据此，
天道是以"阳"和"阴"的力量为基础，地道是以"刚"和"柔"为基础，人道是以
"仁"和"义"的德行为基础⑧。"文"对应于柔和义，柔（常理解为韧性、弱或温和）
94　被认为能克刚（即刚性、强硬、狂暴)⑨。所以柔中必含有真正的强硬（"柔中有刚"），
确实，它构成了唯一真正的强硬，也能够转化成为强硬，而强硬本身则被认为是潜在的
弱。这些观念在属于"柔术"的个人格斗技术的名称中也得到了反映。

　　根据这些观念和旧的行政习惯，"文"的因素与世界的中心中国相联系，而"武"的

---

① 关于儒家思想中"文"的概念的分析，见 Perelomov (2)，pp. 76—78；Lisevich (1)，pp. 15—31。

② 当你想到它时，英语中的问句"Are you a member of the Forces?"（你是武装部队的一员吗）就有点奇怪
了。当然，甚至在最罪恶昭彰的帝国主义行为中，仍以为"女王的武装部队"正在为正义和公正而行动。但
"Force"一词仍有贬抑的含意。我记得我的老朋友，基督学院（Christ's College）的阿瑟·佩克（Arthur Peck）博士
曾说：如果您起草文件时要使它不引起别人的反对，你就应该避免使用"forced"（被迫）这个词，而宁可用
"obliged"（不得不）——if X is done to Y we shall be obliged to do so-and-so in response（如果对 Y 做了 X 一事，我们
将不得不做某某事作为回答）。

③ 参见本书第二卷，p. 525。从 1520 年起，早期葡萄牙旅行者曾对中国地方官的公正有深刻印象，这些官
员"利用一切可能的办法避免判处任何人死刑"。这些旅行者在他们自己的国家对于监狱的恶劣条件和司法拷问的
使用已习以为常，所以他们对此未加评论。1420 年来自波斯的一位帖木儿（Timurid）帝国的大使有相同的证言。
然而，当不列颠和其他欧洲水手在 1820 年到达中国时，中国的刑罚似乎十分残暴，而且这个国家的风俗非常落后。
其原因是欧洲人道主义的成长，这当然并不是由资本主义引起的，而是由于现代科学的兴起，是现代抽水马桶以及
对血和粪便开始有点"神经质"的必然结果。麻醉的出现也增加了对自己或他人的痛苦的敏感性。因此，在我们自
己的时代也许兴起了避免有过于明显的遗留痕迹的多种拷问方式。我们在本书第七卷将回到与现代科学的发展同步
成长的人道主义这个主题。富科［Foucault (1)］坚持认为，用更巧妙的方式来代替以前几个世纪更加仪式化和更
加血淋淋的拷问并不一定导致更多的人道主义，这是确实的。

④ 参见《前汉书》卷二十二，第一〇三一、一〇三二页；卷二十三，第一〇七九至一〇八一页；卷二十六，
第一二八二至一二九二页。

⑤ 特别是公鸡和猴子，参见本书第二卷，p. 262。

⑥ 《前汉书》卷二十六，第一二九一页；《太白阴经·占五星篇第八十四》第五节。参见李浴日 (2)，第五
册，第 209 页。

⑦ 例如，"金"和"武"与肝相对应似乎是自然的，因为这个器官通常被认为是动物灵魂中产生愤怒和勇气
的部位。武士常被描述为"多毛的人"，这样的人和归属于"金"的"多毛动物"相对应。其他与大麻、辛辣味、
白色、白虎、特定的时刻、音调、干支等的对应是和全部五行系统相联系的。关于这些"象征性的对应"，见本书
第二卷，pp. 261ff.。

⑧ 参见《易经·说卦》；Wilhelm (2)，英译 p. 274；余敦康 (1)，第 24—27 页。

⑨ 见《道德经》第三十六、七十八章，译文见 Duyvendak (18)；Ch'u Ta-Kao (2)；《三略》卷上。

因素则与起防御作用的领土以及周边蛮夷居住的荒野相联系①。因此，被儒家学说所巩固的对和谐（"和"）、一致（"合"）与和平（"安"）的崇尚，似乎本来就应归功于中国人所居住的世界中央地区，这块土地诞生了圣贤和文明②。

对中央王国内部的犯法者和反叛者，以及对居住在已知世界边远地区的蛮夷部落使用"武"（暴力和惩罚），只有在制止罪恶和恢复正义的情况下才是正当的。由于这些观念，"武"只被作为"文"的相关补充。至少从汉代起，"武"这个字就被解释为制止使用武器（通过显示优越的力量，通过军事力量的示威，甚或只通过"文"的价值的展现），虽然"武"也用以表示武器、士兵、暴力、战斗精神，等等，但它并不直接等同于欧洲思想中的 military（军事）这个概念③。马守真（Matthews）十分正确地说，在中国人中，"制止使用武器和避免战争是真正的军事"④。由于具有如此的态度，战争就被视为"对犯法者的处罚"，它同等地适用于对付农民的造反、邻近部落的入侵或反叛、推翻"道德沦亡"的统治王朝以及恢复道德秩序。

从汉代开始，根深蒂固的信念是"文"和"武"的因素交替占据支配地位，不但与季节的自然节奏步调一致，而且吻合历史大周期（国家形成中必然的各阶段）的型态。在《前汉书》中，我们读到：

> 殷（朝）和周（朝）靠武器平定了天下。当天下已经平定，盾和斧就被收藏起来，而开始了文化和道德的教育。⑤
>
> 〈殷、周以兵定天下。天下既定，戢藏干戈，教以文德。〉

同样的思想在更早的时候已由陆贾在他和汉朝的缔造者刘邦的著名对话中表达出来：

> 您能在马背上征服天下，但您不能从马背上统治它。汤和武王用武力（对抗）征服天下，但他们用温和来保卫天下。既用文又用武是一种艺术，它保证了（既定秩序的统治者的）生命力。⑥
>
> 〈居马上得之，宁可以马上治之乎？且汤武逆取而以顺守之，文武并用，长久之术也。〉

需要"从自己的马背上下来"的隐喻后来在中国历史上一再被重复⑦。但世界史上许多革命性变化的经验显示，由新建立的当局来改变行为方法——如在国内放弃战争和恐怖——总是很难的，不能完成这种转变有时就导致巨大的悲剧。那些用剑赢得权力的人总

95

---

① 参见《前汉书》（卷二十八，第一六四〇至一六七一页）中关于中华帝国不同部分的叙述。这种以实际政治经验为基础的观念在将国家划分为多个同心的区域的著名模式中得到了反映［参见辛树帜（3）；Gawlikowski（4），pp. 48—60］，在较晚的汉代的国土划分中，外圈各区域提供士兵，内圈各区域推荐官员。中央王国的国土四周环绕着被战争扫荡过的蛮夷土地，这种看法也反映了上述观念；参见 Krol (1), pp. 18—20, Fairbank (5), pp. 20—33, Yang Lien-Shêng (16)。关于《尚书·禹贡》的同心带地理学，见本书第三卷，p. 502。

注意到实践有时和这些观念惊人地一致也是很有趣的。洛伊［Loewe (11), p. 87］在分析了汉武帝的将军们的生涯后写道："在二十六人中，有四人的任命可能由于他们和皇后有亲戚关系，七人是北方指挥官辖区的本地人，四人是长期在军中服务而被提升的，一人出身于大城市，起初是出名的罪犯。"因此，这些人中大多数以这样或那样的方式与"阴"的因素（皇帝内戚、原籍在边境地区、士兵和罪犯）有联系。

② 参见《淮南子·墬形训》，译文见 Erkes (1)。

③ 见张其昀（5），第五册，第 7592—7593 页，所给定的"武"的意义。

④ Matthews (1), p. 131, no. 939. 4。

⑤ 《前汉书》卷二十三，第一〇八一页，译文见 Hulsewé (1)。

⑥ 《史记》卷九十七，第二六九页。

⑦ 参见《新元史》卷一二七，第二七五页。

想用剑来统治。如此明晰地表达这条基本真理无疑是中国思想的一个主要成就①。国家周期性衰落的观念，战争和混乱的时期与秩序和和平的重新统一及建立互相交替的观念，渐渐地被认为是绝对的事情，是整个宇宙的自然节奏。在中国，用武力形成新的政治秩序之后，继之以和平变化的时期，这既是理论观念又是历史现实②。甚至在现代史中仍能看到这种模式。

因此战争这个要素成为世界时空秩序的一部分。它以一种自然的方式支配某些时期和特定的区域。甚至被视为任何政治秩序不可分割的部分，只有在儒家思想主要关注的稳定时期，才有各种教导要求将德行和礼仪放在暴力之前，专心于教育，灌输良好的品德和改进行政管理，并用惩罚来加以约束③。

按照孔子的学说，甚至人类个性的和谐也需要把自然的和自发的、未驯服的和野性的东西与教育和文化（"文"）相融合。孔子并不认为只有饱学才是理想④。因此他教授六艺，其中包括射和御，他相信，为了长治久安，国家需要军事力量，还有经济富足以及人民对当局的信任⑤。因此，在中国最普遍的观点是，使用暴力和战争不是单纯否定"文"，它们被用以恢复和加强"文"，同时又依靠"文"得到道义上的支持。为了达到军事胜利，行事应符合道的原则，并落实一切德政。虽然战争依靠欺诈，依靠与"正道"对立的"诡道"，但它把两者结合在一起。而且，在政府事务中，为了达到政治目的，虽然最终的打算得靠军事行动的帮助，还需进行战争，但正确的方式是尽可能减少使用暴力和用武器作战。因此一再重复的教导是，最好的指挥员不部署武装力量以便作战，他不需要战斗，如果他被迫作战，他也并不把敌方打败，如果敌方败了，他也并不消灭被征服的国家⑥。

这完全符合于国家之间的抗衡应优先采用政治和外交手段，甚至采用间谍活动，而非作战的教导。吴子写道：

> 赢得胜利是容易的，保持其成果却难。因而据说，当天下战乱时，获得五次胜利者遭祸，获得四次胜利者精疲力竭，获得三次胜利者称霸，获得二次胜利者称王，而获得一次胜利者称帝。所以，靠无数次胜利而得到帝国者实在稀罕，因之亡国的却很多。⑦

> 〈然战胜易，守胜难。故曰，天下战国，五胜者祸，四胜者弊，三胜者霸，二胜者王，一胜者帝。是以数胜得天下者稀，以亡者众。〉

战争给胜利者和被征服者都带来同样的灾难，它对普通人民意味着无尽的痛苦，这样的信念早在战国时期已经广泛传播。《道德经》说道：

> 兵器是不祥的器物，(可以说)一切生命都憎恨它们，所以有道的人不使用它们

---

① 这种思想当然也体现于普及的史诗般的《三国志演义》中（见上文 p. 80）。

② 见 Eberhard (21)，pp. 89—106。关于这些变化，古典地中海文化和孔雀王朝的印度文化也必有一些情况可说。

③ 见《前汉书》卷二十二，第一○三一、一○三三至一○三四页；译文见 Hulsewé (1)。

④ 《论语·雍也第六》第十六章；Legge (2)，p. 24。又见孔拉德 [Konrad (3)，p. 416] 对这个段落的有趣分析。

⑤ 《论语·颜渊第十二》第七章；Legge (2)，p. 118。

⑥ 《前汉书》卷二十三，第一○八八页；译文见 Hulsewé (1)，pp. 361—362。

⑦ 《吴子·图国》第四节；译文见 Griffith (1)，pp. 152—153，经作者修改。

……兵器不是君子的器物，他只是不得已才使用它们。他珍视宁静和安详，（胜利）并不使他伟大，他的荣耀不是以人的生命的丧失为乐。凡以杀人为乐者永远得不到天下的支持……在吉庆的场合，敬重的位置在左边；在哀伤的场合，则在右边。当班师时，副将在左，主将在右，这意味着他们按照葬礼就位。杀人众多者应以悲痛和哭泣来哀悼。因此，甚至在战争得胜以后，将帅们也要根据丧礼就位。①

〈夫佳兵，不祥之器，物或恶之，故有道者不处……兵者，不祥之器，非君子之器，不得已而用之，恬淡为上。胜而不美，而美之者是乐杀人。夫乐杀人者，则不可以得志于天下矣。吉事尚左，凶事尚右。偏将军居左，上将军居右，言以丧礼处之。杀人之众，以悲哀泣之。战胜，以丧礼处之。〉

《尉缭子》甚至说，将领是死亡的使者，而战争是与德相违背的②。墨家同样坚决地谴　97
责战争。例如，在《墨子》中我们发现了世界文献中谴责侵略战争的最精彩片断之一，这种战争是靠流人的血以谋一己或一国之利的勾当。

如果有一个人，进入他人的果园，偷了桃子和李子，每一个听说此事的人都会谴责他，而且如果上面当政的那些人抓到他，就会处罚他。这是为什么呢？因为他损人而利己。至于抢走他人的狗、猪、鸡和猪仔，那就比进入果园偷窃桃李更加不义。为什么这样呢？因为对他人的损害更大……至于杀一个无辜的人，剥去他的衣服，盗用他的矛和剑，这样的事甚至比闯入他人的栏厩，夺他的牛马更加不义。为什么呢？因为对他人的损害更大，损害愈大，则其不仁也更大，其罪行也更严重……

如果某人杀了一个人，他就被谴责为不义，并由于他的罪行而偿命。根据这样的推理，如果某人杀了十个人，他就是十倍的不义，就应该用十个生命去偿他的罪……现在天下的君子都知道要谴责这样的罪行，将它们打上不义的标记；但当涉及别的国家时，他们就不知道谴责它。相反，他们还赞赏它，称它为正义。他们真是不知道什么是不义。所以，他们记录了他们的战争，以留传后世……现在如果有一个人，见到很多黑，却说它是白，我们可以断定他不知道黑和白的差别。③

〈今有一人，入人园圃，窃其桃李，众闻则非之，上为政者得则罚之。此何也？以亏人自利也。至攘人犬豕鸡豚者，其不义又甚入人园圃窃桃李。是何故也？以亏人愈多……至杀不辜人也，扡其衣裘，取戈剑者，其不义又甚入人栏厩取牛马。此何故也？以其亏人愈多。苟亏人愈多，其不仁兹甚矣，罪益厚……

杀一人，谓之不义，必有一死罪矣。若以此说往，杀十人，十重不义，必有十死罪矣……当此，天下之君子皆知而非之，谓之不义。今至大为不义，攻国，则弗知非，从而誉之，谓之义。情不知其不义也，故书其言以遗后世……今有人于此，少见黑曰黑，多见黑曰白，则此人不知白黑之辨矣。〉

这些就是决定中国实际政策的观念。的确，对中华帝国的这种思维方式，胡克（Hucker）提供了最佳的特征说明之一：

无论在边境或内地爆发战争时，政府传统上考虑两种可能的反应：或者直接军

---

① 《道德经》第三十一章；由作者译成英文，借助于 Legge (5), pp. 73—74；Duyvendak (18), p. 77；Ch'u Ta-Kao (2), p. 42；Wu Ching-Hsiung (1), p. 31。关于左、右的象征意义，参见 McDermott (1)，Demiéville (13), Granet (10)。

② 《尉缭子·武议》。或者像威灵顿公爵（Duke of Wellington）那样，用 18 世纪的风格将它表述为："惟一比战败更悲哀的事情就是战胜。"

③ 《墨子·非攻上第十七》；译文见 Burton Watson (7), pp. 50—51，参见 yates (4)。

事解决，称作"剿"或"灭"；或者间接地以政治经济解决，称作"招安"、"招抚"，或暗示"召唤或安抚"的类似词语，以真实但保持缄默的军事行动威胁来支持。在他们的重实效的方式中，中国官员似乎通常只是当国家的关键利益已濒于危险而和解已无可能或者会产生不能接受的后果时，才不得已认为直接的军事解决是适宜的。除了那些臭名昭著的好战的中国领导人之外，招抚似乎是对付不满分子的最优先选用的正常手段①。

他又补充了一条有趣的评论，从心理上普遍地说明对战争、战斗和好斗行为所持的这种传统的否定态度：

98　　　　　　这种优先无疑反映了中国人在家庭和当地社会中几乎不惜任何代价，用调解、妥协，以及保全所有人面子来"息事宁人"的倾向。②

"反黩武主义"教育很早就开始了；在传统的家庭里，儿童总是因为打架或争吵而受罚③；在中国，"做一个大丈夫"和在西方社会中的情形是不同的④。在中国的哲学中，崇尚和谐与惩罚争斗成为主要倾向之一⑤。

把战争与"阴"，与死亡因素相对应，随之采取合理的力量制止其运用，是完全和这种对战争的否定态度，对武功、兵役、从军，的确，对任何与战斗有关事宜的轻蔑对待相一致的⑥。这样的倾向，在最近的一千年中特别明显，在已提到的谚语中也是明显的，"好铁不打钉，好人不当兵"⑦。这种态度只是随着 19 世纪的改革以及 20 世纪军队转变为革命和爱国的力量才开始改变。有些人会说它变得更糟了。

然而，否定战争不仅是由于已讨论过的哲学和心理因素，而且也由于普通民众的受苦，以及统治阶层中的文职人物以怀凝的心态视军人为他们的权力的挑战者，以及反对民众的武装起义。这就是他们"压制军人"的原因。某种程度上它还由于宗教信仰和祖先崇拜。此外还有一个因素，或许是一切当中最重要的，即中国文化由许多不同的地方文化所组成，因而围绕"文"而建立起它的本体，以"文"作为其根本的这样一种方式。

例如，由聚集在秦国的法家⑧发起的发扬武功和尚武的应时行动，并未产生久远的效果。它们不是主流。生活本身可能是一场战争，而侵略可能是人的天性，但中国人更加坚持限制这些倾向，并推行确保社会和谐的行为及价值准则。儒家思想逐渐放弃了原本已给与"武"这个要素的有限认可。文职官僚国家的政治制度并不适应进行掠夺战争

99

---

①　Hucker (5), p. 274。

②　Hucker (5), p. 274。

③　参见 Solomon (1), pp. 67—68, 79。

④　而且，某种程度上现在仍是如此。

⑤　参见 Bodde (14), pp. 46—75。

⑥　在其他作家中，可见阿列克谢耶夫的著作 [Alekseev (2)]。顾立雅 [Creel (7), p. 252] 认为，对战争的厌恶，以及把战争的使用作为最后的凭借，在西周时已开始，经春秋时期贵族短期发扬武功之后，在孔子时代复兴，甚至被巩固了。我们可以接受这篇论文，但要有所保留，在战国时代之前，由于种族的多元性而有许多不同的文化倾向。因此，有些文献支持顾立雅的文章，有些则否定他。这种倾向可能在周氏族的范围内占有优势。

⑦　朗 [Lang (2)] 描述了 20 年代对军队的这种态度。

⑧　见本书第二卷, pp. 204—215；Perelomov (1)；Duyvendak (3), pp. 244—259（在其《商君书》译本的引言里，法家思想中的战争问题被忽略了）；Bodde (14), pp. 51—54。

或征服新的国土①。它只能在有限的范围内从事这样的军事行动。战争并非"国家产业"，如同罗马那样，也不是任何一种建立经济上有利可图的殖民地的方法②。因此，客观利益并不腐蚀儒家的思想，反而和它形成协调的整体。它们一起以其他民族很难理解的种族和文化的稳定度确保中国的生存。它们为中国军事思想，以及战争哲学或战争艺术，还有军事技术的发展提供了特殊的条件；但正如一位近代中国军队分析家恰当地指出的那样，它被赋予五花八门的社会功能，武器则不是它的主要方面③。

许多思想家曾经思索过中国和欧洲在文化上的这些巨大差别④。它多大程度上是由于先天的原因，多大程度上是由于中国人和欧洲人的不同历史经验？也许现在要回答这些问题还为时过早，但把它们提出来却是有益的。欧洲的精神分裂症和永不宁静是一种可上溯至希腊和罗马文明的特征，后来，当时机来到时，十字军东侵的经验又为帝国主义扩张提供了一个适当的借口⑤。也许西方社会真有一种内在的战争嗜好；如果是这样，那么现代科学带着原子武器来到那个社会，而且只来到那个社会，已将我们带到了悬崖的边缘。汤因比在 1957 年写道：

> 西方从 17 世纪以来在战争艺术上比世界其余部分优越的秘密并不是只能在提供军事装备的民用技术中找到。如果不考虑当时西方社会的整个心理和灵魂，这个问题就不能被理解；而实际情况是，西方的战争艺术一直是西方生活方式的一个方面……不论哪一种文明，哪一种生活方式，都是一个不可分割的整体，其中所有部分都连结在一起，并且是互相依存的。⑥

其中有真理，但如此自由自在地漠视全部经济史难道是聪明的吗？资本主义也起源于欧洲，而且只起源于欧洲，因此，除非求之于结束中世纪欧洲并促使近代欧洲出现的伟大经济变化，17 世纪初以来的"欧洲扩张"是难以理解的。许多在其他方面有声誉的书也抹杀这种经济革命⑦，而这个革命却是牢不可破地与欧洲帝国主义以及欧洲统治亚洲文化有密切的关系。

在作结论时需要增加的唯一说明是，如果把中国的非军事生活方式想象为"亚洲式的"或是亚洲的特征，那将是一大错误。好战是大草原地带游牧部落文化的重要组成部分，在那里尚武价值被高度尊重。在日本的武士和大名文化中，我们见到了对战争的更大的崇拜；在越南的农民和渔夫中某种程度上也能见到，尽管它的文职官僚国家性质是模仿中国的。的确，传统日本的军事贵族封建主义如此类似于中世纪欧洲，它似乎促使

———————

① 中国人从未接管邻国朝鲜和越南是相当令人惊奇的，尽管这两个国家曾经部分地成为汉朝的郡，并在若干世纪中有过断断续续的战斗。西藏归入中国（成为有些棘手的属地），是因为 13 世纪末和 14 世纪初的最初几代蒙古皇帝也是喇嘛教的保护者。另一方面，像汉代发生在新疆的事情一样，汉族区域边上人口稀少的地方，很容易被吸收入中华帝国。在很早的时候，汉族人就填满了他们有清楚的自然地理界线的区域；参见威恩斯令人感兴趣的著作［Wiens (3)］。

② 参见本书第四卷第三分册，pp. 533, 508ff.。

③ 林贝克（J. H. Lindbeck）的话，见 Rhoads (1)，p. ix。

④ 例如 McNeill (1)。

⑤ 参见本书第四卷第三分册，pp. 508ff., 524ff., 529ff.；另见 Needham（47, 51, 54, 59, 65）。

⑥ Arnold Toynbee (2)，p. 26。

⑦ 例如，奇波拉［Cipolla (1, 2)］论及枪炮、帆船和时钟的著作，其索引中甚至还没有"资本主义"一词。

日本比拥有古老的官僚封建主义制度的中国更容易地进入以会计室、工厂和计算机为特征的现代世界①。看来围绕军事倾向性有某种东西，它促进了工业化过程，但这也许主要是因为前者是如此地不合逻辑，以致积累了资本的商人，以及随他们之后的企业家，当时机成熟时，发现以商业价值代替军事价值会相对地容易。当然，剧烈竞争的因素对于军事和商业文化两者是共同的②。但是，在此我们不必再进一步追索这些概念，因为它们将是本书第七卷的主题。

101

(d) 抛射武器：I. 弓弩

(1) 弓

在第二次世界大战期间，一次当我正在四川成都和绵阳之间某地挨着一片美丽稻田的路旁休息时，我看见了一群穿着蓝色长袍的农民，他们带着 4 英尺（1 英尺 = 0.3048 米）长的弓和装满了箭的箭簸。这与我的卡车上装载的金相显微镜形成了强烈的对比，但是，在诸葛亮治理过的地方看到弓箭仍然作为一种娱乐保存着，却是令人感到愉快的，现在，弓、弩，以及由它们发展而来的砲（artillery pieces）③，是我们的下一个议题，由于它们是贯穿亚洲历史的最为重要的军事武器④，所以显然不能低估其作用。而且，古代掌握了把弹性力应用于预定目的的技术，本身在技术史上是相当重要的。

沈括在其完成于 1086 年的《梦溪笔谈》中说⑤：弓有六善。即①重量轻而强有力；②弓体匀称而坚固；③尽管经常使用，但弓力不变；④并且弓力不受气候冷热的影响；⑤撩拨弓弦，声音清晰而尖锐；⑥一旦射出，箭矢笔直飞向目标。此说具有更深的内涵，这体现于黎子耀（1）和闻人军（1）的争论，黎氏认为，弓有六善之说源于《易经》，特别是坤卦和履卦的注释⑥，而且参考了月相，升起后的月亮就像一张弓。这很可能将弓箭追溯到公元前第 1 千年初，但那丝毫不出人意外。

从某种意义上可以认为，制弓者的技艺在原始技术时代已经达到了最高的程度⑦，而且，其涉及的是诸如木、角等原始材料的性能，故对现代技术的贡献要少于铁匠的技艺。这样的观点在上一个世纪更容易为人接受，然而在今天，庞大的塑料工业已经在许
102　多领域威胁到金属材料的优势地位，而古代和中世纪的制弓者倾注了全部经验的胶，以及他们用以保护其手工制品的漆，却是我们现今广泛使用的人造化学塑性"凝结"物质

---

① 我们也必须将阻碍中国文化中现代科学成长的因素主要归于官僚封建主义，见 Needham（59）。

② 参见上文 p. 89。

③ 统称长技，即远射技术；与之相对的是短兵，即近距格斗武器，将在本卷第八分册讨论。

④ 吉尔森［Gilson (1)］收集了中国古诗中关于弓箭的一些资料。

⑤ 《梦溪笔谈》卷十八，第四页。见胡道静（1），第 2 册，第 589 页，第 303 节；Anon.（266），第 29 页。

⑥ Wihelm（2），贝恩斯（Baynes）英译，分别见：vol. 1, pp. 9ff.；vol. 2, pp. 18ff.；vol. 1, pp. 45ff.；vol. 2, pp. 71ff.。

⑦ 弓肯定是人类最古老的工具之一，已被证实出现于旧石器时代晚期［例如 Peake (1), p. 70］。与中世纪英格兰弓的比较请参见 Bradbury (1)。

的两个祖先。那些从事于现代森林产品研究的人，也不能轻率摒弃古代亚洲制弓者选择木料的经验。

我们首先需要解决的问题是典型的中国弓在弓的一般分类中的位置。这样的分类直至 1877 年皮特-里弗斯将军（Pitt-Rivers）发表其人类学收集品的目录时，才得以建立。鲍尔弗［Balfour（3）］在 1889 年发表的权威论文中[1]，进一步研究了复合弓的结构及其相关之物。所有民族的弓可以根据几种标准分为不同的型式。整体用单根材料制成的弓（如英国长弓），名为"单体弓"。使用相同或相近的几层材料，或是几段拼接而成的弓，可以称为"加强弓"或"合成弓"。由采用完全不同材料的若干部分合成弓体者，称为"复合弓"[2]。而且，除了使用的材料之外，弓的形状也有区别，它可以是一个较大或较小的圆形或椭圆形的弧，在这种情况下被称为"规则的"弓，或者其弯曲的方向是变化的，如此则应是"半反弯"或"反弯"之弓[3]。

中国的弓，从我们所能追溯的最早的时代起，就是一种复合的反弯弓[4]。图 14 表现了清代晚期军队实用的弓的轮廓[5]。尽管这件优美的器物是以完美的技艺装配而成，但到那个时候，技术上已无很新的东西，因为已知复合结构的弓远在公元前第 2 千年末已经出现于亚述和巴比伦[6]。它们具有亚洲弓的独特性，对希腊有一定的影响[7]，对波

103

---

① 亦可见 Leroi-Gourhan（1），vol. 2，p. 64；S. L. Rogers（1）；以及拉格伦［Raglan（1），pp. 71ff.］对鲍尔弗（Balfour）著作的通俗叙述。朗曼（Longman）、沃尔龙德（Walrond）等撰写的关于实用弓箭的古老著作叙述了弓箭的一般历史，仍是令人感兴趣的。

② 一般认为，拼接和胶粘起源于缺乏制作单体弓的适用木材的一些地区；因此，必定在非常古远的时代就出现了。

③ 已知具有复杂曲率的单体弓，其中一些是半反弯的［如见于安达曼（Andaman）群岛者］，有一些甚至是反弯的（雕刻成形，如见于西西伯利亚和中亚者）。我们马上能够看到导致这种趋向的原因。

④ 1963 年在山西朔县发现了迄今所知最早的箭镞。它们的年代约为公元前 26 000 年［贾兰坡等（1），第 51—52 页；杨泓（8），第 190 页］。杨泓考证，弓可能出现于公元前 28 000 年，但那样早的弓没有遗迹保存下来，他进一步推测，最初的旧石器时代和新石器时代的弓是由单片的木材弯曲为弧形而构成，今天仍有一些少数民族的部落成员使用这样的弓。直至新石器时代晚期和青铜时代，才发展形成了复合的反弯弓。

⑤ 反向弯曲的程度无疑总是富于变化的，但在中国，至少在清代，可能不曾达到土耳其弓的弯曲程度，后者解弦时，两端甚至相交。拉姆［Harold Lamb（1）］曾见到 18 世纪北京的禁卫军为投考人所设的考试用弓中，有拉力为 156 磅的弓。它们长 5 英尺多。拉力这样大的弓并不奇怪，但如此沉重之弓主要是供训练使用，或用于军事考核时的力量测试，并不用于普通射击。芝加哥的菲尔德博物馆（Field Museum）保存着 8 件完整的乾隆时期的考试用弓，拉力为 4 力至 12 力（53.32 磅至 159.96 磅，1 磅＝0.454 公斤），见 Elmy（4）。四川成都长兴弓铺的产品中有两件重弓，一为 8 力（106.64 磅），一为 14 力（186.62 磅），见谭旦冏（2）。

⑥ 鲍尔弗［Balfour（4）］描述了发现于埃及第二十六王朝古墓中的一件约公元前 670 年的亚述弓。朗曼［Longman（1）］描述了发现于埃及第十九王朝古墓中的一件约公元前 1250 年的美索不达米亚弓。麦克劳德［Mcleod（1）］描述了一件更早的埃及弓，并令人信服地证明［Mcleod（2）］，这种型式的弓是在埃及制造的，而未必是从国外输入的。还可参考图坦卡蒙（Tut'ankhamūm）墓中发现的弓，见 Mcleod（3）。

⑦ 鲍尔弗［Balfour（5）］指出，《伊利亚特》（iv）和《奥德赛》（xxi）所描述的弓是复合的反弯弓，与斯基泰人（Scythians）的弓有些相似。他的这一观点落后于杜波依斯-雷蒙德［Dubois-Reymond（2）］，后者曾论及中国弓。

斯、阿拉伯和土耳其有更大的影响①，如果中国殷商时期的人们已经使用了相同型式的
104　弓，那也不会令人吃惊。中国复合弓的结构从图15能够清晰地看出。角总是施用于中
段的木、竹或藤质的弓体（通常由5节或更多节拼接而成）的腹部，或者说压缩的一
侧②。经过精心处理的腱，浸泡并贮存于胶中，总是被施用于弓体的背部，而且经常用
一层柔韧的树皮比如桦树皮进行保护。然后，这个"片簧"组件的表面被涂上漆，以防
105　气候的影响③。当然，存在着这类弓的原始型式，比如爱斯基摩人的缚筋（不用胶粘）

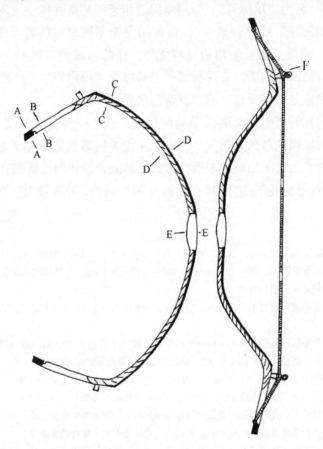

图14　中国弓。

①　关于阿拉伯的弓，有一部有价值的著作，见 Faris & Elmer（1）。莱瑟姆和佩特森 [Lalham & Paterson
（1）] 根据一份14世纪的马穆鲁克（Mameluk）手稿的翻译本，对此作了更广泛的论述，进一步增加了人们的知
识。佩恩-高尔韦 [Payne-Gallway（2）] 以实践知识描写了土耳其弓，克洛普斯特格 [Klopsteg（1）] 则将弓箭手和
物理化学家的专门知识相结合，不过，他的前辈的著作 [Hein（1），von Hammer-Purgstall（2）] 仍值得研究。阿克
[Acker（1）] 写了日本弓，布茨 [Boots（1）] 和麦克尤恩 [McEwen（3）] 写了朝鲜弓。在朝鲜战争后，一些美国
的弓箭杂志发表了关于朝鲜弓箭的文章，诸如汉城现时的射箭训练所用之弓箭等，但对弓箭的结构和制造没有深入
的介绍，Lake & Wright（1）提供了一个广泛的目录。在12世纪，一位中国的使臣发现，朝鲜弓射程远，但穿透
力不足（《宣和奉使高丽图经》卷十二，第一页）。关于日本的箭请见 Elmy（5）。
②　注意，背和腹这两个术语是就弓处于解弦状态而言的。
③　图15之图解系依据两件实用的清代弓，见 McEwen（2），可以视为体现了所有复合弓结构的一般原理。

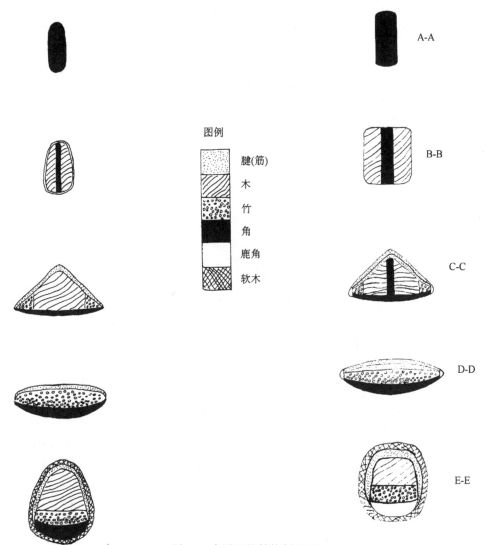

图15 中国弓的结构剖面图。

弓，以及美洲印第安人的木或角（鹿角）弓，它以贮存于胶中的筋制成背衬[1]，但这些弓也许可视为文化区边缘发育不全的制弓技术的残存。我们可以注意一个有科学意义的类比。胶，实际上就是明胶的溶液，因而它是腱组织本身的弹性胶原纤维被部分地破坏的产物。其纤维状的微细结构因而与腱生成一种关系，从某种意义上说，它类似于乌兹（wootz）钢中坚硬的渗碳体和柔软的铁素体微层之间的关系，以及铁匠通过对刀身的连续锻打而使硬钢和软钢结合成的三明治状结构。我们已经注意到，这两类技术，一是基于植物和动物材料，一是基于金属材料，都出现并且盛行于亚洲。

古代中国弓的反弯形状在汉字中有明显的反映，汉字的弓（K/901）字适当地表现了它。还有一些隐晦的派生词，如射（K/807），即射击，其象形文字的写法是一支箭和射箭者的手相加。复合弓的设计经历了许多世纪的变化和发展。或许这是长城以北的

① 汉密尔顿［Hamilton (1), pp. 9, 93］追索美洲印第安人复合弓的发展，认为其发明与"骑着马狩猎和战斗……"有联系，这一观点同样适用于中亚。

草原游牧民族与汉民族之间的古代"军备竞赛"的结果。

秦朝和汉朝的优势可能体现于弩，它的射程超过了当时使用的双曲的"斯基泰"式弓[1]。这种型式的弓有久远的历史，并且持续使用于全亚洲，甚至通过斯基泰人的外籍佣军之手传入了欧洲，它们最初出现于公元前 530 年的雅典军队中[2]。尽管劳辛[3]推测这种弓的使用局限于欧洲和西亚，但早至商代的青铜容器上雕刻的此种弓之形象，是中国很早就使用它的明确的例证[4]。

确切地说明变化开始发生的时间是不可能的，但大约不迟于公元 200 年，已通过在弓的把手一节，以及更为重要地，在弓干末端装入骨片或鹿角片，从而使弓变硬。变硬的弓干末梢更厉害地反弯，形成"耳"，这是现今之弓箭史研究者所使用的术语。反弯的耳提供了附加的杠杆作用，导致输入同等的拉力，却有更大的拉距和增值的能量输出。除了从若干墓葬中发现一些骨片外，1934 年斯文赫定（Sven Hedin）在新疆靠近库姆（Qum-Darya）河口的一座墓中挖掘出一件这类弓的完整品。可惜在运输中严重损坏，无法复原。然而，在新疆又出土了一件更完整的弓，有关材料发表于 1975 年（图 16）[5]，只是没有提供详细的说明。此弓入葬时处于张弦待发的状态，以至出土时弓体已经变

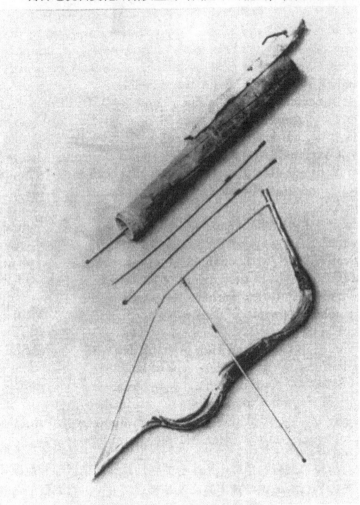

106

图 16　东汉时期（2 世纪）的弓、箭和箭筒，
1959 年出土于新疆民丰县尼雅。

① 参见本册 p. 123。

② Vos, (1), p. 88。

③ Rausing (1), p. 140。

④ weber (1), p. 84。

⑤ Anon. (265)。

形，但从照片仍能清楚地看出其结构，很容易与唐代至元代的艺术作品中所描绘的弓相
等同[①]。

随后的发展包括以附加的木料代替鹿角片或骨片。握把处的反弯减小，于是张弦
时，弓弦两端的环形结扣住弓耳的末端。为增强稳定性，在耳上装置了桥柱以支撑弦结　　107
（图14F）。

此种弓型在清代占有优势，但较古老的"斯基泰"式弓也未被完全淘汰。不迟于明
代，其上作出了连接着长脊状弓臂的短耳（图17），增强了弓的效力。这种样式类似于　　108

图17　一幅绢画的局部，图中明世宗（1522—1566年）佩带之弓体现了改进的特征。

奥斯曼土耳其人非常喜爱的"克里米亚·鞑靼"式弓，在1643年土耳其人对维也纳的最后一次围攻结束之际，人们收集到了大量这类弓，至今仍陈列于维也纳的博物馆中，给人以深刻印象[①]。

　　各种百科全书不断地图解弓的两种基本型式：一是具有短耳的短弓（"小梢弓"），一是具有长耳的较长之弓（"大梢弓"）（图18和19）。据《武备志》记载，短耳的弓是老百姓用的，长耳的弓更适于军队使用[②]。短耳弓据说更容易变形，《武备志》中图解的此型弓，其把部明显缩进，确有这个问题。在朝鲜，短耳弓作为运动武器，至今仍有制作和使用。欧洲的弓箭手常惊愕于这种弓在张弦以及使用前的调校方面所遇到的困难，但朝鲜人却似乎没有大的问题，他们是使用这种弓的优秀弓箭手[③]。

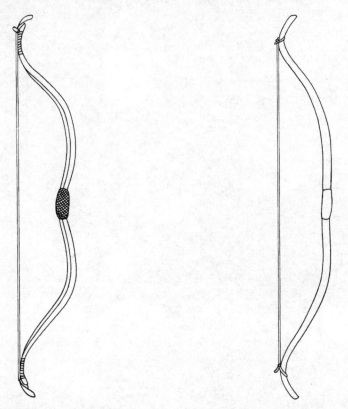

图18　小梢弓或短耳之短弓，采自荻生徂徕：　　　图19　大梢弓或长耳之长弓，采自荻生徂徕：
　　　《射书类聚国字解》卷二，第三十五页。　　　　　《射书类聚国字解》卷二，第三十五页。

　　当我们从古籍中查阅有关资料时，我们发现，在大约编成于公元前2世纪的西汉时期的《周礼·考工记》中，有一大段纯粹关于弓的文字。除了有关战车制造的段落，这部分内容是《考工记》中最长的一节[④]。其中有一段话体现了弓的复合性质，可能是作

---

①　参见 Hein (1)。

②　《武备志》卷一〇二，第一页以下，特别是第七页。

③　Elott (1)。

④　《周礼·考工记·弓人》，译文见 Biot (1)，vol. 2, pp. 580ff.。

者从古代的工匠那里逐字抄引来的：

> 木用以使箭射得远，角用以使箭飞得快，筋用以使箭射得深，胶用来粘合，丝用来缠固弓身，漆用来抵御霜露。制弓者分别在合适的季节，收集齐六种材料，然后由技艺纯熟者制作合成。[①]

> 〈取六材必以其时，六材既聚，巧者合之。干也者，以为远也；角也者，以为疾也；筋也者，以为深也；胶也者，以为和也；丝也者，以为固也；漆也者，以为受霜露也。〉

作者接着说，冬天砍伐、修削木料，春天浸泡、胶合角，夏天制备筋，秋天将三种材料合拢[②]。从《考工记》的这一节中，我们也了解到弓的不同部位的专门名称，它们通用于那个时代，并在其后的许多世纪中流行[③]。这些名称是："臂"（back，背）（见图20），用"绌"（silk，丝）将之与胶粘的腱质衬垫物缠固；"柎"（arm，臂）；"隈"（hollow belly，凹陷的腹）；"干"（shoulder，肩），如此称呼是因为这个部位不再粘贴角；"箫"、"弭"（ear，耳），即坚硬的弓体末梢。西汉弓中央的"弝"（grip，握把）所处之部位（d）有一显著的凹缩，它被称为"角"（此字或有可能读 jue，意指弓把之角度）。角质末梢（f）连着肩的部位，被称作"骹觖"。其他文献中当然还有不同的术语。《释名》（约公元100年）将耳称为"彌"（读 mi），将弓臂（arm）称为"柎"，将肩称为"渊"。

110

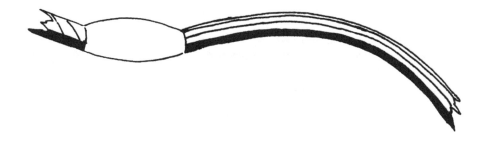

图20　合成弓的结构。末端为角质。弓臂以连续的几层木材或竹材合成，
且粘贴腱；握把，即腹部包裹桦树皮并涂漆。

《周礼》又列举了最适于制弓的木材[④]。按照优先选用的次序，始于名为蚕棘(silk-

---

① 由作者译成英文。原文中两个句子的次序颠倒。

② 《周礼·考工·弓人》；Biot (1), vol. 2, p. 587。我们是幸运的，在1942年，至少有一名中国弓匠仍遵循这种手艺，而且他所采用的方法和材料被记录了下来 [谭旦冏 (2)]。在这份报告中，没有关于浸角的资料。我们最初不清楚《周礼》说的浸角是用胶还是用水。在最近一次访问外蒙古（Outer Mongolia）时，麦克尤恩有机会与一位蒙古匠人讨论了制弓术。显然，他们是用水浸泡角，目的是暂时增加角的挠性和柔软性，以使之在胶合过程中，更符合于弓体心部材料的形状。

③ 毕瓯（Edmond Biot）死后，他的父亲，伟大的化学家毕奥（J. B. Biot）在儒莲（St Julien）帮助下，对若干这类名称作出了解释，并在其儿子的著作中增加了一个恰当的附录 [Biot (1), vol. 2, pp. 601ff.]。关于《周礼·考工记》，亦可见 Hayashi Minao (5), pp. 247—281; (6), pp. 10—52, 204—205, 462—463。

④ 《周礼·考工记·弓人》。

worm thorn）的硬木①，终于竹②，中间有：某种水蜡树③，野桑树④，橘木⑤，榲桲树⑥和荆⑦，价值依次下降⑧。《周礼》没有提到制作礼仪用弓的檀香木⑨，在后世道教徒的著作中，它是最受欢迎的⑩，可能如同桃木一样，被赋予了法术的魔力。腱（筋），以麇即驼鹿⑪的跟腱尤为有价值，但也使用其他一些四足动物的筋⑫。角，采自水牛以及西部边地所产的长角牛（"西夏竹牛"）⑬。至于依据纹理砍斫木料，在弓把的每一面恰当地使用角片，以及根据不同的使用目的及使用者的不同心理—生理类型来制备弓，等等，在《周礼》中都有许多具体论述⑭。出自《列女传》⑮的一个故事完美地表现了周代和汉代制弓者的自负：

> 晋平公⑯命工匠制弓，他费了三年时间才完成⑰，却射不穿一层甲。平公大怒，威胁要杀了工匠。工匠的妻子碰巧是一位官员（"繁人"）的女儿，于是去见平公，说："我丈夫为制此弓，勤劳之至。所用之木生长于泰山，一日之内（长期如此）三次露于阴，三次曝于阳。角出于燕国之牛，以荆地之麇的筋缠缚，并用黄河之鱼的胶粘合。这四样东西，极天下之选。如果此弓射不穿一层甲，那只能是您不真正懂射。而您反要杀我的丈夫，能说是正确的吗？我听说，射箭之道，左手如同推开石头，右手好像倚着树枝；当右手释放（箭矢）时，左手并不知觉——这才是射箭之道。"⑱平公按照她的指点，立即一箭射透了七层甲。于是释放了工匠，并赏赐他三

---

① 柘（读 zhe 或 za），*Cudrania triloba*，R/599。

② 竹，*Bambusa*, spp.，B/Ⅱ，501，563。然而，晚期制弓者几乎都使用竹作为弓体挠性部分的心材，中国北方地区除外，那里不易获得竹，谭旦冏（1），Laver (1)。

③ 檍，*Ligustrum*, spp.，B/Ⅱ，501，544。

④ 柔桑，*Morus alba*，B/Ⅱ，5001，501。

⑤ 橘，*Citrus* spp.，长小橘子，B/Ⅱ，486，501。

⑥ 木瓜，*Cydonia sinensis*，B/Ⅱ，478，501。

⑦ 荆，*Vitex* spp.，B/Ⅱ，501，521。

⑧ 这里列举的木材沿用于一个又一个世纪，并被一种又一种的百科全书所抄录。因此，艾德勒 [Adler (2)] 撰写关于近代北亚弓的论著时，从 1699 年的《广事类赋》中获得了它。

⑨ 青檀，即《礼记》中的檀香（*Santalium album*，R/590，B/Ⅱ，540）。或者，可能是 *Celtis sinensis*（朴），B/Ⅱ，531；或 *Dalbergia hupeana*（黄檀属），R/381，也都是其变种。

⑩ 例如《遁甲开山图》，可能是《道藏》的一部分（TT/850 或 866），引文见《太平御览》卷三四七，第七页。

⑪ 荆麇，*Alces machlis*，R/365。较晚的制弓者采用牛背之筋；《天工开物》[译文见 Sun & Sun (1)，p. 262]，谭旦冏（2）。麦克尤恩 [McEwen (1)] 推论了其原因。

⑫ 《周礼·考工记·弓人》，但未说明是什么动物。

⑬ 也喜用来自属国的角料。235 年，吴大帝孙权从高丽获得了一些（《江表传》，引文见《太平御览》卷三四七，第七页。）

⑭ 《周礼·考工记·弓人》；译文见 Biot (1), vol. 2, pp. 583, 591, 597。谭旦冏（2）对中国弓的制造工艺有更加全面的说明，尽管主要是围绕清代弓。

⑮ 将此书归于刘向是很可疑的，但其核心内容可能属于汉代。

⑯ 国王，公元前 556—前 530 年在位。

⑰ 因温度和湿度对于处理及合成各部分的不同工序至为重要，这样长的时间完全不是夸张。

⑱ 人们能够很容易地看出弓箭手的技术与道教徒的身体修练及体育之关系。参见《庄子·田子方第二十一》关于伯昏无人和列子的故事 [Legge (5), vol.2, p.53]。这种联系在佛教禅宗中仍然得到延续，作为德国的一位创始人，赫里格尔 [Herrigel (1)] 在其个人体验的记录中对此作了描述。

镒黄金①。

〈晋平公使工人为弓，三年乃成，射不穿一扎（札）。公怒，将杀工。其妻，繁人之女也，见公曰："妾之夫造此弓亦劳矣。干生太山之阿，一日三睹阴三睹阳，傅以燕牛之角，缠以荆麋之筋，糊以河鱼之胶。此四者，天下选也。而不穿一扎，是君不能射也，而反欲杀妾之夫，不亦谬乎？妾闻，射之道，左手如拒，右手如附枝，右手发之，左手不知，此射之道也。"公以其言为仪而穿七扎。弓工立得出，赐金三镒。〉

这个故事当然不是关于公元前 6 世纪之史事的真实记载，确切地说，它反映了汉代技师对其技艺的自信。其讽刺性特征——打动晋平公的原因只是制弓者之妻系官员（"繁人"）的女儿，带有浓厚的庄子风格。

现在，让我们对塑料工业的祖先——胶作深入的考察②。它不外是按不同纯度配制的蛋白质明胶，这是另一种蛋白质，即胶原的直系派生物。胶原是动物体内所有连结组织，尤其是腱和皮的最重要成分之一。我们今天能够借助电子显微镜对胶原进行观察，在最高放大率下可以看到，其高度伸长的原纤维的自然形态，仿佛粗钢缆或是庭园中的波纹软管③。明胶的分子当然是较小而短的，但在浓缩的水溶液中，它们形成坚韧的糊状物，胶质化学中如此基本的一个术语——凝胶体（gel），即由此产生。由于粘合时物体表面被胶粘剂弄湿，随着系统中水分的丧失，就引起强烈的收缩（胶体脱水收缩作用）并硬化，其边界力（boundary force）遂造成紧固的联结。胶的制备方法总是将兽皮和其他动物组织放进水里滚煮，有时加些石灰使稍呈碱性，然后进行过滤、蒸浓，形成胶体④。6 世纪的《齐民要术》⑤对制胶过程有一个记载，但在埃及曾发现一件精细胶合的古代木制品⑥，年代可追溯到公元前 3000 年，与之相比，前者就算不上古老了。有关的叙述（如《周礼·考工记·弓人》）还表明，许多动物的皮被用于制胶，从骆驼、驴直至老鼠。而且在很早的时候，人们可能也已经了解，最纯净的明胶和胶能够从鱼组织，特别是腭内皮和鳔（"脬"）中获得⑦。将鱼胶与提炼自哺乳动物组织的胶混合，能够延长凝结的时间；土耳其弓匠使用鱼胶和筋胶的混合物制弓，但可能是出于经济的考虑，而不是为了别的原因。只采用筋胶制成的土耳其弓不适于使用长箭，品质（即射速和射程）较次⑧。据报道，近世中国弓匠使用鱼胶制作弓的重要部位，即受力之处，而将兽皮胶作为较廉价的替代品用于不重要的地方，比如包覆表皮和用于制箭⑨。以牛筋制成的胶其强度可达每平方英寸 12 000 磅，这是大部分树木抗剪强度的三至四倍。

112

---

① 《太平御览》卷三四七，第八页；由作者译成英文。

② 胶并非制弓术中涉及的现代塑料工业之唯一祖先，涂于弓体表面的疏水物——漆与之同属一类，但后者将在本书第四十二章讨论。

③ 见兰德尔和杰克逊最近编辑的专题论文集 [Randall & Jackson (1)]。

④ 关于明胶和胶的化学和工艺学，可以查阅 Bogue (1) 和 Drew (1)。

⑤ 《齐民要术·煮胶第九十》。

⑥ 参见 Aldred (1)，pp.695ff.。

⑦ 后者工艺上称为 sounds，它产生称为"鱼胶"的物质，鱼胶的英文名称 isinglass 源于荷兰文 huisenblas。较纯的鱼胶在酿酒中作为澄清剂，在制纸中作为胶料，其重要性不应忘记，我们将在他处谈到。

⑧ Klopsteg (1)，p.41。

⑨ 谭旦冏 (2)。

毫无疑问，在古代和中世纪，中国人已经聪明地使用鱼胶①，而且肯定是从东北西伯利亚沿海的未开化民族那里获得。因此，在王嘉约撰于 370 年的《拾遗记》中，出现了一条关于"郁夷国"——腥臭的野蛮人之国——的有趣材料②。据他记叙，那是一个多雾的地方③，主要以出产神奇的胶（"神胶"），并贡献于中国而值得注意④。到明代，北方的这块土地已从传奇的云雾中走出，那便是满洲和辽河⑤，那里出产一种贵重的鱼胶，称为"呵胶"。4 或 5 世纪的作品《海内十洲记》曾谈到凤麟洲的奇妙胶黏剂，无疑就是指此。凤麟洲是西海中的一处地方，方圆 1500 里，周围被"弱水"⑥环绕，洲上有丰富的药物和众多仙人。同样不能轻视这个传说材料，其中记录了比木头更坚固的胶。

> 用凤凰之喙和独角兽之角制成一种胶，名为"补弓胶"（"续弦胶"）⑦，又称为"连接金属之泥"（"连金泥"）。此胶能够连接弓弩断裂的弧身，甚至可以粘接断折的金属刀剑。如果这些器物再次被猛力拉拽（或打击），以致断折，也不会断在新接之处，而只能是其他地方。

> 天汉二年（公元前 99 年），汉武帝去祭祀北海和恒山的神灵，此国（凤麟洲）的使节来到，并献上四两这种胶和一些闪光的吉祥毛皮外套。武帝接受了这些物品，但不知道其神秘效力，就将之送进了库房。他认为这些土著的贡物毫无价值，甚至于不让使者返回。

> 一天，武帝游华林园，射虎时，折断了弩。凤麟洲的使者碰巧在场，他献上了又一份胶的样品，仅一分重，告诉武帝用唾沫弄湿需连接之处（并涂上胶，立刻就予以修复）。武帝非常吃惊，命武士朝不同方向拉弩，整整一天，未能拉断。这种胶呈兰-绿之色，如同碧玉⑧。但皮裘是黄色的，毛皮出自某种神奇的马，能够在水上漂浮数月不沉，而且经过火中不会烧焦⑨。武帝非常高兴，送了使者许多礼物让他回去。⑩

> 〈煮凤喙及麟角合煎作膏，名之为续弦胶，或名连金泥。此胶能续弓弩已断之弦，刀剑断折之金，更以胶连续之，使力士掣之，他处乃断，所续之际终无断也。

> 武帝天汉三年，帝幸北海，祠恒山。四月，西国王使至，献此胶四两、吉光毛裘。武帝受以付外库，不知胶、裘二物之妙用也，以为西国虽远，而上贡者不奇，稽留使者未遣。

> 又时，武帝幸华林园，射虎而弩弦断。使者时从驾，又上胶一分，使口濡以续弩弦。帝惊曰："异物也。"乃使武士数人共对掣引之，终日不脱，如未续时也。胶色青如碧玉。吉光毛裘黄色，盖神马之类也，裘入水数日不沉，入火不燋。帝于是乃悟，厚谢使者而遣去。〉

---

① 参见《天工开物·佳兵第十五》，第二页。

② 施莱格尔［Schlegel (7)］首先注意到这个材料。

③ 《拾遗记》卷十，第二页。

④ 此故事（《拾遗记》卷八，第二页）实际上涉及了我们刚刚谈到的吴大帝孙权及其赵夫人，她以其纺织技术，特别是织造薄纱的才能而著称，她织薄纱时，便使用了这种胶。

⑤ 参见夏树芳的《词林海错》。

⑥ 关于"弱水"，见本书第二十三章（b）。

⑦ 严格讲，是修补弓弦之胶，而不是补弓之胶。但"弦"的引申义能够表示"弯曲物"，及其所产生的弧线。我们遵从施莱格尔的观点，把这条材料之所指看作是弓本身，从而使这段文字较为可信，否则就将荒唐无稽。

⑧ 其颜色表明是鱼胶；参见《周礼》的记述。

⑨ "皮裘"实际上可能是石棉；参见本书第二十五章（f）。

⑩ 由作者译成英文。引文也见《太平御览》卷三四八，第八十六页。

这个令人愉快的故事中所讲到的奇妙的胶质混合物，当然是真实的[1]。

关于亚洲复合弓的力学特性，克洛普斯特格已经作了一些工作[2]，他研究了不同类 114
型的弓从张弦到放箭这一过程中能量传递的效率。如果在坐标图上画一些曲线，用英寸
表示张弦的幅度，用英磅表示完成此动作所需之力，那么弓的不同类型所表现出来的性

能是很不一样的。短而直的单体弓在张
弦过程的末期变得非常僵硬（见曲线
A），一张 6 英尺长的单体弓，其曲线几
乎呈一根直线（见曲线 B）。具有坚硬
的耳的单体弓，当绷紧弓弦时，耳与弦
成一线，张弦过程开始比较硬，到了末
期反而比较轻松（曲线 C），这种作用
效果在所有亚洲复合弓中达到了最高程
度（曲线 D）。当弓张满时，曲线下面
的面积是其所储存之能量的一个尺度，
因而亚洲复合弓是最有效的设计。它们
也较易于保持张满状态，并使箭在即将
自由飞行之前获得最大的推力。中国弓
的拉力测试用杆秤来称量[3]，如同我们
在出自《天工开物》的图 22 中所见。

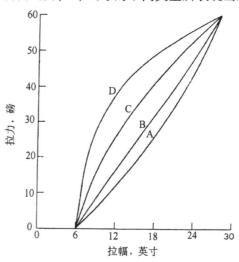

图 21　典型弓的"拉力"曲线图，
采自 Klopsteg (1)，p.145。

由于不同时代的重量标准差异很大，所以在文物研究者中，对不同时期弓的拉力产生了
很大的争论。我们将在以后讨论弩时，再联系起来进行评述[4]。在宋应星的时代（17 世
纪初），强弓之力为 120 斤以上，一般者 90—100 斤，弱弓 60 斤[5]。 115

关于弓的起源，近代人类学者有许多推测，比如库辛（Cushing）认为，它是从
投掷棒即标枪投射器（atlatl）派生而来。中国的传说则认为，弓源于弹[6]弓[7]，即利用
竹的弹性发射粘土弹丸的简单器械。下面我们将引用一段重要的古籍原文，这是越王勾
践与著名弓箭手陈音的对话。在谈话过程中，陈音说：

> 您的仆人听说，弩源出于弓，弓源出于弹弓。弹弓是一些孝子发明的……古时 116
> 候的人民习性质朴，他们猎取鸟兽充饥，喝露水解渴。有人死了，其子就用白色
> （以示哀悼）的草[8]将之包裹，扔到野地里。孝子们不忍见父母的遗体被野兽吃掉，

① 所有这些使人联想到，没有任何其他东西如此像现代的塑胶，后者既被物理学家所采用，也流行于
普通的领域。如果这些胶的一点点粘到皮肤上，那就只能通过外科手术来把它移走。

② Klopsteg (1)，pp.142ff.。

③ 关于弓的其他检验形式，有不少术语流传下来。如制弓者为检验和调校弓的曲率所使用的框架，称
为"排檠"（《书叙指南》卷十九，第三页）。见谭旦冏 (2)，图版1，图11。荀卿于公元前 3 世纪讨论人的本
性时也曾谈及它，他认为人性如同制弓者所用之劣质材料，需要驯化 [《荀子·性恶》，第十五页；Dubs (8)，
p.316]。

④ 见下文 p.155。

⑤ 《天工开物·佳兵第十五》，第二页。

⑥ 发 dàn 音，义为弹丸；弹（tán）是动词，表示射弹。

⑦ 参见下文 p.116。

⑧ Imperata arundinacea（白茅），B/Ⅱ，459。

图22　用杆秤检测弓的拉力。采自宋应星《天工开物·佳兵第十五》(1637年)，第九页。

就用弹弓来驱赶野兽。因此歌谣唱道——我们砍来竹子并将它连接起来，（射出）泥土（弹丸）飞去，驱赶走有害的动物①。

〈音曰："臣闻：弩生于弓，弓生于弹，弹起古之孝子。"越王曰："孝子弹者奈何？"音曰："古者人民朴质，饥食鸟兽，渴饮雾露，死则裹以白茅，投于中野。孝子不忍见父母为禽兽所食，故作弹以守之，绝鸟兽之害。故歌曰：断竹续竹，飞土逐害之谓也。"〉

弹弓是非常简单之物，无疑也用于轰赶庄稼地里的鸟雀，而且肯定不是溜弓（slur-bow，即装有弹丸筒之弩）②。一条古典材料记载，公元前606年，品行卑劣的晋灵公从台上用弹弓射过路人③。"弹"一词在《庄子》中出现四次，总是与猎取野禽相联系④。它并非指飞石索，后者宁可说是用"骈"字表示。弹弓的一些古代象形字，其形态为一张带有弹丸的弓⑤，其语音系从其形态（K/147b）导出，高本汉（Karlgren）将这些字列为意义不明者，但它们的形状看起来明显像铃鼓（pellet-drum），这种鼓仍被中国的货郎和道教徒用以宣告其到来。中国和中国文化区的近代弹弓或有两根弦，弦上安装一个搁弹丸的小篮，或是在藤质弦上嵌入一个小骨杯⑥。

在中国文化区，已知有古远的箭，但缺乏与之相似古老的弹丸的证据，因此说中国的弹弓先于使用箭矢的弓，未必靠得住，而且在全部中国历史中，弹弓只处于较次要的地位。战国时期，逻辑学家惠子发现，他必须以举例说明（"辟"）的方法，用了解的事物来定义尚不了解的事物，当梁王就此问题考他时，被引用讨论的例子就是弹弓⑦。

① 《吴越春秋·勾践阴谋外传第九》，由作者译成英文。

② 佛尔克［Forke (18)］曾如此推测。

③ 《左传·宣公二年》，译文见 Couvreur (1)，vol.1，p.568。

④ 《庄子》"齐物论第二"、"大宗师第六"、"山木第二十"、"让王第二十八"。见 Legge (5)，vol.1，pp.193，248；vol.2，pp.40，154。理雅各（Legge）书中有两处译为弩，一处译为普通的弓，一处译为"射"。

⑤ 见 Hopkins (5)；参见 K/147n，K/147b——都是古老的汉字。

⑥ 剑桥文化人类学博物馆（the Museum of Ethnology at Cambridge）藏有几件标本。欧洲的弹弓或石子弓（stone-bow）出现很晚，16世纪以前不多见［Payne-Gallwey (1)，pp.157ff.］，16世纪欧洲弹弓的干呈优美的弧形。现代中国弹弓也如此；Horwitz (13)，fig，40；徐中舒 (4)。

⑦ 据刘向《说苑》（卷十一）中的一个故事。一些人［Ku Pao-Ku (1)，p.3；Maspero (9)，p.32］将之译为弩，后来的胡适［Hu Shih (2)，p.99］避免了这个错误。从原文能够清楚看出，弓弦是以某种竹制成。

在13世纪初的宋代杭州，弹弓也是民间娱乐的项目，甚至有六名当时精于使用弹弓的射手的名字流传了下来[①]。

关于箭本身我们将在不久以后讨论[②]。如此古老的一种工具自然在书面语言中留有其符号，"矢"（K/560C）是一个简单明了的象形字。它也被用以组成其他字。如"葡"（变形为"箙"），即箭袋，确实，此字就是一个箭袋的图形（K/984）。一些人认为[③]，甚至像"至"这样抽象的字，意为到达或来到（K/413），所呈现的也是一支箭矢击中目标。《周礼》中有一个古代箭矢类型的名单，不在《考工记》中，而在其他的部分[④]，列于"司弓矢"（掌管弓箭手装备的官员）一条之下[⑤]。其术语如：镞矢，装青铜镞或铁镞之箭；絜矢，纵火箭[⑥]；等等，以后我们再予详论。在汉代，一种特殊的木料，箭棘（arrow-thorn），即"楛"，被用于制箭[⑦]。在有关箭矢的发明中，可以提及6世纪时郎基采用纸为军用箭装羽[⑧]，著名的制箭铁匠有1世纪的张回[⑨]。容许使用短于弓箭手两手间距离因而较轻之箭的发明，将在稍后来谈[⑩]。

关于射箭技术，我们已经有所说明[⑪]，此外，在弓射的四种基本方式中，中国人所采用的是其中一种，即名为"蒙古射法"者，它需用拇指环（"玦"），这也值得注意[⑫]。莫尔斯［Morse (1)］于1885年发表的文章中，第一次研究了张弓的不同方法。他的分类是权威性的，而且为后来的所有研究者作为标准接受[⑬]。莫尔斯将整个东方世界普遍使用的射箭方式表述为"蒙古射法"，然而，或许也不妨将之命名为土耳其、满族、藏族、朝鲜或中国射法，因为他们都使用此射法，只是采用不同形状的拇指环而已。日本人也用此法，但代替拇指环，他们采用一种拇指部位特别加强并刻有槽的射箭手套。

中国清代的拇指环，其一般型式为圆筒形，今天能在博物馆的收藏品中见到。然而，彼此相距很远的国家，如朝鲜和土耳其，都偏爱带唇的环。一些人认为，后者用起来较灵便，而且更有效[⑭]。事实上，二者都没有天生的优越性，只是使用技法稍有不同。采用带唇的环，弓弦定位于拇指远端的折缝；采用圆筒形环，弓弦保持于拇指根部的折缝。两种环都能使弓箭手充分发挥力量，并猛烈而平滑地释放箭矢[⑮]。

在满族入关以前，圆筒形环看来并没有在中国普遍通行，如一些较早的著作就图示了变体的带唇环。非常奇怪，世界上使用"蒙古射法"的最早证据乃是出自周代墓葬的

117

118

---

① 《武林旧事》卷六，第二十九页。他们是俞麻线、杨宝、姚四、白肠吴四、蛮王、林四九娘。

② 在本卷第八分册，我们将讨论多种多样的箭镞。

③ Hopkins (15)。

④ 《周礼·夏官司马·司弓矢》；Biot (1)，vol.2，pp.241ff.。

⑤ 艾德勒［Adler (1, 2)］和佛尔克［Forke (18)］对这个名单的注释并不非常富于启发性。

⑥ 参见本卷第七分册。

⑦ 关于"楛"，目前尚未能作植物学鉴别。

⑧ 见《北齐书》，卷四十六，第五页。

⑨ 《前汉书》，卷九十二，第七页。

⑩ 见下文 pp.166—167。

⑪ 见上文 pp.102—108。

⑫ 见 Kroeber (7)，Rogers (1)。《战国策》中有一条早期的材料（"韩策一"，第七页）。

⑬ 参见克罗伯［Kroeber (7)］的比较研究。

⑭ Elmer (1)。

⑮ 有关中国拇指环的情况，见 Hungerford (1)。

文物①。确实的标本业已发现，但不是圆筒形之环，而是玉质或鹿角质的带唇环（图23、24、25）。它们有一区别于朝鲜或土耳其环的特征，即环背的一侧有一方形凸出物，并且至少在玉质的环上，有一个钻透的小孔②。这些特点还不曾得到令人满意的解释③。

119

图23　弓箭手的拇指环，玉质，出土于东周墓，采自 Anon.（20）。

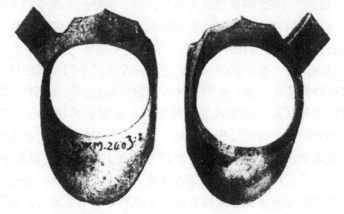

图24　弓箭手的拇指环，骨质，出土于东周墓，采自 Anon.（20）。

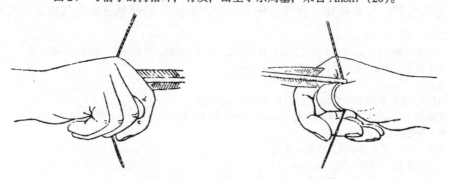

图25　"蒙古射法"示意图，采自 E.S. Morse（1）。

---

① Anon.（20），图版8：图10；图版72：图4。
② Paterson（1）。
③ 见 McEwen（5）。

采用拇指环放箭和张弦，完美地适合于短复合弓，此种弓张满时，手指勾拉处的弓弦形成锐角。使用二或三个指头的"地中海射法"，运用于短复合弓时出现挤压，但运用于简单的长弓却是非常有效；简单的长弓张满时，弓弦的锐角大得多。

所有军事专著都讲到射法，但在汉代有一些关于这个主题的专门书籍，作者分别是名将李广、逄蒙和阴通成，后来都没有留传下来①。

可回收的箭矢是又一个让人感兴趣的技术问题，那是因为在箭上缚系有细绳，当其飞行时，绳子便被打开；我们已经注意到它可能具有的重要意义，即与悬索桥的早期历史的联系②。拴绳之箭是失落于时间雾霭中的一种原始部落技术，但徐中舒（4）通过对弋、矰、缴等字的曲折考证，追索到了它。这些字中的第一个的确出现于商代的卜骨刻辞和铜器铭文中③，但我们不能同意徐的观点，他认为那是弩的最初象形字。箭上缚系着绳子的弋射图像，见于几件著名的战国时期的雕刻画④。一些未开化民族的名称——夷，使人想到便是源于箭杆上缠绕着某种东西的箭矢图形。台湾南部的土著人直至13世纪，仍以弋射技艺而著称，据赵汝适讲，他们承受不起金属箭头的丢失⑤。这可能是弋射的最初动机。在《前汉书·艺文志》中⑥，甚至载有一本关于弋射技术的书，作者是蒲且子，即蔺草和大麻教师，这看起来是一位猎禽者的合适名字。公元2世纪，天文学家张衡在其《归田赋》中也写道：

龙吟于大泽，
虎啸于山中；
我向上飞出纤细的丝绳，
俯身垂钓于长流之水……⑦
〈龙吟方泽，
虎啸山丘；
仰飞纤缴，
俛钓长流……〉

（2）弩

射击时瞄准过程所受的主要影响，与其说是弓的张力，不如说是射者的持弓之手和钩弦之手难以持久稳定。由此导致了瞄准和释放的不准确性。应当记住，普通弓箭手须使用与其力量相适应的弓。弩的优点是，能够采用远远超出弓箭手力量的弓，因为它以机械释放和保持住张开的弓弦，并且凭借刚性的弩臂，使弓和弩机保持固定关系。其结

① 见《前汉书》卷三十，第四十页。
② 本书第二十八章（e），见本书第四卷第三分册。
③ 有关材料见 Yetts（13）。
④ 如弗里尔美术馆（the Freer GaHery）收藏的一个青铜碗，以及皮尔斯伯里收集品（the Pillsbury Collection）中的一个青铜瓶，颜慈［Yetts（13）］书中刊有二者的复制图。如同我们下面将要看到的，《墨子》在详细记述弩砲时指出，其箭矢系有绳，可以回收。
⑤ 见 Hirth & Rockhill（1），p.165。
⑥ 卷三十，第四十页。
⑦ 《全上古三代秦汉三国六朝文·全后汉文》卷五十三，第九页；译文见 Hightower（2），p.215。

120

果是使瞄准变得准确。因此，当扣发扳机的机械化装置被设计出来时，便取得了一个巨大的进步，这只有当引入某种轴栓或机架而使扳机得以定位时才能实现。其方法是显而易见的，即在弓干上附加一纵向的托柄（弩臂），与弓干垂直相交，在托柄最接近射手的一端安装扳机。于是"弩机"和"弩臂"成为一体，甚至"发射管"在爆炸性发射药发明后而独立发展起来之前，也已在弩的形态上存在了（如溜弓）①。这些就是导致产生弩的基本原理，但不能必然认为，它们乃有意识地出现于最初使用者的头脑之中，更有可能，弩是起源于能被趋近的动物触发的捕捉机的设计②。实际上，弩③是欧亚大陆的武器，在亚洲更为流行；在南亚次大陆，直至伊斯兰教时代才被输入，之前可能仅限于使用捕捉机④。在所有其他大陆，则不为人们所知，只是很晚，才传入了非洲和美洲⑤。中国人很早就使弩臻于高度完善，他们用青铜制作的弩机，在任何古代文明中，都可以立于冶金和工程实践的最高成就之林⑥。

当阅读 1044 年的《武经总要》时，没有理由漠视书中充溢着的注重实际的军人品质。因此，为解开弩手的奥秘，我们最好是认真倾听曾公亮在 11 世纪初所作的论述⑦。

弩是中国最强劲的武器，也是四类野蛮人最惧怕、最畏服之物。从前有黄连（式）⑧、百竹（式）⑨、八担（式）⑩、双弓（式）⑪及其他一些弩。区别在于（是否采用）绞车，或（是否）用于马上，等等。今天，我们有三弓合蝉⑫、手射⑬和小黄⑭，都是由传统的方法发展而来。

若要贯穿坚硬的物体，射及遥远的距离，以及防守山隘时，造成强大的声势和猛烈的力量，弩是最为有效的。然而，由于弩张弦（即战斗准备）迟缓，难以应付突然的攻击。（一名弩手）只能发射三次，便与敌人短兵相接了。因而有人认为，弩不便于战斗，实际上并非弩不便于战，而是将领不懂得如何运用弩。唐代的军事理论家都强调，弩在短兵相接时没有优势，他们坚决主张，弩手的前列应布置戟和大盾，以抵御袭击，而且弩手也需配带刀和长柄武器。如果敌人以疏散队形进攻，

---

① 见下文 p.163。

② 见下文 p.135。

③ 在中国，从最初开始，这种武器便被命名为"弩"。此字以弓为字根（no.57），结合了一个古老的象形字，它由一个女人和一只手的形状构成，意为"奴隶"（K/942），一些学者，如霍维茨［Horwitz (13)］试图给予语义学的解释，他提出，中国人是从一些部落的野蛮人（奴隶）那里获得弩，甚或是由奴隶来帮助上弦。这纯粹是无稽之谈，"奴"字仅有表音的功能。

④ 参见 Williamson (1)，其中有关于孟加拉捕虎机的有趣记载，它应用了弩的原理。

⑤ 西班牙人和葡萄牙人将弩带入了南美洲和中美洲，但似乎只作为儿童玩具保留了下来，参见 Heath & Chiara (1)。据洛班［Laubin & Laubin (1)］所述，切罗基印第安人（Cherokee Indians）曾用弩，但未介绍具体情况。

⑥ 参见本书第五卷第七分册。

⑦ 《武经总要》卷二，第三十七页；由作者译成英文。

⑧ 这是一次能射出多支箭的弩砲（arcuballista），见下文 p.189。在中世纪拉丁文中，arcuballista 既指手持弩，也指安装于固定式或移动式支架上的大型弩式弹射器；为方便起见，今后我们将只在后一种意义上使用这个词。

⑨ 这种弩的弓可能是以片簧原理制成，见下文 p.156。

⑩ 这是用重量表示弩力的方法，"担"与"石"通；见下文 p.148。

⑪ 这是具有双重弹力装置的弩砲，见下文 p.193

⑫ 这是具有三重弹力装置的弩砲，见下文 p.193

⑬ 普通步兵使用的标准式弩。

⑭ 前者的一种变式，可能荷于肩上发射。

并且短兵相交，士兵们就可以扔下弩，而用这些武器战斗。为此，必须预先指派一些垫后人员，四处去收集丢弃的弩。

但是，现在的情况完全不同。即使在五尺的近距离，弩仍是最有效的武器。弩手被独立编队，放箭时，无人能在他们的面前立足，任何（敌）阵都难以保持不乱。如果骑兵来袭，弩手将如山岳般稳固，众箭齐射，无不毙命。攻击虽然猛烈，但无法触及他们。因此，野蛮人非常畏惧（弩）。（确实）为了争夺山河峡谷中的战略要地，为了战胜凶猛的敌人，弩是必不可少的。

必须注意用弩的方法，它不能与短兵混合使用，居高临下，最为有利。只需如此使用：当阵前的弩手射击时，阵内的弩手则张弦上箭。当他们前出时，以盾牌保护翼侧。因此，弩手轮流在每次张弦之后，即跨出阵外；然后迅速放箭，再返回阵内。如此，射弩之声连续不断，敌人就难以逃逸。我们将这一方法表示于下：

　　　射击之列
　　　推进之列
　　　上箭之列

〈弩者，中国之劲兵，四夷所畏服也。古者有黄连、百竹、八担、双弓之号，绞车、臂张、马弩之差。今有叁弓合蝉、手射、小黄，皆其遗法。

若乃射坚及远，争险守隘，怒声劲势，遏冲制突者，非弩不克。然张迟，难以应卒临敌，不过三发四发而短兵已接，故或者以为战不便于弩。然则非弩不便于战，为将者不善于用弩也。唐诸兵家皆谓，弩不利于短兵，必以张战，大牌为前列，以御奔突，亦令弩手负刀棒，若贼薄阵，短兵交，则舍弩而用刀棒与战，锋队齐力奋击。常先定驻队人收弩。

近世不然，最为利器，五尺之外，尚须发也。故弩当别为队，攒箭驻射，则前无立兵，对无横阵。若虏骑来突，驻足山立，不动于阵前，丛射之，中则无不毙踏。骑虽劲，不能骤。是以戎人畏之。又若争山夺水，守隘塞口，破骁陷勇，非弩不克。

用弩之法，不可杂于短兵，尤利处高以临下。但于阵中张之，阵外射之，进则蔽以旁牌，以次轮回，张而复入，则弩不绝声，则无奔战矣。故特出此法以具于右：

　　　发弩人
　　　进弩人
　　　张弩人〉

中古时期的中国军队如何有条不紊地使用他们的武器制造者研制出来的这种非常科学的武器，这段文字提出了一系列见解。然而，曾公亮对待唐代的军事著作家，有些度量狭窄，实际上，其上述言论的后半部分，几乎逐字地引自 8 世纪的杰出技术专家王琚的《教射经》[①]。王琚还提到了相同类型的弩，而且有其射程数据[②]。例如，以绞车张弦的弩（"绞车弩"）能远射 1160 码，专用于攻击城池的壁垒；手上弦弩（"臂张弩"），大概是标准型式，射程为 500 码，骑兵用弩（"马弩"）大约能射 330 码[③]。

约 1115 年对弩的重要性的另一个评价也值得引用。在《嫩真子》中，道家自然主

123

---

① 我们知道这个情况，是因为王琚书中的一些内容，仍保存于《太平御览》中（卷三四八，第七页等处）。类似的段落也见于《太白阴经·教弩图篇第七十》，第十一页；《通典》卷一四九，第十三页（《图书集成·戎政典》卷二八三，第一页，转引）。译文见 Dubs（2），vol.2，p.159。

② 王琚所用的长度单位是"步"，相当于 5 英尺。中国度量单位中的"步"，就是实际的两步（double-pace）。

③ 关于射程的进一步比较，见 pp.216—217。

义者马永卿写道①：

自古以来，中国与野蛮民族（夷和狄）交战常使用弩。很早以前，晁错上书皇帝说："强弩（劲弩）及（弩砲射出的）标枪，能有效作用于很远的距离，匈奴的弓无法匹敌。"如同平城的歌谣唱道：

鼓起勇气，我的小伙子们，

因为我们有弩，而匈奴人没有②。

当时，李陵用弩砲（"连弩"）射单于③；后来（晋代）马隆以弩阵取凉州。所有这些例子都证明，中国人能够利用其长处。当然，骑射（使用短弓）为夷、狄所擅长，但中国人善用弩车（移动式弩砲，或在车上装有大盾）。这些车可以连结成骑兵难以逾越的营阵。而且，弩能够射及很远的距离，比短弓更有杀伤力（指穿透得更深）。再者，即使野蛮人拾到弩箭，也无法使用。近来，弩不幸地为人们所忽视；我们应当认真地考虑它。

〈自古中国与边方战多用弩。晁错上疏曰："劲弩、长戟，射疏及远，则匈奴之弓弗能格也；游弩往来，什伍俱前，则匈奴之兵弗能当也。"平城之歌曰："不能控弩。"李陵以连弩射单于，马隆用弩阵取凉州，盖中国各用所长。夫骑射，契丹所长也；弩车，中国所长也。盖车能作阵，而骑不可突；弩能远而入深，可以胜弓。且得其矢，而契丹不可用。近世独不用弩，当讲求之。〉

像前段文字一样，这段文字给我们许多启示。它指出了弩始终在中国人的战术中具有巨大价值，暗示了各种大型弩式弹射器（弩砲）是中国人的专长，提到了以"方阵"或坚强的据点抵御游牧民族马背上的弓箭手。它唤起了人们对晁错上疏的兴趣，这位公元前2世纪的大人物呈递给皇帝的文件能够很容易地从《前汉书》中找到，（不管它在军事技术史上具有的基本价值），由于以前似乎还没有全文翻译过来④，所以我们将在这里提供一个完整的译本。

据《前汉书》记载，上疏时间为公元前169年⑤。在一段开场白后，晁错接着说：

臣又听说，军事战略和战术有三个重要的方面。第一是战地的形状，第二是军队的训练，第三是武器的优势。

124   根据《兵法》⑥，十五尺宽的河沟，战车便不能跨越。山林中岩石堆积，以及河流穿贯、草木丛生的丘陵，这些地方步兵最能发挥作用，两辆战车或两名骑兵，敌不过一名步兵。起伏的丘陵，开阔的空地和平坦的原野，这些地方最适于战车和骑兵施展，十名步兵，不如一名骑兵。横贯着峡谷的平坦原野，视域广阔的陡峭山坡——这类居高临下的阵地，应以弓箭手和弩手控制，配备短兵器的一百人，敌不过一名弓箭手。当两军在覆盖着短草的平原上互相对峙，兵士能自由地前后运动，长戟是最合适的兵器，配备剑和盾的三个人，不如一名用戟者。芦苇、蒹草和竹子

---

① 《嬾真子》卷四，第十五页，由作者译成英文。

② 汉高祖曾被匈奴包围于平城［参见 TH, p.289；Dubs (2), vol.1, p.116, 120］。

③ 这是汉代对匈奴可汗的称呼。

④ 在写作时，我们遗漏了翟林奈的译文［Giles (12), pp.68ff.；收入 Chiang Fêng-Wei (1), p.55ff.］，但当发现它时，我们觉得并不需要改动我们的译文。

⑤ 《前汉书》卷四十九，第九页起；由作者译成英文，借助于戴遂良的著作［Wieger (1), p.343］，他依据《通鉴纲目》，提供了一个普通的摘要。

⑥ 就我们所知，这不是指《孙子兵法》。

丛生，下层植被茂盛的地方，需要使用钩和短矛，配备长戟的两个人，不如一名用钩者。道路曲折，以及险峻的悬崖上，剑和盾最为适用，三名弓箭手或弩手，不如一名剑士。

（第二）如果士兵不认真地挑选和训练，他们的生活得不到良好的管理，当面临紧急情况时，就不能迅速地行动起来，（进攻的）良机可能会丧失，或者无法妥善地实施退却。前锋正在战斗，后卫却先瓦解，金、鼓发出的信号得不到回应，所有这些，都是因为士兵未得到充分的训练和良好的管理，以致一百人也敌不过一个敌人。

（第三）武器的状态不好，就如同赤手。铠甲不坚，甲片不密，就如同裸体。弩达不到规定的射程，就如同使用短兵器。射而不能中的，就等于丢弃了所有箭矢。中物而不能深入，就好像箭矢没有镞。这些都是将领不重视武器所造成的危害，会给敌人提供五比一的优势。因此《兵法》说，武器不精良，就如同将士兵交给了敌人。既然如此，将领也等于被交给了敌人。君主难道能幸免吗？君主不能明智地选择将领，等同于将帝国交给了敌人。因而此四者（武器、士兵、将领、君主）是军事的基本要素。

臣又听说，国家的面积有大小之不同，力量有强弱的区别，地理形势有多山或缺乏屏障的差异。小国自然要谦卑地奉事大国，但小国如果联合起来，就会成为难对付的敌人。因此，中国的一贯做法是，让野蛮人互相争斗。

现在，匈奴的国土和战术都与中国不同。他们没有田地，而依山坡上下，在峡谷中出没；在这种地域，中国的马匹无法与之抗争。沿着峭壁上的羊肠小道，他们仍能够骑马并射箭，我们中国的骑士弓箭手难以做到。风雨疲劳，饥饿干渴，他们无所畏惧；在这些方面，我们中国的士兵不能与之相比。这些是匈奴的长处。

另一方面，在平原地区，能够使用轻便的战车[①]，并以骑兵进行攻击，如此则 125 匈奴人的游牧部落容易陷于慌乱。强弩及（弩砲射出的）标枪[②]有很远的射程，匈奴人的弓决不能相比。由着甲士兵组成的训练有素的阵列，以不同的组合，使用长、短柄的锐利兵器，同时熟练的弩手轮番进（射击）退（张弦），匈奴人无法抵挡。配备弩的军队策马趋进（"材官骏"）[③]，对准同一方向齐射，匈奴人的皮甲和木盾难以抵挡。最后，（骑士弓箭手）下马步行，以剑和戟且战且进，也是匈奴人不擅长的。这些是中国的长处。

从所有这些因素来看，匈奴人有三个长处，而中国（士兵）有五个长处。现在陛下又派遣数十万大军征伐仅数万之众的匈奴部落，因此我们拥有十比一的优势。然而，兵器是凶物[④]，所有战斗都是有风险的，事情可能在瞬息间发生逆转，大变而为小，强变而为弱。企望从死地夺取胜利，几乎是不可能的，而且后悔都来不及。帝王之道，追求万全之策，不容许冒险投机。最近，胡人义渠部落来降，归顺者有数千之众。他们的饮食习惯和一般长处正与匈奴相同。可允许他们拥有坚甲、褥衣、劲

---

①　晁错可能在这里使用了一个文言古词，因为至少在二三个世纪之前，战车已为骑兵所取代，参见上文 p.5。

②　此处原文将"劲弩"和"长戟"并提，有些含糊，刘奉世（1090 年在世）提出，"长戟"可能是弩砲发射的长标枪之讹，似乎有理。

③　关于"材官"的解释，见下文 p.143。

④　这无疑使人联想起《道德经》中一段著名的话，我们已选用它作为本册的卷首题词。

弓①和利箭，向他们提供边地的良马，并委任了解其习俗、能赢得他们信任的明智的将领来统率……这样，陛下的总指挥官便拥有两支军队，一支有效地用于山地，一支有效地用于平原，他将能以同等的自信无所畏惧地面对两类地形。这就是万全之术……

〈臣又闻，用兵，临战合刃之急者三：一曰得地形，二曰卒服习，三曰器用利。

兵法曰：丈五之沟，渐车之水，山林积石，经川丘阜，草木所在，此步兵之地也，车骑二不当一。土山丘陵，曼衍相属，平原广野，此车骑之地，步兵十不当一。平陵相远，川谷居间，仰高临下，此弓弩之地也，短兵百不当一。两阵相近，平地浅草，可前可后，此长戟之地也，剑楯三不当一。萑苇竹萧，草木蒙茏，枝叶茂接，此矛铤之地也，长戟二不当一。曲道相伏，险厄相薄，此剑楯之地也，弓弩三不当一。

士不选练，卒不服习，起居不精，动静不集，趋利弗及，避难不毕，前击后解，与金鼓之指相失，此不习勒卒之过也，百不当一。

兵不完利，与空手同；甲不坚密，与袒裼同；弩不可以及远，与短兵同；射不能中，与亡矢同；中不能入，与亡镞同：此将不省兵之祸也，五不当一。故兵法曰：器械不利，以其卒予敌也；卒不可用也，以其将予敌也；将不知兵，以其主予敌也；君不择将，以其国予敌也。四者，兵之至要也。

臣又闻，小大异形，强弱异势，险易异备。夫卑身以事强，小国之形也；合小以攻大，敌国之形也；以蛮夷攻蛮夷，中国之形也。

今匈奴地形、技艺与中国异。上下山阪，出入溪涧，中国之马弗与也；险道倾仄，且驰且射，中国之骑弗与也；风雨疲劳，饥渴不困，中国之人弗与也。劲弩长戟，射疏及远，则匈奴之弓弗能格也；坚甲利刃，长短相杂，遊弩往来，什伍俱前，则匈奴之兵弗能当也；材官驺发，矢道同的，则匈奴之革笥木薦弗能支也；下马地斗，剑戟相接，去就相薄，则匈奴之足弗能给也：此中国之长技也。

以此观之，匈奴之长技三，中国之长技五。陛下又兴数十万之众，以诛数万之匈奴，众寡之计，以一击十之数也。虽然，兵，凶器也；战，危事也。以大为小，以强为弱，在俛卬之间耳。夫以人之死争胜，跌而不振，则悔之亡及也。帝王之道，出于万全。今降胡义渠，蛮夷之属，来归谊者，其众数千，饮食长技与匈奴同，可赐之坚甲絮衣，劲弓利矢，益以边郡之良骑。令明将能知其习俗、和辑其心者，以陛下之明约将之。即有险阻，以此当之；平地通道，则以轻车材官制之。两军相为表里，各用其长技，衡加之以众，此万全之术也。〉

我们以后还将多次提及这份上疏。值得注意的是，它坚定地表明，弩是比游牧骑射之士的短复合弓更为强劲的武器，具有更大的射程。大型的弩式弹射器显然也得到重视。它还告诉我们使用弩手的适当战术，以及汉代业已形成分三列轮番作战的信息②，这也甚有意义。最后，晁错对武器技术的强调应当特别予以注意。

---

①　原文明确地说是弓而不是弩，这可能是有含意的，但其形容词是"劲"，该词常用于弩，故此处也许是指弩。

②　《图书集成·戎政典》卷二八四，第二十和十九页，以三幅图描绘了这种方法，称之为"轮流"。在16世纪欧洲，历史得到再现，当时骑兵部队用燧发手枪向敌步兵射击后，急速地右转或左转，然后退下装弹并作好发射准备 [Ffoulkes (2), p.66]。

(i) 弩　　机

　　我们继续介绍在其第一个全盛期作为汉代军队标准武器的弩[①]。用弩的姿势能从图34 126 和图35 见到。弩弓无需说明，它几乎可以肯定是以角、木、筋、胶等材料制成，方法与复合弓相同[②]。托柄（“臂”）是一段平滑的优良木材，其上嵌入机匣，如同雄榫嵌入榫眼。托柄的上表面有一道沟槽（“綦”）[③]，用于搁放普通箭矢，或粗短的弩专用箭——当然，臂上搁有发射物的弩必须保持水平，而绝对不能像弓那样垂直竖立[④]。有几件汉代弩臂实物遗存于世，图26 所示是小场恒吉和榧本龟次郎在公元1世纪的朝鲜乐浪王光墓中发现的。斯坦因（Stein）描述并图示了在甘肃的汉代边塞遗址中发现的另一些实物[⑤]。对东周车马坑中出土的一些装饰丰富的青铜尖饰曾有一个推测，公布它们的不具名作者认为[⑥]，它们成对地装于弩臂上用以承弓。罗森［Rawson (1)］信从这一复原[⑦]，

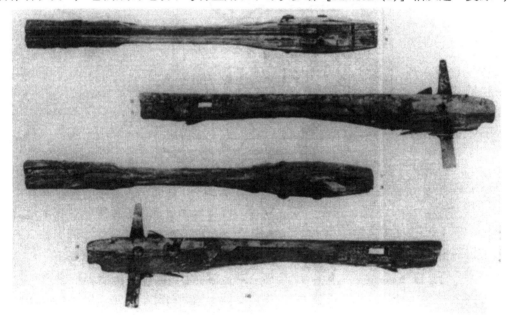

图26　朝鲜乐浪王光墓出土弩臂。

127

---

　　① 西方关于中国弩的知识的建立有赖于两篇文章，即 Horwitz (13)、Wilbur (2)。但有许多问题未被正确理解，即使有价值的中文论文——徐中舒（4），也是如此。

　　② 晚期弩肯定使用了另一些类型的弓，见下文 p.156。奇怪的是，作为晚期欧洲弩之特征的钢弓，似乎始终不见于中国。

　　③ 《书叙指南》（卷十九，第三页）间接提及《晋书》（卷五十五，第八页）。关于弩原有两个语义双关的词，即空拳（《前汉书》卷五十四，第十三页）和空弮（《前汉书》卷六十二，第十八页）。参见《表异录》卷七，第六页。其最后形态 “綦” 很可能是意指矢道的原术语。

　　④ 这能使我们回想起中国工程师对水平装置的偏好（见本书第四卷第二分册，pp.546ff.）

　　⑤ Stein (4)，vol.2，pp.758，769，Pl.LⅡ．

　　⑥ Anon.（264），图7。

　　⑦ 见 Rawson (1)，p.143。

128

图 27　上弩弦图，采自《图书集成·戎政典》卷二八四，第十一页。

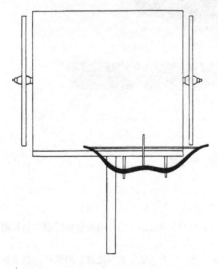

图 28　战车架弩方式推测复原。

但实际不然，这样的尖头对于立姿张弦是一个妨碍，以致弩手须总是坐着张弦。装于弩臂前端的这个配件的重量也将使弩变得笨重，而且这样使用它们似乎没有什么实用理由。另一方面，刘占成（1）提出，这些尖饰事实上仅装于战车的左侧，当弩手从车上射击时，用以平稳地搁放弩（图 28）。图 27 表现了弩的张弦方式。一人坐于地上，一根粗绳绕过腰后，双脚蹬住弩臂两侧的弓腹，以两腿之力逆向撑开弓，直至一名同伴能扣上弓弦为止[①]。

然而，值得我们研究的主要是弩的扳机机构。首先，其标准化程度是惊人的，所有汉代的标本（已知为数众多）均极为相似。在汉代之前，必然已有一个实验期，并留下了少数实

---

① 这个方法与佩恩-高尔韦［Payne-Gallwey（1），pp.114，184］描述的欧洲方法基本相同，但他图示的一些弩强度太大，单凭人力难以开张，而需利用一些机械手段，即绞车、齿轨-小齿轮系统和羊脚式拉杆。海因［Hein（1）］描述了与《图书集成》所示完全相同的使用粗绳的方法，但是它被土耳其弓箭手用以开张重型的手持弓。

例。最近的出土物见于陕西郦山秦始皇陵兵马俑坑，表明秦代的弩具有与汉弩相似的弩机，但直接嵌入弩臂，其外没有机匣（"郭"）[1]。其次，汉代弩机的工艺技术也是非凡的，一个机匣内包含依赖于两根轴销的三个活动部件，每个部件皆以其优良的铸造、精确的加工而给人以深刻印象[2]。没有这种精密度，释放机构将根本无法工作[3]，而当时却不可能存在金属加工车床，只能主要依靠锉来完成装配修整的任务。

弩机的工作方式可通过一组示意图和照片而充分了解。图 29 和图 30 表现了其整体及其各组成部分，出自 1621 年的《武备志》[4]。图 31a 至 31d 表现了作者收藏的一件青铜弩机[5]，a（上视）和 b（下视）为张弦状态，c（上视）和 d（下视）为释放状态。可与霍维茨[Horwitz（13）] 所绘工程比例图（图 32）进行对照。我们将最接近弩弓的轴或轴销称为前轴，而将另一个轴称为后轴。扳机悬垂于机匣之下，放箭时将之向后扳，这很容易做到，其旋转轴当然是后轴。从图 31b 能够清楚看到，扳机上有一个凸缘，它与具有两个尖头的摇杆相啮合，并将之保持于适当的位置（当弩弓张开时）；此摇杆是弩机的第二个活动部件，它围绕前轴转动。第三个活动部件位于前两个部件之上；但只与摇杆相啮合，它类似于我们西方术语中所谓的弦枕（spool 或 nut）。其旋转轴为后轴，扳机杆嵌于它的两个平片之间，但它的活动完全独立。绝大多数弦枕实际上包含三个部分，这确实构成了一项三维设计的杰作。其前部是两个齿，用以牢固地扣住张开的弓弦，当扳机被触发时，齿牙便缩进机匣。两个齿一左一右与两个平片相连，在两平片之间，摇杆可绕前轴自由活动，如同扳机可绕后轴随意活动一样。一个平片，通常是左侧的那一个，向上延长成为竖立的凸耳，超出于机匣顶面，具有适当的高度。这就构成一个触柄，用于将弦枕的齿牙恢复到合适的设定位置，以再次扣住张开的弓弦，但它也具有瞄准功能，这将在下文讨论[6]。然而，弦枕结构的精妙之处，事实上体现于，在两个平片之间还潜在地连接着第三个较小的平片，其形状非常特殊（有点像凸轮），与前述两个平片铸成一体，并与装于前轴的双尖头摇杆

129

130

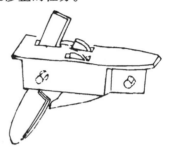

图 29　弩机（装配好的整体），
采自《武备志》。

①　Cotterell（1），pp.27，49。其他人也注意到先汉弩机没有机匣，参见 Elmy（1），Mayer（1）。

②　一些汉学家对此有很高的评价，如德效骞［Dubs（6）］，但都发现难以对这种装置作出技术上准确而全面的描述。

③　我们引用的一条材料准确地指出了此点，见下文 p.140。

④　《武备志》卷八十五，第三、四页，在关于军事训练的章节中。《图书集成·戎政典》卷二八四，第二页，未加改变地予以转录。

⑤　其上有铭文，一句为"章和二年四月十三日王惠制"，章和二年即公元 88 年；另一句为"周二民十四号"，意指"周二民所部，第十四号"；还有"三大号"三字，即"三号，大型"。重 2 磅 6 盎司，这对普通弩来说，似乎过于沉重，因而更适于弩砲使用。长 5 英寸，顶部宽 1.25 英寸，从扳机底部至凸耳顶部高 6.375 英寸。大多数弩机标本，例如我与巴黎人类博物馆（the Musée de l'Homme）的勒鲁瓦-古尔安博士（Dr Leroi-Gourhan）一起考察过的那些实物，长度皆为 3 至 3.5 英寸，相应地较轻。这件弩机是我 1952 年在北京作为一件可靠的明代复制品买的，原属于一罗姓家庭。但它完全可能是真正的 1 世纪之物，铭文的书写风格与那些确实可靠的标本，如端方的收藏品，极为相似。它有可能是罗振玉的收藏之一。

⑥　见下文 p.151。

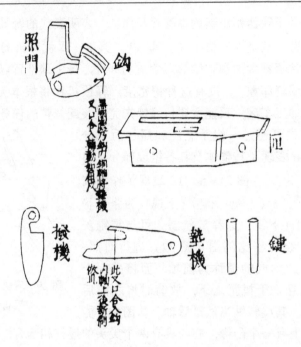

图 30　弩机（分散的各部件），采自《武备志》。

131　相啮合。如同图 32 中的正视图所示，这提供了一种与现代曲轴的轴承极其相似的结构。从机匣外部通常根本看不见中心平片，但从它活动于其中的中心槽的下面（图 31d）能看到其底部前缘，正位于摇杆的下尖头之上。最后，弩机的二轴或通过像铆钉那样打平一端，或利用开口销的同等物，分别保持于适当的位置[①]。

　　弩机的作用现在能够被理解了。从弩处于待发状态开始，弦枕的中心平片将弓弦的张力重压于摇杆的下尖头上，一向后之力作用于扳机，即将摇杆下尖头释放并落下，导

132　致弦枕整体下落，齿牙下缩，弩便发射。相反，一向后之力作用于弦枕之凸耳，齿牙便回复原来的位置，同时中心平片通过加力于摇杆的上尖头而使摇杆升起，直至其下尖头卡入扳机的凸缘。因此，这一复位过程从某种意义上说是自动的。霍维茨注意到，为使这个过程有效地进行，应有一根弹簧向前拉住扳机，这当然也是为了预防扳机的意外触发[②]。他因而提出，在弩臂的底面插入一坚硬的竹片，用一小段细绳将扳机末端与之相连[③]。为便于这样做，扳机末端应钻有一个小孔，而且确实，霍维茨所图示的弩机标本上就有这样一个明显的小孔（图 32），但《武备志》的插图上没有，我们所拥有的标本也没有。然而，它非常频繁地出现于古代的弩机上，例如陈经（1）公布的 7 件典型的汉代实物中，有 4 件存在这样的孔。无疑，这是弩机的一个非本质特征，因为绳子能靠一个环轻易地套住扳机。

---

①　开口销也即固定销之孔在《图书集成》的插图中有表现，但不见于《武备志》之图（图 33）。

②　或有可能，扳机之凸缘常被作成为向上的斜角。麦克尤恩（私下评论）依据实践经验觉得，扳机自身的重量足以使其自动锁定，一根弹簧完全是不必要的。他提出，扳机上的孔或是供拴系缨饰，或者更可能，用于装设弩捕 提机时拴系绊线。这使人联想起将这种捕提机设于墓葬中的故事（例如秦始皇之所为）。

③　见 Horwitz (13)，Fig.10，这是霍维茨复原的一件完整弩的照片。也见 Horwitz (6)，p.184。

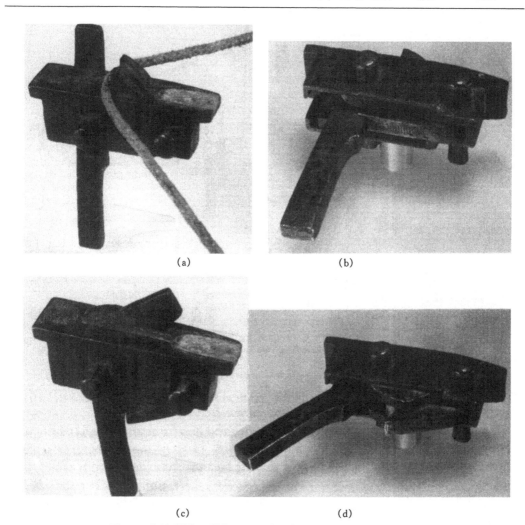

(a)　　　　　　　　　　　　　　(b)

(c)　　　　　　　　　　　　　　(d)

图31　李约瑟博士所藏1世纪青铜弩机的四个视图（a—d）。

以上图示的这些标本还有若干较次要的差异值得注意[1]。霍维茨的标本，机匣台面上有三个长方形孔，我们的标本（从图31a、c能够看出）则只有两个，而且弦枕左平片的顶部，形成为弓弦槽口的底面，就位时与机匣台面齐平。其次，在我们的标本上，弦枕中心平片分为两个部分，前部与摇杆紧密啮合，后部则延长为一个顶盖，覆于扳机之上[2]。第三，我们的标本弦枕左平片向下延长为一个距（见图31b左侧），其作用无法确定，但如果将一垂直的销钉穿过弩臂插至距和机匣之间，就能形成一安全掣子，即使将扳机向后扳动，也完全可防止发射。

从术语史的观点来看，我们幸运地拥有一份几乎完整的名单，它提供了汉代人关于弩机各个部分的名称[3]。公元100年的《释名》用双关语说[4]：

---

① 我未见到任何关于弩机类型学的著作，曾对它们的由来和年代进行分析，但这样的研究将是对古代工程技术史的一个有价值的贡献。

② 这也见于巴黎高等教育试验学校（École Pratique des Hautes Études）的保罗·莱维（Paul Lévy）博士所绘、可由我们支配的一件标本的图上。

③ 迈耶［Mayer（1）］和于瑟韦［Hulsewé（8）］的论著有助于了解古代弩机的历史。

④ 《释名·释兵第二十三》，由作者译成英文。《太平御览》卷三四八，第一页。

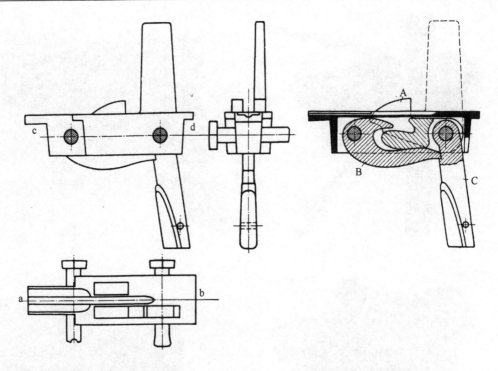

图 32   汉式弩机工程图，采自 Horwitz (13)。需注意摇杆 B 应恰当
地表现为啮合于与销轴成一线的点上（见图 31b 和 d）。

133

　　弩之称为"弩"，是因为它能"怒"射。它的托柄如同人的手臂，所以称为
"臂"。钩弦处称为"牙"，因为它确实像人的牙齿。包容牙的部件（即机匣）称为
"郭"（外城），因为它环绕着牙（指弦枕）上的"规"（凸耳）。郭内（下部）有
"悬刀"（扳机），如此称名是因为它看起来像悬垂的小刀。全部合起来称为"机"，
因为它恰如织机一样灵巧。[①]

　　〈弩，怒也，有势怒也。其柄曰臂，似人臂也。钩弦者曰牙，似齿牙也。牙外曰郭，为牙之
规郭也。下曰悬刀，其形然也。合名之曰机，言如机之巧也。〉

这段文字中唯一遗漏的部件是摇杆，后人便怀疑它是否曾有专门的名称。但茅元仪在明
末的《武备志》中提供了一个术语名单[②]，提出它称为"垫机"，即楔形杠杆。并说，
轴现称为"键"，即锁定栓；弓弦槽口以前称为"规"，现称为"照门"[③]。但实际上，
"规"必然是指凸耳而不是槽口，因为茅元仪也说，规上标有刻度（"纹"），用以瞄准远
近。茅氏又说："牙"，即弦枕之齿，现在名为"机钩"，即机器之钩；"郭"现称为
"匣"，"悬刀"现称为"拨机"。也出现了其他一些新术语，如"叉口"，用指摇杆双尖
头之间的空档；"轴"，用指弦枕的中心平片。

　　德郊骞正确地认为，这种弩机各部件的组合，几乎就像现代的来福枪机那样复杂，
需有极高超的技艺才能够复制。如果拆下弩机的轴，其各部件便可以分解开来，尽管容易

---

　　① 在古代，弩机常被称为"金机"，即金属的机器，大概是为了与木质的织机相区别（参见张协《七命》，收
入《文选》卷三十五，第五页）。
　　② 《图书集成·戎政典》卷二八四，第三页，予以转录。
　　③ 这个词后来又被用指瞄准具。

重新装配，但欲复制这个青铜铸造物，却需要具备比匈奴人更高的技术①。后来，西方的此类装置常被不必要地复杂化，具有太多的活动部件，因而必然易于紊乱。另外，中国的弩机在操作上也是安全可靠的，它不会因为支承面磨损而自行发射；其可靠性是完美的。

汉代以后，中国人一直在搜集古代弩机的实物，研究并试图改进它们②，但没有根本性的进展。例如约 1086 年，沈括告诉我们③：

> 有人在郓州掘地获得一件很大的青铜弩机，制作精良。机匣一侧刻有铭文"臂　**134**
> 师虞士甿师张柔"。在正史传记提到的世袭匠师中，没有这样的名字。我们不知它
> 属于哪个朝代。
>
> 〈郓州发地得一铜弩机，甚大，制作极工。其侧有刻文曰"臂师虞士甿师张柔"。史传无此
> 色目人，不知何代物也。〉

这件弩机的铭文含义大概是，"弩臂为虞士（工匠之名）制造，弓为张柔（另一工匠）制造"，但其年代仍然不明。500 年后，古代弩机仍是一个热门话题。将近 16 世纪末，程宗猷，一位弩的专家④，发现了一件古代弩机，并试图设计一改进的模型。大约 1620 年，茅元仪在西安获得另一件古弩机，这便是图 29 所示之标本。茅氏记述并图解了程宗猷的改进⑤，他试图放弃当时通用的角质弦枕，而恢复以青铜制作，其与古弩机的主要区别是在弦枕的两侧各设一个凸耳，从两凸耳之间进行瞄准（图 33）。七年后，王徵，这位耶稣会物理学家邓玉函（John Terence）的合作者，在其著作《诸器图说》中，又记述了一件出土的古代青铜弩机，并根据自己有所修改的设计，用铁予以复制⑥。他采用的基本原理仍与卓越的古代方法一致，但其设计（并不优美）有三个独立的轴，而且为释放摇杆和弦枕，需将扳机向前推，而不是向后扳。各个部件也被冠以一些新的、怪异的名称。

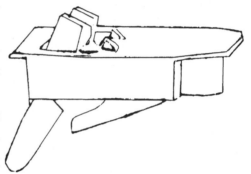

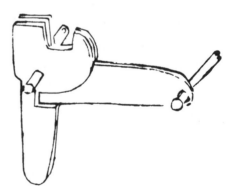

135

图 33　茅元仪《武备志》图示的弩机；注意其瞄准凸耳。

---

① 制造弩机所需要的高超技术显然也是军事上的一个优势，禁止弩机输出的一些律令说明中国人认识到了此点，见下文 p.144。

② 巴纳德和佐藤 [Barnard & Satō (1)] 分析了弩机的发展，并详尽列举了直至 70 年代中期，中国的考古学者所发现的弩机实物。

③ 《梦溪笔谈》卷十九，第五条。

④ 大概与程冲斗相同，见下文 p.157。

⑤ 《武备志》卷八十五，第五页。《图书集成·戎政典》卷二八四，第三、四页，予以转录。

⑥ 《诸器图说》，第十七页起。

(ii) 弩的起源和发展

中国的弩是怎么起源的？它与部落形态的各民族之简单弩有何联系？中国人自己又是怎样叙述弩的起源的？这些问题我们现在必须给予回答。当论述这些问题时，将自然地勾划出弩的历史梗概，并显示出弩在中国文化区的重要意义。然后，我们将返回技术层面，对弩的多种张弦方式以及检验和瞄准装置的发明进行探讨。不断增强火力始终是进步的动力，我们将看到，它采取了多种形式，而在某个时候，发展产生了一次能够射出许多弩箭的弩和弩砲，接着，出现了一项卓越的发明，即连发式或称弹仓式弩。事实上，中国弩的发展体现了向中古时期真正的砲的转变。在我们的论述的最后部分，将对并行的欧洲和伊斯兰地区弩的历史进行探讨。

在整个东南亚，从阿萨姆山脉（Assamese Mountains）经缅甸、暹罗直至印度支那地区，弩至今还被原始的、仍处于部落形态的民族用于狩猎和战争。东北亚的许多民族也拥有弩，既用作武器，也用作玩具，但更主要地作为无人照看的捕捉机使用；雅库特人（Yakut）、通古斯人（Tungus）、楚克奇人（Chukchi），甚至最东部的阿伊努人（Ainu），皆如此。似乎无法回答如下的问题，弩是否在中国文化崛起之前，首先出现于这些亚洲民族的野蛮人祖先之中，然后才在中国经历了其技术发展；或者，它是由中国向外传播到所有这些周边民族。前者似乎是更具可能性的假说，有更多的语言学证据支持这一观点[1]。总之，许多西方和中国的旅行家都记述了原始部落的弩[2]，比如罗克[Rock (1)]，我们从他的书中复制了图 34，照片上是一名傈僳族武士，站在接近云南永宁的一个隘口旁[3]。在范成大和周去非的书中，有关于原始部落之弩的大量记述，二者皆撰于约 1175 年。据记，它们是一种特殊型式的弩，称为"编架弩"，这个名称几乎肯定意味着，其弩弓系用若干竹片或木片，以片簧的方式制成[4]。弩箭无羽[5]，射程很小——不到 20 码——但运用了毒药，毒性剧烈，人一旦被射中便立刻死亡[6]。关于这类武器的许多更早的记载见于约 290 年的《博物志》，书中说：印度支那（"文郎国"）的一个民族使用数尺高的弓，发射一尺长的毒箭，在怪诞的咒誓之下，其毒药被保守秘密[7]。

---

① Jerry Norman and Mei Tsu-lin (1), pp.293—294；参见 Robin D.S.Yates (3), p.410；Robin D.S.Yates (5), p.404。

② 清代方志抄本中经常绘有苗族的弩［参见本书第二十二章 (b)］；霍维茨的书中［Horwitz (13), Fig.3］复制了一幅这样的图。

③ 也参见罗克书中之图 157，展现了一位带弩的纳西部落民。一幅那加（Naga）部落民发射弩箭的精美彩色照片，见于 Ripley (1), p.251。

④ 《桂海虞衡志》，第十二页；《岭外代答》卷六，第五页。我们将在下文 (p.156) 解释片簧的发明。

⑤ 其扳机机构也简单得多。然而，今天中国的博物馆中所保存的典型中国弩机的骨质复制品，系晚近时代的部落民所制作。

⑥ 《桂海虞衡志》，第十一页，也被引用于《说郛》卷五十，第十三页；《岭外代答》卷六，第六、七页。以下 (p.162) 我们将看到，中国人也使用毒化的弩箭，特别是用于弹仓式弩。这种习俗在中世纪欧洲也相当普遍［见 Payne-Gallwey (1), pp.13, 154］；在西班牙，藜芦（white hellebore）甚至被称为弩手的植物。怒族和花苗用于箭上的毒药经鉴定为乌头属植物（aconite）［Fêng Ta-Jan & Kilborn (1)］。据 50 年前塞利格曼［Seligman (6)］的权威研究发现，其他东南亚部落使用了与毛地黄（digitalis）有关的毒药，参见 Bisset (1, 2)。

⑦ 《博物志》卷二，第五页；见 H.Maspero (18)。

图 34 表演"三脚架"式弩的傈僳武士，采自 Rock (1)。

在我们所掌握的关于弩的最古老的中国材料中，未言及它是来源于邻近的野蛮人；相反，提到了一位具体的发明者，他被定位于距传说时代不很远的年代，这可能是意味深长的。有关材料见于《吴越春秋》，尽管其成书时间未必早于 2 世纪，但可以有理由地认为，书中收录的传说能够上溯到秦，甚至战国晚期。书中写道[①]：

范蠡[②]又（向越王勾践[③]）推荐了楚国的一位出色弓箭手，名叫陈音。越王与他讨论说："我听说你善射，请问射箭之道由何而生？"陈音回答，他只是楚国的寻常之人，曾学习射箭之术，但并非谙熟其道的大师。越王说："即使如此，也希望你简略谈谈。"陈音说：（陈音首先说，弹弓是射箭之弓的祖先，这段话的译文已于前面提供，见 p.116）"神农和黄帝'以绳和木制成弓，又将木头削尖以为箭'[④]。由此，弓箭的威力镇慑天下。黄帝之后，楚国有弧父[⑤]，他生于景山，没有

---

① 《吴越春秋·勾践阴谋外传第九》，由作者译成英文。在《太平御览》（卷三四八，第五页）中，这个材料被严重删节，以致有时难以读通，但这个改写本也保存了一些较易理解的句子。

② 这位政治家对农学和养鱼学感兴趣。

③ 前 496—前 470 年在位。

④ 引自《易·系辞下》，译文见卫礼贤之书 [R. Wilhelm (2), vol.1, p.358；英译出自贝恩斯]。

⑤ 可能为当地的技艺之神。

父母。幼时习射，从未脱靶。羿从他那里学到了射的技术[1]，又传给蓬蒙[2]，蓬蒙接着传给楚国的琴氏。然而，琴氏认为，弓箭不再能够威镇天下，因为在他的时代，诸侯以武器互相侵伐，（普通的）弓箭难以制服。于是他在弓上增加了一个与弓垂直相交的托柄（"横弓着臂"），又在一机匣之内设置了扳机机构（"施机设郭"）[3]，从而增强了其力量[4]。由此可以制服所有的诸侯[5]。琴氏将其发明传给楚国的三侯……由他们又传于灵王[6]。据灵王称，在三侯之前，历代楚人只以桃木弓和棘木箭守卫国境。自灵王之后，射箭之道分为百家，即使有才能之人也不知道应遵循什么。我的五世祖在楚国学到了他们的方法。虽然我不了解（射箭之）道，但愿请求您试用（我的武器）。"

于是越王说："弩的形状效法了什么事物？"陈音回答："机匣（'郭'）如同方形的城，象征着守卫部队的指挥官，他从君主那里接受指令。弦枕（'牙'）如同执行命令，象征着军吏和士卒。'牛'[7]如同负责内部保卫的将领。'关'[8]如同检查来往之人的卫兵。挂弩之架（'锜'）如同听候主人传唤的侍从。托柄（'臂'）如同大道，通往想去的任何地方。弩弓如同主将，支配着全部负荷。弦如同掌管部队的军官。箭如同执行其命令的'飞客'。箭镞用以穿透敌人，一旦飞去，便无法阻止。'卫'[9]如同使节的秘书，确保方向，并判断命令是否可以执行。'骠'（本义为骑将)[10]如同管理左右的大臣助理。（弩出现之处）鸟来不及飞，兽不再跑；它所指的任何方向，只有死亡。这就是像我这样愚昧之人所了解的一切。"

越王说："你已经指出了弩的卓越价值。我希望进一步了解准确射击之道。"陈音说："准确射击之道，虽然多样，但微妙而精细。古时的圣人，用弩瞄准时，能够预言所中之的，我无法与他们相比，只想谈谈若干要点。当射击时，身体应像木板一样稳固，头应如（桌上的）蛋一样灵活；左脚（居前）与右脚成直角；左手如同倚着树枝，右手如同抱着小孩。紧握弩，瞄准敌人，屏住呼吸和吞咽，在放箭的同时呼气；以这种方法，你就能够镇定自若。因此，聚精会神之后，（箭之）去和（弓之）留，二者便分离。右手扣动扳机（以放箭），左手将没有感觉。同一个躯体，（各部分）也有不同的功能，好比男人和女人的巧妙匹配；这就

---

[1]　传说中的著名弓箭手，见本书第二卷，p.71。

[2]　若非传说，他可能是公元前 7 世纪之人。我们前面（p.118）提到一部流行于汉代的射法著作，便归于其名下。

[3]　一些版本以"枢"代"郭"，但可能后者是正确的。参见下文 p.169。

[4]　即因此增强了所能采用的弓的强度，因为弓箭手不必仅以一只手拉弦，并在瞄准的同时保持它。虽然弩不具备普通手持弓的射速，但射程和准确度则超出。

[5]　荒谬的说法——结果恰恰相反。

[6]　公元前 539—前 527 年在位。

[7]　这个术语晦涩难解，可能是指最内部的摇杆，它的两个尖头，或许可与有腿的动物，比如牛，形成奇特的类比。

[8]　这个术语也晦涩难懂，我们推测是指弦枕两齿之间的空档，可以接纳箭杆有凹口的末梢。

[9]　这个术语也含义不明，可能指弩箭之羽。

[10]　这个术语的含义，我们只能推测为弩弓之双耳。

是持弩并准确地射击之道。"

　　于是越王说："请告诉我以刻度仪表瞄准敌人飞射箭矢（'望敌仪表投分飞矢'）之道。"陈音回答："当瞄准敌人时，沿着刻度，与三等分的网格式瞄准具（'叁连'）取得一致。现在，一些弩轻仅一斗，一些弩重至一石；一些箭轻而另一些箭重。一石之弩需用一两之箭，才相适合。至于射程，远或近，高或低，都取决于重量的细微差别。道就在此之中；此外，没有什么可说了。"①

　　越王惊叹道："太好了！你已经告诉我全部的道，但我还希望你能把它教给我的人民。"陈音回答："道来自于天，但事物的运用依靠人。人所学的任何事情，没有不能臻于完美的。"于是，越王便委任陈音在国都的北门之外训练（越国的）士兵。三个月后，他们就都善于使用弓弩了。陈音死，越王非常悲伤，将他葬于国西，将他的墓所在之处命名为"陈音山"②。

　　〈范蠡复进善射者陈音。音，楚人也。越王请音而问曰："孤闻子善射，道何所生?"音曰："臣，楚之鄙人，尝步于射术，未能悉知其道。"越王曰："然愿子一二其辞。"

　　音曰："臣闻弩生于弓，弓生于弹，弹起古之孝子。"越王曰："孝子弹者奈何?"音曰："古者人民朴质，饥食鸟兽，渴饮雾露，死则裹以白茅，投于中野。孝子不忍见父母为禽兽所食，故作弹以守之，绝鸟兽之害，故歌曰：断竹续竹，飞土逐害之谓也。于是神农、黄帝，弦木为弧，剡木为矢，弧矢之利，以威四方。黄帝之后，楚有弧父。弧父者，生于楚之荆山，生不见父母，为儿之时，习用弓矢，所射无脱。以其道传于羿，羿传蓬蒙，蓬蒙传于楚琴氏。琴氏以为，弓矢不足以威天下。当是之时，诸侯相伐，兵刃交错，弓矢之威，不能制服。琴氏乃横弓着臂，施机设枢，加之以力，然后诸侯可服。琴氏传之楚三侯，所谓句亶、鄂、章，人号麋侯、翼侯、魏侯也。自楚之三侯传至灵王，自称之楚累世盖以桃弓棘矢而备邻国也。自灵王之后，射道分流，百家能人，用莫得其正。臣前人受之于楚，五世于臣矣，臣虽不明其道，惟王试之。"

　　越王曰："弩之状何法焉?"陈音曰："郭为方城，守臣子也。教为人君，命所起也。牙为执法，守吏卒也。牛为中将，主内裹也。关为守御，检去止也。锜为侍从，听人主也。臂为道路，通所使也。弓为将军，主重负也。弦为军师，御战士也。矢为飞客，主教使也。金为贯敌，往不止也。卫为副使，正道理也。又为受教，知可否也。缴为都尉，执左右也。敌为百死，不得骇也。鸟不及飞，兽不暇走。弩之所向，无不死也。臣之愚劣，道悉如此。"

　　越王曰："愿闻正射之道。"音曰："臣闻正射之道，道众而微。古之圣人射弩，未发而前名其所中。臣未能如古之圣人，请悉其要。夫射之道，身若戴板，头若激卯，左蹉右足横，左手若附枝，右手若抱儿，举弩望敌，禽心咽烟，与气俱发，得其和平，神定思去，去止分离，右手发机，左手不知，一身异教，岂况雄雌。此正射持弩之道也。"

　　"愿闻望敌仪表投分飞矢之道。"音曰："夫射之道，从分望敌，合以参连。弩有斗石，矢有轻重，石取一两，其数乃平，远近高下，求之铢分。道兮在斯，无有遗言。"

　　越王曰："善! 尽子之道，愿子悉以教吾国人。"音曰："道出于天，事在于人；人之所习，无有不神。"于是乃使陈音教之习射于北郊之外。三月，军士皆能用弓弩之巧。陈音死，越王伤之，葬于国西，号其葬所曰："陈音山"。〉

撇开传奇人物不谈，汉人将弩追溯到琴氏，他生活于楚，早于孔子一百年，这似乎给人

---

① 实际上还有很多可说；参见下文 p.146。关于瞄准装置，陈音没有提供太多信息。
② 这段文字的一些部分，经常为后人所引用，如宋代的《事物纪原》卷九，第三十九页。

以真实人物的印象①。或许，他实际发明的只是金属的弩机。在关于弩的部件的这段文字中，我们发现了若干新术语；而且，陈音关于射击技巧的论说，也是所有古代论述中最为突出者之一。他谈到的瞄准具，我们将在稍后解释。

　　然而，我们首先需要查考留存于世的提到弩的最古老的文献②。如果《孙子兵法》的确切年代是公元前498年或稍早，它无疑应获得这个荣誉③，因为它说④："力量可以比作开张弩弓，决心可以比作触发扳机。"⑤这并非《孙子》中惟一提及弩之处⑥，因而它们不可能是衍入的注释文字。至公元前4世纪，证据更为丰富。《史记》记载⑦，马陵之战，齐军在孙膑（孙子的后裔）指挥下，伏击庞涓统率的魏军，击毙庞涓并大败魏军。当时孙膑使用了"万弩"，我们可以合情合理地将之翻译为"一支非常强大的弩手部队"⑧。接着，《战国策·韩策》⑨记载了一段有趣的对话，当时苏秦（卒于公元前317年）试图说服韩王加入他的诸侯国同盟。这件事约发生于公元前336年，尽管《战国策》的成书不早于秦，但可能相当准确地记录了所发生的事情。韩王看来对其国家的实力非常满意；他指出宛和穰的庞大冶铁中心就在附近⑩，并夸耀他拥有一万套铠甲，天下最强劲的弓和弩（"天下之强弓劲弩"）都出产于韩，且被保存于黯子（阳）的武库（"少府"）之中。黯子阳似乎是半传说性的匠师，如同干将⑪。最后，在《墨子》城守诸篇的许多地方，不仅讲到了普通弩，而且也讲到了大型的多矢弩砲⑫。虽然这些材料有可能写于前4世纪中叶，当时墨家正在禽滑釐的影响之下发展他们的城守工程学流派，但更可能属于前3世纪。

　　在公元前3世纪，有关记述变得丰富起来。《韩非子》⑬和《吕氏春秋》⑭都提到"强弩"，后者还有一段文字⑮，体现了对我们前已详细描述的弩机具有接近实际的了解："如果弩机不能密合，即使所差不比米粒更大，它将无法工作（"夫弩机差以米则不发"⑯）。"

---

　　① 楚国与弩看来有某种联系，如《方言》卷三说，楚国士兵的通常名称是"弩父"。

　　② 重要的铭文证据见于东周晚期的一些嵌错狩猎纹青铜容器，其上刻划了一些弩的形象。徐中舒（4）对此作了有价值的讨论。其上无疑有弩，但这些器物的年代只是近似的，而且可能无一早于公元前4世纪。

　　③ 关于这部著作的年代和真实性，见上文p.16ff.。

　　④ 《孙子·势篇》，译文见L.Giles（11），p.38。

　　⑤ "势如彍弩，节如发机。"

　　⑥ 见《孙子·作战篇》列举的军队装备，译文见Giles（11），p.14。

　　⑦ 《史记》卷六十五，第四页。卷四十四也有记述，译文见Chavannes（1），vol.5，p.156。

　　⑧ "万弩"一词难以恰当地译述，翟林奈[L.Giles（11），p.40]意译有关这次战斗的记载时，翻为"一支强大的弓箭手部队"。这简直就像混淆发酵和蒸馏一样（参见本书第一卷，p.7）。密集使用弩手的一些类似情况，见《纬略》卷一，第十五页。

　　⑨ 《战国策·韩策一》，第六页。

　　⑩ 或在临近今南阳之处。

　　⑪ "黯子"这一名字后来与特定型式的弩联系在一起；参见《表异录》卷七，第一页。

　　⑫ 例如：《备城门第五十二》，第七页；几乎全篇《备高临第五十三》；《备水第五十八》，第十七页；《备穴第六十二》，第十九至二十一页。遗憾的是，描述弩砲的有关文字错讹严重，见下文p.189。佛尔克[Forke（17），p.108；Forke（3）]对这些材料进行了翻译和说明。

　　⑬ 《韩非子·八说》，第四页。

　　⑭ 《吕氏春秋·荡兵》，译文见R.Wilhelm（3），p.84。

　　⑮ 《吕氏春秋·察微》，译文见R.Wilhelm（3），p.254。

　　⑯ 用以比喻为获得战斗的胜利，需有认真细致的参谋工作。

《庄子》中有关弩的材料经常被曲解。如一处说①："（制造）弓、弩、手持网、弋射之箭，以及弩机的运动所体现的知识是深奥的，但它却导致了天上飞鸟的纷乱。"（"夫弓、弩、毕、弋，机变之知多，则鸟乱于上矣"）理雅各②和戴遂良③误解了"机"这一术语，将之译为"contrivances with springs"（具有弹簧的机械装置），而事实上，弹簧只是扳机的一个非常次要的部件，以致几乎是不重要的。《庄子》中另一处还谈到了扳机的扣发④。《周礼》很少谈到弩，这一定程度上可能是因为该书有意识的拟古主义倾向。该书有关弩的文字不在关于制弓术的《考工记》一章中，而见于《司弓矢》的开头和《缮人》、《稾人》等篇⑤。文中提到四种弩，两种轻而射程近，用于攻守城，另两种重而射程远⑥。这个时期涉及弩的最有趣的传说是，公元前210年，在中国第一位皇帝秦始皇的墓中，用弩设置了捕捉机，以防备盗墓者，保护墓中的物品。司马迁讲述了这个故事的所有细节⑦，没有理由加以怀疑。现在我们进入了《淮南子》（约前120年）的时代，此时弩已是寻常之物。在该书的一个篇章中⑧，作者于论述高涨的军队士气的重要性时，提及了弩，这段话非常类似于我们已经注意到的《荀子》的言论⑨。在另一处⑩，作者告诫不要在沼泽地中使用弩，因为没有坚硬的地面，难以用脚开张弩弦；在又一处⑪，作者以令人愉快的方式谈到了用弩猎取野禽，类似于庄周。如果需要进一步的材料来证明弩在汉代的普遍存在，那应当是汉代墓穴中的画像石和画像砖所刻画的许多恐吓性的弩手形象（通常为张弦姿态）（参见图35）。其意义必然是驱邪，防备盗墓贼⑫。

　　弩也许是平凡的事物，但我们仍要指出，它具有极为重大的历史意义，它毫无疑问是汉代军队的标准武器。在以后的许多世纪中，它也没有丧失这种优势地位。今人关于汉代军事组织和装备的知识，有很大一部分应是来之于为数众多的汉代竹、木简牍上书写的文件，它们出土于甘肃和新疆保护古丝路的边塞遗址中，由于戈壁沙漠气候的异常干燥而得以保存至今，内容包括军队法令、武库清单、军事文书、医药方和私人信件，皆具有同等的价值。按照斯坦因［Stein（4）]⑬的分类，在军械档案类汉简中，共30处提到弩，但只有两处提到普通的弓，而且这两个场合提到的弓都属于野蛮人。显然，当

141

142

---

①　《庄子·胠箧第十》。

②　Legge（5），vol.1，p.288。

③　Wieger（7），p.281，经修改。

④　《庄子·齐物论第二》。译文见 legge（5），vol.1，p.179；Wieger（7），p.215；Fêng Yü-Lan（5），p.45；但都未能准确理解原意。

⑤　《周礼注疏》卷三十二；译文见 Biot（1），vol.2，pp.239ff.；参见 Forke（18）。

⑥　它们的分类似乎是依据构成一个完整的圆所需要的弩弓的数量；但这种方法是否不仅应用于弓，而且也应用于弩，不很清楚。

⑦　《史记》卷六，第三十一页；译文见 Chavannes（1），vol.2，p.194；参见 TH，p.225。这种捕捉机的形象在西方的传说中也不罕见，从谷克多（Jean Cocteau）的电影《美女和野兽》（La Belle et la Bête）中，能够见到一架正在运转的捕捉机，颇令人感兴趣。

⑧　《淮南子·兵略训》，第五、六页［Morgan（1），pp.192，193]。

⑨　见前文 p.65。

⑩　《淮南子·兵略训》，第十六页［Morgan（1），p.215]。

⑪　《淮南子·原道训》，第十三页。

⑫　如同秦始皇陵中的自动弩手（参见 p.132）。鲁道夫［Rudolph（16）]和同纬（1）提出的理由值得信从。

⑬　尤其见 Stein（4），vol.2，pp.758ff.。

时将弩保存于军械士（sergeant-armourer）掌管的专门库房中，并按照张弦所需之力（3—10 石）[①]区分等级。据一枚简[②]记录，一件六石弩的弩力下降为四石。从其他一些简我们知道，制弦采用丝和麻。沙畹［Chavannes（12a）］引证的一枚简[③]内容如下：

> 配给：弩，六石，一……
> 抗弓箭胸甲，三；
> 虻式箭，五十（其中四件损坏，四十六件完好）；
> 箭箙，一……

143

此简发现于一些年代确定为公元 153 年的残简中。劳幹（1）对相似的公文进行了研究；总的说来，保存至今的这类汉简，其年代约从公元前 105 年一直延续到约公元 160 年，均反映了相同的情况[④]。

另一个幸运的事情是，青铜弩机的制造者都习惯于在弩机上刻注日期。长期以来这一直使中国的文物研究者感到欣慰。1821 年，冯云鹏（1）出版了第一本汉代墓祠画像石的拓片集，其中收录了四件铭有制造日期的弩机[⑤]。在之后出版的一些文物集中，记录并图示了许多这种弩机标本，如端方（1）的《陶斋吉金录》[⑥]。在另外一些场合，弩机的年代由于同一发现中其他具有铭文的共存器物而得以确定，如寿州幽王墓（公元前 228 年）中出土的一件弩机［Karlbeck（1）］。

秦汉时期，关于弩和弩手的文献材料是如此之多，我们这里只能略举一二。公元前 209 年，秦二世将他的弩军（5 万人）集中于咸阳[⑦]。公元前 177 年，汉文帝对一支相似的军队进行了调动[⑧]。20 年后，文帝之子梁孝王的武库中有数十万件弩[⑨]。公元前 174 年，周亚夫所率抵御匈奴的军队以弩手的威力而著称[⑩]。约公元前 10 年，西域都护段会宗在新疆大胆袭击反叛的仆从国太子（番丘）的城堡，弩手再次扮演了重要角色[⑪]。公元 73 年，最伟大的西域都护班超在鄯

图 35　画像石上的弩手，山东沂南北寨村出土，东汉时期（1—2 世纪）。

---

① 汉代的一石约相当于 120 磅。关于不同朝代的度量衡，见吴承洛（2）。
② Chavannes（12a），No.554。
③ Chavannes（12a），No.682。
④ 从汉代边塞遗址中，当然也已发掘出土了青铜弩机，伯格曼［Bergman（1），Pl.29，Fig.18］图示了一件实物。
⑤ 日期分别为：公元前 65 年、前 30 年、公元 124 年和 161 年。
⑥ 这些弩的制造日期分别为：公元 76 年、80 年、90 年、105 年、109 年、115 年、162 年、222 年和 241 年。
⑦ 《史记》卷六，第三十四页；译文见 Chavannes（1），vol.2，p.203。
⑧ 《史记》卷十，第十一页；译文见 Chavannes（1），vol.2，p.470。
⑨ 《史记》卷五十八，第三页。
⑩ 《前汉书》卷四十，第二十六页；参见 TH，p.344。
⑪ 《前汉书》卷七十，第二十三页。

善国对匈奴营地进行类似的袭击，弩手也位于前列[1]。在许多材料中[2]，弩手都被冠以专门的名称，即"材官"，但这一称呼适用于所有具有特殊技能或经过训练的军队。注释者总是解释，这类士兵特别强健，他们脚踩弩弓，俯身用双手拉弦，能够张开刚硬的弩。申屠嘉就是其中之一，约在公元前205年，汉代创始之际，他带着弩投奔汉高祖，后在汉文帝时，升为丞相，在他的传记中，特别谈到了他年轻时的力量[3]。许多材官部队是骑马的。

由上述事实来看，汉代文献中包含了许多关于弩射技法的著作是不奇怪的。不幸的是，这些书只有书名留传下来。《前汉书·艺文志》[4]记载了一个书名，《彊弩将军王围射法》。见于《艺文志》的另一部书名为《护军射师王贺射书》，可能也是主要关于弩的。

在汉代早期，一度曾禁止输出骑射用弩的弩机，这也是不奇怪的。据应劭（2世纪晚期）所言，汉武帝时（约前125年），设立了防止此类弩机被带出国的关卡（"马上弩机关"），《前汉书》记载，到公元前82年，它们被撤销[5]。然而，弩及其释放装置仍然不可避免地向外传播到中国文化圈的大部分地区。例如在朝鲜，在公元前7年的一座墓中发现了一件青铜弩机，这个年代与王盱接近［原田淑人、田泽金吾（1）］；乐浪王光墓（1或2世纪）中也出土了一件[6]。后者仍嵌于木质的弩臂上（图26）[7]。依据有关公元前36年陈汤远征军的记载，弩显然也到达了遥远西部的康居（Sogdiana，索格狄亚那）。当时，远征军对靠近都赖河（Talas River）的单于的城堡发起了猛攻[8]。在总攻之前，袭击中国军营的100名康居骑士遭到了齐射弩箭的阻击，后来，弩又被布置于中国军阵的后部，以驱逐城堡中的防御者[9]。在南方，青铜弩机在汉代之前已传到印度支那，因为它们也出现于那个地区的墓葬中[10]，如在连香（Liên-Hu' o' ng）。随后，弩和弩砲（弩式弹射器）[11]进一步传入该地区。约在315年，一名中国官员奴文[12]来到占婆

---

① 《后汉书》卷四十七，第二页起；参见 McGovern（1），p.265。

② 除前已提供的这些材料外，又见《史记》卷五十七，第一页。

③ 《史记》卷九十六，第六页；《前汉书》卷四十二，第六页。参见 Chavannes（1），vol.2，p.469。

④ 《前汉书》卷三十，第四十页。

⑤ 《前汉书》卷七，第四页；译文见 Dubs（2），vol.2，p.159。应劭的同时代人孟康在同一处补充说，10石以上的强弩都禁止输出。德效骞曾怀疑，汉代早期是否存在骑射手所用的弩，但晁错上疏（上文 p.123）中的一些言词似乎表明确已有了。德效骞也怀疑欧洲是否曾存在骑士弩手，但从佩恩-高尔韦［Payne-Gallwey（1），pp.36，47］的著作来看，他们显然存在，尽管只是在约1500年后的中世纪晚期才出现。巴纳德和佐藤［Barnard & Satō（1）］依据考古学的证据认为，直至后汉时期，中国的弩和弩机才向外输出。亦可见 van Camman（1），wilbur（2）。

⑥ 梅原末治、小场恒吉、榧本龟次郎（1），第2卷，图版 LXXXⅡ 及图8。参见关野贞等（1），正文之卷，图237；图版之卷，图版333。

⑦ 弩机嵌于残存的木质弩臂中，这并不很罕见；郑德坤博士告诉我，他有两件这样的实物，一件赠送给了不列颠博物馆（the British Museum）。

⑧ 见本书第一卷，p.237。

⑨ 关于此次战役的记述（它使人想起，具有龟甲形盾阵的罗马军团与之有关系），见《前汉书》卷七十，第九页；已译成西文，见 Dubs（6），及 Groot（1），vol.1，p.234。另见 Duyvendak（16），esp.p.258。但没有证据表明，弩及弩机由于为当地的一些民族所采用而在中亚西部地区传留了下来。

⑩ Janse（5），vol.2，pp.126ff.；also in vol.1，pl.53（2）。另见 Aurousseau（2）。

⑪ 见下文 p.187。

⑫ 这是一个古怪的名字。可能意为"奴隶文"。他最后成为国王，即范文，并将王位传于其子，349年，后者在与中国人的战争中战败投降。

（Champa，"林邑"），归依了当时的国王范逸，并教占婆人筑城和弩射技术①。许多世纪后，发生了相似的事情。990 年，一位占婆（Champa，"占城"）使节李良莆将 5 件弩（可能是原型）从中国带回了家乡。5 年后，占婆王派另一位使节致书中国朝廷，提到了此事，无疑是盼望能够再次获得相同的赠赐②。1172 年，另一位中国官员因船只在占婆沿海失事，滞留当地，他将骑射技术教给邹亚娜王（king Jaya Indravarman）的臣民，并将最新式的弩砲传给他们③。他的名字为吉杨军。稍后我们将对他们那个时代的弩砲进行研究，它们在那个地区的雕刻上得到了体现④。

现在，我们必须将中国弩的整个晚期历史，简略地概括为如下一段文字。自三国时期以后，弩手一直被作为"幰弩"使用，如同持司登冲锋枪（Sten gun）的士兵，当官员出行时，环卫其马车周围⑤。5 世纪时，流行以镶嵌金、银的方式对机郭进行装饰，苍梧王刘昱即因此而闻名⑥。国家的制弩工场往往有不同的名称，隋代称"弓弩署"，唐代称"弩坊"，宋代自 976 年后称"弓弩院"⑦。1162 年，宋孝宗命老将张浚组建一支专门的弩手禁卫军，在随后几年抵御金人时，发挥了巨大作用⑧。约 1030 年，文官考试的应考者被提问，应如何发现并处罚私藏铠甲和弩的百姓⑨。因此，作为军用武器的弩，自然仍是由国家垄断。但其民用的型式，如用于猎禽和体育活动者，在宋代看来得到了广泛流行，有几种关于 13 世纪初的杭州的记载文字描述了娱乐性的弩射比赛。当时军人中有脚弩俱乐部（"踏弩社"），"一些富家的风流子弟，以及一些无事可做的闲人"，还组织了其他弩射俱乐部（"更有蹴踘、打球、射水弩社，则非仕宦者为之，盖一等富室郎君，风流子弟，与闲人所习也"）⑩。他们中有一些高明射手的名字一直留传了下来⑪，其中包括一位姑娘⑫。作为军队武器，弩延续使用直至鸦片战争时期。通过以上的匆匆一瞥，以及从浩瀚的文献堆积中随意挑拣出的一些片断，我们能够获得弩长期普遍存在的概念。

---

　　①　《文献通考》卷三三一，第十五页；译文见 de St Denys（1），vol.2，p.426。亦可见 G.Maspero（1）1910.p.337；Wales（3），p.27。

　　②　《东西洋考》卷十一，第四页。

　　③　《文献通考》卷三三二，第二十一页；译文见 de St Denys（1），vol.2，p.555。也见 G.Maspero（1）1911.p.307；Wales（3），p.102。

　　④　见下文 p.193。

　　⑤　崔豹，《古今注·舆服第一》；高承，《事物纪原》卷三，第一页。

　　⑥　《金楼子》卷一，第二十五页。

　　⑦　《事物纪原》卷七，第四页。

　　⑧　《四朝闻见录》卷三，第六页。

　　⑨　《独醒杂志》卷一，第五页。

　　⑩　《梦粱录》卷十九，第八页。其中一个奇特的俱乐部是"射水弩社"（用弩在水中射击）。这很可能是与钱塘江潮有关的体育活动之一；见 Moule（3），及本书第三卷，p.483。

　　⑪　《武林旧事》卷六，第十五、二十九页。沓大和黄一秀是其中两人。以制弩而闻名的有周长，以制弩箭而闻名的有康沈。李仲成是大约同时期效力于蒙古人的弩匠。

　　⑫　即林四九娘，参见上文 p.117。

(iii) 张弦、瞄准和检验

现在，我们从容地来论述某些技术问题，它们适合于在目前的阶段来讨论。首先是弩的张弦或称上弦的方法。如同我们刚刚见到，13 世纪杭州的弩社成员［可谓 17 世纪布鲁日（Brages）和德累斯顿（Dresden）的社交聚会的先驱]①通过脚踏来张弦。而且，在前文的论述中，有许多线索表明，这是通常的做法。《战国策》早就说②，"韩卒超足而射"。注释者指出，"超足"意谓踩踏（"蹃踏"）弩。有关材官的解释也说，这些人必须有强劲的力量，能踩踏弩弓以张开它们，至于强弩，可能加搁于腰背，并使用双腿之力（"蹶张"）③。因此，最简单和最古老的张弩方式便是用双脚踩住弩弓，同时运用全部的背肌力向上拉弦，但这必然会损伤弓，于是在较晚的时候出现了一项改进，即在弩臂上缚系一个镫（图 36 和 37）④。从《武经总要》的论述和图解可知⑤，在宋代（不迟于 1044 年），也可能在唐代⑥，这种镫已规范化（这里的两件弩转引自《武备志》⑦，见图 38）。人们可能非常希望了解，弩镫是在什么时候开始采用的，它们与马镫有何联系⑧。从大约 1130 年安娜·科穆宁娜（Anna Comnena）的记述来看，在第一次十字军东征时，弩被视为一种可怕的新式武器，当时显然是用双脚踩踏弩弓，而没有镫⑨。但 13 和 14 世纪的欧洲军事文献提供了充分的证据，到那个时期，弩镫已经流行⑩。因此，这种镫的出现，看来中国要早于欧洲。《图书集成》的插图表现了张弩方法的不同形式，如镫上弦（采用片簧式弩弓和绳环)⑪及膝上弦⑫（图 39 和 40）⑬。

张弩方法的下一个改进是在弩手的腰带上装设一对爪钩，这样他就可以站着仅仅依靠腿肌和背肌的力量来提拉弓弦，而空出双手从容地保持弩及操纵扳机⑭。晚期的中国示意图表现了这种爪钩⑮（图 41），但没有证据能够表明腰带钩（"开弩腰钩"）⑯是在那个时候才开始采用的。在欧洲，它属于 14 世纪，且与镫相结合，但在中国，钩、镫似

147

148

---

① 见 Payne-Gallwey（1），pp.223ff.，231ff.。

② 参见上文 p.140。

③ 例如徐广（卒于 425 年）引如淳之说（《史记》卷九十六，第六页），以及《前汉书》卷四十二，第六页，颜师古注。

④ Payne-Gallwey（1），pp.57ff.。

⑤ 《武经总要》卷十三，第五、八页，及第九至十页的论述。

⑥ 见 McNeill（1），p.36，基于叶山的观点。

⑦ 《武备志》卷一〇三，第二页。

⑧ 关于这个问题，见本书第五卷第八分册。

⑨ 见罗斯［Rose（1）］的专门研究。

⑩ Payne-Gallwey（1），p.60。

⑪ 《图书集成·戎政典》卷二八四，第十五、二十页。

⑫ 《图书集成·戎政典》卷二八四，第十六页。

⑬ 《图书集成·戎政典》卷二八四，第十七页；参见 Horwitz（13），p.171。

⑭ Payne-Gallwey（1），pp.76ff.。

⑮ 《图书集成·戎政典》卷二八四，第二十七页。弩手坐于地上使用它，而不是站着，如在欧洲很常见的那样；这可能是因为他的弩上无镫。《图书集成·戎政典》（卷二八四，第二十五页）专门图示了此种爪钩。

⑯ 在《图书集成·戎政典》（卷二八四，第二十八页）的弩手图上能够清楚地看到它（图 42）。

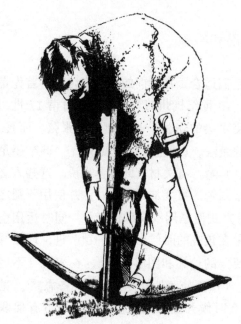

图 36　欧洲无镫弩的张弦，采自 Payne-Gall-
wey（1），Fig.24。　　图 37　欧洲有镫弩的张弦，采自 Payne-Gallwey
（1），Fig.25。

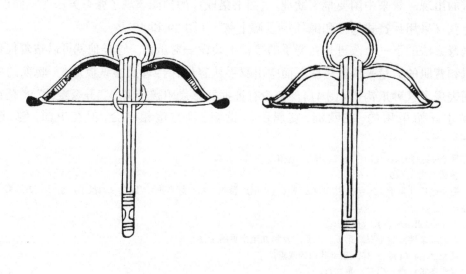

图 38　两件带镫的中国弩，采自《武备志》。

乎是分别使用的。茅元仪清楚地说，腰上弦法（"腰开"）比脚踏法（"蹶张"）更有效
——操纵力前者为 10 石，后者为 2 或 3 石——虽然它在马隆的时代（3 世纪晚期）为
人们所依杖，但到宋代已失传[①]。因此，腰带钩（图 42）可能也是起源于中国。

----

① 　《武备志》卷一〇三，第一页；《图书集成·戎政典》卷二八三，第二页，予以转引。

图39　镫上弦的中国弩，采自《图书集成·戎政典》卷二八四，第十五页。

图40　膝上弦的中国弩，采自《图书集成·戎政典》卷二八四，第十六页。

图41　腰带钩上弦的中国弩，采自《图书集成·戎政典》卷二八四，第二十七页。

图42　在《图书集成》的这幅弩手射击图上，能够清楚看见腰带钩。

在西方发展起来的另一类张弩方法全都涉及旋转运动。其中最简单者是一个型式不同的爪，它不是直接悬挂于绳上，而是缚系于在绳子上运行的一个小滑轮组，绳子的一端凭借钩和环固定于弩臂后部[①]。由此获得了加倍的力学功效。13 世纪末以后，这种方法显然已不采用。后来的设计更为有效。在整个 15 世纪，大部分欧洲弩具有宽而厚的钢质弩弓，其张弦最初是运用绞车（moulinets），总是安装于弩臂后端，以安装于弩臂两侧的大型曲柄操纵，通过卷绕也安装于弩臂两侧的滑轮组而将弦张开[②]。大约 1470 年后，这种相当笨重的机构被齿轨和小齿轮装置所取代，后者一直延续使用到 17 世纪[③]。有些弩还采用了形式很不同的旋转运动，一根蜗杆贯穿于弩臂上的孔中，当它被装于弩臂后端的旋柄转动时，便将弦张开[④]。瓦尔图里奥（Valturio，1472 年）图解了这些方法中的一例，尽管不很显著，但它们可能是齿轨和小齿轮装置的先驱。

因此，中国弩也存在旋转上弦运动的证据能使人产生浓厚的兴趣。我们稍后将看到[⑤]，所有大型的弩砲或弩式弹射器（"床子弩"）皆以绞车张弦。《武经总要》（1044年）和《教射经》（8 世纪）所提到的一些特殊型式的弩可能也以绞车张弦[⑥]。王琚《教射经》（《太平御览》卷三四八，第七页）提供的射程，与李筌[⑦]在 759 年记载的数据完全一致，后者也说，绞车上弦式弩用于攻城和守城[⑧]。然而我们能够发现，关于绞车张弦的手持弩的资料非常之少，难以找到任何图示[⑨]。中国人可能从未使用运动的滑轮组，并且肯定不曾使用齿轨和小齿轮。此外，蜗杆当也与他们的技术完全无关，事实上中国古代缺乏所有的螺旋运动。但是，绞车张弦在中国肯定出现很早[⑩]。这项技术的采用，中国可能要先于欧洲，我们将在下文讨论机械砲时，再予证明。

欧洲大量使用的另一方法是"羊脚拉杆"（pied de chevre）。这是一根适当弯曲的双尖叉，安装于弩臂侧边的两个销钉后面，当它被向后推时，凭借一对装有枢轴的爪钩来张拉弓弦[⑪]。此种方法在欧洲的主要应用时期大约是 1350 年至 1450 年，它虽然无法张开较重的钢质弩弓，但特别适于骑士弩手使用。我们尚未见到在中国使用这种方法的证据，但其原理也包含于弹仓式弩中，这是所有亚洲弩类发明物中的最精巧之器，我们将在稍后介绍[⑫]。

现在面临的第二个技术问题是弩的瞄准方法。能够用于这一目的的联合装置是武器

---

① Payne-Gallwey (1)，pp.73ff.。

② Payne-Gallwey (1)，pp.4，90，121ff.，124。

③ Payne-Gallwey (1)，pp.131ff.。齿轨一端有勾弦之爪，小齿轮上则装有长曲柄。

④ Payne-Gallwey (1)，pp.81ff.。

⑤ 见下文 pp.188ff.。

⑥ 见上文 p.121 引《武经总要（前集）》卷二，第三十七页；《太平御览》卷三四八，第七页。

⑦ 《太白阴经·教弩图篇第七十》，第十一页。

⑧ 在另外一段文字中（《太白阴经·守城具篇第三十六》第四页），李筌描述了一件这种武器，其弩弓以柳、蚕棘和桑木制作，长 12 尺，装弩臂之处厚 7 寸，两梢厚 3 寸。发射时声如雷吼。

⑨ 是否应用曲柄摇手的问题肯定会被提出，但任何人都只能说，关于重型弩砲的中国示意图上，所描绘的始终是带有绞盘臂的绞车。有棘轮装置，但未说明。

⑩ Payne-Gallwey (1)，pp.84ff.。

⑪ 见下文 pp.157，159。

⑫ 《武经总要》卷十三，第十一页，图示了一件装于架上的双弓手射弩，以绞车张弦。我们将之复制为下文p.199 的图 68。

发明中的精髓，可能也在某种意义上使弩成为科学的武器，而这是简单的弓所不具备的。中国考古学家很早就熟知，许多汉代弩机在弦枕凸耳的背部，有一带刻度的标尺①。图 43 所示是端方(1) 收藏品中的一件这类弩机的图样②。此标尺显然是为了依据对目标距离的估测，更精确地调节武器的仰角。但其缺陷是，恰在发射的瞬间，随着弦枕的转动，凸耳前倾，标尺便消失了。因此，从汉代开始，又采用了其他一些瞄准装置，也就不奇怪了。使人惊奇的是，这些瞄准装置中的一种似乎是网格式瞄准器，它与今天仍见于照相机和高射炮的同类瞄准具相似③。

网格式瞄准器的存在，通过对古代术语"叁连"（三重连接）的研究而得到揭示④。涉及它的最重要的一段文字见于《后汉书》⑤。约公元 173 年，陈王刘宠，一位道家的同情者，以擅长弩射之术而广为闻名，据说他能十发十中，箭矢不离

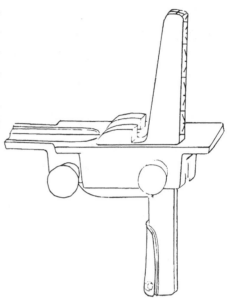

图 43　弩机弦枕凸耳背部的刻度瞄准标尺，采自端方(1)。

152

靶心⑥。对此，注释者从已经佚失的华峤（晋代作者）《后汉书》中引录了一段话⑦，内容如下：

> 当（刘）宠射击时，他运用一种玄秘的方法，称为"天覆地载，参（叁）连为奇"。此外又有"三微"和"三小"。以三微为水平坐标（"经"），以三小为垂直坐标（"纬"）。（两个瞄准具的）经和纬重合（"相将"），便是赢得万次胜利的方法，当然扳机机构仍是最重要的。⑧

> 〈宠射，其秘法以天覆地载，参连为奇。又有三微、三小。三微为经，三小为纬，经纬相将，万胜之方，然要在机牙。〉

最简单的解释是假设：刘宠在其弩臂上安装了一个金属丝（或等效之物）制成的方框，框的顶部横梁称为"天"，底部横梁称为"地"。两个直立的侧边用两根金属丝相

---

①　宋代的古物目录中已有收录，见《博古图录》卷二十七，第十页。参见吴承洛(1)，第 214 页。

②　一些具有刻度标尺的弩机照片多次为人们所引用，例如 Horwitz (13)，Fig.9。

③　诚然，如同霍维茨［Horwitz (13, 16)］所指出，即使是弩机凸耳上的刻度标尺，与欧洲的同时代之物相比，也是非常先进的。令人难以理解的是，亚历山大学派论述机械炮的著作中没有涉及瞄准装置。

④　徐中舒(4) 已经审慎地对此进行了研究，但在知道他的文章之前，我们在完全不同的场合也得出了相同的结论［见本书第二十二章 (e)］。

⑤　《后汉书》卷五十，第二页。

⑥　他是汉明帝（58—75 年）八子之一、陈敬王羡的嫡系子孙。

⑦　也被引用于《太平御览》卷三四八，第三页。

⑧　由作者译成英文。

连，并被划分为三部分，另两根金属丝连接上下横梁。"微"是水平看的空间，"小"则是垂直看的空间①。大概有两个这样的网格式瞄准具，一安装于弩臂前端，一安装于弩臂后部。它们在射击中显然具有确实的价值。

"叁连"一词极其频繁地出现于后汉时期的文献中，因而陈王刘宠不可能被视为它的第一个发明者。《六韬》曾提到此词②，尽管该书收入了早至公元前3世纪的材料，但在公元2世纪前尚未形成现存的形态。我们已经注意到，它也见于陈音和越王勾践的对话中③，但《吴越春秋》同样是2世纪的著作。尤其值得注意的是，《周礼》中也出现这个词④。据记，王室私塾教师保氏，掌管王子教育，其所教授的技艺之一是"五射"。据郑玄（约180年）引用郑众（约80年）的见解，它们是"白矢"（白色之箭）、"叁连"（三重连接）、"刿注"（由瞄准孔凝视）、"襄尺"（据刻度标尺移动）和"井仪"（井字形装置）。这看来明显是列举一组瞄准装置——但晚期注释者并不如此认识⑤。既然如此，那么五射的最后一种，可能就是位列第二的网格式瞄准具的变型。第四种则可

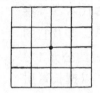

能与弦枕凸耳上的刻度标尺有关。总起来看，似乎有充分的理由认为，网格式瞄准具是公元1世纪的一项发明⑥，而凸耳标尺或可以上溯至秦代。

另一条有关瞄准的材料见于《书经》的一个篇章⑦，年代为3世纪。原文说："如同森林官，用（手指扣住）扳机，并用张开的弓，瞄准目标，将其笼罩于（瞄准具上的）刻度内，于是释放……"（"若虞机张，往省括于度则释"）。权威的翻译者并没有认识到这一点⑧。然而，11世纪的沈括却在此意义上理解了它，他的那段话对于测量人员使用的雅各布标尺（Jacob's Staff）的历史极为重要⑨，我们已在本书第二十二章（e）

---

① 无疑，这并非唯一可能的解释。每个方框可能有三根水平的和三根垂直的交叉金属丝，中心的交叉点上可能还有一个准星，但这似乎是过于复杂的系统。相反，一个方框可能只有一对交叉金属丝，于是"天"和"地"两根丝皆被包含于坐标之中，不过这似乎不合乎原文。然而，这是1086年沈括的解释（见本书第三卷，pp.574—575）。

② 《六韬·军用》；也被引用于《太平御览》卷三四八，第六页，《图书集成·戎政典》卷二八三，第一页。

③ 上文 p.139。

④ 《周礼·地官·保氏》，译文见 Biot (1)，vol.1，p.297。

⑤ 晚期注家对这些词的解释是古怪的，它们无疑缺乏弩方面的专门经验。例如唐代的贾公彦写道，"叁连"意指三支箭连在一起，接着先射出的一箭射向靶子。"襄"据其推测应读为"让"，因而这是指射击时让位于王。最后一词则被认为是意指四支箭射中靶子，构成了正方形的四角。

⑥ 霍维茨〔Horwitz (13)〕图示了一件晚近（18或19世纪）的中国弹弩（pellet crossbow，fig.40），其前部装一网格式瞄准具，上面交叉缚系着一个准星，而且扳机之后有一不能折迭的孔式瞄准器。他推测（p.177），这种设计必然体现了欧洲的影响。但根据前述事实，确实没有理由假设，这不是中国传统的延续和发展。如果在考古发现的材料中找到网格式瞄准具的遗物，那就必定会具有重大的意义。

⑦ 《尚书·太甲上》；被引用于《太平御览》卷三四八，第一页。

⑧ Medhurst (1)，p.147；Legge (1)，p.97。《书经图说》用一幅非常古怪的弩图来图解这段话，这似乎是由弹仓弩改窜而来，而与原文毫无关系。

⑨ 《梦溪笔谈》卷十九，第十三条。

153

154

中予以引用。他认为，"度"是指弩类测距仪上的刻度，如他所发现之物，但似不可信；更恰当地说，它们就是弩机凸耳背部的刻度。我们能够进一步想起，沈括也讨论了陈王刘宠的方法。以前的介绍[1]表明，他有几点不同的解释，尤其是关于"叁连"的含意，但他十分明确地认为是指网格式瞄准具，并亲自用它们做了试验。

需要简单论及的第三个技术问题是弩的强度及其检验。在中国历史上，所有类型的弓都通用称量的方法，图 22 描绘了其过程[2]。在这里，定量的风气非常盛。将近 1 世纪末，王充写道[3]：

> 用足以张开弓的力量，可能张不开强弩。如果弩力是五石，但拉力仅有三石，即使将筋撕裂，将骨折断，也没有一点效果。因此，力量不足以胜任如此强的牵引，（可能）会发生折断脊骨之类的灾祸。
>
> 〈故引弓之力，不能引强弩。弩力五石，引以三石，筋绝骨折，不能举也。故力不任强引，则有变恶折脊之祸。〉

换句话说，管理者应使用适当的器具，博学的人才，以应付特定的情况。从考古发现的竹简材料中[4]，我们已经知道，在那个时代，边塞军队所用之弩，其强度从 3 石直到 10 石[5]。

由近世中国学者的讨论可知，不同时代的度量衡有着巨大的差异。尽管通常 120 斤为一石（读 dan，古读 shi）[6]，30 斤为一钧，但斤的绝对重量随时代而变化，我们知道，宋代的一斤约是汉代一斤的 2.3 倍[7]。沈括于 11 世纪晚期写道[8]，汉代的斤较小，这说明了为什么当时一次宴会喝掉一石酒，而人们仍然不醉。他接着写道，用手或脚张弦的弓弩，总是以钧和石来计量其强度，然而

> 标准的石是今天的 92.5 斤，它等于汉代秤的 341 斤。现在的一些士兵能张开强达 9 石的脚上弦弩——其力量大概等于古时的 25 石。因此现在的一名弩手，相当于魏代弩手的两名有余[9]。还有一些人能张开 3 石的强弓，这大概等于古代的 34 钧。因此现在的一名弓箭手，相当于颜高时代的五名弓箭手有余[10]。所有这些，都是因为今天的弓箭手和弩手有良好的训练，包括骑射，掌握了中国的和野蛮人的全部技艺。而

155

① 见本书第三卷，p.575。
② 《天工开物·佳兵第十五》，第九页。
③ 《论衡·效力篇》；译文见 Forke（4），vol.2，p.94，经修改。
④ Stein（4）；Chavannes（12a），（12），p.35。
⑤ 据吴承洛（1）和斯旺 [Swann（1）] 的估算，这可能相当于 195、258、323 和 387 磅。
⑥ 参见 Swann（1），p.364。
⑦ 参见吴承洛（1），第 73 页。
⑧ 《梦溪笔谈》卷三，第一条。
⑨ 九宋石可能约等于 1089 磅。佩恩-高尔韦 [Payne-Gallwey（1），p.14] 发现，约 1400 年欧洲攻城用弩的强度达到了 1200 磅，前者并不比这差很多。事实上，后者以绞车张弦，这增强了人们的信念，大威力的中国兵器，必定也具备此种手段。
⑩ 鲁国的著名弓箭手，曾参加公元前 501 年的阳州围攻战（《左传·定公八年》；Couvreur（1），vol.3，p.537）。

156

且，铠甲和武器，技术上也发展到了古今最为完善的地步，以致前代无物可比。①

〈凡石者，以九十二斤半为法，乃汉秤三百四十一斤也。今之武卒蹶弩，有及九石者，计其
力乃古之二十五石，比魏之武卒，人当二人有余。弓有挽三石者，乃古之三十四钧，比颜高之
弓，人当五人有余。此皆近岁教养所成。以至击刺驰射，皆尽夷夏之术；器仗铠胄，极今古之
工巧。武备之盛，前世未有其比。〉

我们无需去证明沈括所提供的数字的准确性，但他认为，他所处时代的弩，其强度远胜
于汉代的弩，并且，他把这归因于技术的改进，却是值得注意的。见于 10 世纪的《化
书》的另一个材料也同样值得注意，在这部书中，作者说②：“千钧弩砲的发射，依赖
于仅一寸长的弩机。”（“发千钧之弩者，由一寸之机”③）

（iv）火力的增强；多矢弩和弹仓弩

一般说来，如同欧洲一样，中国弩的射击速度也不能与弓匹敌，而且，弩的较大射
156 程并不如初看那样具有优势，因为为了达到最大飞行距离而以一定角度抬高弩臂时，它
就会挡住使用者的瞄准视线。相反，普通弓能够以适当的准确度瞄准和射击，达到其最
大射程。事实上，弩的优势体现于，它能够更为精确地瞄准，以及弩箭能比弓射箭造成
更大的伤害。因而十分自然地，为增强弩的火力，人们进行了持续的努力。最初的方法
是改进弩臂，以便同时能够射出数支弩箭，但最富于独创性的设计是在弩臂上安装一个
弹匣，弩箭从中自动地落下到位，因而使弩转变成为真正的连发或“机枪”式武器。

第一种方法与装于架上的大型弩砲密切相关，对此我们将在下文④用专门的篇节进
行考察。确实很有可能，首先出现弩砲（因为在汉代有大量的这方面材料），而同时发
射几支箭的手持弩则较晚出现⑤。问题的复杂化既是因为中古时期通用的许多术语，现
在难以鉴别其意；也是因为宋代采用多矢的手持弩，似乎与另一项革新，即片簧弓的使
用有关联，后者明显是吸收了最初流行于土著少数民族中的作法并加以改进的产物。首
先，我们可以说，多矢弩一般称为“连弩”，而片簧式弩常称为“编架弩”⑥。

大约 1083 年，沈括写道⑦：

熙宁年间（1068—1077 年），李定（向朝廷）进献编架弩（他的发明），它看
起来像弓，但凭借倒置于地的镫来张弦。弩箭能射 300 步（500 码），且能洞穿两层
甲片。称为“神臂弓”，并被视为最精良的武器。李定原是党项羌部落的首领，但归
顺皇上后，成为防军的官员，后来死于任上，他的儿子都以骁勇闻名于西部边陲。

〈熙宁中，李定献偏架弩，似弓而施镩镫，以镫距地而张之，射三百步，能洞重札，谓之神
臂弓，最为利器。李定本党项羌酋，自投归朝廷，官至防团而死，诸子皆以骁勇雄于西边。〉

---

① 由作者译成英文。《续博物志》（卷五，第六页）有一段由此派生的类似文字。

② 《化书》，第九页。

③ 如果按那时的重量标准，千钧大概将近 20 吨，因此他的这句话可能不宜按字面理解。

④ 见本册 pp.184ff.。

⑤ 然《六韬》之注说，大黄，汉代弩的一种型式，同时发射三支弩箭。

⑥ 这一解释系依据对“编”字的看法。我们将要提到的一些文献中，“编”被写作“偏”，我们不明其原委，
但认为应是意指“编”。

⑦ 《梦溪笔谈》卷十九，第六条，由作者译成英文。

我们认为，发明者的名字实际是李宏，在 12 世纪前期，朱弁复述了关于李宏的相同故事[1]，并提供了制造编架弩所用材料的详细情况[2]。此李宏与我们前已接触到的一位军官和技师[3]可能是同一人，他与福建木兰水坝的建造有关；即使不是同一人，他们也确是同时代之人。在 12 世纪晚期，范成大[4]和周去非[5]都谈到了西南少数民族的编架弩，并将之比作当时京都流行的 "吃笪弩"。这是很值得注意的，因为无论唐代的《太白阴经》，还是宋初的《武经总要》，均未言及多矢片簧弩。《武备志》图示了一件神臂弩（图 44）[6]，有两条矢道，但其片簧不如出自《图书集成》的图 45 明显[7]。《图书集成》随后一页上的说明则显然含糊不清[8]，但似乎描述了采用某种羊脚式拉杆分三步张弦的过程，并认为这种多矢弩的基本功能之一是用作捕捉机和设伏。这在图 46、47 和 48 上，能清楚地看到，前者出自《武备志》[9]，后者出自明代晚期著作程冲斗的《蹶张心法》[10]，霍维茨［Horwitz (15)］已对其作过研究[11]。片簧式弩之被用于这种目的，也许是因为它们有较大的强度和体积——在一些人类学图册上，能见到三个苗族人同时用劲操作一件这样的武器[12]——但应注意到，前面揭示的一些普通弩手的插图中，也出现了片簧弓。多矢弩也有其他名称，如 "克敌弓"[13]。对它的进一步考察将被推迟到机械砲的篇节中。

近世中国制造的连发或弹仓弩经常见于记述[14]。它的构造可从图 49 和 50 中看到，前者[15]表现了张弦动作开始时的状态，后者表现了刚刚送出一支箭之后的状态。图 51 和 52 出于 1628 年的《武备志》[16]，表现了各部件的合成和分解。图 53 和 54 出于 1637 年的《天工开物》[17]，表现了猎禽者使用这种武器的情况[18]。

其结构完美而简单。没有通常的弩机，而在弩臂上永久性地安装一个拉杆（"发箭

157

159

---

① 《曲洧旧闻》卷九，第二页；《图书集成·戎政典》卷二八三，第十二页。

② 弩弓所用之木是野桑树和檀香木，镫为铁质，弩机为青铜质。弦以丝或麻制成。

③ 本书第二十八章 (f)。亦可见郭铿若 (1)。李宏可能被讹为李定，后者恰是同时期一位非常重要的官员，而且也与民族事务有关。

④ 《桂海虞衡志》第十一页。

⑤ 《岭外代答》卷六，第五、六页。

⑥ 《武备志》卷一〇三，第十三页。

⑦ 《图书集成·戎政典》卷二八三，第十三页。

⑧ 如同霍维茨［Horwitz (13), pp.175, 177］所发现，这部百科全书（第十三页）将片簧弩称为 "窝弩"（穴居的野蛮人之弩），而且似乎描绘有三条矢道。其描述系依据《武备志》卷一〇三，第十六页。

⑨ 《武备志》卷九十四，第二十六页；《图书集成·戎政典》卷三〇〇，第十页，几乎原样予以复制。

⑩ 确切时间不详，但肯定属于 16 世纪晚期或 17 世纪早期。

⑪ 程冲斗与我们前面接触到的古代弩机发现者之一程宗猷一样，同是古代弩机发现者之一，见上文 p.134。

⑫ 参见 Horwitz (13), Fig.3。

⑬ 关于克敌弓有一个有趣的故事，见于《四朝闻见录》卷一，第二十二页。据云：洪遵（后成为知名的考古学者，1120—1174 年）青时被一道有关克敌弓的试题难住，碰巧他的仆人是一名老兵，知道这就是神臂弓，并告诉他许多详情。根据这个记述，其发明时间为 962 年。

⑭ J. G. Wood (1), vol.2, p.813；Payne-Gallwey (1), pp.237ff.；Wilbur (2)；Forke (18)；Feldhaus (2), p.54；Horwitz (13), pp.170ff., 173ff.。

⑮ 这些照片摄自剑桥大学文化人类学博物馆收藏的一件标本。能够看出，其弩弓为片簧。

⑯ 《武备志》卷一〇三，第十二页。《图书集成·戎政典》卷二八三，第十一页，有更好的示意图。

⑰ 《天工开物·佳兵第十五》，第十页。

⑱ 有一幅大约 1780 年的精美之图，见 Amiot (2), Suppl.Pl.26, Fig.113, p.371。

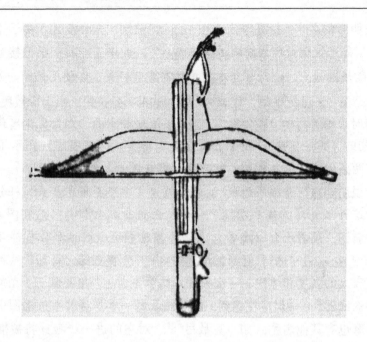

158

图44 多矢弩，采自《武备志》卷一〇三，第十三页。

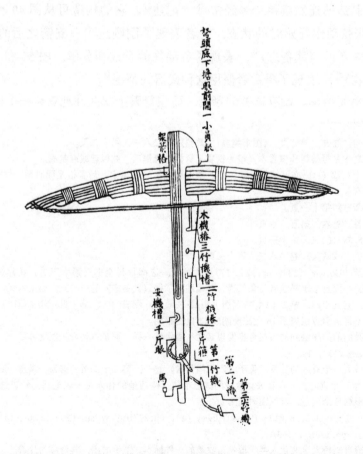

图45 多矢弩，采自《图书集成·戎政典》卷二八三，第十三页。

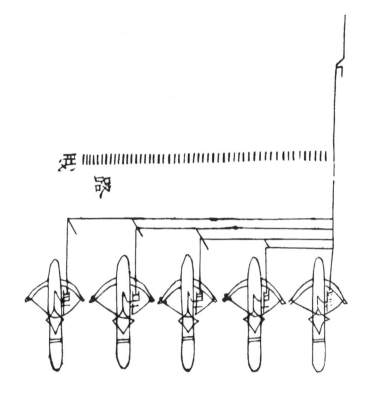

图46　伏弩，采自《武备志》卷九十四，第二十六页（《图书集成·戎政典》卷三○○，
第十页，几乎原样予以复制）。

铁镢"，这使人联想起羊脚式拉杆)，介于弩弓和弓弦张开时所能达到的最后部位之间。
一个弹匣（"藏箭匣"）以枢轴与拉杆相连，近世匣内一般装10或12支箭，以前有时更
多[1]，最底部的一支箭压住位于矢道之上的弓弦，矢道从前部的一个短筒穿出。沿着弹
匣底部，有一纵向的切口，其后端有一坎缺（"弦路"），当将拉杆最大限度地向前推时，
弓弦就落入坎缺，这时将拉杆向后扳，直至几乎达到极限，弓弦一直被卡于坎缺中，于
是弩就张开了。此时，箭完全落入矢道。然后进入自动程序，而没有扳机（"牙"），只
是有一个能够升降的直立的硬木短钉，位于弹匣底部弦路之下；因此，当拉杆向后运动
达到终点时，木钉因与弩臂相接触而被迫上升，便将弦和箭释放出去。由于这一设计，
使得弹匣中的全部箭矢，能在极短的时间内射出，也许我们刚写下这些句子，发射便完
毕了。整个装置，既非常简单，又极其精巧。

　　此种弩的发射速度的确很快，佩恩-高尔韦[2]和霍维茨[3]指出，凭借它，100人在15
秒钟内能够射出2000支箭[4]。虽然它被证实曾用于1895年的对日战争[5]，但文献中普

160

---

① 结合了连弩的原理，能够连续地同时射出两支或三支箭。
② Payne-Gallwey (1), p.241。
③ Horwitz (1), p.176。
④ 从个人的经验，我们同意这个看法。如果适当编组以反复装弹，如此集中地发射必然会使敌人丧胆。
⑤ Wilbur (2), p.436。

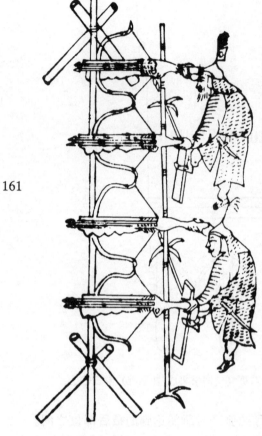

161

图 47　足踏张弦的多矢弩，采自《武备志》
　　　　卷一〇三，第十八页。

遍不把它视为重要的军用武器[1]。茅元仪说[2]，它是东南地区的人特别喜爱之器，但弩力弱，弩箭难以伤人。然而佩恩-高尔韦对它所作的试验，最大射程为 200 码，有效射程为 80 码。射程无疑主要取决于所装之弓。布茨[3] 图示了一件朝鲜的实物（图 55），它装复合弓，比装片簧的中国弩有更长的拉距，沉重而大拉距的朝鲜弓至少使有效射程增加一倍，可能也使得最大射程翻番。看来没有理由怀疑，中国人在他们的上好制品中采用了复合弓，但大量的产品则首先考虑造价的低廉。这种弩的箭显然惯常地被淬毒，即用一小段浸毒的丝线缠绕于铁镞上[4]。茅元仪在同一段文字中说，它被认为适于射虎，也适于胆怯者，甚至妇人都可持之守城，在某些情况下也适于骑射手使用[5]。宋应星似乎过低估计其威力，称它只适于防备盗贼[6]。

这种极为有趣的机械的历史却不幸地十分模糊。我们有把握说，大约 1600 年，即正好在明代晚期的那些著作对它进行描述之前，它已经为人们所熟知，并可能得到了广泛的使用。在当时及以后，它被称为"诸葛（亮）弩"，以三国时期（3 世纪）蜀汉著名军事家的名字命名。诸葛亮与多矢弩砲 确实有关（见下文 p.192），但没有任何证据能将他与弹仓弩相联系。在近世北京，它常被称为[7] "弹弩"或"连珠弩"，因为晚近时期，它也被用于发射石子或弹丸[8]。由于弹匣必然包含至少一个短筒，因而与溜弓（slurbow，带发射管的弩）[9] 在中国的存在问题是有关联的，这对于追溯弹仓弩的历史也许是一个线索。我们

---

① 18 世纪后半叶，这种弩传到了欧洲，并被仿制，霍维茨［Horwitz（13），Fig.39］图示了一件法国的实例。
② 《武备志》卷一〇三，第一页；参见《图书集成·戎政典》卷二八三，第二页。
③ Boots（1），pl.7。麦克尤恩［McEwen（2），p.35］图示了一件与弩臂分离的相似之弓。
④ 参见 Bisset（1，2）。
⑤ 《图书集成·戎政典》卷二八二，第十、十一页。
⑥ 《天工开物·佳兵第十五》，第五页。
⑦ 徐中舒（4）。
⑧ 在本世纪初，一种连发弩模型仍被作为传统的北京商店招牌挂出［Forke（19）］。
⑨ 直至相当晚的时期，欧洲人才知道具有发射管的弩。佩恩-高尔韦［Payne-Gallwey（1），p.129］甚至推测，它们的发射管系模仿手铳。但在 1321 年，马里诺·萨努托（Marino Sanuto）记述了一些采用复合弓的弩，发射铅弹或石弹，称为 *muschettae*（虻）；其原文和译文见 Schneider（1），pp.48，98。musket（火枪、滑膛枪）一词无疑是由它派生而来。

162

图48　伏弩，采自《蹶张心法》。

图49　小型中国连发弩，张弦状态（剑桥大学考古学和人类学博物馆藏）。

仅发现一条材料可能谈到了溜弓。1232 年，一名英勇的金朝将领防守洛阳，抵御蒙古军队的进攻①。

<hr />

①　《金史》卷一一一，第十二页；由作者译成英文，借助于儒莲 ［St-Julien (8)］ 译自《通鉴纲目续编》（卷十九，第四十八页起）之文。也参见 *TH*, p.1658。

图 50 小型中国连发弩，射击之后的状态。

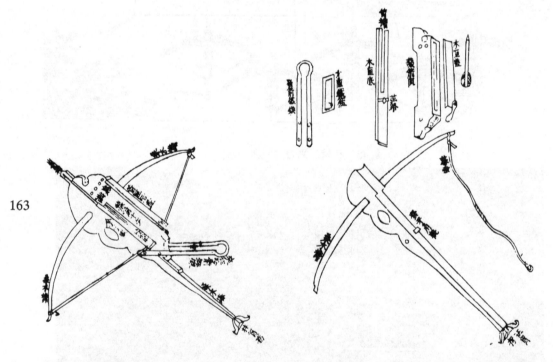

图 51 《武备志》（卷一〇三，第十二页） 图 52 连发弩的各组成部分，采自《武备志》卷
描绘的连发弩。 一〇三，第十二页。

第三天，蒙古人从三面将城包围。强伸将所有丝绸衣物撕开，制成旗帜，立于城上，然后率领士卒光着上身战斗，在他指挥下，数百人来回奔跑，高叫辱骂敌人，号称傻瓜和疯子，这收到了很好的效果，以致敌人以为他们有万人之众。这时补给已经耗尽，便将钱币熔化制成箭镞。捡到蒙古人的长箭，就将之截为四段，再用"简鞭"射回去[①]。

---

① 这是一个古怪的名词，它使人回想起宋人用投掷棒抛射纵火竹简的方法（见本书第三十四章），但此处只能是指弩上使用的简或管不比鞭的柄粗。这段文字曾使戈比 [Gaubil (12)，pp.68ff.] 错误地认为当时使用了火枪。雷诺和法韦 [Reinaud & Favé (1)，p.188] 已予以纠正。参见 Romocki (1)，vol.1，p.46。

164

图53 《天工开物》描绘的
弹仓弩。

图54 猎禽者使用弹仓弩，采自《天工开物·
佳兵第十五》（清刊本），第十页。

〈甫三日，北兵围之，东西北三面多树大砲。伸括衣帛为帜，立之城上，率士卒赤身而
战，以壮士五十人往来救应，大叫，以"愍子军"为号，其声势与万众无异。兵器已尽，
以钱为镞，得大兵一箭而截为四，以简鞭发之。〉

但在此之后，这种装置似乎没有再被提到。

无论"简鞭"是否溜弓，我们知道另一种用于发射箭矢的简，却显然不是弩。从唐
代起，作为科举考试的项目而被提到的一种射术① 称为"简箭"②。例如，《资治通鉴》
877 年的记事中曾涉及它③。胡三省（1230—1287 年）在关于这部伟大史书的注释著作
中，有如下的评论④：

史炤（1090 年在世）《通鉴释文》说："简"应发"徒"和"红"相切的音，
即 dong，是一种特殊的竹子的名称⑤。但我认为，这是指见于唐代武举科目的"简
射"。今天军中仍有。简射所使用的箭只有一尺多长。一段竹子被（纵向）劈去一

---

① 参见 des Rotours (2)，p.210。《唐六典》卷五，第二十五页，据该书所记，它显然是若干非常专门的技艺
之一。

② 关于其复原（E. 麦克尤恩所做），见图56。

③ 《资治通鉴》卷二五三，僖宗乾符四年。

④ 《通鉴释文辩误》卷十一，第二十二页，由作者译成英文。我们十分感谢引导我们注意这段文字的 E. 普利
布兰克教授。

⑤ 我们未能在植物学书籍中找到这个品种。

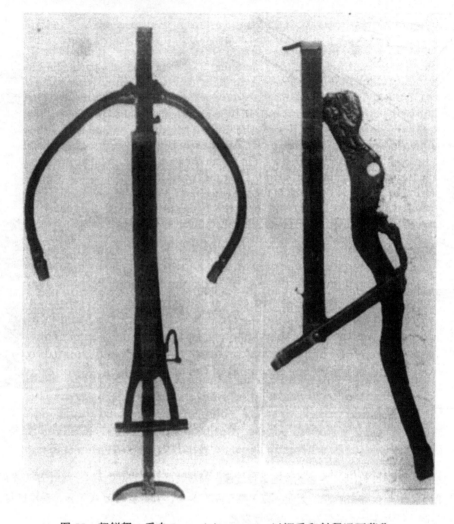

165　　　　　　　图 55　朝鲜弩，采自 Boots (1)，plate7，以沉重和射程远而著称。

半，其长度约与普通弓用箭相当（即至少 3 英尺）。竹筒末端留二三寸不剖开，但有一狭长切口，可使弓弦通过[①]。将箭纳于槽管中，并顶于弦上。筒部的一侧有一小孔，穿一根细绳系于拉弦之手的腕上。当弓反弹时，筒紧贴着手[②]，箭则前冲射向敌人。击中任何人都能将之洞穿。这就是所谓"筒射"。

〈史炤释文曰：筒，徒红切，竹名。余按唐制，武举有筒射，今军中亦有之。筒射之箭，长才尺余，剖筒之半，长与常弓所用箭等，留二三寸不剖，为筈以傅弦，内箭筒中，注箭弦上，筒旁为窍，穿小绳，系于腕，彀弓既发，豁筒向手，皆激矢射敌，中者洞贯，所谓筒箭也。〉

由此描述，我们能对这种装置形成清晰的概念。它与波斯的 *nāwak*（筒弓）显然是相同之
166　物，后者也以阿拉伯名称 *majrā* 或 *mijrāt*（筒弓）而为人所知[③]。据一条早期资料，萨珊朝的波斯人曾于 637 年用它来抵御阿拉伯人，当时称之为 *qaus al-nawakīyah*（筒弓）[④]。

---

① 这是我们对"为筈以傅弦"的理解，"筈"的本意是指箭梢的凹口。
② 或作突然随手后退（"豁筒向后"），在对《通鉴》本文的注释中，胡三省用"后"字代替了"手"字。
③ 需要注意，贝弗里奇 [Beveridge (1)] 撰写的亚洲弩之历史，未能清楚区分弩和各种型式的箭导向器。
④ Huuri (1)，pp.113ff. 。

在伊斯兰世界，这种装置能够达到令人惊奇的射程①，并具有高度的准确性，因而成为狙击手的工具。其进一步的发展是，只保留一较短的半爿竹管，在靠着弓把的一端，经转动构成一真正的槽管，卡于射者的持弓之手，并用一面特制的盾护手。在波斯和印度，它以 *nāwak-i qabza* 之名为人所知，照字义为"弓把的小筒"；土耳其人则用波斯语中的 *sipar* 一词称呼它，义为"盾"②。所有这些装置，都使用非常之短的箭。奥斯曼土耳其人将这种"轻箭飞射"的技术发展到尽善尽美的程度，据佩恩-高尔韦 [Payne-Gallwey (2)] 所述，达到了非凡的射程③。中国的"筒箭"，在其本土显然到明代就失传了，但在朝鲜，仍被沿续使用，以"片箭"（图 56）之名而为人所知④。其握弓方式与通常相同，导向器为半爿竹筒，与弓垂直相交，开放的一侧向右（不是如槽管一样支撑发射物），弓弦沿着开放的一侧运动（图 57）。对天然槽管——半爿竹筒的简便利用，只能使人想到，它可以发射不到标准长度三分之一的箭。由于箭的份量轻，能提高速度和射程⑤，因而具有更强的穿透力。末端未剖开的一节竹筒能够帮助射手将导向器平稳地保持于张弦之手，但更为重要的是，能够将箭矢稳固地置于筒内，并注于弦上。布茨 [Boots, p.7] 说，筒射所用之箭"经常被毒化"，但这是令人怀疑的，因为使用这种装置对射手并非没有危险，如果不够小心，就会伤害持弓之手⑥。

很值得注意的是，与土耳其人的技术有如此密切联系的这种装置，在中国最初出现于唐代，当时中国与土耳其有如此多的交往。一些人甚至提出，sipar 是弩臂的真正来源⑦。尽管 sipar 或筒箭的确接近于弩的侧放，但弩在旧大陆的两端的出现都更为古老，且被原始的部落民族长期作为武器使用，因此这个看法是靠不住的。或许更有理由推测，筒箭导向器是游牧民族的一项发明，试图用它来对抗射程更大的中国弩，也可能是为了射回较短的弩箭，这当然是没有导向器的普通弓无法做到的。在 9 世纪，掌握了这一技术的中国人应已能够非常自然地运用筒或管，这似乎尤有意义。以后我们将看到⑧，在爆炸性混合物（火药）发展的早期，他们同样简单地采用了竹筒，首先是作为纵火筒来发射它，其次是作为火焰喷射器，再次是作为自动推进的霰弹（火箭），最后是真正的管形炮或枪。因此，筒箭和筒鞭，可能是这些火器的并行祖先。而且，筒箭与连发弩也有明显的联系，因为可以认为，筒箭的导向器与具有水平的而不是垂直的狭长切口的弹匣底

---

① 大约1500年，穆罕默德·布德海（Muhammad Budhāi）的《弓箭手之导向器》[*Hidayat al-rami*, India Office Library（英国印度事务部图书馆），Ethé Cat. no.2768]第四十页中提供的射程为1200加兹（*gaz*）或更远。加兹是一个多变的长度单位，在不同的时期和不同的地区皆不相同，但似乎一直不少于2英尺。关于加兹可能长度的讨论，参见 klopsteg (1), p.31。

② 参见 McEwen (1), pp.86, 91。

③ 见下文表 3。

④ 布茨 [Boots (1), pp.7—8] 称，1592 年丰臣秀吉统率日军入侵朝鲜时，片箭是朝鲜人特别喜受的武器。据说射程达到 500 码，而日本人的箭只能射 350 码。

⑤ 在大风天，这当然会使狙击变得更为困难。但从胡三省所注释的《通鉴》原文以及其他材料（如《新唐书》卷一八六，第五页）我们获得一个印象，如同在伊斯兰世界一样，筒箭主要是狙击手的武器，只被熟练的射手用于攻击远距离的特定个人。

⑥ 弓箭手-文物收藏家协会（the Society of Archer-Antiquaries）的两名成员佩特森海军少校和麦克尤恩近时曾报道了一些事故，导向器中的箭穿透了大拇指。

⑦ 例如 klopsteg (1)。

⑧ 本书第五卷第七分册。

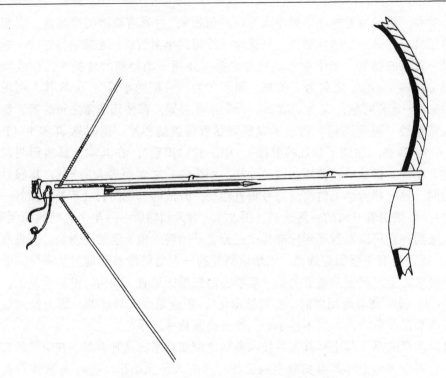

图 56　E. 麦克尤恩复原的筒箭、朝鲜片箭。

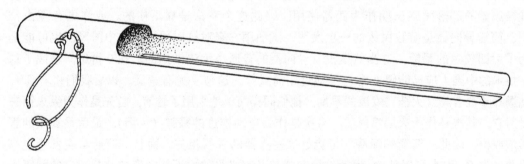

图 57　导引短箭的半爿竹筒复原。弓弦在狭槽中运动。

部是类似的。

　　然而，我们得知，在强伸的应用（见 p.218）之后大约 30 年，有两种其他机械，似乎与弹仓弩密切相关。据《宋史》记载[1]：

　　　　开庆元年（1259 年），寿春府制成两种新式军用武器，一种是䤋筒木弩，它与具有看得见的弩机的普通弩不同，因为其弩箭非常平稳地置于筒内。这种武器特别适合于夜间射击。

　　　　＜开庆元年，寿春府造䤋筒木弩，与常弩明牙发不同，箭置筒内甚稳，尤便夜中施发。＞

这大概是因为发射物能自动地落下到位。仅若干年后，在 1264 年，《元经世大典序录》说[2]："西方国家的砲[3]，以及折叠弩，以前都未曾听说。"（"西域砲、折叠弩，皆前世所

①　《宋史》卷一九七，第十五页，由作者译成英文。参见冯家昇（1），第 71 页；Moule（13），p.15。

②　被引用于苏天爵《国朝文类》卷四十一，第六十一页。参见 Goodrich & Fêng Chia-Shêng（1），p.119。

③　即装有配重的杠杆抛石机（参见下文 p.218）。

未闻。"）这些材料使人强烈地猜疑，弹仓弩的源起需在宋代寻求，也许，它是中国人对唐代已经采用的简单的土耳其装置的综合发展。

不过，还有一些更早的术语也值得注意。一是"积弩"。这早在《淮南子》中已经出现①，据称伴随于后卫②。其次见于《后汉书》③，约公元25年，冯愔被升为"积弩将军"，相似的名称延续使用到了梁。看来几乎不可能确定，这个词是指特殊型式的弩（具有弹匣或其他），还是指密集的弓箭手编队。徐中舒（4）曾努力试图证明，汉代的"枢机"实际上就是弹仓弩。但此词可能只是指普通弩机中的两个轴④。这的确是文献中这个词最可能的含意，比如《易经》说⑤："言和行是君子的枢轴和扳机——由它们的运作而产生了荣誉或耻辱（言行君子之枢机，枢机之发荣辱之生也）。"前曾引用的《释名》⑥还有一句关于弩机的话："它也类似于门枢，开与合皆有节奏（亦言如门户之枢机，开阖有节也）。"无疑，这个词并非不能应用于标准的弩机。因此，古典时代即已掌握弹仓式弩，看来基本上是不可能的。

170

（v）弩在东方和西方

当我们对手持弩在时间和空间上的不同分布作概括的研究时，我们发现，展现于我们面前的交流方式与迄今所知大不相同。在中国，至迟在公元前4世纪，这种武器已被普遍使用，到公元前1世纪，已臻于高度的完善，我们在前文中所概括的材料，毫无疑问地证明了这一点⑦。然而，在欧洲古代，它没有出现得这么早，从公元1世纪至5世纪，有关弩的存在的证据罕见而不易理解。在此之后，是一段完全的空白⑧，直至10世纪，它又重新出现，并经历了一个兴盛而占优势的时期，在猎人和业余爱好者的手中，延续到了17世纪，并且直至今天，确实仍有使用。因此，弩从东亚传入欧洲，可能有两个独立的过程，前者可能是直接的，而后者无疑经过阿拉伯的中介。

那么，关于欧洲弩的"第一时期"，能说些什么呢？我们马上发现，有一项奇特而孤立的发明，即弩的张弦依靠身体的压力，而不是牵引力或拉力，这便是亚历山大的希罗（Heron of Alexandria）的"滑臂弩"（gastraphetes, γαστραφέτηϛ）⑨。这个极其精巧的装

---

① 《淮南子·兵略训》，第五页；译文见 Morgan（1），p.192。

② 有趣的是，3世纪的注释者高诱认为，这个词是一术语，并说它是某种多矢弩砲（"连弩"）。

③ 《后汉书》卷四十六，第二页，见于军事地理学家邓禹的传中。

④ 无疑，前已引用的《吴越春秋》之文（见 p.137）曾提到这个词，如果确实，它就出自那里。

⑤ 《易·系辞上》；R.Wilhelm（2），vol.1，p.328，贝恩斯英译。但此处之"枢机"不是"hinge and bowspring"（铰链和弓形片簧）。相似的比喻也见于《前汉书》卷八，第九页；见 Dubs（2），vol.2，p.219。

⑥ 见前文 p.132（《释名·释兵第十三》；《太平御览》卷三四八，第一页，予以引用）。

⑦ 霍维茨［Horwitz（14）］在其比较研究中评价，中国用弩始于公元前12世纪，这当然是非常言过其实的。

⑧ 例如，约公元600年莫里斯（Maurikios）的《战略法》（Strategica）中根本没有提到弩。

⑨ 有关这个装置的材料出自希罗的著作《武器制造》（Belopoiika），已被翻译出来，见 Diels & Schramm（1），Schneider（2），Beck（3）。

置已被施拉姆（Schramm）[1]和贝克（Beck）[2]作过仔细的研究和复原，并经常被图示[3]。其弩臂为两个纵向的段，能够互相滑动，滑动段（带有矢道）和一简单的扳机可由锁钩和棘轮机构沿底部固定在任一位置。由于在未张弦状态，滑动段大大突出于弩臂的前端，故张弦时，弩手只需简单地用全身的重量倚靠于弩臂的另一端。如同霍维茨所言[4]，以压力代替牵引力是卓越的，但可惜没有证据能表明，这种装置曾得到实际的应用。而且，当人们认识到，希腊人和罗马人的几乎所有弹射式砲，并不基于弩弓的张力，而是依赖抛射杆的径向运动，后者紧缚于垂直的扭绞筋束，其弹性回归产生于筋束的扭力[5]，那么希罗装置的奇怪孤立，也就可以理解了。

171

尽管我们非常期望获得一幅西方的清晰发展图像，以与旧大陆东端所发生的事情进行比较，但我们得承认，这个愿望永远无法实现，而且不幸地，古代地中海文明中的弹射式砲的早期历史，有些问题至今仍未解决。在古典时代，关于抛射机械有一位不甚知名的作者，名叫比顿（Biton），他的书已由雷姆和施拉姆 [Rehm & Schramm (1)] 进行了编订和翻译，其中记述了若干弩砲（即装于架上的弩式弹射器）。有两种发射小石球的大型单弓弩，安装于能够调整高度的倾斜架上；这些机械被归于马格尼西亚的卡戎（Charon of Magnesia）和阿拜多斯的伊西多罗斯（Isidorus of Abydos）。另一种型式，能同时射出两支箭，它被归于塔兰托的佐皮罗斯（Zopyrus of Tarentum），并被奇怪地称作 *gastraphetes*，但它并非手持弩，也不以滑臂张弦。我们可以因此断定，在某个时候，在希腊-罗马世界，曾经使用了真正的弩式弹射砲（弩砲）。

问题是难以确切地了解其时间。狄奥多罗斯（Diodorus Siculus）明确记载了公元前399 年，在叙拉古（Syracuse），狄奥尼西奥斯（Dionysius）的技师为准备攻城而发明的重要的弹射器（*katapeltikon*，κατ απελτικòν）[6]，对此，无人能够予以否定。但他未交待那些技师是谁。一种得到广泛支持的意见认为，这就是扭绞筋束式弹射器的发明时间，它早于弩式弹射器的存在至少一个世纪[7]。另一种观点[8]则将希罗的"滑臂弩"调放于叙拉古。总之，可能有两个希罗。因为，我们记得，著有《机械学》（*Mechanica*）的亚历山大的希罗，其鼎盛期现被诺伊格鲍尔 [Neugebauer (6)] 确定为公元 62 年，这得到了德拉克曼 [Drachmann (2，3)] 的坚决支持[9]。但有关论文的标题可译为《克特西比乌斯的学生希罗之砲术手册》（The Artillery Manual of Ctesibius' Heron），这暗示，后者是前者的儿子或门生，而且必定活跃于约公元前 230 至前 210 年。文本内在的证据

---

① Schramm (2)，p.227，Fig.64。

② Beck (3)，p.164。

③ 例如 Demmin (1)，p.116；另见 Marsden (2)，Fig.3，p.47，对应于 pp.21—23 之希罗军事论述的译文。费尔德豪斯 [Feldhaus (2)，p.192] 书中提供了一幅实比的复原模型的操作照片，系复制自 Diels & Schramm (1)。

④ Horwitz (14)，p.315。

⑤ 参见 Schramm (1，2)；Huuri (1)；R.Schneider (1)；Payne-Gallwey (1，2)。

⑥ XIV，42，43。[应指狄奥多罗斯所著 *Bibliotheea Hiskoriea*（《史籍》）之卷次。——译者]

⑦ Schramm (2)，p.216；R.Schneider (5)。

⑧ 由利物浦的马斯登（E.D.Marsden）博士传递给我们。

⑨ 希罗证明，能够通过在两地观察同一次月食，来确定罗马和亚历山大之间的距离。诺伊格鲍尔指出，希罗能够利用的唯一——一次月食就在这一年。德拉克曼补充了两个例证，这是希罗有关榨汁机的两项发明，二者的年代被普利尼（Pliny）确定为公元 1 世纪（参见本书第四卷第二分册，p.209）。

被认为支持这个时间①。比顿及其著作的年代看来同样是一个难题。它不能早于公元前
315 年，一个见多识广的意见坚持传统的看法，即约公元前 235 年②。正统的看法认为，
他所描述的弩砲当时已完全过时③。但比顿将一种弩砲称为 *gastraphetes*（滑臂弩），而
这个词的本义并非弩砲，这暗示，他的书应晚于公元前 200 年，或者，甚至晚于公元前
62 年。而且，在公元 110 年的图拉真圆柱（Trajan Column）浮雕④或这些世纪的任何其
他碑石雕刻中，都没有出现弩或弩砲——全部是扭力式砲。目前，似乎还无法切实解决
所有这些矛盾。我们所能采用的临时性看法是，叙拉古的发明属于扭力式弹射器，而且
这一直是希腊和罗马军队的独特机械。同时，我们或许可将"滑臂弩"归于公元前 1 世
纪，而将比顿的书和机械（尽管未必属于他本人）归于稍晚的时期⑤。

172

欧洲古典时代晚期手持弩的其他证据，可用寥寥几句话予以概括。有两件表现狩猎
聚会的纪念碑浮雕，属于罗马帝国统治下的高卢，其上能十分清楚地看到这类武器。一
件现在卢瓦尔河畔的萨利尼亚克（Salignac-sur-Loire），另一件在勒皮（Le Puy）⑥，就能
够辨认的情况来看，所描绘的是一种普通型式，而不是"滑臂弩"。这些碑石雕刻的年
代很不确定，不同观点所涵盖的范围从 1 世纪直至 5 世纪⑦。在文献方面，几乎没有什
么材料，但军事史家韦格蒂乌斯（公元 386 年在世）关于"手持弹射器"（manuballis-
tæ）和"弓形弹射器"（arcuballistae）提供了一些信息⑧，他说，他无须再作叙述，因
为它们如此地广为人知。他的决定是极令人遗憾的，因为根本没有同时代的其他作者曾
谈及它们⑨。最合理的推测可能是，在欧洲古典时代晚期，弩主要被视为狩猎武器，在
狄奥多西一世（Theodosius I）军队的一些分队中，仅得到局部的使用，韦格蒂乌斯恰
巧熟悉这些分队⑩。

关于这些装置的历史，最为奇特的事情之一是，亚历山大城的机械师曾发展出一种
弹仓式弹射器。这就是拜占廷的菲隆(Philon of Byzantium，一般定为公元前 2 世纪)

---

① 马斯登博士注意到，作者提及的校准公式（the calibration formulae），其年代可上溯到公元前 270 年，但没
有提及流行于公元前 200 年以后的标准尺寸（the standard size）规格。关于前者，参见 Drachmann (4)。

② 马斯登博士的私函。

③ 普遍认为，弩式砲较之更强劲的扭力式砲，更结实而可靠，也必然延用得更久。但它们之更为简单，不能
证明它们更为原始；实际情况可能恰恰相反。

④ 关于图拉真圆柱的几项研究特别值得引用，即 Lepper (1)，L. Rossi (1)，以及 J. A. Richmond (1)。

⑤ 对于比顿著作的疑问，以前施奈德 [Schneider (5), col. 1302] 已发表了一个很好的意见。它不能晚于公
元 230 年，当时它被阿忒那奥斯（Athenaeus）引用于其著作《学者聚餐》（*Deipnosophistai*, XIV, 34）中。但也不
会早很多，如果它确可归于比顿，一位希腊化晚期的作者，那么弩砲技术自东亚传来就十分可信了。

⑥ 见 Esperandieu (2), vol. 2, figs. 1679, 1683; Daremberg-Saglio, vol. 1, p. 388, fig. 467。布莱克莫尔
[Blackmore (5), p. 174, fig. 726] 书中图示了另一件碑石雕刻，出于卢瓦河畔的波利尼亚克（Polignac s/Loir），
约为公元 400 年。

⑦ Esperandieu (1); Wilbur (2); Horwitz (14)。

⑧ *De Re Militari*（《论军事》），II, 15; III, 14; IV, 21, 22。

⑨ 施拉姆 [Schramm (2), p. 228] 断定，cheiroballista（手持弹射器）一词属于拜占廷晚期，而不是古典希
腊的。

⑩ 洛伊 [R. Loewe (2)] 指出，拉比·阿基巴（Rabbi Aqiba）曾提及弩，他卒于 135 年，有关的著作编成于
220 年以前。洛伊也研究了犹太人著作中的证据，它们属于 11 世纪以后欧洲弩的第二个时期。

173 所记述的 "连发式弹射器"（*polybolon*）[①]。据贝克［Beck（3）］和施拉姆［Schramm（1）］复原[②]，它的托柄两侧各有一循环链，通过操纵绞车手杆，能绕着五角轮齿来回转动。用一爪形附件钩拉弦，当不需要松开绞车索时，钩爪可固定于链条的任一点上。在矢道之上，有一箭匣，随着每次张弦，箭矢连续地落下，并自动到位，恰如晚期的中国式弹仓弩[③]。然而，最大区别在于，"连发式弹射器" 严格来说根本就不是弩，它的能量来自常见的垂直筋束。霍维茨［Horwitz（14）］确实倾向于认为，所有扭力式弹射器皆源于弩，因为它们也拥有托柄和矢道。但这样一种观点似乎更为可靠：弓是弩不可或缺的必要条件，扭力式弹射器体现了独立的、截然不同的发明路线。"连发式弹射器" 和 "诸葛亮" 弹仓弩的另一差异体现于，前者的弹匣是固定的，而后者可随拉杆来回移动。事实上，时间的间隔是如此之大，以致不可能认为，中国的弹仓弩系从 "连发式弹射器" 派生而来。多半情况下，"连发式弹射器" 是纯粹试验性的，即使它曾经离开过制图版。必然的解释是，这是为增强火力而进行的一个独立探索。

　　另一方面，在古代欧洲，完全缺乏有关弩捕捉机的记载，而且，公元 1 世纪是中国和罗马帝国之间存在较密切联系的一个时期，这些事实极富启发性地表明了，手持弩在当时从东亚至欧洲的传播[④]。

　　晚期欧洲弩的历史当然是众所周知的。在中断了 500 年之后[⑤]，弩再次出现于公元 10 世纪，里克罗斯·瑞门西斯（Richerus Remensis）在其完成于 995 年的史传[⑥]中提到了它，未作特别的说明。947 年，从堡垒上射击的弩手迫使路易四世王（King Louis Ⅳ）的比利时军队撤离了桑利（Senlis）；984 年，相似的情况出现于洛塔尔三世（Lothar Ⅲ）的凡尔登（Verdun）围攻战中。有充分的理由认为，黑斯廷斯之战（the Battle of Hastings）曾应用了弩[⑦]。弩的第二次出现肯定无疑是与整体铠甲（body-armour）的兴起，以及对穿透铠甲的射击武器的必然需求密切相关。安娜·科穆宁娜公主[⑧]的《阿
174 历克塞政事》（*Alexiad*）中有一个著名的段落，它表明，弩可能是经由非拜占廷的途径传入西方世界的，关于第一次十字军（1096—1099 年）的士兵装备，她写道：

　　　"脚张弦弓"（*tzaggra*[⑨]）为野蛮人之弓，希腊人至今很不了解。

　　　　它不是那种左手握持右手钩弦的弓，它必须靠荷持者俯身用双脚踩踏弓，

　　同时用两臂的全部力量提拉弓弦才能张开。在（托柄的）中部，有一半圆形

---

　　① Philon, *Mechanica*（《机械学》），Ⅳ，52—57，收入 Garlan（1）。这项发明被他归于一位前辈，即亚历山大的狄奥尼索斯（Dionysos of Alexandria）。

　　② 参见 Diels（1），p. 104；Diels & Schramm（2）。

　　③ 移动式爪钩上一个非常精巧的销钉，借助螺旋管道，转动弹匣底部的槽孔，因而只允许一支箭落下。

　　④ 本书第七章已对这方面的证据进行了概述。古代丝绸之路的开通约始于公元前 110 年（见本书第一卷，p.176）。甘英于公元 97 年到达了遥远西方的美索不达米亚（同前，p.196）。安敦使节于公元 166 年（同前，p.197），罗马叙利亚（大秦）商人秦论于公元 226 年，从中国返回了故乡（同前，p.198）。

　　⑤ 参见 Blackmore（5），pp.174ff.。

　　⑥ *Historiarum Libri* Ⅳ（《历史四卷》）；参见 R.Schneider（1），p.7；Payne-Gallwey（1），p.44。

　　⑦ Payne-Gallwey（1），p. 45。但贝叶挂毯（Bayeux Tapestry）上未描绘弩。

　　⑧ 她是与沈括和苏颂同时代的年轻人。阿历克塞一世（Alexios Ⅰ）之女，她的著作使其父的业绩永垂不朽。她生于 1083 年，卒于 1148 年。其书必定完成于约 1118 年。

　　⑨ 这个词系从与靴和鞋有联系的词根派生而来，故意为 "脚张弦弓"［Huuri（1），p. 72］。

的槽，长度与一支箭相当。发射物短而粗，搁于槽中，依靠弓弦的释放而推
送出去。它们能够洞穿最坚固的金属铠甲，有时击中石墙或其他类似障碍，
便整体嵌入。总之，"脚张弦弓"是邪恶而凶残的器械，它将人击倒于地，以
致他们甚至不知道为什么东西所击中[1]。

对这种武器的强烈偏见，在随后的一个世纪中，为天主教的教士们所共同具有，例如在
1139 年的第二次拉特兰公会（Second Lateran Council）上，它被宣布禁用——除非用于
反对异教徒[2]。这使人想起后来对火药的抵制。然而，在那个世纪，弩仍然得到了广泛
运用，特别是在理查一世（Richard I）统率的第三次十字军（1189—1192 年）中。在
13 和 14 世纪，弩是卓越的武器，但在 13 世纪末，其地位被长弓所动摇[3]，在 14 和 15
世纪，又逐渐让位于火药。关于弩的强度和射程的一些比较资料见表 3。不过在 1521
年，科尔特斯（Cortes）征服墨西哥时，仍依靠了一队弩手。由于弩的隐蔽无声，作为
狩猎器具，其技艺预料仍存续了 150 年或更久。

　　手持弩在欧洲的使用因而分为两个非常明显的时期。第一时期从公元前 100 年到公
元 450 年，第二时期开始于公元 10 世纪。这两个时期，是否均发端于弩自中国文化区
的传入？在那里，这种武器的发明是如此之早，并达到了那样高的发展程度。一些最深
入的研究者，如胡里（Huuri），不愿承认第一时期的传入[4]，但倾向于接受第二时期的
传入[5]。他们可能低估了古代丝绸之路在大约公元前 110 年开通之后，中国和罗马帝国
之间的密切联系。一二件弩的原型的实际旅行是完全可能的，因为这种东西恰能吸引当
时处于喀的加拉（Kattigara，今河内）港或南中国海沿岸之其他地方的罗马叙利亚
（Roman Syrian，大秦）商人，比如秦论的注意力，如果他喜好猎取野禽的话[6]。但更值
得注意的可能是公元前 1 世纪从希腊巴克特里亚（Greek Bactria，大夏）来到中国的使
节[7]，以及同一个世纪之初在费尔干那（Ferghana，大宛）和索格狄亚那（Sogdiana，
康居）见识到中国军队的帕提亚人（Parthians）[8]对弩所发生的兴趣。

　　如果弩在欧洲的第二次出现也应归于它自中国故乡的传来，那么很可能也是经由海
路。在 9 世纪，许多阿拉伯商人经常出入于中国的沿海城市，秦论的角色很可能为这样
一些人所扮演，如苏莱曼（Sulaimān al-Tājir），或者他在广州或泉州市场上的朋友和消

175

① Reifferscheid ed., vol.2, p.83（X, 8）。席勒（Schiller）译文见 Rose（1），及 Oman（1），p.139，经修
改。这个段落是离奇的，因为在君士坦丁七世（Constantine Ⅶ Porphyrogenitos）《论礼仪》（De Ceremoniis）关于
950 年拜占廷对克里特岛（Crete）的远征的记述中，已提及了某种类型之弩；参见 Huuri（1），p.74。

② Can.29（Mansi, XXI, 543），这条教规在 1215 年得到进一步补充（Cap.18；Mansi, XXⅡ, 1007）；参见
Boeheim（1），p.402；Demmin（1），p.473。

③ 佩恩-高尔韦［Payne-Gallwey（1）］收集了详细的情况。

④ Huuri（1），p.110。

⑤ Huuri（1），pp.207ff.。

⑥ 见本书第一卷，p.198。这是 3 世纪之事，但直接的海上贸易联系在此之前已经开始。

⑦ 见本书第一卷，p.194。

⑧ 见本书第一卷，p.234，237。然而，如同威尔伯［Wilbur（2）］所察觉，这个时期，在中国和欧洲之间的
旧大陆的绝大部分地区，就弩而言，是一个空白地带。无论从阿契美尼德（Achaemenid）或塞琉西（Seleucid）波
斯，还是从斯基泰人和萨尔马特人（Sarmatian）区域，都没有可得到的现成证据，在古代印度的任何地方也没有。

息提供者①。按照年代次序，这种联系的来临恰在那个时期。

然而，弩向欧洲的传播，并非一定是通过伊斯兰民族而发生；也还有波斯的和俄罗斯的途径，包括一些中间民族，如哈扎尔人（Khazars）的活动②。这种情况似乎体现于如下的事实，即阿拉伯人看来一般很不愿意使用弩，并总是视之为讨厌的外来武器③。晚近时期，阿拉伯人将弩称为 *qaus al-rijl*（脚张弦弓）或 *qaus al-zanbūrak*（短箭弓），但在十字军期间，却有意思地称之为 *qaus al-faranjīyah*［法兰吉叶（法兰西）弓］。14世纪，西班牙穆斯林式弩与欧洲弩一致，而东方穆斯林式弩则具有更复杂的扳机机构④。没有多少疑问，11 和 12 世纪的欧洲弩具有复合的，即亚洲式的弩弓，但那并不必然暗示着阿拉伯的中介。或许，也不应当过于看重孤立的片断证据，例如英格兰最早的制弩工匠（1205 年）名为"撒拉逊人彼得"（Peter the Saracen）⑤。无论如何，存在一引人注目的关联，即弩在欧洲第二时期的出现，与独特的东亚机械砲——杠杆抛石机的传来，几乎是同时发生的⑥。至于阿拉伯的和非阿拉伯的途径在其间所扮演的角色，尚待进一步研究⑦。

历史的证据是如此稀少，因而不应当忽略从旧大陆两端的弩的自身结构中所能获得的任何迹象。关于扳机机构的类型，在欧洲古典时代，没有留下确实的记述，但中世纪晚期（15 世纪）的欧洲弩具有滚转的角质弦枕，它确实很容易使人联想起古代中国弩的青铜弦枕。图 58 是佩恩-高尔韦图示的角质弦枕，人们能够注意到，其一对齿牙的确与中国的标本相像，但始终没有凸耳。它通常以牡鹿角的顶部制成，底面上刻出与扳机相配合的槽口，在接触处嵌入硬钢的小楔子予以加强。对于这类"舵柄式擒纵器"（图59），装于弩臂内部的一个金属小弹簧是必需的。在 16 世纪，为探索防止意外发射的保险装置，导致出现了精心制作的更加复杂的擒纵器⑧，它们几乎肯定没有什么东西可直接归于其中国前辈，或者说在自然的演进过程中，仿效了后者。这种擒纵器（图 60）结合了一组杠杆、弹簧和卡齿，使弩臂下部的一个竖杆产生了与古老的中国弩机中位于弩臂之上的凸耳相似的作用。

---

① 见本书第一卷，p.179。

② 参见本书第三卷，p.575；以及邓洛普［Dunlop (1)］的有趣记述。

③ 参见 Huuri (1)，p.119。一些阿拉伯的原始资料认为，弩是可憎的器械，因为它呈十字形［Faris & Elmer (1)］。

④ Huuri (1)，p.103。研究伊斯兰民族的弩的大部分人，如贝弗里奇［Beveridge (1)］，都未能提供早于 15 世纪中期的材料。但胡里［Huuri (1)，p.37］指出，在 100 年前，一本作者不明的埃及书 *Al-Hull al-Taurah*，以及西班牙穆斯林伊本·胡代（Ibn Hudai）的另一本书，已对弩作了充分描述。对阿拉伯弩的历史的进一步研究是极其有益的。但无论贝弗里奇还是胡里［Huuri (1)，pp.113ff.］，似乎都未能把 *qaus al-nāwakiyah*（筒弓）或箭导向器从真正的弩中清楚地区分开。

⑤ 如同德·科森（de Cosson）的表那样；见 Payne-Gallwey (1)，p.62。

⑥ 下文 p.186 将马上予以说明。杠杆抛石机的出现可能稍早，与其说是 10 世纪，不如说是 9 世纪。

⑦ 难以理解的是，弩并非蒙古人宠爱的武器，而且柏朗嘉宾（Plano Carpini）说，他们惧怕弩［Huuri (1)，p.118］。

⑧ 见 Rohde (2)；Payne-Gallwey (1)，pp.169ff.。

表3　弓、弩不同型式的比较数据

	大约长度	大约重量（磅）	张弦所需之力（磅）	每分钟发射的箭数	射程（码）通常	射程（码）极限
欧洲：15世纪普通军用弩（钢弓）	2呎8吋	15	约400	1	370	390
欧洲：攻城用弩，约1400年（钢弓、绞车张弦）	3呎2吋	18	1200	<1	400	460
欧洲：16世纪体育用弩	2呎5吋	12	200	2	270	300
欧洲：长弓	6呎6吋	4	80	6—12	200	250[1]
亚洲：使用短轻箭的复合反弯弓						
中国（10世纪）	——	——	直至360[2]		——	——
（17世纪）	——	——	46—93[3]		165[9]	——
中国-满族（近代）	5—6呎[4]	1.5—3.5	156[4]	6—12	200	250
土耳其-鞑靼（近代）	4呎	0.75	115	6—12	450	650—800[12]
亚洲：中国弩						
汉（前2—2世纪）	——	——	195—450[5]		——	
唐（8世纪）						
大型绞车张弦弩[6]	——	——	——		——	1160[11]
臂张弩[6]						500
骑射用弩[6]					165[7]	330
宋（11世纪）						
未特别标明的片簧弩	——	——	直至1090[7]		——	
多矢弩					400[8]	500[8]
明、清小型手持弩	——	——	——		85[10]	——
亚洲：装于架座上的中国多矢弩砲 元或明初（约1530年刘天和 所研究，见p.192）			196	6—12 齐射		500
亚洲：中国弹仓弩，用木质片 簧弓（近代）	3呎6吋	10	约200	单箭48 双箭96	80	200

177

表中未标注出处者，其数据采自已引用的权威著作，如 Payne-Gallwey (1)、Klopsteg (1)、Wilbur (2)、Horwitz (13)，等等。

①据佩恩-高尔韦 [Payne-Gallwey (1)] 所记，用特制的轻箭能达到330码的最大射程，但在战争或狩猎中没有实用价值。用战斗箭时射程无疑要小些。总之，佩恩-高尔韦没有接受普通的观点，即长弓总是胜过弩。它很可能优于采用复合弓的欧洲弩，但不优于钢弓弩。他认为，在克雷西（Crécy）之战中，热那亚的（Genoese）弩手必定使用了过重的弩箭。似乎他们的弩弦也受到潮湿气候的不利影响。至于中国汉代的弩，我们经常被告知，它们优于匈奴的短弓（参见上文 pp.105，123）。

②这个数字出于沈括《梦溪笔谈》（见上文 p.155）。

③这些数字出于宋应星《天工开物》（见上文 p.115）。

④这些尺寸为拉姆 [H. Lamb (1)] 亲自测得。

⑤这些数字系从汉代竹木简牍和王充《论衡》所提供的证据推算而得（见上文 pp.142，155）。我们未发现关于汉弩射程的可靠估计，但下文 p.192 提供了战国至汉代弩砲射程的一些数据。

⑥有关资料出于王琚《教射经》（见上文 p.122）和李筌《太白阴经》（见上文 p.150）。所有换算都以双步为准，一双步相当5英尺。

⑦这个数据出于沈括《梦溪笔谈》（见上文 p.155）。

⑧据沈括《梦溪笔谈》所记300步（见上文 p.156）。低值据朱弁《曲洧旧闻》所记240步。也以双步为准换算。

⑨约950年，陶毂记载（《清异录》卷下《武器·小逢巡》），在王建（10世纪前期位于四川的独立蜀国的第一位君主）的军队中，弩被称为"百步王"，这是很有趣的，无疑意味着，在165码及其以内，可以直接命中。

⑩这个数据出于程宗猷和茅元仪，见《图书集成·戎政典》，卷二八四，第一页。

在人类的技术中，像弩这样相对简单的机械，似乎一直没有死亡，而且在一千年或更久以后，它们仍将可能被采用，比如在放射性化学制品的遥控方面[①]。在战场上，它在消失了很长时间之后，又于第一次世界大战中重新出现，成为在阵地战中抛射手榴弹和炸雷的装置。在结束历史的叙述之际，我们可以阐明一种简单的可能性，即手持弩从其中国故乡，曾一次，或者两次，传入了西欧各民族。

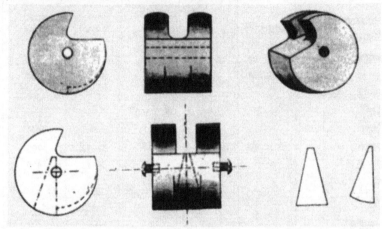

图 58　15 世纪欧洲弩机的滚转弦枕，采自 Payne-Gallwey (1)。

图 59　中世纪晚期欧洲弩机侧面图，采自 Payne-Gallwey (1)。

179

---

① 列奥纳多·达·芬奇对理论力学的贡献，主要基于他对弩的研究，这尚未被人们所普遍了解；见 Foley & Soedel (1)。

⑪这个射程似乎难以相信，但一份波斯资料却不可思议地提供了充分的证据，这就是历史家志费尼（'Alā' al-Din al-Juwainī）关于旭烈兀汗攻克穆斯林暗杀者（Assassins）的一座几乎坚不可摧的城堡的记载。此事发生于 1256 年，当时，中国的弩砲（"牛弩"，kamān-i-gāv）从一座山顶上的阵地将矢弹射到 2500（阿拉伯）步远 [见 Reinaud & Favé (2)，p.295]。胡里 [Huuri (1)，pp.7, 124] 认为这个异常的射程约合一公里（1100 码），不是根本不可能的。关于志费尼（1233—1283 年），见 Hitti (1)，p.488；Mieli (1)，p.168。他的原话是："当无策可施时，契丹匠人制造的 kamān-i-gāv，其射程为 2500 步，被对准那些蠢货，流星似的射弹烧伤了魔鬼般的异教徒的许多士兵……"[博伊尔（Boyle）译文见 p.128（似应指参考文献 C 中 Boyle (1) 之页码——译者）]。此处谈论的这座城堡不是阿剌模忒（Alamūt），而是麦门底司（Maimūn-Diz），也位于厄尔布尔士山脉（Elburz range），是穆斯林暗杀者（吸食大麻者，Hashishin）最坚固的军事基地。

⑫这些射程是用短而轻的特制飞箭达到的（参见上文 p.167）。使用战斗箭的射程肯定较小，大约为 350 码；参见 Latham & Paterson (1)。福利、帕尔默和瑟德尔等人的一篇有趣论文 [Foley, Palmer & Soedel (1)]，以风洞实验所提供的长弓之箭和弩箭的阻力/重力比，证实了此点。他们提供的最大射程，前者约为 220 码，后者将近 550 码。

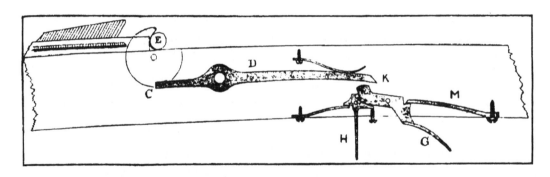

图 60　16 世纪大型体育用弩的锁机，体现了提高安全性的改进，采自 Payne-Gallwey（1）。

（3）弓和弩的社会作用

撇开现实的具体社会背景，包括许多技术因素在内，哲学研究通常就无法进行。顾立雅是关于中国青铜时代的最高权威之一，他首先认识到，对于任何古代社会，将其统治阶级的军事技术水平与人民大众的军事技术水平联系起来考虑的重要性[①]。以西欧中世纪的骑士为例，他从头至脚裹着钢甲，带着长矛和剑，跨着同样也披挂铠甲的战马。他能够策马冲入一群农民之中，并将他们全部刈杀，因为他们不能够有效地保卫自己。火药（从中国）来到欧洲，通过消除骑士阶级在武器技术上的优势，便粉碎了封建势力[②]，这已是老生常谈了。

顾立雅只提到普通百姓手中的反弯弓，但如同我们所见，到孔子的时代，约公元前 500 年或更早，即车战时期[③]结束之前，弩肯定已经出现。这是威力最大的一种武器，而且，从公元前 800 年起，经过战国时期，直至公元前 221 年秦始皇第一次统一帝国，封建军队的士兵确实装备有释放箭和弩箭的极其有效的抛射武器[④]。然而在同一时期，防护铠甲却没有多少发展。

任何研究过这一问题者[⑤]，在所有方面都会赞同，古代中国确是如此；直至三、四世纪的三国（魏）和晋时期，铁片铠甲才得到一些实际的发展，尽管这个过程始于汉代，也有可能发端于战国时期。在那些时期，主要的甲胄以皮革或犀牛皮制成，但海蚌壳、骨和筋、甚至硬化的多层纸，也被作为辅助材料[⑥]。不迟于秦汉时期，铁薄片已经出现，青铜胄则早在商代已被使用，但锁子甲直到明代才产生。普遍的结论是，周代的普通士兵和众多百姓拥有强有力的进攻性武器，而统治阶级成员的铠甲防护却很不充

180

---

① Creel（2），French ed. pp.338ff.，esp. pp.344-345。我的合作者和我自己，过去 40 多年来，一直习惯于将此观点称为"顾立雅论点"。

② 见本书第五卷第七分册。日本人反对火药的重要理由之一是，它能使最普通的农夫将国中最杰出的贵族一个一个地瞄准射杀，参见 Perrin（1）。

③ 参见本书第三十章（j），在本卷第八分册。

④ 这令人想起我们在本书第四卷第三分册（pp.682ff.）对贯穿于中国水战之中的"抛射意识"的追溯。

⑤ Laufer（5）；杨泓（2，4，5）；柳涵（1）；Dien（1）；Topping & Needham（1）。我们将在本卷第八分册，即第三十章（i）中充分论述铠甲和马衣马具。

⑥ 然而，1984 年，中国考古学者发现了一件青铜甲片制成的甲衣碎片，属于西周时期的武士［白荣金（1）］，但这只是一个孤例。将来的发现也许会迫使我们改变结论。

分。如同顾立雅所指出，因此儒家强调说服、解释和宣传，要求统治者和人民必须意愿一致，才能取得成功。这样的说服例子在《左传》中极为众多，从公元前706年一直延续到公元前471年①。

不过最有意义的是，同一部史书还提供了许多著名贵族被阶层低得多的人（即使不是标准的平民）所发射之矢弹杀害的事例。首先，有一些诸侯国的显贵被普通百姓用弓箭射杀②。其次，一些诸侯国的君主以类似的方式被杀，至少有五例。最早一例为公元前637年，最晚一例在这部编年史中属于公元前492年，正当孔子在世期间③。最后，有一个例子是周天子本人也因同样的方式而罹难④。这些都是众多百姓拥有有效的进攻性兵器，而统治阶级却相对缺乏铠甲保护的结果。在这种性质的社会，其力量对比必然与其他社会很不相同。例如，在罗马帝国早期，训练有素的军团拥有精良的青铜和铁质铠甲。一个奴隶群体之可能存在，是因为他们无法接近军团的武器和铠甲，也不拥有强劲的弓。我们知道，在少数场合，当奴隶们控制了庞大的武器库时，将对国家造成什么麻烦，比如斯巴达克斯起义。然而根据中国的情况，人民必须说服而不能用武力威胁——这就是儒家的重要性。那么能否径直说，在此后的两千年中，中国儒家的全部精神首先根源于统治阶级与人民大众之间的这种军事技术对比，它与欧洲历史上的任何情况都迥然不同？在公元前4世纪，在某个国家，比如宋或吴或楚，诸侯所依赖的士兵——实际上是他的武装国民——很可能会在战场上突然投向敌人。必须使他们确信他们（或他）的事业的正义性。其结果是必然要有一类"诡辩者"，他们成为事实上的儒家，去向民众褒扬其君主的行为和美德，以团聚他们成为君主的支持者。如果事实如此，我们就能够更好地理解儒家思想家的人道主义和民主主义的本质。

这里我们不能省却引证，但将是简略的。头等重要者属于军事理论家。公元前5世纪早期的《孙子兵法》几乎在第一页就说⑤：

> 道就是使人民与其君主有相同的意愿，因此无论面对死亡还是生存，他们都不会惧怕任何危险。
>
> 〈道者，令民与上同意，可与之死，可与之生，而不畏危也。〉

在公元前4世纪早期的《吴子兵法》中，我们又看到如下的内容⑥：

> 吴子说，古时的王族领袖认为，他们的首要责任是对民众进行教育和解释，并爱护无数的男人和女人。他说，现在有四种不和睦的情况。如果国家不和睦一致，就不能够派出军队。如果军队不和睦一致，就不能派出分遣队。如果分遣队不和睦一致，就不能够与敌人争斗。如果战斗中不和睦一致，就不能够抉择时机并夺取胜利。

① 桓公五年和十三年（公元前706年和前698年）；Couvreur (1), vol.1, pp.83, 112—113。僖公二十七年（公元前632年）；Couvreur (1), vol.1, pp.384—385。哀公二十五年（公元前471年）；Couvreur (1), vol.3, p.756。

② 有三个例子就足够了。成公二年（公元前588年）；Couvreur (1), vol.2, pp.10—12。昭公二十一年（公元前520年）；Couvreur (1), vol.3, p.340。哀公十六年（公元前480年）；Couvreur (1), vol.3, p.719。

③ 僖公二十二年（公元前637年）；Couvreur (1), vol.1, p.334。宣公十年（公元前598年）；Couvreur (1), vol.1, p.602。襄公二十五年（公元前547年）；Couvreur (1), vol.2, p.423, 同时的另一个例子见 p.440。昭公二十年（公元前521年）；Couvreur (1), vol.3, p.311。哀公四年（公元前492年）；Couvreur (1), vol.3, p.618。

④ 桓公五年（公元前706年）；Couvreur (1), vol.1, pp.83—84。

⑤ 《孙子·计篇》，由作者译成英文，借助于 Giles (11), p.2。

⑥ 被引用于《武备志》卷二，第二页；由作者译成英文。

因此，有道的统治者必须如此使用人民，先追求和睦一致，然后才着手大事。他不敢心怀私人的图谋……

〈吴子曰：昔之国家者，必先教百姓而亲万民。有四不和。不和于国，不可以出军；不和于军，不可以出阵；不和于阵，不可以进战；不和于战，不可以决胜。

是以有道之主，将用其民，先和而造大事。不敢信其私谋，必告于祖庙，启于元龟，参之天时，吉乃后举。〉

在孔子的言论中，我们发现了完全相同的观点。例如：

先生说：让善人对人民进行七年的教育和解释，然后才可以将他们用于战争。带领未受过教育的人民去战斗，简直就是抛弃他们。[①]

〈子曰：善人教民七年，亦可以即戎矣。

子曰：以不教民战，是谓弃之。〉

另一处又讲：

子贡请教国政。先生说："国政的必要条件应是充足的粮食、足够的军事装备，以及人民对其统治者的信任。"子贡接着说："如果不得已而必须放弃其中之一，首先应放弃哪一项？"先生回答："军事装备。"子贡又问："如果不得已而必须再放弃其中之一，应放弃哪一项？"先生回答："放弃粮食。自古以来，人皆有死；但如果人民不信任其统治者，国家便不能存在。"[②]

〈子贡问政，子曰："足食，足兵，民信之矣。"子贡曰："必不得已而去，于斯三者何先？"曰："去兵。"子贡曰："必不得已而去，于斯二者何先？"曰："去食。自古皆有死，民无信不立。"〉

在另一个场合，子游对孔子说：

我记得一次听你讲，地位高的人领悟了道，他就会爱所有的人；地位低的人领悟了道，他就容易被用于战斗。[③]

〈昔则偃也闻诸夫子曰：君子学道则爱人，小人学道则易使也。〉

在之后的两千年中，这些坚定的信念一直是儒家学派的特征。其实质是社会的团结一致，以及相信正义的事业在与得不到真理和正义支持的强大武装力量的斗争中，总能够赢得胜利[④]。在大规模的毁灭性武器产生之前，这个信念可以有重要的意义——我们现在所研究的正是那样的局面，儒家的信念最初就诞生于此环境中。

大约公元前290年的孟子理所当然地继承了上述传统。也值得从他的书中引录一段话[⑤]。

孟子说："上天所赐予的时机不如大地所提供的地理优势，大地所提供的地理优势又不如源于人的一致的和睦团结。

设想一座城，内城周长三里，外城周长七里。敌人围而攻之，却未能攻克。无疑，上天向进攻者赐予了时机，他们的失败则是因为，上天赐予的时机不如大地所提供的地理优势。

182

---

① 《论语·子路第十三》，由作者译成英文，借助于 Legge (2), p.139。

② 《论语·颜渊第十二》，译文见 Legge (2), p.118。

③ 《论语·阳货第十七》，由作者译成英文，借助于 Waley (5), p.210; Legge (2), p.183。

④ 两次世界大战中的联合王国不正是如此吗？绝大多数人确实相信其事业的正义性。

⑤ 《孟子·公孙丑章句下》，由作者译成英文，借助于 Legge (3), pp.84—86。五十年后的《荀子》中有一段大致相似的内容，见《荀子·议兵》，译文见 Dubs (8), pp.216ff.。

183　　　　设想另一座城，城墙以高峻而著称，城壕以渊深而闻名，防守者的武器素称强劲而锋利，储存的稻米和其他谷物也非常丰富。但这座城却不得不放弃。这是因为大地所提供的地理优势不如源于人的一致的和睦团结。

　　　　依据这些原则，可以说：人民不能靠沟墙及边境的界线来约束；王国不能靠难以逾越的山河而变得安全；天下不能靠强劲锐利的武器来威慑。具有高尚目标者能得到众多的援助，丧失高尚目标者便缺少援助。失道到了极点，甚至君王自己的亲人也会反叛他。得道到了极点，整个天下都将归顺于这位君王。"

　　〈孟子曰："天时不如地利，地利不如人和。

　　三里之城，七里之郭，环而攻之而不胜。夫环而攻之，必有得天时者矣，然而不胜者，是天时不如地利也。

　　城非不高也，池非不深也，兵革非不坚利也，米粟非不多也，委而去之，是地利不如人和也。

　　故曰：域民不以封疆之界，固国不以山谿之险，威天下不以兵革之利。得道者多助，失道者寡助。寡助之至，亲戚畔之；多助之至，天下顺之。〉

最后，我们可以从大约公元前120年的《淮南子》中引用一段内容。刘安说[1]：

　　　　出于对领土的十足贪欲而发生战争，期望由此获得真正的王权将是徒劳的。仅为自己而战斗的人，不可能获得荣誉。为了个人目的的侵略者，总是要归于毁灭，相反，一件事情包含着人民的利益，将得到所有人的帮助。一个人得到人民的亲善（"众之所助"），虽然弱小，也将变得强大；但即使是强大的君王，失去了人民的亲善（"众之所去"），也必定会灭亡。丧失道的军队是脆弱的，但如果拥有道，它将变得强大。丧失道的将领是无能的，但如果拥有道，他将具有实力。如果国家充盈着道，便能够持久生存，丧失道，就会灭亡。

　　〈夫为地战者不能成其王，为身战者不能立其功。举事以为人者众助之，举事以自为者众去之。众之所助，虽弱必强；众之所去，虽大必亡。兵失道而弱，得道而强。将失道而拙，得道而工。国得道而存，失道而亡。〉

至此，能否认为，儒家学派最为显著突出的精神特质——为社会正义而论争和说理（就其在封建社会所能理解的程度）——本质上应归因于普通民众所掌握的有效的抛射武器，长期领先于贵族所拥有的防护铠甲的发展？无论如何，这个观点很值得思索。

184

抛射武器：Ⅱ. 弹道机械

(4) 弩弓、筋束、飞石索和桔槔；定义和分类

　　现在，我们继续讨论抛射武器的问题，但不再是关于适合单兵使用的轻型抛射武

---

　　① 《淮南子·兵略训》，第一、二页，由作者译成英文，借助于 Morgan (1)，p.186。该篇第五页起有继续的论述，译文见 Morgan (1)，pp.192—194。弩现在被频繁地提及。

器。中国古代和中世纪的砲，及其与西方的比较，必须被谈到。这些机械总是有一个主要的目的，或者是用箭或类似的抛射物来打击运动的目标，或者是用雨点般落下的坚硬球弹来砸烂大型的坚固物体。第一种类型，其体积相对较小，这部分是因为发射物无需大型化，部分是因为砲架要尽量能在底座上活动。由于要求具有低平的弹道和远射程，因而必须要有高的初速度，这能由弩和扭力弹射式武器充分地达到。第二类机械则需要完全不同的设计，其体积没有固定的上限，对砲架的机动性也没有特殊的要求；抛射物可具有高度弯曲的弹道、相对较小的射程，以及较低的初速度。下面我们将看到，这些必要的条件，被古代中国和西方世界的军事工程师分别满足到了什么程度。现在需要做的第一件事是对所使用的名词建立定义[①]，并概略地叙述类型的空间分布。在我们的研究的最后部分，将再来考虑这些型式的时间分布。

体积庞大，并安装于机架或支座上的弩（图 61a）[②]，我们可称之为弩砲（arcuballista）[③]，比顿是古代西方惟一描述过这种机械的作者（约公元前 239 年），在其著作中，它被简单地称为 *petrobolon* 或 *lithobolon*。在希腊和罗马古典时代，这种机械除被用于发射箭矢或更适合它的标枪，也被用于发射石弹，但只有少量的使用[④]。

希腊化时期的弩砲架是典型的三角支撑式，但中世纪欧洲的弩砲可能安装于轮式架座上（图 61b）[⑤]。中国的弩砲架往往为矩形结构，常装有轮（图 61c），而且为增强拉力并因而提高弩箭的初速，可以联装 2 或 3 张弩弓（图 61d）。那些依赖于扭绞筋束或发束的所有机械，原理大为不同。扭力弹射器（图 61e）包含两个臂，其前端被垂直的筋束紧紧夹住，因而释弦时，弹性的扭力矩便产生强劲的弹力作用。当用于发射箭矢或弩箭时，这种机械砲被称为 *euthytonon*（εὐθύτονον）或 *scorpio*；当用于发射石弹，便被称为 *palintonon*（παλίντονον）或 *ballista*（投石器）。作为希腊化时期的术语，这已是引申的意义，因为两个希腊词的本意分别为普通弓和反弯弓[⑥]，皆与此根本无关[⑦]。扭力机械（*neurotoni*，νευρότονοι）[⑧]采用除猪之外所有动物的筋（腱），也用人的头发[⑨]；有趣的是，这体现

185

186

---

①　在西方，贯穿许多世纪的这个领域的术语，可能要比任何其他技术门类更为复杂而混乱。我觉得最可靠的入门读物是 Schramm（1, 2）、Beck（3）、Schneider（1），尤其是 Huuri（1）。幸运的是，这方面的主要争论，古代的扭力弹射器是否长久存留到了中世纪，对我们来说并不很重要，但关于这个问题学术界却发生了普法战争（the Franco-Prussian war），波拿巴（Bonaparte）和法韦（Favé）遭到了克勒［Köhler（1）］和后来的拉特根［Rathgen（1）］的抨击，但得到施奈德（Schneider）的支持。关于中国人的发明及其影响没有太多争论。马斯登［Marsden（1, 2）］的著作发表得太晚，对我们撰写本篇第一稿未能有所帮助，但在我们后来的工作中，仍要非常感谢他的意见。

②　草图为最简单的示意图。

③　如同以前已经指出（p.121），arcuballista 这个中世纪拉丁词原被不加区别地用指手持弩和安装于架座上的弩砲，但我们将只在后一种意义上使用它，因为英语中没有相当于 Standarmbrust 的术语，除了一些非常累赘的句子，比如"安装于机架或支座上的弩式弹射器"。

④　见 Rehm & Schramm（1）。

⑤　这被称为 *springarda*［Huuri（1），p.51］，参见 Bonaparte & Favé（1），vol. 1, pl. Ⅰ opp. p.18。

⑥　参见上文 p.102。

⑦　参见 Schramm（2），pp.227, 230。

⑧　据菲隆和希罗描述［见 Diels & Schramm（1, 2）］，所有这些型式的机械都以绞车张弦，并采用了锁扣和棘轮齿轮。施拉姆［Schramm（1）］还绘制了一些工程图。

⑨　参见 Schramm（2），pp.219, 229。为萨尔堡博物馆（the Saalburg Museum）的集中陈列而制作的所有复原模型的一幅精彩照片见 Feldhaus（2），p.128。

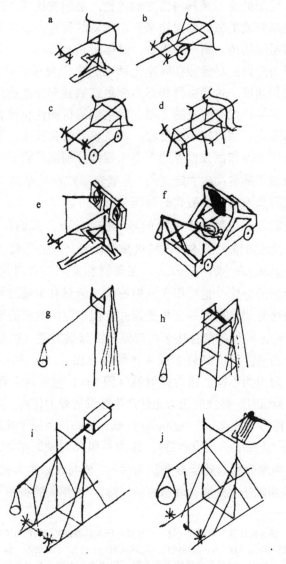

图 61　砲的早期型式复原。

了对蛋白质结构，比如骨胶原和角朊所具有的可延展特性的又一种利用，这种特性业已被有效地应用于复合弓[1]。按照我们今天的认识，此种可收缩性是一些独特纤维在分子水平所存在的现象，因为多肽链具有线段上的多个稳定姿态，而且弹射器弹力的产生实质上也类似于一段法兰绒布的收缩[2]。由于这些现象对温度和湿度高度敏感，故很自然地，亚历山大学派的学者要寻求一些更为可靠的弹力机械——他们因而试图使用青铜的弹簧（chalcotonon，χαλκότνον）[3]，甚至青铜圆筒中的压缩空气（aerotonon，αέρότονον）[4]，但这些都只是纯粹试验性的。

① 参见上文 pp.111ff.。

② 参见 Astbury (1)。

③ Diels & Schramm (2)；Schramm (1)，p.26；Beck (3)，p.177。

④ Diels & Schramm (2)；Schramm (1)，p.29；Beck (3)，p.180。

在这个时候，进一步的原理开始登场，即将飞石索缚系于摔臂的末端，这种摔臂应是模仿人的手臂[1]。飞石索使其射程增加一倍。仅有单独一根摔臂的扭力弹射器可能已被赋予这样的设计思想；至迟到阿米阿努斯·马尔塞利努斯（Ammianus Marcellinus，约390年）的时代[2]，独臂扭力机（onager）（图 61f）已为罗马军队广泛使用。onager 一词可能来源于希腊语 *monagkon*（μον άγκων），后者意为"独臂者"，由此可能接着派生出 mangonel（抛石机）一词[3]。在独臂扭力机中，扭力束改为水平的，而不再是垂直的。而且最终，弹力装置和筋束全部被抛弃，仅余下飞石索，缚系于摔臂的末端。Mangonel 是这种新式机械的名称之一，但以后我们将使用它的另一个名称，trebuchet（杠杆抛石机）（图 61g）。立刻，我们会联想到非常古老的提水装置——桔槔（装有配重的汲水吊桶）[4]。但取代装于杠杆另一端用以平衡吊桶的重体，在杠杆上距飞石索的最远端，缚系许多根绳索，依靠一群人的拉拽能将之猛烈压下，由此施加推力于飞石索中的容纳物。杠杆的摆动点介于摔臂全长的五分之一和六分之一之间。所有类型的机架都演变成为支轴式支座（图 61h）；例如，单独的一根支柱，易于朝任何方向旋转，但不适于大型机械。终于，当配重平衡的原理重新被采用（图 61i），便出现了向桔槔的最古老型式的回归。这一变化无疑受到了如下情况的刺激，即紧拉抛石机拽索的密集人群，成为吸引人的打击目标[5]。最后，采用了摆动的配重体（图 61j），这种机械便在爆炸性武器将所有这类装置淘汰之前，达到了其发展的顶点[6]。

关于这些弹射器所抛射的重物及其射程，可以略为补充一二[7]。据估计，见于古希腊文献的扭力式弹射器，能将重约 10 磅的物体发射至 160 至 600 码，但部分地由现代的复原试验推知，通常的射程很可能实际为 330 至 410 码。这与中国弩砲的射程（270至 500 码）[8]相符。古代欧洲装有飞石索的扭力弹射器（独臂扭力机），抛射的石弹重约50 磅，偶尔达到 175 磅，但射程不超过 160 码[9]。拽索式杠杆抛石机发射的大型弹，重约 275 磅，射程为 80 至 190 码；配重体固定的杠杆抛石机，射程稍远[10]。这样重的任

---

① 参见 Korfmann (1)。

② Description, XXⅢ, 4, 1。参见 Vegetius（应指韦格蒂乌斯所著《论军事》——译者），Ⅳ, 8。伟大的亚历山大学派的学者没有提到这种机械，但它出现于阿忒那奥斯的《论机械》（*Peri Mechanematon*）中，该书显然撰写于公元前 214 年之前不久 [参见 Schramm (2), pp.209, 233ff.]。

③ 在拜占廷希腊，它也被称为 sphendoné（σφενδ όνη），在阿拉伯，则被称为 *al-'arrādah* 或 *al-qaddāf*。

④ 见本书第四卷第二分册，p.331ff. [第二十七章 (e)]。

⑤ 严格说来，trebuchet 很可能始终是指装有配重的杠杆抛石机 [Huuri (1), p.64]，而拽索式杠杆抛石机应名为 petraria。但为简化术语，我们将忽略此点。也有可能在 12 世纪，mangonel 意指某种类似独臂扭力机之物（扭力方式仍在使用），而在 13 和 14 世纪，则指杠杆抛石机——但这是毫无把握的。阿拉伯语 *al-manjaniq* 则一直是指杠杆抛石机。

⑥ 关于所有这些论题，什科利亚尔 [Shkoljar (1, 2)] 的著作甚有价值。可惜发表得稍晚一点，对于我们起草以下的篇节未能有所帮助。然而，叶山 [Yates (3)] 的贡献是必不可少的。

⑦ 这个段落中的数据，都是依据胡里 [Huuri (1), pp.7ff.] 的详尽论述换算而来。参见 Schramm (2), p.241。

⑧ 有一些事例，大大超过了这些射程的上限；见前文表 3 之注释。

⑨ 佩恩-高尔韦 [Payne-Gallwey (1), p.296] 自己做的一架独臂扭力机，能将 10 磅重的石弹抛至 350 码远。

⑩ 佩恩-高尔韦 [Payne-Gallwey (1), p.309] 依据模型试验，估计射程为 300 码。其配重体重达 10 吨。拿破仑三世（Napoleon Ⅲ）重建的一架抛石机，配重体为 5 吨，射程为 200 码，但抛射物仅约 50 磅重。

何物体，对于无论什么类型的防御性砖石建筑，都已是危险的。真正的重弹，直至略超过一吨，仅能由中世纪晚期配重体摆动的杠杆抛石机发射。弩砲的初速，可能约为每秒钟 70 码，杠杆抛石机约为 30 码。

(5) 弩砲的型式

人们一旦发现制造弩弓长度达到 20 英尺[①]（1 英尺 = 0.3048 米）的弩式弹射器是可行的，那么进一步的改进探索便会得到鼓励。例如火力和射程两个因素能够倍增，即增加单次释放时射出的弩箭数量，以及（不很明显地）增加可将所储存的能量作用于同一个发射体的弹力部件的数目。关于第一项发展，在西方我们知道有一个偶然出现的相似物[②]，但未见有第二项发展。在中国的文献中，"连弩" 或 "车弩" 等词意指多矢弩砲，而多重弹力装置的弩砲，尽管有许多名称，可以认为皆从属于 "床子弩" 一词。

我们先讨论多矢机械，图 62 是采自《武备志》的一幅典型图解[③]。显然，它是那些也同时发射几支弩箭的小型手持弩的放大型，后者与宋代的军事发明家李宏的名字相联系[④]。但多矢弩砲远比李宏的年代古老。事实上，在秦始皇在世的最后一年，在一次引人注目的事件中，它已经介入历史。当时，始皇帝出巡沿海郡县，并试图与东海的奇异岛屿上的神仙取得联系（公元前 210 年）[⑤]。他让徐市带了一支探险队前往那里，术士们为自己的失败辩解，说之所以没有到达那些仙岛，是因为巨大的海怪（"大鲛"）阻挡；他们因而建议将配备多矢弩砲的神射手派出海去消灭海怪。皇帝命令照此去做，而且亲自守着一架 "连弩"[⑥] 等候那些怪物出现。司马迁说，实际上他射杀了一条大鱼，但不久之后，他便发病而卒。

关于多矢弩砲，有另外两个古代材料值得注意。一出现于约一个世纪之前，一出现于不到一个世纪之后。前者是一份切合实际的说明书，但必须透过严重讹误的面纱才能理解；后者是一份某种进一步发明的资料，可能增加了同时射出的弩箭数量，它采取了叙史的形式。

人们能够记得，在古代哲学流派中，墨家学者对守城技术和攻防手段表现出巨大的兴趣[⑦]。在《墨子》城守诸篇中，就涉及了我们所研究的问题。墨翟本人卒于约公元前 380 年，但墨家中最主要的军事技术家禽滑釐的活动，据推测又持续了 30 年，对这

---

① 我们已经注意到（上文 p.150）弩弓长度为 12 尺的一条记述（《太白阴经·守城具篇第三十六》，第四页）。

② 在比顿的书中 [见 Rehm & Schramm (1)]，写到一种弩砲一次射出两支弩箭，并归之于塔兰托的佐皮罗斯。参见韦谢 [Wescher (1)] 的古老图解。

③ 《武备志》卷一〇三，第十四页。

④ 参见上文 p.156。

⑤ 这个故事见于《史记》卷六，第二十九页 [译文见 Chavannes (1), vol.2, p.190]，Yates (3), p.438。

⑥ 沙畹的译文误解它为弹仓弩——"l'arbalète qui lance plusieurs flèches de suite（连续射出数支箭的弩）"。导致这一错误的可能原因能从上文 p.157 所述明显看出。

⑦ 见本书第二卷，p.165，以及下文 p.241。

些篇章的增补可能一直延续到这个世纪的末期。因此，将如下的段落①大致确定为公元前320年左右，应当不是不合理的，那么它就要比亚历山大学派论著中的任何记述都稍早一些。

禽子再拜再拜，说："我想请教，当敌人堆积泥土形成斜坡（'羊黔'），然后推着大盾（移动式盾牌），带着兵器和弩攻上来时，应当怎样去做?"

图 62　多矢弩砲，采自《武备志》卷一〇三，第十四页。

墨子回答："你是问防御人造斜坡的方法。（实际上）用这种办法是无益的，因为他们付出了大量的劳动，而对城的危害却很小。守城者可以向左右伸出20尺长的撞槌，它们安装于距地面30尺高的城墙上。他们也应使用强劲的弩式弹射机械（'强弩机'），它依赖于精巧的扳机机构（'技机藉之'），和奇妙的……（脱文）。因此，斜坡攻击能够被击退。

城上须配备安装于车上的多矢弩砲（'连弩之车'），它有两轴三②轮，长方形的车架如同马车，以1尺宽的桁条制成③，长度与城墙的宽度相称。轮子位于车架（'筐'）之内，车架有上下二层，有左右两根垂直的柱（'植'），和两根水平的（梁）（'衡'），梁的每一端靠直径4寸的雌雄榫（'内'）固定。弩弓都（'皆'）缚于柱上。一根弦钩住另一根弦，所有弦都与主弦（'大弦'）相连④。弩臂前后与车架齐平，车架高8尺，弩的绞车（'弩轴'）高出车架底面3尺5寸。弩砲的扳机匣是青铜的。用绞车张弦，需1石30斤之力⑤。车架总共有3.5臂围大。左右有3寸之钩（用于张弦）。轮宽1尺2寸。钩（沿之活动的）弩臂厚1尺4寸，宽7寸，

190

---

① 《墨子·备高临第五十三》，由作者译成英文，借助于 Forke (3)，p.607。佛尔克的译文严重节略，并有几处误解，但这段文字公认是极为难懂的。我们不无踌躇地奉献出自己的译文。叶山〔Yates (4)〕认为，其前两个段落属于同一片断，应从第三段中独立出来，后者的年代接近于秦始皇。

② 一些版本作"四"。

③ 应当记住，周代晚期，一尺大约不超过现在的7.5英寸。

④ 这两句话非常强烈地暗示，此处所描述的弩砲不仅一次发射数支弩箭，而且具有二或三张弩弓。

⑤ 这仅相当于80磅。推测此处原文严重错讹，或者所使用的"斤"的重量远远超出周代的正常标准。

长6尺。臂的外侧与车架齐平，有一爪，长1尺5寸，及一距，宽6寸，厚3寸，长如车架①。还有一器具（'仪'），可升降，用于上下（瞄准）②。又有一踏板供张弦，用1石之力，其围5寸③。弩箭长10尺，以绳连系，如同狩猎者使用之箭，因而能用卷轴或绞盘卷绕收回。④箭超出弩臂3尺。每门弩砲预备60支长箭和无数小箭。砲手一组10人。这就是从旌旗飘扬的城楼上射击之道。"

〈禽子再拜再拜曰："敢问敌人积土为高，以临吾城，薪土俱上，以为羊黔，蒙櫓俱前，遂属之城，兵弩俱上，为之奈何？"

子墨子曰："子问羊黔之守邪？羊黔者，将之拙者也，足以劳卒，不足以害城。守为台城，以临羊黔，左右出巨，各二十尺，行城三十尺，强弩（射）之，技机藉之，奇器□之，然则羊黔之攻败矣。

备高临以连弩之车，材大方一尺，长称城之薄厚。两轴三轮，轮居筐中，重上下筐。左右旁二植，左右有横植，横植左右皆圆内，内径4寸。左右缚弩皆于植，以弦钩弦，至于大弦。弩臂前后与筐齐，筐高八尺，弩轴去下筐三尺五寸。连弩机郭用铜，一石三十斤，引弦鹿卢收。筐大三围半。左右有钩距，方三寸。轮厚尺二寸。钩距臂博尺四寸，厚七寸，长六尺。横臂齐筐外，蚤六寸五寸，有距，博六寸，厚三寸，长如筐。有仪，有诎胜，可上下。为武，重一石，以材大围五寸。矢长十尺，以绳□□矢端，如弋射，以磿鹿卷收。矢高弩臂三尺，用弩无数，出入六十枚，用小矢无留。十人主此车。〉

这一描述总的看来十分清楚，而且我们可以认为，它符合于图61a-d。

不太明晰但更为有趣的可能是关于一位名叫皋通的机械师的发明故事。它出自《交州外域记》，此书已经佚失，很幸运，《水经注》引用了这段内容⑤，其中涉及南越王赵佗，他在秦时割据广东，但归顺于汉，卒于公元前137年。

一次，南越王（赵）佗集中军队攻打安阳王。安阳王有一位（机械师，聪明如）神人，名叫皋通。他让助手为安阳王制成一件神奇的弩（"神弩"），一发能杀死三百人。南越王知道难以抵挡，于是将军队撤至武宁县，并派（其子，太子）始伴装投降安阳王。安阳王不知皋通是神人，对他不够尊重，（皋）通因而离开他的官廷，告诉他，无论谁拥有这件弩砲，都将能够征服天下，丧失它，也将丧失天下。皋通离去后，安阳王的女儿媚珠，为太子始的美貌所吸引，与之私通。始请求媚珠让他见一下其父的巨型弹射器，并设法暗中用锯将之截断。得手后，始便逃回去向南越王裏报。南越王于是再次调动军队，而当安阳王命令使用弩砲时，它已经断了。安阳王因此战败，乘船越海而逃。

〈后南越王尉佗举众攻安阳王。安阳王有神人，名皋通，下辅佐，为安阳王治神弩一张，一发杀三百人。南越王知不可战，却军住武宁县。越遣太子名始，降服安阳王，称臣事之。安阳

---

① 我们还不能识别这个部件。

② 瞄准装置肯定是弩机凸耳背部的刻度标尺，因为不可能指现代意义的可套缩的瞄准器。

③ 此处原文含意甚难确知。

④ 参见赵汝适关于13世纪台湾南部土著的记述（《诸蕃志》卷一，第三十九页；Hirth & Rockhill, p.165）他们的标枪用100多尺长的绳连系，因为他们不能容忍铁矛头的丢失。参见上文p.120。

⑤ 《水经注》卷三十七，第五页，由作者译成英文。我们最初是从年代较晚的书中见到这个材料的，如《续博物志》卷五，第六页（12世纪中期），以及《东西洋考》卷十二，第一页（17世纪）。《交州外域记》不见于任何官方的文献目录，确切地说，这个书名是《水经注》提供的。《太平御览》（卷三四八，第四页）从《日南传》中引用了相同的一段内容，此书也已失传，它初见于隋代的文献目录中。

王不知通神人，遇之无道，通便去，语王曰：能持此弩王天下，不能持此弩者亡天下。通去，安
阳王有女名曰媚珠，见始端正，珠与始交通。始问珠，令取父弩视之。始见弩，便盗以锯截弩
讫，便逃归报越王。南越进兵攻之，安阳王发弩，弩折，遂败。安阳王下船，迳出于海。〉

隐含于这个传说中的实际情况无疑是对这类机械的某种改进，而且皋通可能是一位真实
的机械师。此外，汉代早期还有为数众多的材料。在《淮南子》（约公元前120年）中，
我们见到①：

> 古时候的士兵只装备弓和剑；他们的矛没有横刃，他们的戟没有弯钩。近世的
> 士兵，装备有攻城槌，以及防御箭矢的盾牌；战斗中，使用多矢弩进行射击，它们
> 被缚系于车上（以便牵拉到适当的位置）。

> 〈古之兵，弓剑而已矣。槽矛无击，修戟无刺。晚世之兵，隆冲以攻，渠幨以守，连弩以
> 射，销车以斗。〉

3世纪的注释者高诱补充说，"全部（弩箭）用一根弦（射出），人们以一头牛张
（'挽'）弦"（"通—弦，以牛挽之"）。

"李陵用连弩射单于"（"因发连弩射单于"）——《前汉书》于是写下了这句古雅的
短语②。它涉及公元前99年这位中国大将抗击匈奴可汗的功绩，当时他的军队被三万
骑兵包围于丘陵地带③。这种弩砲很可能安装于车上，因为中国军队用他们的马车构成
防御营地，从那里将大量弩箭倾泻向匈奴骑兵，压倒了匈奴人的短弓。注释者关于这段
文字有些有趣的小争论④。在汉代的综合性军事著作中，当然也提到了"连弩"，比如
《六韬》⑤。而且我们至少知道有一本书（当然早已失传），其内容纯粹是关于这种砲的，
即《望远连弩射法具》⑥。此后，在3世纪早期，蜀汉大军事家诸葛亮曾用心于它。我
们得知⑦，"他修改了连弩的设计，去掉一些特征，而增加了另一些特征，之后它被称
为元戎（最重要的武器）"（"损益连弩，谓之元戎"）。其弩箭以铁制成，长8寸，每门
弩砲一次发射10支箭。此事约发生于225年。若干年后，著名技师马钧"见到了诸葛
亮的弩式弹射器，说，它们并非尽善尽美，还可改进以增加五倍的杀伤力"。（"先生见
诸葛亮连弩，曰：巧则巧矣，未尽善也。言作之可令加五倍。"⑧）我们无需进一步追索
这种机械的历史，在此之后，其变化很小。1126年，它出现于陈规和汤琦用以防守德

192

---

① 《淮南子·氾论训》，由作者译成英文，借助于 Morgan (1)，p.151。
② 《前汉书》卷五十四，第十页。
③ 参见德效骞 [Dubs (2)，vol.2，p.15] 对这次战斗的描述。
④ 先是服虔（160—189年），他肯定不是技术专家，说连弩是30件弩共用一根弦。其后，3世纪的张晏正确
理解了它，说连弩在一件弩臂上有30条矢道——这个解释后来常被引用，如在《广韵》和其他百科全书中。颜师
古（约公元600年）支持张晏，但刘攽（1022—1088年）说，所有这些解释都是无稽之谈，连弩是与多重弹力装
置的弩砲相同之物。无疑，在他那个时代，多矢弩砲和多弓弩砲没有大的区别，许多机械可能同时包含有两种原
理，但并非总是如此。这个有趣的插曲表明，一些学者对技术缺乏直接的认识，对技术史更不了解。
⑤ 被引用于《太平御览》卷三三六，第六页。
⑥ 《前汉书》卷三十，第四十页。
⑦ 《三国志》卷三十五（《蜀书·诸葛亮传》），第十五页，裴松之注引《魏氏春秋》。晋代的袁宏评论说（同
上第二十三页）："这些弹射器的威力是何等地惊人啊！"
⑧ 《三国志》卷二十九（《魏书·方技传》），第九页起，裴松之注引傅玄《马先生传》。《全上古三代秦汉三国
六朝文·全晋文》卷五十，第一页；《图书集成·考工典》卷五，第五页；以及《太平御览》卷七五二，第七页（节
略），有几乎相同的内容。在这个世纪结束之前，潘安仁称多矢弩砲为"黠子"式（《文选》卷九十六，第三页），
这可能暗示还有出自另一源头的一条平行的发展路线。

安的武器之中①。一年后，又被李纲大量用于英勇的开封保卫战②。大约 1530 年，刘天和在西安城墙上的废武器仓库中发现了一件元代或明初的实物，并对其进行了研究③。

连弩的另一个名称是"车弩"（安装于车上的弩砲），其车称为"珲"④。甚至炼丹家也知道它，例如《抱朴子》（约 340 年）说，楚文子服食地黄八年⑤，他开始在夜间明显地发光，而且能赤手张开弩砲（"楚文子服地黄八年，夜视有光，手上车弩"⑥）。李筌于 759 年提供了一个极其清楚的描述⑦：

> 弩砲是强度为 12 石之弩⑧，装于有轮的架上。一根绞车索（"轴车"）牵住一个铁钩；转动绞车，直至弦扣于机牙之上，弩便被张开了。弩臂的顶面有七道槽，中心之槽搁放最长之箭。此箭之镞长 7 寸、围 5 寸，铁尾翼围 5 寸，箭全长 3 尺。左右各有三支箭，依次减小，当扳机被扣发，便齐射出去。七百步之内，任何东西被击中，都将崩坍，即使是城墙和城楼那样坚固之物。

> 〈车弩　为轴转车，车上定十二石弩，弓以铁钩连轴，车行轴转，引弩持满，弦挂牙上。弩为七衢，中衢大箭一，镞长七寸，围五寸，箭筈长三尺，围五寸，以铁叶为羽。左右各三箭，次差小于中箭。其牙一发，诸箭皆起，及七百步，所中城垒，无不崩溃，楼橹亦颠坠。〉

不过其最后的结论似乎是夸张的，525 码的射程可能也稍有夸大。

这些机械有时被成组地连接起来，用一个控制器操纵。在《武备志》中⑨，我们见到一幅图，画有一排弩砲，每一对用一个踏板释放。这类装置似乎也可追溯到唐代，例如大约写于 950 年的陶谷的《清异录》中有一段有趣的叙述⑩：

> 宣武军⑪指挥部中的士兵极为勇悍。他们的弩式弹射器，当一（总）扳机被触发，则多达 12 个相连的扳机便同时齐发。它们采用如同成串珍珠的大型弩箭（"连珠大箭"），而且射程非常之大。晋人⑫完全被这些机械吓住了。文人们称之为"急龙车"。

> 〈宣武厅子都尤勇悍，其弩张一大机，则十二小机皆发，用连珠大箭，无远不及。晋人极畏此。文士戏呼为急龙车。〉

这段文字所描述的现象（约发生于 895 年）背后，可能有更丰富的内涵。"连珠"是一个晚近的名词，通常指弹仓弩；而"龙车"，当然是提升水的方形活塞循环链式泵⑬，

---

① 《守城录》卷三，第四页。

② 《宋史》卷三五八。参见 Mayers（6），p.89。

③ 《图书集成·戎政典》卷二八三，第十二页，引用《武备志》。据刘天和记述，这件弩砲的强度仅有 150 斤（196 磅），但射程不少于 500 码。

④ 《书叙指南》卷十九，第三页。

⑤ 《抱朴子》卷十一，由作者译成英文。这种植物的学名是 *Rehmannia glutinosa*（R/107）。

⑥ 菲弗尔 [Feifel（3），p.26] 对这句话的翻译完全令人困惑。

⑦ 《太白阴经·攻城具篇第三十五》，第一页；《太平御览》（卷三三七，第一页）引自《通典》之文，文字稍优；由作者译成英文。

⑧ 如按照唐代"斤"的标准，这可能达到约 1870 磅；高，但并非不可能。

⑨ 《武备志》卷一〇三，第十八页。

⑩ 《清异录》卷下，《武器·十二机弩》，由作者译成英文。

⑪ 唐代末年的重要军队之一。

⑫ 后晋，五代时期的短命朝廷之一。

⑬ 见本书第二十七章（e）。

这再次暗示了某种弹匣或馈弹器。

最后，关于多重弹力装置的弩砲，这对我们来说较不熟悉，但在中国历史上的某些时期，曾得到极广泛的应用。从 11 世纪初开始，它们不断得到图示，但总是与出自《武经总要》的图 63[①]相类似，至多有些小的改动。其名称简单易懂，"三弓床子弩"（安装于架子上的三弓弩），但还有相当多的其他名称[②]。为了增加所储积的能量，并延长能量作用于发射物的时间，一个三重弹力装置被安装于具有射角调节设备、绞车张弦机构和某种瞄准器的架子上。这类复杂结构的系弦方式，乍看起来根本不清楚[③]，但柬埔寨浮雕艺术作品上所描绘的此类武器，促使格罗利耶［Groslier（1）］和米斯［Mus（2）］对这个问题进行了调查研究。这些浮雕即巴云寺（Bàyon，位于大吴哥）的城墙和班迭奇马（Bantāy Chmàr）的建筑上所雕刻的军事场面[④]。由于这些浮雕的年代始于约 1185 年，也由于所雕刻的这些弩砲能够非常可靠地被认为是从同时代或也许更早的中国实践中获得，因此它们所提供的证据是非常重要的[⑤]。首先是双重弹力装置，其中一张弩弓按通常方式向前凸，而另一张弓则被颠倒，最简单的复原是，将弓弦缚系于后一张弓的两端，并自由地滑绕过前一张弓的两耳（图 64a）。这能够得到所有中国图解的支持，而且在巴云寺的雕刻中，有一装有轮的实例（图 66a），格罗利耶[⑥]绘制了其示意草图（图 66b）。另一幅雕刻表现了大象承载的弩砲（图 65），能够清楚看出，其弩臂两侧有一对钩和牵引索（参见图 64b），恰如《墨子》的描述，且能辨识出某种绞车[⑦]。然而，米斯推测，在另一种方式中，两张弓以两根固定的绳连接，弓弦只缚系于前一张弓上；这样，张弦时就需有一名辅助弩手牵拉后一张弓。他如此解释另一件安装于大象鞍座上的弩砲的使用方法（图 67），但我们在中国的材料中没有发现任何东西能够支持这种解释。不过，柬埔寨的雕刻似乎证明了它，尤其是关于更进一步的一种方式（图64d），即单独一根连续的弓弦自由地滑绕过两张弩弓的全部四个耳，而且后一张弩弓能够前后移动，将之向后牵拉，便改变弓弦的矩形状态，从而实现张弦。这样的方式看来与任何中国的文字或图像材料所反映的情况完全不同，在中国的材料中，从未见有后部的弓弦，而且后一张弓相对于弩臂从来是不能移动的。最后，大型的三重弹力装置，只见于中国的材料。其弓弦总是位于第二张前凸的弩弓上，从那里绕过后一张弓的双耳，

194

195

197

---

①　《武经总要》（前集）卷十三，第六页；被转引于《武备志》卷一〇三，第九页。

②　术语很一致。两个双重弹力装置安装于同一个架子上，称为"双弓床子弩"。单独一个双重弹力装置安装于架上，或称"小合蝉弩"，或称"斗子弩"。单独一个三重弹力装置安装于架上，还可称"手射弩"或"三弓斗子弩"。这些装置的图解首先见于《武经总要》（前集）卷十三，第六至十二页；其次见于《武备志》卷一〇三，第四至九页；也见于一些百科全书，如《三才图会·器用》卷六，第十九至二十四页；以及《图书集成·戎政典》卷二八三，第五至八页。参见 Parker（6）。

③　在中国文献中，对此缺乏清楚的说明。

④　参见卡尔波书中的照片［Carpeaux（1），pl. XXXIII，fig. 44；pl. XXXIV，fig. 45；pl. XXXVI，fig. 47；pl. XXXIX，fig. 50；pl. XL，fig. 53］。这些浮雕位于南正面的西部。

⑤　我们能够想起，见于印度支那雕刻的一种相似的控制装置，在航海技术方面也是很有价值的（见本书第二十九章）。

⑥　Groslier（1），p.90。

⑦　米斯推测，其上有曲柄，我们认为似乎很不可能，大概应为绞车之小手杆（参见本书第四卷第二分册，p.111）。

并缚系于前一张弓的双耳上[①]。

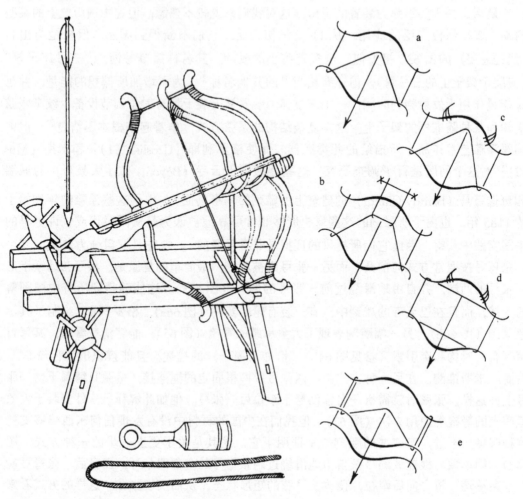

图 63　三弓弩砲，采自《武经总要》卷十三，第六页，　　图 64　多重弹力装置系弦方式复原。
也见于《武备志》卷一〇三，第九页。

最近的一项试验研究针对这些机械的实用性［McEwen（5）］，它进一步证明了二弓和三弓结构的可行性。它发现，仅仅一根连续的弓弦，滑绕过所有弓反弯的末端，如同米斯所推测的那样，是不切实际的，而且为了有效地工作，在第二张和最后一张弓的末端附装上滑轮是必要的。同意这种复原的困难在于，中国的图解中并没有滑轮的迹象。然而，中国的插图因重复翻刻，以及画家的忽视而蒙受了损害，歪曲达到了这样的程度，以致如此重要的细部，比如扳机（这对于军人必定是熟悉的）也被错画。甚至弓本身被描绘为捆绑在一起，以这样的方式，实际运作是不可能的。既然如此，那么联系试验证据，曾经采用某种滑轮看来是很可能的。

198　　　这项研究进一步证明，相联的多张弓不仅增加了拉力，而且延长了张弦的距离。因而增强了产生于弓的总能量，并延长了推力作用于发射体的时间。麦克尤恩用拉力曲线对此作了图解，它也说明了，相同强度的一张弓，较之三张弓相联，其潜在的能量的

①　霍维茨［Horwitz（13），p.178］提供了一种可供选择的方案，似乎并不令人满意。

差异。

制造这些弓无疑需要高超的技艺，特别是采用拉力巨大的复合弓时。为使张拉弓弦之际，各弓有相同的弯曲量，对每一张弓的强度进行调校是必不可少的。由于即使采用滑轮也存在的固有的摩擦，以及作用于各弓的杠杆效率的差别，最前一张弓的强度必须仅相当于其他二弓中，每一张弓强度的一半。

所需要的技术知识是高层次的，无疑，这就是为什么蒙古军队要利用中国工匠来操纵它们的原因①。另一方面，需要专家对其进行维护也是一个缺点，而且它们必然不便于机动和运输，也肯定不如一些攻城机那样，可利用当地能得到的材料来制造。此外，它们也被制成可拆卸式的。如果，它们确实是如此之强，以致需要用牛来张弦，而且所谓"牛"，并不仅仅是一个强度等级名称，类似于英语中用以计量内燃机输出功率的马力，那么还将遇到更大的操作困难。

图65　多重弹力装置的象载弩砲浮雕，大吴哥（Ankor Thom），采自 Carpeaux（1）。

196

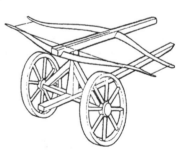

图66a　多重弹力装置的轮式弩砲浮雕，大吴哥，采自 Carpeaux（1）。

图66b　大吴哥轮式弩砲安装复原，采自 Groslier（1）。

① 参见下文 p.219。

图 67 绞车操纵的象载弩砲，采自 Carpeaux（1）。

《武经总要》描绘了一种较小型的"手射弩"，装有两张弓（图 68）[①]，其威力比不上能够摧毁城垒的攻城武器，但作为弩的优良型式，仍具有巨大的效力和惊人的射程。

那么，双重和三重弹力装置的弩砲是什么时候发明的呢？如果我们从《墨子》中获得的线索被证明是正确的，它们可能早在战国时期（公元前 4 世纪）已为世人所知，不过或许更有可能，它们是在较晚的年代才发展形成的。在唐代的著作，比如《太白阴经》中，它们根本不占有显著的位置，其得到普遍使用，似乎是在 8 至 11 世纪，即大约在由唐过渡到宋的五代时期的持续战争前后。不好理解的是，火药武器的首次问世恰好也在这个时期。我们将多重弹力装置的最初试验确定于公元 5 世纪初，大概不会是极端错误的。这正是张纲的时代，他是整个中国历史上最著名的军事工程师和弹射器制造者之一[②]，最初效力于南燕（鲜卑）慕容超，后来投靠了刘宋的创建者刘裕。多重弹力装置式弩砲的最重要时期无疑是在宋初，在将近 12 世纪末爆炸性武器开始占据支配地位之前[③]。因此我们见到，在 1016 年，根据曹玮的建议，组建了专门的砲手部队（"床子弩手"）[④]。在随后的世纪中（约 1171 年），福建的官员吉杨军来到占城，并留在那里教印度支那人骑射和使用弩砲[⑤]。我们刚刚介绍的柬埔寨建筑物上的那些雕刻，强烈地体现了他的巨大影响[⑥]。

① 参见《武经总要》（前集）卷十三，第十一页。
② 参见《太平御览》卷七五二，第二页；《图书集成·考工典》卷五，第七页。
③ 但它们仍存在于旭烈兀汗为征服波斯而统带到西方的军队之中 [参见 Howorth（1），vol. 3，p. 97；以及下文 p.219 之引文]。
④ 《事物纪原》卷十，第八页。
⑤ 《文献通考》卷三三二，第二十一页；参见 Wales（3），p.102；de St Denys（1），vol.2，p.555。
⑥ 有一个时期曾认为，一些弩砲发明是以相反的方向传播的。但正如米斯 [Mus（2）] 所指出，这个观点系源于德·圣德尼斯 [de St Denys（1），vol.2，p.389] 对《文献通考》（卷三三一，第七页）的严重误译。1186 年，广西经略司试图平定土著部落的造反，但《文献通考》的原文仅涉及了使用毒箭的足张弦木弩。

199

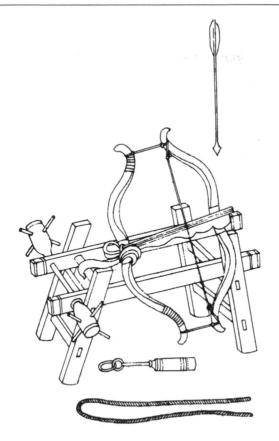

图 68　手操纵的双弓弩砲（"手射弩"），采自《武经总要》卷十三，第十一页。

200

旋转投石器

在开始叙述杠杆抛石机之前，必须提到一个奇特的记载。它看来是谈到了机械砲的一种型式，但这种型式没有众所周知的相似物，显然它不曾脱离可行性试验的阶段。前面我们特别提到了著名技师马钧对大约制作于 240 年的诸葛亮的弩砲的评价。同一个材料继续写道[①]：

（马）先生也不满意于杠杆抛石机（"发石车"）。（敌人将）湿牛皮做的幕帘悬挂于城楼边上[②]，这能够被击落。但石弹不能（足够快地）连续而至（以阻止敌人挂起另外的幕帘）。

他因此设想，制作一个轮，上面（用飞石索）悬挂数十块大石头。这个鼓形轮（"鼓轮"）用一机械装置（"机"）旋转起来，然后（当达到足够的速度时），以一柄长弯刀[③] 切断系石之绳。凭借这种方法，石弹能一发接一发闪电似地飞射出去，

---

① 《三国志》卷二十九（《魏书·方技传》），第九页，裴松之注引傅玄《马先生传》。《全上古三代秦汉三国六朝文·全晋文》卷五十，第十一页；以及《图书集成·考工典》卷五，第五页，有几乎相同的内容。《太平御览》卷七五二，第七页，过于节略，以致难以理解。

② 这是惯常做法。网也被有效地利用；参见《独醒杂志》（1176 年）卷八，第六页。

③ 原文中无意义的"常则"应校订为"长削"。

并击中敌城。在一次试验中，几十块瓦砖被缚系于轮上（以代替石头），它们向前飞出数百步。

〈又患发石车，敌人之于楼边悬湿牛皮，中之则堕，石不能连属而至。

欲作一轮，悬大石数十，以机鼓轮，为常则以断悬石，飞击敌城，使首尾电至。尝试以车轮悬瓴甓数十，飞之数百步矣。〉

这似乎表明，马钧试图制造之物可以称为利用离心力的飞轮式投石器（图 69）。显然，在其轮子周围，缚系了为数众多的石头，而且原文只具有这样的含义，即它们的连接物被突然切断[①]。这能在达到最大（旋转）速度时，通过将一把长而锐利的刀滑动到适当的位置而实现。至于运动的动力，我们能够想起，马钧的名字与方形活塞链式泵（"翻

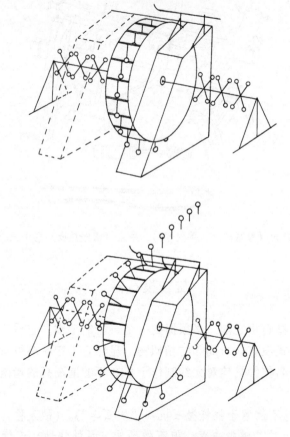

图 69　马钧的"离心飞轮式投石器"复原。

车"）的发展紧密相连，这种机械传统上是靠人力使用径向踏板来运转的[②]。这可能就是他在此场合所采用的动力装置。这个设想尽管非常精巧，但就实际的军事应用而言，其结构无疑过于复杂，而且从所提到的试验来看，射程并不惊人。

图 69 的复原显然还有一个更重要的缺陷，即这种机械没有"发射角"，因而只能在一个方向上射击。3 世纪的设备不可能为如此大型的构架提供任何型式的转盘。但马钧可能以水平姿态安装鼓形轮，从而简单地回避开这个困难；如果这样做，那么通过调节

---

① 所使用的飞石索因而不是独臂扭力机和杠杆抛石机那种自动打开式的。

② 参见本书第二十七章 (e)。

垂直架刀的点，就能够便利地提供一个差不多等于130度弧的发射角。如同我们已经见到①，中国的技师总是更喜欢水平地而不是垂直地安装轮，因此，很可能这就是马钧事实上所设想的方案②。

在各种文明的这一时期或那一时期，离心力可用于推进发射物，必然曾为许多人所想到。比如在南美洲，该原理以流星锤和套马索的形式突出地被应用于许多目的，在那里它源出于土著民族。套马索有更广泛的分布，或可追溯到埃及和巴比伦的古代文化，而且还土生土长于欧亚大陆的许多地区③。但是在中世纪欧洲，也出现了与马钧的构思极为相似的设想。例如沃尔特·德米莱米特（Walter de Milamete）手稿中的图解之一，这是于1326年为爱德华二世（Edward Ⅱ）设计的，表现了一架风车似的机械，打算用于向敌人抛掷纵火物④。其运动的动力来自于下降的沉重物体，当需要时，由一个人操作绞车，将重体提升到顶点（图70）。它的实用性看来更差些。当然，中国和欧洲的这些装置实质上皆由飞石索派生而来，但在独臂扭力机和杠杆抛石机上，离心的原理稍为隐蔽，因为其划出的圆弧很小。

关于马钧的旋转投石器，最使人惊奇的，也许是列奥纳多·达·芬奇曾设计了一个有些相似的装置⑤。它是将飞石索和大石弹悬挂于围绕中

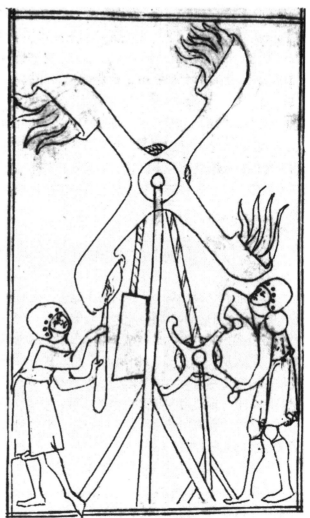

202

203

图70　"风车式抛火机"，见于沃尔特·德米莱米特的手稿《论名望》（De Nobilitatibus），采自 M.R.James（2）。

① 见本书第二十七章（f, h, i）。

② 这当然涉及一个难题，即某种型式的直角齿轮装置。但我们由本书第二十七章（c）关于指南车的论述知道，这也是马钧已充分掌握的一种技术。然而，以马钧时代的材料设备和设计水平，要制造这样的机械，它具有所需的功能，而又不致于因其部件的运转而将其自身撕扯成碎片，却是非常困难的。它可能只是一个从未进入实际应用的建议。

③ 见 Cowper（1），pp.199ff.。

④ Feldhaus（2），pp.317, 321。沃尔特的另一个设想是，在发起攻击之前，将蜂窝抛掷到城堡上，以惊扰守军（p.320）。

⑤ 见 Ucelli di Nemi（3），p. 114；米兰国立科学技术博物馆（National Museum of Science and Technology, Milan）之列奥纳多作品目录，此设计见于 Cod. Atl. fol. 57rb。

心轴水平旋转的八个臂的末端，而且它被称为"离心抛石机"（*mangano centrifu-go*）——但这很可能只是一个设计，而从未实际地制成。

最后，我们可以特别提一下另一种重型的机械砲，其名称从《墨子》城守诸篇和出于戈壁沙漠的汉简中一直流传了下来，即"转射机"（旋转射击机械），用于防御关塞和城池。叶山［Yates (3)］对它作了如下描述①："《墨子》中说，这种武器自身长六尺，埋入土中一尺，城上每 120 尺部署一架。每架机械由一名射手操纵，一名副手协助，任何情况下他们都不得离开岗位。居延的简牍表明，这些弩配备有瞄准器（'深目'）"。"转射机"这个名称意味着，这些弩能够"活动"，它们可能以某种方式安装，使其能够水平地转动，以及上下移动，因而能将城墙外的地域完全覆盖。它们也很有可能是通过安装于射击孔上的一些装置进行射击，这些装置称为"转棓"（旋转窗）或"辒"，具有带孔隙的旋转圆柱体，容许有 120 度的旋转角度。我们将在稍后对其进行讨论②。然而不幸的是，关于这些转射弩，缺乏进一步的详情，它们的发展似乎随着汉朝的灭亡而突然终止。

（6）杠杆抛石机，拽索式和配重式

人们能够想起，端木子贡南游于楚时，遇见了一位拒绝用桔槔汲水的老翁③。老人说，配重平衡的汲水吊桶是一种滑巧的装置，"使用滑巧器械者有滑巧之心"（"有机械者必有机事，有机事者必有机心"），因而尽管他知道这种机械，但他鄙视使用它的人。的确，老人是一位古代道家，他们认为，所有机械都很可能会成为邪恶之物，因此最好是彻底放弃使用它们。如果这位老者能够活到一千七百年之后，在襄阳围攻战（13 世纪晚期）中，看到半吨甚至更重的石弹，以及火药炸弹，由拽索式或配重式杠杆抛石机，全部倾泻到襄阳城上所造成的破坏，那么他就可能对古代道家学说的立场观点拥有确凿无疑的充分理由。

在继续叙述中古时代的机械砲时，我们必须脱离弩弓和筋束的范畴，而去研究飞石索和桔槔④。一根长臂，在其支点上摆动⑤，已被证明，其所能释放的抛射物重量，远远超过任何弹力机械，但射程要低于后者。到 13 世纪末，在东方和西方，攻城战中通常发射重达 250 磅的石块，这对于任何防御性的砖石建筑，都是难以抵挡的［见 Brad-bury (2)，p. 268］。而在 10 世纪末，在中国已能见到，开始以这种方式抛射火药弹。14 世纪，在火药将所有这类机械淘汰之前，重达数吨的摆动式配重体的采用，使得杠杆抛石机能够抛掷超过一吨重的物体。

对杠杆抛石机所作的物理学和力学的唯一分析，据我们所知，应归于唐纳德·希尔［Donald Hill (1)］的著作。在关于拽索式杠杆抛石机历史的一段重要导论之后，他分析

---

① Yates (3)，p. 432；原文中以 feet（英尺）代指战国和汉代的"尺"。

② 见下文 pp. 309，312，412—413。

③ 《庄子·天地第十二》；本书第二卷，p. 124，以及第四卷第二分册，pp. 332—334，已经提供了译文。

④ 本节的初步观点已于若干年前发表，即 Needham (81)。它是林恩·怀特（Lynn White）纪念文集中的一篇。

⑤ trebuchet 一词及其所有变体（*trebuchium*，*tribok*，等等），大概都是派生于同一个词根。严格说来，靠人拽索来压下摔臂一端的杠杆抛石机可能应称为 *petrariae*，而只有配重式杠杆抛石机，才应称为 trebuchet。

抛射物重 （磅）	配重体重 （吨）	臂　长 （英尺）	飞石索长 （英尺）	射　程 （码）
100	5	30	15	240—350
500	10	48	30	300—410

了配重式杠杆抛石机的两个实例，并按照支点两侧臂长的不同比例，计算出了它们的射程。在他的计算中，支点两侧臂长比例的变化范围为 1:3 至 1:8。所有这些数据，都属于配重体摆动式杠杆抛石机，该型式似乎为 12 世纪晚期创始于马格里布（Maghrib，即北非的阿拉伯国家）的某个地方。关于其他重要的细节，希尔对发射时确保摔臂释放的钩进行了复原，它带有缚系索和释放索；他又提供了一幅示意图，说明了当飞石索展开并容许抛射物飞出时，飞石索上的扣环便从摔臂末端的尖喙上滑脱。下面（p. 218）我们将看到在中国出现的这种类型的杠杆抛石机的一些情况，杠杆抛石机本身，便是首先诞生于这块土地上。

　　希尔还谈到了[1]见于列奥纳多·达·芬奇笔记的杠杆抛石机，它以配重体操纵一个轮轴安装于支点上的大轮[2]，但如他所言，到这个时候（约 1485 年），杠杆抛石机已经完全衰落。不过，霍利斯特-肖特［Hollister-Short (1)］提出，配重式杠杆抛石机可能是所有扇链式装置（sector-and-chain devices）的源头，因而也是机械工程学发展过程中一个主要的因素，因为它是从旋转运动向纵向运动转变的方式之一。列奥纳多可能知道马里亚诺·塔科拉（Mariano Taccola）[3]约于 1432 年图绘的杠杆抛石机，但他通过在摔臂上附加一个能绕支轴旋转的加重轮，对之作了改进[4]，不久后他看出，这种轮不必要有完全的圆周线。之后，达·芬奇依靠自己对运动学关系的独到理解力，将扇链原理（或以索代链）运用于同战争无关的许多机械，比如打桩机和挖土机。后来的工程师采用这一原理制成许多摆泵，而且它也被应用于天平、蜡烛机（candle-dippers）和矿井通风机械，最后被纽科门（Thomas Newcomen）用于他的蒸汽机。这当然是立式蒸汽机，位于横梁两端的扇链式装置将能量传送到下面的两个空吸提升泵[5]。于是，当论及火药时我们将看到[6]，这种军事机械在我们的文明如此依赖的那些热机的发展中，也最终扮演了一个有益的角色。

　　在中国的技术中，杠杆抛石机无疑是机械砲的最古老类型之一[7]。它曾使用复杂多样的名称，读音一般为"抛"（可能是拟声），通常意为抛射或投掷某种坚硬物体比如石头

---

① Hill (1), p. 104。

② Cod. Atl. fol. 57va（米兰国立科学技术博物馆之达·芬奇作品目录编号，参见 p. 203 之注。——译者）。

③ *Liber Tertius de Ingeneis*…（《论机巧》），J. H. 贝克编订本［J. H. Beck (1), folios 40, 41］。

④ 轮未被施加重力时，配重体的索或链自然缠绕于轮辋。

⑤ 参见 Hollister-Short (5)。

⑥ 见本书第五卷第七分册，pp. 556ff.。

⑦ 现代学者对于这方面知识的杰出贡献，分别见松井等 (1)；陆懋德 (1)；Lu Mou-Tê (1)；Wang Ling (1)；Goodrich & Fêng；冯家昇 (2)。

205

于对面的人或物。"礮"字最初出现于汉代①，后来常写作"抛"、"軱"。駮、駁（con-
tradiction，矛盾、不一致）的语义学意义因而被具体化为"抛投"或抛投机械。后来又
兼用"礍"②，含有抛射物如同豹子扑向猎物的意思，最后出现"砲"字（唐末以后广
为通用）。此术语在这一领域内用法极为混乱，因为抛射物与抛射机械极难分辨，二者
皆被称为"砲"。因此，当火药第一次露面时，用以抛掷炸弹或手榴弹的杠杆抛石机及
这些爆炸性的抛射物本身均被称为"火砲"，但在较早的世纪，这个词可能仅指纵火的
发射物。在每一个特殊的场合，必须根据上下文来判定其含义。后来终于出现了火字偏
旁的"炮"字，但即使是这个字③，也并非确凿无疑地标示着真正的管形火炮，关于后
者，又有另外一些词行用起来。这里我们不能再进一步追溯术语的问题，但自然地将在
下文中反复涉及它们④。

　　然而，发"抛"音的字中没有一个是桔槔式弹射器或杠杆抛石机的最古老名称。其
最古老名称是"旝"（或读 gui），但不幸地，此字的最初含义是信号旗⑤。它可能最初
（约公元前 9 世纪）出现于《诗·大雅·大明》中："殷商之旅，其旝如林。"（殷商的步兵
队，旗子聚集起来如同森林。）⑥稍晚，在《左传》⑦关于公元前 706 年缙葛之战的记载
中，也提及了它，当时郑伯命令，每当信号旗摇动，便擂响战鼓（"旝动而鼓"）。杠杆
抛石机源出于单一的旗杆可能是极自然的，因为桔槔通常只包含单独一根垂直的柱。到
汉代，杠杆抛石机肯定已经出现，因为注释者当时将前述两处提到的"旝"字都解释为
抛石机。公元 121 年，许慎引用《诗经》，说⑧：旝"是一根巨大的木臂，其上安放石
头，以机械（'机'）手段发射，以打击敌人。"（"一曰建大木，置石其上，发以机，以椎
敌。"）在他之前，大约公元 50 年，贾逵对《左传》中的那句话提出了相同的解释。但这
个字后来仍然更经常地指旗，例如人们能够在马融约作于 150 年的一首诗中见到它⑨。如
果要为杠杆抛石机的最初起源确定一个时间，那么将它与大约公元前 480 年的越国政治家
范蠡的名字，或是在随后几个世纪中撰写了早已失传的《范蠡兵法》的任何人相联系，应
是很吸引人的。3 世纪的张晏有一部《范蠡兵法》的抄本，他从该书中引用的一句话通过
《史记》的注释而保存到了现在⑩："飞石重 12 斤⑪，由机械（'机'）发射至 300 步远"⑫。
（"飞石重十二斤，为机发，行三百步。"）恐怕不会有任何比这更早的材料了。

　　其次的一个材料见于《孙膑兵法》，其中以"投机"之名顺便提到了杠杆抛石

---

① 《前汉书》，见 Couvreur（2）；以及潘安仁《闲居赋》（《文选》卷十六，第三页），潘氏卒于约 300 年。
② 另外一些例子将在下文的讨论中提及。
③ "炮"与意指烤炙或煎炸的"炰"字有别，两字由相同的要素构成，但拼组方式不一样。
④ 下文 pp. 210—211，230。
⑤ 此字的"词根"为"㫃"，意指旗。由此来看，说"旝"的本义为信号旗是很有道理的。
⑥ 理雅各［Legge（8），Ⅲ（2），v. 7］和高本汉［Karlgren（14），p. 188］将"旝"理解为"会"，认为是多余
的，因而不予翻译。韦利［Waley（1），p. 262］依据注释者之说，将之译为 catapult（弹射器）。二者看来皆错。
⑦ 《左传·桓公五年》；译文见 Couvreur（1），p. 83，"旝"被译为 flags（旗）。
⑧ 《说文通训定声·泰部第十三》，第十一页。
⑨ 见于《后汉书》卷六十上，第六页。
⑩ 《史记》卷七十三，第九页。这句话也为李善（约 660 年）所引用，见《文选》卷十六，第三页。奇怪的是，
这句话与《史记》的本文并无多大联系，后者提到了某种快速的滚球，那是秦始皇的大将军王翦部队中的军事游戏。
⑪ 约 6.7 磅。
⑫ 可能约为 225 码。

206

207

机^①，但可惜没有提供构造的详情。

　　然而，《墨子·备城门第五十二》中有两段文字，描述了战国晚期的杠杆抛石机，叶山［Yates（3）］已对此进行了分析，其观点值得全文予以引用^②：

　　第一段指出，支柱（"柱"）高17尺，埋入土中4尺，以使之稳固。地面之上，支柱的净高为13尺。第二段只说，柱高12尺半，没有提埋入土中。很有可能后者是指装有轮子、可以移动的机械，如同11世纪宋代兵书《武经总要》中所图示的杠杆抛石机^③，但这个段落没有这种意思的说明。支轴或枢轴（"困"）位于柱的上端，用马车之轮制成，轴杆大概被支撑于柱顶部的槽口内，或者是穿入柱上钻出的圆孔中。摔臂也即横竿如何装于轴杆上，其确切情况不清楚：可能以绳或铁丝绑缚，或者如果轴杆足够粗的话，则钻孔穿在中间。后一种装置法在《武经总要》的杠杆抛石机图上能够见到。

　　这两段文字说明，摔臂（"夫"）长30至35尺，"如果短于24尺，便不用"（"夫长二十四尺以下不用"）。臂竿的四分之三位于支点的前部，四分之一位于支点后部：在此四分之一部分，如前面已谈到的，缚系着向下拽拉摔臂的绳索。容纳抛射物的飞石索（"马颊"，字义为马之颚）装于臂的前端，长2尺8寸。臂本身可能用几根木料以铁丝束缚制成。采用这项技术，获得了更大的强度和挠性：以单根木料制成的臂，装上沉重的抛射物，以及反复使用之后，可能更易于断裂。在《墨子》的另一个段落中，铁丝箍被称为"铁篆"，而在详细记载杠杆抛石机结构的这两段文字中，它们被称为"铁什"^④。（对墨家的杠杆抛石机的初步复原见图71a，b。）

　　墨家怎样部署这些抛石机，抛射物如何，他们要击退的又是什么形式的攻击呢？《墨子·备城门第五十二》关于这些机械沿着城墙部署的间隔距离提供了三个不同的说法，分别为300、180和120尺，还写到守城者用这些抛石机抵御配重平衡式云梯、筑向城墙顶部的长斜坡、敌军对护城濠的填塞，以及步兵的直接突击^⑤。令人稍感惊奇的是，墨家的军事专家提出，这些机械从城墙的顶部（"城上"），而不是城内的地面发射。处于这样的暴露位置，而且可能埋设于城墙的射击垛上，它们无疑会成为攻城者的抛石机和弩很容易瞄准的目标。此外，摔臂的长度将要求城墙顶部的射击垛需宽于35尺。因而我们是否可以理解：抛石机是埋设于城墙之内，城墙上布置有一个瞭望哨，为下面的砲手指示方向。

　　这些抛石机无疑是抛放石块，但这类抛射物的重量没有记载。城墙上每隔

200 208 209 (margin numbers)

---

　　① 《孙膑兵法·邹忌问垒》；张震泽（1），第42页；Balmforth（1），p. 347；吴九龙（1），0200简，第十七页，此简提供了"機（机）"字的最初写法"幾"。

　　② Yates（3），pp. 417—419。

　　③ 注意，《武经总要》现存版本中的插图可能属于明代。

　　④ "什"可能是"升"之误；在《礼记》中，"升"意为"绞"（即80线）。

　　⑤ 吴毓江（1），卷十四，第6—7，13页；岑仲勉（3），第17—19，30—32页；皆将《墨子》原文中的"隊"释为"隧"，意即"坑道或隧道"。我们认为，在炸药尚未发明的这个早期时代，用抛石机的发射来抵御地下隧道是不可信的。"隊"可能应理解为"行"或"列"，如同《墨子·备城门第五十二》中的一段文字，讲到了抵挡10万人分成"隊"或"术"的波浪式攻击所需的防御者人数。应注意，现存《墨子》书不同段落中的"投机"之"投"字，被讹为"枝"、"披"及"校"。以前的学者对这些字作了不同的校释，在我们看来，都是错误的。

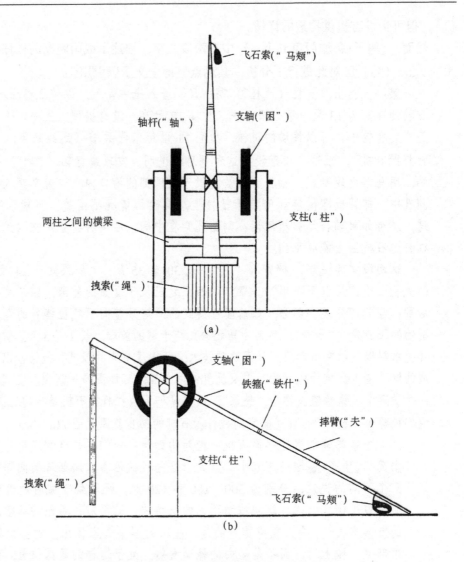

图 71　墨家的杠杆抛石机的初步复原，采自 Yates (3)。

12 尺放置一堆石头，每堆 100 至 500 块，每块石头重 10 钧（约 73 千克）以上[①]，但这些石头可能是由守御者手投的[②]，而不是以抛石机抛放。

不过。墨家也开发了另外的发射物，这是一种火弹，当敌人试图用柴草和泥土填塞护城河时，就使用它。

讲到火弹的这段文字严重错讹，并且很不完整，但仍有可能复原墨家的方法。

---

① 这段文字在现存《墨子》书中作"二步积石，石重中钧以上者五百枚毋百"。章怀太子李贤注释《后汉书·坚镡传》（《后汉书集解》列传第十二，第十页）引作"墨子曰：备城者积石百枚，重十钧已上者"。毕沅引用这个注释，将"十"改为"千"，据孙诒让推测，系误读或出自一不明的版本。岑仲勉（3）和吴毓江认为"中"意为"半"，而吴汝纶将此字读作第四声，意为"中的"。这段文字应校订为"二步积石石重十钧以上者五百枚毋百"。西方的机械能够发射重达 78 千克的石头 [Foley & Soedel (2)，p. 150]。

② 此类石头也名为"蔺石"、"檑石"、"礧石"。

木段长 2 尺 4 寸，粗 "一围"[①]，可能为 23.1 厘米，中心挖空，实以燃着的木炭，　210
并将口封紧。然后用抛石机将这些火弹抛掷到攻城者堆积的柴草上。顺便应当注
意，墨家似乎没有在这些弹中使用燃烧的油脂。

从秦汉时期开始，由一组拉拽者操纵的杠杆抛石机便成为中国攻城战极为普通的特
征。鉴于在旧大陆的另一端，机械砲的发展相当不同，故而有必要指出中国古代和中世
纪早期使用这种机械的大量证据。因此，我们将从连续的朝代中选择一些例子，并特别
注意留传至今的制造杠杆抛石机且组织其使用的军事技师的名字。人们会发现在结束了
汉代的长期和平的三国时期的战争中使用了它们。在公元 200 年的官渡，曹操用它们来
攻击袁绍的营垒。当时，士兵们将抛射石头的机械（"发石车"）称为 "霹雳车"[②]。如果
这体现了某种新的发展，那可能是它们被安装于带有轮的移动式底座上。其他一些同时
代的使用砲的战斗也容易找到[③]。我们首先列举的技师是 5 世纪的虞揭之，他为寿阳围
攻战制造了 "石车" 和 "礧车"（这很可能是攻城槌）[④]。一个世纪后，文献提到用抛石
机将燃烧弹（"火爨"）和巨石（"礨石"）抛向巴陵城下的围攻者[⑤]。我们以前已经接触
到水军统帅黄法氍，论及了他的桨船[⑥]，在 573 年的历阳围攻战中，他在船上安装了
"拍车" 和 "抛车"，因而突破了防御[⑦]。此时期还再次出现了 "霹雳车"，见于一段离
奇的文字，即《隋书·刑法志》讲到，可憎的北周皇帝宇文赟（578—580 年在位）将之
作为一种处罚形式 "以威吓妇女"[⑧]。这可能暗示，那时它们已极为强劲，足以发射像　211
人那样重的物体——欧洲中世纪晚期以后，便经常这样做[⑨]。

---

① "围" 作为表示圆的周长的度量单位，其含义尚有一些疑问。陆德明论及《庄子·人间世》时引了两种意
见：崔氏（《经典释文》卷二十六，第十六页）说一围即 8 尺，"环八尺一围"，这太大，难以接受；李氏释围为直
径 1 尺之圆的周长，"径尺为围"（《经典释文》卷二十六，第十五页）。由于战国时期，各个国家有不同的度量衡体
系，其间各自又有所演变，因而《墨子》城守诸篇中的围的长度便难以确定。但秦国商鞅时期（公元前 4 世纪中
叶），尺的长度看来是 23.1 厘米 ［王世民（1）引唐兰（4）］。已知圆周可用 $2\pi r$ 表示，那么按李氏之说，其长度
应为约 72.2 厘米。然而，下文 ［Yates（3），p. 444］ 我们将看到，墨家建议在城墙脚跟的斜坡上埋设半围多粗的
铁椿。如果李说正确，这些椿的周长应为 36.25 厘米。此外，在关于隧道的几段文字中，墨家指出，宽和高为 7—
8 尺（约 173.2—184.8 厘米）的隧道的支撑柱粗 2.5 围；即周长 181.3 厘米，直径 57.94 厘米。这两个数字，
36.25 厘米和 57.94 厘米，我们认为都太大，尤其是后者。因为那些支柱料想是面对面地竖立的，合起来直径应为
105.88 厘米，坑道的实际宽度便只剩下 70—80 厘米。《墨子》讲到，将长 10 尺、粗一围的火炬即照明火把
（"苣"），20 个为一堆，每隔 12 尺在城墙上放一堆。最近，发现了两个汉代火炬实物，以成束的干芨芨草
（Achnatherum splendens）茎制成 ［甘肃居延考古队（1），第 6 页；EPS4：047，038］。它们长 82 厘米，直径 8 厘
米，中间横插二或三根短木棍。直径 8 厘米，周长即为 25.1 厘米。因此我们推测，一围大致是周长一尺，也即
23.1 厘米。据此可知，坑柱的周长为 57.7 厘米，直径即为 18.36 厘米，铁椿的周长则为 23.1 厘米。这两个数字，
更加符合于《墨子》所提到的物体的实际要求。

② 《后汉书》卷七十四上，第二十二页；《三国志》卷六（《魏书·袁绍传》），第二十四页。在八百年后的早
期火药武器中，我们将频繁地再次接触到 "霹雳" 一词。裴松之注引《魏氏春秋》说：这些机械系据古代 "旝" 的
样式制成。（"《魏氏春秋》曰：以古有矢石，又传言旝动而鼓，说（文）曰旝发石也，于是造发石车。"）唐代李贤
注释《后汉书》说：它们 "与现今的抛车相同"（"即今之抛车也"）。

③ 比如见于 258 年攻克诸葛诞据守的城池（《三国志·魏书》卷二十八，第十五页）。

④ 《宋书》卷八十七，第十五页。他约于 450 年效力于殷琰将军。

⑤ 《梁书》卷四十五，第五页。见于王僧辩的传中，年代为 549 年左右。

⑥ 本书第二十七章（g）。

⑦ 《陈书》卷十一，第三页；《南史》卷六十六，第十七页。

⑧ 《隋书》卷二十五，第十六页；译文见 Balazs（8），pp. 72，160. 这段文字写道，"又作礔砳车以威妇人"。

⑨ Payne-Gallwey（2），p. 39；Alwin Schultz（1），vol. 2，p. 100n.

　　进入唐代，材料更为繁多。在其开国之际，公元 617 年对隋朝都城的攻击，就因为工兵将军田茂广制造的 300 架杠杆抛石机（"云旝"）[①]的协助而加快。几年后，成为唐朝第二位皇帝的唐军统帅在洛阳用类似的炮群攻击王世充，它们以高度弯曲的弹道将 66 磅重的炮弹发射至 150 码远[②]。在这样的交战中，很大程度上依赖于猛烈的发射。公元 668 年远征高丽时，杠杆抛石机似乎成为胜利的关键因素，那一年，李勣攻克了高丽人的都城[③]。一个世纪后，在安禄山叛乱期间，拥护帝国的最有才干的将军之一李光弼的军队中有如此重型的杠杆抛石机，每架需 200 人操纵[④]。这些"擂石车"安装于活动的车辆上，如同重型的野战炮。

　　正是在这个时期，出现了第一份详细的记述。在安禄山死后仅两年编成的李筌的《太白阴经》中，我们发现了一段值得引用的重要文字。在任何形式的杠杆抛石机为西方人所了解或使用之前，李筌于 759 年写道[⑤]：

> 　　抛石机（"砲车"）以巨大的木料制成机架，底部装有四轮。其上竖起两根支柱（"双陛"），它们之间有一水平的杆（"横栝"），它支撑着单独的一根臂（"独竿"），因而这种机械的顶部如同桔槔。臂的高度、长度和粗细，依据（所要攻击或防御的）城池而定。臂的末端有一飞石索（"窠"，字义为巢）以容纳石头，石头的重量和数量取决于臂的坚固程度。人（猛然）拉拽（缚系于）另一端（的绳索），便使之发射。其车架能随意地推进和旋转。也可以将（机架的腿的）末端埋入地中，然后使用。（但究竟采用）"旋风"式还是"四脚"式，随情况而定。

> 　　〈砲车　以大木为床，下安四轮，上建双陛，陛间横栝，中立独竿，首如桔槔。状其竿高下、长短、大小，以城为准。竿首以窠盛石，小大多少，随竿力所制。人挽其端而投之。其车推转逐便而用之，亦可埋脚着地而用。其旋风、四脚，亦随事用之。〉

这里我们不应继续忽视一些插图。尽管没有任何图可确定为出自唐代，但机架的基本型式显然在那时已经成形，而且我们能够通过 1044 年的《武经总要》中的四幅图了解到它们。图 72 描绘的"旋风"式最为古老，仅有一根支柱，但对于小"质量"的抛射物也可能最便利，因为它能非常容易地旋转以面对所要求的任何方向[⑥]。应当注意支柱顶部的矩形框，它构成了支点处摆动轴的轴承。图 73 图示了一组五架这样的杠杆抛石机，大概固定安装于一个转盘上[⑦]，图 74 提供了"抛石车"，这种独柱机械安装于四轮车上[⑧]。

212

———————————

　　① 《新唐书》卷八十四，第三页。士兵称它们为"将军礮"；此战为李密所指挥。庄延龄［Parker (6)］很早以前就注意到了这个材料。

　　② 这位统帅就是李世民；有关数据出自《资治通鉴》卷一八八，第二十一页。

　　③ 《新唐书》卷二二〇，第三页。李勣是一位令人感兴趣的官员，他还编了一部药典。

　　④ 《新唐书》卷一三六，第二页。

　　⑤ 《太白阴经·攻城具篇第三十五》，第一页，由作者译成英文。

　　⑥ 《武经总要》（前集）卷十二，第五十页，被转引于《武备志》卷一二三，第十八页；《图书集成·戎政典》卷二九六，第三十页。

　　⑦ 《武经总要》（前集）卷十二，第五十五页，被转引于《武备志》卷一一三，第二十三页。

　　⑧ 《武经总要》（前集）卷十二，第三十九页，被转引于《武备志》卷一一三，第九页；《图书集成·戎政典》卷二九六，第二十四页。

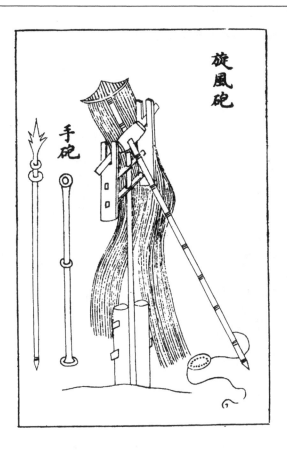

图 72　旋风砲，《武经总要》（前集）卷十二，第五十页。

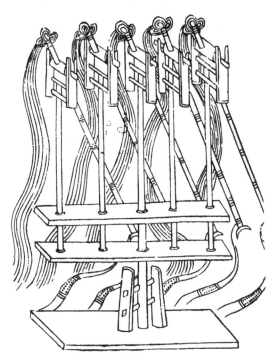

图 73　一组五架旋风砲，《武经总要》（前集）卷十二，第四十八页（明刊本）。　　213

"四脚"或凳座式用于极重型者，见图 75，它被称为"七梢砲"①。

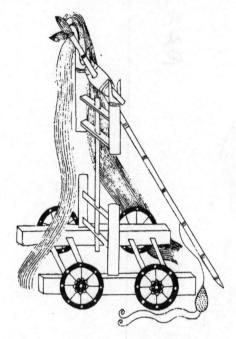 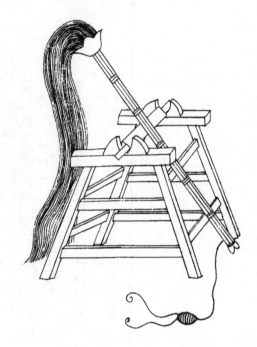

图 74　装于四轮车上的杠杆抛石机（"抛车"），　　　图 75　四脚的七梢砲，《武经总要》

　　　《武经总要》（前集）卷十二，第三十九页。　　　　　　　（前集）卷十二，第四十八页。

214　　　这个术语迷惑了好几位汉学家，因为"梢"通常意谓"枝"或"末"②，但分析兵书中的文字和插图，可知此处这个字乃指复合构成摔臂的木质（或竹质）竿的数量，它们被紧缚于一起，或用金属箍束固③。《武经总要》中的这些图，在其现存形式中，尽管也许没有同时出现的正文，但可被视为见于若干较晚的著作和百科全书，诸如《武备志》、《图书集成》等书中的那些杠杆抛石机的原型④，而且在这些机械本身完全被淘汰之后很久，仍不断被引用。在大多数场合，我们拥有不同型式抛石机的定量详情（见下文表 4）。在唐宋时期的文献中，有关它们的材料并不罕见。例如景德年间（1004—1007 年），许多年轻人因军功而被提升，其中一些人被嘲讽为不学无术。有一位张存，据说其全部知识只是施放"旋风砲"的技艺⑤。

　　　在脱离杠杆抛石机的不同型式之前，再简单回顾一下图 72，其上还描绘了一对竖杆，标注为"手砲"，也即"手持的杠杆抛石机（Hand-Trebuchet）"，这是军事技师刘永福

---

　　　① 《武经总要》（前集）卷十二，第四十八页，被转引于《武备志》卷一一三，第十六页；《图书集成·戎政典》卷二九六，第二十九页。

　　　② 例如《皇元征缅录》（1300 年蒙古帝国远征缅甸之记述；作者不详，撰于征缅一二年之后）第六页记，防守敏象（Myin-saing）的缅甸人有"三梢、单梢砲"，米斯［Mus (2)］，p. 339］和胡伯尔［Huber (3)］，p. 676］译为"three-branch and one-branch trebuchets"（三枝和单枝抛石机）。

　　　③ 复合结构便于拆卸和运输的重要意义不应被忽视；参见下文 p. 219。

　　　④ 甚至晚至 1840 年的著作，如陈阶平（1）卷四，第三十四页。

　　　⑤ 《清箱杂记》卷八，第六页。

的发明，他于 1002 年将之献呈皇上①。其中一杆，杆脚固定于地，顶端有轴枢作为摔臂的支点，在此时期围绕筑垒阵地展开的堑壕战中，凭借这种器具，单兵能将石头（甚至当时的火药"手榴弹"）抛掷到敌人的队伍中。所有边境军队都被命令装备这种器械。

我们再回到唐代，值得注意的是，在唐太宗的那些大规模远征过程中，中国式的杠杆抛石机踏上了西传之路。到公元 648 年，这些远征导致了整个新疆的臣服。征伐开始于大约 10 年之前对高昌（吐鲁番盆地的城邦国家）都城雅尔和屯（Yarkhoto，即交河城）的围攻战（参见图 179、180）②。因为需要砲队，"皇帝从山脉以东召集了所有擅长制造攻城机械之人"（"帝召山东善为攻城器械者，悉遣从军"）③，而且侯君集将军④为技师姜行本的木料场砍倒了整个森林。纪念哈喇和屯（Karakhoto）围攻战的一块石碑，至今仍存于巴尔坤（Barkul）东南的还愿寺庙中，其铭文已由沙畹［Chavannes（18）］译出；它讲到姜⑤的抛石机（当然确实）大大优于古人所知的任何东西。"他依山制造这些机械，发展或放弃了旧时的方法（根据具体情况），因而大大改进了它们。"（"依山造攻械，增损旧法，械益精。"⑥）这些事实的重要意义是，在 7 世纪早期，有效的杠杆抛石机的设计方法，必定已为突厥人所了解，他们处于将之进一步向西传播到拜占廷和阿拉伯文化区的中介地位。

唐代灭亡后，杠杆抛石机的使用继续增加。五代时，一位皇帝曾亲自充作砲手⑦。中国的抛石机部队既效力于辽军⑧，也在宋朝指挥下抗击辽⑨。这是 10 世纪末的事情；12 世纪，在与金人的战争中，有极大规模的砲击⑩，这时不仅使用石弹，而且也使用爆炸性的抛射物⑪。我们还经常在这些记述中奇怪地见到现代的防御设施，比如被大量用于保护城墙上建筑物的沙袋，以及用于城楼灭火的水桶⑫。13 世纪末，当宋朝走向灭亡

215

---

① 《宋史》卷一九七，第二页。

② 参见 Chavannes（17），pp. 7ff.；Eberhard（9），pp. 190ff.。吐鲁番人当时成为西突厥的附庸。

③ 《册府元龟》卷九八五，第十页。

④ 一位令人感兴趣之人，若干年前黄河源的发现者。参见"阿维尼翁"之歌："卡尔皇帝命人将树干运走，松树、月桂和橡树都伐倒，安装上抛石机和石头。"（Aye d'Avignon：'Et Karles l'emperere fait charroiier le fust，Les pins et les loriers et les chesnes branchus，Et mistrent mangonniax et les perrieres sus'）［Schultz（1），vol. 2，p. 400］。

⑤ 也是一位令人感兴趣的人物；原为工部的建筑师，曾设计一些苑囿，并建成许多宫殿和庙宇。最后死于远征高丽，他曾谏阻出兵，皇帝亲自为他撰写了挽诗。

⑥ 《新唐书》卷九十一，第七页。

⑦ 即郭荣，后周的第二位君主(954—959 年在位)，也以鼓励铸铁及关心农业技术而著称。见《资治通鉴》卷二九三，第一页。

⑧ 有耶律休哥和耶律斜珍两位将军于 986 年的通信为证（《辽史》卷十一，第五页）。也见《辽史》卷十八，第五页，及卷十九，第七页，有关段落的译文见 Wittfogel & Fêng Chia-Shêng(1)，pp. 566ff.。

⑨ 如张雍于 988 年防守梓州抗击辽（《宋史》卷三○七，第四页），当时卢斌来救援他。

⑩ 如 1161 年魏胜防守海州（《宋史》卷三六八，第十五页）。其杠杆抛石机射程约为 200 步(500 码)。更早的材料也见于著名的德安防御战(1132 年)；《守城录》卷三，第六页，卷四，第六页，等等。

⑪ 详见本书第五卷第七分册，p. 60。

⑫ 见于 1219 年孟宗政抗击金将完颜讹可的守城战之有关记述（《宋史》卷四○三，第十页起）。更早的沙袋材料可能见于 712 年阿拉伯人对撒马尔罕（Samarqand）的围攻战［Huuri(1)，p. 144］。

之际,在与蒙古人的战争中,这类砲的使用肯定也不少[①]。只是到了明代,由于管形火砲的大规模应用,杠杆抛石机才开始严重地被淘汰。

　　关于杠杆抛石机的不同设计及其性能,1044 年的《武经总要》是第一部提供了详细情况的著作;这个材料被摘要汇集于表 4。由此能够获得一个概念,在以往许多世纪的应用

216

表 4　中古杠杆抛石机的定员和射程(据《武经总要》等[①])

类　　型	名　称	《武经总要》(前集)	《武备志》	《图书集成·戎政典》	拽手人数[②]	定放人数[③]	抛射物重(磅)[④]	射　程(码)[⑤]
手持杠杆抛石机	手砲	卷十二第五十页	卷一一三第十八页		1	0		
双支架小型杠杆抛石机	合砲	卷十二第五十六页						
固定的独柱杠杆抛石机("旋风")	旋风砲	卷十二第五十页	卷一一三第十八页	卷二九六第三十页	50	1	4	85
固定的小型箱式或桁式机架杠杆抛石机	独脚旋风砲	卷十二第五十三页						
一组五架固定于转盘的独柱杠杆抛石机	旋风五砲	卷十二第五十五页	卷一一三第二十三页					
双轮移动式独柱杠杆抛石机	旋风车砲	卷十二第五十四页						
四轮移动式独柱杠杆抛石机(一般的砲车)	卧车砲	卷十二第三十九、四十、五十四页	卷一一三第十九页	卷二九六第二十四页				
三角形机架杠杆抛石机("虎蹲")	虎蹲砲	卷十二第五十二、五十三页		卷二九六第三十一页	70	1	16	85
三角形机架,更大型的杠杆抛石机	挂腹砲							
双轮移动式三角形机架杠杆抛石机	行车砲	卷十二第五十五页		卷二九三第十四、十五页				
矩形桁式机架杠杆抛石机,单梢	单梢砲	卷十二第四十二页		卷二九六第二十五、二十六页	40	1	2.5	85
矩形机架,结构相同,唯抛掷火药弹	火砲	卷十二第五十六页						

---

　　①　例如蒙古将军唆都攻克福建之宋城(《元史》卷一二九,第十三页),或张君佐攻取沙阳和阳逻堡(《元史》卷一五一,第二十页)。但到 1288 年,李庭使用"火砲"攻击反叛的元宗王(《元史》卷一六二,第八、九页),上下文表明,这已不是抛石机或手榴弹,而是手铳或火炮(参见本书第五卷第七分册, p. 276)。

续表

类　　型	名　称	《武经总要》(前集)	《武备志》	《图书集成·戎政典》	拽手人数[2]	定放人数[3]	抛射物重(磅)[4]	射　程(码)[5]
矩形机架，双梢	双梢砲	卷十二第四十四页		卷二九六第二十七页	100	1	25	133
矩形机架，五梢	五梢砲	卷十二第四十六页		卷二九六第二十八页	157	2	98	85
矩形机架，七梢	七梢砲	卷十二第四十八页	卷一一三第十六页	卷二九六第二十九页	250	2	125[8]	85
配重式杠杆抛石机	回回砲		卷一〇八第十三页	卷二九三第十一页	10?	?	>200	<300[7]
						(Polo fig. 300)[6]		

①由冯家昇［冯家昇（2），第43页］和胡里［Huuri（1），p. 201］的表扩充而来。

②难以相信全部拽手都同时拉拽；这些数字大概反映了一个单元的总人数，他们分为几组轮流搜索。胡里［Huuri（1），p. 14］也持此观点。

③大概是专司瞄准和发出搜索命令的军士（NCO$_s$）。

④由一宋斤约合0.6千克的比率换算而来。

⑤由给出的步换算而得，假设"步"通常为双步（double-paces），相当于5英尺。

⑥这些数字系指配重体固定的杠杆抛石机而言。重量为其10倍（即约1吨）的抛射物，只有摆动式配重体的杠杆抛石机才能达到［Huuri（1），p. 12］。由于《图书集成》描绘了一架这种抛石机，因而更重型的抛石机如果不是在宋元战争结束之前，也必定在元代和明代已为人所知。

⑦这个数据系佩恩-高尔韦［Payne-Gallwey（1），p. 309］经试验算出。胡里［Huuri（1），p. 13］的估算过小，约220码。

⑧胡里［Huuri（1），pp. 14，91，149，etc.］依据阿拉伯和拜占廷的资料写道，11世纪的搜索式杠杆抛石机发射物重达275磅，但关于重量单位可能会有一些疑问。中国的搜索式杠杆抛石机似乎不曾使用如此重之物。他给出的西方这类机械的最大射程为190码，看来也过大。但我们不知道，中国兵书中提供的数字，究竟是通常射程还是最大射程。

中，杠杆抛石机的体积、射程和抛射物重量逐渐增加。在以固定的配重体代替协调一致地拉拽绳索的一群拽手之前，抛射物的重量可能无法超过200磅，而抛射物的重量增至500磅以上，就必须有摆动的配重体。

　　固定的配重体是如此简单的一个概念，直到将近12世纪末才得到开发似乎出人意料地晚，特别是因为作为所有"砲"之原型的古老的提水机械，始终是采用这种原理。我们将看到，吸引了中国人的军事想象力的配重式杠杆抛石机，是由来自阿拉伯国家的技师引进的，但很有可能是在几个地点，约于同一时期被发明的，而且成群的拽手提供了如此引人注意的目标，必定是一个促进的因素。一位发明者可能是强伸，即1232年防守洛阳抗击蒙古人的金朝将领。

　　　强伸又创制一种抛石机称为"遏砲"，用以阻止（敌军）侵入（他的阵地）。仅需数人操纵，而（用这种机械）却能将巨大的石头抛掷到100步①以外，在此距离

①　相当于165码，就杠杆抛石机而言，这暗示其自身具有平衡配重体。

内，没有不能准确击中的目标①。

〈又创遇砲，用不过数人，能发大石于百步外，所击无不中。〉

然而，尽管当时蒙古军解除了围攻，但这位英勇的将领死于次年，而且两年后金朝便灭亡了，因而这项设计显然没有传到宋人手中，尽管这对于他们来说可能非常有价值。

结果，这种机械却被证明为是用以打击宋人的最重要的新式武器之一。这个故事从东西交流的角度看，是如此地令人感兴趣，对此我们必须尽可能地仔细介绍。其开始的篇章可能是大约 13 世纪中叶，西征蒙古军中那些由汉人砲手组成的庞大分队的活动。甚至第一支西征军已经运用了这一兵种②。但在 1253 年，蒙哥汗希望加强它，发信到中国要求广泛的增援③。因此，在 1255 年的蒙古军中，除有许多汉人弩手分队之外，还包括：

219

一千户④弹射器工匠（Khitā-ī Manjanīk-chīs），石脑油投掷手（Naft-Andāz）⑤和用轮子⑥操纵的火箭发射器手（Charkh-Andāz）伴随着他，而且他们带来不计其数的大量抛射物和装备，皆属于大军中他们这个特殊的分队。他们还携有带轮的弩砲（Charkhī Kamāns），靠一个轮子操作⑥，一根弓弦能拉三张弓，每架弩能发射三或四厄尔（ell）长的箭⑦。这些箭或弩箭，从搭弦的凹口到将近头部，缚以秃鹫和老鹰的羽毛，弩箭短而粗。这些机械也能发射石脑油。弹射器的弩箭（*sic-tī r*）以桪木制成，非常坚韧而强劲，并用马和小公牛的皮包覆（以防火焚），如同匕首插于鞘中；而且每架弹射器皆如此建造，以便能够分解为五或七个部分，并易于重新组装起来⑧。这些弹射器和抛石机用马车从契丹（Khitā-e）运到突厥斯坦（Turkistan），由熟练的工程师和机械师管理，但恰恰相反，没有任何证据表明，他们有火药的任何知识。

---

① 《金史》卷一一一，第十二页；由作者译成英文，借助于儒莲 [St-Julien (8)] 译自《通鉴纲目续编》（卷十九，第四十八页起）之文；罗莫基 [Romocki (1)，vol. 1，p. 46] 也予引用。

② 例如 1241 年，发生于绍约河（Sajo）附近对匈牙利人的战斗 [Howorth (1)，vol. 1，p. 149；Martin (2)，p. 67]。据说当时抛射了火药炸弹 [Prawdin (1)，p. 259]，但如此主张者未提供出证据，尽管这是完全可能的。显然，逃亡的俄罗斯大主教关于蒙古人的著名谈论属于 1244 年："他们有复杂的机械，准确而勇猛地投掷"（Machinas habent multiplices，recte et fortiter jacientes）[Yule (1)，vol. 2，p. 168]，这话经常被引用和误引。《纳西尔贵人》（*Tabaqāt-i Nāsiri*）提供的成吉思汗的总工程师（*manjaniq-i khās*）的名字为艾卡赫·努温（Aikah Nowin）[Yule，p. 168]，在他手下有一万人。

③ Quatremère (1)，p. 132；被引用于 Reinaud & Favé (2)，p. 295；Yule (1)，vol. 2，p. 168。

④ 这个词可能产生于对"家"字含义的误解。"家"当然既指研究或专门知识的流派，也指普通意义上的家庭。

⑤ 关于这些，见本书第五卷第七分册，pp. 73ff.。

⑥ 显然为弩砲之绞车。

⑦ 显然是"连弩"或多弓"连弩"；参见上文 p. 187。后来在 1281 年，埃及人从波斯人那里夺得了一队这些弩，资料见 Huuri (1)，p. 124。

⑧ 关于中国杠杆抛石机的复合特征，这是非常重要的证据，出自一个独立的来源。

这段文字系雷弗蒂（Raverty）译自某位波斯史家的记述[①]。在中国技师和他们的中亚同事之间，如果不存在技术信息的交流，那应是非常奇怪的。

　　12 年后，忽必烈统率的蒙古军遇到了较之阿剌模式更为坚固的防御工事，这便是一对孪生城市，位于宋帝国之北方边境的襄阳和樊城。它们在长江以北约 200 英里的汉水之滨，占据着战略上的要冲，它们的守卫者由范天顺和牛富指挥，坚定而机智[②]。一座浮桥连接两城。1267 年，吕文焕被委任为两城的长官和统帅[③]，就于这一年底，开始了[④]在整个中国历史上最令人难忘的一场围攻战[⑤]。最初蒙古人及其汉人军队没有取得多少进展，尽管有阿术（Arču）将军和阿里海牙（Ariq Qaya）将军的得力指挥，后者是维吾尔人。因此在 1271 年，阿里海牙请求忽必烈派人去西方（阿拉伯地区）搜罗能够制造大型配重式杠杆抛石机的技师[⑥]。这很快有了答复，将近 1272 年底，由亦思马因和阿老瓦丁制造，能够发射 200 磅重砲弹的新机械（"新砲法"）开始被运用于樊城[⑦]。这年秋天，有一次援助襄阳的最为非凡而勇敢的尝试，援军由张贵和张顺率领，以 100 艘踏车明轮船组成护航队，非凡不仅在此，而且体现于双方对火药武器的广泛运用；援军带着大量给养抵达，但两员将领一人落水溺死，一人被俘[⑧]。为切断两城的联系，蒙古将领率兵攻击浮桥，冒着矢石用机械锯将之截断[⑨]，并焚毁了它。在 1272 年的最后一个月，樊城被突破，遭到重创，终于陷落[⑩]，当抵抗结束之际，范天顺和牛富宁可自杀而不投降。1273 年 3 月 17 日，在以新式抛石机对襄阳城进行了长久而持续的雷霆般轰击之后，吕文焕降下了宋朝的旗帜，于是结束了长达五年的围困，吕文焕转而效命于蒙古征服者[⑪]。

　　我们幸运地能够准确了解这两位穆斯林技师，因为他们都获得了在元朝的官方史书

220

---

　　① Raverty (1), p. 1191。豪沃斯［Howorth (1)］将这段文字吸收入他的散文，但有几处小修改。他似乎认为，这段文字系出自朱兹贾尼（al-Juzjanī）的《纳西尔贵人》的本文，但实际上它见于那部著作的一条脚注。它可能不是直接的译文，但肯定出自某一波斯原始资料。拉施特（Rashīd al-Din al-Hamadānī）只说："在完成他的部署之后，蒙哥派信使去契丹（Cathay），从那个国家带来一千户善于制造战争机械、抛投石脑油和发射弩砲之人"［Quatremère (1), p. 133］。志费尼讲得更离奇，"同时他（旭烈兀）遣人到契丹去调抛石机专家和石脑油投掷手，他们从那里带来一千契丹抛石机户，他们用石弹能把针眼变成为骆驼的通道，抛石机的竿用筋和胶如此地牢固地缚紧，当它们由最底点向顶点挥动时，抛射物便一去不返"［《世界征服者史》（Ta'rikh-i Jah-ān-Gushā），约 1260 年，译文见 Boyle, p. 92］。我们非常感激曼彻斯特大学（Manchester University）的博伊尔先生，他允许我们查阅了他当时尚未发表的志费尼《世纪征服者史》之译稿。此外，多桑［d'Ohsson (1), vol. 3, p. 135］关于此事有非常简洁的叙述；但雷弗蒂的详细描述之来源仍是一个谜。

　　② 他们是掌管樊城的下级官员，宋朝的忠臣，而吕文焕已与蒙古朝廷进行了接触，但他与蒙古朝廷的一些人争吵了起来［Reinaud & Favé (2), p. 302］。

　　③ 《宋史》卷四十六，第九页。

　　④ 最佳记述见 Moule (13)。《元史》卷六，第十六页起；卷八，第一页起。

　　⑤ 《元史》卷一二八，第一页起。

　　⑥ 《元史》卷一二八，第七页起。

　　⑦ 《元史》卷七，第二十页。

　　⑧ 《宋史》卷四十六，第二十页。

　　⑨ 《元史》卷一二八，第二页。

　　⑩ 《元史》卷七，第二十页；卷一二八，第七页。

　　⑪ 《宋史》卷四十六，第二十二页。

中立传的荣誉①。阿老瓦丁（可能为 'Al ā'al-Dīn②）显然来自伊拉克的摩苏尔（Mo-sul），或迈亚法里金（Mayyāfāriqīn）；亦思马因（可能为Ism ā'īl）或是伊拉克人，或是阿富汗人，或是波斯人③。他们的机械先在元的都城装配出来，忽必烈曾亲自出席了几次试放，然后运抵包围襄阳的蒙古军中。约 30 年后，郑思肖写道④：

221

　　（蒙古）强盗用穆斯林抛石机（"回回砲"）攻击襄阳城，它们以可怕的威力摧毁城楼和城墙，于是（吕）文焕极为惊恐……

　　穆斯林抛石机（"回回砲"）的设计最初出自穆斯林国家，威力比普通抛石机更大。最大型的一种，木质机架支于地面的坑上。抛射物直径数尺，坠地便砸出三四尺深的坑。（砲手）要抛射更远的距离，就增加（配重体的）重量，并将之（从臂上）向后移；当只需较近距离时，就将配重体向前移，更接近于支点。

　　〈贼打回回砲入襄阳城，摧折楼阁甚猛，文焕意怯，又襄阳粮绝军尽，文焕亦怨而叛。

　　其回回砲法，本出回回国，甚猛于常砲。至大之木，就地立窝。砲石大数尺，坠地陷入三四尺。欲击远，则退后增重发之，欲近反近前。〉

因此，配重式杠杆抛石机便得到了"回回砲"的名称，后来就长期以这个名字，同时也以"襄阳砲"之名而为世人所知。将砲架于坑上，能够节省地面架砲制作砲轴支柱的木料。尽管到当时为止，配重体可能不是摆动式的，但它显然能沿着臂被前后移动。《元史》⑤提到抛射物重 150 斤，约相当于 200 磅，但有些抛石机之弹可能远远超出，例如有一发弹带着如雷的声响轰塌了襄阳城的整幢鼓楼。攻克襄阳后，当宋朝军队被向南缓慢压缩时，阿老瓦丁和亦思马因投入了进一步的战斗，但他们后来的主要工作（他们都死于中国）是致力于组建一支由"穆斯林"抛石机手和军事机械工匠组成的部队。他们作为将军的委任状⑥，由其家族中的其他男性成员，诸如布佰（可能为 Abū Bakr，即阿不别克）、亦不剌金（可能为 Ibrāhīm）和马哈马沙（可能为 Muhammad Shāh），传袭了数十年，直至约 1330 年⑦。两位家族的创始人，及其家族本身⑧，富有历史的真实性，因为他们的功绩在波斯和中国皆为人所知，并被记载于史册。拉施特在其完成于

　　①　我们以后将看到，火药技术知识传播到西方的第二条主要路线，几乎肯定应归功于他们（见本书第五卷第七分册，pp. 573—574）。

　　②　弗洛伦斯 E. 戴（Florence E. Day）小姐友好地向我们指出，音译为 'Alā'ud -Dīn 能够更好地反映这个名字的中国写法之由来。

　　③　据其出生地的中国写法，可以认为是指希拉（Hilla），或赫拉特（Herat），或设拉子（Sheraz）。

　　④　《心史·大义略叙》，冯家昇（2），第 39 页，已注意到这个材料。由作者译成英文。

　　⑤　《元史》卷二〇二，第十一页。

　　⑥　例如，阿老瓦丁在 1285 年是蒙古的"穆斯林"抛石机手和工匠之副指挥官（"回回砲手军匠副万户"）。

　　⑦　阿老瓦丁的官职于 1300 年由其子富谋只（可能为Abū'l Mojid）继承，富谋只于 1312 年传于其子马哈马沙。布佰（阿布别克）于 1274 年承袭了其父亦思马因的官职，于 1282 年传于其弟亦不剌金，后经过很长的间隔（至 1329 年），又由亦不剌金之子亚古（Ya'qub）继承。因此，阿布别克和亦不剌金是兄弟，二人能够同时出现于襄阳围攻战中，但拉施特提到的麻合谋（Muhammad），不大可能是见于中国史料的马哈马沙，如同慕阿德［Moule (13)］似乎曾提议的。大概塔里卜（Talib）是亦思马因的另一个名字。参见 Schefer (2), pp. 15ff.；陈垣（3）。

　　⑧　这使人联想起唐代居留于中国都城之印度天文学家和数学家家族（参见本书第三卷，p. 175）。

1310 年的《史集》（*Jāmi al-Tawārīkh*）中写到了他们①。当叙述伯颜②统率的军队攻打襄阳时，他说，在此之前，最大型的装有配重的抛石机（*kumgha manjaniq*）尚不为中国人所了解或使用。可汗要求波斯宫廷送他一位出色的抛石机制造者，来自叙利亚之大马士革（Damascus）或巴勒贝克（Baalbek）的塔里卜，于是同他的三个儿子，阿不别克、亦不剌金和麻合谋，及时地制成七架巨大的机械，从而攻陷了这座城池。关于他们的亲属关系，这个记述与中国的原始资料不完全一致，但这些史料内容之接近，足以显而易见地证明他们的活动③。

非常重要的一点是，任何文献都没有讲到，用穆斯林抛石机投射爆炸弹，但火药几乎肯定已被应用于襄阳之战④，而且是由操作搜索式杠杆抛石机的汉人砲手。他们的统帅是张君佐，其父祖皆为效力于蒙古人的技师，他本人是一位名副其实的重要人物⑤。可能的解释是，在此阶段，火药主要是杀伤性武器，还不足以作为针对砖石防御建筑的破坏性手段以与坚硬的石头相对抗。

关于襄阳围攻战，另一值得注意之事是，马可·波罗（Marco Polo）及其父、叔，长期以来被认为曾参与其间，甚至监管大型抛石机的制造。在其行纪第一四六章，有关于此事的详细记述，据说波罗父子的随从中，有两名抛石机专家，一位是日耳曼人，另一位是聂斯脱利派的基督教徒（Nestorian Christian）⑥。但这个故事在日期上出现严重的疑问，实际上早已为波捷（Pauthier）和玉尔（Yule）注意到⑦。波罗父子是于 1271年 11 月离开阿迦（Acre）的，他们在 1275 年的夏天之前，不能够到达可汗的夏都——上都，而对"襄阳府，位于朝向日落之蛮子省的宏伟甚大之城"的围攻战，早在 1273 年即已结束。当穆斯林们于前一年在那里安装他们的机械时，波罗父子的旅行队几乎尚未离开莱艾斯（Laias）。关于此事，每个人都对马可·波罗怀有善意⑧，但结论似乎如慕阿德［Moule（13）］所言，他认为，马可波罗可能向笔录者叙述了他确实知道的事情，但"鲁思梯谦（Rusticianus）觉得，用人们熟悉的《行纪》主角的意大利名字，代替那

222

---

① 参见 Sarton（1），vol. 3，p. 970。有关段落见于 Reinaud & Favé（2），p. 301；Blochet（2），pp. 508 ff.；Moule（13）。

② 伯颜（百眼）（1237—1294 年），忽必烈最受称颂的将军。

③ 有趣的是，阿拉伯的抛石机手，或至少是能够使用其机械的某些人，在 1300 年之后不久，曾效力于印度支那的占婆王国［《元史》卷二一〇，第七页；参见 Huber（3），p. 676；Mus（2），p. 339］。

④ 我们的语气有所限制，是因为《元史》没有明确地断言。但该书讲到，张君佐在其参与的所有其他作战中，都使用了火药，他因而获得了忽必烈的丰厚奖赏。

⑤ 此张氏家族很值得注意。张荣（1159—1230 年）是察合台的总技师，曾建造了横跨阿姆河（Amu Darya）的著名浮桥，以及经过新疆库尔札（Kuldja）东部山口的军用道路，它有 48 座双轨栈桥。因为这些功绩，成吉思汗赐予他"兀速赤"的荣誉名字（1220 年）。1223 年，他成为抛石机砲兵将军。其子张奴婢（1189—1262 年）——奇怪的名字——承袭了相同的职务，并掌管水军和所有军事工匠。其孙张君佐（约 1230—1284 年），成为火药武器的专家，在攻克襄阳后，利用抛石机发射炸弹，轰击了许多城市。三人的传记均见《元史》卷一五一，第十九页起。富路德和冯家昇［Goodrich & Fêng（1），p. 118］的注释，因疏忽而混淆了人物和年代。

⑥ Moule & Pelliot（1），vol. 1，pp. 316ff.。

⑦ Yule（1），vol. 2，p. 167。

⑧ 因此，贝内代托［Bendetto（1）］推测，波罗父子的介入发生于他们途经波斯的路上，但日期仍不符合。冯家昇（2），第 4 页，以及许多其他学者试图调整波罗父子的旅程以便证实行纪第一四六章的内容，但没有成功。波罗父子根本就不在襄阳。进一步的论述见 Moule & Pelliot（ed.），introduction，vol. 1，p. 26。

些陌生难懂的外国人名，能使故事变得更加吸引人"。

　　普遍认为在中国的著作中没有出现配重式杠杆抛石机的图像，但我们幸运地发现了两幅[①]。一幅现在将提到，另一幅则稍后再讲。在《图书集成》（1276 年）中[②]，能见到一幅奇怪的机械之图，简单地题为"砲楼图"，拙劣的画技掩盖了它的性质（图 76）。

223 其中部的柜形物实际上就是配重体，但被描绘成适于运输的稳固形态，也就是说它的后部用一对可拆卸的支柱支撑。臂末端的球状体使人想到，在绘图员面前有一台兼具固定的和摆动的（可滑动调整的）配重体的机械。臂的主要部分（相当于图中所绘部分的五至六倍长）为便于运输而拆卸下来。我们查阅了《武备志》中的图[③]，《图书集成》之图即引自那里（图 77），能够看到，臂仍位于相同位置，其左上部脱离了图中的砲架。奇怪的是，两书都没有在这些图上附注任何说明文字，而且它们的位置——恰在挖坑道和地道设备之后，实际上有些混淆——与 11 世纪的《武经总要》之现存版本中衍人的两件 16 世纪火炮，也即长管炮完全相同[④]。可能的解释应是，在明代晚期（16 世纪），为编纂《武备志》而收集资料时，襄阳砲仍名列"禁"单，因而其文字说明被禁止。当时的长管火炮，经常被描绘为处于如此尖锐的仰角，而且炮身上有如此显著的隆起部[⑤]，以致不了解军事技术的书商们很可能将之与配重式杠杆抛石机相混淆。

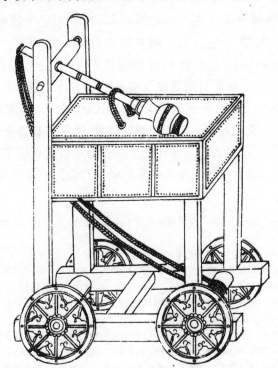

224   图76　配重式杠杆抛石机楼，《图书集成·戎政典》卷二九三，第十一页。

---

①　由于胡里 [Huuri's，(1)，p. 202] 书中一个怒气冲冲的脚注的刺激。
②　《图书集成·戎政典》卷二九三，第十一页。
③　《武备志》卷一〇八，第十三页。
④　《武经总要》（前集）卷十，第十三页（作者所指系四库全书本。——译者）；富路德和冯家昇 [Goodrich & Fêng (1)，p. 117]，以及王铃 [Wang Ling (1)，p. 171] 引用了这个材料。参见本书第五卷第七分册，pp. 277ff.。
⑤　尤其参见《图书集成·戎政典》卷一〇一，第十四页。

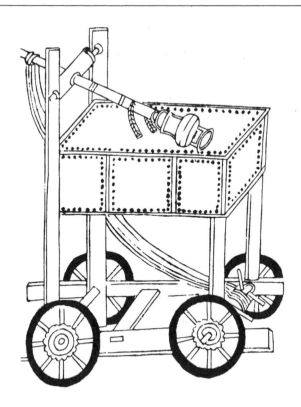

图 77　配重式杠杆抛石机楼，《武备志》卷一〇八，第十三页。

我们注意到，攻克襄阳后，在接踵而至的一些战役中，继续使用了配重式杠杆抛石机，尽管他们必定非常难以运输。　《心史》从宋朝的立场重复描述了它们的威力[①]：

德祐一年（1275 年）十月，敌人恢复攻打常州，其守卫部队的指挥官是刘师　225 勇。常州一直是不设防的城市，为开放的贸易市场所环绕，仅有沿着护城河的一排栅栏保护。最初被攻时，它一直不屈服。但在十一月，敌人调来许多增援部队，将之围困了一个多月，用穆斯林抛石机轰城，摧毁了庙宇、楼塔和府宅。

〈德祐一年十月，虏复攻常州，时步帅刘公师勇守之。常州素无城壁，外濠如市，河仅恃排筏木一重而已。先屡与之战，皆胜。至十一月，元虏大势合围，月余，其回回砲甚猛于常砲，用之打入城，寺观楼阁尽为之碎。〉

但不久之后，宋朝方面也开始制造配重式抛石机[②]。

1273 年，边境城市都陷落（于蒙古人之手）。但制成的穆斯林抛石机，有新的巧妙改进，使之更为强劲，并有（几种）不同的型式，远优于以前所用的那些抛石机[③]。而且发明了一种独特的方法，用以消除敌人抛石机的破坏力。将 4 寸粗、34 尺长的稻草绳，20 条合成一股，悬挂于建筑物上，从顶部直至底部，并用（湿）泥

---

① 　《心史·中兴集》，由作者译成英文。

② 　《宋史》卷一九七，第十五、十六页；由作者译成英文，借助于雷诺和法韦 [Reinaud & Favé (1), p. 196] 书中的儒莲译文，它也被引用于 Yule (1), vol. p. 169；Moule (13), p. 15。参见陆懋德 [Lu Mou-Tê (1), pp. 30, 31] 文中的意译。

③ 　这很可能指采用摆动的配重体。

涂傅。于是无论纵火箭矢，还是抛石机射来的炸弹（"火砲"），甚至百钧①重的石头，都不能对楼、屋造成任何损害。这些网被称为"护陴篱"（防护栅栏）。②

〈咸淳九年，沿边州郡，因降式制回回砲，有触类巧思，别置砲远出其上。且为破砲之策尤奇。其法，用稻穰草成坚索，条围四寸，长三十四尺，每二十条为束，别以麻索系一头于楼后柱，搭过楼，下垂至地，栿梁垂四层或五层，周庇楼屋，沃以泥浆，火箭、火砲不能侵，砲石虽百钧，无所施矣。且轻便不费财，立名曰"护陴篱索"。〉

然而，越来越多的宋朝技术专家被俘虏。蒙古人尤其担心锻工和铁匠，便将他们及其所有家属迁移到特殊的城镇。《元史》说③：

最初，在太祖（成吉思汗，1206—1227 年在位）和太宗（窝阔台汗，1229—1242 年在位）的军事远征期间，沿路及所占领之州县所有能搜罗到的铁匠、木匠、金工和火匠，均被征募，并被迫使充当远征军的抛石机匠师。在壬子年（1252 年），他们全部正式登记为抛石机工匠。

〈始太祖、太宗征讨之际，于随路取发，并攻破州县，招收铁木金火等人匠充砲手，管领出征，壬子年俱作砲手附籍。〉

这些匠师可能大量来自于女真人的金朝。

1279 年，囊加带集中两淮地区六百新附的善于制造配重式抛石机的匠师，以及一些蒙古人，一些穆斯林和一些汉人，将之集合于军队的统帅部。④

〈壬子，囊加带括两淮造回回砲新附军匠六百，及蒙古、回回、汉人新附人能造砲者，俱至京师。〉

在随后一年，所有这些匠师皆被集中于南京——一个 13 世纪的洛斯阿拉莫斯（Los Alamos）⑤。

226　　可能提出的一个问题是，杠杆抛石机，无论拽索式还是配重式，能在多大程度上适用于水战。忽必烈统率之蒙古人曾进行的最大规模联合作战是 1274 年对日本的远征，其著名的舰队，就像西方的类似舰队，由于那些粗野岛民得到了暴风气候的帮助，而被损毁并被驱散⑥。1281 年，又组织了一次甚至更大规模的远征，其统帅之一是汉人将军范文虎。非常明智地，"他又请求得到 2000 匹马给秃失忽思军，并得到制造抛石机的匠师。但皇帝说：'海战怎能使用这些？'拒绝了他的要求。"（"文虎又请马二千给秃失忽思军及回回砲匠。帝曰：'战船安用此？'皆不从。"⑦）或许他没有得到充分信任，尽管即使在狭长的海域用这类机械瞄准可能也办不到，但运输船能够非常便利地将之运进港湾，从那里，它们可被用以掩护登陆。不久之后，这一点似乎被意识到，因为从1283

---

① 惊人的数字，因为一钧为 30 斤，百钧的相当值略低于 4000 磅或大约 $1\frac{3}{4}$ 吨。或者这是史家的纯文学性夸张笔法，或者阿老瓦丁的部队已开始采用更大型的摆动式配重体，并改进了发射方式。无论如何，这使人联想起正史中关于襄阳之战抛射物重量的数据是过小的。

② 莫非是"忽必烈"的谐音双关语？

③ 《元史》卷九十八，第五页，由作者译成英文。

④ 《元史》卷十，第十七页。

⑤ 《元史》卷十一，第十四页。
洛斯阿拉莫斯是美国新墨西哥州中北部城镇，著名的原子能研究中心。——译者

⑥ 关于此时期有关事件概要而清楚的记述，参见 Cordier (1), vol. 2, pp. 300ff.。

⑦ 《元史》卷十一，第十页。

至 1285 年，为第三次（流产的）远征进行准备时，特委派技师张林为此制造配重式抛
石机①，并将 50 名熟练的砲手分拨给阿塔海将军所部（这次是一位蒙古人）②。这些事
实对于一幅现存的图像具有特殊的重要性，它描绘了安装于四层战船（"楼船"）顶部的
三架配重式杠杆抛石机③。此图发现于《图书集成》④，这里将之复制为图 78。伴随的
正文系依据《太白阴经》（759 年）⑤，类似文字也见于 812 年的《通典》⑥，较之配重平
衡原理在抛石机上的运用，当然远为古老。在那个时期，杠杆抛石机是由臂末端的拽索
操纵的。我们在别处已经详尽引用了这段文字⑦，下面是其中涉及砲的一些语句：

图 78　装备有配重式杠杆抛石机的四层战船，采自《图书集成·戎政典》卷九十七，第五页。

---

①　《元史》卷十二，第十八页。

②　《元史》卷十三，第二十三页。

③　欧洲的类似之物人们并不陌生。雅各布·马里亚诺·塔科拉（Jacopo Mariano Taccola）的《论机械》（De Machinis）手稿，年代约为 1449 年，描绘了安装于小船上，并抛射纵火物的配重式杠杆抛石机。波拿巴和法韦 [Bonaparte & Favé, vol. 3, Pl. 3 and p. 45] 复制了这些图中的一幅。此外，马里诺·萨努托在 1321 年也清楚地描绘了安装于船上的这种机械 [原文和译文均见 Schneider (1), pp. 46, 96]。

④　《图书集成·戎政典》卷九十七，第五页；克劳斯 [Krause (1)] 曾予（反向）复制。有趣的是，40 年后，《和汉船用集》（卷七，第七页）复制此图，抛石机被改为管形火炮。

⑤　《太白阴经·水战具篇第四十》，第十页。

⑥　《通典》卷一六〇，第十六页。

⑦　见本书第四卷第三分册，p. 685。

楼船：这些船有三层甲板（"楼三重"），甲板上建有垒墙（"女墙"）作为战线，桅杆上飘扬着大旗和信号旗。有舷窗和穴孔，用于弩的发射和矛的刺击，同时（在上部适当之处）安装有投掷石头的抛石机。[①]

227　　〈楼船　船上建楼三重，列女墙战格，树旗帜，开弩窗矛穴，置抛车垒石。〉

这证明，早在 8 世纪时，将抛石机安装于水军舰船已是为人熟知的习惯做法，因此范文虎的请求并没有什么可令人惊奇的。但另一方面，奇怪的是其他年代更早的楼船图上却未描绘出这些机械[②]。

图 79　《武经总要》图示的安装于多层战船之配重式杠杆抛石机。

228　　配重式杠杆抛石机在明代初期仍有部分使用。当明朝走向衰亡时，一位史家写道[③]：

---

①　由作者译成英文。

②　无论《武备志》卷一一七，还是《武经总要》（前集）卷十一，都没有。但后者第八页的插图（图 79）中，顶层甲板上有一物，似乎是一面旗子，但旗竿上部被一根顶部分叉的立柱支撑着。因而此图可能是意欲表现一架配重式抛石机。不过从另一方面看，对于这样的设计，《武经总要》又太早了（1044 年）。

③　樊维城：《盐邑志林》卷二十八，引董汉阳：《碧里杂存》卷一，第十三页；由作者译成英文。

（明）高皇帝（朱元璋）战胜所有其他英雄，拥有优秀的士兵和精良的武器，包括襄阳砲，它曾被用于姑苏（苏州），但后来使用不多。它以木质机架构成，发射圆石作为砲弹，重一百多斤。操纵它必需有数十人。发射物飞向空中，坠地时陷入土中七尺深。

〈高皇帝削平群雄，兵精器利。有所谓襄阳砲者，止攻姑苏一用，余不复事。其制以木为架，圆石为砲，重百余斤，发机用数十人，激而上之，入土七尺。〉

实际上，从 1355 年朱元璋第一次举起义旗后[①]，这类武器便被运用于许多地方，而不 229 仅仅在苏州围攻战中[②]。然而，苏州围攻战却达到了一个转折点，在那里，我们发现真正的管形火炮终于同配重式杠杆抛石机肩并肩地得到运用（1366 年）[③]，

（徐达指挥的攻城军）建起像塔一样的木架，仿佛与城中之塔相呼应。这些"敌楼"有三层，上面的人能够俯视城内，每一层均配备有弓、弩和长管炮（"火铳"）。又架起襄阳砲攻城，城内于是人人都非常惊恐。

〈架木塔与城中浮屠对，筑台三层，下瞰城中，名曰敌楼，每层施弓弩、火铳于上，又设襄阳砲以击之，城中震恐。〉

不过，配重式抛石机的全盛期正趋于终结。朱元璋本人就认为它们过于笨重。据载[④]，他于 1388 年曾说："旧式抛石机确实更便利。如果有 100 架那类机械，准备进军时，每根木柱仅需 4 人便可搬运。到了目的地，将城池包围，架起来就能发射！"（"凡要打那一个寨，先教人看了贼周围地势，何处可安七梢砲。若可安时，预做下砲，或二十人墜一座、三十人墜一座，这等砲做一百座，临行一根木头四人可扛行者，到跟前围了，立起来便打。"）这强调了古老中国型式的复合、可拆卸特征。但迟至 1480 年，仍有一些人认为穆斯林砲重要[⑤]。

自从（丘濬写道）[⑥]这些抛石机被第一次制成，用它们攻城，未曾有一座不能摧毁的城市；用它们击船，没有任何不能击沉的船只。现在民间有许多人了解如何制造它们。它们在所有地方应都是适用的，获得设计真传的人应当绘制图样，并呈献给官府，以获取奖赏。而私藏并试图制造这种机械之人是有罪的，将付出他们的首级作为代价。总之，设计必须送交边境防区，并保存于那里。除非面临紧急情况，不应允许制造（抛石机）。犹如宋徽宗年间的情况，当时禁止（未经准许者）制造神臂弓[⑦]。

〈自有此砲，用以攻城，城无不破，用以击舟，舟无不沉。今民间多有知其制度者，宜行天下，俾民间有传其式样者，许具其图本，赴官投献给赏。有私藏习制者罪之，而赏其首者，仍

---

① 关于元朝灭亡之前的战争的简要叙述，见 Cordier (1), vol. 2, pp. 356ff.。

② 冯家昇 (2)，第 48 页起，汇集了描写此战的若干文献和碑刻资料。

③ 《明实录》卷十六，第二十九页，由作者译成英文。相似的段落又见于《明史》（卷一二五，第三页），及王袆《逐鹿记》（第一页）；二者提到了"火筒"。富路德和冯家昇 [Goodrich & Fêng (1), p. 121] 注意到还有其他一些记载。

④ 张纮：《云南机务钞黄》，第二十五页。

⑤ 实际上在欧洲也如此，我们仍能见到一些 16 世纪的设计图和说明书（见下文 p. 239）。作为一个接近的事例，可以提到克里斯蒂安·武尔斯蒂森（Christian Wurstisen, 卒于 1588 年）解说 1145 年之《巴塞尔编年史》（the Basel Chronicles）的插图 [见 Schneider (1), p. 80 and fig. 17]。

⑥ 《大学衍义补》卷一二二，第十六页，由作者译成英文。

⑦ 参见上文 p. 156。

将其式样给与边将收藏，非警急不许辄造，亦犹宋徽宗禁民不许习制神臂弓然。〉

但自此之后，这种机械就很少听说了。

在结束对中国中古时代机械砲的考察之前，略花点时间简单提一下近代技术史家在
230 鉴别这些装置时所遇到的巨大困难是有意义的。引用一个现成典故，这构成了"十足混
乱部"（the Department of Utter Confusion）的一份名副其实的档案，在火药的故事中，
我们将再次谈到它[①]。自然，生活年代最接近于事件本身者，比如丘濬，可能是最了解
情况的。他的观点在 18 世纪常受赞同，比如被嵇璜，嵇氏明白，在火药和穆斯林抛石
机之间，没有必然的联系[②]，但在那时，混乱确实发生了。原因是多方面的，首先（a）
是抛射机械和抛射物本身的混淆不清，二者总是共用同一个词。其次（b）是砲和炮两
种写法的混淆不清，既用"石"、也用"火"作为字根。许多作者（c），只熟悉以火药
作为推进剂，而不能对火药在以抛石机抛掷的炸弹和手榴弹中更早的应用给予足够的重
视，中古时代的每一种"砲"，势必都被视为金属管形火炮[③]。此外（d），还有人对
"西域砲"和"西洋砲"两词混淆不清，前者意为西部地区的抛石机，本指穆斯林机械；
后者意为西洋人的火炮或长管炮，在他们那个时代（以及自明晚期以来）用指由葡萄牙
传来以及由耶稣会士制造的各种型式的管形火炮。最后（e），不幸的是，配重式杠杆抛
石机发展的顶峰时期，恰当火药开始得到普遍的运用，而且（f）在 10 年之内，军事化
学家便取得了空前的成就，出现了实用的金属管形火炮。因此，难以期望能够清楚地区
分二者。王鸿绪约于 1715 年[④]，以及赵翼于 1790 年[⑤]，在这些岩石的第四块上触礁；
而张廷玉于 1739 年[⑥]将二者结合成为第五个陷阱[⑦]。不确定性继续贯穿于近代的研究工
作。然而，1845 年，雷诺和法韦[⑧]明确地认为穆斯林砲是配重式杠杆抛石机，摒弃了德
231 维斯代隆（de Visdelon）[⑨]认为它们是某种管形火炮的旧观点。同时，他们也过低估计了
古代中国的火药武器[⑩]。1871 年，玉尔受马可·波罗游纪的激发，着手进行关于中世纪
砲的卓越研究[⑪]，得出了与雷诺和法韦相同的结论[⑫]。但富路德和冯家昇在他们 40 年前
的学术著作中复活了旧时的混乱，问题一直没有解决，直至冯家昇（2），问题才得以
解决，依据进一步的文献，最终恢复了雷诺和法韦的意见，与王铃在此期间独立地达

---

① 见本书第五卷第七分册，pp. 11ff., 22, 40, 130, 373 (g)。

② 《钦定续文献通考》第三九九三页（卷一三四）。

③ 正是此点损害了陆懋德的论述［陆懋德（1），Lu Mou-Tê (1)］，另一方面，陆的文章中充满了重要的引文。

④ 《明史稿》卷七十，第七页。

⑤ 《陔余丛考》卷三十，第十六页。也见凌扬藻 1799 年的《蠡勺编》卷四十（第六四九页）；以及梁章钜《浪迹丛谈》卷五。

⑥ 《明史》卷九十二，第十页。以及 1829 年的姜宸英（1）。

⑦ 第六个陷阱在 1848 年捕获了梁章钜（《浪迹丛谈》），以及后来的日本作者有坂铝藏（1）。

⑧ Reinaud & Favé (1), p. 193。

⑨ Visdelon (1), p. 188。

⑩ 相反，梅辉立［Mayers (6)］大大地过高估计了它，施古德［Schlegel (9)］主要依据某些错误译文，将金属管形火炮的出现定得过早。这些意见都将在本书第五卷第七分册中予以讨论。

⑪ Yule (1), vol. 2, p. 168。他通过与法韦上校的私人讨论而进一步予以证实。

⑫ 后来一些作者，比如吴承志（1），认识到了穆斯林砲的基本性质，但话说得过分，认为它根本没有什么新东西。

到的结论取得一致①。

15 世纪流行的道教认为，配重式杠杆抛石机，威力巨大，声如雷震，必定有一位守护神，应当用专门的庙宇（"礮神庙"）予以供奉。我们从王沂约撰于 1325 年的《伊滨集》中了解到这一观点。五兵皆有其神，比它们更令人敬畏的战争机器难道没有？王沂还写了一首关于配重式抛石机的诗②，似乎可以非常自由地意译如下：

> 从山之峣岩，巧工琢成圆形，
> 凭借机械之爪而飞向前；
> 穿过风和云，沿着其路径奔驰，
> 如激射之流星，轰鸣着划过空间——
> 越过高墙，坠入寺庙和殿堂
> 所有人都被抛入混乱。
> 于是高度之技术赢得高度之胜利。
> 〈他山之石规以工，
> 鼓之机气成行充。
> 风云前驱猎复隆，
> 轰然电星流虚空。
> 翘关扛鼎罴与熊，
> 头蓬衣葆履锋庸。
> 较厥技兮奏厥巧。〉

(7)　　分布和传播

现在，我们需对前几篇的线索进行综合，并进一步来考虑古代和中世纪弹道机械的一些或另一些型式的盛行，其时间和空间之差异。实际上，这个领域的发展除了对社会的和政治的历史存在有深远意义之外，毕竟又是工程学历史的一个重要篇章。在讨论手持弩时，我们第一次被引向了弩砲的问题。自从手持弩于 10 世纪在欧洲再现，如果你愿意，可称之为复兴，直至所有这类装置被火药武器所淘汰，弩砲得到了相当频繁的应用③。但我们也看到，在欧洲古典时代，从公元前 4 世纪初期开始，希腊人和罗马人的智慧，绝大部分运用于一种完全不同的机械类型，它依赖于筋束的扭绞而不是狭长弓体

232

---

① Wang Ling (1), p. 173。

② 《伊滨集》卷二十一，第六页。此重要细节系冯家昇（2）所发现。

③ 许多人能想起，列奥纳多·达·芬奇在 15 世纪末曾致力于这些机械。他关于一架巨型机的图解是众所熟知的［参见 Dibbner (1)；Payne-Gallwey (1), p. 262, (2) p. 26］。它以蜗杆张弦，具有片簧弓和中国式弦枕，托柄装在六个轮上。参见胡斯派（Hussite）的弩砲，约 1430 年［Berthelot (4), p. 466］。

的弯曲①。真正的弩式弹射器（弩砲）也出现于希腊化时期，这是毫无疑问的②，但不幸难以确定有关记述的年代，我们暂时倾向于认为，它们不早于公元前1世纪。远在旧大陆的另一端，则有不同的发展道路。必须承认，从公元前4世纪始，已经存在两种主要的类型。其一是弩砲，经常同时发射许多弩箭，另一类机械则运用完全不同的原理，即基于桔槔的杠杆抛石机或摆动杠杆。两者的实际应用，持续贯穿于中国历史，直至随着火药的降临而被淘汰；并且逐步地从其起源中心传播遍布于整个文化区。

西方的机械砲史家们很久以前便得出一致的看法，在欧洲中世纪期间，扭力式弹射器全部趋于灭绝，直至大约公元10世纪，桔槔式机械的使用才开始。但关于前者延续了多长时间，意见分歧极大。一些人认为③，到日耳曼人入侵的末期，它们已中止制造和使用；另一些人认为④，它们偶尔使用到了14世纪。前一种观点似乎较为合理⑤，但施奈德［Schneider（1，6）］过于自信地坚持，有一个时期欧洲战争中"没有任何种类的砲"（a Zeit ohne Artillerie），可能仍太极端。不过，当拜占廷军队在6世纪的哥特战争（Gothic Wars）中大量使用扭力式和弩弓式弹射器时，哥特人显然没有砲⑥。在里克罗斯·瑞门西斯⑦记载的10世纪晚期的围攻战中，双方都没有使用砲。约公元800年的查理大帝（Charlemagne）的法律表册（capitular lists）中，也未提供任何线索。看来，在桔槔式机械传入之前，制造扭力式机械所需之技艺似乎已经死亡。

但空白时期不是很长。在阿博（Abbo，890年）关于886年北欧人围攻巴黎的诗歌中，新出现了某种机械砲——其名称为 mango 或 mangana⑧。尽管不是非常明晰，但他描述他们的抛石机械有两根高柱，其间大概摆动着杠杆抛石机之臂。在更早的对诺曼人（Normans）占领之昂热（Angers）的围攻战（873年）中，也有使用了相同机械的一些迹象。在10、11和12世纪，能够发现许多使用这类抛石机（mangonel 或 petrariae）的事例⑨；事实上，到十字军东征开始（1100年）之前，就几乎不使用任何其他种类的

① 至于这些机械是双臂，如在早期；还是单臂，如晚期的独臂扭力机（onager，结合了飞石索原理），就现在的论题而言，是无关紧要的。

② 非常有趣的是，在欧洲弩的第二个时期，钢簧弩弓是欧洲手持弩的显著特征，而在欧洲弩的第一个时期末，它已被引入弩砲。奥利弗［R. P. Oliver（1）］最近表明，对拜占廷无名氏约撰于370年的《战争迷画》（De Rebus Bellicis）所记述之 ballista quadrirotis 和 ballista fulminalis，不可能有其他译释［见本书第二十七章（g）］，这发展了雷纳克［Reinach（2）］、贝特洛［Berthelot（7）］和施奈德［Schneider（3）］等人的观点。奥利弗也注意到，这些机械具有横向突出于矢道的"铁弓"（arcus ferreus），与普罗科匹厄斯所著《哥特战纪》［Procopius, De Bello Gothico, Ⅰ, 21, 14—17］记述的罗马围攻战期间（536—538年）贝利萨留（Belisarius）使用的那些机械，有密切的相似之处；亦可参见施奈德［Schneider（1），pp. 3, 88］的翻译，附有原文。无疑，这些机械的发展，受到所能利用的冶金技术的严重制约，但非常反常，中国对铁和钢的运用先进得多，而我们却未见到试图将钢簧用于此种目的。

③ Bonaparte & Favé（1）。

④ Köhler（1），Rathgen（1）。他们的论点部分地依据对某些手稿插图的解释，但这些材料是非常模棱两可的，如同施奈德［Schneider（1）］所指出。

⑤ 胡里［Huuri（1）］的谨慎结论是，在7世纪之后，毫无疑问已不存在双臂的扭力机械，但单臂扭力机（onager）作为十分罕见之物，可能延续到了12世纪。

⑥ Schneider（1），p. 6，依据普罗科匹厄斯的《哥特战纪》。

⑦ 参见上文 p. 173。

⑧ De Bello Parisiaco（《巴黎之战》），Ⅰ，364［参见 Schneider（1），pp. 25, 60］。

⑨ 见于诸如古利尔穆斯·蒂里乌斯（Gullelmus Tyrius）或阿尔贝图斯·阿昆西斯（Albertus Aquensis）等人的叙事［见 Schneider（1），pp. 52ff.］。

机械砲了。第二个转折点出现于 1212 年，当时，trebuchet 一词第一次同时出现于三部
日耳曼编年史中（拼写为 tribok）①；这可能标志着配重式杠杆抛石机的登场。稍后（约
1240 年），它在维拉尔·奥恩库尔（Villard de Honnecourt）的笔记中得到了图解②，而到
1280 年，埃吉狄乌斯·罗曼乌斯（Aegidius Romanus）在其《论君主政治》 （De
Regimine Principum）中详尽描述了四种不同的型式③。包括 trabucium，具有固定的
配重体；biffa，具有摆动的配重体；以及 tripantium，兼具二者。至于第四种型式，
我们将在稍后来讲。另一有价值的记述是马里诺·萨努托在 1321 年所写的东西，包含于
不曾实现的最后一次十字军东征的总参谋部计划中④。

　　886 年和 1212 年的这些新机械是欧洲人的独立发展，还是系从更东面的地区传来？
来自于历史的记述和固有的设计的大量证据有利于后者。在 8 世纪和 9 世纪，杠杆抛石
机经常为阿拉伯人用来攻打南欧的城堡——如 761 年于托莱多（Toledo），793 年于阿夫
杰赫（Afranjah），871 年于萨莱诺（Salerno），以及其他许多地方⑤。在昂热（Angers）
围攻战中，秃头查理（Charles the Bald，查理大帝之孙）从拜占廷带来了一些技师⑥，
普吕姆的雷吉诺（Regino of Prüm）⑦这样描述他们的工作："辅之以新式的、精巧的机 234
械"（nova et inexquisita machinamentorum genera applicantur）。7 世纪时，曾出现两个
新术语，manganikon（μαγγανικόν）和 tetrarea（τετραρέα）⑧。这些情况当然使人想到，
桔槔机是从欧洲的东部边界传入的。

　　但更为显著的是欧洲和中国的杠杆抛石机在设计上所存在的相似性。例如，十分清
楚，欧洲最早的杠杆抛石机是挽索式的，而不是配重式的。它们属于埃吉狄乌斯·罗曼
乌斯所描述的第四种类型。许多这类机械，在埃布洛的彼得（Peter of Ebulo）关于西西
里诺曼王国（the Norman kingdom of Sicily）历史的重要诗篇手稿⑨之插图中得到了反
映，这已由埃尔本 [Erben (1)] 作过研究。此诗可能写于 1196 年前后，插图所描绘的
机械（参见图 80），在所有方面，包括支柱顶端作为轴承的矩形框架，与中国的 "旋
风" 式杠杆抛石机（ "旋风砲"）完全相同⑩。埃尔本指出，卡法鲁斯（Cafarus）《热那

---

　　① Schneider (1), p. 28。
　　② 见 Lassus & Darcel (1) 或 Hahnloser (1) 之编订本；可惜仅保存了平面图，含有立视图的那一页已散失。
还有许多其他图绘，如舒尔策 [Alwin Schultz (1), vol. 2, pp. 376ff.] 书中所收集的。参见 Viollet-le-Duc (1),
vol. 5, pp. 210ff.；Berthelot (5)。奥恩库尔所图示之抛石机的配重体是一箱泥土或石块，容积为 6 英尺×8 英尺
×12 英尺，由此可以体会这些机械在几十年内所能达到的体积。
　　③ De Regimine Principum，Ⅲ (3), 18。原文和译文均见 Schneider (1), pp. 29, 163。
　　④ Liber Secretorum Fidelium Crucis（《十字架信徒秘籍》），Ⅱ (4), 22。原文和译文见 Schneider (1), pp.
41, 93。我们以前已接触到此书，见本书第二十二章 (d) 关于地理学的论述。
　　⑤ Huuri (1), pp. 56ff.。
　　⑥ 参见 Viollet-le-Duc (1), vol. 5, p. 220。
　　⑦ 约写于 910 年。胡里 [Huuri (1), p. 205] 提出，诺曼人与更远的东方民族的联系，可能是通过哈扎尔
人（参见本书第三卷，p. 575），而不是拜占廷人或阿拉伯人。
　　⑧ Huuri (1), pp. 82, 138。
　　⑨ Berne，no. 120。
　　⑩ 奇特之处是，摆动轴常被画成纺锤形，但这可能只是模仿过时的扭力弹射器的机架。臂常被画得非常弯
曲，仿佛具有高度的弹性。

235　亚编年史》（the Genoese Annals，约著于 1285 年）上的小插图[①]区分了"独柱的捜索式杠杆抛石机"（petraria）和"配重式杠杆抛石机"（trebuchium），后者的臂（如同欧洲图画上常见的）[②]支撑于两个相连的三角形支架上。这显然是派生于中国的"虎蹲"式杠杆抛石机（"虎蹲砲"），或至少与之有联系，而且这是阿拉伯的图画资料上最为常见的结构。雷诺和法韦很久以前就从哈桑·拉马赫（Hasan al-Rammāh，约 1285 年）关于战争机械的著作手稿[③]中引用了四幅画[④]，我们在这里提供了其中的两幅，一幅为捜索式杠杆抛石机，一幅为配重式杠杆抛石机（图 81a 和 b）。布洛歇（Blochet）[⑤]则公布了大约 1310

237　年的一幅精美绘画（见图 82），它描绘了伽色尼（Ghaznah）苏丹马赫穆德（Mahmūd，约 11 世纪早期）用配重式杠杆抛石机攻打锡斯坦（Seistan）的阿拉克（Arak）城[⑥]。

图 80　埃布洛的彼得手稿中图示的捜索式抛石机，采自 Erben (1)。

晚期欧洲和早期中国的设计之间还有另外的共同性。在 1044 年的中国，能够看到

---

①　它们分别属于 1182 年和 1227 年的记事。佩尔茨［Pertz (1)，pl. Ⅲ］曾予精心复制。也见于 Schneider (1)，pl. Ⅰ；Schultz (1)，vol. 2，p. 376。

②　例如：Paris Lat. no. 7239，*De Re Militari*（《论军事》），约 1395 年，保罗斯·桑蒂努斯（Paulus Sanctinus）撰序。雷诺和法韦［Reinaud & Favé (1)，pls. Ⅳ，Ⅴ，Ⅵ］，以及贝特洛［Berthelot (4)］公布了其示意图。许多插图也见于 Schneider (1)。

③　*Kitāb al-Furusīya w' al-Munāsab al-Harbīya*（《论骑兵战术和战争机械》），Paris，no. 1127。

④　Reinaud & Favé (1)，pp. 4ff.，48ff.，274ff.，pls. Ⅱ，Ⅲ。冯家昇 (2) 曾予转引。

⑤　Blochet (1)，pl. LVⅡ。

⑥　这可能是波斯画家的误植。

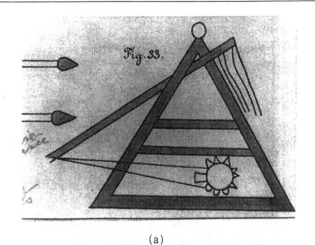

(a)

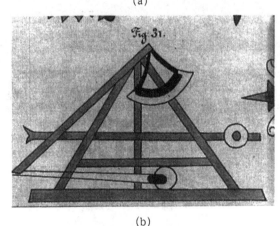

(b)

图 81　(a 和 b) 阿拉伯的搜索式和配重式杠杆抛石机，哈桑·拉马赫手稿之装饰画，
采自 Reinaud & Favé (1)，pl. 2。

独柱抛石机被固定于矩形的箱架式机座上[1]；而在许多晚期欧洲作者的著作中，也能见
到可以认为是相同的支撑系统，显著者如康拉德·屈埃泽尔（Konrad Kyeser）约撰于
1395 年的《军事堡垒》（*Bellifortis*）中所图示之例（图 83）[2]。它有活动之轮，但工作
时可能以支索固定。在结束上述论题之际，我们只需简单回顾一下，在 1272 年的中国
宋朝，配重式杠杆抛石机被视为可怕的新式机械[3]，当时它正由阿拉伯国家向东传播。
这一结局因而必然地反映出，桔槔式抛石机是从中古时代的中国散播开来的一项发明，
但配重体的采用则是阿拉伯人的改进，大概发生于 7 世纪唐朝之远征新疆至 12 世纪末
triboks 一词最初出现这一时间范围内。

大约 1480 年，丘濬以其非凡的敏锐性阐明了这个事实。

元人（他写道）最初制造了这些抛石机，用以攻克襄阳，它们因而以"襄阳
砲"之名而为人所知。但我们如果查阅唐代的史书，便会知道李光弼（卒于 763
年）也曾制造抛投巨石之砲，一发能够击毙 20 余人。我毫不怀疑这些砲实质上是

---

① 《武经总要》（前集）卷十二，第五十三页，"独脚砲"。
② 见 Berthelot (5)，p. 339，或 Schneider (1)，fig. 13，后者之图质量更好。
③ 然而，如同我们前面所见，在稍早的金代，作为一项孤立的发明，它可能已经出现。

图 82 伽色尼的马赫穆德攻打阿拉克，采自 Blochet（1）。

Hec est blida grandis qua castra cuncta vincuntur, Nam lapides projicit, turres et
menia scindit, Opida castella urbes secat (et) civitates.

图 83 康拉德·屈埃泽尔·冯·艾希施泰特（Konrad Kyeser von Eichstädt）之《军事堡垒》
图示的独柱杠杆抛石机，采自 Schneider（1）。图中文字为拉丁文，意为："这是
巨大的布利达（blida），它能攻克整座营垒，因为它能抛掷石块，摧毁望楼和城墙，
冲破城堡、工事、城市和村镇。"

相同的。因此在非常古老的时代，已经有此设计，并传播到了西方国家，亦思马因正是
用此方法才得以制造出这种新式机械。①

————————————

① 《大学衍义补》卷一二二，第十六页，由作者译成英文。

〈元人始造此砲,以攻破襄阳,世因目曰"襄阳砲"。考唐史,李光弼作驳飞巨石,一发辄毙二
十余人,疑即此砲。盖古原有此制,流入西番,伊斯玛音仿而为之也。〉

他的结论为许多近代军事史家所采纳。克勒①早已认为,杠杆抛石机是中国人的发明,通过阿拉伯人而传播到欧洲,胡里持有相同观点②,并补充说,投石器结构的逐渐简化不应被视为从希腊型式的退化③。这里我们无需过深探究欧洲历史上相继出现、并被认为构成欧洲不同时期特征的"砲(炮)系统"或此类复合体④,但可以将它们的基本情况概括为一张表(见表 5)。由此表所示,能够注意到一个相当有意义的现象,即在一短时期内(约 850—1000 年),欧洲不仅从更远的东方获得了杠杆抛石机,而且复兴了手持弩和弩砲,而这两类武器,都是那些地区极具特色之物。

238

表 5　东、西方不同时代的砲(炮)系统

	欧　洲　区　域				中　国　区　域	
	前 4 世纪 —前 1 世纪	1 世纪 —6 世纪	7 世纪 —9 世纪	10 世纪 —16 世纪	前 4 世纪 —13 世纪	13 世纪 —16 世纪
手持弩	- ①	+ ②	-	+ + ⑦	+ +	+ + ⑨
弩砲	- ③	+ ⑧	-	+	+ + ⑩	+ + ⑩
双臂扭力弹射器(箭矢)	+ +	+ +	?	-	-	-
双臂扭力弹射器(石弹)	+ +	+ +	?	-	-	-
单臂扭力弹射器(石弹)	±	+ +	?	-	-	-
杠杆抛石机④	-	-	- ⑤	+	+ +	+ +
配重式杠杆抛石机	-	-	-	+ + ⑪	-	+ + ⑥
火药武器				管形火炮, 始于 14 世 纪早期	火药弹等, 始于 10 世纪 管形火炮, 始于 13 世纪 晚期	

①仅有"滑臂弩",并非标准武器。

②可能一直不是标准装备。

③其传来和使用的年代不能确定。

④*trebuchet*,严格地说,应称为 *petraria*,也称为 mangonel。

⑤9 世纪晚期开始传入,来自阿拉伯的实践。

⑥13 世纪晚期开始传入,来自阿拉伯的实践,也可能是独立的发展。

⑦从 15 世纪开始具有钢质弩弓。

⑧钢质弩弓的设想见于 4 世纪,采用见于 6 世纪,但受到冶金方面限制因素的严重制约。

⑨弹仓弩或连发弩始于此时期之初。

⑩非常普遍地同时射出许多弩箭。

⑪始于 13 世纪初,可能源自阿拉伯的实践。

还需要谈到一个令人难以理解的问题。桔槔在欧洲古代曾有军事方面的应用,但却未被用于像在中国那样的相同目的。有一种可移动的配重式提吊装置,名为 sambukē　239

① Köhler (1), vol. 3, pt. 1, p. 166。

② Huuri (1), pp. 207ff.。

③ Huuri (1), p. 25:"固然,一些学者曾说,退化主要是由于投石器的设计趋于简化。然而,在战争艺术中,最简单的器具才是最好的,唯有效能而非艺术的完美才是决定性的因素。"[伊恩·怀特 (Iain White) 译自德文]。

④ 例如 Huuri (1), p. 217ff.。

($\sigma\alpha\mu\beta\upsilon\kappa\eta$)，用于将装有若干名士兵的吊篮升举到敌方城堡的平台上，或者一旦在那里建立起"桥头堡"后，便用以设置附加的攀攻云梯[①]。这见于比顿[②]和其他一些攻守术作者的书中[③]，但实际上并不很实用。

战争史的最深入研究已经看到，在伟大的骑士时代（西方 12 至 13 世纪），战斗的缺乏乃是由于在攻守城技术上，防御的优势超过了进攻[④]。较弱一方获得坚不可摧的保护。躲藏于其"据点"中的被攻者总是有极好的运气。这对于社会的和政治的历史的意义，在奥曼的论述中可能得到了最好的概括；在贪婪而强大的邻居中，小国得以长期生存，而且实力很平常的反叛封建主或城市，在对付他们的宗主国时，表现出惊人的抵抗能力。事实上，防御筑城的优势，是更大且更高度地组织起来的社会实体推迟出现的首要制约因素。毫无疑问，（中国的）火药摧毁了这些封建城堡："在 14 世纪，"奥曼写道，"变化开始发生；15 世纪，被充分地发展；而至 16 世纪，封建的堡垒已成过时之物。"

但上述变化有一序曲，在 13 世纪，巨大的配重式杠杆抛石机便开始动摇了城堡塔楼和幕墙的坚固性[⑤]。早在 1204 年，位于塞纳河流域保护通往鲁昂（Rouen）之路的似乎坚不可摧的加亚尔城堡（Chateau Gaillard），即已在腓力二世（Philip Augustus）的坑道和抛石机面前被攻陷。1291 年，正当西方的火药时代来临之前，阿迦（Acre）的十字军要塞丢失给了撒拉逊人，而且所有地中海东部沿岸地区（Levantine）的城堡不久也相继失陷。一旦火药时代真正开始，防御因素便急剧下降。到 1464 年，沃里克伯爵（the Earl of Warwick）在一个礼拜中攻下了班堡（Bamborough），而到 1523 年，黑森的菲利普（Philip of Hesse）一天之内就摧毁了莱茵兰（Rhineland）最坚固的城堡——兰施图尔（Landstühl）[⑥]。火药起源于中国，这又是一个老生常谈（事实也的确如此），以后我们将阐明，在火药开始其遍及世界的旅行之前，它所经历的长期发展[⑦]。但人们还没有充分意识到，在火药时代之前，弹道机械的最高度发展，也是中国和伊斯兰世界对分裂的欧洲之成长为更大的统一体的礼赠[⑧]。深入的思考足以令人吃惊，所有这些发明都出自世界的这一部分，在那里，如同西方封建制度的极端分散，早于一千年前已被废替。而且在中国，防御相对于进攻，可能从来不曾具有如此大的优势，因为封建官僚主义的社会秩序所包含之筑城，其城墙相对地低而长，不是那种远离人口中心、在陡峭的

---

① 见 Schramm (1)，p. 219；Payne-Gallwey (2)，p. 35。

② Wescher (1)，p. 61；Rehm & Schramm (1)，pl. Ⅳ。

③ 如在古典时代有阿忒那奥斯的《论机械》（*Peri Mechanematon*）；见 Wescher (1)，p. 37。康拉德·屈埃泽尔（1405 年）的《军事堡垒》手稿中有一类似物，贝特洛 [Berthelot (5)，fig. 16] 曾予引用，但这与他的杠杆抛石机（见贝氏书 p. 339，fig. 44）极其相似。

④ Oman (1)，vol. 1，p. 380，vol. 2，pp. 52ff.。

⑤ 应能想起，超过 300 磅重的抛射物对任何防御性砖石建筑都是危险的。

⑥ Oman (1)，1st. edn，p. 553。

⑦ 见本书第五卷第七分册。

⑧ 最为显著的事实是，古代欧洲社会，以其全部的理论和智力光辉，也无法赋予重量超过 175 磅的任何块状物体一个自由飞行的轨道，这是按最为大方的估计。自然，中世纪早期的欧洲社会，也未能做得更好。只有为东亚所采用的桔槔原理，才能超越这个重量，也只有西亚发展起来的配重式桔槔，能够超过这个重量 10 倍或更多。在关于马具的章节 [本书第二十七章 (d)] 中，我们曾见到类似的情况。欧洲能够产生一位希罗和一位欧几里得，但却没有一套适于挽畜的高效率的马具系统。

峻崖上筑起耸入云霄的塔楼的贵族城堡。因此，当更有效的砲（炮）的设计不知不觉地由东向西传播时，它们带来了一些不可避免的后果，强大的中央集权国家的形成，从某种意义上说，便是欧洲之中国化。如果说近代的科学和技术，以及它们诞生于其间的文艺复兴，也一定程度上依赖于这些社会的和政治的变化，那么，伟大的似非而是的说法便出现了，即中国的文化和技术，虽然未能独立孕育出这些改变世界的事物，但产生了的确石破天惊的发明，从而导致了这些事物出现于西方世界的组织之中。

(e) 早期攻守城技术：从墨家到宋

241

(1) 早期的城

对特洛伊（Troy）城的 10 年围攻出现在希腊历史和文学的早期。从公元前第二个千年末期特洛伊战争结束到近代，它使诗人和古文物研究者、伟大的和普通的人们均为之神往。上个世纪，谢里曼（Schliemann）发掘出特洛伊古城，开创了地中海文明策源地科学考古学的新纪元[①]。但是，在已知中国历史和文学的边界，没有类似英勇的阿加亚人（Achaean）与不屈不挠的特洛伊人相斗争的围攻和反围攻，没有以史诗来歌颂英雄业绩的荷马。这一差别从一开始就深刻地反映了中国人和西方希腊文化继承者在文化标准和历史经验方面的分歧。然而，不久我们就可以看到，虽然在中国传统中没有规模巨大的围攻和反围攻，但东亚次大陆的武士和工程师在无畏精神和技术成就方面却丝毫也不落后。

在古代历史记载中，围城战的记录很少。在中国商朝的甲骨文中，几乎没有明确的记载。在西周，围攻城镇的长期战役的证据也非常缺乏[②]。但是，一定发生过围攻，否则就没有理由要在古代居住区周围建造厚实的城墙挖掘深而宽的壕沟。这类建筑物近年来已愈来愈多地被考古学家所发现[③]。最早的这类防御工事是现代城市西安（陕西省省会）东郊半坡的仰韶文化聚落周围的干沟，它深和宽为 5—6 米（图 84）[④]。有些学者提出：该沟是用来防备野兽侵入，而不是防人的[⑤]，但甚至在公元前 4000 年的古代，稀少的资源的争夺，也可能迫使人们挖掘这一包围约 50 000 平方米的聚落的壕沟[⑥]。

242

---

① Schliemann (1)；Blegen (1)；参见 Vermeule (1)，p. 274—279。

② 《诗经·大雅·皇矣》简洁地提到周灭商之前周军对一城镇的围攻，它必定发生在公元前 11 世纪［Nivison (2)；Pankenier (1)］。《逸周书·大明武解》（《逸周书集训校释》卷二，第十九页）提到了几种攻城的方法：在护城壕沟中堆土为山（"堙"、"湮"），掘地道或挖坑道（"隧"）以及水淹［"灌"读作"灌"，见孙诒让 (4)，卷一，第八页］，但该书可能成于战国时期。

③ 马世之 (4)，第 68 页，正确地注意到早期筑城有一特殊的功能：在较晚的历史时期，它只被用来防御水灾，但一些学者对城墙的起源是否与防御洪水的需要密切相关存在着争论。

④ K. C. Chang (1)（3rd ed）. p. 100；photo fig. 40，p. 102；中国科学院考古研究所 (4)；杉本宪司 (1)；杜正胜 (3)，第 4 页，注 4。

⑤ 半坡博物馆的展览安排显示了这一观点。

⑥ 马世之 (2)；杉本宪司 (1)，第 148 页。

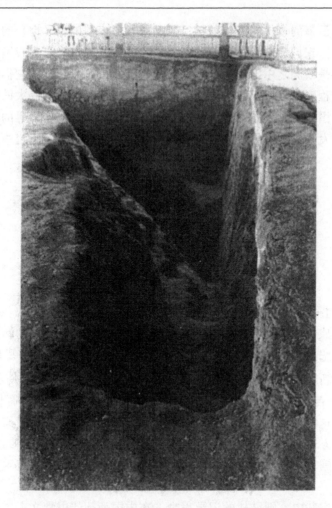

图 84　西安附近半坡仰韶文化聚落的防卫沟（陕西省幻灯制片厂照片）。

243　　根据以后的中国传说，鲧（夏朝创建人的父亲）首先发明了保护城镇的围墙[①]，但在考古学的记录中，居住区附近的围墙是在新石器时代后期，公元前第三个千年后半叶的龙山文化晚期开始出现的，并随着青铜时代的逐渐发展而愈益常见[②]。到目前为止，考古学家还不可能绘出这些居住区的详细图形并确定它们之间存在的等级关系以及这些关系是如何演化的[③]。

　　虽然不是所有城镇都有围墙，虽然最早期的国并不一定要把都城用墙围住[④]，但即使是最小的居住区可能也以某种方式加以防卫，因为显然只包括少至10间房的邑的象

　　① 京浦（1），第 68 页；K. C. Chang（9）；杉本宪司（1），第 181—182 页；《吕氏春秋》（《四部备要》本）卷十七，第二篇，《君守》，第六页；《太平御览》（卷一九三，第五页）引《吴越春秋》；《淮南子·原道训第一》，第四至五页（《四部备要》本）。此传说也在《世本》和《韩非子》中出现，见五井直弘（1），第 5—6 页。
　　② 张光直［（1），第 63 页］主张：这时中国城市化的发展与美索不达米亚（Mesopotamia）的城市化不同，中国的城市中心至少包括以下组成部分：（1）用夯土筑的墙，战车和武器；（2）宫殿、宗庙和墓穴；（3）殉葬器皿（包括青铜器皿）和殉葬遗骸；（4）手工业作坊；（5）居住区，其布局经过指导和规划，具有规律性；参见杜正胜（1）。
　　③ 宫崎市定（3），相信古代有城墙的城市是从山顶堡垒演化而来的，但考古学家在中原地区至今未发现山顶堡垒，因此他的假设可能应予否定［参见杜正胜（1）及杉本宪司（1）］。
　　④ 俞伟超（2），第 52—53 页；杜正胜（3），第 3 页。

形文字在公元前第二个千年后期的商代甲骨文中（总是）表现为在人的图形之上写上一正方形的或长方形的圈，即 ⬚⬚⬚⬚[1]。

在西周和东周初期，邑在各国按照复杂的等级制度构成。统治者生活的首要聚居地区称为"国"，较大的城，包括国都在内，称为"都"（大都市）。张光直指出，不迟于东周：

> 在同一国家中，各邑的重要性不同，按等级分为四层：普通的邑；具有贵族世系宗庙的宗邑；具有高级官员世系宗庙的都；具有国家最高统治者世系宗庙的国。与都和其邻近的邑不同，远离国家中心的邑、甚至宗邑，被归入四个鄙：即国家的东鄙、西鄙、北鄙和南鄙[2]。

在这一时期，新的城镇不断建立，文字记载保存了一些城墙建筑规模的说明：仅在 244 《左传》和《公羊传》对《春秋》的注释[3]中，就提到了78个城市有公认的城墙，但其中有些城市的城墙可能经过修理和加强，而不是刚刚从平地垒起的。

开始，只是城镇的中央核心部分才用墙围住，张光直论述的祖庙就建立在其内。此外，统治世系成员居住的宫殿也位于其内，同时，杜正胜已经证明，西周各诸侯国政治上最重要的组成部分——国人——也住在城墙之内[4]。从新石器时代就建筑在夯土基础上的城墙和宫殿以及其他祭祀和非祭祀的建筑物通常形成一北南轴线，城门是相对设置的。这样，虽然几千年来布局有所变化和发展，但是城市规划的总的原则从城市形成之初就已确定了[5]。

贺业钜（1）主张：西周早期的城市主要是以宗法制度为基础的，它严格地规定了城市的面积，使与拥有该地的家族的族长的身份相适应。城市分三等，最大的是周王（天子）城，第二等城市属于协助周征服商的诸侯，他们大多与周有血缘、姻亲关系；最小的是赠与诸侯的贵族助手的城[6]。城市的内部布局符合井田制，城市本身及与其紧接的城郊区划分成"乡"，而在此核心部分之外的土地称为"遂"。乡为军队提供人员和器械，遂供应谷物。因此，贺认为：西周早期建立的城市构成了周代城市建设的第一个"高潮"。它们实质上是周王朝贵族阶层的城堡。

尽管贺的观点从考古学的角度一般是可以接受的，但是西周帝都的总体布局与其前的商朝的城市显然是相似的[7]。

第二个高潮大约发生在春秋与战国之交，因为在公元前6世纪，许多较大的城市 245

---

① K. C. Chang (9), p. 62. 唐嘉弘［(1)，第1页］讲道：在卜骨或青铜器铭文中，圈有方形的，也有圆形的，但后者可能只是一种书写习惯，因为圆的建筑物和围墙在考古发现和文献记载中非常罕见。参见马世之(4)，第67—70页。

② K. C. Chang (9), p. 64。唐嘉弘［(1)，第5页］指出：在《周礼·地官·小司徒》中，36户组成一邑，而在《国语·齐语》中，邑由30户组成，他认为后一数字是东周时期有围墙的小居住区近似的户数·甚至最小的邑也拥有自己的祭祀中心"社"——土神的祭坛［彭邦炯(1)，第270页］。

③ 大岛利一(1)，第53页；K. C. Chang (9), p. 65；参见杜正胜(1)。

④ 杜正胜(2)，第29页起。

⑤ 朱玲玲(1)。

⑥ 诸侯城的面积是周王城的五分之一，其助手的城应不大于周王城的九分之一。

⑦ 俞伟超(2)，第53—54页。

人口增长，居住情况变得多样化，需要许多不同类型的工匠和农民满足他们的需要。为了保护这些经济上必须的组成部分的住处和作坊，为了保持对他们的活动以及愈来愈多的来城市集市的远近商人的控制，也为了圈入一定数量的农田，又加筑了外城墙。

马世之（1）认为古代城墙最初的形状是方的[①]，到东周时期基本上演化成四种型式的城市[②]。第一种是新郑型，由二座连接在一起的城组成，一座城在东，另一座城在西，

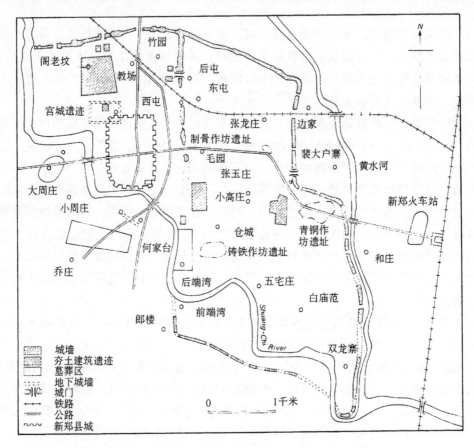

图85 新郑城，先是郑国国都，后为韩国国都 ［采自 Chen Shen（1），系根据
河南省博物馆新郑工作站、新郑县文化馆（1），第57页，图1］。

---

① 马世之主张：古代城市原先是方的，其形状基于"天圆地方"这一概念，城市属于地，因而它们应是方的。贺云翔（1）对此提出了质疑，他也不同意马所持城的形状受到井田农制影响的观点，而认为城市原先是长方形的，南北的尺寸稍大于东西的尺寸。但是，马世之（3）成功地，至少使我们感到满意地驳倒了贺的反对理由。参见贺业钜（1）；朱玲玲（1），第153—154页。

② 佐原康夫曾经根据一比较完整的遗址表提出一相似的东周城的分类，并且根据面积将城市划分成另一种体系，而不是将两种分类加以综合。罗泰［Von Falkenhausen（1）］在对佐原康夫文的评论中说：面积最大的城，即一边长度大于5000米的城，是由扩大B型（"无内城的外围墙"）和D型（"自然形成的配置"）布局的居住区成C型居住区［"二个（或更多）围墙并列"］而形成的。C型仅出现在战国时期。

罗泰进一步评述道："此外，面积居第二位的城（一边长2500—3600米）（起源于春秋时期或更早）的居住区均属A型（"内城，由外围墙环绕"）或B型布局，而D型居住区实际上仅限于面积最小的城（一边短于2000米）（唯一值得注意的例外是长安汉都，已知它的特殊性是独特历史事件的结果）。"参见俞伟超（2），第54—57页。

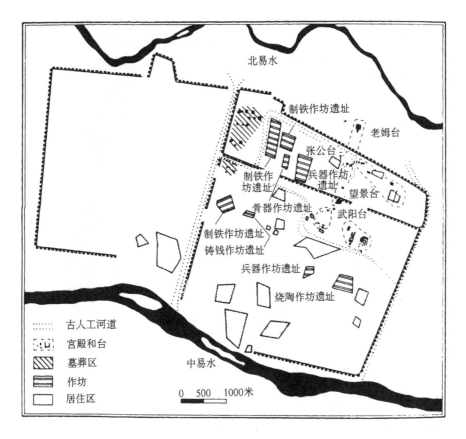

图 86　下都城，燕国国都，位于河北省易县附近［据 K. C. Chang（1），fig. 154］。

图 87　燕下都外城的西墙，采自 Chinese Academy of Architecture（1）。

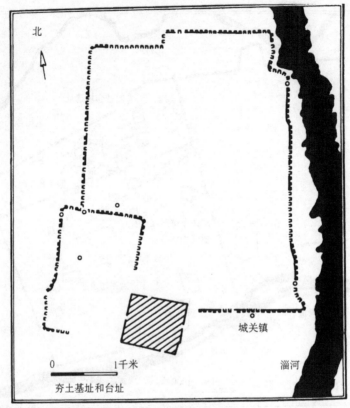

图 88　临淄城，齐国国都，位于山东省临淄附近［据 K. C. Chang (1), fig. 157］。

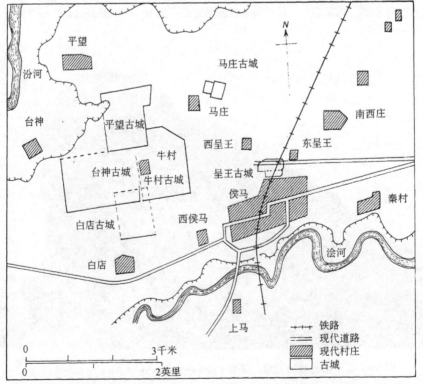

图 89　包含有晋国国都新田的古城［据山西省考古研究所侯马工作站（1），图 1］。

或者一大一小。城被城墙、濠沟或护城河分成两部分，但保持整体上的连接（图85）[1]。　248
燕国国都下都（图86，87）[2]和齐国国都临淄[3]（图88）也属于这一型式。

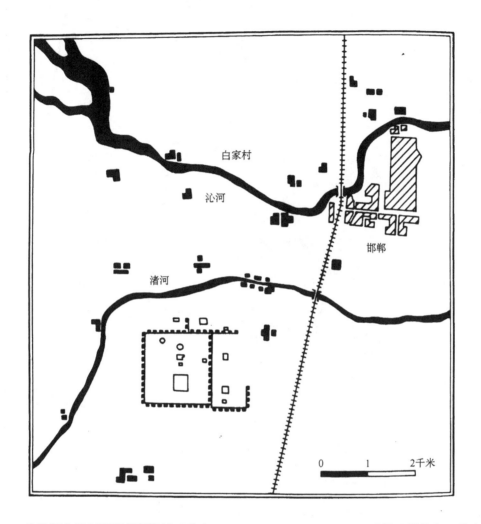

图90　位于河北的赵国国都邯郸城［采自 K. C. Chang (1), p. 153, 系据關野雄和駒井和愛
(1)。绘制此图时，其他城墙尚未发现］。

　　第二种是侯马型。它是中国北中部晋国晚期的国都。晋国在公元前403年解体，并
分裂成韩、赵、魏三国，许多学者认为这是战国时期的开始[4]。在文字记载中，国都名　　249
叫新田，实际上至少包含六座不同的城，它们的现代名称是牛村、台神、平望、马庄、

　　①　河南省博物馆新郑工作站、新郑县文化馆（1）。新郑是郑国的国都，后为韩国国都。五井直弘（1），第
19页。
　　②　K. C. Chang (1), pp. 335—339；傅振伦（1）、（2）；中国历史博物馆考古组（1）；河北省文化局文物
工作队（1）、（2）、（3）、（4）、（5）；河北省文物管理处（1）；文物编辑委员会（1）；第42—43页。
　　③　K. C. Chang (1), pp. 339—341；關野雄（1），第241—294页；山东省文物管理处（1）；群力（1）；
北京大学历史系考古教研室商周组（1），第247—248页；關野雄（1），第241—294页；马先醒（1），第195—
211页；五井直弘（1），第17—19页；临淄区齐国故城遗址博物馆（1）。
　　④　参见 Cho-Yun Hsu (1), p. 1。战国开始年代的其他论说为公元前475年、前468年和前463年。

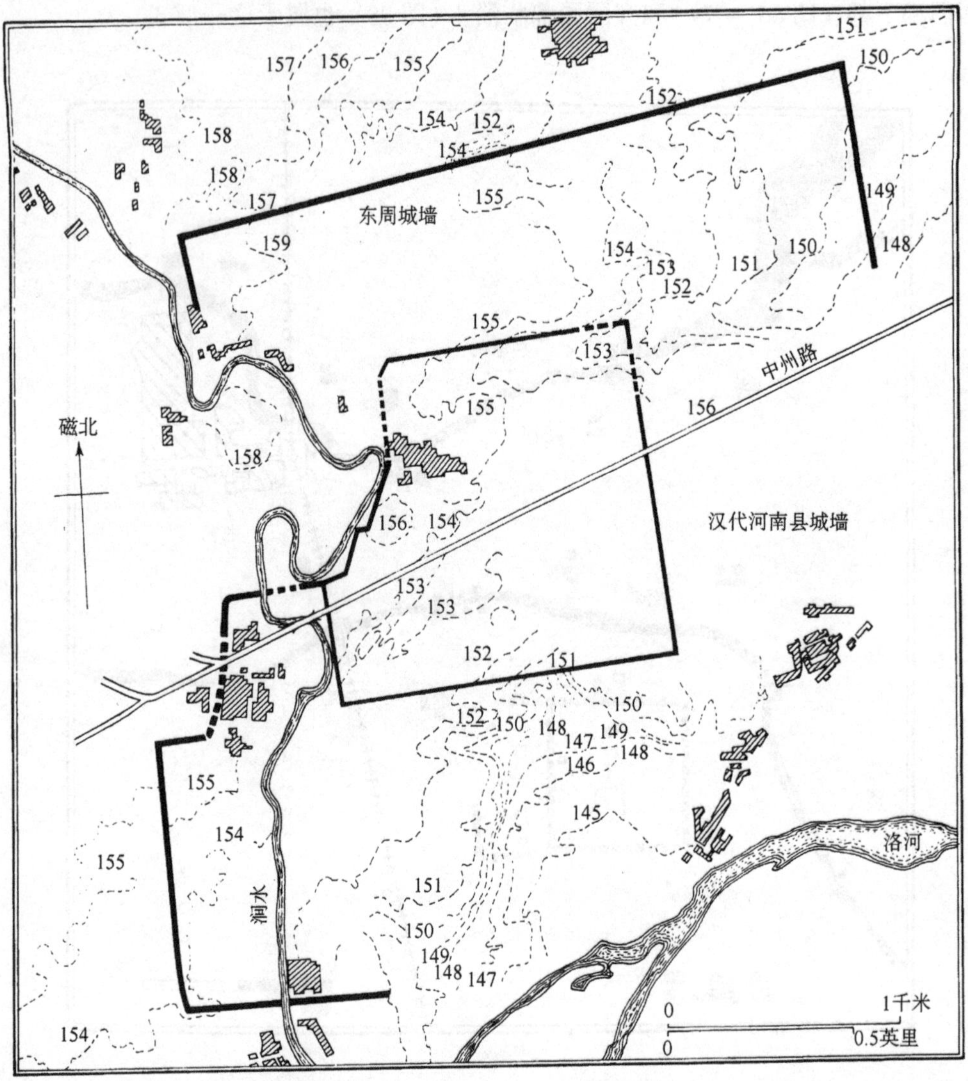

图 91 东周洛阳城，其中有较小的汉城，采自北京大学历史系考古教研室商周组 (1)，图 198。

白店、呈王 (图 89)^①。赵国的国都，河北邯郸，也属于这一型式。城由三个近似方形的围廓组成，形状 ▩ (图 90)。北边的北廓城，东西长 1275—1508 米，南北长 1550 米；东边的东廓城，长 1400 米，宽 850 米；王城长 1475 米，宽 1387 米。在王城中，有许多大宫殿和行政机关建筑物的夯土基址。1958 年，发掘者在城北发现了以王郎城为中心北南延伸约 6 100 米的城墙。在王郎城的北边又发现了另一以插箭岭为中心的小城墙。但是，发掘者对后二座城墙与三个主围廓之间的关系尚不清楚，由于在简要

<hr>

① 山西省考古研究所侯马工作站 (1)。呈王城本身又由两个近似长方形的围廓组成，北边的围廓比南边的大。南边的围廓附属于北围廓南墙的东段。北城有夯土建筑基址 [山西省考古研究所侯马工作站 (2)]。

的报告中没有地图，因此很难对城墙的原形及防御能力作出确切的结论①。

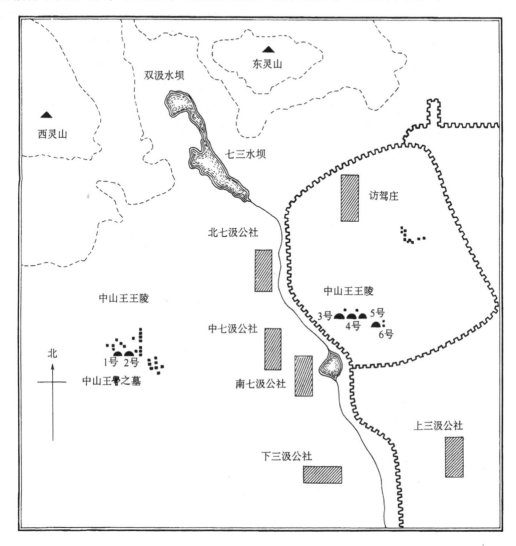

图 92　中山国都城，采自东京国立博物馆（1），第9页。

东周帝都洛阳代表了第三种型式的城市，它只有一道城墙，无内外之分（图 91）。北城墙保存得比较完整，长度为 2890 米，东城墙已破坏，现仅存约 1000 米。整个城市大致是方形的②。中山国的国都，平山县灵寿城，也属于这一类型，北南长约 4000 米，东西长约 2000 米，现在又发现了从该城延伸的一些长城墙，由于 1974 年才开始研究，

① K. C. Chang（1），pp. 324—327；北京大学历史系考古教研室商周组（1），第 242—244 页；杨富斗（1）；山西省文管会侯马工作站（1）、（2）、（3）、（4）；山西省文物管理委员会（1）；山西省文物管理委员会、山西省考古研究所（1）；叶学明（1）；山西省文物工作委员会写作小组（1）；陶正刚和王克林（1）；山西省文物工作委员会（1）；侯马市考古发掘委员会（1）；山西省文物管理委员会侯马工作站（1）；俞伟超（2），第 55 页。關野雄和駒井和愛（1）；文物编辑委员会（1），第 41 页；参见 K. C. Chang（1），pp. 333—335；關野雄（1），第 295—302 页。

② 考古研究所洛阳发掘队（1）；K. C. Chang（1），pp. 322—324；北京大学历史系考古教研室商周组（1），第 239—242 页。

它们与城的确切关系至今尚未确定①（图92）。

　　第四种型式的城市与第一种型式相似，也由二座城组成，它与第一型城市不同之点是其中一座城较小，位于另一座城的围廓之中。小城大致置于外防御圈的中央，这和以后将要详细讨论的鲁国都城曲阜（图141—144）②以及夏县的禹王城（故魏国安邑城（图93）③相似。后者的外城墙呈不规则四边形，北南约长4 500米，南边宽约2100米。在其中，第二座围墙位于南西角，第三座围墙近乎位于中央。考古学家们一致认为，两个实例中的中心之城很可能是王族及其随从居住的宫殿区。

251

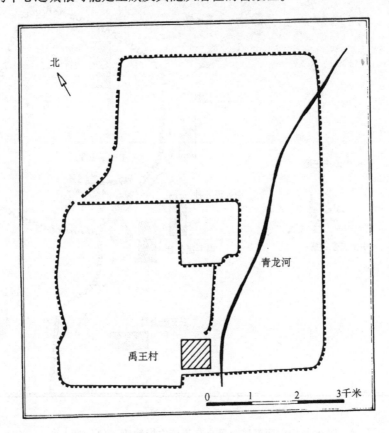

　　图93　魏国安邑城，位于山西夏县附近，采自 K. C. Chang (1)，fig. 151，系根据《文物》，
　　　　　1962年，第4—5期，第61页。

　　另一种情况是，内城置于外围廓的边缘，利用厚实的外墙作为其一边。河南春秋鄝城即其一例（图94）④，赵康镇极可能是绛的遗址，原属于晋国，后被魏国接收，它也属于这一种情况（图95）⑤。

252

　　上蔡是蔡国较大的国都，是西周封邑之一。城墙总长10 490米⑥，宽15—25米，

---

①　文物编辑委员会（1），第43—44页；河北省文物管理处（3）；东京国立博物馆（1）。

②　Zhang Xuehai (Chang Hsüeh-Hai) (1)，下面列出其他参考书目，pp. 138—139。

③　陶正刚和叶学明（1）；中国科学院考古研究所山西工作队（1）；K. C. Chang (1)，pp. 330—332。

④　刘东亚（1）。

⑤　山西省文物管理委员会侯马工作站（1）；K. C. Chang (1)，pp. 327—328。

⑥　商景熙（1）；马世之（2），第61—62页。该地从新石器时代仰韶文化开始已有人居住。

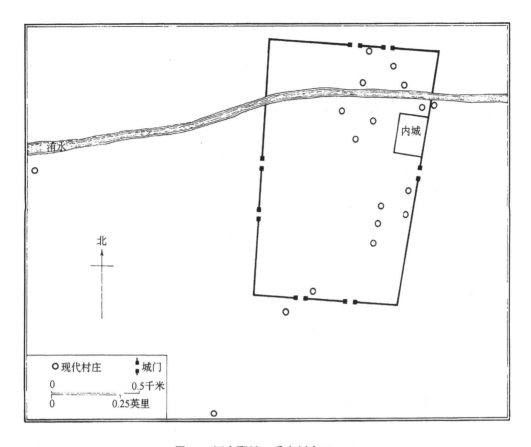

图 94　河南鄢城, 采自刘东亚 (1)。

最厚处达 70—95 米。外城墙原先还被一宽 70—103 米、现埋于地面下 5—10 米处的护城河保护, 山川流入护城河, 然后东去, 成为蔡河。现在, 内城位于东北角, 今为县治所在地, 但西周和春秋时期宫殿的基础约建于围廓中央名为二郎台的小山上 (图 96)。因此, 这是重心在外城墙内移动的城市的一例。以后, 我们还会遇到其他实例; 但现在应该转到与这四种型式之城同时代的围城战问题上来了。

　　虽然在史前时期和早期的有史时期, 城镇一定被成功地攻击和防卫过, 但我们事实上没有同时期这类围城战的证据。然而, 可以肯定, 攻守城技术的成熟和发展始于战国时期 (公元前 500 年—前 221 年), 当时, 周朝在公元前第二个千年后期建立的诸侯国只剩下了少数几个, 它们正在为争夺全中华的控制权而战, 同时, 也如同上文所述, 城市化正在迅速发展。最后, 以陕西渭河流域为根据地的秦消灭了所有对手, 于公元前 221 年建立了一直延续到 1911 年辛亥革命的帝制。

　　在这一残酷的、毁灭性的争斗中, 战争不是如同春秋时期 (公元前 770 年—前 500 年) 那样[1] 是为了显示参与者的武士风范。墨子, 孔子的最初追随者和后来的哲学对手, 他训练他的弟子成为反对进攻进行守城的专家[2]。通过墨家学派的著作才使我们能够了解那个时代围城战战术的内在情况, 因为其他军事著作很少注意这些问题, 它们大

253

254

①　Kierman (2); Yates (3)。

②　渡邊卓 (1), (2); Yates (4)。

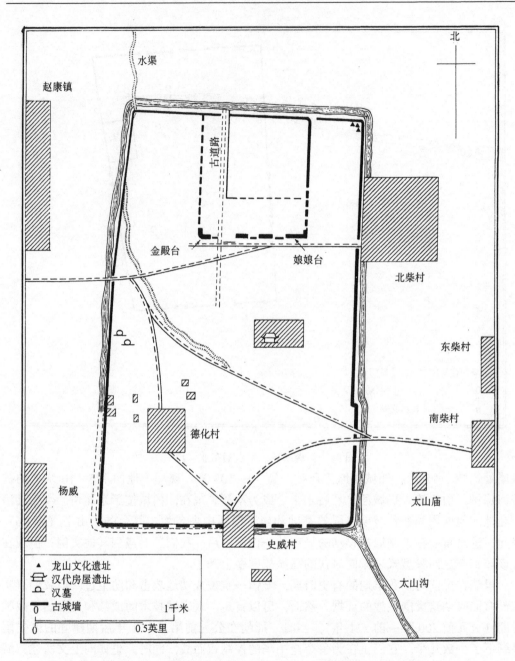

图 95　赵康镇，可能是绛的遗址，采自山西省文物管理委员会侯马工作站（2）。

多是从围攻者的角度而不是从被围攻者的角度写的，即使如此，详细的描述和教诲也不多。

我们的确非常幸运，能有一部分墨家的著作留传下来，尽管处于片断的状态，我们仍可以从中看出他们所采用的方法已是多么先进。我们可将它们与希腊和罗马的发展情况进行比较，并可得出以下结论：从战国时期直到 1000 多年后火药的发现并应用于战争，围城战的技术本质上没有多大变化，尽管在随后的几个世纪中有所革新，机械的名称也有所改变。

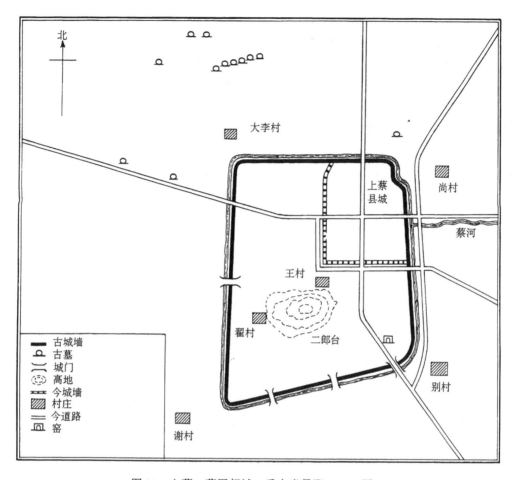

图96 上蔡, 蔡国都城, 采自尚景熙 (*1*), 图1。

(i) 防御的一般教诲

下边，我们将介绍墨家所推荐的方法并简要地描述随后技术上的一些发展，直到 10 世纪为止。在 10 世纪，火药的发现和发展改变了围城战的性质。

关于早期的信息几乎全部来自现存《墨子》之卷十四和卷十五。但是，这两卷通常是最难懂的，因为在原文历史的早期，可能是汉朝，它遭到了格雷厄姆 (A. C. Graham) 所称的书劫[1]。原文的皮革装订松开了，腐朽了，许多竹简折断了，丢失了。以后，可能在汉朝或六朝早期，一位编纂者努力把残存的断片重新聚集起来，并将两章的原文抄写成一长而连续的整体。因此，现存的混杂本至少是原文的三个，在某一处甚至是四个版本的遗稿。这些遗稿经人为任意地并列或分隔，以致原文的原顺序已不复存在，很多处则已经丢失或模糊不清[2]。一些学者怀疑文本的真实性，并声称它是汉代的赝本，但是，它似乎是战国墨家兵法家的真实记载[3]。

256

257

---

① A. C. Graham (12), p. 65。

② Forke (3), 德译本, 须要全面修订。参见 Forke (17)。

③ Yates (4), pp. 555—556; 参见 Yates (5); Cho-Yun Hsu (1), p. 187; 钱穆 (5); 朱希祖 (3); 孙次舟 (2); 渡边卓 (1), (2)。

文本分为两个主要部分：被围攻的城市的组织和紧急情况下须要强调的规则和规定，以及战斗中所使用的器械和方法的精确的、详细的说明。这里，我们所关心的是后者。第二部分又分为两个部分，一部分说明了防御的一般要求，另一部分对如何防御12种攻击方式给出了精确的教诲。首先，我们将回顾一般的要求。

墨家已被公认为是古代中国防御战的宗师。要进行有效的防御，他们设想必须具备的先决条件是什么呢？他们的观点概括在以下两段文字之中，这是后来对主题所作一切讨论的依据。

通常，防守被围攻的城的标准方法是：城墙必须高而厚，濠沟和护城河必须宽而深；城楼和橶①必须维修良好；防御的准备（即器械和兵器）必须经过修缮，保持锋利；木柴和食物必须充足，可支持三个月以上；人员必须众多，并经过挑选；官吏和人民必须协调一致，对上司有功劳②的重要官吏（地方的大官）必须多；统治者必须可以信赖并且站在正义的一边，广大人民无限拥护他。如果不是这样，防御者父母的坟墓必须在那里。如果不是那样，山岳、森林、草原、沼泽③必须足够富饶有利。如果不是那样，地形必须难攻而易守。如果不是那样，人民必须是深恨敌人而深敬其上司。如果不是那样，奖赏必须非常分明，令人信服，惩罚必须严厉而使人畏惧。④

〈凡守围城之法，厚以高，壕池深以广，楼撕楯，薪食足以支三月以上，人众以选，吏民和，大臣有功劳于上者多，主信以义，万民乐之无穷。不然，父母坟墓在焉；不然，山林草泽之饶足利；不然，地形之难攻而易守也；不然，则有深怨于敌而大有功于上；不然，则赏明可信而罚严足畏也。〉

墨子说："通常，在五种情况下不守城。城大而人少是第一种不守城的情况；城小而人多是第二种不守城的情况；人多而食物少是第三种不守城的情况；集市离城远是第四种不守城的情况；物资储存并堆积在城外，富人不在城内而在集市是第五种不守城的情况……"⑤

〈子墨子曰："凡不守者有五：城大人少，一不守也；城小人众，二不守也；人众食寡，三不守也；市去城远，四不守也；畜积在外，富人在虚，五不守也……"〉

这一实用的、常识性的、对负责城市或城镇防御的人们的忠告，与阴阳家的军事理论家的意见是一个明显的对照。虽然阴阳家军事理论家的著作大部分已丢失，但仍残存了一些段落，有的是最近发现的，所以还可对他们的意见有所了解。其中一段见于《六韬·兵征第二十九》：

通常，当包围并进攻城市时，如果城市的气像死灰那样，城市可以被毁灭。如果城市的气发散，向北传播，城市可以被征服。如果城市的气发散，向西传播，城

---

① "橶"必定是城墙上一种特殊型式的城楼的名称，但我们没有充分的证据来更精确地辨别它。

② "功"和"劳"是汉代确定军事贡献的两种方法。[Loewe (4), vol. 2, p. 169；大庭修 (1)]。

③ "泽"（沼泽）不能理解为完全在水下，因为它们常是贵族狩猎的区域。

④ 《墨子·备城门第五十二》（《道藏》本）卷十四，第五页；孙诒让 (2)，卷十四，第三至四页；岑仲勉 (3)，第4—5页；吴毓江 (1)，卷十四，第10页。《管子·九变第四十四》中，有与这一段相似而可能较晚的文字（《国学基本丛书》本第二册，第八十至九十页）。Yates (5), fragment 20, pp. 184—188。

⑤ 《墨子·杂守第七十一》，（《道藏》本）卷十五，第二十二页；孙诒让 (2)，卷十五，第三九五页；岑仲勉 (3)，第155页；Yates (5), fragment 148, pp. 611—613；K. C. Chang (1), p. 350。

市可以迫使投降。[如果城市的气发散，向南传播，城市不能被攻克]*。如果城市的气发散，向东传播，不能对城市进行攻击。如果城市的气发散后又重新进入城市，城市的统治者已经向北逃走。如果城市的气发散，并笼罩进攻方的军队，进攻方的军队不可避免地要得病。如果城市的气发散，高入空中，不在任何一点上停留，战役将是长期的。

通常，当包围并进攻城市时，如果十多天不打雷，不下雨，应该赶快放弃攻城，因为城市必将有强大的支援由它支配。根据这些征候，就能知道什么时候去攻击可以攻击的城市，何时对难以攻取的城市停止进攻。

武王说："好极了!"①

〈凡攻城围邑之气如死灰，城可屠；城之气出而北，城可克；城之气出而西，城必降；城之气出而南，城不可拔；城之气出而东，城不可攻；城之气出而复入；城主逃北；城之气出而覆我军之上，军必病；城之气出高而无所止，用日长久。凡攻城围邑过旬不雷不雨，必亟去之，城必有大辅。此所以知可攻而攻，不可攻而止。武王曰善哉。〉

人们可以想像，为什么当气向北或西传播时认为城市是难以防守的，理由是在这些方向阴占优势；相反，南和东方向属阳，因此气向这些方向移动表示城市有能力抵御进攻。最后一段表现为实用意识和宗教思想的混合：如果不下雨，围攻者可能会缺乏清洁的饮用水，但或许更重要的是，雷和雨被认为是非常不祥的。没有像雷这样的征兆，表示围攻者不能取胜②。

《孙膑兵法》提供了将城区分为两类的又一个实例，即可以进攻和占领的及不能进攻和占领的。孙膑把前者称为"牝城"，把后者称为"雄城"：

雄城和牝城③

如果城市位于低洼的④沼泽地区，没有高山和大的谿谷⑤，但四周有小山⑥，这是雄城，不能对它进攻。如果军队的粮食供应靠快速流动的河水运送[水是活水，不能对它进攻]⑦。如果在城前有一大的谿谷，城后是一高山，这是雄城，不能对它进攻。如果城中地势高而城外地势低，这是雄城，不能对它进攻。如果城内有小山，这是雄城，不能对它进攻。

259

① 汉文大系本卷二（第二十九篇），第二十六页：Strätz（1），pp. 89—90。

* 原文漏掉这一句。——译者

② 雷被认为是阴和阳急剧混合的结果。在汉代以前，产生了一种信念，认为存在着一位雷公。最早提到这位神的是《淮南子》（卷二，第八页，《四部备要》本）和《越绝书》（卷十一，第一页，《四部备要》本）。雷神是否是战国时代的神，现在还不清楚。一场猛烈的雷雨几乎使周武王中断对商的进攻，但姜太公否定了武王的马因惊骇而死是不祥的征兆，他督促军队进攻直至胜利。

③ 标题据银雀山汉墓竹简整理小组（3），下编，《雄牝城》。参见银雀山汉墓竹简整理小组（1）；张震泽（1），第184—187页。这一段也被杜正胜（1）部分引用。

④ 辽宁的编者[Anon.（223），第151页]建议将"湻"读成"卑"（低）；张震泽[（1），第186页，注1]也持相同意见，他说也许是抄写人错了一个"三点水"偏旁。"湻"也可理解为"小"。

⑤ 辽宁的注解提出"冘"应理解为"高"。该词在《庄子》中是"高耸"的借用词[Karlgren（1），698a]。在《左传》中，该词读作"抗"，意思是"掩护"、"保护"、"防御"。可能这里就是这个意思。他们把"名"解释为大而深。

⑥ 按张震泽[（1），第186页，注3]将"付"解释为"附"。

⑦ 这些词是编者加的。

如果行军中的军队的安营地周围没有大河环绕，这将伤害兵士的活力（"气"）并削弱他们的意志，可以对这支军队进行攻击。如果城后是一大的谿谷，左右没有高山，这是一座空城，可以对它进行攻击。如果土地已被烧成灰①，这是死地，可以［对处于其中的军队进行攻击］。如果军队的粮食供应靠不流动的②河流运送，这是死水，可以对这支军队进行攻击。如果城位于开阔的③沼泽地区，没有大的谿谷和小山，这是牝城，可以对它进行攻击。如果城市位于高山之中，没有大的谿谷和小山，这是牝城，可以对它进行攻击。如果城前是高山，城后是大谿谷，前边地势高，后边地势低，这是牝城，可以对它进行攻击。④

〈城在淠泽之中，无亢山名谷，而有付丘于其四方者，雄城也，不可攻也。军食溜（流）水，生水也，不可攻也。城前名谷，倍（背）亢山，雄城也，不可攻也。城中高外下者，雄城也，不可攻也。城中有付丘者，雄城也，不可攻也。营军取舍，毋回名水，伤气弱志，可击也。城倍（背）名谷，无亢山其左右，虚城也，可击也。□尽烧者，死襄（壤）也，可击也。军食氾水者，死水也，可击也。城在发泽中，无名谷付丘者，牝城也，可击也。城在亢山间，无名谷付丘者，牝城也，可击也。城前亢山，倍（背）名谷，前高后下者，牝城也，可击也。〉

所有这些段落表明，从孙子时代起，攻守城的方法和理论已经发展得多么远，他当时便提出："攻城是当一切均失效后的最后的手段"〈"攻城之法，为不得已"〉。

260

对于战国时代的这些意见，宋朝曾公亮及其助手⑤补充道，在五种情况下，城市可以被击败：如果强壮者和成年人少而年幼者和虚弱的多；如果城市大而居民少；如果谷物配给量少而居民多；如果补给品位于城外；如果本地的大官和实权派不听从命令。此外，他断言；如果城外的水高而城内的地势低，如果土脉伸展而护城河浅，如果防御器具还不足，柴火和水无补给，在这些情况下，即使城墙高，最好还是放弃城市，而不要试图坚守。

同理，他相信五种有利条件可使防御成功：如果城墙和护城河维修良好；如果器械和兵器准备充足；如果人口少而谷物供应多；如果上下级互相爱护；如果处罚严格，奖赏丰厚。此外，如果城市处于有利位置，它也可以保全。所谓有利位置就是在大山的底部，高于宽阔的河面，这样，既不会遭受旱灾，也不会被洪水淹没，还能受到周围地形的保护。

因此，曾阐述道：防御的方法不是指望敌人不来，而是依靠防御者有对付敌人进攻的手段；不是指望敌人不来攻，而是依靠防御者有使敌人不能攻的准备。所以，防御者不仅要有高峻的城墙、陡深的护城河、强壮的士兵、充足的谷物，还必须有智慧、深思熟虑以及完整而详尽的计划、战略和战术，以应付情况的一切变化。防御者应当做好种种准备，经常出城侵扰进攻者，或者任凭进攻者挑战而不与之交战，或者使敌人恐惧而撤退。

诚如墨家所说，必须做好充分的准备，才有可能取得防御的胜利。这正是我们必须首先着手的。

---

① 据张震泽（1）（第187页）之注。编者认为在句子的开端有缺文，但张持反对意见。编者还提出"烧"是"硗"（贫瘠的、多石的土地）的借用词，但这可能是错的，它应是"尽"，即"烬"（灰、余烬）的借用词或简写。

② 张震泽（1）注道：在《广雅·释诂》中把"氾"（漂浮）定义为"汙"（不流动，因而被污染）（《广雅疏证》，卷三，第二九七—二九八页）。

③ 据张震泽，将"发"视为"沛"（大）的借用词。

④ 事实上，吴九龙（1）可能是对的，他的结论是这一段不属于原《孙膑兵法》，而是一独立的文本。

⑤ 《武经总要》（前集）卷十二，第一至二页。

(ii) 防御的初始准备

城外的道路必须封锁, 以阻止敌人前进, 特别易受攻击的道路必须采取更多的防御

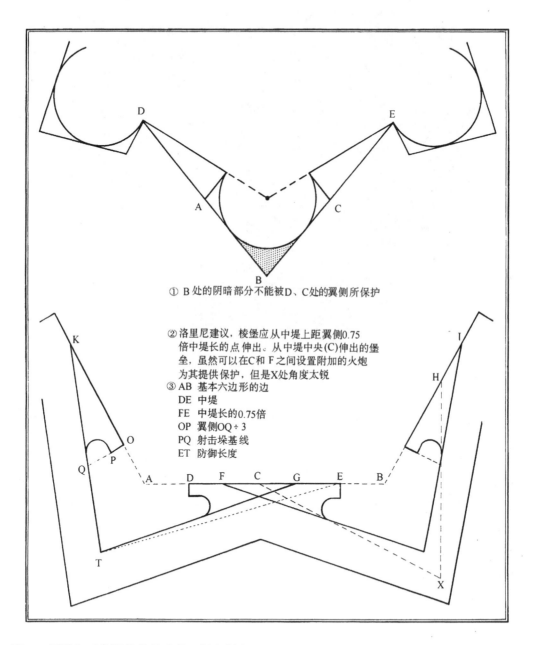

① B 处的阴暗部分不能被 D、C 处的翼侧所保护

② 洛里尼建议, 棱堡应从中堤上距翼侧 0.75
倍中堤长的点伸出。从中堤中央 (C) 伸出的堡
垒, 虽然可以在 C 和 F 之间设置附加的火炮
为其提供保护, 但是 X 处角度太锐

③ AB 基本六边形的边
DE 中堤
FE 中堤长的 0.75 倍
OP 翼侧 OQ ÷ 3
PQ 射击垛基线
ET 防御长度

图 97 圆形和三角形棱堡的比较, 据布斯卡 (G. Busca, 约 1540—1600 年) 《关于军事建筑》
(*Della architettura militare*, Milan, 1601), de la Croix (2) 曾予引用。

图 98 六边形棱堡的结构, 据洛里尼 (B. Lorini) 《关于防御工程》 (*Della fortification libriv*,
Venice, 1597 年), de la Croix (2) 曾予引用。

图 99 帕尔马诺瓦 (Palmanova) 棱堡建筑平面图，卡科利亚蒂 (Cacogliati) 约绘于 1695 年，采自 de la Croix (2)。

261 措施。要建筑三个一组的三角形堡垒或哨亭，形成跨在道路上的三角，以互相支援①。这是中国古代唯一谈到三角形筑城设计的原始资料。在 17 和 18 世纪，这一根据锐角的设计使欧洲的防御建筑革命化，当时，尤其是意大利的军事建筑师终于找到了抵抗由大 262 炮开道的围攻的正确方法②（图 97—101），但是，显然，中国的建筑师否定了它，他们几乎无一例外地选择了长方形或正方形筑城。只有唐朝选择了圆形，并专门用来建筑沿西北边境的哨亭③。不过，墨家的方法必定在某种程度上实行了，因为在从马王堆汉墓发掘出来的、描绘国土南部军队驻扎位置的军事地图（"驻军图"）上有三角形设计的一个实例（图 102）④。

① 《墨子·杂守第七十一》，《道藏》本卷十五，第十八页；孙诒让 (2)，卷十五，第三十一页；岑仲勉 (3)，第 141—142 页；Yates (5)，fragment 123, pp. 568—569。

② Hogg (1), pp. 110—131; de la Croix (2), p. 44; de la Croix (1), p. 39—44, Christopher Duffy (1); Christopher Duffy (2), pp. 23—42; Brice (1), pp. 115—122; J. R. Hale (1)。

③ Lowe (4), vol. 1. p. 84；藤枝晃 (1)，第 254 页。然而，汉代《九章算术》（卷五，第六页）曾给出圆哨亭（"亭"）的尺寸：高 10 尺，底部周围为 30 尺，顶部周围为 20 尺。因此，也许这种形状比目前认为的更为通用，虽然至今在考古学记录中完全未见。参见 Vogel (2), p. 24。

④ 王子今和马振智 (1)，第 21 页及第 24 页，图 4。

图100　帕尔马诺瓦棱堡鸟瞰，采自 de la Croix（2）。

263

图101　卢卡（Lucca）棱堡，从东北方向鸟瞰，采自 de la Croix（2）。

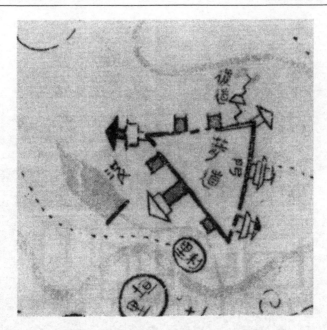

图 102　马王堆出土汉代驻军图中的三角形堡垒，采自王子今、马振智 (1)，第 24 页，图 4。

264　　　　道路上也可散布木制或铁制的蒺藜（图 103a，b）[1]。《六韬》记载了三种可折叠的
围栏或罗网，军队在出征时可以携带并将之展开，使之横跨于通向野营的道路或小径，
以防止敌探和小股袭击部队接近而未被发现。第一种可折叠的围栏是"天罗虎落"，它
用一根链条连接起来，宽 15 尺，高 8 尺。第二种可折叠的围栏，尺寸和前者相同，其
上布满剑刃，称为"虎落剑刃"。一支部队装备 120 具"天罗虎落"和 510 具"虎落剑

265

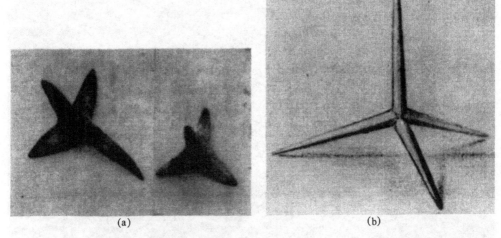

　　　　　　　　　　(a)　　　　　　　　　　　　　　　　(b)

图 103　(a) 陕西勉县定军山发现的铁蒺藜，采自《诸葛亮与武侯祠》编写组 (1)；(b) 西
　　　　安汉长安城遗址出土的蒺藜，采自 Wang Zhongshu（Wang Chung-Shu）(1)，fig.
　　　　156。

──────────

　　① 见下文 pp.287—289，425，433；Yates (3)，p. 444。《六韬》描述了蒺藜板，它长 6 尺多，宽 8 寸，其
上有突出 4 寸的铁尖（"芒"）[汉文大系本卷二第三十一篇《军用》，第三十二页]。一支部队配备 1200 块这样的
板。参见 Strätz (1)，p. 97。

刀"①。

第三种罗网称为"地罗"，它布在地面上使敌方挑衅者不敢怂恿士兵参予能被敌方主力利用的混战。这种蒺藜的每个刺尖由二个箭镞制成，刺尖按三角形分布，刺尖间的距离为 2 尺（46.2 厘米）②。因为原文中未提到板，"地罗"或许是考古学家所发现的成排植在汉代沙漠堡垒缓冲地区的那类桩的专用名称。这些削尖的木桩也是按三角形分布的，相距 70 厘米。已发现的最大排数是四排，在甲渠侯官，它用来保护主围墙的东北角（图 104）③，它还保护肩水金关的城门和堡垒（图 105 和 106）。这些木桩类似《墨子》讹误很多的一段文字中提到的"锐铁杙"，它长 5 尺，周长大于半围（11.5 厘米），两端尖锐，埋在城墙底部共 5 排，埋深 3 尺，间距 3 尺。它们也被敲入胸墙或城墙的顶部④。城市的守卫者有时可能也竖立这些桩或类似的围栏，虽然并没有专门提到它们。

在汉朝，戈壁沙漠中岗楼周围的沙质进路被仔细地耙松，形成"天田"。巡逻的士兵每天早晨负责检查"天田"的沙洲有无入侵者的足迹，并将情况报告上级⑤。我们在中国中心地带也找到了类似的习惯做法。拂晓，城中派出侦察员，检查城外的道路和战略位置有无足迹。如果发现了足迹，他们必须用旗向站在城墙上的同事发信号⑥。在唐朝，这些"田"称为"土河"⑦。

未具名的拜占庭帝国的《战略论》（Treatise on strategy）建议：要采取类似的措施，警戒接近营地的敌人。在营地周围的壕沟前散布蒺藜，形成 12 米半的宽带。再往外，地上钉桩，桩间张紧细弦，弦上系铃。想法是：当敌人夜间接近时，铃发出玎珰声，向防御者告警⑧。但是，这种方法只能在平静的夜晚有效。如果刮风，铃声可能只能对袭击和侦察组的隐秘来到起掩蔽作用。

夜晚，在护城河外重要的和易受攻击的位置还放置假人（"疑人"），以欺骗敌方的侦察和袭击人员，使他们浪费箭矢，对它们射击⑨。

这种诡计在中国军事史上是常用的。在公元前 555 年记载了第一个事例，当时，晋军沿丘陵和沼泽中的隘路布置了旌旗（"斾"），但旌旗下没有人，同时，双轮马拉战车

① 《六韬》（汉文大系本）卷二，第三十一篇《军用》，第三十二至三十三页；Yates (3), p. 444。参见颜师古在《汉书》（卷四十九，第十四页，《晁错传》）中引用的郑氏的注释，他错误地把这种器械和"天田"等同起来。参见 Strätz (1), p. 99。

② 《六韬》卷二，第三十二页；Strätz (1), p. 98。

③ 甘肃居延考古队 (1)，第 6 页。初师宾 (1)，第 198—199 页，正确地注意到：这些桩不是"虎落"，但它们可以与"强洛"这个词等同。"虎落"是一种围栏，它以后大概发展成"羊马城"（见下文 pp. 336—339）。

④ Yates (1), p. 444。初师宾 (1)，第 198—199 页，指出在汉代竹简中单个桩的名称是"尖木椿"。见下文 pp. 270, 289, 445, 480—481。

⑤ Loewe (4), vol. 1, pp. 101—102; vol. 2, pp. 139 and 141, note 1；藤枝晃 (1)，第 258 页和第 306—307 页；贺昌群 (1)，第 11 页；羽田明 (1)；Maspero (33), p. 7；杨联陞 (8)，第 144—145 页，注 2；初师宾 (1)，第 194—196 页。

⑥ 《墨子》（《道藏》本）卷十五，第十五至十六页；孙诒让 (2)，第三七五至三七七页；Yates (15), pp. 525—529。在本卷第八分册中将详细介绍中国信号的历史。

⑦ 初师宾 (1)，第 195 页，引用《通典》。

⑧ Dennis (3), pp. 90—91。

⑨ 《墨子·杂守第七十一》（《道藏》本）；孙诒让 (2)，卷十五，第三十六页；岑仲勉 (3)，第 149 页；Yates (3), fragment (3), pp. 584—585。

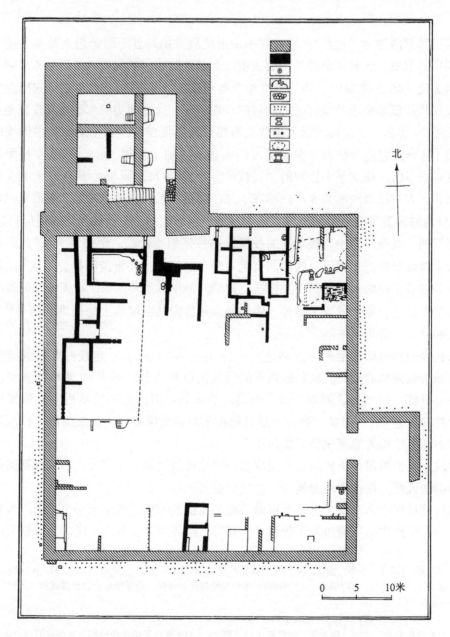

北

0　　　5　　　10米

266

图 104　甲渠汉代堡垒平面图，采自《文物》，1978 年，第 1 期，图 14。

上张挂着旗帜驶出，左边是真人，右边是假人，后面跟随着拖着柴枝的二轮马车，扬起尘土。以此炫耀武力欺骗了齐侯，使他下令退却①。很多年后，在公元 915 年，以善用计谋著称的刘䣄在仅有老弱防守的晋阳城上设置了草人和旌旗，他企图以此来哄骗西突厥沙陀族首领晋王李克用。但李克用识破了计谋②。

拜占庭的军事教科书《战略手册》（*Strategikon*）也推荐了这一策略。该书传为莫

① 《左传·襄公十八年》（《十三经注疏》本）卷三十三，第十四至十五页；Legge (11), pp. 476, 478。

② 《资治通鉴》卷二六九，第八七九二至八七九三页。

图105　肩水侯遗址发掘现场（由西北向东南）。采自《文物》，1978年，第1期，图10。

里斯（Maurice）著，但很可能是公元575年至628年间一位经验丰富的战役指挥员所写[1]。围攻开始时，鼓励进攻方把最魁梧的士兵和装备最优良的马匹接近城墙，而把禀赋稍差的配置在离城较远处，使敌人不能清楚地看到他们。还要欺骗敌人，使他们相信攻方有许多武装的士兵；没有锁子甲的士兵要戴上有铠甲的士兵的兜鍪，使敌人认为所有士兵都是全付武装的。此外，进攻方的营地的位置要离城足够远，以欺骗防守方使他们认为营中所有的物体都是士兵[2]。

城墙外所有的沟渠和井，凡可能，都要堵塞，使敌人无法获得清洁的饮用水。如果还有一些不能填塞，就用碾碎的芫、芒、莽草、已生长二年的乌喙和椒的叶下毒[3]。已知这种在水源中下毒的习惯做法曾经在一些特殊场合使用过，但是弗兰克怀疑它的功效，尤其当听说曾用这种方法污染整条河流时，更是怀疑。他提出"下毒的意思可能只是把污物和垃圾扔入井中或供应水的地方，使人和马不能饮用，从而使敌人的后勤处于困境"[4]。但是，他又指出：这种策略声称已在至少三个有名的战例中成功地应用了，即公元前559年，晋在泾河中下毒[5]，公元600年，隋朝对突厥的战争中[6]，以及刘锜在颍河上游投毒以困扰金军对宋的进攻[7]。《武经总要》也保存了墨家推荐的对井水下毒的方法[8]，因此，采取这种策略并不是不可能的，即使整条河流不会被化学制品所污染。

拜占庭的菲隆也推荐使用"致死药"（τοῖς θανασίμοις φαρμάκοις）对水下毒[9]，使敌人得不到饮用水，这种药显然是由槲寄生（ἰξὸς）、蝾螈、蛏蛇和非洲小毒蛇的毒液、

①　Dennis (2), pp. xv-xvi；参见 Dennis (1)。

②　Dennis (2), Book X, p. 106；参见 Dennis (1)。

③　《墨子》（《道藏》本）卷十五，第二十一页；孙诒让 (2)，卷十五，第三十七页；岑仲勉 (3)，第151—152页；Yates (5), fragment 136, pp. 591—593。《淮南子》［《四部备要》本卷九，第十二页］写道"世界上没有比乌喙更邪毒之物"（"天下之物，莫凶于鸡毒"）。

④　Franke (24), p. 154。

⑤　《左传·襄公十四年》（《十三经注疏》本）卷三十二，第一三六页；Legge (11), pp. 460, 464；Couvreur (1), p. 296。

⑥　《隋书》（百衲本）卷十五，第九页；Chavannes (14), p. 50；Julien (12), p. 6。

⑦　《宋史》卷三六六，第五页（百衲本）。

⑧　《武经总要》（前集）卷十二，第七页。

⑨　Garlan (1), p. 317；103. 31—32；D91。

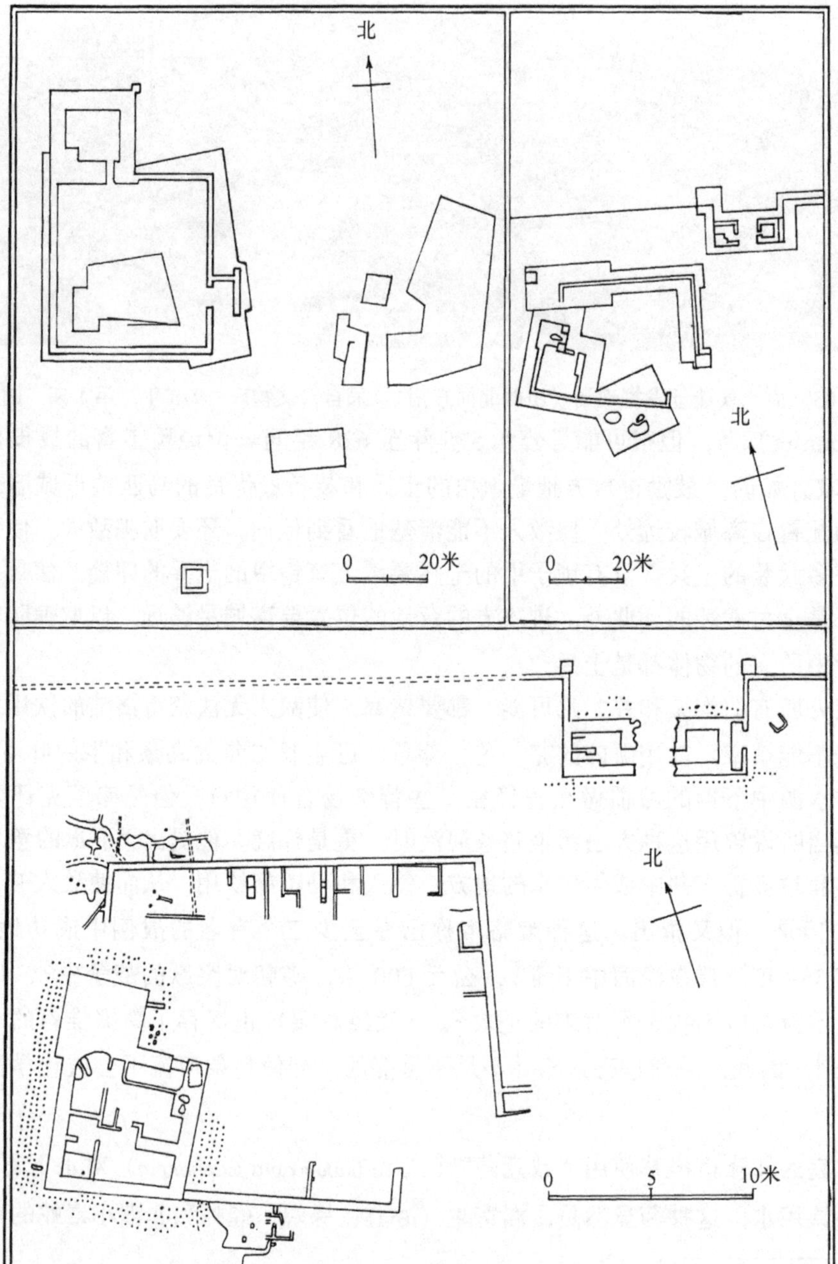

图106　汉代肩水金关平面图，采自《文物》，1978年，第1期，图12，13。

来自巴比伦的石脑油(ναπταλιος)以及鱼油等组成[1]。似乎埃涅阿斯·塔克提库斯(Aeneas Tacticus)也曾在他的著作《军事准备》(*Military Preparations*)中专用几章讨论了这一主题，并论及把物品转移入城内，使农村不适于骑兵前进，可惜现在它已逸失[2]。

城外的水中还敷设了一尺长的削尖了的竹箭。它们通常置于水面下5寸，排列成

268

---

① Garlan (1), p.306；90. 15—20；B53.

② *Aeneas Tacticus* (1) Ⅷ.3—5；*Aeneas the Tactician*, pp. 48—49.

12 尺宽的 "场"，有些竹箭置于水面下更深处①。护城河的外侧也敷设了三排竹箭，外面一排箭头朝外，里面一排箭头朝里②。这些当然是和前面已经讲过的《六韬》中的 "地罗" 及墨家和汉朝的堡垒桩相类似的③。

此外，所有其他可能进入城市的通道和城市中的通道都要周密封锁。这些通道包括大的高地、山脉和森林、沟渠和排水沟、小丘和坟墩、田间的阡陌小道④、外城墙的城门（"郭门"）、城镇中里巷的门（"阁"）⑤。所有人员都要求有明显的标志（"徽"）和标记（"识"），从而对来往的人的数量和身份可以仔细地监视，使当局对所有可供隐匿的场所能一清二楚。

270

一旦确定进攻即将开始，防守方便采取 "焦土" 政策，把一切可以运输的东西运入城内⑥。其他东西都烧掉或毁坏掉，尽可能使敌人得不到物资。外围居住区和镇，如果认为不能守住，也必须疏散。《尉缭子》这样写道：

> 当地的勇士（"豪杰"）和强有力的武士（"雄俊"）、坚固的铠甲、锐利的兵器、劲弩强箭，都应移进外城。然后，收集地窖和谷仓中容纳的东西，把地窖和谷仓捣毁，把容纳的东西送进保护圈内。⑦

〈豪杰雄俊、坚甲利兵、劲弩强矢，尽在郭中，乃收窖廪，毁折而入保。〉

同时，《墨子》说：

> 当侵略者接近时，迅速把外围地区的金属容器、铜和铁以及其他可以用于防守的物资收集起来。首先登记中央政府的房屋和寓所以及官府建筑中的非主要物品、木材的大小和长短并（计算、登记）其总量。
>
> 当情况紧急时，首先把这些东西处理掉。当侵略者已经逼近时，砍倒树木，即使有（要求赦免的）恳请和祈求，也不要理他。带进城的木柴不要像鱼鳞那样乱堆。（柴堆）应面临道路，以便易于搬取。不能完全搬进（城）的木材应该烧掉，使敌人不能利用它。每堆木材的长短、大小、质量、形状应一致。从城四侧之外搬进城的（木材）应堆积在各城侧之内。所有大块木材都要打穿绳子的孔，然后堆在一起。⑧

271

〈寇近，亟收诸杂乡金器，若铜铁及他可以左守事者。先举县官室居、官府不急者，材之大小长短及凡数。即急先发。寇薄，发屋，伐木，虽有请谒，勿听。入柴，忽积鱼鳞簪，当队，令易取也。材木不能尽入者，燔之，无令寇得用之。积木，各以长短大小恶美形相从，城四面外各积其内，诸木大者皆以为关鼻，乃积聚之。〉

---

① 这是我们对 "杂长短" 一语的理解。

② 《墨子》（《道藏》本）卷十五，第二十一页；孙诒让（2），卷十五，第三十六页；岑仲勉（3），第 149 页；Yates（5），fragment 131，pp. 584—585。

③ 初师宾（1），第 198—199 页，把 "鹿角" 等同于这些箭，但可能他是错的。

④ 按传统，"阡" 被解释为南北向的，"陌" 被解释为东西向的，或反之 [Hulsewé（6），p. 164，D136，note 2]。

⑤ 《墨子》（《道藏》本）卷十五，第十八页；孙诒让（2），卷十五，第三十一页；岑仲勉（3），第 141—142 页；Yates（5），Fragment 123，pp. 568—569。

⑥ H. Franke（24），pp. 152—154。

⑦ 《尉缭子·守权第六》。

⑧ 《墨子》（《道藏》本）卷十五，第二十页；孙诒让（2），卷十五，第三十五页；岑仲勉（3），第 147—148 页；Yates（5），fragment 128，pp. 577—579。

所有来自民宅的私有财产，包括木材和木料、瓦和石都要上交给政府，不服从的，处死刑①。他们的粟、米、布、帛、金、钱、牛、马以及其他家畜也要征用，但官吏必须以公平的市价估价并给物主一张防守长官的契约（"券"）②。战事结束后，官府必须归还所有未用的物资，并对已消耗的物资付款。每个官吏要在各自管辖范围内搜集财物，并上交给其上级③。

搜集的木柴以及城内茅草屋顶的房屋都要仔细涂上泥，以防止敌人的火箭把它点燃④。有的木材放在水下，也是为了防止被火烧毁，但没有说明是放在井中还是沟渠中⑤。许多木材将被用于筑城和建造其他我们不久就要介绍的防御器械；原文规定：适当大小和强度的漆树（"桼"）、榨树（"檟"）、桑树（"桐"）和栗树（"栗"）要切割成横杆和柱桩⑥。

此外，把搜集的牲畜，牛、绵羊和山羊、鸡、狗、鸭、鹅和猪都杀掉，把肉剥下来。剩下的皮革、筋、角、油脂、头盖骨和羽毛都储存起来，供防御之用，例如，筋和角是弩弓的原材料，皮和革可对易受攻击的建筑物和门提供保护，把它们张紧在木框上便形成屏蔽。当然，在围攻开始时杀掉牲畜还可节省宝贵的口粮，防止不必要的消耗⑦。

至于从城外进入的民众，要责成官吏给他们在城中分配住处。有朋友或亲戚的可以允许他们在亲朋处寄宿。其他人安置在经官吏检查过并批准的官府衙舍以及私人的宅第和房屋中⑧。

无疑，转移入城内的民众不会住在负责城防的官吏的指挥部或兵营内，因为这些场所由二道或三道墙和道路非常严密地保护，瞭望塔和门交错贯穿建筑群⑨，未经允许，任何人都不准在兵营和城的其他部分之间来回走动。

罗马军团的营地和古代中国的堡垒及城之间的明显差别是对战争中伤员的处理。当供应短缺时，伤员经常受病痛折磨或死于流行病。罗马人建立了精致而设备完善、储藏

---

① 《墨子》（《道藏》本）卷十四，第五页；孙诒让（2），卷十四，第六页；Yates（5），fragment 129, p. 580；岑仲勉（3），第 24 页。

② 《墨子》（《道藏》本）卷十五，第十九页；孙诒让（2），卷十五，第三十二页；岑仲勉（3），第 142 页；Yates（5），fragment 125, p. 572。

③ 《墨子》（《道藏》本）卷十五，第二十二页；孙诒让（2），卷十五，第三十八页；岑仲勉（3），第 152 页；Yates（5），fragment 142, p.601。

④ 《墨子》（《道藏》本）卷十五，第二十二页；孙诒让（2），卷十五，第三十八页；岑仲勉（3），第 153 页；Yates（5），fragment 141, p. 600。

⑤ 《墨子》（《道藏》本）卷十五，第二十二页；孙诒让（2），卷十五，第三十八页；岑仲勉（3），第 153 页；Yates（5），fragment 140, p. 599。

⑥ 《墨子》（《道藏》本）卷十五，第二十二页；孙诒让（2），卷十五，第三十八页；岑仲勉（3），第 152 页—153 页；Yates（5），fragment 139, p. 597—598。我们按岑的校勘，把"吏"改成"桼"；按孙的建议，把"檉"改成"檟"；按岑的解释，把"占"改成"栗"。

⑦ 《墨子》（《道藏》本）卷十五，第二十一至二十二页；孙诒让（2），卷十五，第三十七至三十八页；岑仲勉（3），第 152 页；Yates（5），fragment 137, pp. 594—595。

⑧ 《墨子》（《道藏》本）卷十五，第十八至十九页；孙诒让（2），卷十五，第三十一页；岑仲勉（3），第 142 页；Yates（5），fragment 124, p. 570。

⑨ 《墨子》（《道藏》本）卷十五，第二十一页；孙诒让（2），卷十五，第三十七页；岑仲勉（3），第 151 页；Yates（5），fragment 135, p. 590。

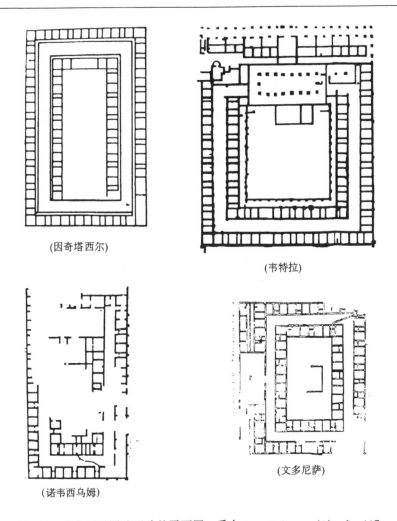

(因奇塔西尔)

(韦特拉)

(诺韦西乌姆)

(文多尼萨)

图 107　四个罗马军队医院的平面图，采自 Anne Johnson (1)，fig.117。

273

图 108　位于下德意志（Lower Germany）之韦特拉（Vetera）的军团医院模型，采自 Anne Johnson (1)，fig. 118。

充足的医务所或医院，常把它们设置在营地的安定部位（图 107，108）①，但中国人不为伤员建立任何专门的建筑，而是期望他们在所属的兵营或房屋内就地得到护理，长官们经常去看望他们，带给他们酒肉等礼物，这是一种特殊的宴飨，它还使伤员和长官们象征性地然而又是具体地联系在一起，因为酒肉在古代是祭祀祖先后共享的祭品②。

后来的军事教本上经常提供治疗人员和马匹伤病的处方目录，但仍没有医院的记载③。

在这些教本中，还有事先必须储备的物资的清单。唐朝的《通典》就是极好的一例④：

五谷	皮革
干粮（"糗糒"）	毡
鱼	紫荆（"荆"）
盐	枣树或荆棘（"棘"）
麻和绸布	竹或木笓篱
医用药品	大锅（"釜"）
巧妙的器械	煮锅（"镬"）
兵器	盆
麻和谷物的茎杆（"秸"）	瓮
稻草和麦秸（"藁"）	檑木（"礧木"）⑧
茅草⑤（"茅"）	锹
荻杆⑥	斧
芦杆⑦	锤（"锥"）
苇杆⑦	钻和凿（"凿"）
石灰或灰	刀
沙	锯
铁	长斧
煤和炭	长刀
松树（"松"）	长锤
桦树（"桦"）	长镰刀
艾（"蒿艾"）	长梯
猪油	短梯
大麻	大钩（"大钩"）

275

① Anne Johnson (1), pp. 159—161, figures 117, p. 160 and 118, p. 161。

② 《墨子》（《道藏》本）卷十五，第一一六页；孙诒让 (2)，卷十五，第十九页；岑仲勉 (3)，第119—120 页；Yates (5)，fragment 99, pp. 492—494。

③ 例如，《太白阴经》卷七，第一七四至一八一页。但是，根据唐朝的法律，不给病号药物是严重的犯法，一支超过 500 人的行军中的分队，必须有一医生伴随 [杨德炳 (1)，第 488 页]。

④ 卷一五二，第八○○页。

⑤ 它可能和驼草（Andropogon schoenanthus）相同。

⑥ 这可能是高粱（Andropogon Sorghum Brot. var. vulgaris）。

⑦ 芦和苇可能就是通常的芦苇（Phragmites communis）。

⑧ 见下文 p. 284。

金属链条（"连镖"）　　　　　　　　　　　　连棒

连枷　　　　　　　　　　　　　　　　　　　白棒

同时也提到了叉（"钗竿"）（图109），它的形状像双头的矛，用来把云梯和攀爬城墙的人推离城墙[①]。

虽然中国的兵器将留待本卷第八分册来详尽地论述，但是，某些兵器和巧妙的器械的性质以及它们在古代城墙上的部署方式需在这里进行研究。

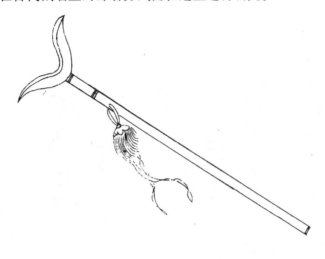

276

图109　钗竿，采自《武经总要》（前集）卷十二，第三十六页。

(iii) 武器和其他装备

发给驻扎在城墙上的士兵的装备包括从高级的弩到长短兵器、农具以及能从城内外收集到并储存的所有瓦砾堆。无论在什么地方，只要可能，每个士兵都带上一面盾（图110、111），根据一份资料，它宽不小于2尺8寸，高不少于3尺4寸[②]。毫无疑问，如果城镇能负担得起，士兵们还穿上由硬化并涂漆的皮革制成的防护铠甲，甚或铁制的锁子甲。这种防护装具在战国时代末期才首次出现，到六朝时期达到顶峰[③]。

对于防守者来说，最希望的是不让进攻者登上城墙，因此他们最重要的武器是长兵器，但是，极为罕见，也提到了剑，它无疑是当围攻者万一登上城墙时用于肉搏战的。战国时期的几件刻纹铜器上描绘了围城战的场面，从那里可以看到进攻者和防御者的腰间都佩带了典型的战国时期的青铜剑（图112）[④]。不过大多数战斗是用长戈进行的。

墨家的文献中还提到了"戟"（图113）和"铁铦"矛，长 16 2/3 和 14 1/2 尺。每

---

① 《通典》卷一五二，第八〇〇页。

② 银雀山汉墓竹简整理小组（4），简772。

③ Dien（1）；铠甲的详尽历史将在本书第五卷第八分册中陈述。

④ 见下文 pp. 447—448，459。

个士兵发给其中之一①。还有柄长 8 尺的"长斧"（图 114），长锄或"长镒"②。"连梃"（图 115），头长 1 尺、柄长 6 尺的长锤（"长锥"）（图 116），头部两端面均锋利的砍刀（"斸"），8 尺长的长镰刀（图 117），以及弧形锄（"钘劅"）（图 118）。为了修膳城墙，装备了铲或锹（"臿"）（图 119）和夯（"筑"）③，还有其他至今尚未能识别的工具。还准备了城墙那么高的"火攢"，以点燃抵达墙根的器械。在下文中，我们还将遇到一些其他的专用兵器，如地下战中所用的短矛。

图 110　楚国的盾（皮革制，湖南长沙出土），　图 111　楚国的盾（皮革制，湖南长沙出土），
约 1/3 大小，采自中国科学院考古研究　　　　　约 1/3 大小，采自中国科学院考古研究
所（1），图版 2。　　　　　　　　　　　　　所（1），图版 3。

在城墙上每隔 138 米放置大堆大小石块、破碎陶器、砖块、蒺藜④、木质或铁质钉状物，从城墙上把它们扔下可以阻止步兵和骑兵前进（图 103a 和 b）。城墙上每个

---

① 银雀山汉墓竹简整理小组（4），简 772—774。

② Yates（5），p. 130, note 199。它可能与临沂文本中的鑘（音 chang?）是相同的，据说，它柄长 10 尺、长 4 尺，后一尺寸必定是指锋刃而言。

③ 《墨子》（《道藏》本）卷十四，第五页；孙诒让（2），卷十四，第六页；Yates（5），pp. 138—140。

④ 王仲殊 [Wang Zhongshu（Wang Chung-shu）（1），p. 123, illustration p. 134, figure 156 and p. 247, note 6] 提供了汉代的一例，参见正在拟制中的中国社会科学院考古研究所《汉长安城一期发掘报告》。在陕西勉县定军山还发现了另一些蒺藜 [《诸葛亮与武侯祠》编写组（1），第 67 页，插图 24]。参见《事物纪原集类》（1447 年刊本，1969 年影印版），第六七三页，一位注释者正确地指出：蒺藜并不是如《事物纪原集类》所说在公元 7 世纪初隋炀帝征战东北时才首次出现的。

士兵都配备这些物品：要求是多样化的，但有的士兵至少要发给 100 个抛射物，供情况需要时使用。较重的石块需用抛石机发射，较小的则用手投掷，它们也称为"礧石"。

图 112　河南汲县山彪镇出土战国时代容器上描绘的攻城战和水战，采自 K. C. Chang (1)，fig. 131；郭宝钧 (3)，图 11。

278

图 113　汉代的用戟画像，采自林巳奈夫 (6)，图 10-22、10-23、10-24，第 119 页。

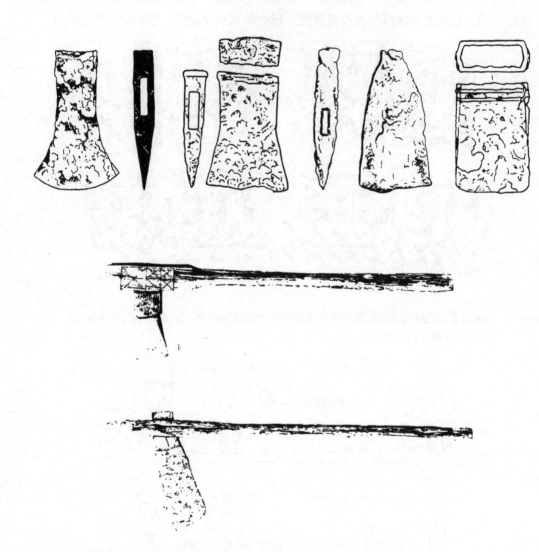

图114 不同的汉代遗址中出土的长斧，采自林巳奈夫（6），第123页，图6-63，6-64、6-65、6-66、6-67、6-68。

279

图115 连棰，采自《武经总要》（前集）卷十三，第十四页。

装砂子、砾石和铁的容器是用未烧焙的砖瓦容器制成的，可能其中容纳的东西在向城下的敌人投掷以前实际上已经加热，或者就铁来说，已是熔化的[1]。砂子还可用来扑

———————————

① 《武经总要》（前集）卷十二，第六十二至六十三页。

灭敌人引发的火。沿城墙每隔 30 步（41.4 米）
放置一可移动的火炉（"行炉"）（图120，121），
每边放二个小火炉。前者用来在夜间点燃胸墙
下的火炬并加热或熔化抛射物。后者是勤杂兵
为在城墙上守卫的士兵们做饭的工具。每 10 个
人的小队配两名勤杂兵烹调食物，每个长官配
一名勤杂兵，他们限制在一特定的位置，不和
小队或长官在一起。小队和长官经常调动，但
是勤杂兵并不随他们调动。无疑，这个规定是
为了减少士兵与勤杂兵之间合谋背叛的可能
性①。

280

图 116　武梁祠汉画像石上的长锤，采自林
巳奈夫（6），第202页，图10-44。

还有各种各样的水容器：钵和盆，壶和葫
芦，它们用陶器或皮革制造，有用陈旧的粗麻
制成的套和提手。它们可以为士兵提供饮用水。此外，可能更重要的是，它们还是扑灭
敌人引发的火的工具。以后，在帝制时期，储备了一些容器和大匙用来从厕所中收集粪
便和尿。粪便和尿在投向敌人之前先在火炉上煮沸②。它不仅从肉体上伤害敌人，还能
在敌人中间传播疾病，并使进攻成为一项既臭又危险的任务。墨家的著作中没有提到这
种特殊的战术，可能礼仪观念使他们不记载这种战术。

每堆物资都有各自的特征旗帜，有的旗帜染上颜色，有的旗帜饰以图案，使在远处
就能识别每一堆物资的位置，并使防守方的长官能确定何时物资已经充足。在《墨子》
中有一段描写了这种情景：

> 通常，守城的标准方法是：用灰绿色的旗帜代表木材，用红旗代表火，黄旗代
> 表木柴和燃料，白旗代表石块，黑旗代表水，竹旗代表食物，灰色苍鹰旗代表敢死
> 的士兵，虎旗代表强劲的武士，双兔旗代表勇敢的（?）士兵，童子旗代表十四岁
> 的少年，握箭旗代表妇女，狗旗代表弩，林旗代表戟，羽毛旗代表剑和盾，龙旗代
> 表车辆，鸟旗代表骑兵。凡是书上找不到的旗名，就用它的形状和名字来制作（设
> 计）旗帜。

281

> 城墙上举起旗帜，负责准备的官吏即招收装备。当招收的装备已足够时，便降
> 下旗帜。③

> 〈守城之法，木为苍旗，火为赤旗，薪樵为黄旗，石为白旗，水为黑旗，食为菌旗，死士为
> 苍鹰之旗，竟士为虎旗，多卒为双兔之旗，五尺童子为童旗，女子为梯士之旗，弩为狗旗，戟
> 为茷旗，剑盾为羽旗，车为龙旗，骑为鸟旗。凡所求索旗名不在书者，皆以其形名为旗。城上
> 举旗，备具之官致财物，之足而下旗。〉

这是一段在多方面引人入胜的文字：颜色符号的使用显然是受了五行学说的影响，
它清楚地表明防守者有可供参考以决定每面旗帜的颜色和图案的书。这些书的残稿正是

284

---

① 《墨子》（《道藏》本）卷十五，第五页；孙诒让（2），卷十五，第九至十页；Yates（5），fragment 76,
pp. 427—429。

② Franke（24），p. 178；《通典》卷一五二，第八〇〇页。

③ 《墨子》（《道藏》本）卷十五，第三页；Yates（5），fragment 61, pp. 387—390；孙诒让（2），卷十五，
第五页。唐《通典》卷一五二，第八〇〇页有类似的教令。

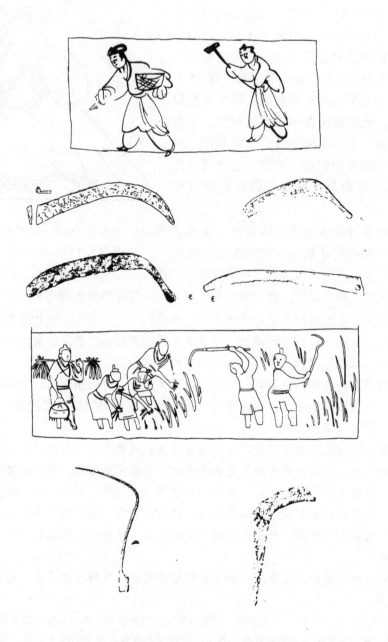

图117　若干汉代遗址中出土的镰刀，采自林巳奈夫（6），第119页，图6-35至6-41。

我们今天用作原始资料的文本。随着各种颜色和大小的旗帜在各级官吏的总部所在地举起时，那种情景一定是非常壮观的。现在，当我们注视着突出在中国大地上的若干米高夯土城墙遗址时，我们很难想象，当猛烈打击涌向城墙的成群结队的敌人时，在围绕着高大的木质大厅和宫殿以及较小的神庙的巨大城墙和城楼上，曾经旌旗招展，巨大的弩砲和抛石机轰鸣。但是，当时的情景确是如此。

　　一直到唐代，防御兵器和器械的基本清单似乎很少增加和革新。杜佑在《通典》中

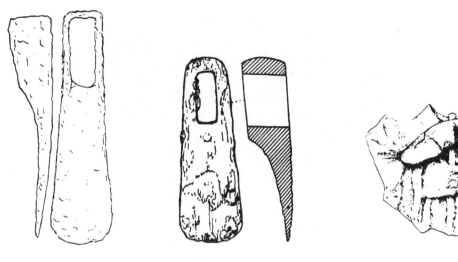

图 118　弧形锄，采自林巳奈夫（6），第 117 页，图 6-25 至 6-27。

282

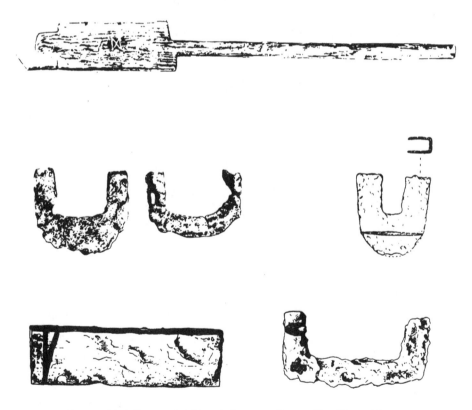

图 119　锹及其刃，采自林巳奈夫（6），第 114 页，图 6-7 至 6-10。

开列的必需品清单已在前文列出①。这里，我们只需描述檑木（"礌木"或"木檑"）（图 122）②。它共有二种。毋庸置疑，它们是把 1 尺或六七寸直径的树干锯成一段段 5 尺长的木头而制成的圆柱体。虽然杜佑没有说明，但从宋朝的百科全书《武经总要》的

---

① 见上文 pp. 274—275。
② 《通典》卷一五二，第八〇〇页。

图 120　洛阳汉墓中出土的铁炉和托盘，采自 Wang Zhongshu（Wang Chung-Shu）（1），fig. 127。

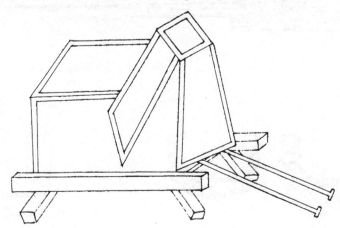

283

图 121　行炉，采自《武经总要》（前集）卷十二，第六十二页。

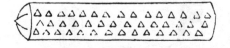

图 122　礌木或木檑，采自《武经总要》（前集）卷十二，第二十一页。

插图可知，圆柱体上覆盖着小钉，至于小钉是木质的还是铁质的，没有透露[①]。它们或从城墙上向外扔下，或从斜坡上滚下，以杀伤敌人，或者置于城墙内的战略要道上作为路障[②]。到宋代，发明了几种类似的器件。首先是用粘土与 30 斤猪鬃毛和马尾毛调和制成的"泥檑"。调和后的粘土经夯实和干燥制成 2 或 3 尺长、5 寸直径的圆柱体（图 124）[③]。

---

① 《武经总要》（前集）卷十二，第二十一至二十二页。

② 《武经总要》（前集）卷十，第二十八页，图示一"避檑木飞梯"，遗憾的是没有附文字说明。但名称和插图都意味着这种梯子很可能是利用位于梯顶两侧的小轮压制从城上滚下的檑木（图 123）。

③ 《武经总要》（前集）卷十二，第二十一至二十二页。

其次是"砖檑"，形状和木檑相同，但用烧焙的砖制造，长3尺5寸，直径5寸。插图（图125）中表明砖檑的形状是八面体，但原文中没有提到这种形状①。再其次是"车脚檑"，它是用一个轮子，其上连接一短轴和垂直的木杆制成。杆的顶部拴一绳，绳的另一端绕在置于城墙上面的绞车上②。当敌人攀登城墙时，轮子越过雉堞下落至地，再用绞车将它提升。当它被收回时，就把攀登城墙的敌人敲落（图126）③。

最后是"夜叉檑"，也叫"留客住"，它是用10尺长、约1尺直径的圆柱形杨木段制成，周围插上逆须钉，突出5寸。轴的两端安装2尺直径的轮子，圆柱体和轮子之间的轴上拴系二根铁链。两根铁链穿过同一个铁环，另一铁链把铁环与装在城墙上的绞车连接。当直接的正面攻击（"蚁附"）开始时，把圆柱体越过胸墙投落到地面上，然后转动绞车再将它提升。正如车脚檑一样，它刺向正在往上爬的敌兵，迫使他们跳跃摔死（图129）。

至宋代，出现了几种不同型式的蒺藜。和过去一样，蒺藜可用木头或铁制造（图103a和b）④，但此时将三个刺尖的品种（上文已经图示了汉代这类蒺藜的一个实例）称为"铁菱角"（图130）⑤。这些蒺藜大量散布在城外的水中，以阻止敌军人马前进。水也包括护城河，如果久旱，河水变浅，也将这些蒺藜撒布在附近溪流的两岸，以阻塞敌军逼近的通道。"鹿角木"选自奇形怪状的树枝或木料，切割成若干段，每段几尺长，然后把它们埋入城外地面一尺多深，以阻碍敌人的马匹（图131）⑥。

285

289

图123　避檑木飞梯，采自《武经总要》（前集）卷十，第二十八页。

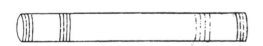

286

图124　泥檑，采自《武经总要》（前集）卷十二，第二十一页。

图125　砖檑，采自《武经总要》（前集）卷十二，第二十一页。

另一方面，道路阻塞器（"地涩"）是一块3寸厚，长、宽为2或3尺的平木板，上

① 《武经总要》（前集）卷十二，第二十一至二十二页。

② 城墙上部署的绞车可能与湖北铜绿山铜矿中发现并经中国考古学家们复现的绞车相似［夏鼐、殷玮璋（1），第7页］。见图127，128。

③ 《武经总要》（前集）卷十二，第二十一至二十二页。

④ 《武经总要》（前集）卷十二，第十七至十八页。

⑤ 事实上，这种型式在唐代中叶就已这样命名了［《神机制敌太白阴经》，卷四，第八十五页（《图书集成》本）］。

⑥ 《武经总要》（前集）卷十二，第十七至十八页。初师宾［（1）（"守御器"），第198—199页，］提出"鹿角木"和汉代的所谓"尖木桩"相同。他的这一认定很可能是错误的，但把后者和成排植在沙漠堡垒缓冲区的桩等同则可能是正确的（见上文 p. 264）。

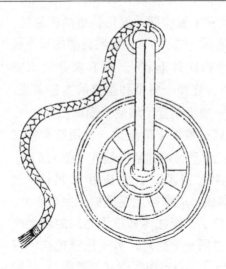

图 126　车脚檑，采自《武经总要》（前集）卷十二，第二十一页。

287

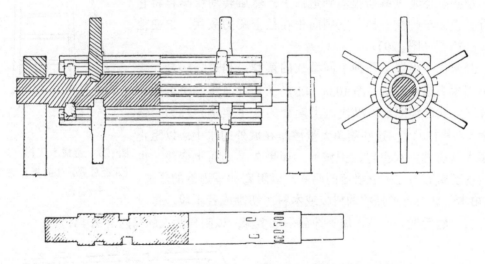

图 127　铜绿山出土绞车复原图，采自夏鼐、殷玮璋（1），图 8。

图 128　铜绿山出土绞车复原模型，采自夏鼐、殷玮璋（1），图 8。

面钉有逆须钉，置于所有通向城市的战略要道[1]。

---

① 《武经总要》（前集）卷十二，第十七至十八页。

最后, 宋朝的工匠用四根木条制成了七寸见方的揪蹄器 ("挡蹄"), 其上固定有呈水平状态的逆须钉 (图 130)[1]。它也是阻止骑兵侵入的巧妙器械。

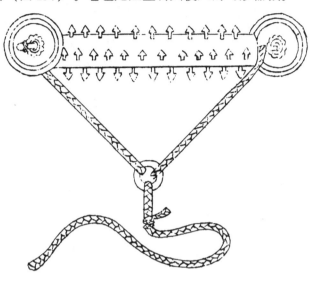

图 129 夜叉檑, 采自《武经总要》(前集) 卷十二, 第二十一页。

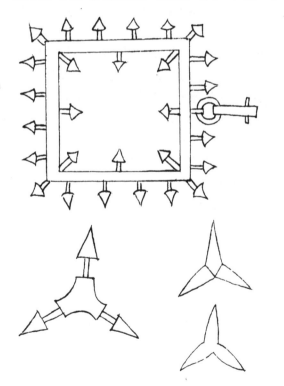

图 130 铁菱角 (下) 和挡蹄 (上), 采自《武经总要》(前集) 卷十二, 第十七页。

---

① 《武经总要》(前集) 卷十二, 第十七至十八页。

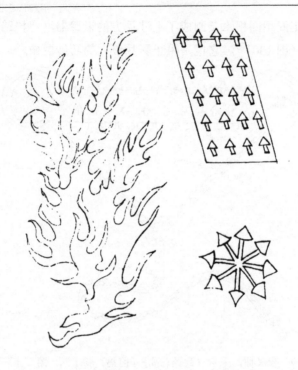

图 131　鹿角木（左）、地涩（右上）、铁蒺藜（右下），采自《武经总要》（前集）卷十二，第十七
　　　　页。

290　　　　这部宋代的百科全书还提供了其他几各种防御专用兵器的尺寸，其中之一，唐朝杜佑已经提及①。这就是"钗竿"，它的杆长 20 尺，顶部有两个叉尖②。另一种专用兵器是"钩竿"，形状像枪，在杆的两侧有弧形刀刃。头部长 2 尺，套上锻铁薄片，其上有形如雄鸡之距的铁尖③。插图（图 132）可能不很准确。

　　　　其次是砍手的斧（"刽手斧"），有一 3.5 尺长的直手柄和一 4 寸长、4.5 寸厚、7 寸宽的水平刃。在头部附近，还有四个 4 寸长的刃插入手柄。它的主要功能是砍掉爬城墙的敌人的手，并摧毁倚靠于城墙的敌楼④（图 133）。

　　　　最后，防御者使用三种不同型式的枪。第一种是带把头的"拐突枪"：杆长 25 尺，顶部有一形如麦穗呈四棱形的 2 尺长的铁刃。水平的把头位于杆的末端（图 134）⑤。

　　　　"抓枪"的杆长 24 尺，头部有 1 尺长的铁刃，其后有四个 2 尺长的倒钩。《武经总要》的插图中没有绘出后一特征⑥，但在专门讲进攻器具的一卷中，确有后一特征（图135）⑦。

　　　　带把头的"拐刃枪"也长 25 尺，顶端有一 2 尺长的锋刃。这一兵器上的把头规定为 6 寸长（图 134）⑧。

①　见上文 p. 275。
②　《武经总要》（前集）卷十二，第三十六至三十七页。
③　《武经总要》（前集）卷十二，第三十六至三十七页。
④　《武经总要》（前集）卷十二，第三十六至三十七页。
⑤　《武经总要》（前集）卷十二，第三十六至三十七页。
⑥　《武经总要》（前集）卷十二，第三十六至三十七页。
⑦　《武经总要》（前集）卷十，第二十二页。下文将描述进攻用的枪。
⑧　《武经总要》（前集）卷十二，第三十六至三十七页。

图 132　钩竿，采自《武经总要》（前集）卷十二，第三十六页。

图 133　刴手斧，采自《武经总要》（前集）卷十二，第三十六页。

图 134　拐刃枪(左)、抓枪(中)、拐突枪(右)，采自《武经总要》(前集)，卷十二，第三十六页。

图 135　抓枪，采自《武经总要》卷十，第二十二页。

（iv）城墙、道路和护城河

　　我们已在前卷中讨论了城墙建筑技术的演化和中国建筑的发展①，但是，自该章出版以来，中国的考古学家又有了许多重大的发现，发掘了中国早期的几个主要城市。因此，对城市形式和结构的理解在细节方面大大地加深了。然而，我们以前所说的仍是适用的："……贯穿中国的历史，封建城堡与城镇之间没有区别；城镇就是城堡，除了作为行政中心之外，它是为了能够作为周围农村的保护者和庇护所而建立的。在中国，城镇和城市并不是自治城市的自治民创建的，对于国家，它们永远得不到任何自治权"②。但是，从东周时期开始到汉朝，以后又从唐朝后期起，城镇和城市确实还起了非常重要的经济作用。到了帝制的末期，有些城市和城镇主要是经济中心而不是行政中心。例如，在19世纪人口可能已超过了100万的汉口，在没有中央政府当局的有效参予或存在的情况下，似乎业已由商人建立，并达到了很大规模，虽然最后委派了当地的行政官

291

① 本书第四卷第三分册，pp. 38—144。

② 本书第四卷第三分册，p. 71。参见张光直（1），第63页，他指出甚至最早的中国城市也是统治阶级获得并保持政治权力的工具。张鸿雁（1）已经表明，在东周时期，城市等同于国家，失掉了所有城市相当于丢掉了整个国家。

员来管理它并开发它的资源。这类城市更像在西方见到的城市，而不像早期研究中国社会的学者所想象的那样的城市[①]。

如果要在这里细说建筑的技术，将是累赘的，要给出所有考古报告的详细摘要，将是冗长的，因为它们的内容极为丰富，数量极多。只要说明现在已经知道夯土城墙的建造似乎在新石器时代的晚期龙山时期（约公元前第三千年后叶）已经开始，并在黄河下游平原得到发展就够了。一些最早的城墙已在城子崖（图136）[②]、后岗[③]、王城岗（图137）[④]和平粮台（图138）[⑤]发现，郑州商代中期的城墙（图139）已经详细研究[⑥]，另一较小的商代城镇则在南边的湖北省盘龙城发现[⑦]。

另一早期城市，它可能是商朝创始人汤的西亳遗迹，1983年夏季发现于河南偃师县 城西南。洛河已毁坏了南城墙，但其他三面城墙的尺寸给人以深刻的印象：西墙约

292

293

295

---

① Rowe (1)；参见 Max Weber (3)；G. William Skinner (1)，(2)，(3)。

② 这是典型龙山文化遗址，1928年由吴金鼎发现，并于1930—1931年发掘。K. C. Chang (1)，p. 146；K. C. Chang (1)，p. 248 (4th ed.)；傅斯年、李济等 (1)；傅斯年、李济等 (2)；马世之 (2)，第60页。从图136可知，城墙是内倾的（两侧倾斜，向顶部收缩），在整个中国历史中，这一特征一直得到保持：垂直的城墙是极为罕见的，虽然在唐代的绢画中出现了一例 [傅熹年 (1)，第137页，图4.14（第三版）]。1992年夏，在参观城子崖遗址时，张学海友好地告诉叶山，这个资料是不正确的。早先的考古学家所挖掘暴露并予图示的是东周城墙，而不是龙山筑城。不久，张学海将发表改正后的遗址报告。

③ K. C. Chang (1)，p. 280；马世之 (2)，第60页；尹达 (1)，第54—55页。城墙建筑在河南安阳洹河之畔的一高岗上，位于仰韶文化聚落遗址之上。K. C. Chang (1)，pp. 267—270。

④ 遗址位于登封县告城镇西1000米，在嵩山南麓颍水和五渡河会合处一高岗上，发现于1977年。城的平面图约为长方形，一南北向的城墙将城市分为东西两部分。这是东周时期流行的形式。马世之 (2)，第60页；杉本宪司 (1)，第149—151页；河南省文物研究所、中国历史博物馆考古部 (1)，第14—15页；安金槐 (3)；安金槐 (4)。K. C. Chang (1) (4th ed.)，p. 273。这一遗址可能是阳城，它或是夏朝创建人禹的都城，或是禹避舜之子之处，或是禹的居住处，但有些学者对这一认定表示怀疑 [杨宝成 (1)，京浦 (1)]。杜正胜 (3)；俞伟超 (2)，第53页；五井直弘 (1)，第11页。

⑤ 1979年在高出河南淮阳县蔡河西岸3~5米的一台地上发现。平面图约成长方形，城墙内的面积约43，000平方米。在南城门内东西两侧明显地建有门卫房，在穿过城门的路面下0.3米处，埋有三根陶制排水管。其他考古遗址也有这一特征，但在《墨子》中没有提及。马世之 (2)，第60—61页；杉本宪司 (1)，第151—153页；河南省文物研究所周口地区文化局文物科 (1)，第27—30页；K. C. Chang (1) (4th ed.)，pp. 262—267，and figure 226，p. 266。参见曹桂岑 (1)，它坚持原来该遗址的名称是"宛丘"。杜正胜 (3)；俞伟超 (2)，第53页。

⑥ K. C. Chang (5)，pp.273—277；An Chin-Huai (5)；马世之 (2)，第61页；河南省博物馆，郑州市博物馆 (1)，第21—31页；安志敏 (3)；刘启益 (1)；安金槐 (2)；河南省博物馆 (1)，第1—2页。安金槐 [An Jin Huai (5)，] 提供了对城墙的详细分析，并表明它们已是多么成熟。参见 Wheatley (2)，pp. 31—36；杉木鰻司 (1)，第163—166页；K. C. Chang (1)，pp. 331—337。杜正胜 (3)；俞伟超 (2)。荆三林 (1，2) 对这些郑州城墙的年代提出质疑，声称它们是建于隋唐时期，但他的论点遭到杨育彬 (1) 的反对。重要的是注意：在这一遗址以及年代相近（商至西周）的遗址中，许多手工作坊和平民的住处位于主城墙之外。可能当危险来临时，这些工匠和平民便退入城内。五井直弘 (1)，第13—15页。但是，在最近一次私人谈话中，叶山被告知已发现一大得多的外城墙。因此，工匠和平民可能已是住在这一外城墙之内。我们急切地等候发现的详情。

⑦ 该城镇位于盘龙湖西边，周长约1000米，取向北偏东20°。城墙约成正方形，南北290米，东西260米。当地居民声称，在城镇的四面和东南角都有城门，至少一条宽10米的护城河。在夏季和秋季，当洪水来临时，城池三面环水。郭德维和陈贤一 (1)；K. C. Chang (5)，pp. 51 and 161；Bagley (1)；湖北省博物馆 (4)；湖北省博物馆和北京大学考古专业盘龙城发掘队 (1)；马世之 (2)，第61页；蓝蔚 (1)；郭冰廉 (1)；K. C. Chang (1) (4th ed.)，p. 335。另一较小的早期城镇已在陕西省发现，它占据黄河支流无定河东岸上的两个台地，约从商代殷墟文化第二期持续到西周中期。为一不规则长方形，东西495米，南北122-213米，城内总面积67 000平方米 [张映文和吕智荣 (1)]。俞伟超 (2)，第53页；五井直弘 (1)，第15—16页。

图 136　城子崖城墙的复原，采自傅斯年、李济等（*1*），第 27 页，图 1。

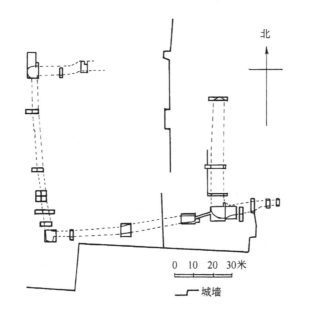

图 137　王城岗城墙平面图，采自《文物》，1983 年，第 3 期，第 14 页，图 13。

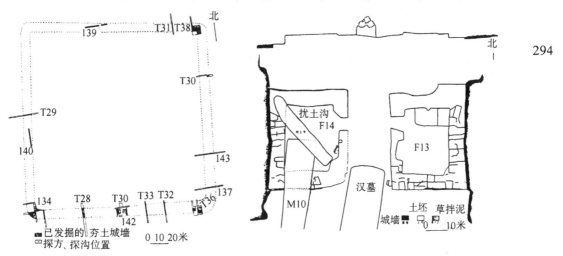

294

图 138　新石器时代平粮台城平面图（左）；南门及两侧门卫房（F13、F14）平面图（右），采自《文物》，1983 年，第 3 期，第 27—28 页，图 16、18。

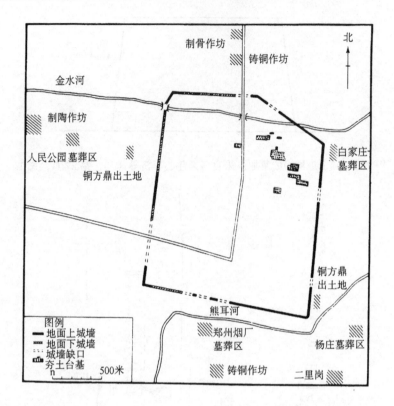

图 139　郑州早期商城城墙平面图，采自 K. C. Chang (1), fig. 289，系据 An Chin-Huai (5)。

1710 米长，北墙约 1230 米长，东墙约 1640 米长（图 140）。城墙一般宽 16—25 米，残存高度 1—2 米[1]。

　　但是，城墙并不都是用夯土筑成的。在有石料处，石料也混用于城墙中或成为城墙的主要建筑材料。尤其在北方和东北的遗址中，这种利用石料的情况屡见不鲜[2]。

　　周朝主要诸侯国之一，孔子家乡鲁国的都城，已经大量查勘和发掘，它的城墙引起了考古学家们的特别注意[3]。它位于山东曲阜县，现已查明，周民在征服商朝后立即或不久就占领了该城镇，并与被征服的土著夷民共居。确实值得注意的是：在以后的数百年内，他们保持了各自的葬俗，因而保持了不同的文化。城墙似乎已根据周围的地形因地制宜，并利用当地的河流和南面一原先的沼泽作为护城河。城市规划（图 141，图 142）非常具有特色，因为在中心偏北，显然是一有城墙的宫殿区。它很可能是封于此地的周公的贵族后裔的居住区，是内城（"城"）。他们的追随者和土著居民居住在宫殿和外城墙（"郭"）之间。很可能是因为护城河的河道关系，郭有与众不同的圆角。外城墙很可能是周民在更早的、征服前的防线基础上建筑的，并在几个世纪期间经过广泛的

　　① 中国社会科学院考古研究所洛阳汉魏故城工作队 (1)；马世之 (2)，第 61 页；杉本宪司 (1)，第 160—163 页；K. C. Chang (1), pp. 316—317 and pp. 335—337；Anon. (541)。

　　② 马世之 (4)，第 66 页；张映文、吕智荣 (1)；K. C. Chang (1) (3rd.) p. 189；佟柱臣 (1)；俞伟超 (2)，第 53 页。

　　③ 山东省文物考古研究所 (1)；田岸 (1)，译文见 David D. Buck (1)；张学海 (1)，译文见 David D. Buck (1)；Li Xueqin (Li Hsüeh-chin) (1), pp. 140—143；Wheatley (2), p. 146；杉本宪司 (1)，第 168—174 页；杜正胜 (3)。

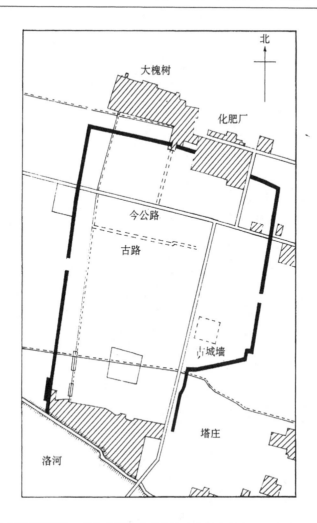

296

图140　河南偃师夏或商城平面图，采自中国社会科学院考古研究所洛阳汉魏古城工作队（1），图2。

改造和增修而形成（图143）[1]。

城市繁荣的顶点必定是在春秋战国时期，在被楚国征服以前，因为汉城和近代城的面积较小，位于东周故城的西南角。

外周边周围长1771米，被11个城门所打断，北、东、西三面各有城门三个，南墙有两个门。其中最有特色的是南墙的东门（T601号遗址）。田岸用下列措辞来描述它：

在沿南墙的东门（T601号遗址）两侧，有残存的城墙遗迹。东面的遗迹现高7米，西面的遗迹现高2米。通过门道的路长36米，宽10米。它对准南偏西185°。门两侧有夯土构筑的台基。每个台基的查勘面，南北58米，宽30米，高1米[2]（见图144）。

300

道路是一条主要的大道，因为它向南1.7千米直接通向舞雨台，向北通向位于城市中心的宫殿。原先的门口必定是非常动人的，因为无疑，在台基的上面建造了门楼，整个门都被吊门和其他我们不久就要描述的器械所保护。

① 505号遗址的发掘显露出，城垣从西周晚期至西汉经多次修补，夯筑有六种互有区别的城墙，参见王恩田（1）。总体布局似乎已与《考工记》中描述的理想城市规划一致［俞伟超（2），第57页］。
② 田岸（1），译文见 David D. Buck（1），p. 13。

297

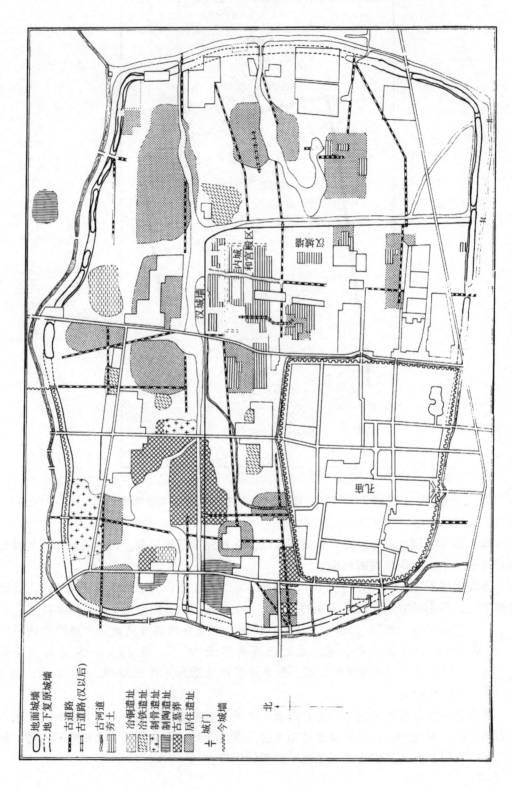

图 141 山东曲阜鲁国都城平面图，采自山东省文物考古研究所（1），图 3。

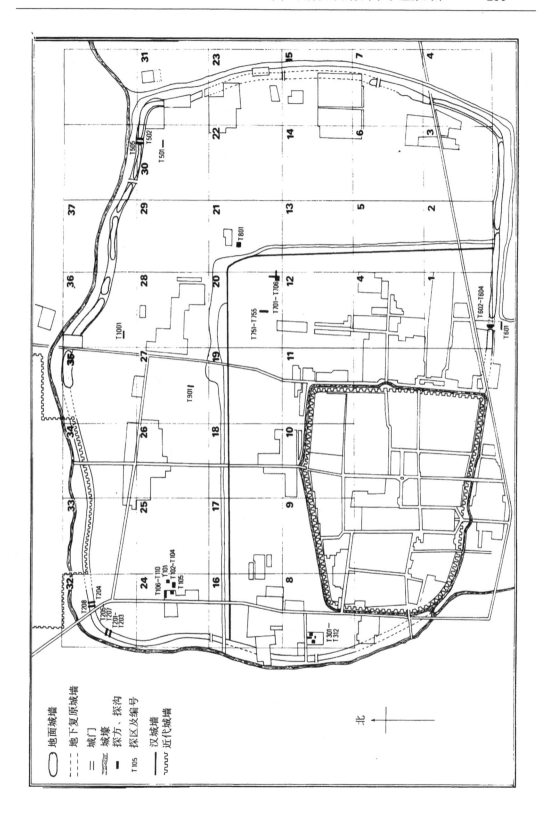

298

图 142　山东曲阜鲁国都城发掘区，采自山东省文物考古研究所（1），图 2。

299

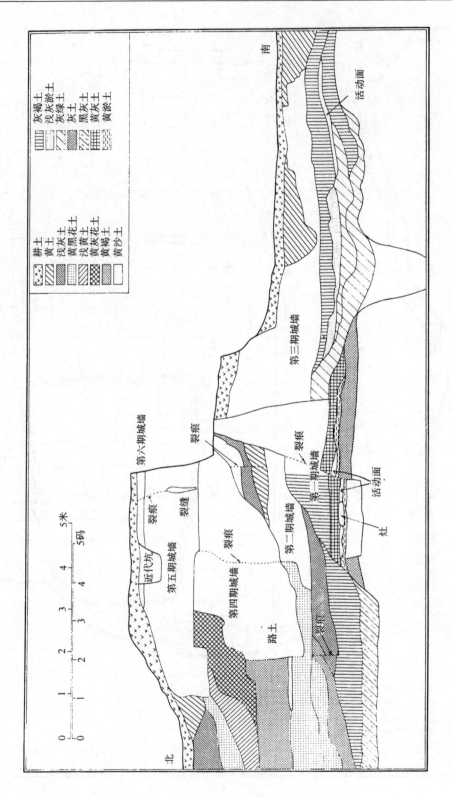

图143 曲阜鲁国都城遗址东城墙的断面，T505 发掘区，采自山东省文物考古研究所（1），图18。

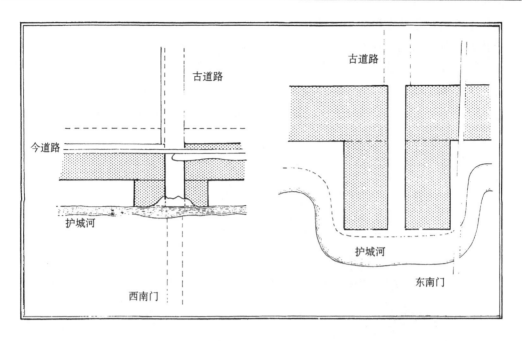

300

图144　1.鲁城的西南门；2.鲁城的东南门。采自山东省文物考古研究所（1）。

大多数中国城市是正方形或长方形的，按方位基点取向（不过有时也有一些变动）[1]，以突出它们既是世俗管理中心，也是宗教中心，并且是宇宙永恒秩序的象征[2]。但是，目前这方面的问题与我们无关，我们将在本卷第八分册中讲到这个问题。同时，在不同地区和不同的诸侯国中，城市结构确有变化。例如，秦民不把死者埋葬在都城的城墙内，而楚都纪南城[3]的居民和鲁国都城的居民都把死者埋葬在都城的城墙内，这使人联想到对死和死者的不同态度[4]。秦在雍城[5]和栎阳[6]的都城比它的敌国的都城小得多，狭窄得多，这或者意味着他们在技术方面不如他们的中原邻居先进，或者意味着

301

①　这种不规则性的一个著名实例是位于湖北省黄陂县现称为"作京城"的城镇遗迹（图145）。它可能原先属于楚国，建于春秋中期［黄陂县文化馆（1）］，参见K. C. Chang（9），p. 67。

②　Wheatley（2），尤其是 pp. 419—459；Vandermeersh（1）；Keightley（6）；K. C. Chang（9, 10）；Arthur Wright（11）；Sen-dou Chang（1, 2）。

③　湖北省博物馆（1, 2），纪南城已被非常细心地发掘至细部。防御设施中最值得注意的特点是水门。湖北省博物馆［（1），第341—349页（陈贤一执笔）］，已提供了南墙水门的发掘报告；参见杉本宪司（1），第174—181页。它可使船只穿过城墙进入流经城中的四条小河（图146, 147, 148）。

④　在汉代，礼仪规定死者必须葬在城墙之外，但在更早的时期，不坚持这样做；杉本宪司（1），第189—190页；秋山進午（1）。

⑤　陕西省雍城考古队（1），第7—11页；参见K. C. Chang（Ⅰ），p. 345；陕西省社会科学院考古研究所凤翔队（1）。西墙相对地保存得较好，经测量，长3200米，宽4.3—15米，残存高度1.65—2.05米。南墙大部已因农民挖掘和修东风水库而毁坏。因此，只发掘了三段，总长1800米，残存宽度4—4.75米，残存高度2—7.35米。西墙与其他几面墙不同，没有河流经过，由一长约1000米、宽约12.6—25米的城壕保护，城壕在一处深5.2米，参见Li Xueqin（Li Hsüeh-chhin）（1），p. 230（图149, 150）。

⑥　中国社会科学院考古研究所栎阳发掘队（1）。城约为2500×1610米的长方形。南墙长1640米，宽6米，残存高度0.4至0.6米。东西城墙可能都有三个门，北墙有二个门。发掘了南城门之一，发现取向为344°。一13米长、5.5米宽的道路穿过它（图151）。在西侧为一门房的基础，稍为突出城墙。这些夯土基础的尺寸为南北13米，东西4米，深0.35米。东侧门房已被水严重破坏（图152）。发掘者提到《长安志》称原先城墙高15尺。

他们的军事组织是按在野战中击败对手设计的，而不依靠消极防御。但是，这些变化目前与我们无关。因此不再赘述，转而讨论围城战中的城墙、护城河和道路。

虽然内外城墙显然对城市的防守至关重要，但《墨子》幸存的残简中没有对不同规模的城镇和城市推荐城墙的高度和宽度、基础的深度以及雉堞的高度。

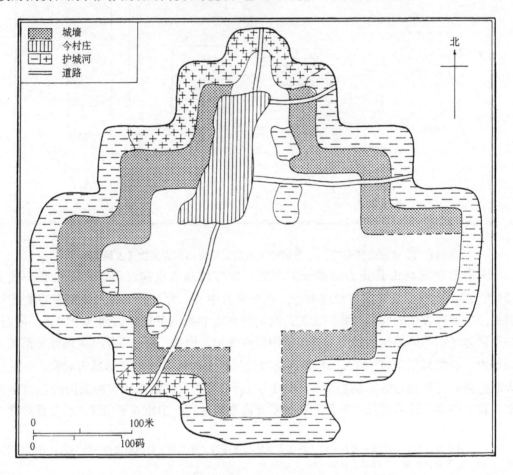

图 145 黄陂县作京城平面图，采自黄陂县文化馆（1）。

袁康（鼎盛于公元 40 年）记载了吴小城的城墙的基本宽度为 2 丈 7 尺（约 6.24 米），高度为 4 丈 7 尺（约 10.85 米），齐乡城的高度为 12 尺（约 2.77 米），无锡的主城墙高 2 丈 7 尺（约 6.24 米），外城墙高 17 尺（约 3.93 米）[1]。但是，习惯说城高 5 丈或 50 尺（约 11.56 米）[2]，仅仅表示城墙非常高。看来，按照据有城市的贵族的等级限制城墙高度的传统的礼仪规定未必曾经真正执行过[3]。

《九章算术》给出城墙底宽 4 丈（约 9.24 米），顶宽 2 丈（约 4.62 米），高 5 丈(约

---

① 《越绝书》（《四部备要》本）卷二，第一页。

② 例如，秦国政治家李斯在给秦二世的奏文中曾经提到了这一数字 [《史记》卷八十七，第三十一页；Bodde (1), p. 41]。

③ 《营造法式》（卷一，第十页）引《五经异义》说：天子之城高 9 仞（72 尺），公城或侯城高 7 仞（49尺），伯城高 5 仞（35 尺），而子城或男城高仅 3 仞（21 尺）。（ "《五经异义》：天子之城高九仞，公侯七仞，伯五仞，子男三仞。"）

11.65 米)[1]：这些尺寸在汉代可能已是典型的。霍泰林（Hotaling）根据对汉长安城和洛阳城的分析认为，"显然存在这样一种可能性，即城墙建造时要满足'城墙底部的宽

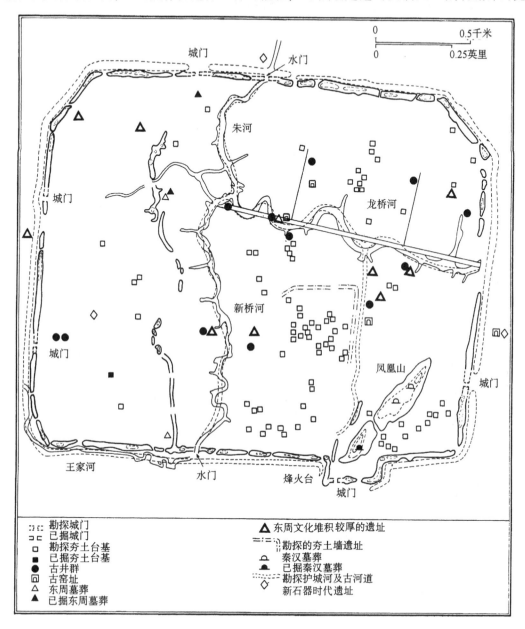

图 146　楚国都城遗址纪南城平面图，采自湖北省博物馆（1），图2。

度应为城墙高度的二倍'[2]这一公式"。但是，这一公式与较晚的中国兵书所给出的不同，后者规定"高应为底宽的两倍，底宽应为顶宽的两倍，如城墙高 5 丈，底宽应为 2

303

①　卷五，第二页；Vogel（1），p. 44。

②　Hotaling（1），p. 12。

304

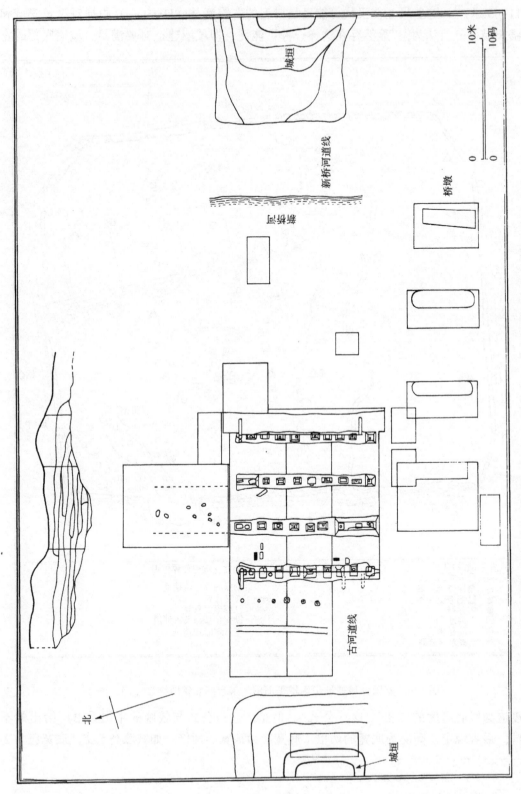

图 147　楚国都城遗址纪南里新桥河古河道平、剖面图，采自湖北省博物馆（1），图 11。

305

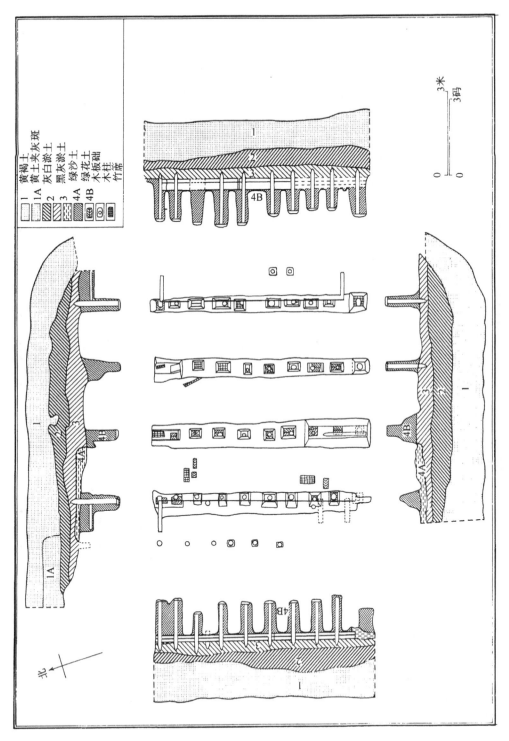

图148　纪南城南垣水门木构建筑平、剖面图，采自湖北省博物馆（1），图12。

306

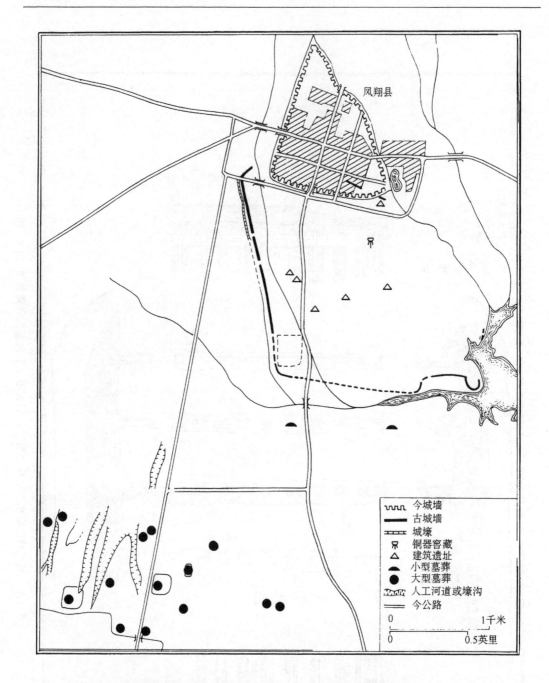

图149　秦国最初的都城雍城遗址平面图，采自陕西省雍城考古队（1），图1。

丈5尺，顶宽应为1.25丈"[1]。（"下阔与高倍，上阔与下倍，城高五丈，下阔二丈五尺，上阔一丈二尺五寸。"）

　　公式中底宽变窄可能是汉代以后一贯用砖来砌墙面的结果，因为砖能有助于保持城
307　墙中的土。虽然夯土建筑非常坚固，有时甚至达到近代混凝土的坚固性，但同时由于建

---

　　①　《通典》卷一五二，第八〇〇页；《虎钤经·筑城》；《太白阴经·筑城篇第四十三》。这一公式在唐代或多或少已经被遵循［傅熹年（1），第136页］。

造方法的粗劣，再加不称职的监工官吏的失察，以及当敌人迫近时要求快速建造，显然会使完工后的城墙有可能存在缺陷。秦国的法律甚至这样规定：如果城墙在建成后一年内倒塌，工程的管理者（"司空"）和实际负责该项工作的人（"君子"）判决有罪，并要求征召徭役劳工重建，但不算作法定劳动[①]。

虽然原文残缺，但可能墨家推荐城墙顶上的走道的宽度应不小于17尺（约3.93米）[②]或18至24尺（约4.14至5.52米）[③]。这些数字接近《九章算术》中见到的数字，但大大小于较晚的兵书中的数字。正如我们在考古记录中所看到的那样，中国不同地区不同时期的城墙尺寸是非常悬殊的[④]，因此，作出结论认为墨家坚持一特定的高度和宽度可能是不明智的。在给定的人员、物资和时间限度内，无论能被修补和加强的是什么，战略家更关心布置人员和防御器械的顶部的宽度尺寸。顶部宽度不够，会妨碍必要器械的展开，妨碍军队沿城墙的运动，使作战不便，从而使防御效率低下，甚至无效[⑤]。

城墙顶部两侧均设有胸墙（"堞"），在一段文字中给出其高度为外城7尺（约1.61米），内城4尺（约0.92米）[⑥]。另一段文字中说明射击孔（"俾倪"）宽三尺，高2尺5寸[⑦]。胸墙在许多书中也称"女墙"，因为它的尺寸相对主墙（夫墙）较小[⑧]，但是，"女墙"和"胸墙"均可指建立在主城墙外的低土墙，换言之，即"城堡周围堤状的防御土墙"（fausse-brayes）[⑨]。
308

战国后期，发明了一种保护从俾倪射击的人的器件，称为"專牖"（旋转窗）[⑩]，最近在戈壁沙漠汉代堡垒的考古发掘中发现了大量这种木制品[⑪]。据说它们的长和宽约为41厘米，在一内侧高外侧低的圆柱体的中央，有一孔隙。在圆柱体的底部，有一允许
309

---

① 睡虎地秦墓竹简整理小组（1），第76—77页；Hulsewé（6），p. 63。

② 银雀山汉墓竹简整理小组（4），竹简796，第28页。

③ 《墨子》（《道藏》本）卷十四，第三页；Yates（5）fragment 6, p. 93, p. 110, note 145, translation p. 114。

④ 参见 Wheatley（2），p. 183。

⑤ 正如勒特韦克［Luttwak（1），p. 68］所说，罗马不列颠（Roman Britain）的哈德良（Hadrian）长城，顶部宽度为6英尺，因而没有用作作战平台的可能性。

⑥ 银雀山汉墓竹简整理小组（4），竹简796—797，第28页。

⑦ 《墨子》（《道藏》本）卷十四，第三十六页；孙诒让（2），卷十四，第十七页；Yates（5），fragment 6, p. 93, p. 110, note 110, translation p. 114。俾倪的写法很多：僻倪［《十三经注疏》卷二十三，第二十六页，杜佑对《左传·宣公十二年》的注释］；睥睨［《释名·释宫室》，《丛书集成》本卷五，第八十五页］；顿垸、堄或敧［孙诒让（2），第三二四页，引用《三仓》（《仓颉》）］。《说文》定义陴为"城墙上胸墙（女墙）的射击孔"（"陴，城上女墙，俾倪也"），这不很正确；《集韵·去声上》（《四部备要》本卷七，第二十页）用壀；《广雅·释宫》王念孙《广雅疏证》（《丛书集成》本卷七上，第五册，第八○二页）定义堄为"胸墙或女墙"（"堄，堞，女墙也"），也稍为不准确。参见林巴奈夫（6），第172页。

⑧ 《释名·释宫室》（《丛书集成》本）卷五，第八十五页。这部辞书还说明雉碟又称"睥睨"，因为人们可以通过它窥视城外发生的异常事情；也称"陴"，即神，因为它增补了城墙的高度。

⑨ 见下文 p. 329。

⑩ 银雀山汉墓竹简整理小组（4），竹简799—800，第二十八页；原文说每隔20步（约27.72米）设置一个，但这可能是在该器件刚出现时写的。或许该器件在《墨子》中也称"辒"，在居延汉简中也称"转橹"［Yates（3），pp. 432—438］。

⑪ 最早的一些实例，处于残缺状态，为中（国）瑞（典）西北科学考察团所发现［Sommarstrain（1），pp. 308—309］。近年甘肃居延考古队又发现了一些［甘肃居延考古队（1），第6页］；Yates（3），pp. 432—438。

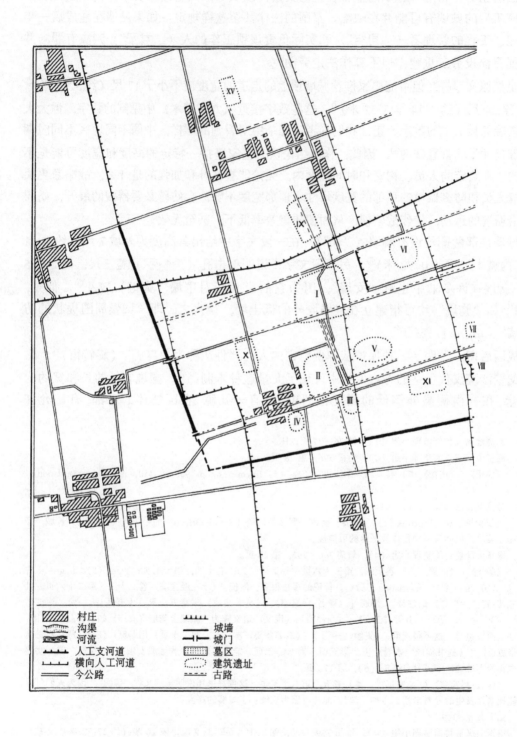

图 151　秦国第二个都城栎阳的平面图，采自中国

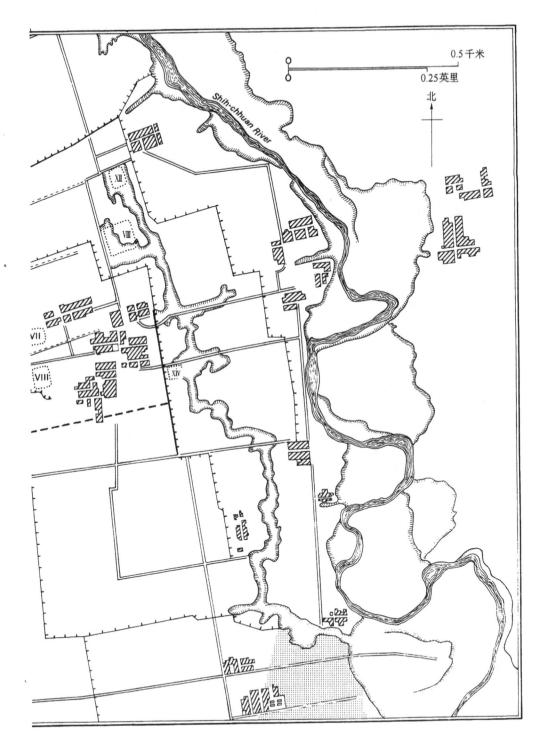

310

社会科学院考古研究所栎阳发掘队（1），图2。

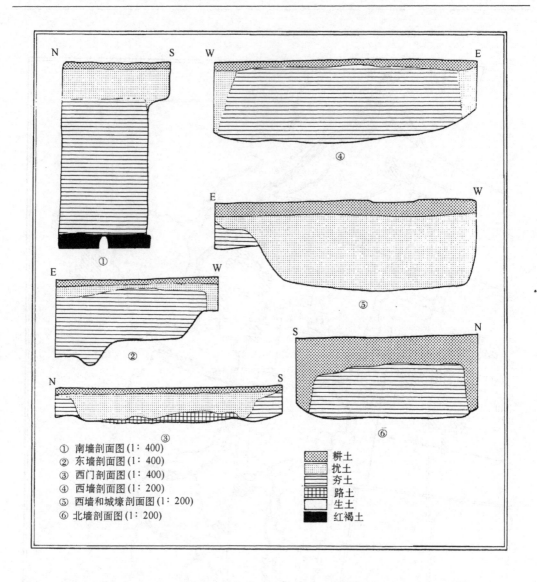

图 150 秦国都城雍城城墙各段的剖面图，采自陕西省雍城考古队 (*1*)，图 2。

有 110°—120° 旋转角的小轴枢 (图 153)[1]。"窗"固定在俾倪之中，每当城内的弓箭手
要射击时，他或其助手转动中央圆柱体，开至恰当的宽度，然后放箭，攻击方要想正好
通过这一保护器件射伤防守的士兵，是非常之难的。尽管它的效果和优点是明显的，但
到汉朝末年，这种器件似乎已经摈弃不用了，因为在以后的年代中，我们未见到使用这
种器件的文献的和考古的证据。在西方中世纪，也有类似中国的这种器件的遮门，安装于
堡垒和城墙上的墙孔和窗户中，在根特 (Ghent) 的斯赫拉芬斯泰恩 (s'Gravensteen) 保
存有精制的复原物 (图154)，而且这也使人联想起卡尔卡松 (Carcassonne) 的城楼 (图

---

[1] Yates. (3), p. 433。初师宾 (*1*)，第 190—191 页，以及洛伊 [Loewe (18), pp. 295—296] 主张这一
器件应称为"转射机"，但这可能是不正确的。

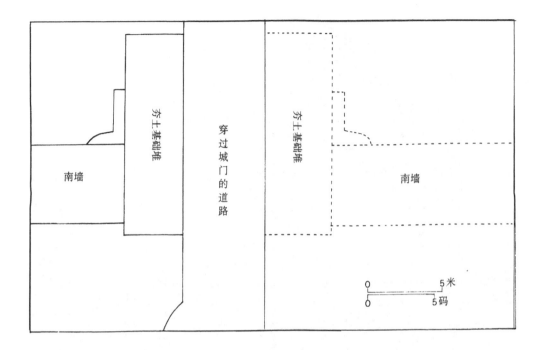

图 152　秦国都城栎阳南门平面图，采自中国社会科学院考古研究所栎阳发掘队（1），图5。　　312

图 153　专牖（转窗），兰州甘肃省博物馆藏（叶山摄）。

图 154　斯赫拉芬斯泰恩城堡窗上的遮门。

155)①。的确，沿袭古希腊的传统，在城楼和封闭的堡垒的窗户上，以及在堡垒城墙的雉堞中安装木制遮门的片断证据，已由 A. W. 劳伦斯②仔细地收集，因而很可能欧亚大陆两端的工程师和建筑师几乎在同时想出了这些实用的器件。

在城墙主体上，约在胸墙下 3 尺（约 0.69 米）处，挖有火炬孔（"爝穴"），外端较宽，其大小足以容纳 4.5 尺（约 1.04 米）长、2 围大的木柴③。火炬孔之间的间距可以是 5 步（约 6.93 米）或视当地情况，即城墙的高度以及城墙经过的地势而定④。火炬在夜间点燃，以照明城墙外的缓冲区。如果没有火炬，敌人可以轻易地潜行至城墙底部，在夜幕的掩护下，发起突然袭击。因此，火炬是城墙防守必不可少的一部分。

313

①　Hughes (1), p. 62；de la Croix (2), figure 37 ［据维奥莱-勒-迪克（Viollet-le-Duc）的复原］；Toy (2), pp. 196—197。斯赫拉芬斯泰恩的城堡由阿尔萨斯的菲利普（Philip of Alsace）始建于 1190 年。

②　A. W. Lawrence (2), pp. 410—418。

③　《墨子》（《道藏》本）卷十四，第四页；Yates (5), fragment 9, pp. 128, 135。

④　《墨子》（《道藏》本）卷十四，第九页；Yates (5), fragment 11, p. 142—144；孙诒让 (2)，第三一一页。新发现的文本上给出火炬孔之间的距离为 10 步（约 13.86 米）［银雀山汉墓竹简整理小组 (4)，竹简 799，第 28 页］。

图 155　卡尔卡松的西哥特 (Visigothic) 城楼，约 450 年，据维奥莱-
勒-迪克之复原，采自 de la Croix (2)，fig. 37。

　　到唐代，出现了一种稍为不同的照明方法。《通典》这样描述这种方法：每隔 150
尺，用铁链将松木制成的大火炬从城墙顶上垂下，使它们悬挂在城墙的半腰。城墙顶上
放一只警犬，当它看见或听到有人攀登城墙时，料想它会吠叫。在城内，当夜幕降临　314
时，在十字路口，重要的道路上以及入口和城门口，点燃脂油炬，料想这些脂油炬通夜
不熄①。

　　最后，墨家推荐在城墙下每隔 100 步（138 米）建造 12 条暗沟。暗沟宽 3 尺，高 4
尺，但它们似乎并没有与城门协调，也没有出现专门的建议促使将沟埋在城门的道路下　315
面②。

_____

　　①　卷一五二，第八〇〇页。在汉代，沿西北边陲的烽火站和堡垒中也有警犬，并设有养犬场，责令专人饲养
[初师宾（1），第203—205页；劳榦（7），第45—47页]；劳榦还指出：古代有三种犬，即警犬、猎犬和食用犬，
只有前两种犬取名字。

　　②　Yates (5)，fragment 6，pp. 93，109 note 140，pp. 113—114。这种在城门下面埋排水沟的惯例可追溯到
史前时期：在平粮台南门下面，发现了由 35—45 公分的管子组成的陶质排水沟 [K. C. Chang (1)，(4th ed.)，
p. 267]。汉长安城门和城墙下的沟和管见图 157—158。齐国都城临淄大城的排水系统非常精致，虽然不如城中纵
横交错的道路那样广泛（图 156）[临淄区齐国故城遗址博物馆（1）]。

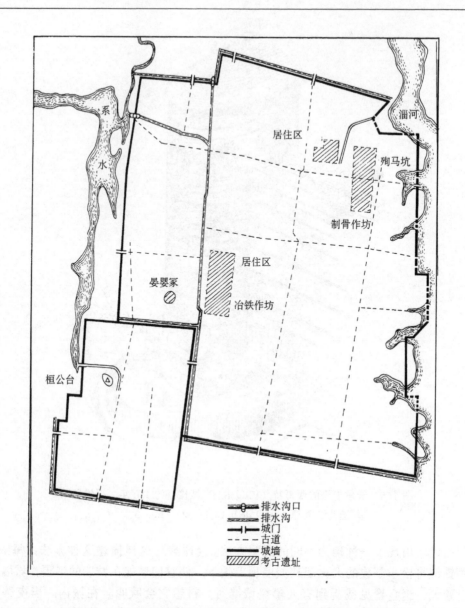

图156　齐国都城临淄故城地下的排水系统，采自临淄区齐国故城
遗址博物馆（1），图1，第785页。

　　城中紧靠城墙底部的建筑物全部拆除，修建一条20步[1]或30步[2]宽（约27.72至
41.58米）的道路。在路边，挖井并建造墙高8尺、10尺或12尺的公共厕所。通常，
317　这些井和厕所间隔30、50或100步（约41.58[3]、69.3或138.6米），但也有其他间距
的记载；有时，公共厕所就位于为方便守卫胸墙的士兵而在城上修建的茅坑的下面。

---

　　① 银雀山汉墓竹简整理小组（4），竹简808，第28页。
　　② 《墨子》（《道藏》本）卷十四，第四十一页；孙诒让（2），第三五九页；Yates（5），fragment 68, pp.
404, 405。
　　③ 银雀山汉墓竹简整理小组（4），竹简808，第28页，说明井应相距600步（约831.6米），离城墙不大于
20步（约27.72米），另一方面，公共厕所之间的间距为20步，离城墙不超过15步（约20.79米）。

图 157 埋在汉长安城西安门下的砖砌排水洞，采自 Wang Zhongshu（Wang Chung-Shu）(1)，fig. 9。 316

图 158 埋在汉长安城下的陶瓷总水管，采自 Wang Zhongshu（Wang Chung-Shu）(1)，fig. 10。

另外，在通向城顶的楼梯的旁边筑有两垛墙。允许从城顶上向下倒水，但倒水前必须挥动一面专用旗帜，旗帜彼此间沿城墙间隔 10 尺。但是，不允许有相当于"当心水"（gardez l'eau）的喊声出现。在井边设有吊水桶或其他器皿，以方便汲水的人[①]。沿道路还堆放了防守所需的物资。

---

① 《墨子》（《道藏》本）卷十五，第四页；孙诒让（2），第三五九页；Yates（5），fragment 68, pp. 404—405。

这样，古代中国人便看出了罗马人称为"城内紧挨城墙的环路"（pomoerium）的好

317 处，它在西方的起源可追溯至古王国时期沿尼罗河上游河道保护埃及入口的努比亚（Nubia）堡垒（图159—160）[①]。公元前397年，希腊殖民地塞利努斯（Selinus）在迦

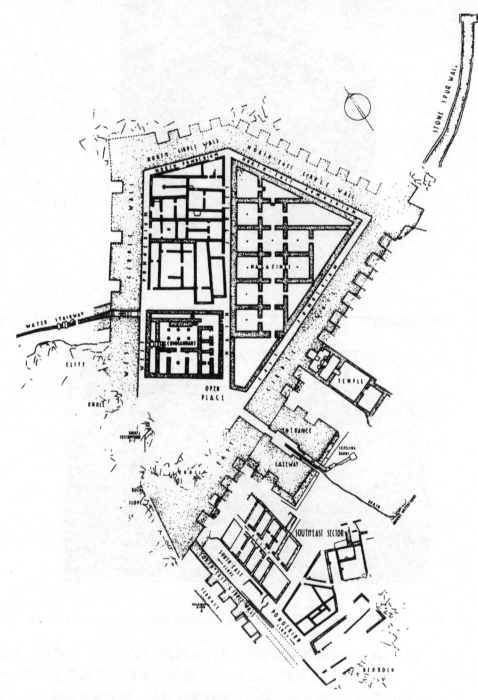

318

图159 阿斯库特（Askut）岛堡垒的平面图，采自 Badawy（11），fig. 102。

① de la Croix（2），p. 18；Badawy（1），p. 229，figure 102，103，pp. 220—221。

319

图 160　画家对阿斯库特岛堡垒的印象，从南边看，采自 Badawy (1)，fig. 103。

太基人于公元前 409 年攻占它之后再次获得独立，并重建防御工事。街道的平面图为方格网状，呈南北和东西向伸展；除在北部被建筑物遮阻通道以外，其"城内紧挨城墙的环路"是宽的[1]。要不是城市的形状像梨，它可能就是中国式的城市了（图 161—162）。"城内紧挨城墙的环路"后来被中世纪的城镇设计者所采用，意大利很好地保存下来的蒙塔尼亚纳城（Montagnana）提供了最明显的实例（图 163）。

---

[1]　de la Croix (2), p. 24；J. Hulot and G. Fougères (1)；A. W. Lawrence (2)；pp. 288—299。

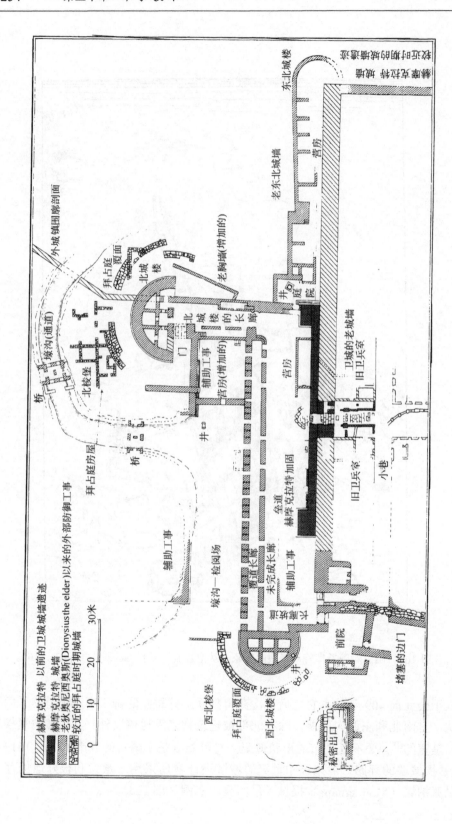

图 161 塞利努斯北部前线的防御工事，采自 de la Croix (2)，fig. 18。

图 162　塞利努斯城，约公元前 390 年，复原平面图，采自 de la Croix（2），fig. 19。

图 163　蒙塔尼亚纳城，城墙内壁和环城狭窄地带，采自 de la Croix（2），fig. 45。

每隔 50 步（约 69.3 米），有楼梯从道路通向城墙顶部①。在一例中，台阶据说有 3 尺长和宽，2 尺 5 寸高，楼梯长 60 尺②。这可能暗示路面至城墙顶部的距离是 50 尺（60÷3×2.5 尺）（即 11.55 米或 37.89 英尺高），但我们不能肯定。没有专门的凭证，不允许上下楼梯，上公厕时很可能也不准随带兵器。楼梯有卫兵，以保证严格执行这些规定③。

沿环形路，在城内闾里的小巷以及在城的主要道路上筑门，建成一方格网系统。每门有二人守卫，只有持有核准符牌的人才允许通过，不服从命令的要严惩，甚至处死④。这样，墨家建造了遍及全城的蜂窝状防御工事，从而即使城墙或城门已被突破，敌军士兵已突入人口聚居区的中心，要想使被围攻方迅速投降也是非常困难的⑤。

同样，也许是按照墨家的引导，秦国在城镇中似乎已经发展了一种控制犯罪活动的体系，它以后被汉朝所采用，并加以改造⑥。这一由"亭"组成的体系可能在紧急军事情况下也是有用的，因为委派在亭工作

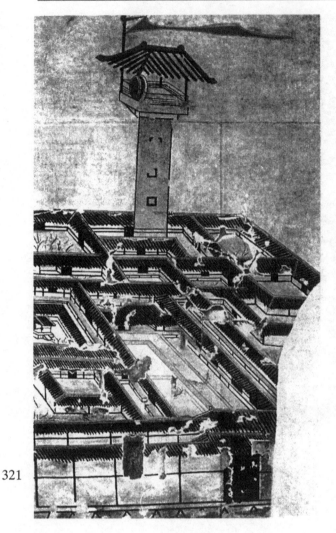

321

图 164 河北安平一墓中壁画所描绘的蜂窝式防御工事，采自 Chinese Academy of Architecture（1）。

---

① 《墨子》（《道藏》本）卷十四，第四页；Yates（5），fragment 8, pp. 121, 126。

② 《墨子》（《道藏》本）卷十四，第三页；Yates（5），fragment 6, pp. 93—94, pp. 110—111, notes 148—151, translation, p. 114。

③ 新发现的文本说明："下城楼上厕所的士兵口中必须横衔着枚，如果二人同去，都处死"（"下之屏者，必衔枚，二人俱斩"）（竹简 809）〔银雀山汉墓竹简整理小组（4），第二十八页〕。埃涅阿斯〔Aeneas Tacticus（1）〕极力主张：从城墙上通向下面的坡道必须封锁，因此，如果叛徒占领了一部分城墙，使敌人得以爬上城墙，他们将被迫从城楼上跳到墙内的地面，这是很危险的事情，这样，就夺去了他们奇袭的有利条件〔Aeneas the Tactician, pp. 112—115〕。

④ 《墨子》（《道藏》本）卷十五，第四页；孙诒让（2），第三五九页；Yates（5），fragment 69, p. 406。

⑤ 从河北安平发现的汉墓壁画残片可以对蜂窝状防御工事有所理解（图 164）〔Chinese Academy of Architecture（1），p. 45〕。

⑥ 高敏（1）。

的官吏①有捕捉盗贼，注意行人和守护城门的责任。在城内，亭是高的多层建筑，看来有对主要街道的管辖权②，而在城外农村，每七里（约6英里）设一亭，它还增加了一个职能，即成为邮政系统中的驿站，因而能提前对敌人的逼近提供警报。

322

城内主要道路和闾里究竟多早开始建设方格网体系很难确定，因为，一般地说来，考古学家们在他们所发掘的早期城市中，还未能确定许多大街的位置，更不用说小巷了③。不过，这一点是清楚的，汉代长安和洛阳以及以后的都城都采用了这种体系，直到宋朝随着商业活动的扩展，它才开始被打破④。但自此以后，许多重要的行政中心，尤其在华北，仍保持了这种原型的格局，但我们必须始终记住：方格网体系只是理想

323

图 165　艾格莫尔特城鸟瞰，采自 Sournia (1)。

324

---

① 官吏包括亭长和二名亭卒。一名亭卒称为"亭父"，另一名称为"求盗"。在秦代，这些城市的亭是县行政体系的一部分，但在汉代，它们归乡政府管辖。在秦代，管理全县所属亭的官吏称为"都亭啬夫"。

② 这一含义可以从新发现的秦代文件之一得出。参见 Hulsewé (6)，E8，pp. 188—189；Mclead and Yates (1)，pp. 140—141。

③ 它可能早在新石器时代和青铜时代就开始了［贺业钜 (1)］。希腊人何时开始在街道规划中采用方格网体系较易确定：它始于公元前5世纪初波斯人的侵略破坏以后，这种体系还与希波丹姆（Hippodamus）的名字联系在一起［Wycherley (1)，pp. 15—35］。当然，罗马人比希腊人更加坚定地在街道规划中采用方格网体系，尤其对那些在原营寨（castra）基础上建造的城镇。在欧洲中世纪时代，这种整齐对称的体系在按王室命令建造的新城镇中重新出现，例如艾格莫尔特（Aigues Mortes），它建于13世纪中叶，成为罗讷河（Rbône）的一个港口，十字军从这里登船去争夺圣地［Sournia (1)］（图165—166）。

④ Wang Zhongshu (Wang Chung-Shu) (1)，chs. 1 and 2；Bielenstein (5)；Ho Ping-Ti (3)；Wright (13)；Schafer (14)；王仲殊 (2)、(3)；俞伟超 (1)、(2)；李遇春 (1)；徐金星，杜玉生 (1)；中国科学院考古研究所西安工作队 (1)；平冈武夫 (1)，卷6，7（图167）；马先醒 (1)，第212—225页；Xiong Cunrui (1)；董鉴泓 (1)；骆子昕 (1)；Steinhardt (1)；宿白 (1)；中国社会科学院考古研究所洛阳工作队 (1)。

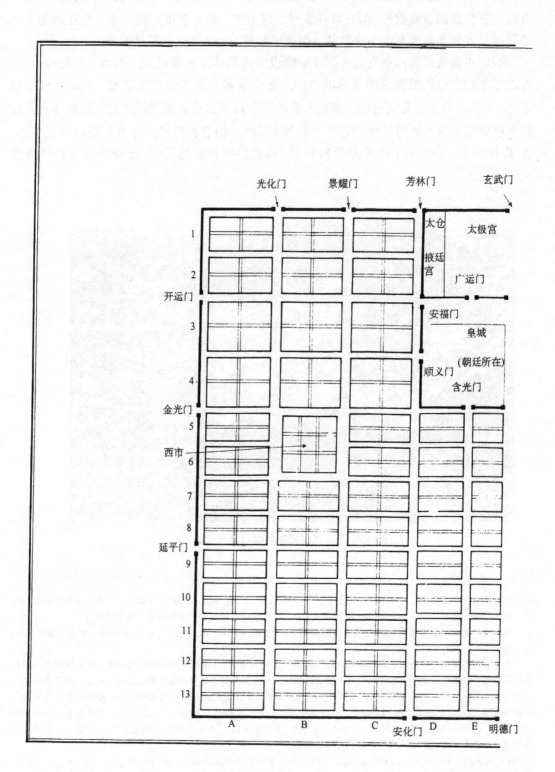

图 167　唐长安城平面

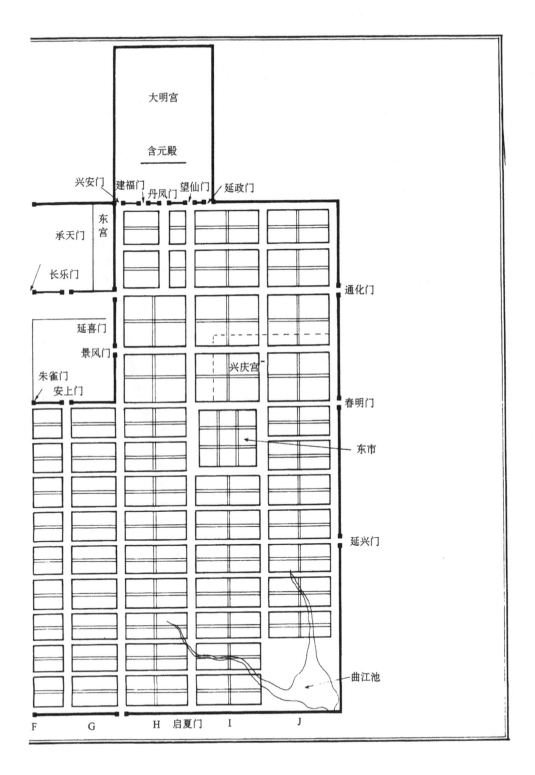

327

图，采自平冈武夫（1）。

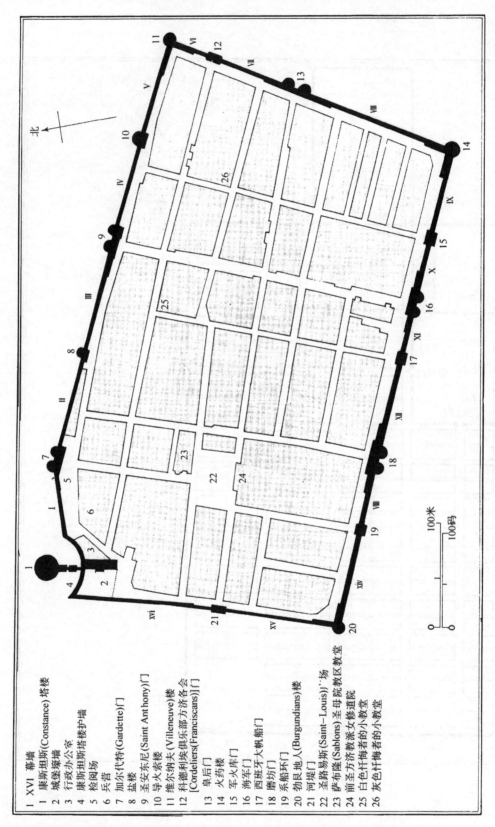

图 166 艾格莫尔特城平面图，采自 Sournia（1）。

I XVI 幕墙
1 康斯坦斯(Constance)塔楼
2 城堡壕墙
3 行政办公室
4 康斯坦斯塔楼护墙
5 检阅场
6 兵营
7 加尔代特(Gardette)门
8 盐楼
9 圣安东尼(Saint Anthony)门
10 导火索楼
11 维尔纳夫(Villeneuve)楼
12 科德利埃俱乐部方济各会
  [Cordeliers(Franciscans)]门
13 皇后门
14 火药楼
15 军火库门
16 海军门
17 西班牙大帆船门
18 磨坊门
19 系船环门
20 勃艮地人(Burgundians)楼
21 河堤门
22 圣路易斯(Saint-Louis)广场
23 萨布隆(Sablons)圣母院派女修道院
24 前圣方济各派女教区教堂
25 白色忏悔者的小教堂
26 灰色忏悔者的小教堂

性的。由于河流、人工河道、池塘、园林、政府建筑、宫殿、庙宇、市井①以及为行政机关和居民的方便而建立的其他事物的存在，闾里的规模和位置要作许多变动。

图 168　广汉出土的汉代市井画像砖，　　　图 169　彭县出土的汉代市井画像砖，
　　　采自刘志远（1），图 1。　　　　　　　　采自刘志远（1），图 2。

328

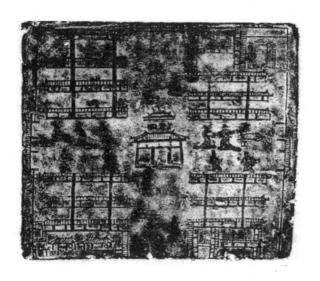

图 170　新繁出土的汉代市井画像砖，采自刘志远（1），图 3。

宫崎市定证明：在汉代，城内的闾里只有一个入口，它称为"闾"或"闾门"，较矮，仅当一高阶层的人物住在墙内时，才升高高度②。只有采邑为 10 000 户或 10 000 户以上的人才允许有一通向主街道的私人入口。但是，在以后发表的文章中，由于河北　329

①　早期的市井位于城市和城镇的城墙之内。它呈方形，用墙围住，通常中央有一多层的市楼，市井官员及其僚属在楼内办公。官员负责开闭市井、保证价格公平和收税。商人被组成 5 人一组，他们对他们的行为互相负责。货摊显然是一排排平行地铺设，形成两条主要通道，官员的市楼就建在它们交叉口的中央（图 168，169，170），参见 Yates（6），刘志远（1）。

②　宫崎市定（2），第 74—75（570—571）页。在先秦时期，如果统治者想要屈尊访问居住于闾里内的名士，他可以下命令，把门升高，使他的马车得以通过。

省发现了汉代的村庄[①]，他重新解释证据时，稍有变动。宫崎市定声称：闾里仍为低墙所环绕，分成南和北两部分，每一部分均有各自通向街道的入口。一隔墙把两部分隔开，墙上筑一门，称为"阎"，使两部分间能互通[②]。这一体系随着皇权的衰落而被破坏，到了南北朝，以"坊"的形式重建。但是，北朝和继承北朝体系的唐朝都不能对全部人口进行同样严格的控制，因为，其时大多数人居住在农村。城镇不再是大部分由以农业为生的人所居住，而大部分由工匠、商人、富人、地位高的贵族和其他人所居住。因此，虽然坊的墙更高更坚固，但是，政府对防止在通常只有一个门的坊里上开更多的门无能为力，无法阻止人民更自由地走来走去。最后，到了唐代末年并进入宋朝，随着城内商业活动的迅速增多，里坊体系不得不完全废弃。

虽然宫崎市定关于里坊演化的论点大体上可以认为是事实，但是张春树指出：根据他对出自西北的简牍文献中的资料的分析，甚至汉朝的闾里也可以从各个方向进入，而不是如宫崎市定所认为的那样只能从南北进入。地理位置必然与规划的选择有很大关系，所以，认为所有汉代的村庄和闾里都具有同一的具体形式是错误的[③]。

墨家似乎特别热衷于"纵深"防御，并提倡构筑尽可能多的障碍，以阻止敌人前进。从《墨子·旗帜第六十九》中的下列一段文字，可以看出防御的复杂性。

当敌人接近，并从前边护城河的外侧发起进攻时，城上面对战场的官吏们击鼓三次并举起一面旗帜。当（敌人）到达环绕的水中时，击鼓四次并举起二面旗帜。当敌人到达用柴枝编成的墙落时，击鼓五次并举起三面旗帜。当敌人到达辅助墙（"冯垣"）时，击鼓六次并举起四面旗帜。当敌人到达女墙（"女垣"）时，击鼓七次并举起五面旗帜。当敌人到达主城墙时，击鼓八次并举起六面旗帜。当敌人已经爬到主城墙的半途以上时，连续击鼓。在夜间，用火炬按同样方式进行。

330

敌人退却时，迅速放下旗帜，旗帜数量和前进时相同，但不击鼓。[④]

〈寇傅攻前池外廉，城上当队鼓三，举一帜；到水中周，鼓四，举二帜；到藩，鼓五，举三帜；到冯垣，鼓六，举四帜；到女垣，鼓七，举五帜；到大城，鼓八，举六帜；乘大城半以上，鼓无休。夜以火，如此数。寇却解，辄部帜如进数，而无鼓。〉

我们将注意到，在所有这些防御工事中，只有护城河和大型城墙已被考古发掘所揭露，许多城市或者使河流改道以环绕城墙，或者紧靠当地河道的堤岸。我们还曾看到，有的城市甚至使河流直接流经城市的中心。因此，人们感到惊奇：究竟是墨家的规定只是空想的理论？还是发掘者忽视了较小的墙的遗迹。不过，也许它们已经完全被重新吸收入中华大地。

然而，中国人显然知道干渠，他们称之为"隍"[⑤]，但他们并不挖掘作为罗马人筑城特征的干渠系。罗马人的干渠通常延伸到雉堞之外 60 罗马尺（17.75 米），但在不列颠，特别是在最暴露的方向，干渠有时到达主城墙之外46米，超出了标枪的有效距离

①　孟浩、陈慧、刘来城（1）。

②　宫崎市定（6）。

③　Chun-Shu Chang（1），pp. 212—214。

④　《墨子》（《道藏》本）卷十五，第3—4页；孙诒让（2），第三五八页；岑仲勉（3），第九十二页；Yates（5），fragment 64，pp. 396—397。

⑤　林巳奈夫（6），第172页。

(25—30 米)。最好的实例是诺森伯兰（Northumberland）的惠特利（Whitley）城堡（图 171）[1]。罗马干渠有两种主要型式，一种是"尖锥形壕堑"（*fossa fastigata*），它的断面为 V 形，在中央往下有一窄沟，其目的是折断敌人的踝节部或起到清洗沟渠的意外效果；另一种是"迦太基（布匿）式壕堑"（*fossa punica*），它的外壁近乎垂直，内壁为一斜坡，使防守方在城墙上可以清楚地看到渠底，从而使进攻方在向城墙发起最后攻击之前，不能找到躲避投掷物的掩蔽处（图 172）。有时，还在渠中设置荆棘树枝，使攻击更加存在意想不到的危险（图 173）。还在堡垒的墙的前面挖类似动物陷阱的坑（*lilia*）（图 174）[2]。可能要用树枝和草遮蔽这些坑，使敌人不知道何处可以安全插脚。中国人不采用这些简易的外围工事的原因之一，可能在于他们所采取的是积极防御，即迎敌于主城墙之外。

图 171　诺森伯兰的惠特利堡鸟瞰，显示出多条沟渠，
采自 Anne Johnson (1)，fig. 28。

331

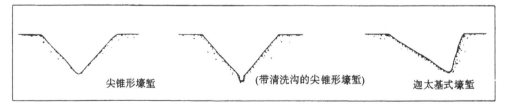

图 172　罗马干渠剖面图，采自 Anne Johnson (1)，fig. 26。

① Anne Johnson (1)，p. 49 and figure 28。值得注意的是，后来，诺曼人（Normans）经常利用或改造较早的罗马筑城：佩文西（Prevensy），埃克塞特（Exeter），加的夫（Cardiff）是很好的例子 [Platt (1)，参见 Stephen Johnson (1)]。

② Anne Johnson (1)，pp. 47—48。她注意到沟渠的数量决定于地形的确切情况。为了保护薄弱点，要构筑较多的沟渠，有陡坡处，可以完全不挖沟渠。渠的最佳深度为 1.2—2.7 米之间，最常见的宽度为单数 9、11、13、17 英尺 (pp. 48，45)。

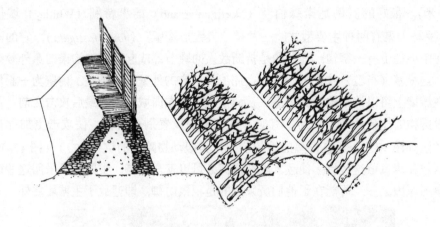

图 173　防御渠中设置荆棘树枝作为障碍物［据 Anne Johnson (1), fig. 33］。

图 174　用作防御陷阱的坑（*lilia*），1904 年发现于拉夫（Rough）堡之安东尼

土垒（Antonine wall-fort）北部防御工事前，采自 Anne Johnson (1)，fig. 34。

　　护城河的尺寸在各个时期是不同的，显然，它取决于可得到的人力、当地的地形以及负责防御的人们的癖性。《墨子》提到护城河深 15 尺（约 3.47 米），宽 12 尺（约 2.77 米）[①]，《九章算术》可能更为现实地给出典型剖面的尺寸为顶部 15 尺宽，底部 10 尺宽，深 5 尺，长 70 尺[②]，而《通典》提到护城河宽 20 尺，深 10 尺，底部宽 10 尺[③]。但是，我们前面已经注意到，中国考古学家们有关于更宽的护城河的记载。

---

① 《道藏》本卷十四，第十五页；孙诒让 (2)，第三一五至三一七页；Yates, fragment 18, pp. 164—176。

② 卷五，第二至三页；Vogel (2), p. 45。

③ 参见《太白阴经·凿壕篇第四十四》；《虎钤经·城壕第五十七》。

尽管在中国北方，冰冻对护城河提出了问题，但是，在南方的护城河的河面可能从不封冻，尤其当护城河是流动的河流的一部分时[①]。我们已知城镇建造处的地势常是平坦的，也知道水是中国式农业所必须的，适当的排水和防洪对城市人口在经济上赖以生存的本地谷物丰收是至关重要的，这就毫不奇怪，中国人选择了护城河和城墙体系而不是罗马人的干渠，虽然下文中我们将遇到干渠的一个例子。

墨家文章中提到的第二种防御设施是柴枝编成的墙落（"藩"）。孙诒让提出，这种　333
屏障位于护城河中[②]，但我们认为，更有可能，这种屏障与"柴搏（缚）"是相同的，
在《墨子》另一段文字中对它作了如下说明[③]：

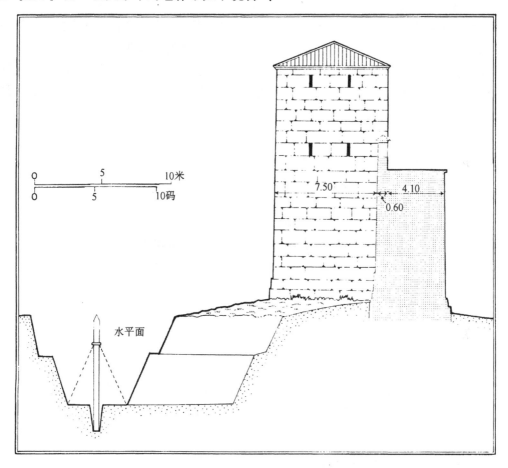

图175　帕埃斯图姆有防御土墙的木栅渠复原图 ［据 Adam (1)］。

---

① 马基雅维利 ［Machiavelli (1) p. 248］ 在《战争艺术》(*Art of War*) 中极力主张用干渠替代充满水的护城河，正是因为这一冰冻问题："巴蒂斯塔 (Battista)：'你选择有水的渠呢？还是选择干渠？'法布里齐奥 (Fabrizio)：'人们对此有不同意见，因为有水的渠保护你不受坑道的威胁，但没水的渠更难填满。然而，总的说来，我宁愿选择干渠，因为它们比有水的渠有更好的安全性，因为有水的渠在冬季有时表面会封冻，因而可以毫不费力地攻占由它来保护的城镇……。'"

② 孙诒让 (2)，第三五八页。如果他是对的，这一墙落将类似于第 4 世纪时在帕埃斯图姆 (Paestum) 的护城河中建立的屏障（图 175）［H. Schläger (1), p. 188；Garlan (1), p. 254 and figure 21, p. 252；Adams (1), p. 114］。

③ 《道藏》本卷十四，第十四至十五页；孙诒让 (2)，第三—五页；岑仲勉 (3)，第 26 页。

334

砍伐并捆绑树木，使具有足够数量来制备柴搏。将前面绑扎起来，并用一根 1 丈 7 尺（约 3.93 米）高（作为一个标准）的树构成外面。将之立起，纵向横向缚上柴，在其外表面涂抹强韧的泥土，不让水漏入。其宽度和厚度应足以保护高于 3 丈 5 尺（约 8.09 米）的城墙，然后用柴、木、土和小树枝填满。采用这种方法是为了应急。预先把前面的长短部件妥善地连成一体，使能保持足够的泥土，以制成胸墙。外表面要妥善涂抹，使它不能被烧毁或拔出。

〈疏束树木，令足以为柴搏。毋前面树，长丈七尺一以为外面，以柴搏纵横施之，外面以强涂，令亓广厚，能任三丈五尺之城以上。以柴木土稍杜之，以急为故。前面之长短，豫毭接之，令能任涂，足以为堞，善涂亓外，令毋可烧拔也。〉

如果由于敌人已太迫近，或者由于没有足够的男人和女人来进行其他准备工作和建造小墙，因而不可能用夯土来建造常规的城墙时，也构筑这种墙落。

在更迟的时期，当没有可能建造常规的筑城时，就构建圆形或方形的木栅[1]，其高度与地势相适应。木栅上也有胸墙，整个构造用泥涂抹，以防止被火烧毁。门口设有吊门，整个木栅以护城河或沟渠和拒马加以保护[2]。

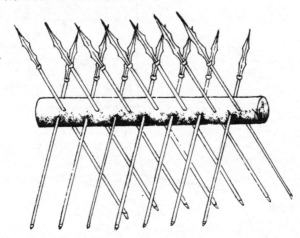

图 176　拒马。注意：在这幅插图中画家们已用矛代替了木桩，
采自《武经总要》（前集）卷十，第三十四页。

335

公元 548—549 年冬，叛变的侯景在梁都建康周围构建了这样一种木栅，以防止被包围者逃离城市，并阻止补给和援军进入[3]，而公元 168 年，非常有成就的边关将领段颎，在向西北进军，截击他所追逐的羌人部落时，命所部千人在西县构筑了 120 尺（约 27.72 米）宽、40 里（约 16.56 公里）长的木屏障[4]。历史记载中还可找到许多构筑这

① 王念孙《通俗文校正》（《小学钩沈》卷七）定义"栅"为"木垣"（木墙）。

② 《太白阴经》卷四，八十五至八十六页。拒马（图 176）用二尺直径、两端削尖、长度适合具体情况的木头制造。它们联接起来构成长 10 尺的单元。这种设施也称"行马"，在宋朝称为"拒马叉子"（《营造法式》卷二，第三十七页）。

③ 《梁书》（百衲本）卷十五，第十五页。侯在他的大叛乱过程中经常使用这种木制屏障（《梁书》，卷五十六，各处），其中之一可能有突出的工事，因为它被称为"马头木栅"。

④ 《后汉书集解》（约 1960 年，艺文版）卷六十五，第十七页。

种墙落的其他类似的实例。

　　非常有趣的是，在8世纪和9世纪，一心想把统治权扩张到虾夷（今北海道）的日本将军们在本州北部围绕平地上的堡垒构建了类似的木栅。1930年以来，已经发掘了几个大致为方形的堡垒。但秋田县泉比区拂田栅一个堡垒的木栅是椭圆形的，外周界延伸3.6千米，保卫着两个小山，它们是堡垒内的"圣地"（图177）。[1]日本的将军和工程师们是否受到中国的习惯做法的影响还不清楚。但这是很可能的，因为在唐代，日本的使者，包括许多僧人去过中国，他们能听到这种在那里已长久使用的方法，并把这一思想带回日本。

图177　日本秋田县泉比区拂田栅堡垒的外木栅，采自Motoo Hinago（1），fig. 20。

　　当然，另一方面，日本人可能仅仅因为凶猛而有威胁的敌人正在猛攻他们而采取了最容易获得的材料构筑了木栅。但是，无疑，这种方法日本人是很少使用的，根据所有的报导，和中国不一样，这种方法在以后没有重复使用过。

　　其次的两种防御设施，"冯垣（墙）"和"女垣（墙）"极可能是构筑在柴枝编成的墙落之后、主城墙之前的两道小屏障。但是，这两个名词通常又都是主城墙顶上的胸墙的别名。胸墙似乎在另一段中也已用来表示这些小的外墙，在该段中推荐这些"延堞"为6尺宽，有些部分为4尺宽。在该段中，还提到了"裾"，这两种墙均筑有支撑挈和

　　①　Motoo Hinago（1），pp. 35—36 and figure 20，p. 36。

转射机的框架①。

在《九章算术》中，紧接城墙问题是另一关于小墙（"垣"）的问题。它所指的可能就是《墨子》这些段落中所说的墙，虽然高度要高得多，为12尺，底宽3尺，顶宽2尺。此书中没有提到胸墙②。

在六朝时期，这类补充性的墙似乎还取名"垒城"③，到了唐宋时代，位于护城河和城墙之间的矮墙已极为常见，称为"羊马城"。这种墙的尺寸差别很大。《通典》建议此类墙应离主城墙50尺，宽6尺，高5尺，顶上有女墙④，而《太白阴经》推荐在所有烽燧台周围都要构筑这种羊马城，其尺寸要因地制宜⑤。

337　但是，宋代的军事百科全书《武经总要》认为这类墙应更大些。它高为8—10尺，其上有达5尺的胸墙。它的门应处于与保护主城墙城门的圆形或方形"瓮城"的门相反的一侧。"如果瓮城的门在左，羊马城的门应在右"⑥（"若瓮城门在左，即羊马城门在右也"）。这种安排的意图是使突破第一道门的敌人尽可能长久地处于瓮城和主城楼上防御方的射击线之内（图178）⑦。

338

图 178　宋代城池的羊马墙和保护城门的瓮城，采自《武经总要》（前集）卷十二，第三页。

---

①　《墨子》（《道藏》本）卷十四，第十五页；Yates (5), fragment 18, pp. 165, 169—170, note 314 and p. 175。

②　卷五，第二页。

③　《资治通鉴》卷一四四，第四四八一页，公元501年。

④　卷一五二，第八〇〇页。

⑤　《太白阴经·烽燧台篇第四十六》；参见《太平御览》卷三三五，第六页，原文属《卫公兵法》。

⑥　《武经总要》（前集）卷十二，第三页。

⑦　为了识别本图中城墙防御设施的各组成部分，参阅徐伯安、郭黛姮（1），第17页。

30多年以前，日本学者日野开三郎发表了对唐宋时期羊马城的重要研究，这是他钻研历史原文20年的结果[1]。他的结论非常有趣，因为它们表明，羊马城的发展是与公元8世纪至11世纪社会商品化的发展密切相关的。

汉朝灭亡后，城镇和城市的许多外城墙（郭）失修，只有内城堡有城墙保护[2]。因此，羊马城填补了防御设施中的这一空白，因为它不仅使处于低地的城市不被洪水淹没[3]，而且在很多情况下提供了主要防线，这主要是因为许多居民选择居住于主城墙之外；占领了羊马城相当于占领了城市本身，因为它使防守方士气低落，有的士兵甚至开小差，投奔到围攻方的军队。

如此多居民住在城外的原因是多方面的。首先应当提到的是，民众迁移乃由于城内的房屋和土地税重，而不是因为土地有限。其次，由于要进入城内市井的运输量愈来愈繁重，商人在通向城门的路边开设店铺更有利可图。第三，在城内出售由政府专营的某些商品，虽然也有利可图，但有危险性，而在城外远离好管闲事的官方探子，经营诸如盐、铁、铜、小牛皮等非法商品，更为安全。第四，有些物品，如米和钱，一旦带进城，就不能合法地从城市取出。第五，经过城市的货物很难逃避官吏征收的税收或关税。第六，民众往往被城门口的官吏拦阻盘问。由于以上这些原因，城门外的地区便成为商业活动的中心。在那里做生意更加安全，赚钱更多。

逐渐地，这些地点吸引来了永久性的居民，主城墙外的人口在很多实例中最终超过了城内的人口。

于是，建立了羊马墙，以保卫不同规模的城市和城镇，从全国举足轻重的主要城市如太原府[4]，到诸如河阳州[5]、濠州[6]、蔡州[7]等地区中心，以及如六河等县镇[8]。

但是，汉代以后，羊马墙并非城市唯一的保护物。从南北朝时期开始，许多城市，无论是中国中心地带，还是边陲地区，都有内城和外城。内城称为"子城"，外城称为"罗城"，到唐代，外城也称为"罗郭"（图179，180）[9]，在历史记载中，这些名词比羊马城出现得更多。明后期和清朝的方志经常记载：一些城镇和城市历经几个世纪幸存的内外城结构，起源于隋朝和唐朝；有的还声称它们始于晋代[10]。

在唐朝晚期，自安禄山叛乱以后，中央政府的权力和权威衰落，州郡的有些城市甚

---

①　日野开三郎（1）。他指出，这种墙也可称为"羊马垣"和"羊马墙"，但他不知道这些名词的来源。

②　这已为现代考古学家对许多遗址的分析所证明，以后的城市往往比战国时代的城市小，仅占原面积的一部分。

③　但是，洪水严重时，甚至羊马城也无法保护，例如在公元953年，襄州外围城墙为长江和汉水泛滥所淹没。城内洪水深达15尺，许多人溺死，粮仓中储备的谷物全部被毁（《五代会要》卷十一，第一三九页）。

④　《资治通鉴》卷二六九，第八八〇一页，公元916年。

⑤　《册府元龟》卷四〇〇，第二十四页（第四七六四页）；《资治通鉴》卷二六二，第八五三七页，公元900年。

⑥　《旧五代史》（百衲本）卷一一七，第九页，公元957年。

⑦　《册府元龟》卷三四六，第十五页（第四一〇〇页）。

⑧　《宋会要辑稿》第一九〇册，《方域》，《淮南东路》，第一页。

⑨　郭湖生（1）。偶尔也用"金城"一词表示子城。有些城市位于能自然防御的地点，因而无须对它采取保护措施。例如新疆交河，三面不须外城，因为陡峭的悬崖是最有效的保护（图181）。

⑩　富州即其一例［郭湖生（1），第六六九页］。

图 179　新疆唐代高昌故城的内城墙（叶山摄）。

340

图 180　新疆唐代高昌故城的外城墙（叶山摄）。

至在内城以内构筑了第三个围廊。它称为"牙城"，是当地军事首脑的军队的驻地，军事首脑就从那里统治周围地区。随着唐朝的灭亡，某些独立的军阀很强盛，基于其实力，自称为帝，并将内城改成他们自己的私人宫殿，以炫耀他们新近僭取的地位。这种转变以朱自忠为代表，发生于汴州（今河南开封），他于公元 907 年建立了梁朝，汴州后来成为北宋的都城。的确，宋朝延续了它所继承的制度，许多州府的内城中，军队驻扎在兵营内，军械库及仓库如同其他政府机关一样也设立在这里。但是，我们现在偏离目前的主题——防御的实际自然特点太远了。

　　《武经总要》提出，离城墙约 30 步（150 尺），应挖护城河，河上设一"钓桥"（不久，我们将对它进行描述）。在护城河的内岸，离城墙 10 步（50 尺）处，构筑羊马城，主城墙上每隔 10 步应有雉堞（女墙）。在城墙和突出的"马面"敌楼上（见文下 pp. 386ff.）筑有平顶的木制的"敌棚"，敌棚沿城墙设置在角楼（"敌团"）、瓮城及其他敌楼上。敌

图 181　以峭壁为城墙的新疆交河城（叶山摄）。

棚显然都有窗，值勤的士兵可通过它发射武器。在敌棚的顶上筑有小的"白露屋"[①]。　341

白露屋或用竹，或用榆木或柳木片制造，编织成一种帐棚，然后抹上石灰，以防燃烧。它有一门和一窗，大小足以容纳一名警卫，对敌人进行严密监视。屋四周用由支柱固定的竹屏保护，里面配备了若干罐泥浆和麻墩布（"麻褡"），供警卫扑灭敌人放的火[②]。

敌楼建在马面基础顶上，类似城墙上的敌棚，后者据建议为前高 7 尺，向后倾斜，后高 5 尺。每一"屋"实际上是一间，宽 1 步（5 尺），深 10 尺，约可容纳 20 名士兵。如果城墙更宽，"屋"也应更深。在这些间的顶上设置了称为"搭头木"的大木板，这些搭头木固定在双柱上。地面也铺设木材（"地栿"），整个敌棚突出城墙外 3 尺。通常每间两个柱，但也可用四个柱。为了保护木材免遭石块和箭等抛射武器摧毁，顶部紧密充填三尺厚的泥土保护层，并抹上石灰浆，木材的其余部分用湿毡包覆，柱和地面木材的裸露部分用新牛皮包覆，以防火箭（图 182）[③]。

但是，我们说得太远了，必须回到早期的沟渠。　342

---

① 《武经总要》（前集）卷十二，第二页。

② 《武经总要》（前集）卷十二，第九页。

③ 《武经总要》（前集）卷十二，第八至九页。

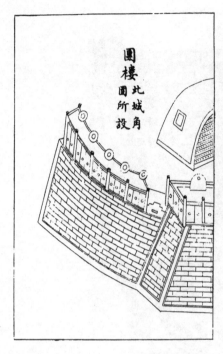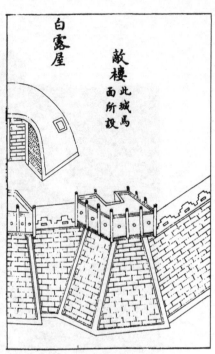

图 182　马面敌楼及城墙上的敌棚和白露屋，采自《武经总要》（前集）卷十二，第八页。

战国时期，墨家建议在城墙内挖一补充性的干渠或壕沟（"傅壕"），深 15 尺（约
3.47 米），其中布满柴薪[①]。如果敌人终于突破全部外城墙，即点燃柴薪，形成保护城
市或城镇最内部的圣地——统治者的宫殿和官吏或守将的居住区——的又一屏障，统治
者的宫殿和官吏或守将的居住区周围还有二道或三道墙，其上有敌楼和道路，并由特别
忠诚的士兵守卫。

给予城镇或城市中统治精华的这类保护的最早实例，可在河南郑州找到。围绕着厚
实的夯土城墙的这座商朝中叶城市的东北部，有许多宫殿和其他高身份建筑物的大夯土
台基以及大量玉器、铜器、陶器、卜骨和殉葬坑等有价值的文物遗存。有一条渠沿该区
域的北边延伸，它除了供建筑物排水之外，可能还有军事方面的功用。

343　　　不过，发掘者至今还不能肯定是否如此[②]。要作出肯定的鉴定，必须弄清该渠是否
在该区域周围通过，并确定它与北墙城门的关系，经过北墙城门显然有一主渠道向那些
重要建筑物的西面伸展[③]。

迄今，对较晚的城池遗址的详细发掘太少，不足以澄清墨家关于内部干渠的建议是
否正规地纳入了城镇防御设计之中。我们再次期待着进一步的考古作业来解决古代围城
战中的这一问题。

---

① 《墨子》（《道藏》本）卷十四，第十五页；Yates (5), fragment 18, pp. 165, 168, notes 308—310 and
p. 175。

② An Chin-Huai (5), p. 41。

③ 城市的平面图（图 139）未标出沟渠。

(v) 城　门

墨家极力主张要特别注意城市或城镇的门，因为它们是防御设施中最薄弱的部分，从现实的物理观点来看，它们可以被烧毁或从外面用攻城槌强行打开，此外，它们还可以被防御方自己队伍中的叛徒从内部破坏甚至打开①。

由于后面这个原因，墨家对守卫城门或停留在城门的人规定了一条禁令，禁止他们携带斧、锛、凿、锯或锤。墨家还发布了专门的规定，对选派去守卫城门的人员的组织和行为进行管理。人员分成若干队，官员不超过二人。每五个人一组，每人要对组内其他人的行动负责，还要对四周其他组的行动负责：如果一个士兵犯法，该组成员都要受罚，周围4个组的20个士兵也要受罚。未经允许擅离岗位，立即处死。士兵都必须在岗位上吃饭，使他们不能和普通公民混杂，并被引诱背叛。白天，门卫要查哨三次，晚上，当敲了霄禁鼓，城市关闭以后，要查哨一次。此外，全城的首脑（"守"）经常派专门的使者检查，并向上级报告缺勤者的姓名②。

当敌人尚未实际包围城池之前，城门还开放时，城门的守卫有责任检查所有通过城门的人的证件：没有合乎要求的符木（"符"）和凭证（"传"）之人，立刻逮捕。这些证件的迷人历史以及它们在中世纪西欧国家发展的衍生物将在本卷另一章中叙述，因此，我们不再对它作进一步说明，转而叙述城门的实际结构。

城门垂直的门柱和水平的横栓用铁环加固并焊牢，然后再包以金属皮或焊以金属（"锢金"）或铁。因为原文难解，确切的工艺不清楚，但它可能近似于硬钢和软钢的焊接，这我们已在另外一处遇到了③。包四层铁皮的横栓（"关"）和二尺长的门闩（"桄关"）各有锁和钥匙（"管"），用守卫者的印加封④。关和桄关的确切区别或许可以从图183 所示彭县和沂南的汉代谷仓画像中看出：桄关可能是关插入其中的垂直支撑⑤。然而，与汉代的谷仓不同，城门之关插入侧壁，守卫命令人员在适当时机检查锁上的封印，并检查关插入侧壁的深度，以保证没人乱动。门上包覆金属皮的方法可能在以后的若干世纪中继续延用，这可由萧照在其大型画作《中兴祯应图》（图184，185）中对南宋一城门极为详细的描绘而得到体现。

为了保护城门不受火攻，城门上的敌楼（即"栈"）抹泥，并备有麻纤维（"持水

---

① 宋朝曾公亮及其同事认为，如要攻城，必须知道负责守卫的将军的姓名以及他的副官和守卫城门的人员的姓名，以便派间谍贿赂他们。

② 埃涅阿斯（Aeneas Tacticus, v. 2）说：公元前393年至公元前353年，博斯普鲁斯王国［Cimmerian Bosphorus, 亚速海（Sea of Azov）］的专制统治者琉科（Leuco）开除了掷骰赌博或从事其他邪恶活动的城门守卫，并坚决建议，这些守卫必须是聪明、谨慎、富裕、与城池有利害关系的，如城中有妻孥，而不应是贫困或处于能被利用来影响其行为的压力之下。

③ Needham (32), pp. 40—44。

④ 采用封印可能有助于防止埃涅阿斯·塔克蒂克乌斯所记载的那种不光明正大的诡计（Aeneas Tacticus xvIII; Aeneas the Tactician, pp. 92—103）。依靠这种诡计，希腊的看门人能使门闩的销子不落入它的孔中，或当监督的官吏离去后，偷偷摸摸地把它拔出来。

⑤ 林巳奈夫（6），第62页，图4-10 和 4-11；参见 Finsterbusch (2), fig. 188, p. 310；刘致平（1），第272、274页。

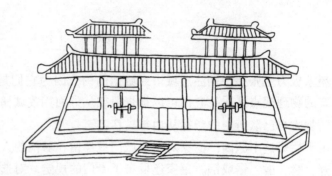

图 183　彭县（上）和沂南（下）的汉代谷仓，采自林巳奈夫（6），第62页，图4-10、4-11。

346

图 184　南宋画家萧照《中兴祯应图》之细部，采自谢稚柳（2），图版66。

图 185　南宋画家萧照《中兴祯应图》之细部，采自谢稚柳（2），图版 65。

麻"）制的容积为二升的容器、皮制的盆（"革盆"）以及其他容积为 6 升的更大的容器（"垂"、"甄"）。此外，大概是对不能提供材料和熟练工人以将城门包覆铁皮的城镇和城市，其门扇、门柱和支柱上都钻以深半尺的孔，每个孔中钉一枚钉（"杙"）。钉突出 345 二寸，宽一寸，并钉成若干排，排间间隔为七寸。所有木材上都抹白垩，以防火。预备的水容器强烈地使人联想到早期的中国人还没有发现沸油在围城战中的有效性，因为水不能扑灭这种火，同时没有迹象表明他们还采用了其他扑灭敌人引发的火焰的方法[①]。

　　这种在木制品上抹白垩的方法在日本称为どぞうづくり［土藏造（り）；四面涂抹泥灰的仓库结构］，达到了非常完善的程度，并成为日本建筑艺术的一个组成部分。最 347 有名的实例是姬路城，除了城堡内部的一个格子窗的一小部分外，全部木材都厚厚地抹上白垩，其外表是如此的辉煌，因而以しらさぎ（白鹭）也即白色苍鹭城堡而知名（图186，187，188）[②]。

　　此外，日本也采用了在门上包覆铁皮并用铁钉钉入下面的木料的方法，作为 16 世纪晚期至 17 世纪早期城堡密集发展时期遗留下来的少数城堡之一的金泽城之石川门（图 189）是特别生动的一例[③]。

---

　　① 在火药一章中，我们对不能扑灭的火这一主题有很多话要说，请读者参考。参见 Fino（1），该书中特别提到：在西方，成为油火（oil fires）或希腊火攻击目标的建筑物，常用新鲜的生牛皮覆盖或用在诸如醋和经发酵的尿等高度酸性的溶液中浸泡过的材料保护，扑灭这种火的最有效手段是沙土。我们将会看到，许多较晚的中国攻城器械都是这样保护的，这意味着：油火可能在汉代已经开始应用了。

　　② Motoo Hinago（1），pp. 98—100 and figures 63—65。这种方法之所以称为どぞうづくり，是"因为它后来成为建造民用建筑中的防火仓库的标准方法（p. 98）"。即使在现今，贮仓仍经常遭受毁灭性的火灾；因此，当灭火技术和组织远没有很好发展时，传统时代能采取的措施将是特别有价值的。

　　③ Motoo Hinago（1），p. 115 and figure 78。关于金泽的建立和演变，参见 Mc Clain（1）。

图186 姬路城城堡：1934至1958年间修复中的大天守。墙和木构件正准备涂白垩 [采自 Motoo Hinago（1），fig. 63]。

图187 姬路城第十关门之墙和檐的防火白垩 [采自 Motoo Hinago（1），fig. 64]。

图188 姬路城第十关门之白垩墙、窗、窥孔窗板和铁格栅，显示了防火的彻底性 [采自 Motoo Hinago（1），fig. 65]。

图189 装饰铁钉的金泽城石川门，[采自 Motoo Hinago（1），fig. 78。]

此外，墨家还命令，当敌人来到时，所有城门和城中的门都要钻孔，孔眼用两个铰链板盖住，板上拴一指粗 4 尺长的绳子。可能这是为使防守者能通过孔眼发射弓弩，以及当敌人到达城门，开始用斧砍伐城门，用横木撬开城门，或用攻城槌猛撞城门时，能从孔眼中刺出矛、戟和剑。①

事实上，公元 548 年，梁都建康（今南京）不屈的守将羊侃在抵抗叛乱的侯景时，便不得不在东掖门的门扇上钻出这样的孔，并亲手杀死了两名正在砍伐城门的敌兵，其他进攻者随即退却②。以后，我们还将回过来叙述这一次著名的攻城战。

这种在门扇上钻孔的方法还可在以后的军事著作中找到。例如，《太白阴经》提倡要钻"数十个孔"（"数十孔"）③，曾公亮及其同事在《武经总要》中也注意到：一些专家提倡，如果没有吊门，城门要钻孔，由此产生的这种"胡椒盒"式的门称为"凿扇暗门"（见图 190）④。现在，我们必须考查吊门的性质和结构。

图 190　门扇上钻孔的暗门，采自《武经总要》（前集）卷十二，第十三页。

图 191　汉长安城宣平门的北门道，车辙是隋代（581—618 年）遗留的〔采自 Wang Zhongshu（Wang Chung-Shu）(1)，fig. 22〕。

---

① 该段原文讹误很多。见 Yates (5), pp. 78—81。
② 司马光《资治通鉴》卷一六一，第四九八七页。
③ 卷四，第八十二页。
④ 《武经总要》（前集）卷十二，第十三至十四页。

（a）吊门（"悬门"）①

和平时期，吊门高悬，当敌人似将进攻时，用一启动机构（"沈机"）将它释放。它为主城门提供了附加的保护。有点使人感到意外的是：早期，这种吊门似乎有两扇门，348 每扇均为 20 尺高，8 尺宽，都仔细地涂抹不超过 2 寸厚的白垩，以防止被火烧坏。这些尺寸无疑提供了战国末期城门尺寸的证据，如果用一扇 16 尺宽的门，它必定会更安全些，它将不能被坚决的进攻者所撬开。

不过，汉代墓砖上门的画像以及同时代墓中出土的设防房屋和塔楼的陶模型 ["明器"，理雅各（Legge）把这个名词非常迷人地翻译成 "vessels to the eye of fancy"（幻想目光中的器皿），实际上，它是"幽魂的器皿"] 上的门的形象，压倒多数是双扇型，因此，我们不能轻率地不考虑《墨子》本文的证据。不幸的是，据我们所知，对汉长安城城门基础的考古发掘没有揭露出吊门的存在，虽然它必定是帝国都城防御设施中的组成350 部分②。最早对这种门加以注意是在公元前 666 年，当时，楚国的子元动用 600 辆双轮马拉战车进攻郑国。军队先进可能远在乡间的墙上的"桔柣门"，然后进入可能在外城墙上的"纯门"，到达位于主城墙城门外十字路口的市井。到了这里，他们犹豫了，因351 为他们发现，城池的防守者没有放下吊门，并有讲楚国方言的人进出城门。由于害怕鲁国、齐国、宋国的援军迅速逼近，加之城中人数众多，他们遂决定鸣金收兵，并在夜间撤退③。

楚国属地偪阳在公元前 563 年也曾以这种装置自夸④。如果这样一个小镇都能负担得起这种防御设施，那么以汉朝的繁荣昌盛，当有多少这种设施呢？无疑，这种吊门是许多晚期城池的一个特征——例如南京伟大的明代城门，其上吊门顺之滑下的槽至今仍可看见。

唐代《太白阴经》称吊门为"重门"（双重门）⑤，而后来在宋代《武经总要》中建议这种"牌版"应采用榆木或槐木制造，用新鲜的牛皮和薄铁板（"铁叶"）包覆。它靠置于其两侧并与绞车相连接的二根铁链升降，距离主门 5 尺，并落入一专门挖凿的、也用铁板固贴的槽中。门外面涂白垩以防火，内面用沉重的木料支撑以进一步加固⑥（图192）。

---

① 意为"悬吊之门"。

② 关于汉长安城的讨论，参见 Wang Zhongshu（Wang Chung-Shu）（1），pp. 1—10，尤其是图 5、6、7、20—23 中几个城门的基础。宣平门旁边的槽（figure 106）可能原来是用于吊门的，但王在讨论中没有提到它们（pp. 7—8）。

③ 《左传·莊公二十八年》；Legge（11），pp. 113, 115；《十三经注疏》本卷九，第十七至十八页；Couvreur（1），Vol. 1, p. 197；参见杜正胜（1），第 656 页。

④ 《左传·襄公十年》；Legge（11），p. 527；《十三经注疏》本卷三十一，第四页；Couvreur（1），Vol. 2, p. 250。孔颖达注释道"悬门，拼合木板，使与城门同宽同高，安装一个关闭机构，把门悬在空中，当敌人来犯时，释放该机构，使门滑下"（"悬门者，编版，广长如门，施阅机以悬门上，有寇，则发机而下之"）。

⑤ 卷四，第八十一页；这也是《易·系辞下》中出现的名词，被引用于《北堂书钞》卷一一九，第二页。

⑥. 《武经总要》（前集）卷十二，第十三至十四页。

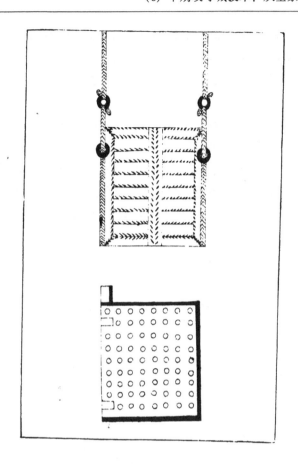

图 192　牌版或吊门，采自《武经总要》(前集)卷十二，第十三页。

(b) 城门的形状

关于早期的城门和门房形状的文字资料很少，《墨子》对此丝毫未提及。

然而，考古发掘揭示，至少有四种不同类型的城门。第一类型，年代最早，它仅由城墙遗迹中的一个门洞组成。这种城市的入口可在偃师（图 140）和郑州看到。在平粮台，南门相对地更为复杂一些，因为在通道的两边建立了门房，故意使洞变窄，门房中无疑配置了守卫，对所有进出城池的人进行检查（图 138）。可能有一木制敌棚跨越入口之上，但这些建筑的踪迹已无可挽回地全部消失了。

第二类型似乎始建于西周时期，它的特征是：在入口的一侧或两侧建有长的夯土基础，突出于城墙的外壁或同时突出于城墙的内壁和外壁，中间形成一修长的隧道。大概，在基础上面筑有某种木制门楼，在交通运输进出城镇的通道上可能也早已有木制的敌棚横跨门洞。鲁国的都城曲阜在城门的两侧均有台基超出城墙的内壁和外壁（图 144）。一度是秦国都城的栎阳也是如此（图 152）。这种城门以后的改型可能甚至有三条分开的通道；中间的通道可能是君主专用的，两侧的门供日常交通使用，一个是进口，一个是出口。

第三类型显然始于汉朝，"闉"可能就是指这种类型。环绕城门有一突出的辅助城墙，保护城门。这一名词出现在《诗·国风·出其东门》中，此诗第一节的一行写作"我

352

从东门走出"（"出其东门"），而第二节的相同一行却写作"我从闉和阇走出"（"出其

353　闉阇"）。"阇"显然意指"城墙上的楼"（"城台"），而"闉"可能指的就是城墙外的有
角的弯曲的突出部①。其他解释提出：闉可能只是指重门或吊门，而阇则是指城门上的
楼，所以，闉阇可能指的是"装有吊门的城门"。

可能前一种解释应理解为城墙在城门处的某种弯曲，使进攻方更难接近城门。最近
沿西北线发掘的汉代甲渠侯官就属于这种设计（图 104），根据报导，汉鸡鹿塞也有一
类似的结构保护入口（图 193）②。它属于弯曲型或圆形外堡（"瓮城"或"月城"），从
唐代到明代的文献中都有记载。第四类型是根据主城墙的尺寸和地形建造的③，我们在
上文中已经遇到过（图 178）。现在，在孔子的家乡山东曲阜外面仍站立着一个很好的
实例。

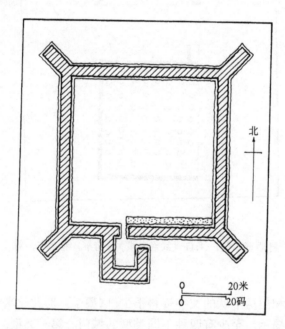

图 193　汉鸡鹿塞保护城门的曲墙，采自侯仁之（3），图 18。

在居延简牍中，出现了名词"坞"和"堠"。关于这些名词的含意，学者们的意见
不一，尤其因为在已知的实例中，它们很难明确区分，但它们似乎是指堡垒和瞭望站的
楼和墙。洛伊认为坞指楼，堠指墙④，但张春树提出，应把坞理解为墙的通称。他说，
弯曲的外墙称为外坞，而保护内部圣地的主城墙称为内坞（图 194）⑤。

① 《诗毛氏传疏》第二册卷七，第八十五页；参见 Karlgren（1），no. 483f，以及段玉裁在《说文解字注》
[丁福保（1），第五三一二至五三一三页] 中对"闉"的解释，以及田中淡（1），第 153～154 页。

② 侯仁之（3），第 117～119 页及图 18。在鸡鹿塞，入口位于南墙中心略偏西，本身的宽度为 3 米，弯曲的
防护墙的尺寸为南北 14 米，东西 20.5 米，东墙上允许接近主入口的开口宽 2.5 米。这样，东墙为 18 米长。

③ 《武经总要》（前集）卷十二，第三至五页。

④ Loewe（4），Vol. 2，p. 151。

⑤ Chun-Shu Chang（1），p. 212 and figures 1-3，p. 211。参见劳榦（8），第 42 页；藤枝晃（1），第 254 页
起；陈梦家（5）。

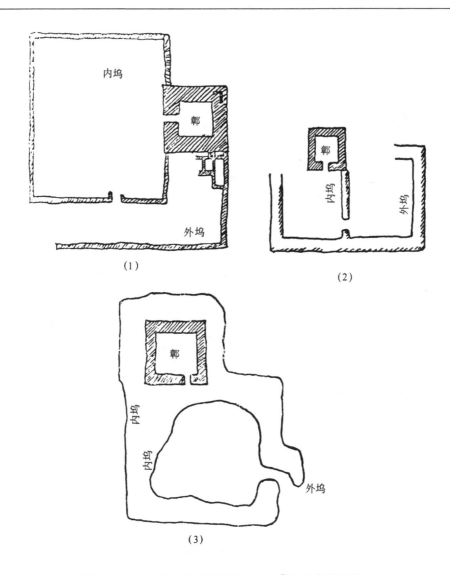

图 194　（1）肩水侯官平面图；（2）橐它侯官平面图；
　　　　　　（3）甲渠侯官平面图，采自 Chang Chun-Shu（1），p. 211。

　　这种设计最明显的优点之一是，进攻方不能带上庞大的攻城槌撞击主城门，因为外墙与门之间不适合使用长槌。此外，进攻方将四面暴露在城墙上防守方的射击之下。

　　在欧亚大陆的另一端，希腊人在建筑城门方面显示出超乎寻常的技巧，因而使进攻方最大量地暴露在防守方的火力之内，并禁止他们在门房区域内运动。在小亚细亚海滨的米利都（Miletus），工程师们结束了城墙的直线型，而把它分为互成一定角度的若干小段。在某些段的终端，他们建筑了由伸出城墙的方楼保护的侧门。它们和中国的弯曲墙有完全相同的效果，使防守方能随意出击进攻方。成角度的墙段还使防守方能最大范围地控制城墙前面的地面，完全没有"死"地（图195，196）。

　　在墨西拿（Messina），著名的阿卡迪亚（Arcadia）城门由一四面均用细琢石墙环绕的完美的圆形庭院构成。外门由位于入口两侧的两个石楼保护，要在任凭城墙上的防守者 摆布的情况下打开内门必然会夺去坚韧不拔的进攻者的生命(图197,198)。这种设计

354

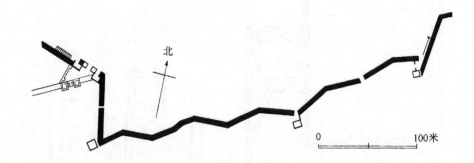

356

图 195　米利都城墙南-东段，显示了城墙的折线和
　　　　由方城楼保护的侧门，采自 Adam（1），fig. 32。

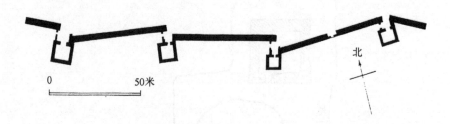

图 196　米利都南门西边的城墙段，采自 Adam（1），fig. 31。

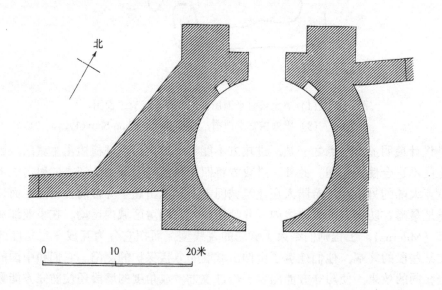

图 197　墨西拿的阿卡迪亚门，有圆形庭院，两侧由两个方形城楼保护，
　　　　采自 Adam（1），fig. 58。

357

图 198　墨西拿的阿卡迪亚门，采自 Adam （1），fig. 115

与凹角堡式门类似。凹角堡式门在许多著名的筑城中能够看到，例如保卫坚持反抗雅典人的叙拉古（Syracuse）的欧律阿卢斯（Euryalus）城堡（图 199），以及曼丁尼亚（Mantinea）筑城（图 200）。相反，沿比雷埃夫斯（Piraeus）和雅典之间的长城的城门则是方形的庭院，但它们起同样的作用（图 201，202）[①]。

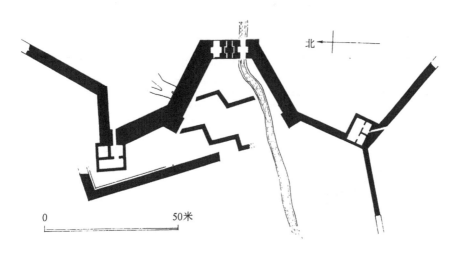

图 199　叙拉古的欧律阿卢斯堡垒之凹角堡式门，采自 Adam （1），fig. 50。

① F. E. Winter （1），pp. 205—233；Adam （1）；A. W. Lawrence （2），pp. 288—299，302—342。

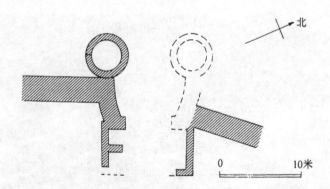

358

图 200　曼丁尼亚的凹角堡式门，采自 Adam（1），fig. 55。

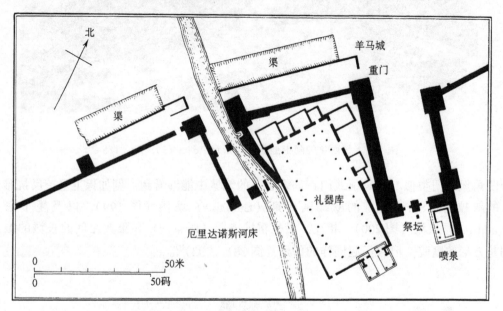

图 201　位于凯拉迈科斯区（Kerameikos district）的北-西雅典之神圣门，
采自 Adam（1），fig. 52。

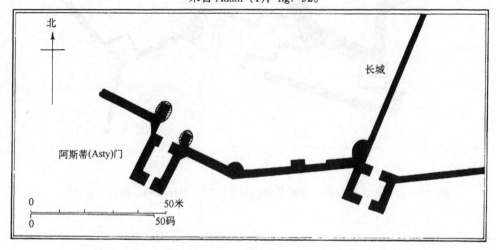

图 202　比雷埃夫斯段的雅典长城北门，采自 Adam（1），fig. 53。

　　和希腊的城门一样，保护罗马晚期的城镇而构筑的城门，在平面布置、设计和结构方面，与中国的城门相比也有很大的差异。所有资料暗示，罗马人较早地舍弃了方形城门和城楼，因为它们较易受到重槌的协力撞击[1]，但此类方形和长方形的安德纳赫 355 （Andernach）式城门在各省中仍可遇到（图203）[2]。虽然大多数罗马晚期城门已重建或被毁，但在西班牙幸存了一些原物，它们通常的布局是一些窄通道，由半圆形侧楼加以保护[3]（图205）。

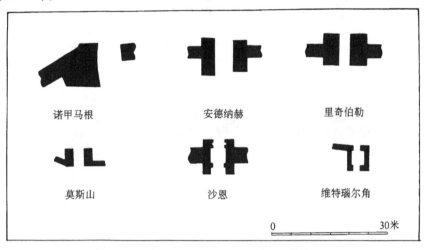

图203　罗马晚期方形或长方形剖面的安德纳赫式门平面图（比例尺，1:800），
采自 Stephen Johnson (1)，p. 48，fig. 21。

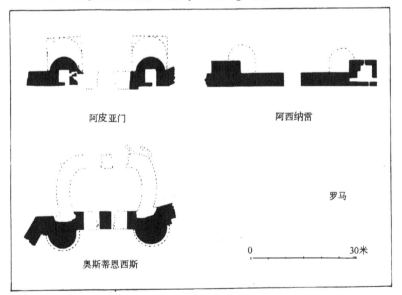

359

图204　罗马奥勒良城墙的城门平面图（比例尺，1:800），
采自 Stephen Johnson (2)，p. 45，fig. 18。

---

① Vegetias (1)，Ⅳ。参见 Stephen Johnson (2)，p. 40。

② Stephen Johnson (1)，p. 48，illustration no. 21。

③ Stephen Johnson (1)，p. 44。

360

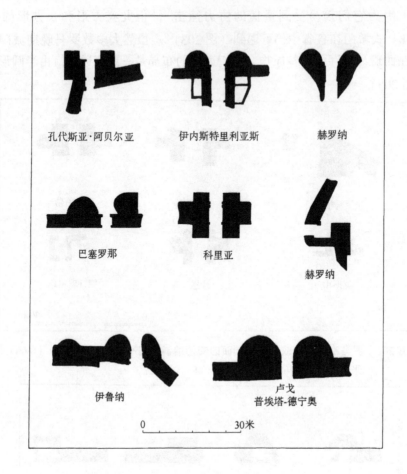

图 205　西班牙城墙中的罗马晚期城门平面图（比例尺，1∶800），

采自 Stephen Johnson (2), p. 46, fig. 19。

罗马城墙中的奥利安（Aurelian）主门是"有双入口的拱门，两侧有突出的半圆形城楼"，第一层有"大型的 U 形窗"。对于次要的进城路线，构筑了由相同型式的城楼保护的单通道[1]（图 204）。

按罗马样式建筑以保护西部和北部各省的城镇和城市免遭北方部落侵入的城门的防护设施大多呈 U 形［例如在佩文西（Pevensey）、南特（Nantes）、伊韦尔东（Yverdon）等地］，但多边形城楼也不罕见［如加的夫、萨洛纳（Solona）、斯普利特（Split）等］（图 206，207）[2]。除使侧楼不易受槌攻击外，多边形和 U 形防御设施还减少了城门入口前面的死地，而且可能有助于使投向防守者的抛射物改变方向。

---

① Stephen Johnson (1), p. 44; illustration fig. 18, p. 45。参见 Richmond (1), Cassanelli (1), pp. 34—46。
② Stephen Johnson (1), pp. 45—50。

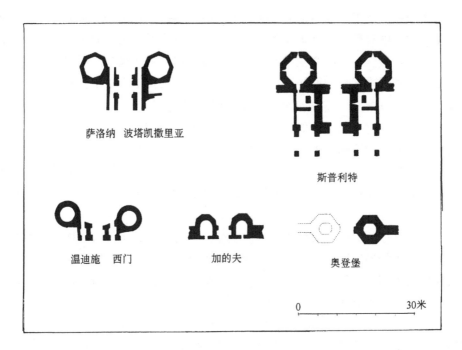

萨洛纳　波塔凯撒里亚

斯普利特

温迪施　西门

加的夫

奥登堡

0　　　　　　　　30米

图 206　由突出的多边形城楼保护的罗马晚期城门平面图（比例尺，1:800），
采自 Stephen Johnson（2），p. 49，fig. 22。

佩文西

波特切斯特　地面城门

南特

伊韦尔东

伊斯尼

莫斯山

多伊茨

凯尔明茨

0　　　　　　　　30米

图 207　由弧形或 U 形城楼保护的罗马晚期城门平面图（比例尺，1:800），
采自 Stephen Johnson（2），p. 47，fig. 20。

　　在卡尔卡松，由于不屈不挠的维奥莱特-勒迪克在保存和复原方面的努力，城楼形状的发展也许还能看到。公元 436 年，西哥特人占领了原罗马人的城堡，并着手按新时期的要求重新筑城。为了将之变成他们在法国西南部的主要堡垒，据说，他们在方形的罗马基础上构筑了半圆形的城楼，这一特征在城堡从阿拉伯人手中重新夺回，并经历了12 世纪法国人较大范围的建筑规划后，仍得以幸存[①]。

　　有些学者怀疑这一结论，他们不倾向于接受维奥莱特-勒迪克的热心考证。他们声称，出现了如此多的重建，因此不可能如此肯定地把基础的日期追溯到远至罗马晚期。在西哥特人构筑这些庞大的防御工事以前，城堡并不是那么重要：大多数内城楼的基础工程是东南高卢人而不是罗马人的成果，许多砖石建筑工程是 13 世纪法国人重建和修复的[②]。

　　诚然，在汉以前的中国筑城中有很多变化，但是我们必须等待更详细的发掘以及进一步的研究，才能确定除了我们上面所断定的以外，在中国的传统中是否还出现了可与
361　希腊人和罗马人相比拟的变化。不过，当城墙的内芯由夯土和碎石构成，仅在表面使用砖和细琢石时，多边形和 U 形未必是可能的。

　　城门是什么样的可从图 208、209、210、211 看出，图 208 是一个汉代烧制的陶器，它可能是有一个入口的城门的小型模型[③]。城门由 4 个持戟的士兵守卫：两个站在入口之外，另外两个驻守在门内。显然，入口用方形的、可能是石质的门柱构成框，其上雕刻有几何图案，门柱上架设具有同样雕刻的石门楣。门楣又部分地支承一个突出的檐。檐上有两个楼，一边一个，每个楼有一窗。两楼之间筑一敌棚或遮盖的走道。门内通向城楼的梯子似乎示意性地表现在模型的表面。装饰城门外表面的是许多长方形和方形的饰板，其上的图案包括一个四层的城楼，三个骑兵以安息人的方式在他们的肩上开弓，两辆双轮马拉战车或四轮马车，叶状和环状花纹，以及位于中心的一饕餮式面具，它可能具有某种驱邪的意义。

362　　　如果现实的城门也如此装饰，那就类似罗马人的习惯，他们把砖布置成几何图案，尽力使城墙和城楼富有美感，更令人喜爱（图 212 和 213[④]）。

　　在图 210 所示的汉代画像石中，城楼之间的敌棚已变换成一独立的但较小的城楼[⑤]，而在咸谷（函谷）关东门的四层双入口的城楼之间，没有这样的建筑（图 211）[⑥]。

　　傅熹年（1），为了复原唐大明宫的玄武门和重玄门，收集了许多隋唐以后城门的资料。图 214 提供了从西魏到五代不同类型城门的充分概观，图 215 则提供了从宋元绘画上所见到的范例。他对城门的复原（图 216、217、218）看来确实令人信服，表现

---

①　de la Croix（2），p. 34。

②　Poux（1），（2），Blanchet（1）。参见 Grimal（1）。

③　袁德星（2），第一卷，第 304 页。这个模型现藏不列颠博物馆（The British Museum）。

④　Stephen Johnson（2），figures 1 and 2。

⑤　常任侠（1），图版 52。

⑥　林巳奈夫（6），第 175 页，及图 4—36，第 68 页。Chavannes（25），plate 1。他指出，画像石所表现的可能是孟尝君的著名故事。他约于公元前 299 年从秦国逃出。城关要等拂晓鸡鸣时才开门。他夜间到达了城关，发现城门已经关闭，阻碍他逃走。孟尝君的随从中有一个人巧妙地模仿鸡叫，使周围所有的鸡都叫了起来，于是城门打开，让他通过。据我们所知，从汉朝到唐朝的城门尚没有得到复原重建，但可能现在考古学家已开始发掘这种城门的基础，作为一例，可见中国社会科学院考古研究所洛阳汉魏故城工作队（1）。

出他对考古、文献以及绘画方面所有有关证据的细致分析。

图 208　汉代陶模型，可能是一城门，采自袁德星（*1*），第一卷，第 304 页。

363

图 209　表现城门的汉代画像砖，采自袁德星（*1*），第一卷，第 309 页。

364

图 210 汉代画像石上的城门浮雕，采自常任侠（1），第 52 页。

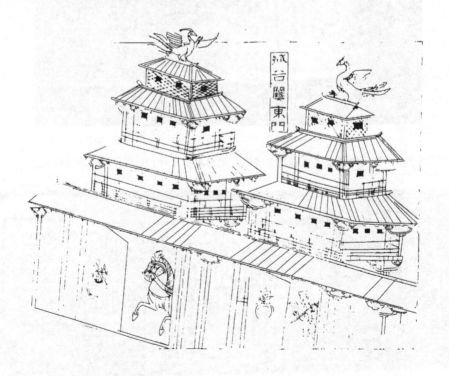

图 211 汉代城楼，咸谷（函谷）关，采自林巳奈夫（6），第 68 页，图 4-36。

图212　罗马堡垒墙上的装饰性砌砖，位于勒芒（Le Mans）的马格德莱娜塔楼
（Tour Magdeleine），采自 Stephen Johnson（2），fig. 1。

366

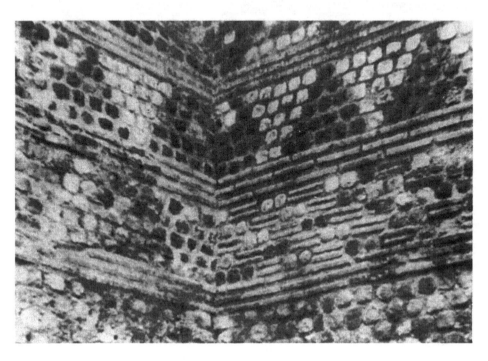

图213　勒芒的迪维维耶塔（Tour de Vivier）围墙图案细部，
采自 Stephen Johnson（2），fig. 2。

367

图 214　西魏（535—556 年）至五代（907—960 年）
城门的类型，采自傅熹年（1），图 4。

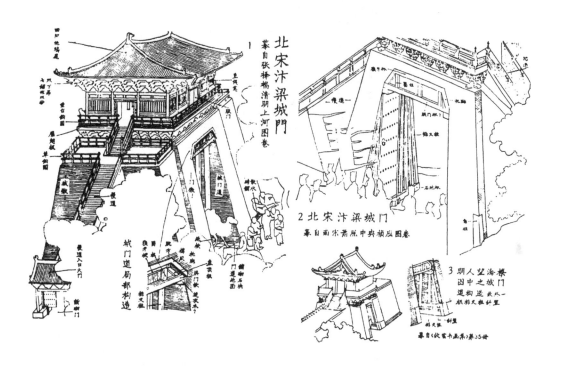

图 215　宋、元时期的城门，据同时代的绘画，采自傅熹年（1），图 5。

368

图 216　唐大明宫重玄门复原，从北（外）边观察，采自傅熹年（1），图 16。

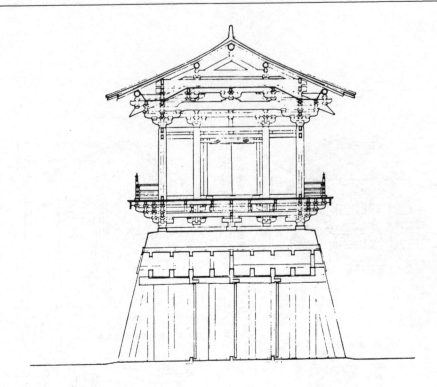

图 217　唐大明宫玄武门复原（侧视图），采自傅熹年（1），图 17。

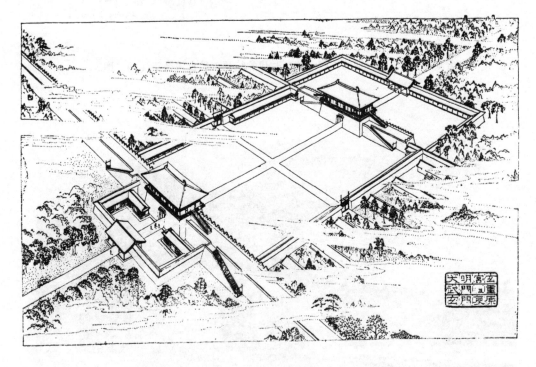

图 218　唐大明宫玄武门、重玄门复原（鸟瞰图），采自傅熹年（1），图 19。

（vi）桥梁和突门

再回到古代的筑城：墨家建议，在城门外 30 尺挖一壕沟，如果城镇位于高地，沟深 15 尺，如果位于低地，则下挖至水平面，沟中布满削尖的桩。在壕沟上构筑一可操纵的桥（"发梁"），其宽度大概只能成单行行进；桥上覆盖柴枝和土，以隐匿其存在。桥梁有某种触发机构，它可能与弩的触发机构有联系，或由一更简单的机构组成：其底下可能有一杆，它插入防守方一端的一孔中，并用一成直角贯穿它的支杆固定就位。当 365 拉动触发机构或支杆，桥梁转动，使所有站在上面的人都掉入沟中，被木桩刺穿，被俘或缓慢而痛苦地死去。为此，需设法与敌人在桥外交战，伴作战败，逃过桥梁，引诱敌人部队上桥。当敌人追随时，桥梁被"起动"或触发，先到的敌人被唐突地转入沟内，其同伴看到他们勇敢的先锋的结局，惊骇了，恐惧地放弃了攻城，这正是墨家所希望的[①]。

非常有趣的是，《商君书》中安排妇女负责开启桥梁的触发机构。在《商君书》的体系中，妇女被组织起来，成为保卫被攻城市的三支军队之一[②]。然而，应用这种桥梁最著名的一例是秦王企图阻止著名而年幼的哲学家燕太子丹离开秦国都城咸阳。他试图 370 引诱哲学家上桥，以便俘虏他，强迫他留下，但后者非常聪明，拒绝了，因而实现了他逃脱的计划[③]。咸阳距以后的汉都长安仅几英里，因此我们预料，在后者的城门前也会构建类似的壕沟和转桥，但发掘者没有提到这一点。也许，如果他们曾经寻找过它们，他们总会发现某些痕迹的。

在宋代，这种桥梁仍是防御设施的一部分，因为《武经总要》记述了它，并作了图解（图 219）[④]，但以后继续应用了多长时间就难说了。不过，城门的防御设施在我们所研究的时代的后期确有许多变动和改进。最值得注意的是增加了瓮城，它见于图 178 中，以半圆形围绕城门构筑，成为一种补充性的保护设施。然而，在我们转向唐代的这一改进之前，我们需要对早期的城门和桥梁补充一些说明。

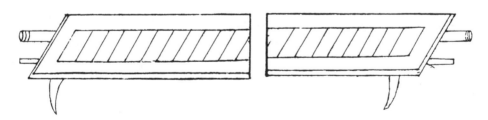

图 219　可操纵或转动的"机桥"，采自《武经总要》（前集）卷十二，第十五页。

---

①　这种桥梁在《墨子》城守诸篇中多次出现：《道藏》本卷十四，第一页、第十页等。

②　Duyvendak（3），p. 250，书中非常错误地翻译了这一段：他使妇女"拉开支撑梁"（pull down the supporting beams）。这使触发机构变得毫无意义。

③　《燕丹子》（《四部备要》本）卷上，第一页。

④　《武经总要》（前集）卷十二，第十五至十六页。它也见于唐代的著作《神机制敌太白阴经》卷四，第八十二页，该书称它为"转关桥"。

除了主城门和辅助城门之外，墨家还主张沿城墙每隔 150 尺构筑突门。直到宋朝，它们一直是城市正规防御设施的一部分，在当时的许多次围城战中起了重要作用，但我们不准备给出精确的日期和场合。宋代的教范《武经总要》没有对突门推荐固定的数目，但提供了结构的重要细节。城墙被挖掘至距外壁一尺之内，使工程不致被敌方察觉。突门高 7 尺，宽 6 尺，两边有支承的立柱（"排沙柱"）[①]，其上有横梁，以防止城墙倒塌。外壁上钻一小洞，用作窥视孔，监视敌人的行动。当敌人不提防时，奇兵便破除余留的障碍物，冲出去突击。城墙上的常规军自然利用一切能利用的手段，石块、箭和令人毛骨悚然的叫喊声援助他们的同伴[②]。

当然，如果突击不成功，突门本身会成为防御工事周界的一个薄弱点，必须特别注意守卫。但是，我们没有关于评价这种缺口对防御者造成威胁的任何更多的信息，也没有关于他们如何补救这种局面的资料。在拜占庭时期，突门也得到鼓励。我们在莫里斯的《战略手册》中读到：

371

> 城楼应开小而窄的通道，通向敌人拉上的围城器械的右侧，使步兵能在盾牌安全地掩护下以及城墙上军队的支援下，通过这些边道，出去攻击敌人；这样，他们就能迫使敌人撤回这些装备。这些小通道应有门，必要时，门可关紧，通道不再开放[③]。

不迟于宋代，出现了第二种活动桥，称为"钓桥"。结构的细节尚不完全清楚，但似乎用榆木或槐木板制造，安装在城门前约 15 尺处挖掘的护壕或护城河上。它以二根铁链升起，铁链的一端与固定在桥上的两个铁环相连接，另一端与第三个铁环连接，第三个铁环上绑一段麻绳，麻绳又固定在锻铁绞盘（"铁转输"）上，绞盘可能安装于城楼上。显然，当升起时，桥位于两根大柱之间，每根柱高 25 尺。遗憾的是，《武经总要》的插图（图 220）无助于使桥具体化，因为柱、绞盘、城楼都没有画出，艺术家所描绘的不是三个环，而是四个环，并用两根麻绳代替两根铁链和一根麻绳[④]。我们另外提出了一个答案，如图 221 所示。

如果敌人设法越过各种壕沟，毁掉了城门，撞通了吊门，宋朝的工程师还有一个妙计备用，这就是"塞门刀车"（图 222）。它们必定已保存在门后，以应付任何这类不测事件。未见到这种机械的尺寸；估计，它可能是定做的，恰好和每个特定的城门相配合[⑤]。它的功能与由 6 尺高、5 尺宽的板制造并安装在两个车轮上的木质胸墙（图 223）类似，后者沿雉堞行驶，立即堵塞雉堞上被进攻者的抛石机抛掷的石块或他们的钩所破坏造成的任何缺口[⑥]。

373

如果没有可移动的胸墙，缺口也可用 10 尺宽、8 尺高的水牛皮制成的"皮帘"堵塞，这种水牛皮如同中世纪淋浴时防水四溅的帘布，用七个环挂在一根横杆上[⑦]（图 224）。

---

① 我们将于下文 p. 472 解释这一名词。

② 《武经总要》（前集）卷十二，第十四页。

③ Dennis (2), p. 109。

④ 《武经总要》（前集）卷十二，第十页。

⑤ 《武经总要》（前集）卷十二，第十九至二十页。

⑥ 《武经总要》（前集）卷十二，第十九至二十页。见下文 pp.414—419。

⑦ 《武经总要》（前集）卷十二，第三十三页。

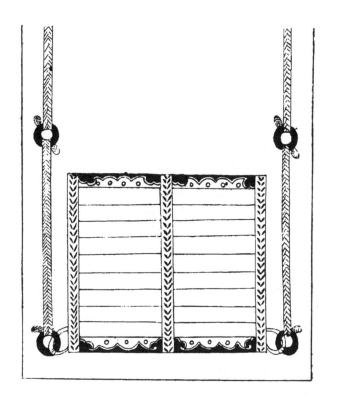

372

图 220 活动桥或"钓桥"，采自《武经总要》（前集）卷十二，第十页。

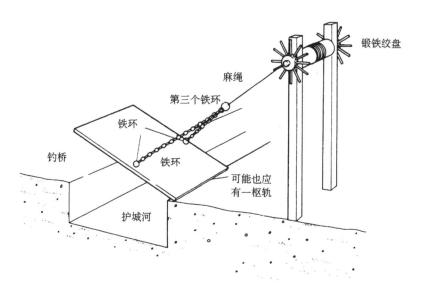

图 221 宋代活动桥或"钓桥"的试复原图。

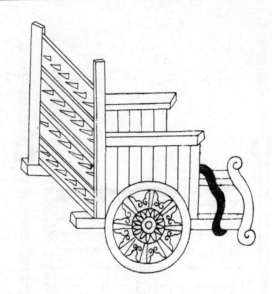

图 222　"塞门刀车"，采自《武经总要》（前集）卷十二，第十九页。

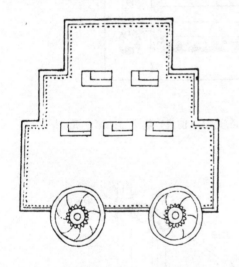

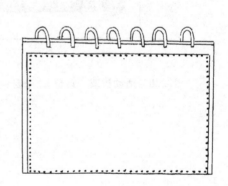

图 223　木制胸墙，采自《武经总要》　　图 224　堵塞雉堞缺口的皮簾，采自《武经总要》
　　　　（前集）卷十二，第十九页。　　　　　　　　（前集）卷十二，第三十三页。

（vii）城　　楼

374　　　　建议在城墙上构筑的城楼的种类多得使人不知所措：显然，墨家希望守城者仅选择
那些似乎适合该城市的情况和资力的城楼①。在临沂简本中，我们找到了"出楼"和
"进行楼"的介绍，"出楼"沿城墙每200步（276米）设置一个，"进行楼"每300步
（414米）设置一个，从这些城楼，人们可以"看到城下和城外甚远之处"（"远视城下
及城外"）。普通的城楼，则每50步（69米）设置一个。或许，进行楼实际上是可运动
的，因为在墨家的原文中，"行"这个词常指这种可运动的结构。我们还可看到建在每

①　下面许多讨论根据 Yates (5)，pp.89—90。

个角上，以及建在每一正面的另一种特别高的守望楼（"候望之楼"），从这里，守城方可以"监视敌人的来去进出"（"以视敌往来出入"）①。

现存的《墨子》文本提供了更多的细节。角楼必须是双层或多层的，每层可能高15 尺（3.46 米）②，其中设四个指挥官或"尉"③。每 41.4 米有一坐望之楼（"坐候楼"），它突出城墙 4 尺（0.92 米），4 尺长，3 尺（0.69 米）宽，高度未作规定。由木板制成，三面严密地钉上板条加以遮蔽④。这种小的守望哨站可能是为监视城根的人构筑的：他们的职责是保证没有敌人偷偷地到达城墙，在城墙上凿洞或者攀登城墙，从而发动直接的攻击。其次，每 138 米设一高出地面 50 尺（11.55 米）的"枕枨"守望楼。它三层高，向顶部收缩，估计是为了缩小敌人射击的目标，底部正面宽 8 尺（1.85米），背面宽 13 尺（3.00 米）。如果按字面将楼的高度理解为距地面的高度，则城墙的标准高度便永远不可能如上文所见以 50 尺为理想。但有可能，这里的"地面"是指城楼升起的底部，易言之，它指的是城墙的顶部，那么城墙和城楼的综合高度应为 100尺（23.1 米）。

每 138 米筑一"土楼"。这可能与新发现的简本中的出楼是相同的⑤，而"立楼"位于沿城墙每 276 米处，它长 20 尺（4.6 米），突出城墙 5 尺（1.15 米）。"立楼"据说"离城墙中心"（"城中广"）25 尺（5.78 米），后一词的确切含义还不清楚⑥。如果是从城墙顶部的中心起测量，这就意味着 50 尺高的城墙的顶部宽度大于《九章算术》作为范例而提到的 20 尺⑦。不过，它看来有些像是在河南辉县琉璃阁发现的战国时代的刻纹铜奁残片上相当粗略地描绘的中国小望台（图 225）⑧。

其次，墨家建议沿城墙每 138 米筑一"木楼"，它突出城墙 12 尺（2.77 米），正面长 9 尺（2.07 米）。楼高 7 尺（1.62 米），其大小适足以容纳一人站立其中。此楼也可能与"出楼"和"立楼"相同。

最后，提到了露顶的"橹楼"，它宽四尺（0.92 米），高 1.85 米，每 600 尺（138 米）设置一个，还有多层的"杭勇"楼，每 50 步（69 米）建一个，以及上文已遇到的"斯"楼。

所有这些楼均由"藉幕"保护⑨，对此，我们不久将要介绍⑩。

在城墙上，除了城楼以外，可能还筑有专门的小哨站（"亭"），供负责防御的官员使用。这些官员称为"亭尉"，每人负责 100 步（138 米）城墙，每个哨站墙高 14 尺（3.2 米），厚4 尺（0.92 米），建议用夯土构筑，进口门很窄，由两扇门组成，每扇门可以单独关闭。官员必须是"绝对诚实、忠诚、可靠而能完成任务之人"（"重厚忠信可任事者"）。

应当注意，墨家原文对楼的结构的精确细节完全闭口不谈。这并不奇怪，因为，我

375

---

① 银雀山汉墓竹简整理小组（4），竹简 801，第 28 页。
② 原文说 5 尺（1.15 米），但似乎太低，我们认为原文漏了一个十字。
③ 这些人可能是负责防守的官员或守望员，他们的职责是观察敌人的运动。
④ 未遮蔽的一面可能朝向城里。
⑤ 银雀山汉墓竹简整理小组（4），注 29，第 29 页。
⑥ Yates（5），p.110，note 143。
⑦ 见上文 p.302。
⑧ 郭宝钧（3），图 30；Weber(2)，p.309，fig.27c；Weber(4)，p.87，fig.27c and fig.76K；K.C.Chang (11)，fig.12K。
⑨ 《墨子》（《道藏》本）卷十四，第四页；Yates（5），fragment 8，pp.121—126；Yates（3），pp.420—424。
⑩ 见下文 pp.402—408。

们已经注意到，这本书是为明白其含意的人写的。因此，不需对木材的尺寸和数量以及四壁和顶部所须的砖瓦作详细说明。以后的教范中甚至不记载楼间的距离。不过，我们可从李倍始（Libbrecht）所研究的 13 世纪的数学教范《数书九章》中意识到结构的复杂性，尽管我们必须承认，由于该书撰于一千五百年后，与战国时期的城楼相比，它可能已反映了许多设计和结构方面的较大改进，但是，从近年来墓葬中出土的大量汉代守望楼模型和墓砖上这些城楼的图像中可以看到，这些城楼已是足够复杂的了，有时有六层之多（图 226—232）。

376

《数书九章》第七题论及构筑一道城墙，它在 60 个位置有带顶的城楼。每个城楼有 10 间房，此外还必须有一 "保护薄弱点的墙"（'护垎墙'），高 4 尺，长 30 尺，厚度相当于砖的厚度"[①]。

图 225   战国铜壹上描绘的中国小望台，采自 Weber（4），fig.76K。

图 226   描绘守望楼的汉墓砖拓片，采自袁德星（1），第一卷，第 309 页。

李倍始提供了一份便利的所需材料之表：

① Libbrecht（1），p.454；《营造法式》卷十六，第一二〇页。

图 227　东汉绿釉陶城楼模型，上有宽阔露台，采自袁德星（*1*），第一卷，第 310 页。

377

名　称	长　度	直　径	用　量
1. 卧牛木	16	1.1	11 根横梁
2. 搭脑木	20	1	11 根横梁
3. 看濠柱	16	1.2	11 根支柱
4. 副濠柱	15	1.2	11 根支柱
5. 挂甲柱	13	1.1	11 根支柱
6. 虎蹲柱	7.5	1	11 根支柱
7. 仰艎板木	10	1.2	45 块厚板
8. 平面板木	10	1.2	35 块厚板
9. 串挂枋木	5	1	73 根板条
10. 仰板			
11. 四八砖			

这些材料装配在一起成三层，经计算，共 600 件，每件用半斤（约 1.3 升）灰，总计用 378 了 100 斤纸浆（"纸舶"）。墙砖长 1.6 尺，宽 0.6 尺，厚 0.25 尺。中板瓦的数量为 7500 块。

钉：	1 尺钉	8
	8 寸钉	270
	5 寸钉	100
	4 寸钉	50

丁環[①]　　　　　　　　20

378

图 228　汉代守望楼模型，有窗而无露台，采自袁德星（1），第一卷，第 311 页。

379　　　早期攻守城技术文献中提到的最后一种楼，"弩台"，在《墨子》中只是一带而过，暗示它在战国时期的防御体系中不起特别重要的作用。然而，到了唐代，在兵书中发现了详细的规范，显然，在城墙外侧建立这种前突的堡垒，对于城镇或城市的防御，虽然不是一个必要的条件，但已被认为是重要的补充。

　　　就我们所知，还没有进行过这种外围工事的考古发掘，但是，叶山博士已拍摄了明长城终端的最后一个关塞——甘肃省嘉峪关西面的弯城子城墙外一似为弩台之遗址（图 233、234）。台大体呈长方形，约为 70 英尺×50 英尺，位于面向北的唯一城门之东北方向约 100 米处，由一我们已确定为闉或坞的有棱角的突出墙所保护（图 235、236）[②]。

　　　据《太白阴经》[③]，弩台的高度应等于城墙的高度，距城墙一百步（约 500 尺）。这种
380　台环城设置，相互间隔 100 步。弯城子弩台已比城墙遭到更大范围的破坏，仅高出沙漠地面 2 米到 2.5 米，因此，不可能断定它最初是否与 4 到 5 米高的城墙胸墙有同等的高度

① 李倍始［Libbrecht（1），p.450］认为它们可能是环形的饰钉。
② 见上文 p.353ff。
③ 卷五，第一〇七页。

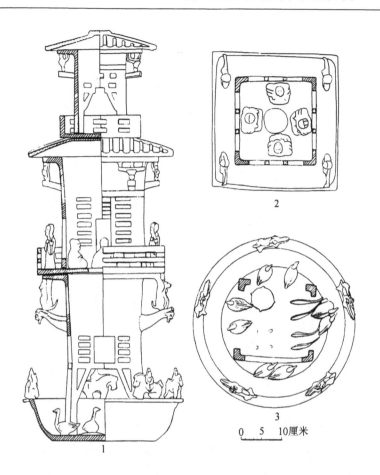

图 229 河南陕县墓葬中发现的汉代守望楼模型, 发掘者称之为 I 型。注意支承宽广露台的支架

(采自《考古学报》, 1965 年, 第 1 期, 第 137 页, 图 26)。

1. 正视; 2. 第二层俯视; 3. 守望楼坐落其中的底部水池俯视。

（图 237）[1]。教范推荐的弩台, 下宽为 40 尺, 高度 50 尺, 上宽 20 尺。顶部由胸墙（女墙）保护, 只能凭借挂在暗藏的活门（"通暗道"）上的可伸缩的梯子（"屈膝软梯"）才能到达, 当派到台上的五个人均登上台后, 再把软梯卷起。他们配备了弩, 并用毡幕保护。备有干粮、水和点火的工具, 他们的任务是: 当统率攻城敌军的将军靠近防御工事时, 射杀他。

381

宋代曾公亮推荐的弩台更为完善一些, 容纳两个由 12 人组成的小队, 由一位队将指挥（图 238）[2]。高度未具体说明, 但说明了它应等于主城墙的高度, 顶部应比底部窄, 这一特征也是唐代弩台的特征。看来, 弩台也是长方形, 曾氏给出的尺寸为 16 尺×3 步（15 尺）, 但它是指台的顶部还是底部没有说明。可能是顶部。

384

然而, 与唐代不同, 宋时弩台与主城墙相连接, 弩台与弩台之间由一宽通道或路（"阇道"）相连,《武经总要》的插图作者把它描绘为雉堞状城墙上的走道。可能这种墙和前文讨论过的羊马墙是相同的。登顶靠绳梯（图 239）[3], 在台上筑一二层楼房（敌

① 叶山博士访问遗址时, 未带任何仪器, 因此, 所有尺寸均是近似值, 务必注意。

② 《武经总要》（前集）卷十二, 第六至七页。

③ 《武经总要》（前集）卷十二, 第二十八页。

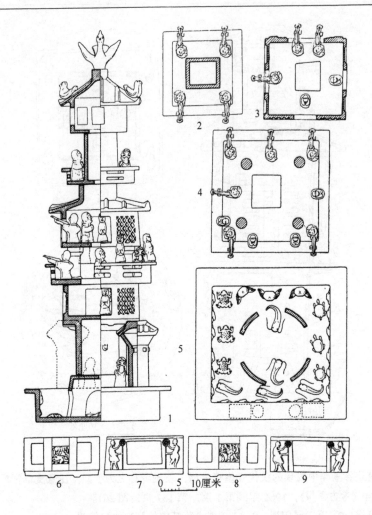

图 230　河南陕县墓葬中发现的汉代守望楼模型，发掘者称之为Ⅱ型。注意从露台上射击的弩手
（采自《考古学报》，1965 年，第 1 期，第 138 页，图 27）。1. 正视；2. 第三层府视；3.
第一层俯视；4. 第二层俯视；5. 水池俯视；6—8.底层左、右、后三面门侧浮雕；9. 第
二层后门之侧浮雕。

面用软毡幕和"垂钟板"（图 240）保护，后者长 6 尺，宽 1 尺，厚 3 寸，上面用鲜牛
皮覆盖，中间开一孔，弩可以从此处射出[①]。这是前面提到的"转窗"的新的变型。

　　上层三面也用木盾（"立牌"）保护，每间屋驻扎一个分队。和唐代一样，射手的主
要职责是击毙带队进攻的将军。

　　弩手的另一职责是警戒敌人的接近。为此目的，每个台除配备一面鼓、若干弓弩、
木橘、抛石机石块以及"火鞴"等以外，还配备了 5 面不同颜色的旗。当发现敌人时，
举旗作为信号，并向守卫主城墙的哨兵呼喊，发出警报。城上的哨兵也举旗回应。旗的
颜色按照最先见于《墨子》的古老象征体系：绿色表示敌人从东边来，红色表示敌人从
南边来，白色表示敌人从西边来，黑色表示敌人从北边来。举起黄旗表示敌人撤退。

386　　我们在上文中已知道，墨家推荐的各种城楼中，有一些从城墙顶上伸出，目的是使

---

①　《武经总要》（前集）卷十二，第十一至十二页。

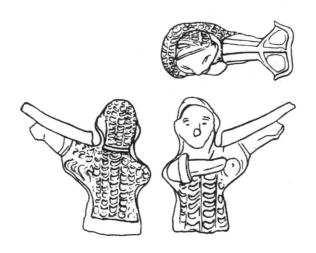

图 231　从 II 型陶楼上射击的重甲弩手，采自《考古学报》，1965 年，第 1 期，第 139 页，图 28。

图 232　描绘有三层守望楼，并有一骑兵驰于其间的汉代画像石拓片，采自常任侠（1），图 53。

监视哨和其他士兵能看到并使他们的射击能达到城根。此外，至少从西周开始，有些门道由同样伸出城墙并建筑在夯土台基上的警卫室所保护。从春秋后期开始，后一种结构开始沿城墙扩展到所有的城楼：突出城墙的城楼建筑在完全与城墙结合的方形或长方形台基上。于是，它被称为"马面"设计。

382

图 233　保护甘肃弯城子入口的弩台（?）（叶山摄）。

图 234　保护甘肃弯城子入口的弩台（?）（叶山摄）。

图 235　甘肃弯城子入口的门（叶山摄）。

383

图 236　甘肃弯城子城墙（叶山摄）。

图 237　甘肃弯城子城墙（叶山摄）。

385

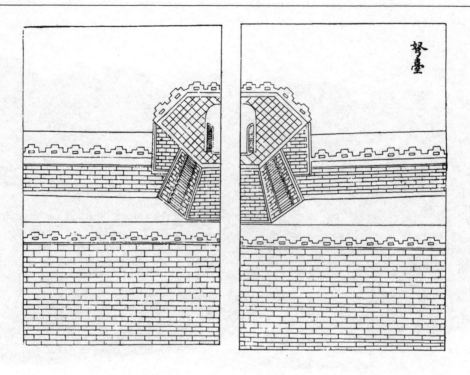

图 238　弩台，采自《武经总要》（前集）卷十二，第六页。

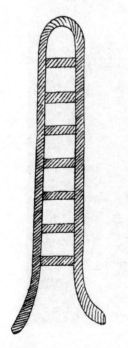

图 239　绳梯，采自《武经总要》
　　　　（前集）卷十二，第二十八页。

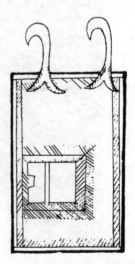

图 240　垂钟板，采自《武经总要》
　　　　（前集）卷十二，第十一页。

　　陶正刚于 1963 年报导了这种新设计的最早考古发现实例。该城位于山西省汾河南岸，似乎是由晋国构筑的一个军事前哨基地，其作用是作为防备企图侵犯晋国领土的北狄的堡垒。古代称为"清原城"，现在称为"大马城"，它的一部分覆盖于新石器时代的龙山文化遗存之上，全城近似正方形，取向 6°。北墙长 980 米，通常高 2—3 米，最高高度为 5 米，顶宽 8—9 米，而在台基处宽约 12 米。南墙长 998 米，宽 11 米，高 4—6米。东墙长 980 米，宽 6—10 米，高 2—6 米。四面均有突出的马面台基。虽然它们大多位于城门的一侧，但有些不是这样，其中之一似乎已是汉代的新式结构，因为在该处发现了一堆汉代特有的砖。马面典型地伸出城墙 15 米，长 15 米（图 241）。[1]

　　此外，《人民日报》1987 年 1 月 6 日报导了另一座城，据说它属于西汉时期，位于东北满洲里。从遗址判断，考古学家确定该城属于挹娄族。城分东西两部分。一条 6 米宽的护城河环绕东城外墙，内城堡为长方形，城墙长 471 米，沿墙有马面楼，相互间隔50—60 米。内城堡也由一条护城河保护，河宽 16 米。东城的外城墙似长 3894 米，总面积为 718 000 平方米。西城较小，城墙长仅 861 米，总面积为 42 000 平方米。对于这些初步说明没有公布图片，但是，这一激动人心的发现在不久的将来有希望在学术杂志上受到应得的注意，因为这是沿城墙全长筑有马面的最早实例。

　　这些城墙以其原有高度耸立时的样子，可从图 242、243 得一梗概，这两幅图是唐代千佛洞中的壁画，其中之一已示于本书第四卷第三分册之图 728 中。　　　　　　387

　　近年来已发现的许多不属于汉族的城镇、城市和<u>堡垒</u>都有这种马面设计，因此，这种设计看来是典型的北方特征[2]。但我们还应记得上文（图 102）图示的马王堆地图中所绘的三角堡垒似也有这种设计，所以，马面楼基础可能在整个大陆性东亚文化区中是 391 普遍的，不仅限于北方的汉族及其近邻。

　　通过内蒙古和林格尔附近一多室砖墓中发现的极为详细的壁画，可以对东汉沿北方边界城市的外形和内部组织有所了解。在图 246、247、248、249 中，我们可以清楚地看到外城墙没有突出的马面，城墙外侧的小点系代表锯齿形的雉堞墙。繁阳县（图 246）是位于外城墙角上的内城堡的一个极好例子，它还反映出在左墙城门内筑有一较小的辅助墙，这使我们想起前文已经提到过的希腊人为保护城镇入口而建造的结构。另一方面，宁城主要是行政和军事中心，在内城堡中挤满了人。在城的东南角，就在东门内，是一个有围墙的市井，无疑，汉族与邻近的游牧的乌桓和鲜卑人在这里进行贸易[3]。

　　也值得注意的是，在东汉城镇的外面，由于法令废弛以及北方游牧民族开始进攻汉族的居住地，当地的豪强地主们开始构筑设防的庄园，以使他们能比较安全地储存其收 393成。有时，他们还在其田地周围筑墙。图 250—254 描绘了长江北面云梦县一个宏伟的、

---

　　① 陶正刚（1）。

　　② 位于陕西省北部，坐落在无定河北岸的统万城是一个极好的实例。它由匈奴单于赫连勃勃建于公元 413 年（图 244）。东城城墙周长 2566 米，其东墙长 737 米，西墙长 774 米，南墙长 551 米，北墙长 504 米。西城周长 2470米，其中东墙长 692 米，西墙长 721 米，南墙长 500 米，北墙长 557 米。西墙的基础宽 16 米，有马面楼突出处宽 30米。全城照准 113°。在某些马面中央，挖了一个方洞，以储藏给养。西城南墙上的一个洞，7 米见方，深 6 米，无门，显然是靠梯子进出，而且洞坑分为上下二层。坑与马面外壁间的墙宽 4—4.7 米，向上层逐渐收缩（图 245）[陕西省文管会（1）]。

　　③ 内蒙古自治区博物馆和内蒙古自治区文物工作队（1）；内蒙古文物工作队和内蒙古博物馆（1）；罗哲文（3）。黄盛璋（3）把该墓的年代定为不晚于公元 166 年，参见黄盛璋（2）和金维诺（2）。

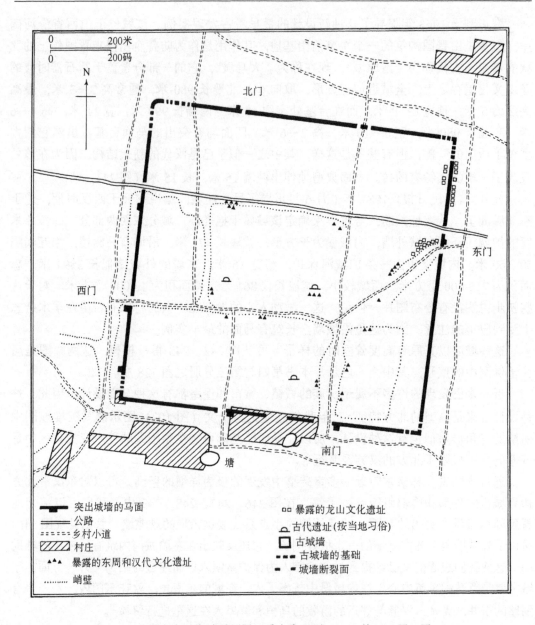

图 241 山西省大马古城平面图, 采自陶正刚 (1), 第 246 页, 图 2。

人们认为几乎不能攻破的庄园①, 而图 255 和 256 显示了西北甘肃的一个庄园②, 中间的望楼高六层, 模型本身高 105 厘米。这样的建筑肯定可以看到几里以外, 因而使地主能得到入侵者逼近的早期警报。

该模型另一有趣的特点是四角城楼上层之间构筑的悬空长廊。它们称为 "覆道"③, 显然是工程技艺的奇观, 尽管面对重型的攻城砲有些脆弱。但是, 游牧民族可能没有使用这种器械, 所以, 它们就所处的地点而言是适用的。

---

① 云梦县文化馆文物工作组 (1); 云梦县博物馆 (1)。
② 甘博文 (1)。
③ 王子今和马振智 (1), 图 2。

388

图242　敦煌千佛洞中的唐代壁画，采自本书第四卷第三分册。

　　一画像石拓片图示了另一种设防的庄园（图257）。这里，地主的居住区位于有围　394
墙环绕的庄园的一隅，整个庄园分成四个不等的部分。至少在三部分是进行农业活动
的，可能有四层的守望楼设置在与居住区相对的外围墙的中途①。

①　常任侠（1），图版66。

图 243　敦煌第 217 窟南壁法华经变中带马面楼的防御墙（唐代），采自袁德星（1）。

随着汉朝的衰亡以及在汉朝衰亡以后的那段动乱时期，大多数中国居民进入了这种建筑和小的设防村庄之中[1]。我们已经指出，三国和六朝时期的城市或城镇比战国和汉

---

[1]　名词"村"和"坞"（设防的村）出现于三国和六朝时期。在上文我们已看到，"坞"最初在汉代是指保护沿西北边陲的堡垒和望楼之门的墙。这些较迟的村经常筑于自然可防御的位置，但至今考古学家还未发现并发掘出它们。参见宫川尚志（1）；宫崎市定（4）；那波利贞（3）；金发根（1）；Tanigawa Michio (1)，pp.102—110。图258 至 265 是发现于广州汉墓中的一些设防庄园的陶质模型［广州市文物管理委员会、广州市博物馆（1）］。

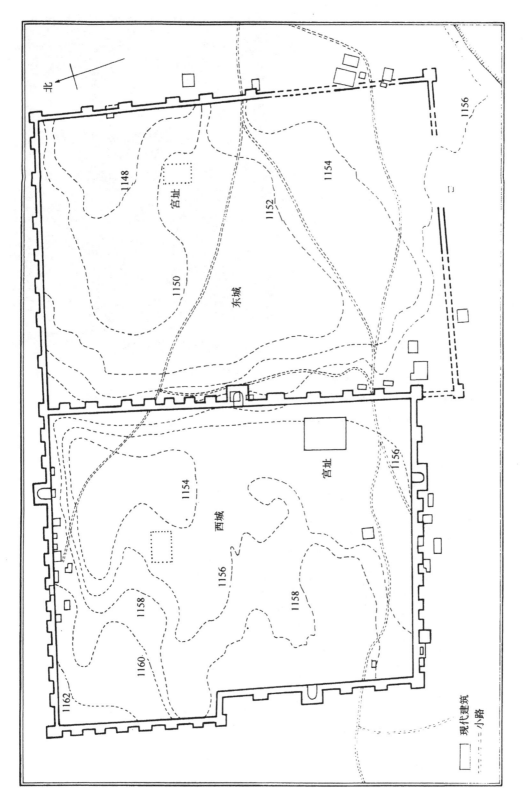

390

图 244　陕西统万城平面图，采自陕西省文管会（1），第 226 页，图 2。

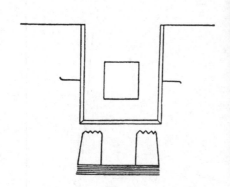

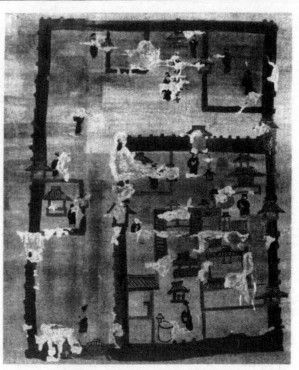

图245　统万城马面楼中用作储藏室的方洞俯视、侧视图，采自陕西省文管会（*1*），第228页，图3。

图246　繁阳县，采自内蒙古自治区博物馆和内蒙古自治区文物工作队（*1*），第130页。

392

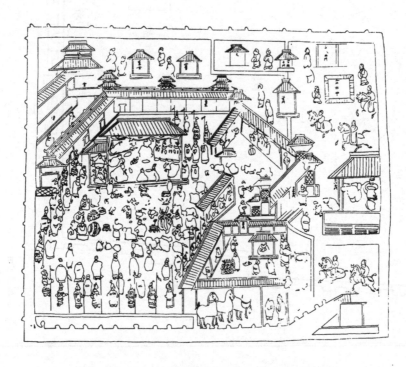

图247　宁城县，采自内蒙古自治区博物馆和内蒙古自治区文物工作队（*1*），图34。

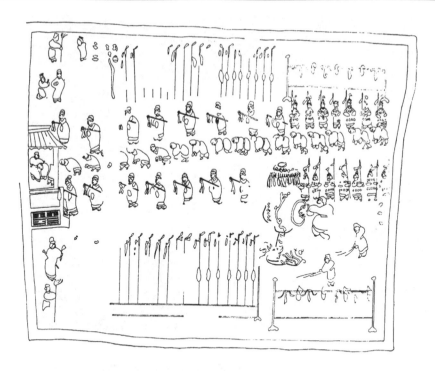

图 248　宁城县武库，采自内蒙古自治区博物馆和内蒙古自治区文物工作队（1），图 35。

图 249　离石城府舍（总部），采自
内蒙古自治区博物馆和内
蒙古自治区文物工作队
（1），第 131 页。

395

图 250　湖北云梦县出土东汉设防庄园模型，采自云梦县博物馆（1），图 1。

图 251　湖北云梦县出土东汉设防庄园模型，采自云梦县博物馆（1），图 2。

代的原有城市或城镇小得多。只是当中国在隋朝和唐朝重新统一时，城市生活和城市文化才恢复从前的活力。

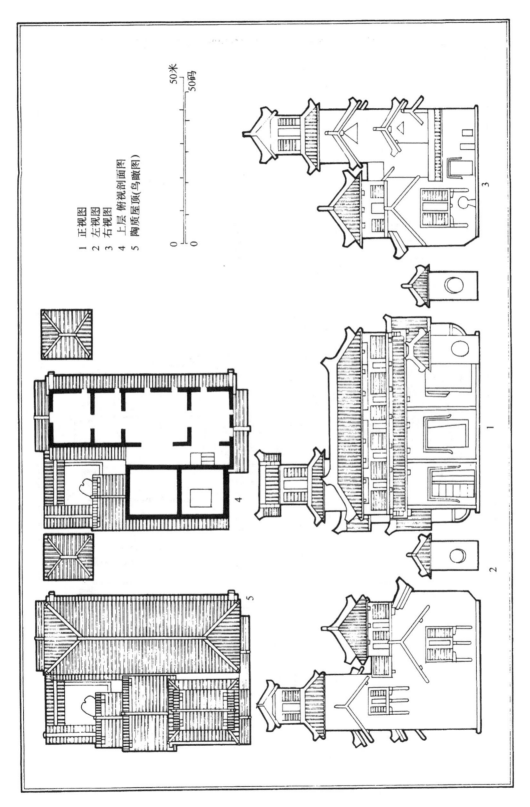

1　正视图
2　左视图
3　右视图
4　上层俯视剖面图
5　陶质屋顶（鸟瞰图）

图 252　湖北云梦县出土的设防庄园模型立视图和平面图，采自云梦县博物馆（1）。

396

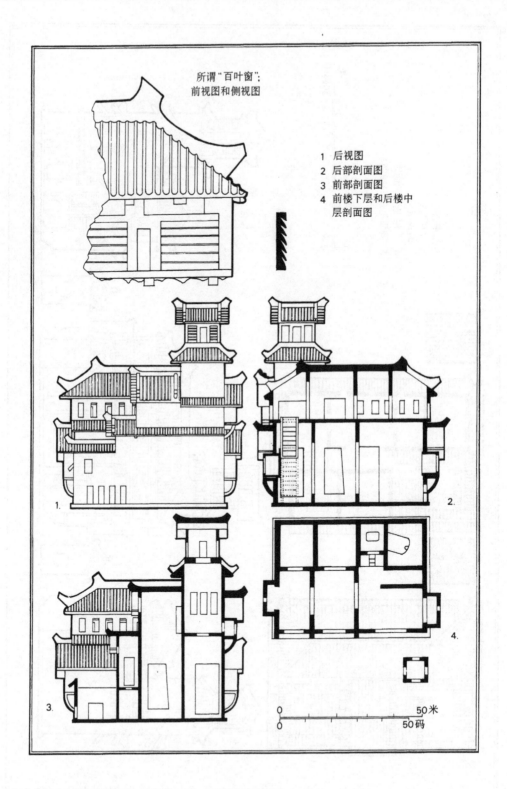

397

图253　湖北云梦县出土的设防庄园模型立视图、平面图和细部图。

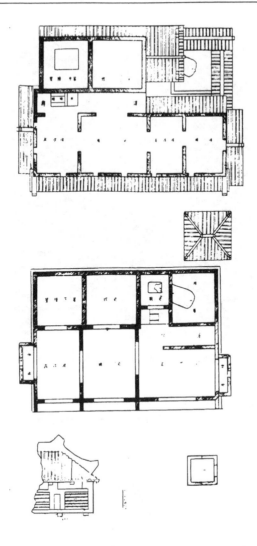

图 254　湖北云梦县出土的设防庄园平面图和细部图。

（viii）城墙上的器械

安放在城墙上的最重要的器械是"桔槔"①。它们有三个用途：悬挂屏幕以保护城墙不受敌人的抛射物打击，将燃烧的苇草束放到城脚攻城器械的顶上，以及升起信号。第一和第三种应用肯定是战国时代防御方法的一部分，第二种应用可能很早就有，但仅在较晚的各种军事百科全书中才有记载。

稻草或灯心草编成的幕簾［"藉莫（幕）"］长八尺，宽七尺。一绳系于幕的中央，绳的另一端系于桔槔的长杆上。当敌人的抛射物落下时，一士兵按命令升降藉幕，使它们不能到达城墙。当敌人发动攻击时，这一防守的士兵在任何情况下均不准离开岗位。

---

① 以下讨论采自 Yates (3)，pp.420—424。

图 255　甘肃出土东汉有望楼的设防庄园模型。
注意连接四角塔楼的悬廊, 采自甘博文 (1)。

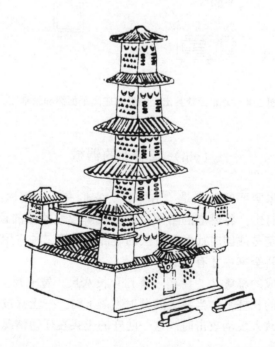

图 256　甘肃出土的设防庄园模型绘图, 采自王子今和马振智 (1), 图2。

400

图 257　画像石拓片，表现了另一种设防庄园的结构，采自常任侠（1），图版 66。

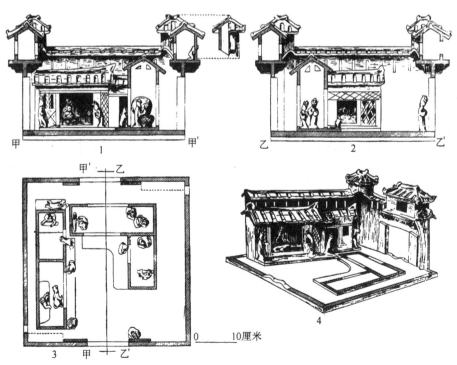

图 258　广州出土的东汉设防庄园模型剖面图和俯视图，采自广州市
文物管理委员会和广州市博物馆（1），图 263。

401

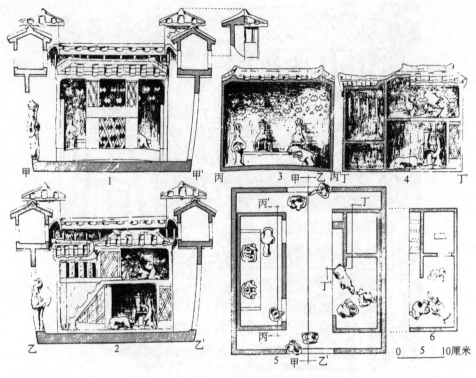

图259　广州出土的东汉设防庄园模型剖面图和俯视图，采自
广州市文物管理委员会和广州市博物馆（1），图264。

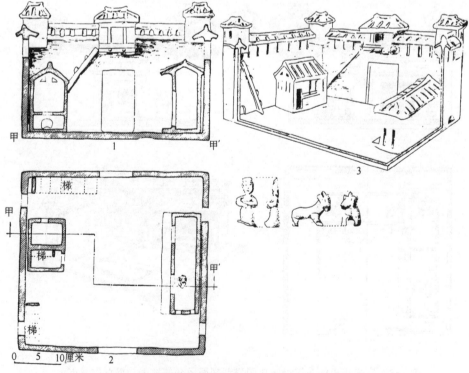

图260　广州出土的东汉设防庄园模型剖面图和俯视图，采自广州市
文物管理委员会和广州市博物馆（1），图265。

图 261　东汉设防庄园陶模型，采自广州市
文物管理委员会和广州市博物馆
（1），图版 151。

图 262　东汉设防庄园陶模型，采自广州市
文物管理委员会和广州市博物馆
（1），图版 153。

402

图 263　东汉设防庄园陶模型，采自广州市文物管理委员会和
广州市博物馆（1），图版 155。

　　孙诒让提出，这种屏幕和唐朝《通典》中提到的麻布幕（"布幔"）是相同的，在 403
《通典》中，杜佑写道："布幔，用双层布制成，挂在伸出胸墙 8 尺的轻杆上，以减小石
块的力量，从而使石块和箭到达不了城墙"①（"布幔，复布为之，以弱竿悬挂于女墙八
尺，折抛石之势，则矢石不复及墙"）。他可能是很正确的，因为公元 100 年的《说文》
中定义"幔"为"幕"，这似乎证实了他的结论。石块可能是由上文介绍过的抛石机抛 404
掷的，但也可能是用手掷的较小的抛射体。同样，箭可以用多弓床弩或手开张的弩发
射，也可用普通的弓发射。《武经总要》中描绘的屏幕如图 266 所示②。
　　《太白阴经》首次描写了悬挂在桔槔上的苇草束③，但是，在《武经总要》中才说
明了用桔槔把它降下（图 267）④。苇草束称为"燕尾炬"，因为被劈开成二岐，所以它

①　卷一五二，第八〇〇页。同样的器件也见于公元 8 世纪中叶李筌的《神机制敌太白阴经》卷四，第八十三
页。
②　《武经总要》（前集）卷十二，第三十二页。
③　卷四，第八十三页。
④　《武经总要》（前集）卷十二，第六十页。

图 264　两个东汉设防庄园陶模型的前视和后视图，采自广州市
文物管理委员会和广州市博物馆（*1*），图版148。

能骑在木驴的背上或顶部，木驴是一种有尖顶的柜，下文将作介绍。技巧在于安放炬，使
每一岐在一柜顶的一侧燃烧，使柜着火，迫使里面的敌人舍弃它逃跑。炬放下以前，先在
油和蜡中浸渍，以保证它们能剧烈地燃烧，即使苇草已烧尽，油和蜡还将继续燃烧。

　　关于升起信号的讨论，将留待军事技术部分的第三个分册（本书第五卷第八分册）
中进行。

　　在战国时代，围城战中采用的屏幕至少有四种："襜"（帷幕），"蔽"（盾牌），"渠"
（盾）①，"答（荅）"（火幕）和"橹"（大盾）。襜见于《战国策》："民众安置帷幕和盾
牌，升起撞锤和大盾（橹）"②（"百姓理襜蔽，举冲橹"）；而公元前2世纪的《淮南子》
断言："在晚近的战争中，隆和攻城槌用于进攻，渠（盾）和襜（帷幕）用于防御"③
（"晚世之兵，隆冲以攻，渠襜以守"）。东周时认为：渠（盾）与答（火幕）相配合是守
城所绝对必需的。《尉缭子》明确说："如果未部署盾和火幕，虽然有城，但不能守"④

---

①　韦昭定义"渠"为"楯"，《国语·吴语》（《四部备要》本）卷十九，第七页。
②　《战国策·齐策》（《四部备要》本）卷十二，第四三六页。
③　《淮南子·氾论训》（《四部备要》本）卷十三，第五页。"隆"也许是坡道或活动塔楼，可能为后者。见本
册 p.438 的讨论。
④　《尉缭子·攻权》（《汉文大系》本），第二十页。

图265　两个东汉设防庄园陶模型的前视和后视图，采自广州市
文物管理委员会和广州市博物馆（1），图版107。

（"渠答未张，则虽有城，无守矣"）。

在《墨子》中，有好几段对渠都有说明，但变动不大，故此处仅举一例：

在城墙上，每隔7尺设一盾。盾长15尺，插入城墙3尺，距雉堞墙5寸。杆长12尺，臂长6尺。植的一半处钻一5寸直径的孔。杆上钻二次。盾的前端低于雉堞四寸为适当。当插盾时，（于城墙上低于雉堞处）凿一洞，（不用时）用瓦盖上。在冬天，用马粪塞住。在任何情况下，听候命令（以部署盾）。也可用陶瓦制洞。"①

〈城上七尺一渠，长丈五，埋三尺，去堞五寸。夫长丈二尺，臂长六尺，半植一凿，内径长五寸。夫两凿。渠夫前端下堞四寸而适。埋渠，凿坎，覆以瓦，冬日以马夫寒（塞），皆待命，若以瓦为坎。〉

在另一段中，称盾为"梯渠"，给出其长度为15尺，宽16尺，并进一步指出，沿城墙每一里（约1800尺）有258件这种器械。这证实了每隔7尺设一盾的说法。我们推测，"渠"前加"梯"字是因为当防守者从城墙顶上看时，臂使盾具有梯状外形。杆插于墙内，低于雉堞4寸，盾间的距离大概是从杆算起的，仅为7尺，因而可以合理地得出结论：无

406

① 《墨子》（《道藏》本）卷十四，第三至四页；岑仲勉（3），第16~17页。我们推测，"植"即臂，"杆上钻二次"意思是杆上装有两个臂。

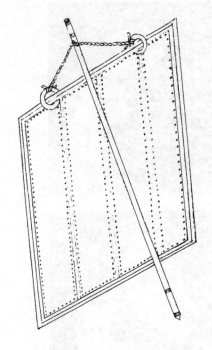
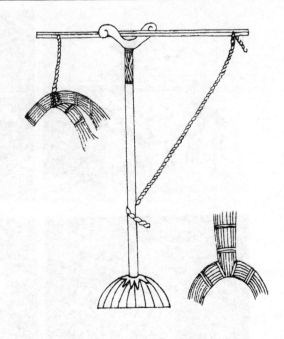

图 266　布幔，采自《武经总要》　　　　图 267　桔槔，用以降下燕尾炬，采自《武经总要》
（前集）卷十二，第三十二页。　　　　　　　（前集）卷十二，第六十页。

论哪个尺寸是"长"，哪个尺寸是"宽"，盾都重叠得很多。盾的内侧与城墙间的 5 寸间隙无疑可使防守者看到是否有敌人突入到城根并着手摧毁城墙，在城墙上凿孔，或攀登上来。它也允许防守者用弓和弩射击这些敌军士兵，并把石块、砖瓦、沙和其他物品掷到他们头上。夜间，当点燃火炬时，因为火炬插入仅低于雉堞三尺的孔中，是否部署盾就很难说了。可能不部署，因为原文未提到在盾上抹灰泥以防其燃烧。不过，我们对蒙覆在盾基架上的材料一无所知，它们可能是某种形式的布或皮革，因为完全木制的盾很重，难于操纵，杆插入城墙中的孔也需要更深，并且将耗费许多宝贵的木材。这种盾的试复原见图 268[①]。

407　　　渠（盾）纯粹是一种被动器件，它保护防守者不受敌人抛射武器的打击，而答（火幕）则是为了更具有摧毁性而制造的。它悬挂在城墙的壁上，当敌军士兵企图用梯子攀登城墙时，将它点燃，以烧伤进攻的士兵。墨家工程师描述火幕如下：

　　　　制造绳索火幕（"纍答"）[②]，纵横均为 12 尺。上面的横臂用木材制成，以粗麻线编织绳索。将绳在泥浆中浸染，并制造铁链，两端有钩，用来悬挂火幕。当敌军步兵向城墙发动大规模进攻时，点燃火幕，以击落敌军；连棰、沙、石均应使用，进行支援。[③]

　　　　〈为纍答，广从丈各二尺，以木为上衡，以麻索大偏之，染其索涂中，为铁镍，钩其两端之悬。客则蛾傅城，烧答以覆之，连篓抄大皆救之。〉

────────

　　① 苏林在《汉书·晁错传》（王先谦，《汉书补注》，1900 年刊本，卷四十九，第十四页）中定义"渠答"为铁蒺藜（即钉入木板中的金属尖钉）。陈直［（1），第 120—121 页］仿效了这种解释。这显然是错误的，虽然各段原文有些讹误，但墨家的说明仍是明确的。

　　② 岑仲勉认为，纍答是"纍石"，即从城墙上扔下的石块，但这是不正确的。

　　③ 《墨子》（《道藏》本）卷十四，第十八页；Yates (5), fragment 46, pp.315, 322。另一段中指出：火幕宽 9 尺，长 12 尺。

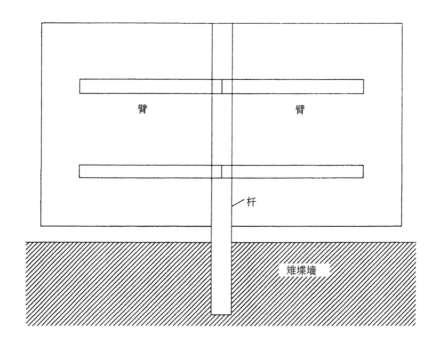

图 268　　"渠"盾复原，采自 Yates (3)。

显然，绳的上部是用麻制造的，并在泥浆中浸染过，以防着火。绳又依次固定在铁链上，铁链两端均有铁钩，铁链上端与绳连接，下端与横臂连接，火幕就悬挂在横臂上。或许，绳和链用绞盘或桔槔上下调动，由驻守在胸墙的士兵操纵。每个火幕各有两根铁链以保持其稳定，还是仅有一根铁链，尚不清楚，因为原文对此未作记述。城墙上的其他士兵按命令挥动连棰把敌人从城墙上击落，把沙撒入敌人的眼睛中，并向他们猛掷石块。答（火幕）的复原见图 269。

在另一段文字中，提出了稍有不同的布置。答有前后两根横梁，前梁应长 4 尺，其上系一条 26 尺长的绳，绳的另一端可能由城墙上的防守者握住。幕本身为长方形，宽12 尺，长 16 尺。当不用时，将幕挂在架上，以便风能吹干它，使其更易燃烧[1]。

已知有前后两根横梁，我们认为这种火幕是水平悬挂的，而非垂直悬挂，在图 270中，我们提出了这种火幕的复原图。这种火幕和渠（盾）一样，每边应重叠一尺，使攀登城墙的敌人在他们头顶上遇到一个连续的火顶蓬。

现在，让我们转到橹（大盾）和另一种称为移动城墙（"行城"）或平台城墙（"台城"）的屏幕。在早期文献和居延汉简中，橹的意义有些混乱，因为该词有几种不同的引用。无疑，橹的第一种意义，也是与我们这里有关的意义，是大盾。《左传》记载："狄虒弥建造了一个大车轮，上面蒙覆皮革，用作圆盾。他左手持盾，右手持戟，代替了一个小分队"[2]（"狄虒弥建大车之轮，而蒙之以甲，以为橹。左执之，右拔戟，以成一队"）。在围城战中，当构筑通向城墙顶部的斜坡时，像"猫"一样的攻城军就使用这种大盾，它们

①　《墨子》（《道藏》本）卷十四，第十九页；Yates (5), fragment 47, pp.325—328。
②　襄公十年（公元前 563 年）；《左传》（《十三经注疏》本）卷三十一，第四页；Legge (11), pp.443, 446; Couvreur (1), Vol 2, pp.250—251。

被置于斜坡的前端，保护在斜坡上前进的工程兵和弩手[①]。它们到底像什么，很难说，但它们可能像图 271 中所示的大型靶[②]。

409

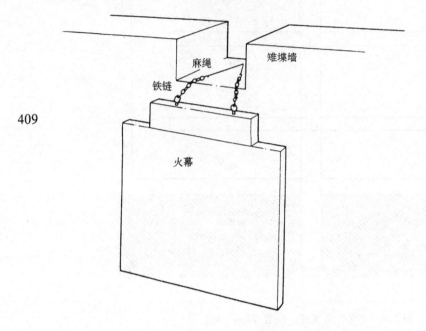

图 269　垂直悬挂的火幕复原，采自 Yates (3)。

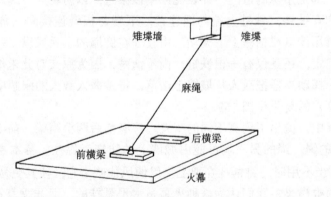

图 270　水平悬挂的火幕复原，采自 Yates (3)。

　　"移动城楼"或"平台城墙"是针对这种斜坡进攻而采用的防御措施。《墨子》直率地批评发动这种攻击的将军为愚蠢之极：建造如此庞大的土方工程所需的工作量（应当记住，城墙至少高 50 尺），足以耗尽军队的力量，而对摧毁城墙完全不起作用[③]。《墨子》的"移动城楼"也是为对付云梯而部署的[④]，它是一种用来增高城墙的屏幕，使斜坡和云梯均不能达到城顶。遗憾的是，《墨子》没有说明所采用的结构和材料的详情，但我们推测，所用的材料是木材和浸泥之布或皮革的组合。幕高 20 或 30 尺，上加 10

411

---

① 见下文 pp.441—446。

② 古代中国的魔靶，见 Riegel (3)。

③ 见下文 pp.441—446。

④ 见下文 pp.446—455。

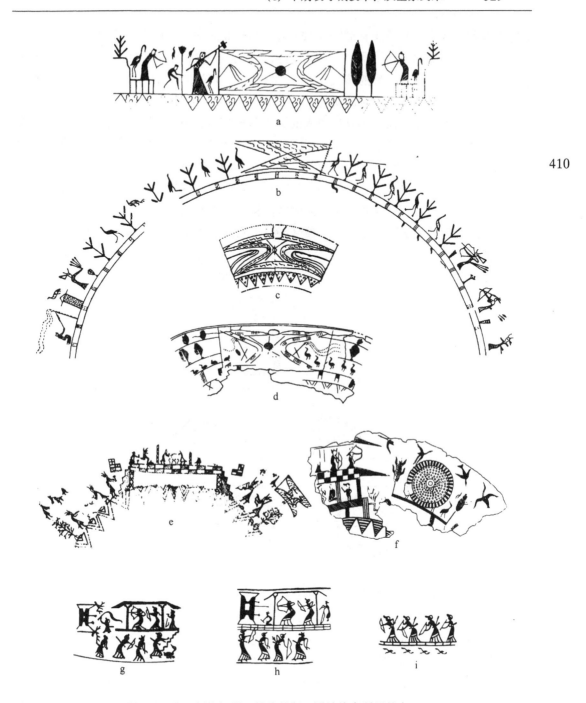

410

图 271　战国刻纹铜器上描绘的靶。围城战中所用的大
盾可能与这种靶近似［采自 Weber (5)，fig.77］。

尺宽的胸墙。当用来对付斜坡时，因为防御者在较长时间前就可知道进攻的位置，移动城墙和木距一起部署，距伸出城墙 20 尺，用以使斜坡不能与城墙连接。

用来对付敌人向上推的云梯时，确切的连接点要到几分钟前才能知道，防御技术更为复杂。《墨子》主张用一组移动城墙和各种尺寸的楼应付威胁。墙和楼沿敌人战线的整个宽度竖立，在两端之间设置藉幕，以保护防守者。同对付斜坡一样，推出 20 尺的距，使云梯不能到达墙面。此外还有撞锤（"冲"），由每10人为一队的士兵操纵，并有5人为一组的士兵挥动剑和木钻（镉）①，杀伤敌人，砍倒云梯。抛石机向正在推向城墙的重型云梯猛掷石块，同时大量的箭矢和石块、沙和灰、炽燃的木柴和滚沸的水射向、投向敌人，如同雨点般洒在进攻者的头上。

　　一旦城墙和城楼的某些部分被敌人的远程砲所摧毁，或在正面攻击过程中被推倒，要向防守者供应临时性的替换物和加强物。这些器械中必须包括与中世纪西方的眺台（堞眼的木质先驱）相类似、悬在楼和墙外的活动敌棚（"行栈"），以保护向攀城敌军射击的弩手，以及活动城楼（"行楼"）和"台"，以顶替被摧毁的城楼或调往敌军正在升高云梯和斜坡的位置。对这类攻击的防御方法将在下文叙述②。

　　此外，滑轮车上安装"蜚（飞）橦（冲）"，它前后摆动，摧毁诸如云梯等靠着城墙升起的围攻器械③。在唐宋时期，冲的头部包铁（图272）④。最后，"距"可能只是大的树干或木料，推到城墙之外，使云梯和其他器械不能到达城墙。

412

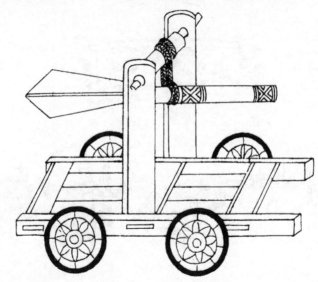

图272　包铁的冲，采自《武经总要》（前集）卷十二，第二十五页。

　　当然，防守方和他的对手一样，也充分配备了远程砲。由于我们在上文中已提供了这些武器的结构和历史的详情⑤，故此处仅说明要注意这些器械部署的间距。《墨子》给出了一些选择。临沂简本指出：能将抛射物掷出50步（约69米）远的大抛石机［"耤（藉）车"］沿城墙每200步（约276米）部署一架；小型的旋转抛石机［"回耤（藉）车"］每隔50步（约69米）部署一架⑥。但传本《墨子》给出的几种（大）抛石机的间距为50步、30步（约

---

① 孙诒让（2），卷十四，第三十一页，他怀疑"镉"是"鐯"之误，虽然或许如此，但这一校订是不必要的。

② 见下文 pp.446—455 和 pp.441—446。

③ 银雀山汉墓竹简整理小组（4），临沂简本，竹简799—800；Yates（5），fragment 9，pp.128—135；《墨子》（《道藏》本）卷十四，第四页。

④ 《武经总要》（前集）卷十二，第二十五至二十六页；亦可见下文 pp.429—437。

⑤ 见上文 pp.184—240。

⑥ 银雀山汉墓竹简整理小组（4），竹简795。

41.4 米）和 20 步（约 27.6 米）。显然，防守方的首长可以根据补给和防御工事的总体情况以及围城部队的性质和规模决定如何部署武器。但是，到了宋代，将抛石机置于城墙的后面，一人驻守在城墙上，指挥发射；无疑，器械固定安放在城墙上业经证明是易被摧毁的[①]。就目前之研究情况所能确定而言，中国人没有像西方人那样，在城楼或棱堡的本体中构筑遮盖砲的掩蔽部。

向距城墙 69 米以外的攻城槌和望楼发射箭矢的"木弩"沿城墙每 2.76 米设置一具；因此，如果防守方有足够的木弩，每个射击孔能安放一具。另一方面，在新的临沂简本中提到，有 15 个群组部署了以绞车张弦的弩（"缴张"）。这种弩可以在离城墙 138 米之内摧毁有掩护的城楼或蔽（盾牌）和橹（大盾）[②]。这种成群齐发的箭，如果击中目标，破坏力极强。最后需要提到的一种砲是"转射机"。我们已经讲过，这种器械长六尺，在城墙顶上埋深一尺，以保持其稳定性。它们系通过转窗中的保护圆柱体发射，后者在雉堞上每隔 20 步（约 27.6 米）安装一个。 413

（2）十二种攻城方式

《墨子》的第二部分专门介绍对 12 种攻城方式的防御。这 12 种进攻方式由墨子的大弟子禽滑釐在简短的引言中枚举。该段流传如下：

> 禽滑釐问老师墨子说："根据圣人的话，凤鸟不出现的时侯，诸侯背叛天子，天下战事四起，大国进攻小国，强国夺取弱国[③]。我想保卫小国，应当如何进行呢？"
>
> 老师墨子说："你指的是对哪种进攻方式进行防御呢？"
>
> 禽滑釐回答道："如今经常采用的进攻方式有：临、钩、冲、梯、堙、水、穴、 414
> 突、空洞、蚁傅、轒辒、轩车。我斗胆提问，如何对这十二种进攻方式进行防御呢？
>
> 老师墨子说："我的城墙和城壕修缮完善，守城的器械齐备，燃料和粮食充足，上上下下相亲相爱，又有四邻诸侯的支援，我靠的就是这些。"[④]
>
> 〈禽滑釐问于子墨子曰："由圣人之言，凤鸟之不出，诸侯畔殷周之国，甲兵方起于天下，大攻小，强执弱，吾欲守小国，为之奈何？"子墨子曰："何攻之守？"禽滑釐对曰："今之世常所以攻者：临、钩、冲、梯、堙、水、穴、突、空洞、蚁傅、轒辒、轩车"，敢问守此十二者奈何？"子墨子曰："我城池修，守器具，推粟足，上下相亲，又得四邻诸侯之救，此所以恃也。"〉

对"钩"、"空洞"、"轒辒"、"轩车"四种进攻方式的防御措施的原文在《墨子》传本中已不再存在，对第五种进攻方式"冲"的防御措施仅在《太平御览》中残存了几句[⑤]。对付其余七种进攻方式的防御措施则较详细地保存了下来，不过原文很多处是残缺模糊的，我们将在下文中按顺序对它们进行描述。但是，在开始叙述古代墨家工程师

---

① Frank (24), p.168。

② 银雀山汉墓竹简整理小组（4），竹简 800，参见下文 pp.433—434。

③ 据毕沅指出，"凤鸟不至"一辞可能出自孔子，见《论语·子罕第九》，第九章 [Legge (2)]；参见 Waley (5), p.140；Lau (4), p.97。

④ 《墨子》（《道藏》本）卷十四，第一页；孙诒让（2），第三○九至三一一页；吴毓江（1），卷十四，第 1～2 页；岑仲勉（3），第 1～4 页。

⑤ 卷三三六，第七页。

迷人的技术之前，让我们先回顾一下从古代兵书和其他原始资料中搜集到的关于钩、空洞、轩车、辕辋和冲等五种器械的情况。

(i) 钩

《六韬·军用》[①]中有"飞钩，长八寸，钩爪长四寸，一千二百件"（"飞钩，长八寸，钩芒长四寸，柄长六尺以上，千二百枚"）。茅元仪在其浩瀚的军事知识纲要《武备志》中用"飞钩"来表示一接有铁链的四爪尖钩，铁链上连结一长麻绳。它由二人同时使用，以攀登城墙（图 273）[②]。或许，《六韬》中的钩在攻城时也已连接类似的铁链和麻绳。这就是墨家"钩"的含义。

不过，这一名词可能也指一种顶端带钩的攀登梯，陆德明对《诗经·皇矣》中的"钩"就是这样解释的，这是中国文字记载中首次提到钩和其他围攻器械[③]。但遗憾的是，陆所用的"钩梯"一词在许多其他语句中出现，它可以译作"带钩的梯"，也可译作"钩和梯"[④]。

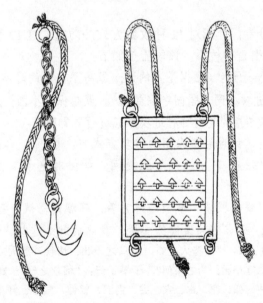

图 273　飞钩（左）；狼牙拍（右），采自《武经总要》（前集）卷十二，第二十三页。

415　　另外，墨家的"钩"也可能是某种巨大的弧形刀刃，连接于装在枢轴上的横梁的终端，并安装在一手推车上，进攻方用它来砍伐城墙。《武经总要》中列举了两种这样的凶狠器械，"搭车"（图 274）和"饿鹘车"（图 275），它们必定会使所有人胆战心惊，除了那些最勇敢的防御者。第三种称为"双钩车"，它由安装在四轮车上的装有枢轴的

---

① 《六韬直解》卷二，第三十一页。

② 卷一〇四，第十六页。它的另一名称是"铁鸱脚"。

③ 《诗毛氏传疏》第五册，第一〇七至一〇九页；《毛诗音义》卷下，第六页；Karlgren (14), p.196。

④ 例如，《管子·兵法》（《国学基本丛书》本）第一册，第八十一页，译文见 Rickett (1), p.228，及 Rickett (2). p.275，"当越过山中峡道时，（军队）不等候钩和梯"（"凌山阮不待钩梯"）。

梯子构成，梯子侧柱的顶端为一对长爪，深深地陷进胸墙，防御者很难把它移去。但遗憾的是，插图的说明文字已经遗失，我们对这些器械的规格一无所知[①]（图 276）。

　　无论这些器械是否早在战国时期发明，它们在汉朝末年曹操和袁绍的内战中肯定已经使用。建安时期（公元 196—219 年）的七个文学天才之一陈琳（约 160—217 年)[②]，他先为袁绍，后为胜利者曹操起草军事文书，他在《武军赋》中生动地描写了"神钩"。"钩车参加争斗，（牵拉每一车的）九匹牛转动拖曳，像雷鸣一样吼叫，狂暴地击毁城 　416 楼，倾倒胸墙"（"钩车镠辖，九牛转牵，雷呴激，折橹倒垣"）……

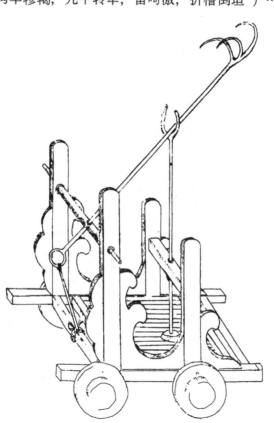

图 274　搭车，采自《武经总要》（前集）卷十，第三十二页。

于是"飞梯"、"行临"、"云阁"和"虚构"向前行驶，进入缺口，使进攻者能蜂拥进入城池。陈在序言中指出，神钩、飞梯和冲既不见于吴起和孙子的兵书，也不见于《三略》和《六韬》的策略[③]。

　　两个半世纪以后，公元 451 年，北魏太武帝企图借助钩车占领盱眙，当时，盱眙由

　　① 《武经总要》（前集）卷十，第三十二至三十三页。
　　② 沈玉成和傅璇琮（1），第 5~6 页。
　　③ 《太平御览》卷三三六，第八页。《汉魏六朝百三家集》第二十三册《陈记室集》，第二页。后者的原文把"行临"和"云阁"合并，并称"虚构"为"灵构"，参见《北堂书钞》卷一一八，第三页。"钩车"也是夏朝创始人禹帝（也称夏后氏）战车的名称 [《礼记·明堂位》（《四部备要》本）卷九，第二〇一页；《司马法·天子之义第二》（《汉文大系》本），第十一至十二页]，但在此处，钩可能应理解为"弧状"，系指战车车厢的形状，而不是指车上配属的兵器。

刘宋文帝的将领臧质守卫。当钩坠落在城楼和胸墙上准备把它们拉倒时，几百名臧质的守
军把绳系在每一钩上，牢固地将它抓住，使车不能后退进行破坏。夜间，臧质用木槽将士

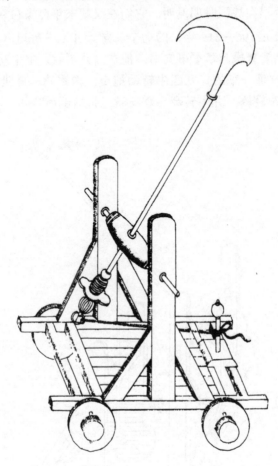

图275　饿鹘车，采自《武经总要》（前集）卷十，第三十三页。

兵越过城墙放下。他们迅速砍断钩，并将之带回城内，从而挫败了太武帝的工程师[①]。

不过，叛乱者侯景在公元 548—549 年间的冬天用钩车取得了重大胜利，当时，他
包围了他在长期征战中试图推翻的梁政府的所在地建康（今南京）东边的东府城[②]。安
装在 100 尺高的楼车上的钩能够拆毁胸墙，城池陷落了。于是，侯屠杀所有试图从城门
逃跑的人，有 2000 多平民和士兵死亡[③]。

次月，当侯景在建康的东面和西面垒起两座土坡或土山俯瞰城墙，防守方甚至动用了皇
室血统的王孙们搬土垒起两座相对抗的土坡时，他再次使用钩车，当时称为"钩堞车"，同
时还使用了"飞楼"、"橦车"、"登城车"、"阶道车"和"火车"，向梁的都城发起大规模的
进攻，每辆车用多达20个车轮行驶。虽然反叛者能烧毁城墙东南角的大城楼，但防守

① 《南史》（"臧质传"）卷十八，第二十一页。《资治通鉴》（1956 年版），第三九六五页。盱眙位于安徽凤
阳县东。

② Marney（1），pp.135～158；Wallacker（4），p.789。虽然侯景在公元 549 年 4 月 24 日攻占了建康，但公
元 552 年 5 月 26 日，当他向北逃遁时，被暗杀，公元 557 年 11 月 16 日，梁朝被陈朝取代。

③ 《梁书》（"侯景传"）卷五十六，第十四页；Wallacker(4)，pp.47,48—51。在其他原始资料中，计算有所不同。

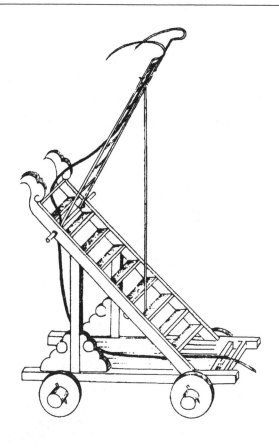

图 276　双钩车，采自《武经总要》（前集）卷十，第三十二页。

方设法把围攻的器械点燃，击退了进攻。侯垒起了第三个土坡，但梁的坑道工兵在土坡下面挖掘了坑道，除掉了土，使敌人不能坚持。同时，他们的器械再次被防守方点燃。最终，反叛的军队撤退到他们已建立的环状木栅后边[①]。

(ii) 空　　洞

　　对于禽滑釐在《墨子》中所列举的第九种器械或方法，确实一无所知，"空洞"字面上的意义是"空的洞穴"，但在任何史料中都找不到使用的实例。孙诒让推测，它是一种挖掘的方式[②]。他可能是正确的。不过，黄帝胜利并登基以后登上的四座山中的西边那座山也叫"崆峒"[③]。因此，这种进攻方式或许是某种攀登城墙的攻击，引喻黄帝神话中的登山。

---

　　① 卷五十六，第十五页。关于"橦车"，见下文。或许，"登城车"和"阶道车"与"行天车"是相似的。在《武经总要》[（前集）卷十，第二十八页]中，图示了"杷车"，但未见说明（见图277、278）。

　　② 孙诒让（2），卷十四，第二页。

　　③ 该山据说位于甘肃、河南、江苏或山东，并有空洞、崆峒、空桐等各种叫法。《史记》卷一，第九页；参见 R.A.Stein (2), p.20, note 1；Granet, p.32。

(iii) 轩　车

不幸，我们对"轩车"这种攻击方式也是一无所知，因为墨家书中关于防御这种攻击方式的段落没有幸存下来，在任何史料中也没有关于使用它的记载。不过，我们可以从林巳奈夫关于"轩车"这一名词的研究中臆测，车本身有高的侧壁，以抵挡箭矢和其

420

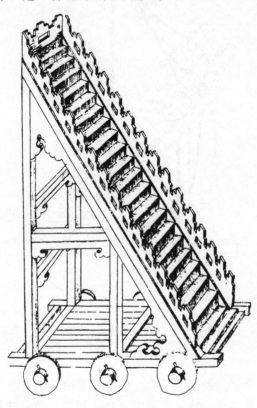

图 277　行天车，采自《武经总要》(前集) 卷十，第二十八页。

他抛掷物①。我们认为，它是装甲人员运输车的一种早期形式，可能是在通过填土(堙) 作业把护城濠填满以后，用它把士兵运送到城根 (图 279，280)。

421　　　孙诒让对"轩车"提出了另一种解释：它是《左传》公元前 593 年的记事中所提到的"楼车"的别名②，而且"楼车"也可能与公元前 574 年楚子升高以观察面临的晋军的部署所用的"巢车"相类似③。"巢车"继续使用历若干世纪：在唐代，李筌④和杜佑⑤提供

422　了它的结构的细节，内容相似。"在八轮车上竖立一根高杆。杆上安装一辘轳，用绳将一木板屋升起使停留在杆顶。它是用来窥视城中的。板屋 4 尺见方，高 5 尺，四面布置了 12

①　林巳奈夫 (8)，第 211 页，注 66；林巳奈夫 (6)，第 336～338 页，及图 7-22，第 137 页。

②　《左传·宣公十五年》；Legge (11)，p.327. 此段附有一注，引用于《太平御览》(卷三三六，第一页) 显系汉代注家服虔所加，定义"楼车"为"云梯"，他认为这是一种"临车"。《太平御览》和现存《左传》原文之间有些出入。

③　《左传·成公十六年》；Legge (11)，p.396.

④　《太白阴经》卷四，第七十九至八十页。

⑤　《通典》卷一六○，第八十四页，被引用于《太平御览》卷三三七，第二页。

图 278　杷车，采自《武经总要》（前集）卷十，第二十八页。

图 279　轩车，采自林巳奈夫（8）。

图 280　轩车，采自林巳奈夫（8）。

个孔。车可以围绕城墙进退并安置在营中远望。（"以八轮车，车上竖高竿，上安辘轳，以绳挽板屋上竿首，以窥城中，板屋高五尺，方四尺，有十二孔，四面列布。车可进退，围城而行，于营中远望。"）

《武经总要》中的"巢车"的板屋用鲜牛皮覆盖，以抵挡箭矢和石头，而明代的插图画出只有 4 扇窗的板屋，每侧一扇（图 281）[①]。唐代的板屋上的 12 个孔肯定比这种布置能对屋内的守兵提供更好的保护。不过，《武经总要》描写了"楼车"，称它为"望楼车"，而在两本较早的兵书中没有提到它[②]。

望楼车长 15 尺，有 4 个 $3\frac{1}{2}$ 尺直径的轮子。屋用绞盘升至 45 尺高的杆的顶部，杆的底部直径为 1 或 2 尺，向上逐渐变细，顶部直径为 8 寸[③]。3 副麻绳，从车的两侧固定，保持住杆的位置：上边那副绳长 70 尺，中间的绳长 50 尺，下边的绳长 40 尺，它们都固定于安装在锤击入地的尖铁桩上的圆环上。木杆本体上有很多突出的木钉，由下而上直到杆顶，使士兵能迅速而方便地爬上去，整个器械看上去有些像当代 11 世纪的船只的桅杆和帆缆。我们可以看出，伴随原文的明代版画未能再现宋朝版本中早期"楼车"的完善而准确的插图：绳索没有绕过杆顶的滑轮（图 282）。

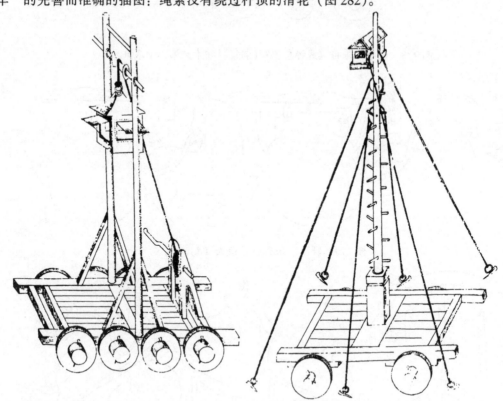

图 281　巢车，采自《武经总要》
（前集）卷十，第三十一页。

图 282　望楼车，采自《武经总要》
（前集）卷十，第二十页。

① 《武经总要》（前集）卷十，第三十一页。
② 《武经总要》（前集）卷十，第二十至二十一页。
③ 原文误述底部直径为 12 尺。

但是，在转而叙述轒辒以前，我们应当注意，如果《左传》中提到的"巢车"或"楼车"的板屋的确是用滑车升起的，那么，这些军事器械必定是中国最早使用这种非常重要的机械装置的设备之一。

(iv) 轒　　辒

"轒辒"大概出现于战国时代的早期和中期，公元前 5 到 4 世纪之间，当各国都能在战场上较长时间保持较大军队成为普遍现象之后。《孙子》的传本声称，一位好的将军修缮他的"橹"和"轒辒"，准备好他的器械，三个月就能攻陷城池；如果他在城濠中筑土坡（"距闉"），在取得胜利以前还要再用三个月[①]。不幸，1972 年于山东临沂发现的《孙子》西汉抄本正好在应出现"轒辒"一词处中断了，因此，我们缺乏在中国历史上最早记载轒辒的无可置疑的证据[②]。

唐朝《通典》[③]，宋朝《虎钤经》[④]和《武经总要》[⑤]以及明朝《武备志》[⑥]几乎逐字逐句重复了李筌的描述，这可能暗示，设计历数世纪没有变化，不过，在火药的应用和传播以后，可能已采纳了某些改进。图 283 体现了明代工匠对轒辒的概念。

稍晚一些，《六韬》的作者断言："通常，当军队有大事时，必须练习使用器械。攻城和围镇有轒辒、临和冲。窥视城中有云梯和飞楼。"[⑦]（"凡三军有大事，莫不习用器械。攻城围邑，则有轒辒、临、冲。视城中，则有云梯、飞楼。"）

图 283　轒辒，采自《武经总要》
（前集）卷十，第十八页。

汉代，扬雄在《长杨赋》中说，游牧的匈奴人在武帝时（约公元前 100 年）有轒辒，但它们可能是一种特殊的战车，而不是真正的轒辒[⑧]。

这里是李筌对唐朝的轒辒的描述："轒辒是一种四轮车。用绳索作为上面的脊梁，以犀牛皮蒙覆，下面容纳十个人。当城濠填满后，他们推车径至城墙下，可以攻击并挖掘城

423

424

---

① 《孙子·谋攻篇》［郭化若（2），第 53 页］。
② 银雀山汉墓竹简整理小组（1），第 37 页；李零（2），第 309 页。关于《孙子》书的集成性质的讨论，以及准确断定它的著作年代的困难，见齐恩和（4）和李零（1），以及郑良树（1），参见 Griffith（1），p.78。
③ 卷一六〇，第八四五至八四六页。
④ 卷六（《攻城具第六十六》），第五一页。
⑤ 《武经总要》（前集）卷十，第十九页。
⑥ 卷一〇九，第1~2页。
⑦ 《六韬·军略》（《汉文大系》本）卷二，第三十九页，被引用于《太平御览》卷三三六，第六页。
⑧ 《六臣注文选》（《四部丛刊》本）卷九，第六页；参见 Knechtges（1），p.83；服虔断言，它们是供 120 名士兵用的战车，里面可以睡觉。

墙。(这种器械) 金、木、火、石 (抛掷物) 对它都不起作用。"① (辌辒车，四轮。车上以绳为脊，犀皮蒙之，下藏十人。填隍，推之直抵城下，可以攻掘。金、木、火、石所不能及。")

第二种辌辒称为"木驴"，它的一种变异具有更倾斜的屋顶，称为"尖头木驴"②，出现于一些围城战中。最著名的战役之一是公元 548 年侯景对梁朝的都城建康所发动的围攻，我们在前面讲"钩车"时已经提及此战，当时建康的守将是羊侃③。

侯景最初为进攻制造了几百辆"木驴"，但是，羊侃的军队用抛石机猛掷石块或在城墙上用手倾卸石块，把它们摧毁了。于是，侯命令他的工兵建造了"尖头木驴"，防守者的石块对它不起作用，从屋顶上弹落地下。杜佑对这种器械提供了以下说明④：

> 用 10 尺长、1 尺半直径的杆作脊，下面安装 6 个 (带轮的) 支承，因此，它底部宽，顶部尖锐，高 7 尺。它的内部能容纳 6 个人。蒙上鲜牛皮。人藏在下面，用手把它径直推到城墙底下。木、石、铁等抛掷物及火均不能摧毁它⑤。

〈以木为脊，长一丈，径一尺五寸，下安方脚，下阔而上尖，头高七尺，内可容六人，用湿生牛皮蒙之，蔽其下移至城下，木石铁火皆不能败。〉

宋朝的木驴容纳 10 个人，因此稍大：构成脊骨的水平梁长 15 尺，车高 8 尺，底部为一方框架 (见图 284)⑥。

让我们再回到建康的围城战。羊侃对辌辒的回答是制造"雉尾炬"，他把雉尾炬浸渍在油脂 ("膏") 和石蜡 ("蜡") 中，然后将它点燃。他把大量的雉尾炬扔到敌方的器械上，炬中嵌有铁镞，使炬扎刺在器械上。几分钟之内，坚不可摧的辌辒化为灰烬，敌军被驱散。

《通典》和《虎钤经》介绍了基本相同的防御木驴的方法，不过，它们还提出，在城墙底下的地面上应用铁蒺藜敷设雷区，以阻碍或阻止辌辒车前进⑦。铁蒺藜也见于《墨子》城守诸篇中的其他部分，因此，墨家对辌辒车的防御很可能已包括了它们。唐、宋的铁蒺藜由 4 根尖锐的锻铁刺构成，每根长 1 尺 2 寸⑧，水平和垂直方向伸出，形状如草本植物"蒺藜"。它们用熔化的铸铁浇灌于中心而联结在一起，因此，整个铁蒺藜重约"五十斤"也即 12.2 千克。顶端置一环，环上拴一链，链悬挂在一滑车上。如果铁蒺藜从城墙上扔下，着地后凑巧倒置了，就提升滑车，把它拉正。

羊侃的"雉尾炬"更常称为"燕尾炬"，它用一束菁草捆扎在一起，端部劈成二股，呈燕尾状。为了更好地燃烧，燕尾炬在油、脂、蜡中浸泡，然后用固定在桔槔上的绳索悬挂。当辌辒进入作用半径，点燃燕尾炬，士兵操纵桔槔，把它摆动着放下。大概他们力求保证把燕尾炬套在辌辒车的脊上，使车顶两侧均燃烧 (见图 285)⑨。这种燕尾炬也用来对付密集步兵冲击 ("蚁傅") 时攀登城墙的敌军。关于这种进攻方式，我们将在下文讨论。

---

① 《太白阴经》，卷四，第七十七页。

② 也称"尖丁木驴"或"尖顶木驴"(《太平御览》卷三三六，第五页)。

③ 《梁书》("羊侃传") 卷三十九，第六至七页；《梁书》(《侯景传》) 卷五十六，第十三页；《资治通鉴》卷一六一，第四九八八页；Wallacker (4), p.44.

④ 《通典》卷一六〇，第八四六页；被引用于《资治通鉴》胡三省的注中。

⑤ 《虎钤经·攻城具第六十六》中的说明与《通典》中的说明相同，措辞稍有变动。

⑥ 《武经总要》(前集) 卷十，第十八至十九页。

⑦ 《通典》卷一五二，第八〇一页；《虎钤经》卷六，第四十九页。

⑧ 《虎钤经》略去了"二寸"。

⑨ 《太白阴经》卷四，第八十三页；《武经总要》(前集) 卷十二，第六十至六十一页；参见 Wallacker (4), p.44.

如果辒辌车顶用生牛皮和灰泥，绝热良好，燕尾炬不能使下面的木材燃烧，中古时代的工兵就抛下铁撞木摧毁覆盖层。铁撞木本体由木材制成，头部由六个尖锐的铁叉尖构成，每个叉尖一尺多长，三指粗，铁杆上有逆须。撞木根部固定在一铁链上，铁链连接于滑车或辘轳。当木驴进攻时，滑车放松，使铁撞木坠下撞击敌方器械的背部。然后再把滑车卷紧，并再次放松。一旦车顶的皮和灰泥覆盖层被摧毁，立刻点燃悬垂在桔槔上的燕尾炬，把它越过城墙放下①。遗憾的是，《武经总要》中给出的例图像一口钟，而不是原文中所说的巨大的六叉尖撞木（图286）。

不迟于宋代，制造了"绞车"，作为阻止木驴辒辌车和其他器械进攻的一种装置②。两根大木材安装成倒 V 字形作为绞车木床两侧的叉手柱，木床用四个轮支承。木柱的下端支撑在车轴上，顶部架设一绞轴，穿过侧木的交叉处。绞轴上固定一根端部带钩的长绳，绞轴或用摇柄转动，或用两组互成直角的手杆转动。整个器械可牵引2000斤或488千克的重量(图287)。

图284　尖头木驴，采自《武经总要》
（前集）卷十二，第六十页。

图285　燕尾炬，采自《武经总要》
（前集）卷十二，第二十八页。

图286　铁撞木，采自《武经总要》
（前集）卷十二，第二十八页。

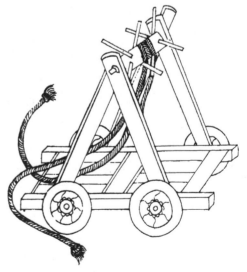

图287　绞车，采自《武经总要》
（前集）卷十二，第二十五页。

---

① 《武经总要》（前集）卷十二，第二十八至二十九页。
② 《武经总要》（前集）卷十二，第二十五至二十六页。

427　　　当木幔①和飞梯参与攻击，但还离城墙有一段距离时，善于掷索的人抛出钩索，挂在木幔和飞梯上，然后尽力转动绞轴把它们拉向城墙。靠近城墙后，用一长杆帮助升起带钩的大绳，于是吊起木幔或飞梯，使越过城墙，进入城中。

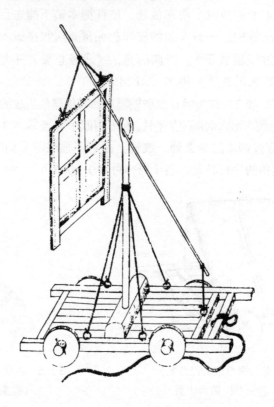

图 288　木幔，采自《武经总要》（前集）卷十，第十九页。

428　　　如果以木驴进攻，则等它逼近城墙以后，阵雨般猛掷大石块和木檑，关于木檑，上文已作过介绍（图 122）②，然后，连续暴雨般猛掷较小的石块，使器械内的敌军惊惧，不敢从中逃出。然后，派两个强壮而勇敢的人坐在皮屋中用连接于绞轴的铁链从城墙上缒下。他们把绞车的钩固定在不动的木驴上，然后立刻快速将木驴绞入城内。

　　　在转而讨论古代中国的攻城槌（"冲"）以前，我们应当提一下另外一种器械，它可能是一种跨越护城壕的辌辒。公元 466 年，刘勔使他的部下把"虾蟆车"推入环绕寿阳的护城壕，迫使一位非出于本意的反叛者殷琰投降。有些资料记载，每车皆用鲜牛皮覆盖，由

429　300 人推进。虽然殷的户曹参军虞挹之建造了砲车，向辌辒猛抛石弹，把它摧毁，但最终，他还是被迫投降了③。虾蟆车可能与《武经总要》中图示的"填壕车"和"填壕皮车"类似，

　　　①　木幔是在对城池发起密集攻击（蚁附）时用来掩护步兵前进的（图 288 及下文 p.484）。
　　　②　《武经总要》（前集）卷十二，第二十一至二十二页；见上文 p.284。
　　　③　沈约（公元 441—513 年），《宋书》，被引用于《太平御览》卷三三六，第四至五页；《齐书》，被引用于《太平御览》卷三三六，第五页；《南史》（《殷琰传》卷三十九，第二页）缩写了该战役，而《资治通鉴》［卷一三一，第四一二六页（1956 年版）］甚至断言，殷不战而降。参见《册府元龟》卷三六八，第十二页；Needham（81），p.108。侯景在建康围攻战中也曾应用虾蟆车［Wallacker（4），p.50］。

但是，因为伴随的原文已经遗失，我们不能如此肯定（图289和290)①。

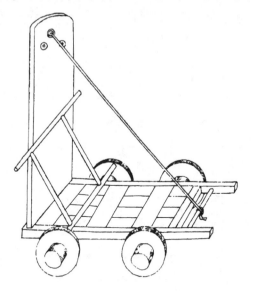

图289　填壕车，采自《武经总要》
（前集）卷十，第三十页。

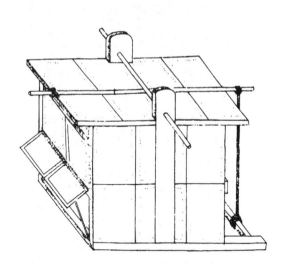

图290　填壕皮车，采自《武经总要》
（前集）卷十，第三十页。

(v) 冲（攻城槌）

亚丁（Yadin）主张，在西方青铜时代，攻城槌的采用使城镇防御设施的设计起了根本变化。建造庞大的城门以控制城市的入口，修筑缓斜坡以保护城基②。这些改进可能始于公元前第3千年中叶，迭沙色（Deshashe）围城战图画所描述的时代，但是，直至公元前20世纪的著名的贝尼·哈桑（Beni-hasan）壁画，我们才能看到攻城槌的第一张例图（图291)③。三名工兵在有拱形顶的帐篷式罩保护下，站着运用一根可能装有金属尖头的木杆。他们把攻城槌向着城墙的上部，防守者从那里向猛攻城堡的敌军抛掷石块，发射箭矢。杆的脆性以及所持的角度启示，它对移动城基的巨石不可能很有效，而对撬松胸墙和城墙的上部，从而使防守者暴露于围攻军队的抛射物之下，可能最为有效。无论如何，它对摧毁筑城的实用性很快在整个古代中东地区被意识到了。　　430

出自公元前18世纪幼发拉底河（Euphrates）沿岸之马里（Mari），以及出自赫梯王国都城博阿兹柯伊（Boghazköy）的较晚的文字证据表明，那时，攻城塔以及建筑在护城壕上通向城墙顶部的土坡也已被采用④。

幼发拉底河上游卡尔凯米什城（Carchemish）北部的乌尔舒（Urshu）就是被赫梯人用这种器械攻克和摧毁的，同时，已知胡里安人(Hurrians)已经制造了一种特殊形　　431

---

① 《武经总要》（前集）卷十，第三十页。

② Yadin (1), pp.69—71。

③ Newberry (1), Vol.2, plate XV; Horwitz (17), p.5。

④ Gurney (1), pp.23, 109—110; Kupper (1), pp.125—128; Yadin (1), pp.69—71。

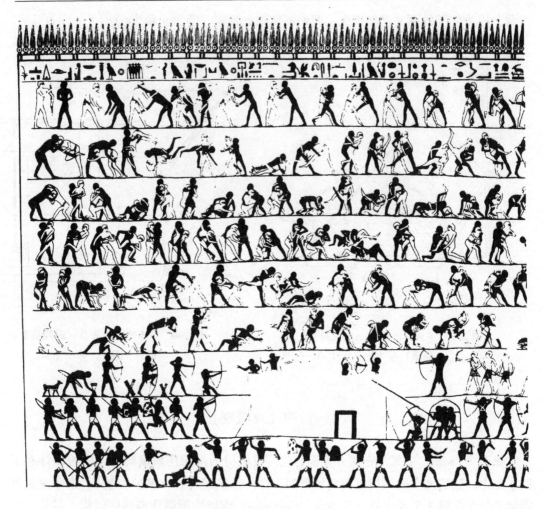

图 291　贝尼·哈桑壁画上的攻城槌, 采自 Newberry (1), Vol.2, plate XV。

式的槌, 重量和体积可能很大, 这并不出乎意料, 因为他们来自山寨, 那里, 树木茂盛, 美索不达米亚平原上是完全没有发现过的[1]。

　　攻城槌 ("冲") 的最早记载在中国出现得较晚, 它见于上文已提及的歌颂周文王的《诗经·皇矣》之中, 据说上帝命令文王用临、冲、钩、梯进攻崇的强大的城墙[2]。不过, 我们猜测某种冲和攻击器械早在此前一千年的新石器时代晚期龙山时期已经发明了, 这不会离事实太远, 因为山东城子崖[3]和河南后冈[4]居址的发掘者发现了周围城墙的遗迹[5]。

　　郑州[6]和盘龙城[7]发现的厚实夯土城墙更有力地暗示, 中国青铜时代早期的人民被

①　Kuper (1), p.128。

②　《诗毛氏传疏》第五册, 第一〇七至一〇九页; Karlgren (19), pp.49—50, glosses 843, 844。

③　傅斯年、李济等 (1) (2); Watson (6), p.17; Chang (1), p.178 and 179, fig.81。

④　石璋如 (2), 第21～48页。

⑤　辽宁赤峰县东八家的一个似为龙山时期的村庄也构筑有岩石墙 [佟柱臣 (1); Chang (1), p.189]。

⑥　河南省博物馆、郑州市博物馆 (1), 第21—31页; Chang (5), p.268, pp.273—277; 邹衡 (1), 第176页起。

⑦　湖北省博物馆和北京大学考古专业盘龙城发掘队 (1), 第5—15页; Bagley (1); Chang (5), pp.297—305。

迫防御敌人坚决的进攻。商代建筑物的规模明确地表明攻城器械在公元前第 2 千年中叶已经出现，虽然直至周灭商之前不久才见诸文字证据。当然，决不是所有城镇和典礼中心均用城墙保护。安阳最初据认为没有城墙①，最近在周的心脏地带发现的灭商前的早期宫殿遗址显然也没有城墙②。城镇和城市修筑城墙的活动在整个春秋时期一直未减退③；在某些时候，冲和其他攻城器械必定已经投入战斗，虽然从先周到春秋晚期的文字记载没有提到。此后，我们发现，公元前 501 年，齐国廪丘的防守者点燃了鲁定公的攻城槌。然而，侵略军的一些士兵把马毡在水中浸湿，扑灭了火焰，于是攻城槌摧毁了城镇的外城墙④。

　　苏秦，公元前 4 世纪末的伟大战略家及合纵设计师，又是后期墨家的同时代人，他谈到了冲长 100 尺；它们必定是伐倒的树木并需很多人来操纵⑤。但遗憾的是，墨家对冲的攻击的防御，仅在《太平御览》中保存了几句话，因此我们不能肯定战国后期冲的重量、尺寸和总体结构⑥。

　　墨家设想的防御措施包括一可能与《武经总要》中图示和描述的"下城绞车"相类似的器械，下城绞车是一种早期的升降机⑦。两条绳索连接于绞轴，绞轴安装于两根垂直的支柱之间，支柱置于垒道上。绳索穿过下端一水平横木的孔中并系牢。士兵可以站在横木上，从城墙上快速下降（图 292）。墨家的绳索长 80 尺，强壮的士兵受命用柄长 6 尺的斧把敌军的冲砍成碎片。完成任务以后，他们又被升起，进入比较安全的胸墙。

　　另外一个片断，现在见于《备梯》中，可能本来应该属于《备冲》⑧。其中，描述了一种称为"行堞"的器械。堞高 6 尺而"一等"（均平？）。刀剑插入堞的表面，当冲来到时，用触发机构发射。此"堞"可能已水平伸出城墙，因此当释放刀剑时，它们致命地一齐落入操纵冲的敌军之中，或它也可能像宋朝的"塞门刀车"，当城门已被摧毁时，它向前行驶，堵住城的入口⑨（上文图 222）。

　　这段文字继续说明，在城墙中每三尺为火炬凿一洞，火炬在黄昏时点燃，以预防偷偷摸摸的夜袭⑩。

　　最后，墨家坚持必须对进攻方向施用圆柱形蒺藜（"蒺藜投"）。这些蒺藜类似上文提到的宋朝的"木檑"和"夜叉檑"，但稍小，长二尺半，周长超过 46.2 厘米，连接于绞车绳索，绞车安装于城上。当敌军推进时，防御者转动手柄，使蒺藜沿城墙往下溜放，并朝向敌军。

432

433

---

　　① 当然，在附近进一步发掘会发现一防御城墙。惠特利［Wheatley (2)］怀疑军事需要形成城镇的理论，认为古代的城墙是神圣空间的轮廓标志而不是针对敌人的防御工事。实用的军事考虑和宗教信仰不一定像惠特利所认为的那样明确对立：两者实际上是丝毫不矛盾的。对惠特利论点的评价，见 Vandermeersh (1) 及 Keightley (5)，(6)。考古学家们最近才报道了安阳存一城墙，但是细节尚未公布。

　　② 陕西周原考古队 (1)，第 27—36 页。

　　③ 大岛利一 (1)；Wheatley (2)；杜正胜 (1)，(2)。

　　④ 《左传·定公八年》；Legge (11)，p.769。

　　⑤ 《战国策》（《齐策六》）卷十二，第四四〇页；Crump (1)，p.201。

　　⑥ 《太平御览》卷三三六，第七页。

　　⑦ 《武经总要》（前集）卷十二，第二十八至二十九页。

　　⑧ 《墨子》（《道藏》本）卷十四，第十二页。

　　⑨ 《武经总要》（前集）卷十二，第十九至二十页。《武经总要》还描述了一种安装在车轮上的"木女头"。它由木板制成，高 6 尺，宽 5 尺，急送去填满胸墙上的缺口［《武经总要》（前集）卷十二，第十九至二十页］（上文图 223）。

　　⑩ 此处原文可能有误，因为其他段落说明"三尺"是指洞低于胸墙的距离。

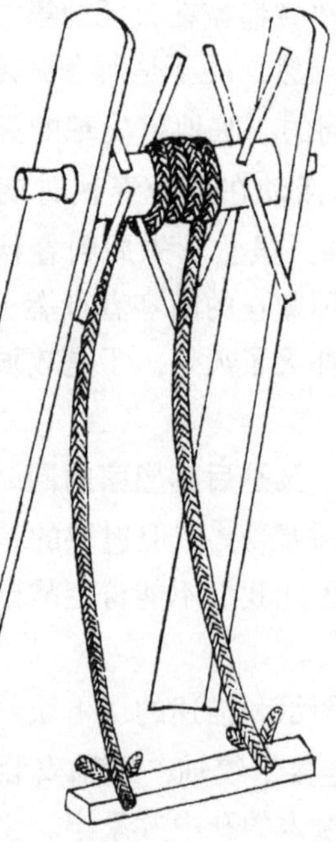

墨家还部署了重型"木弩"以对付冲和攻城塔（"栊枞"），沿雉堞每12步设置一具。这些木弩可以发射铁镞箭至300多尺以外[①]。在唐朝，这种弩用杨木（*Cudrania triloba*）[②]或桑木制造，弩臂长12尺，直径7寸，弓弰各长3寸。它用绞车开张，向步兵陈列齐射[③]。

此外，墨家自己也使用"飞冲"，它们见于一张不完整的守城所必需的兵器和器械清单之中[④]。这种冲的设计可能接近于宋代的"撞车"：一根木杆，头部包裹铁皮，用绳索悬挂于行车之滑轮上（图272）。无论在哪里，当配重平衡的云梯架上城墙时，飞冲迅速进入阵地迎击并摧毁它们[⑤]。从战国后期开始，军队似乎已将冲投入野战，以压制强敌的阵列[⑥]。《六韬》建议，每支军队要装备36具这种器械，并由经过专门训练的士兵操作[⑦]。高诱，这位公元2世纪《淮南子》的注释者说：铠甲马拖着这些用普通车制成的冲。不过，车辕用铁加固，车上配备了矛和其他长兵器[⑧]。大概，这种冲在开阔的战场上驶入敌军的队伍。在攻城战中，马则把冲拉到城墙下进入阵地，然后，士兵们将它接收过来，撞击城墙。

图292　中国早期的升降机"下城绞车"，采自《武经总要》（前集）卷十二，第二十八页。

冲在从汉到宋的早期帝皇时代是最流行的攻城器械。王莽篡位，建立了短命的新朝，它仅仅延续了10余年，成为西汉和东汉之间的一个不正常时期（公元9—23年）。王莽企图用他及其姻亲的勇猛来威慑中原地区的平民大众，于是对虎、豹、犀牛、象和其他奇异的野兽进行了一次浩大的狩猎，披甲的士兵跟随着冲，或乘坐辋车，挥动戈和盾，挥舞旗帜，以此来炫耀军事实力，这种情况是自灭秦战争以及建立汉朝以来从未见过的[⑨]。然而，丝毫不起作用。赤眉农民军起义于乡间，前刘氏皇族中的不满分子在南阳郡造反。公元23年他们取得了第一次重大胜利，攻陷了南阳郡的首府宛。他们用几十层包围圈包围它，兵营达数百个，100多尺高的"云车"使监视哨能观察城中的防御准备工作。尘土飞扬，与天空混在一起，锣鼓声几百里外都能听到。一些坑道工兵在挖掘地道，其他工兵建造冲和辋车，并用它们攻击城墙，弩手们把箭雨点般射向城内忠于

---

① 《墨子》卷十四，第十四页；孙诒让（2），卷十四，第十四页；岑仲勉（3），第9～10页；吴毓江（1）。该段原文有讹而且难懂。似乎齐国的铁是优先的金属，如果没有竹来制造箭杆，楛木、紫荆或榆木可以替代。关于原文的复原，见 Yates（5），pp. 98—99，notes 84—97。

② 参见本书第六卷第一分册，p. 89。

③ Yates（3），p. 443。

④ 孙诒让（2），卷十四，第十九页；Yates（5），p. 128，notes 201，p. 131。

⑤ 《武经总要》（前集）卷十二，第二十五至二十六页；《三才图会》卷五，第十九页。木杆制成油压机的杆的样式，见上文 p. 412。

⑥ 《说文》把"衝"字写成"轊"。（第六四○八页）

⑦ 《六韬·军用》；参见《太平御览》卷三三六，第七页。

⑧ 卷六，第九页。

⑨ 《东观汉记》（《图书集成》本）卷一，第三页。

王莽的倒霉军队，直至他们最终屈服于这场联合进攻①。

正如我们所料想的，当汉帝国最终在公元 2 世纪末瓦解时，冲也是为争夺汉室帝权而战的军阀们的军用器材的组成部分。公孙瓒，一位忠于汉室的将军，他曾在"东北边境抵抗游牧民族的战争中取得重大胜利，但他受到袁绍长期难以忍受的压制。最后，在公元 199 年，他被逼入绝境。于是，他给他的儿子续写了一封信，要求他来援助。信中，他承认了袁绍的冲和梯在精神上的威力，并且提出，续应点火作为信号，使瓒知道援军已到。不幸，该信被袁的密探获得，袁点起了火。瓒中计，他以为他的儿子会从后边向围攻的军队发起攻击，于是从据点中出击，立刻陷入袁绍设置的埋伏。瓒遭到惨败，对援军及时到达感到绝望。他勒死了他的姐妹、妻子和子女，在露台上自尽。袁的士兵跑上露台，从尸体上把他的头颅割下②。

汉朝灭亡以后，冲也写作"橦车"，并可像上文描述的辒辌车那样用顶盖加以保护③。我们正是在这个名称下在王隐对最终建立晋朝的家族的首要人物司马懿的记载中找到了攻城槌④。公元 238 年秋，当时司马懿还忠于魏，他把土山、地道、橹、攻城槌和抛石机大规模地结合运用，围攻辽东军阀公孙渊的首府襄平，并攻陷了它。渊和他的儿子修企图带数百骑逃走，但在梁水岸边被俘获，并斩首。襄平 7000 多士兵和城镇居民被处死，尸体堆积成山，以儆诚顽抗的反抗者。 436

公元 450 年，冲又有另外一种用途，当时，拓拔魏对扼守刘宋中心地带通道的战略要镇河南县瓠城发起猛烈攻击。负责汝南郡的陈宪关闭了城门，进行防御。北方人建造了许多高楼，从高楼上将弩箭雨点般射向城中。守军以近乎一百比一被超过，他们头顶门板收集抛射物，补充储备。于是，围攻方熔化了佛像，铸成大钩，固定在冲的端部。利用这些，他们摧毁了南边的胸墙和城墙，然后把虾蟆车推上，填塞城壕，冲入被拆除了防护的缺口。但是，陈亲自带领精锐部队在外面建立了木栅，在里面建立了女墙，挡住了敌军。在剧烈的肉搏战中，守军一半以上被杀，据说进攻者从他们死去的同伴的尸体堆上爬上去，以到达城墙顶部⑤。但是，最后，经过 42 天这样的战斗以后，魏军被迫撤退，而陈，由于他的英勇，被提升为将军⑥。

在公元 546 年著名的玉壁围城战中，当韦孝宽挫败了高欢先在南城墙后在北城墙构筑斜坡强行进入城堡的企图，接着又阻断了南城墙下的坑道以后，高把称为"攻车"的

---

① 《后汉书集解》卷一上，第六页；《资治通鉴》卷三十九，第一二四二页；Bielenstein（2），pp. 112—120。西汉前期的一位王子，恒山王，指示他的儿子孝的两个侍从，救赫和陈喜，建造辒辌车，锻制箭镞，雕刻伪造的玉玺和各将官的印章，准备在公元前 125 年夺取帝位。但是，他的计划被发现了，叛乱被镇压［《史记》卷一一八，第四十三页；Watson（1），Vol. 2，p. 390］。

② 《后汉书集解》卷七十三。第九页；被引用于《北堂书钞》卷一一八，第三页；《册府元龟》卷三六八，第八一九页。

③ 周迁在《古今舆服杂事》（现失传）中确实说，（古代的）辒辌即今之橦车（被引用于《太平御览》卷三三六，第六页）。

④ 王隐，《晋书》，被引用于《太平御览》卷三三六，第三页；参见《晋书》卷一，第六页；《资治通鉴》卷七十四，第二三三六页；Achilles Fang（1），vol. 1，p. 574。

⑤ 这也许是历史学家的夸张；基根［Keegan（1），pp. 106—107］已注意到，阿然库尔（Agincourt）战役中著名的"死人堆成的建筑"事实上并不存在，因为对于士兵而言，一面"要在二十或三十具尸体上保持平衡"，一面还要进行决斗，的的确确是不可能的。

⑥ 《资治通鉴》卷一二五，第三九三八页；沈约，《宋书》，被引用于《太平御览》卷三三六，第四页。

巨冲调到前线，并着手再度沿南边防御周界摧毁城楼和雉堞墙。盾经不住冲的力量，于是韦不得不用布缝制专门的"缦"，挂在杆上，在冲选定的目标处伸出城墙。再度受挫后，进攻者把松枝和麻的嫩枝绑在竹竿上，在油中浸渍，然后点燃，企图焚烧缦，同时希望借此使城楼着火。但是，有创造力的韦设计了带锐刃的长钩、砍伐逼近的火竿。炽燃的火炬掉在城外地上，对城堡未构成危险[①]。

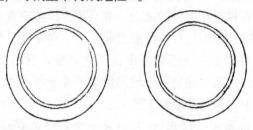

图 293   用以套住攻城槌的铁环（"穿环"），采自《武经总要》（前集）卷十二，第二十八页。

不迟于唐代，发明了另一种阻止冲的进攻的方法。粗大的环，或者用铁锻制，或者用桑木等软木弯曲成形，用粗绳或链条将之挂在城墙上（图 293）。当冲抵达城墙时，防守者将环套在冲的头部，尽全力拉拽，设法把它们倾倒。与此同时，弓箭手向冲的两侧连珠般发射弩箭，使敌军不敢上前解除环。当敌军逃跑后，立刻令强壮的守兵缒城而下，把干草扔在不能行驶的冲上，将之点燃焚烧。

（vi）临　　车

上文已经提到，现存《墨子》原文《备高临第五十三》有两段不同的文字：第一段是对"羊黔"的防御，第二段是对临车的防御。后一段在墨家各篇中是独特的，它只包括一种兵器，即连弩车的结构的详细说明，而没有提供对抗临车的其他方法或器械。这暗示：该段文字的写作时间比禽滑釐就 12 种进攻方式之一向墨子提问，然后墨子描述了各种战术和器械进行回答那种具有程式化的引言和结论的段落的写作时间要晚些[②]，可能撰写于公元前 3 世纪中叶。

墨家文字断片的编纂者把对羊黔的防御放在《备高临第五十三》中的理由可能是因为禽滑釐的问题中有以下字句："我斗胆问，当敌人把土堆积得比城墙还高，以便俯瞰我城……"[③]（"敢问敌人积土为高，以临吾城……"）。

---

① 《通典》卷一五二，第八〇一页；《武经总要》（前集）卷十二，第二十八至二十九页；《周书》卷三十一，第三至四页；《北史》卷六十四，第二至三页。

② 参见 Yates (4), p. 575. 凡以"通常，防御这等进攻的标准方法是……"（"凡守城之法……"）开始的段落，可能也晚于按问答程式的段落。

③ 关于《墨子》现存本的编纂，见 Graham (11) 和 (12)，Yates (4) 和 (5)。其编成可能稍晚于格雷厄姆 [Graham (12), p. 65] 所认为的公元 1 世纪，因为城守诸篇中的一些段落被引用于其他较晚的资料中。各篇的命名是为与汉代皇家图书馆目录中所记载之该著作的篇数 (71) 相吻合而完成的。

但是，临车实际上是攻城塔，靠车轮行驶至城墙①。《诗经·皇矣》描写周文王对崇城所使用的进攻器械时首次提到了它②。在战国后期，它们也被称为"隆"，意思是高③。公元前 2 世纪，《淮南子》的作者讲述："在晚近的战争中，隆和冲用于进攻，渠和幨用于防御"④（"晚世之兵，隆冲以攻，渠幨以守"）。

遗憾的是，不可能确定临车的外形，不过，它可能与配重平衡的"云梯"不同，并可能是汉代及汉以后的辒车的祖先，关于辒车，我们已经遇到过了。这三种器械再加上诸如橹、楼和柭杨、巢车等其他类型的攻城塔，总称为"楼车"，当军队在开阔地带时，可以用来监视敌军的接近，在围攻过程中，可以用来观察城中的防御准备⑤。

从茅元仪的"临冲吕公车"可以对此类车有所了解。临冲吕公车是一座五层的塔楼，下面有四根轴，每轴有两个轮子，由站在最下层的三名士兵推向前进。上面四层的士兵带有弓、刀、矛、剑，并向前伸出众多形状尺寸各异的矛（图294)⑥。在古代，车辆由马或牛拖拉，茅的例图实际上仅有助于了解明代对这样一种攻城塔的概念。

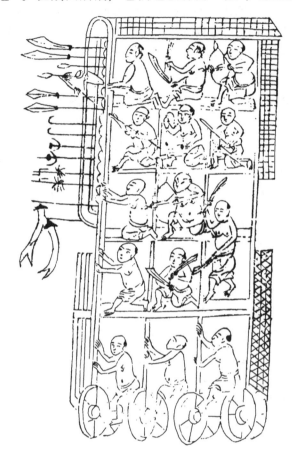

图 294　临冲吕公车，采自《武备志》。

439

440

①　认为"临"不是土坡的另一理由是：用来打击它的连弩车，与投掷石块、对大型建筑和步兵或骑兵陈列最为有效的抛石机不同，是一种低弹道武器。土坡上仅有屏蔽堆土士兵的橹（大盾）或移动掩蔽物。抵御土坡的武器是重石块、火弹、冲和幕墙。不过，我们应当注意：或许，临和羊黔是达到城墙高度的斜坡道（土山）［Sturmrampe（agger）］，而埋是使攻城塔能够到达城基的路堤［Belagerungsdamm（城壕中填土）］。然而，中国人似乎未对两种土坡进行区别，我们的结论是：羊黔和埋都是土坡，而临是攻城塔。但应当注意，很奇怪，禽滑釐的引言所列举的 12 种进攻方式中，没有羊黔，而提到了埋。也许，有些墨家的确作了区分，羊黔是斜坡道，而埋是路堤；埋原指在城壕中堆土，但当加上"距"字［其含意可能是"接通间隔"Wallacker（4）］后，新名词距阇则指两类土坡。罗列 12 种进攻方式的引言段落属于原文的一种版本，它包含有埋，但缺少了对"羊黔"的防御。

②　陈奂（1），第五册，第 107～109 页；Karlgren（14），p. 31。

③　据陆德明（公元556—627 年)（《毛诗音义》卷下，第六页）所言，在《韩诗外传》中，这首诗中的"临"被改成了"隆"。

④　《淮南子·氾论训》（《四部备要》本）卷十三，第五页。

⑤　和其他车不同，《武经总要》中的巢车和望楼车（见上文 pp. 422—423ff.）仅用于瞭望，而不能像其他战车那样用以攻击城池。

⑥　《武备志》卷一〇九，第二十五页。吕公即吕尚，也称太公望，他辅佐周武王战胜了商。后世许多兵书，包括《六韬》在内都传说是他的著作［参见 Allan（2）］。

墨家的连弩车是一系列可与西方同时出现的各种弹射式攻城砲相比拟的弩砲的祖先。它的一般特征与临车的外形无关，通过研究原文，便可轻而易举地体会到，但有许多技术名词还不能准确理解（参见上文 pp. 189—190）。

这种弩或弩砲（拉丁名词为 arcuballista）安置于其上的重合（上下）筐用一尺见方的木材制成，墨家建议筐的长度应与城墙顶部的宽度相称。根据《墨子》另一章节，垒道的宽度可能是 18—24 尺，更精确一些，是 4.14—5.52 米[①]。如果这确是城墙顶部的标准宽度，可能必须沿垒道在适当距离构筑专门的平台以适应弩砲，因为据说，箭长 10 尺，"高"出弩臂 3 尺。后一说明的意思是，张弓时，箭伸出弩臂前端。弩臂本身长 6 尺，宽 14 寸，厚 7 寸，有一弧形端体称为"蚤"，长 15 寸，弓即装入其中[②]。因为砲的建造者必须允许箭射出时有一反冲，安置弩处的城墙宽度必须比唐宋兵书中给出的 $12\frac{1}{2}$ 尺更宽，也许还要比《墨子》另一段中指出的 24 尺更宽[③]。

连弩车的筐可能比箭长 10 尺要长，安装在两根轴上，每轴有 3 个轮子[④]。轮子位于下筐内侧。上筐距地面 8 尺，弩臂前后与筐齐。筐的两部分由支柱和横梁构成，支柱和横梁用 4 寸直径的雌雄榫连接在一起。弓用绳固定在支柱上，"钩弦"也称"牙"，扣住推动箭的弦[⑤]。一件称为"轴"的部件距下筐 3 尺 5 寸，"轴"可能是一个错字，也可能是触发机构的专门名词，还可能是一个不明的机件[⑥]。铸造触发机构的外壳（"郭"）需铜稍多于 36 千克（"一石三十斤"）。用绞车（"辘轳"），以三寸见方的左右爪（"钩距"）张弓，弩还配备了瞄准具（"仪"）和某种上下调整弩的器件以准确瞄准目标。还提到了另外两种机件：木"武"，重一石（即 29.3 千克），它可能起某种配重的作用；"距"，宽 6 寸，厚 3 寸，长度与筐相同，它的功用还是一个谜。大箭长 10 尺，用绳连接箭杆，因此，箭射出后，可用大绞车卷收。每个弩配给 60 枚这种大箭，还有无数小箭，也由同一弩发射，并在同时射出[⑦]。《墨子》在结束说明时说：10 个砲手负责操作一辆连弩车。遗憾的是，没有提到这种强大的攻守城武器的射程，也没有提到引满它所需的重量：在唐朝，这种弩车的后代的射程据说达 700 步，约 1160 码或 1061 米，引满它所需的重力为 12 石[⑧]。不过，根据居延简牍，在汉代，引满这种弩所需之力为 10 石（293 千克）[⑨]。这种大型兵器以后的历史已在本书另一篇节中详细讲述。

（vii）堙（土坡）

土坡进攻方式（"堙"）的最早信息见于孔子所编鲁国编年记《春秋》的注释之一

---

① 如果墨家对垒道曾有一个专门名词，则原文中已经丢失了［Yates (5), p. 110, note 145］。
② 参见 Lawton (1), pp. 65—67；洛阳博物馆 (1)，第 171—178 页。
③ 《虎钤经·筑城第五十六》；《通典》卷一五二，第八〇〇页；《太白阴经》卷五，第一〇五页。参见 Yates (3)。
④ 俞樾 (1) 指出，原文中的"三"应改成"四"，这可能是对的。
⑤ 对弩及其机构各零件的名称的详细讨论及识别，见林已奈夫 (5)，第 301—303 页及 A. F. Hulsewé (8)，p. 253。此外，一些更早的分析，见徐中舒 (4)；劳榦 (8)，第 46—51 页。
⑥ 或许，"轴"是张弦绞车的名称，紧接着又称之为"辘轳"。不过，后一名词可能是下文所描述回收箭矢的绞车的讹用重复。
⑦ 大概弩臂上刻有箭槽，最大的箭，即 10 尺之箭，槽居中，最小的箭，槽在外侧。小箭可能不系绳，发射后即抛弃。
⑧ 《太白阴经》卷四，第七十八至七十九页；赵公王琚，《教射经》，被引用于《太平御览》卷三四八，第七页。
⑨ 参见 Yates (3), p. 441。

《公羊传》，时间为公元前 593 年，即《左传》记载楼车出现的同一时刻①。注释中说：围宋的楚军官员司马子反登上土坡窥视宋城，防守者之一华元也登上土坡往外看。于是二人交谈双方的粮食状况：宋军易子而食，而楚军也只剩七天的口粮。这一事件似乎事实上是不可能的，因为，它意味着土坡早已超过城墙，城内也已建立土坡。在这种情况下，或者城池马上陷落，或者防守方已经破坏了位于城墙他们一侧的那些部分。

尽管轶事的历史真实性可以怀疑，但公元前 6 世纪肯定已经构筑了土坡，因为，在华夏人的大救星和春秋第一位霸主齐桓公逝世的那年，即公元前 566 年，齐国的晏弱包围莱国的都城，构筑了土坡，大败了王湫和正舆子带领的棠国援军，攻克了城池②。

自此以后，构筑土坡成为围城战中的标准战术，虽然它占用了大量士兵的劳动，需要许多月才能完成任务。《孙子》估计，要使土坡高出城墙顶部并强行完成入城的通道，需要六个月的艰苦劳动③，《尉缭子》建议应在进攻方的军队有足够的人力，而且城池周围空间狭窄时使用它④。但是，墨子嘲笑采用这种进攻方式的将军：有能力的防守者对疲惫军队于这种得不偿失的冒险事业的敌人毫不畏惧。

《墨子》现存文本中有四处讲到了对土坡的防御。在二处，土坡被称为"羊黔"。我们已经说过，这二段见于原文的不同部分，第一段在《备高临第五十三》的开始，第二段在《杂守第七十一》的开始，两处对防御方法作了非常清晰的叙述⑤。在另二段中，土坡用更常见的名词"堙"来称呼，但不幸的是，原文被误置并隐藏在《墨子》城守诸篇的其他篇中，而且文字很短，又不完整，使我们只能对所提倡的防御战术有一粗略的概念。

墨家可能确如我们在上文所猜测的那样把羊黔和堙作了区分，前者指升高以俯瞰城墙的土坡，而后者是在城壕中堆土，由此敌方能把围攻器械一直带到城脚下。填塞城壕应在用钩、辒辒、冲、云梯等器械以及用蚁傅和空洞方式发起攻击前进行。然而，在整个中国历史中，两类土坡似乎没有这种区别，所有后世的中国学者和军事人员都把距堙同较晚的"土山"及"垒道"等土坡相等同⑥（图 295）。

下面是《墨子》中关于防御羊黔的第一段文字的译文：

　　　禽子再拜再拜，说："我斗胆提问，当敌人堆土筑成高地以俯瞰我们的城池，把柴和土堆积起来筑成"羊黔"，把蒙和橹向前移动，然后把土坡与城墙连接，挥舞兵器的士兵和弩手同时发起攻击，我们该怎么办呢？"墨子说："你是问对羊黔的防御吗？采用羊黔土坡进攻的人是笨拙的，因为，土坡足以使军队疲惫，而不足以损害城墙。防御方应构筑'台城'，用它来俯瞰土坡。在左边和右边，各伸出 20 尺长

---

①　《春秋公羊传》（《十三经注疏》本）卷十六，第七至九页，宣公十五年；被引用于《北堂书钞》卷一一九，第三页。参见上文，p. 422。

②　《左传·襄公六年》；Legge (11), p. 429；莱共公逃到棠，但晏弱追赶他，围攻棠国，并灭亡了它。

③　《孙子·谋攻篇》[郭化若 (2)]，称土坡为"距堙"。西汉《孙子》抄本把"堙"写成无法作其他理解的"阇"[银雀山汉墓竹简整理小组 (1)，第 37 页]。此字有几种不同的写法：堙、垔、埋、湮、煙。

④　《尉缭子·兵教下》（《汉文大系》本）第 56 页。

⑤　关于这些段落文字的复原，见 Yates (4), pp. 573—577；Yates (5), pp. 195—202。渡邊卓 (1) 可能是错的，他认为第二处叙述是公元前 3 世纪秦国墨家的作品。《杂守第七十一》只是汉代编纂者无法把它放在其他篇中的原文片断的汇集 [Yates (4), p. 574]。

⑥　《通典》卷一六〇，第八四六页；《虎钤经》卷六，第五十一页；《武经总要》（前集）卷十，第五页。

的距。行城高30尺，用强弩射击①敌人，用抛石机打击敌人，用奇异的器械……（缺漏）。如果这样做，'羊黔'土坡的进攻方式便能被击败了。"②

〈禽子再拜再拜曰："敢问敌人积土为高，以临吾城，薪土俱上，以为羊黔，蒙橹俱前，遂属之城，兵弩俱上，为之奈何？"

子墨子曰："子问羊黔之守邪？羊黔者，将之拙者也，足以劳卒，不足以害城。守为台城，以临羊黔，左右出巨，各二十尺，行城三十尺，强弩（射）之，技机借之，奇器□之，然则羊黔之攻败矣。"〉

"台城"和"行城"是同一器件可互相替换的名称：它们是用来增高城墙的屏障。不久我们将看到，它们也被用于对付配重平衡的云梯。不幸，《墨子》没有说明结构的详情，但它们应是用在泥浆中浸泡过的布条钉在木材上制成的：在玉壁围城战中，韦孝宽正是竖起了同类的屏障从而使他的城墙高于高欢的土坡③。当然，泥浆是对火的有效防护物。我们已对墨家的杠杆抛石机或投射器作了描述④。在这里，防守方利用它们轰击土坡，并摧毁设立在敌方工兵正在构筑的土坡前部的蒙和橹。因为原文有脱字，我们

444

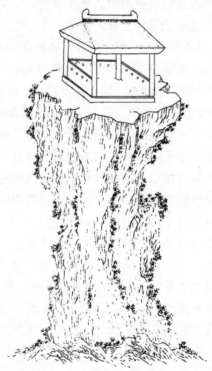

图295　高度想像的"距堙"图，采自《武经总要》（前集）卷十，第五页。

无法知道奇异的器械（"奇器"）是指什么，但是，据说秦始皇墓中有这种器械⑤；也许，当若干年后陵墓打开时，我们将有更多了解！不过，墨家可能是指他们列出的坚固防御所必须的全部兵器和器械。

---

① 加入"射"字。
② 《墨子》卷十四，第十页；岑仲勉（3），第39—40页；Yates（4），pp. 573—577；Yates（5），pp. 195—197。
③ Wallacker（4），p. 796。
④ 上文 pp. 207—210；Needham（81）；Yates（3），p. 423—424。
⑤ 《史记》卷六，第六十八页；Chavannes（1），vol. 2，p. 194。

似乎是对闉的防御的另外一些叙述的两段遗文极其残缺不全，只能了解防御方法的非常稀少的轮廓，因为许多技术名词难以解释[1]。不过，两处似乎都指出，一排排2尺或7寸长的尖木桩，间距6寸，敲入城墙顶部的胸墙中，其中一段补充了在第二"冯垣"的内外两侧都竖立灌木篱笆，士兵每隔60尺一人驻守在冯垣上，操纵木弩[2]。遗憾的是，不清楚第二"冯垣"是在城墙顶上补充常规的女墙还是主城墙外矮墙的名称。

两处也一致认为必须构筑缸，在一种情况下，缸用泥土制造，容积约2到4升，而在另一种情况下，它们用栎木（"柞"）[3]制造，深4尺，容积约24升。后者有盖，每10尺埋一个。这些缸的用途没有交待，但它们可能是用来储存油或其他易燃物品，以便点燃并投向敌方的土坡：一处谈到用风箱吹火击毁土坡，这大概是一种早期的火焰喷射器，另一处描述了一种火弹，它用木头制造，粗23.1厘米，长55.4厘米，中间掏空，充以燃烧的木炭，用抛石机（"藉车"）投掷。我们已经知道，羊黔土坡是用灌木和土筑成的，大概埋堆也以同样的材料构建，因此它们极易被这种攻击方式破坏，即使敌方工兵正在工作的土坡前部有理论上不易受损害的装甲橹盾保护。然而，在换班时，当士兵们上下运动时，他们会受到弩的方镞箭的射击，而且由于防御方把圆柱形的"蒺藜投"阵雨般降落在土坡上，士兵在土坡上的运动进一步受到阻碍。这些蒺藜投长57.75厘米，粗于46.2厘米。

无疑，墨家还构建了许多其他器件和筑城以抵抗土坡，可惜原文已经丢失。但我们毫不怀疑，他们认为这是一种非常低级的进攻方式，至少需要六个月才能完成，只会疲惫了敌人，而不会使防御方的防御能力经受严峻的考验。

尽管墨子嘲笑土坡进攻方式，历史记载中却有许多较晚的战例。我们已经提到了公元548—549年冬侯景对建康城墙构筑了土坡[4]，还有高欢企图登上玉壁城，但没有成功[5]。更早一些，公元184年，朱儁认识到他没有足够的力量对南阳发动全面的攻击，当时南阳已被造反的属于韩忠的黄巾军所陷落，因此，他满足于构筑两个土坡，以俯瞰城墙，一个在西南隅，另一个在东北隅。他假装在西南进攻作为诱饵，而亲自带领精锐部队上了东北土坡，攻入城中，迫使韩忠投降。朱儁立即把他斩首[6]。

以后，公元548年，王思政击败了东魏的高岳，当时，高岳企图夺取颖州，建立了土坡，王思政所部向土坡猛掷火攒（火标枪）和火箭，在强风的帮助下对它进行火攻[7]。

在我们转而讨论梯子的进攻方式以前，我们应当注意，杜恒曾经提出，在1965年于四川成都百花潭中学10号墓中发现的战国铜壶上有一幅土坡进攻的镶嵌画[8]。但是，经与其他三个具有相同的水战和攻城战场面的壶比较后显示，所谓"土坡"实际上是简括的梯子，下文我们将回到这些青铜制品以及它们的装饰图案[9]。

---

① 《墨子》卷十四，第九至十页，第十六页；关于原文的改写和有关问题的讨论，见 Yates (5), pp. 227—235。
② 关于木弩，见上文433—434。
③ 原文的"作"可能是"柞"之误，或一个多余的字。
④ 《梁书》卷五十六，第十四页；参见 Marney (1), pp. 135—158；Wallacker (4), p. 48。
⑤ 《周书》卷三十一，第三至四页；《北史》卷六十四，第二至三页。
⑥ 袁山松，《后汉书》，被引用于《太平御览》卷三三六，第二页；《资治通鉴》卷五十八，第一八七四页。
⑦ 《北史》卷六十二，第七页；《通典》卷一六一，第八五三页。王思政最终不得不在这些土坡之一上投降，因为东魏的进攻者才成攻地用水淹没了城池 [Wallacker (6)]。参见本书第五卷第七分册，随处可见有关纵火兵器的内容。
⑧ 杜恒 (3)，第50页。关于发掘报告，见四川省博物馆 (1)，第40—46页，壶示于图版2。
⑨ 见下文 p. 447。

（viii）梯

公输盘的名字一直与最早构建配重平衡的"云梯"相联系。他是一位传奇式的工程师，以后被许多手工业行会神化并礼拜，奉为保护神，据说没有他的帮助和保护，许多最困难的作业不能顺利完成①。公输盘是墨子著名的敌手。他们著名的对抗以及墨子胜利的故事在以后的资料中经常反复出现②，在《墨子·公输第五十》中，对这一故事全文作了叙述③。

447

公输盘为楚国完成了云梯的建造，将要用它来进攻宋国。墨子听到这消息后，从齐国出发。他走了10天10夜到达了郢。他去看公输盘。公输盘问道："你想要我做什么？"。墨子说："北方有人羞辱了我，我想让你杀死他。"公输盘不高兴了。墨子坚持自己的意见，提出给他十金。最后，公输盘说："我的主义是和谋杀人不相容的。"

于是，墨子站起来，鞠了二次躬，然后说："让我来解释明白。在北方时，我听说你建造了云梯，将要用它来进攻宋国。那么，宋犯了什么罪呢？荆④国有多余的土地，但缺少人。为了争取你所多余的，而去杀你所不足的，不能说是明智。宋是无罪的，进攻它不能说是宽宏大量。不根据自己所知道的去努力，不能说是忠诚。尽了力但得不到所希望的结果，不能说是奏效。抱着不杀少数人的主义而容许杀多数人的主义，不能说是懂得了基本法式。"

（虽然公输盘信服了墨子，但是，他声称他不能停止进攻，因为他早已答应为楚王服务。于是，墨子会见了楚王，并进行了类似的辩论。）楚王说："你的道理好倒是好，但公输盘早已为我建造了云梯，我必须夺取宋国。"于是，他注视着公输盘。

墨子解下身上的革带，用它布置成一城，并用箸作成器械。公输盘设立了九种不同的进攻器械。墨子九次挫败了他。公输盘的攻城器械已经用完，而墨子的防守方法远没有用尽。

公输盘感到为难，宣称："我知道怎样击退你，但是我不说。"墨子也说："我知道你怎样击退我，我也不说。"楚王问是什么方法？墨子回答说："公输盘的意思就是杀死我。如果我被杀，宋就将没有能力防守，就可（顺利地）进攻宋国。不过，我的弟子禽滑釐等300人已经配备了我的防守器具，在宋的城墙上等候楚的进攻了。我虽然被杀，但你不能耗尽（宋的防御能力）。"

楚王说："好，我们不再攻宋了。"⑤

〈公输盘为楚造云梯之械，成，将以攻宋。子墨子闻之，起于齐，行十日十夜而至郢，见公输盘。公输盘曰："夫子何命焉为？"子墨子曰："北方有侮臣，愿借子杀之。"公输盘不说。子墨子曰："请献十金。"公输盘曰："吾义不杀人。"子墨子起，再拜曰："请说之。吾从北方闻子为梯，将以攻宋。宋何罪之有？荆国有余于地，而不足于民，杀所不足，而争有余，不可谓智。宋

---

① C. K. Yang (1), pp. 71—72。在本书前几卷中，我们已多次遇到他。

② 例如，《吕氏春秋·爱类》（《四部备要》）本）卷二十一，第七至八页；《战国策·宋策》（《四部备要》本）卷三十二，第一一四六至一一四九页；Crump (1), pp. 562—563。《尸子》，被引用于《太平御览》卷三二七，第六至七页，称梯为"蒙天阶"；参见《尸子》（《四部备要》本）卷上，第十四至十五页。

③ 孙诒让（2），卷十三，第十二至十六页。

④ 荆是楚的另一名称。

⑤ 由作者译成英文，借助于 Mei (1), pp. 257—259。

无罪而攻之，不可谓仁。知而不争，不可谓忠。争而不得，不可谓强。义不杀少而杀众，不可谓知类。"公输盘服。子墨子曰："然，胡不已乎？"公输盘曰："不可，吾既已言之王矣。"子墨子曰："胡不见我于王？"公输盘曰："诺。"

子墨子见王，曰："今有人于此，舍其文轩，邻有敝舆，而欲窃之；舍其锦绣，邻有短褐，而欲窃之；舍其梁肉，邻有糠糟，而欲窃之。此为何若人？"王曰："必为窃疾矣。"子墨子曰："荆之地，方五千里，宋之地方五百里，此犹文轩之与敝舆也；荆有云梦，犀兕麋鹿满之，江汉之鱼鳖鼋鼍为天下富，宋所谓无雉兔狐狸者也，此犹梁肉之与糠糟也；荆有长松、文梓、楩枏、豫章，宋无长木，此犹锦绣之与短褐也。臣以三事之攻宋也，为与此同类，臣见大王之必伤义而不得。"王曰："善哉！虽然，公输盘为我为云梯，必取宋。"

于是见公输盘，子墨子解带为城，以牒为械，公输盘九设攻城之机变，子墨子九距之，公输盘之攻械尽，子墨子之守御有余。公输盘诎，而曰："吾知所以距子矣，吾不言。"子墨子亦曰："吾知子之所以距我，吾不言。"楚王问其故，子墨子曰：公输子之意，不过欲杀臣。杀臣，宋莫能守，可攻也。然臣之弟子禽滑釐等三百人已持臣守御之器，在宋城上而待楚寇矣。虽杀臣，不能绝也。"楚王曰："善哉！吾请无攻宋矣。"〉

公输盘的云梯是什么样子的呢？幸而我们有两条证据，帮助我们想象出这种器械。第一条证据是河南汲县山彪镇发现的两件战国时代的青铜鉴上镶嵌的攻城和水战的装饰画，它重复出现于另两个容器上，其中之一是上文已经提到过的 1965 年发现于成都百花潭中学的壶，另一通称为杨宁史（Werner Jannings）壶，现收藏于北京故宫博物院[①]。皿器中，山彪镇出土的两个鉴，提供了最清楚的图示。它们以侧面图显示了一具双轮梯（只能看见一个轮），梯上有两个士兵正在攀登，其中之一手持剑和盾，另一手持戟和盾。轮子位于车的后部，车后驻一士兵。他大概是负责操纵梯子并防止它滑离城墙。另外三个士兵腰上佩剑，站着举臂升高梯子。城墙上的防守者（可惜在景中没有表现出来）扔下的两块大石头正朝着梯子的轮子落下（见上文图 112）。

这一示意图有助于我们解释关于公输盘云梯的第二条资料——极端讹误的《墨子·经下》第二十七条的说明。位于机械章节中的这段文字，似乎与这样一个问题有关，为什么像提升梯子的配重那样沉重的东西在下降时能被像垂直置放在地面上的尺那样脆弱的东西所制动[②]。从墨家利用全车或车的部件构筑巧妙的防御装置的方法来判断，我们对原文提出了一个与我们在前一卷中提出的稍为不同的解释[③]。

梯安装在四轮车上，它的后轮高而装有辐条，前轮低而没有辐条（"轮"），这大概是为了便于操纵。一滑轮悬挂在固定于横档的轵（"钻"）上[④]，横档则固定在可能长达 35 尺的杆上，这是杠杆抛石机之臂的最大长度。附加梯沿杆定位，顶部有升举绳，绳固定于"前载"（这可能是车上坚固的支撑），再与梯相连，然后把绳从滑轮上穿过。把绳固定在"前载"上可能使梯更加稳定并且不再需要一组士兵用手扶持梯子，如铜鉴上所示那样[⑤]。配重挂在绳上，推拉配重时，顶梯移动。整车可从后边推，或用挂在滑轮

---

① 关于山彪镇鉴，见郭宝钧（3），第 18—21 页及图 11；关于故宫壶，见 von Erdberg Consten（2）及 Weber（4）；关于百花潭壶的讨论，见杜恒（3），参见杨泓（6），转载于杨泓（1），第 106—107 页。

② Graham（12），pp. 392—395。

③ 本书第四卷第一分册，pp. 21—22。

④ 孙诒让对"钻"字的解释似被最近在湖北睡虎地出土的秦律的规定所证实［睡虎地秦墓竹简整理小组（1），第 80 页］。

⑤ "前载"可能是顶梯上的木料，但肯定不是格雷厄姆［Graham（12），p. 394］以为的"城顶"或"树枝"。

上的绳向前拉。整个巧妙的装置可能有点像图296中的复原。

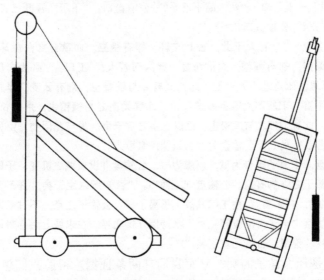

图296　配重平衡云梯复原，采自本书第四卷第一分册。

449　　　　无疑，这种器械是沉重而难以机动的，从墨子对禽滑釐所问防御这种配重平衡之梯
进攻的方法的回答中，可以看出这一点。这是墨子对弟子的回答。

　　　　子墨子说："你是问对云梯的防御吗？云梯是一种沉重的装置，机动很困难。
防御的方法是采用行城和杂楼，把它们分散，以包围（它们攻击的）中心；应当以
敌人战线的宽度为依据（部署城和楼）。包围圈中架设藉幕，但战线不要拉得太宽
（即不要试图包围敌人）。构筑行城的方法是：比（常规）城墙高出20尺，顶上加
10尺宽的堞。左右二边伸出槌 ["巨（距）"]，各长20尺。（杂楼的）高和宽应适
合于同行城一起使用。

　　　　构筑熏鼠火炬洞（"爵穴辉鼠"），外面布置火幕（"答"）。抛石机（?）、冲、
（行）栈和（行）城应部署得与敌方战线等宽。在它们（即各种防御器械和建造物）
中间，驻扎携带镌（锥）和剑的士兵。10人一小队操纵冲，5人一小组执剑，他们
都是强壮有力的士兵。命令视力好的人监视敌人。击鼓时，便对准敌人发射，交替
地或反复地向他们射击。用抛石机压制他们，从城墙上猛力射下、投下大量箭、

450　石，向他们雨水般倾注沙、灰，把炽燃的柴火和沸水向他们倾泻。

　　　　慎重进行奖赏和执行处罚，这样做的目的是使（士兵）意志坚定。对他们的行
动要迅速作出反应，使他们（对继续战斗）没有二心。

　　　　如果你这样做，就可击败云梯的进攻。"

　　　〈子墨子曰："问云梯之守邪？云梯者，重器也，亓动移甚难。守为行城，杂楼相见，以环
亓中。以敌广狭为度，环中藉幕，毋广亓处。行城之法，高城二十尺，上加堞，广十尺，左右
出巨各二十尺，高、广如行城之法。为爵穴辉鼠，施答亓外，机、冲、钱、城，广与队等，杂
亓闲以镌、剑，持冲十人，执剑五人，皆为有力者。令案目者视敌，以鼓发之，夹而射之，重
而射，披机借之，城上繁下矢、石、沙、炭以雨之，薪火、水汤以济之。审赏行罚，以静为故，
从之以急，毋使生虑。若此，则云梯之攻败矣。"〉

防御方法在很多方面与对土坡的防御相似，唯一的不同是：在云梯进攻中，守卫城
墙的士兵要在短得多的时间内到达攻击点。就是因为这个原因，墨子坚持要指派视力好

的人担任监视哨，以便他们能尽可能早地提前对即将来临的进攻发出警报。洞中的火炬在夜间当然要点燃，以照明缓冲地区及更远的地面。

当防御者知道了他们应在何处抗击敌人后，迅速抵达受威胁的城墙段，建立行城和杂楼（它们可能都是用木材和在泥浆中浸泡过的布构筑的），以确保不仅使云梯没有到达筑城顶部的可能性，而且使防御方保持了高度上的优势，能往下倾泻他们的发射物，其中包括沙和灰，沙灰除使敌人看不清箭从何处射来之外，还使在错误时刻向上看的敌人双目失明。

当云梯还离城墙有一段距离时，抛石机可能是最有效的。当云梯逼近时，操纵冲使梯不能进入 20 尺以内。然而，公输盘可能已设计了配重平衡云梯，这正是为了避开冲。因为它可以等待，直到恰好抵达城墙，才降低配重，使梯伸展。当云梯到位以后，防御者摆动冲来猛撞它，配备镌的士兵努力破坏木材，使梯倒坍坠地。镌可能是在行城上操作的。火幕和藉幕抵挡敌人发射物的弹幕，以保护防御者，为了阻止防守者顺利部署器械，伴随着进攻，敌人无疑会发动弹幕射击。

《墨子·备梯第五十六》中随后还有两段文字，第一段描述行堞，它似乎已用来防御冲[①]，第二段详述了主城墙外的厚围篱，它是用来点燃的。虽然在这一段的末尾仍有惯用的结束语"如果你这样做，就可击败云梯的进攻"（"若此，则云梯之攻败矣"），但很可能整段文字是《备蚁傅》篇中一段文字的另一种版本，因为在《备蚁傅》篇中确有同样的内容，同时这段文字一点也不像对云梯的防御。它接着假定敌人进入了围篱，然后点燃，这种情况只有在蚁傅中才会出现，而它对云梯进入围篱以后如何将之击退丝毫没有说明。因此，我们认为这是对蚁傅的一种防御措施，将在下文讨论其所涉及的方法[②]。

云梯，从公输盘时开始到约 1500 年后的宋代，除用于攻城以外，还和巢车一样，被在开阔战场上的军队和围城的军队用作瞭望塔，以观察敌军的调动和防御的准备[③]。我们早已提到了公元 23 年刘氏家族对宛的围攻[④]。使用云梯的较迟一例发生于公元 229 年的头几个月，当时，诸葛亮从四川向北进军，进入陕西渭河流域，企图包围由魏国郝昭率领 100 人的小部队防守的陈仓城。因为他的军队数量远远超过防御方，诸葛亮企图劝说郝投降，派遣来自郝家乡的官员靳详去对他讲。郝拒绝了这个提议，于是，诸葛亮把云梯和冲调到前线，发动进攻。但是，郝用火箭对梯齐射，云梯上的士兵都被烧死。他还把石磨绑在绳上对准冲投下，冲立即粉碎。诸葛亮构筑了 100 尺高的称为"井阑"的塔，从塔顶上向城中射击，塔所以称为"井阑"是因为下面几层的木材是暴露的，外观像水井周围的木围栏。此外，他还用硬土丸填满城壕。但是，郝在外幕墙之后又构筑了第二道墙来保护防守者。在最后一次努力中，诸葛亮挖掘坑道接近城池，但是郝挖掘反地道，闯入坑道，迫使进攻者退却。经过 20 多天连续不断的战斗以后，诸葛亮最终放弃了围攻[⑤]。

蜀国的军队被烧死暗示那时云梯已经历了实质性的演化，器械的结构更接近于唐宋的装置。《太白阴经》给出了下列说明：

451

452

---

① 见上文 p. 432。
② 见下文 pp. 480—485。它没有说蚁傅中进攻的士兵配备有登城的工具，可能配备的都是常规的梯和装有钩的绳。
③ 参见上文 pp. 419—422ff.。
④ 参见上文 p. 434。
⑤ 《三国志·魏书》卷三，第四至五页；鱼豢，《魏略》，被引用于《太平御览》卷三三六，第二页；《资治通鉴》卷七十一，第二二四九至二二五〇页；参见 Archilles Fang (1), vol. 1, p. 259。

飞云梯，用大的木材制成床，下面安置6个轮（大概在3根轴上）。（梯）顶部设置一对牙和栝。这些梯长12尺，有4个梯级（"桄"），相隔3尺，梯的形状稍呈弯曲，彼此超越，互相卡住。梯飞入云间，可以用来窥视城中。（上面之梯的）顶部有一对辘轳（位于长桁两侧），当梯伸展时，它们抵在墙上。①

〈飞云梯，以大木为床，下置六轮，上立双牙，有栝，梯长一丈二尺，有四桄，相去三尺，势微曲，递互相栝，飞于云间，以窥城中，其上城首冠双辘轳，枕城而上。〉

这种梯与公输盘的不同，它不是用配重来升高的。梯的上面部分是靠可能装配于下梯顶桄上的牙而保持在高处。"栝"，《通典》称之为"检"，究竟是一种什么部件，一无所知。但是，按字典定义，它是一种类似夹钳用来矫正木材弯曲的工具。我们认为它位于长桁两侧，联结于两个梯上，使上部不会因攀登士兵的重量而弯曲。

宋朝的装置，示于图297，梯长20多尺，可用配重或人拉绳索使之升起，因为在梯的两部分之间有一枢轴。在床架上用鲜牛皮构筑一四边掩体，挑选来登梯的士兵立于其中，把整个装置推到城底下。当郝昭以火箭攻击时，诸葛亮的士兵可能已隐藏在类似的掩体下，把他们封闭在内，导致他们可怕地死去。

从战国晚期一直到宋朝，对云梯的防御战术在主要的细节方面遵循了《墨子》的方案。我们早已提到过，当云梯抵达城墙时，摆动撞车撞击云梯②，也可用火箭和火标枪使云梯燃烧。唐朝杜佑建议，在八个小组守卫的一段城墙上配置三门抛石机（"砲"），二小一大。在云梯还不太接近时，抛石机对云梯猛投石块。他还提出，在常规土质女墙之上五寸和常规土质女墙之外构筑第二道木质女墙。在这种木女墙上附加垂直的木板，它们能像帘一样活动，根据情况和云梯的进退，迅速地或缓慢地开或闭。如果敌方的石块开始毁坏女墙和城楼的某些部分，防守者要张挂用生牛皮或毡毯制成的帘以减弱发射物的力量。

当然，不是每当在围城战中提到梯就是指我们刚才描述过的那种重型带轮的器械。我们早已提到了钩梯或钩和梯③，在一些原始资料中，还记载了其他三种手梯，其中最常见的是"飞梯"。根据《武经总要》，它长20或30尺，顶端有一水平横木穿入长桁。在横木上有一对轮在每根长桁的外侧转动。在蚁傅过程中，进攻者把轮抵住城墙，然后将梯子滑上墙面（图298）④。我们在上文 p. 275 已经提到过，防守者企图用专门设计的、长20尺、顶端带两个张开成八字形的叉尖的杆把梯和士兵推离城墙。这种工具称为"叉杆"⑤。

《武经总要》以下列名称对其他两种梯进行了描述。第一种是"竹飞梯"，它以一根粗竹制成的杆安装梯级构成（图298）。第二种是"蹑头飞梯"，它类似宋朝的配重平衡之梯，但没有车厢和轮。梯由二节构成，用转轴联接，上梯和竹飞梯一样用一根竹杆制成。在杆顶有一横木，上面装了两个轮，以便于把梯推上城墙，这是一种巧妙的器件，也曾安装于我们已遇到的其他梯上（图298）⑥。

（页边：453、454）

---

①　《太白阴经》卷四，第七十八页。《通典》的描述（卷一六〇，第八四六页）实质上是相同的，但部件的术语有些变动。

②　参见上文 pp. 412，426，449。

③　见上文 p. 414。

④　《武经总要》（前集）卷十，第十六至十七页。

⑤　《通典》卷一五二，第八〇〇页；《武经总要》（前集）卷十二，第十六至十七页。见上文 p. 276。

⑥　《武经总要》（前集）卷十二，第十六至十七页。

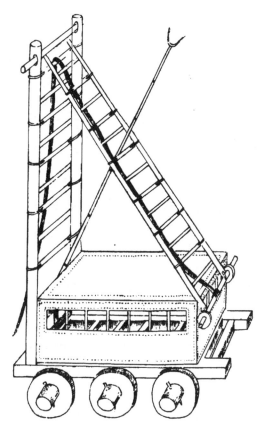

图 297　攀登梯，采自《武经总要》（前集）卷十，第十五页。

455

当然，如果围攻者想要在夜间对不警惕的防守者发动奇袭，这几种梯比沉重的、发出叽叽嘎嘎声响的云梯有用得多，因为他们能够以最小的噪声把梯搬到城脚下攀登。这种战术最著名的战例发生于公元 5 世纪晚期，当时，齐神武帝派遣韩轨和司马子如进攻西魏守卫华州的王羆。王仍在修膳城墙，没有想到会出现敌人，当夜幕降临时，他没有把工人施工用的梯子搬进城墙内。当王和他的守兵睡眠时，齐军从梯子爬上，进入城中。一听到异常的声音，王醒了，意识到出事了，他仅仅操起一根白棒，披头散发，全身赤裸，疯狂吼叫着冲出了房间。他鬼怪般的出现和吼叫声使进攻者吓得惊慌失措，就在这时候，其他防守者赶来帮助王，把敌军逐出城外[1]。

（ix）水

禽滑釐提到的第六种进攻方式"水"，在古代最著名的战例是公元前 455—前 453 年，魏、韩、知三家军队对赵的避难地晋阳发动的联合进攻[2]。这一战役以知伯瑶及其整个宗族的被歼灭而告终，是原本强大的晋国分解的最后阶段，宣告了竞争剧烈而文化灿烂的战国时期的来临[3]。

---

① 《周书》卷十八，第二页；《通典》卷一六一，第八五三页。
② 陈梦家（5），第 106—108 页。
③ Maspero（2），pp. 300—301；Maspero（33），pp. 227—228；《史记》卷三十九，第九十二页。

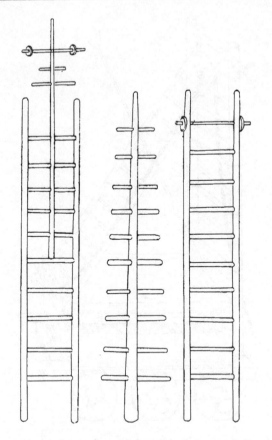

图 298　飞梯，采自《武经总要》（前集）卷十，第十七页。

《韩非子》通过秦国音乐家中期的口描述了这次战役[①]：

在六晋时期[②]，知氏是最强的。他灭绝了范和中行氏，然后率领韩和魏的军队攻赵。他用晋水淹灌（城池），直至仅剩三板宽的城墙没有被淹没[③]。

456

知伯乘马车外出，魏宣子驾御，韩康子是第三位乘车的人，立于右边。知伯说："今天以前，我从来不知道水能消灭敌国。汾水可以淹安邑，绛水可以淹平阳。"[④]

〈夫六晋之时，知氏最强，灭范、中行，又率韩魏之兵以伐赵，灌以晋水，城之未沈者三板。知伯出，魏宣子御，韩康子为骖乘，知伯曰："始吾不知水可以灭人之国，吾乃今知之，汾水可以灌安邑，绛水可以灌平阳。"〉

因为安邑和平阳分别是魏和韩的都城，宣子和康子知道知伯打算依次消灭他们；他们迅速与防守晋阳的赵军达成协议，打开了拦水的堤坝，淹没了知伯的军队。瑶被杀，他的土地被三个胜利者瓜分。

晋阳围城战是水利工程师利用华北地区丰富的水来毁灭有坚固城墙的城池的一系列

① 《韩非子》三次记载了这一事件，但第一次记载（见《十过》）可能是在以后增入原文的一篇之中［周勋初（1）］。也见《战国策》卷十八，第五八五页起；Crump（1），pp. 278ff.。

② 韩、魏、赵、知、范和中行六家。

③ 用来构筑夯土墙的板的宽度，解释各异，但它可能是二尺。

④ 参见 W. K. Liao（1），vol. 2, p. 184。

战役的开端。公元前225年，秦国王贲水淹魏国都城大梁[①]。公元前205年，汉朝的创建者刘邦在废丘攻击章邯[②]，公元198年，曹操把吕布围困于下邳，使沂水和泗水改道，迫使他投降[③]。公元548—549年，王思政企图守住西魏在河南的前哨颍川，也是被东魏的军队用水攻击溃[④]。这种方法也广泛地被有创造力的指挥员用来在开阔的战场上对付下游的军队。

墨家提出了两种方法，以抵御有时间、人力和技术围绕城池构筑堤坝并用附近河流的水注满堤坝和城墙之间区域的敌人。第一种方法是在城中最低处挖井或坑使可能渗入或漫过城墙或城门的水排入地下。第二种方法是建造船只，驶向或划向堤坝，设法使它决口。

首先，在城墙内各处仔细勘测，以确定地势最低的位置。墨家没有说明在勘测中使用的测量仪器，但它可能是一种早期的水准仪（"管准"、"浇准"、"水平"），已在前卷中叙述并图示过[⑤]。在适当的洼地挖掘深井并在其中设置测量瓦。当城墙外堤坝中包容的水深10尺时，便向这些井挖渠[⑥]，使水迅速流走。　　457

在作战过程中，木匠应该建造两种不同船只，以组成船队。一种是把两只船连在一起构成的双体船[⑦]，称为"临船"；另一种是"轑辕船"，如果名称是准确的，它大概是一种有遮蔽的船，我们以前已经指出，这种形式是以后中国水军常用的[⑧]。10艘临船，每艘均由30名熟练水军驾驶，分成三个小队，每队10人。他们都必须带上弩，此外，10人中的4人还使用一种称为"有方"的兵器。这种器具是什么东西？它的形状怎样？难住了许多近代学者，包括王国维[⑨]、劳榦[⑩]和岑仲勉[⑪]，因为"有方"这一词除在《墨子》该段中以及在《韩非子》中出现以外，还出现在许多汉简中[⑫]。劳榦提出，因为戈和戟在汉简中未见，而且有方似乎与剑和环首刀等短兵器对立使用，同时，因为水战和陆战中都携带它，故必定是一种戟或铩。另一方面，岑仲勉注意到唐朝《通典》[⑬]中说水军携带锹和钁以实施决堤，因而断定"有方"一定是一种锄的古名。

公元3世纪的注释家如淳为识别这种兵器提供了线索，他解释"勾戟"为，"像矛，刃下面有一铁制的横方（刃），向上弯曲"（"似矛，刃下有铁横方，上钩曲"[⑭]）。林巳奈夫[⑮]循

①　《史记》卷六，第十八页；Chavannes（1），2，p. 121。
②　《前汉书》卷一，第三十四页；Dubs（37），Ⅰ，p. 81。
③　《太平御览》卷三二一，第六页；《三国志·魏书》卷一，第十三页。
④　Wallacker（6）。
⑤　本书第三卷，p.750，fig. 245及p. 571。插图采自《武经总要》关于水攻的一节。注意，我们在本书第三卷 p. 332 中对《淮南子》（卷二十，第十五页）的译文应订正为："一人想知道高度，但不能获悉。如果他使用管准，他便满意了（因为他得出了高度）。"（"人欲知高下而不能，教之用管准则说。"）
⑥　按孙诒让（2），卷十四，第三十三页，将"耳"订正为"巨"（"渠"的简写）。
⑦　根据《尔雅》和《说文》，这种双体驳船的另一名称是"方"，也写成"舫"，在秦国统治下的巴蜀，用它载运50人及3个月的补给粮［《战国策·楚策一》；Crump（1），p. 245］。参见林巳奈夫（6），第396页。这种船可能是楼船。
⑧　参见本书第四卷第三分册，pp. 423ff. 及 fig. 949。
⑨　王国维和罗振玉（1），《释二》，第40页。
⑩　劳榦（6），第51页。
⑪　岑仲勉（3），第50页。
⑫　《韩非子·八说》。
⑬　卷一五二，第八〇页。
⑭　《史记》卷六，第九十八页。
⑮　林巳奈夫（6），第452—453页。

着劳榦已经引用过的这句话，借助于湖南新近出土的一件汉代兵器①，以及甘肃嘉峪关

458　魏晋壁画上的图像②，正确地认识了"有方"。它的横刃和正规的戟刃不同，不是与杆成直角伸出，而是向上端的矛尖弯曲③（见图299）。这种解释从我们以前对楚、吴、越早期水军的讨论进一步得到证实。在讨论中，我们知道墨子的敌手公输盘发明了钩拒④，用在楚国的船舰上。南方的战船常称"戈船"，这意味着或者水军使用了戈，或者这些兵器被固定在船上水线下以防止游泳者或危险的动物接近。《太平御览》中引用《越绝书》⑤，称水军携带的这种武器为"钩"，而不是戈。

图 299　有方，采自林巳奈夫（6），图 10—18、10—19。

让我们再回到《墨子》和对水攻的防御。辑辒船20艘组成一队，每艘载30人，其中20人带钩戟和剑，穿铠甲和鞮鍪，10人使用原文称为"苗"的器具。毕沅将该词订正为矛，所有其他注释者都接受了，因为这两个词发音相似⑥。这一订正是可以接受的，但是我们应当记得，以后带金属钉或爪的锚的汉字是"锚"⑦。是否可能这种锚最初在公元前三世纪已用于防御水攻，也许是从船上抛向堤坝，然后急剧往回拉，以破坏

459　围廓呢？可惜我们不能肯定。

墨家主张把挑选出来执行决堤任务的水军的父母妻子扣留在专门的营房中作为人质，给予他们优厚的待遇，以保证他们忠心执行任务。我们将会看到，这种做法也用于防御区中其他重要成员，如侦察人员、官员和其他显要人物。

防守负责人一发现可以成功地进攻堤坝，就命令临船和辑辒船从城中出发，并命令用重弩快速射击，掩护进攻，这种重弩称为"转射机"⑧。可惜原文没有说明船是手划还是张帆穿过水面的。

这就是墨家所主张的针对企图用水来围攻城市的防御方法。其基本方法在以后的

---

① 湖南省文物管理委员会（1），图版9：1。

② Anon.（540），第4页，图版50。

③ 江苏铜山小李村苗山出土的二名舞蹈勇士的画像石[见江苏省文物管理委员会(1)，图版34]可能也描绘了勾戟。

④ 本书第四卷第三分册，pp.680—682。我们按照孙诒让（2），卷十三，第十页，根据《太平御览》卷三三四，第三页，将现存原文"钩强"订正成"钩拒"。

⑤ 卷三一五，第二页。

⑥ 孙诒让（2），卷十四，第三页；毕沅，卷十四，第十三页。这实际上是孙星衍的解释。因为河崎孝治（1）已证明毕几乎全部采用了孙的校订。

⑦ 参见本书第四卷第三分册，p. 657。

⑧ 据孙诒让（2），卷十四，第三十四页的解释。关于这种兵器，见 Yates（5），pp. 432—438 和本册 p. 203。

1200 年间几乎完全没有变化。公元 812 年的《通典》①以及公元 1000 年严格遵循《通典》之说的《虎钤经》②提出在主城墙内增筑一辅助墙，堵塞全部城门和筑城上的孔洞，每隔 50 尺掘一井。每船水军的数目相同，他们必须从暗门划出，口中衔枚，带上弩和决堤用的锄和镬。二书都没有提到以掩护射击来援助水军的转射机③，但它们都建议，如果敌人意识到堤坝正遭受攻击，则立刻从城中发动突击，伴以从城墙顶上发出的鼓声和有力的叫喊声。

在我们转而讨论对"穴"这种进攻方式的防御措施之前，应对上文关于用梯和羊黔攻城中提到的青铜器上嵌刻的战国水战场面作一些说明④。

杨泓对这些铜器上所描绘的船舶和军事技术作了若干重要观察⑤。首先，舰上有二层甲板，上层站着手持至少 3.3—3.5 米长的长矛、戟和戈，腰佩短剑的战士。在山彪镇铜鉴的右舰上站着一名弓箭手。下层有划手，腰中也佩短剑。韦伯⑥指出划手面向划行的相反方向，他们一定正在划桨。不过，艺术家似乎没有准确表现出来，因为，"划桨人"手持桨的顶端，好像桨"和橹一样安装在船的支点上"。

山彪镇和百花潭图像上的战舰由站在上甲板尾部的官员指挥。他敲打悬挂在饰有二根飘带的支柱上的鼓，其脚旁有一锣（丁宁或钲），这样，他就能给划手提供节拍，并在战斗中向战士下达命令。不过，在杨宁史壶的左船上，鼓手站在船头。所有船在船头都带有醒目的旗帜，有时悬挂在长戈上，但它们没有舵，没有帆，也没有龙骨。郭宝钧⑦认为各船上战士发型的不同可能表明战斗是在北方人和南方人之间进行的，这是一种可能的解释，然而，百花潭器图上的战士，以稍微更程式化的方式描绘，似乎并不存在这种特征。如果这一场面确如冯·埃德贝格·康斯滕（von Erdberg Consten）在讨论杨宁史壶时提出的是从一张绘画临摹的⑧，那么青铜器艺术家显然在细节上作了某些变动，我们应对赞同郭的结论持慎重态度。

杨泓对这些场景的另外两点重要观察之一是所用的兵器与同时代车战所用的兵器近似，所用的战术是首先用箭、长矛和戟从远处杀伤敌人，然后极为接近，相撞，强登敌船，这时，短剑是有效的兵器。这无疑使我们相信了高敏的观点，即这些青铜器的年代是战国早期，而不是郭宝钧认为的公元 3 世纪⑨。

杨泓的第二个观察是水军所用的信号器——锣、鼓和旗帜，与陆战所用的相同。由于它们具有许多复杂性，我们将在本书第五卷第八分册中讨论。

---

① 卷一五二，第八十页；《永乐大典》（卷八三三九，第三十五页）中保存了更好的原文。

② 卷六，第四十六页。

③ 到了汉朝末年，它似乎已被淘汰（见上文 p. 203）。

④ 见上文 pp. 447—448。

⑤ 杨泓（6），第 77 页。

⑥ Charles Weber（1），转载于 Weber（2），p. 192。

⑦ 郭宝钧（3），第 19，23 页。

⑧ Eleanor von Erdberg Consten（2）。

⑨ 郭宝钧（3），第 46—47 页。高敏（1），第 211—215 页。参见 Weber（5），p. 188 及（part 4）p. 164，及杜恒（1），第 47 页。

461

（x）突

　　"突"是禽滑釐所列的第八种攻击战术。"突"这个词的意思可以是"出击"或突然"出现"或"掘洞前进"。因此，孙诒让认为，墨家所言之突是掘洞通过城墙的一种方式，这种战术最初出现于公元前547年的第六个月，当时，郑国的子产和子展率领700辆战车在夜间突破了陈国的城墙[①]。

　　但是，《六韬》用一篇专门讲述这种攻击方式，显然"突"指的是这样一种情况，即敌人已经深入防御方的领土，抢劫牛马，抓走大量居民[②]。太公在回答武王关于这种攻击的问题时建议采取焦土政策，即把牲畜赶走，使敌人得不到，因此敌人没有吃的，而且其补给线被切断。遥远的城镇要分派驻军，选择最好的士兵袭击敌人的后卫。在适当的日期，在黄昏时，各部队会合，给敌人以粉碎性的打击，俘获敌军的将领。

　　如果敌人把部队分成三或四个纵队，有的作战掠地，有的停止前进，搜集牲畜，而主力部队还没有到达防守方的城池，太公建议应当欺骗敌人，使之轻视防御的力量。派出侦察员，以确定敌军主力确实还没有出现。如果敌军主力还未出现，可在城墙外一英里[③]处构筑壁垒，作顽强防御的相应准备。士兵应展开于壁垒后面作为伏兵，并带有专门的锣和鼓、旗和帜。沿壁垒设置弩，每隔100步构筑一突门，门用"行马"（拒马）来保护（图300）。战车和骑兵驻在门外，而军队中最勇敢、最机敏的士兵藏在后面的伏兵中。当敌人来到时，轻装的士兵和他们在门外交战，然后假装逃跑；同时，在主城墙上就位的士兵用鼓产生巨大的嘈杂声，挥舞旗帜，使敌人认为防御的主力集中在后面。当敌人完全没有提防时，伏兵起立，冲出去攻击，使敌军的队伍彻底惊慌失措，溃乱，因而甚至最勇敢的人也无法作战，轻装者也难以逃跑。

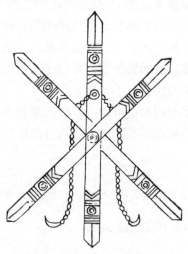

图300　拒马，采自《武经总要》。

　　① 孙诒让（2），卷十四，第二页；《左传·襄公二十五年》（《丛书集成》本），卷十七，第四十页；Legge（11），p. 515。

　　② 《六韬·突战》，（《汉文大系》本）卷三，第二至四页；Strätz（1），pp. 120—122。

　　③ 4华里。

和这种防御方式比较起来，墨家更感兴趣的是用技术方法消灭一部分敌军，即放毒 462
气杀伤敌人。这类似于对付地下坑道工兵所采用的方法，关于这种方法，我们将在下文
叙述。大概，防御者希望在杀伤敌军的先头部队或使他们残废以后，其他人看到等待他
们的命运时，将吓得放弃进攻。

因为原文大部分已经遗失，我们并不了解墨家所采用的方法的全部细节，但是，我
们可以肯定，他们正如《六韬》所叙述的那样，在外壁垒上每隔300尺构筑一门[1]。为
了放毒气杀伤先头部队中最勇敢的士兵，墨家引诱他们进入门内，然后在每端都降下涂
了泥浆的轮，使他们既不能退却，也不能继续向城池前进。在门内，工兵已经构筑了炉
窑（"竈"和"窑"），其中装满木柴和艾枝，当它们燃烧时，强烈地发出窒息的气体。
门基本上是气密的，因为各端降下的轮非常贴合，而且，由于涂了泥，烟不能泄漏；顶
上铺瓦，没有能让烟逸出或让雨水进入的孔隙，雨水能使炉中燃烧的艾熄灭。因此，为
使炉火有效地燃烧，必须从外边供给空气。墨家建造了一个孔道（"窦"），穿进门中四
或五尺，后面连接风箱（"橐"）。

敌人一进门，负责防御的官员就命令降轮就位，并用风箱鼓风。关在里面的不幸的 463
人们可能或者窒息至死或者肺受到严重的、永久性的损伤。

汉代末年，有一次，突门似乎被围攻的军队所利用：公元204年，袁尚命令审配守
卫邺城，以抵抗曹操统率的军队。审的将官之一冯礼，在城内为曹工作，打算出卖城
池。他打开了突门，让300多名曹军进入。幸而审知悉了发生的事情，用大石块轰击突
门，将之摧毁，并杀死了里面的士兵，大石块可能是用抛石机发射的[2]。从此以后，虽
然我们还能读到在主城墙中构筑突门的记载，这种突门最初见于，《墨子》的另一段文
字，但在城墙外一英里处专门准备的壁垒和城门结构中伏击敌人的战术，在历史记载中
似乎没有再出现。

（xi）穴

在现存《墨子》原文中，有三种不同的描述，说明了挖地道所采用的方法，挖地道
是东周围城战中最先进也是最冒险的战术。无疑，这些方法直接来源于商周青铜器和铁
器工业中几世纪来所发展起来的技术，包括采矿、筑窑、鼓风炉和鼓风用的风箱。下面
的说明根据这三种不同的描述，它们有时互相有些矛盾。

进攻方挖掘地道以达到两个目的：第一个目的是打开一条通道进入主城墙内部的地
面，以便步兵涌入城中，袭击没有戒备的防御者。不过，这一目的在《墨子》中没有专门
提到。第二个目的是暗挖城墙。当从下面挖掘城墙时，进攻者用柱和板支撑城墙。当已有
足够长度的城墙基础被挖除后，放火焚烧支柱。失去支柱，整段被暗挖的城墙便塌陷下
去。这样，城墙就产生了一个大的缺口，敌军可以通过这一缺口发动密集步兵进攻。

为了防止这一灾难，墨家建议在城墙顶上构筑高楼，布置瞭望哨，经常监视敌军的
调动。因为坑道工兵必须对挖掘过程中的出土找到一些处置方法，如果瞭望哨注意到敌

---

[1]　关于此防御措施的两种型式的复原，见 Yates (4), pp. 570—572 及 Yates (5), pp. 246—250。在现存原
文中，这二种型式已经合并。

[2]　王粲（公元177—217年），《英雄记》，被引用于《太平御览》卷三一七，第六至七页；参见《资治通鉴》
卷五十六，第二〇五三页。

464 军攻围城池的结构有异常的变化，或者他们的土堆的体积增加了，或者护城河的水变得混浊，防御方就应立刻估计到挖地道的军事行动。事实上，以后的原文表明，挖地道往往与构筑土坡相结合，因此，从下面坑道中运出的土马上用于攻城的第二条战线。

在城墙内，紧靠城根挖掘一系列井，每隔 30 尺一个。如果城池位于高地，井应深 15 尺，如果位于低地，应深达水平面下 3 尺。陶工新制大缸（"罂"或"甀"），缸口蒙上薄鲜生牛皮。这些"地听"（见图 301，302）被放到井的底部，令听力聪敏的人伏在缸上，监听敌方坑道工兵开凿地道时发出的音响。利用这种方法，他们可以准确确定逼近的地道的方向和深度。确定了深度和方向以后，防御方应尽快挖掘反地道，以拦截敌人。

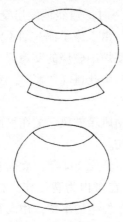

图 301　地听，采自《武经总要》（前　　　　图 302　另一种地听，采自《武经总要》
集）卷十二，第三十页。　　　　　　　　（前集）卷十二，第七十页。

50 名男女挖掘者开凿防御坑道，土装在筐中利用某种绳索和滑轮系统运到地面[1]。可惜所用的方法不清楚，不过原文说明了每个坑道应配备 40 个筐[2]。反地道应从紧靠城墙的井开始，以 30 度的角度下降。井的顶部用高 7 尺的石墙保护，上加齿状矮墙，到达井底的唯一工具是绳梯。在井底，或在坑道入口内专门构筑的以瓦贴面的房中，建造一个或二个窑炉，其中堆满断成一尺长的柴和艾，窑旁设风箱，并构建桔槔，用以带

465 动风箱，把艾燃烧产生的烟吹入坑道，到达进攻方的采掘面。艾的燃气含有高度挥发的苦艾油 $C_{10}H_{16}O$，它可能使陷在地下通道有限空间中的进攻者癫痫发作或死亡。最有趣的是，第三种描述指出可以使用两种不同的风箱，即牛皮制的"橐"或"皮缶"[3]，每个窑两具风箱[4]。此外，该段建议每个窑应用约 10 公斤煤辅以助烧的炭作为基本燃料。

---

① 一段文字指出，每个坑道中应设置两条"环利率"（连环输送链），大概是用来运土的。"率"可能是"䋥"的简写，"䋥"见于郭璞对《尔雅·释水》的注释（郝懿行《尔雅义疏》卷四，第十五页），它与"绁"相同。"䋥"和"绁"均不见于《说文》"环利率"似乎和《六韬·军用》中提到的器件是一致的（"渡沟堑飞桥一间，广一丈五尺，长二丈以上，著转关辘轳八具，以环利通索张之"）。参见 Strätz (1)，pp. 99—100，书中 (note 55) 注意到，《太平御览》卷三三七引用《卫公兵法·守城篇》中有"转关桥"。

② 《商君书·境内第十九》提出，每队挖掘者 18 人 [Duyvendak (3)，p. 301]。

③ 屈大均（1630—1696 年）在《广东新语》中（卷十五，第八页）描述了鼓风炉的外壁形状像瓶瓮，而高本汉 [Karlgren (1)，1107a-c] 认为可能古代的"缶"字似于窑。因此，缶可能是另一种炉。不过，该段的措词"提供带有牛皮风箱或皮风箱的窑炉"［"具（全）窑牛（交）皮（橐）橐皮及（坫）缶（甀）"］无疑提到了两种风箱。这有无可能是关于双动活塞式风箱的最早资料。

④ 另一描述中给出风箱的数目是四个，但不清楚它们带动几个窑炉。

如果《墨子》中这一段文字的年代是战国时期，我们就有了煤在汉代之前已用于铁器制造业的证据[1]。三名有长期使用这种风箱经验的强壮士兵操纵一个桔槔，还有二名官员——"舍人"和"置吏"也在窑旁就位。舍人可能是负责防守城池的墨者（"守"）的家臣，而置吏可能是城镇的常驻官。他们无疑有责任保证窑炉、风箱和桔槔的全部准备工作处于正常状况，操作桔槔的士兵不离开岗位，不犯其他形式的奸诈行为。

反坑道的实际构造是非常重要的。在一段文字中，说明坑道宽八尺，高八尺，而另一段文字说，坑道高七尺半。当挖掘者向前移动时，用稻草（"藁"）和麻秆（"枲"）制成的火炬照明，竖立二围半（57.75厘米）粗的支柱，坑道全长以厚板铺顶，防止坑顶塌落[2]。在七尺半高的坑道中，支柱沿侧壁每二尺设立一根。坑道两侧的支柱相距七尺。它们被安放在柱础（"碼"或"硕)上，二根支柱共用一个柱础。在坑顶上，水平设置称为"负土"的厚板。这些负土板安置于坑道两侧的支柱上。没有支柱支撑的负土板应同与支柱结合的板固牢。在原文中，关于这一作业的说明确实复杂，而且因为讹误，难以理解，但岑仲勉认为负土板放在坑道的底部而不是放在坑道的顶部，肯定是错的[3]。把它们放在底部就一点作用也没有了。支柱和木板全部妥善地涂抹灰泥以防着火。我们在图303中复原了墨家的坑道。就我们从发掘报告和示意草图所知，在铜绿山发现的重要的东周采掘综合构造中，有类似的支柱和木板结构，此支撑土方(见图304)[4]，

466

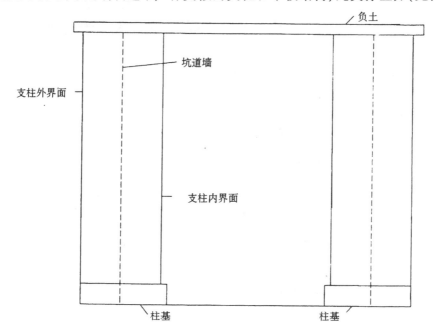

图303　墨家坑道的复原，采自 Yates (3)。

① 岑仲勉 (3)，第63页。关于汉代用煤，参见北京钢铁学院 (1)，第97—98页。

② 有点意外，墨家丝毫没有提到通向地面，用以供气供工人呼吸并使火炬燃烧的通气孔；可能有这种通气孔，也可能由入口处风箱旁的士兵把空气泵入。

③ 岑仲勉 (3)，第66—67页。贾逵对《周礼·冢人》（《周礼正义》卷四十一，第八十五页）注释道 "在（通向墓中的）隧道上有负土"（隧道有负土"）。

④ 铜绿山考古发掘队 (1)，第1—12页；湖北省黄石市博物馆、中国金属学会出版委员会、北京钢铁学院冶金史组 (1)。

而《武经总要》对地道的说明，与上文提到的《墨子》各段文字中所述的内容几乎完全相同[①]。

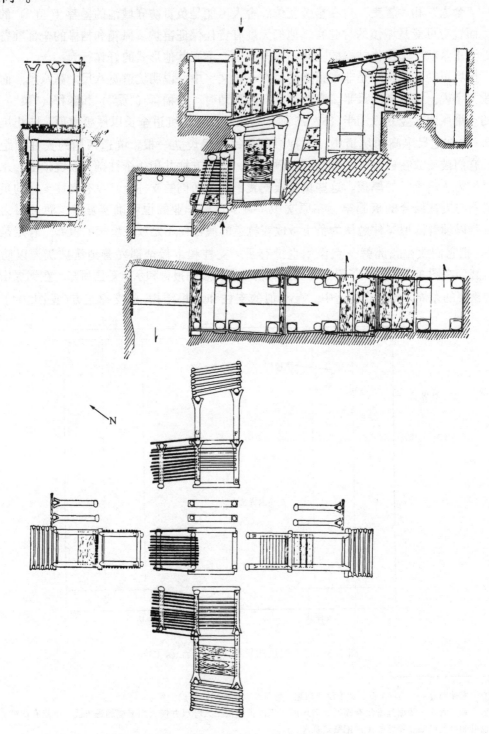

图 304　铜绿山的采掘综合构造，采自铜绿山考古发掘队（*1*），图 5。

468

　　《墨子》的第一种描述中叙述了一种保证艾烟、废料、灰和其他污染物深深地侵入坑道的引人入胜的方法。可惜，直到现在为止，《墨子》的大量原文破损使细节模糊不清，有时不可理解，但是通过对原文重新整理，我们可以看出东周墨家学派无名的工匠和技师的非凡创造力。

　　陶工应制作二尺半长、一围（23.1 厘米）粗的圆砖管。管沿中间隔开，因而每一节管有两个独立的出烟孔。二节管挨着敷设，管中的隔板与地面平行①，因而共有四个出烟孔（见图 305）。头两节各接到一窑，每窑有两个风箱注入空气，连接的方式没有说明。随着挖掘者挖掘坑道，渐渐离开入口和窑前进，敷设愈来愈多的管节，节间的接口均妥善地涂抹灰泥，保证不漏气。坑道底部的泥土夯实，在两条管道的四个半体中全部安放灰、污染物或其他轻的物料，但不应把孔全部填满，否则就会堵塞空气的通道。

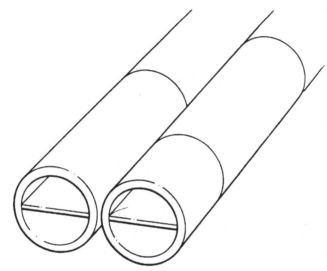

图 305　把烟输入墨家坑道所用的管道。

　　挖掘者还带进一种用连接木板构成的称为"櫓蓋"或"蓋"的大遮护板（连版）②。连版恰好与坑道的高和宽相吻合，当反坑道与进攻的坑道挖通时，将它竖立，以堵住敌人，不让他们再侵入。在连版上钻出矛孔，大概也为管道钻洞，遇到敌人后，立刻竖起木遮护板，用风箱鼓风，把矛推出，以防止敌人堵塞管道的出烟孔。如果管道被堵塞，防御者应退却，把板拉回，并疏通孔。作为对付敌军可能把毒气泵入攻击坑道的一种防护措施，防守者把容量大于 40 斗（80 升）的大盆带入坑道，其中装满了醋。如果敌人泵入毒气，挖掘者应把醋泼在眼睛上，面对着盆［原文为"以自（鼻）临醯"］③。在深而窄的坑道中用这种方法来防御刺激性非常强的艾烟浓雾，效果究竟如何并不清楚，因为没有它在实战中使用的说明传下来。

　　坑道挖掘者也配备了地听，当他们听到敌人在反坑道左边和右边挖掘其他地下通道时，立即用编条和灰泥把坑道的工作面堵住，并挖掘横向坑道与敌方的地下通道相交。防御者得到严厉的命令，当两个坑道相遇时，在地下战中不得屈服于敌人，因此，他们

467

469

---

① 这是我们对"偃一覆一"的解释。此后，原文谈到了"右左窦"。可能墨家的意思是应有四个管道，八个出烟孔。
② 它也可用大车轮制造。
③ 董仲舒，《春秋繁露》卷十四（《效语第六十五》），第五页。书中记载，"人们说，醋能消除烟"（"人言醯去烟"）。

装备了许多特殊武器,包括四尺长的铁钩钜、四尺半长的短矛、短戟和发射"飞蚩"箭的短弩,这种箭长约 37 厘米,箭头呈三角形(见图 306)①。在考古发掘中至今还没有发现这些地下战中所使用的特殊武器的样品,不过,失去了伴随金属头的柄或与弩机相连的弩臂,它们可能很难被辨认出来②。

　　敌人被击败逃跑以后,空的坑道必须经常由七名士兵和一条狗警戒,当有敌方士兵接近时,狗当然会吠叫,向防御者发出警报。有时,坑道用门封闭,门的外侧面向敌人的一边
470 用"蒺藜"保护。蒺藜是仿同名的刺状植物(*Tribulus terrestrics*)制造的,由常呈多角形的

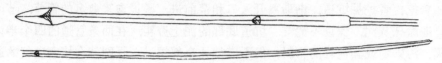

图 306　飞蚩箭,采自林巳奈夫(5),图 391。

尖锐铁钉固定在木板上组成③。两块这样的板保护一个门,门后潜伏着守兵。如果出现了敌人,他们从埋伏中跃出,参加战斗,并用力地把毒气泵送到敌人的脸部。

　　上述针对坑道攻城的地下坑道作业技术似乎历经若干世纪而传了下来,因为在公元546 年著名的玉壁围城战中记载了类似的作业④。唐代的《通典》也提到了这种作业,但所471 用方法暗示杜佑在程序上建议作一些改进⑤。不过,杜确实记载了另一种防御坑道进攻的方法,它也起源于晚周墨家的技师。

　　这种方法就是,当敌人的坑道还在城墙以外时,把燃烧的木柴投入敌人的坑道中。《墨子》给予了以下说明:

　　　　用车轮制成辒。把木柴缚在一起,将麻绳浸在泥中,用它来缚木柴。对准(敌人的)坑道口垂下铁链;铁链长 30 尺,一端为环,另一端为钩(从这里把木柴投入敌人的坑道)⑥。

　　　　〈以车轮为辒。一束樵,染麻索涂中以束之。铁锁,悬正当寇穴口。铁锁长三丈,端环,一端钩。〉

　　遗憾的是,无法说明辒的性质,但它可能是某种庞大的滑车或绞车,因为《通典》建议在这一作业中采用桔槔。下面是杜佑的说明:

　　　　首先制造一具桔槔,悬挂一根 30 多尺长的铁链;捆绑薪束、芦苇和木柴,并将它们点燃。把它们从城外敌人挖掘坑道处的洞口上放下,熏烧敌人。敌人将立即死亡。"⑦

　　　　〈又先为桔槔,悬铁镰长三丈以上,束柴、苇、焦草而燃之,坠于城外所穴之孔,以烟熏之,敌立死。〉

　　实质上,这两种器械和以后宋朝的"游火箱"类似(图 307),它由一个锻铁篮,其中充

① 周祖谟(1),9/58/20。参见林巳奈夫(5),第 329 页,图 391·5。飞蚩箭在汉代的居延竹简中经常出现,并已被考古学家和学者们认出。

② 图 112 所示刻纹铜鉴上描绘的一些进行白刃战的战士带有短戟和矛。湖北省博物馆中展出了一件从曾侯乙墓中出土的这种短戟。我们的印象是地下战中使用的武器比这些还要短。

③ 较晚的各种蒺藜已被发现,但就我们所知,没有发现板。见上文 pp.264、288—289、433。

④ 《北齐书》卷二,第十四页;Wallacker(4),p.798。

⑤ 《通典》卷一五二,第八〇〇页。杜似乎暗示,坑道口用板紧紧盖住,把艾烟往下泵入坑道。换言之,唐代的防守者不与敌人在地下交战,也不把管道往下引入坑道。

⑥ 《墨子》卷十四,第八页;岑仲勉(3),第 64—65 页。链的长度似乎有些不妥。

⑦ 卷一五二,第八〇〇页。

满木柴、艾和蜡，固定在一根长铁链上组成。和前二例相同，当一隧洞侵入敌人的坑道后，把它点燃，往下放入洞内，用毒气杀伤坑道内的工兵[1]。

唐《太白阴经》也提出烧死敌方坑道内的敌坑道工兵。它采用挖天井的方法达到目的：

> 当敌人开始挖地下坑道来进攻城池时，[防御方应]在坑道上方直往下挖井，贯穿敌方的坑道。他们应在井中堆积木柴，点燃它，以窒息敌人。当然，敌人将被烧死[2]。

〈敌攻城为地道来，反自于地道上，直下穿井，邀之。积薪井中，加火熏之，自然焦灼。〉

这些天井应在敌坑道工兵能够损伤主防御工事的地基之前就在城墙外挖好。

不过，到了宋代，就器械而论，挖坑道的技术相对地变得更加先进，但原理几乎和一千年前墨家的方法完全相同。第一种新式的进攻器械称为"木牛"，它是用木料坚硬的厚板制成的平屋，覆盖以鲜牛皮（图308），置于有四个轮的框架上，由藏在里面的坑道工兵向城墙推进[3]。我们可以想像，坑道工兵在里面所挖的坑道，与借助于"头车"挖掘的坑道差不多，使防御方无法察觉。我们现在必须转向头车。

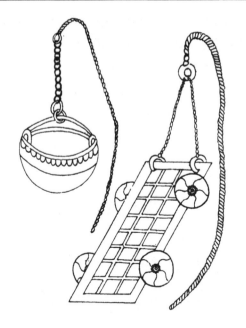

图307 游火箱，采自《武经总要》（前集）卷十二，第六十二页。

472

图308 木牛，采自《武经总要》（前集）卷十，第十八页。

473

在这种器械保护下挖掘的坑道，高7尺5寸，宽8尺。每挖去一尺土，设置一根支撑土的水平梁（"横地栿"），坑道的两侧用诗意地称为"排沙柱"的支柱加固，排沙柱这一名词来源于《世说新语》，书中孙绰说，读陆机（公元261—303年）的"文章，如同披沙拣金，不时地遇到宝藏"[4]（"陆文若排沙简金，往往见宝"）。

---

① 《武经总要》（前集）卷十二，第六十二至六十三页。
② 卷四，第八十四页。
③ 《武经总要》（前集）卷十，第十九页。
④ 《世说新语·文学第四》；译文见 Mather(3)，p.136，no.84。

完整的构架称为"绪棚"(图 309—313),挖掘者可以从中任意来回走动,回到他们的战线或抵达隧道的起点,而不必惧怕敌人的伤害。当他们掘进到城墙基础后,他们便挖掘城474基,架设支柱以支撑该墙段;当基础被挖去足够长度以后,便在支柱周围堆积木柴,点燃,然后撤退。支柱将燃烧,断裂,整段城墙随之塌陷。于是,围攻的部队猛攻防线的缺口。

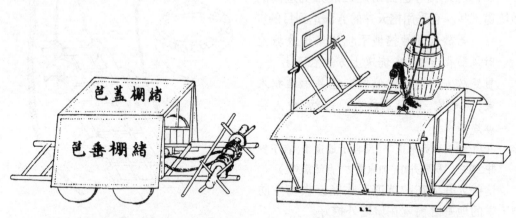

图 309　完整的绪棚,采自《武经总要》(前集)卷十,第七页(左);卷十,第九页(右)。

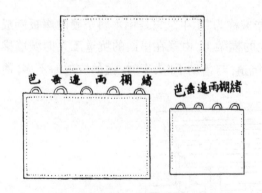

图 310　绪棚的屏蔽物,采自《武经总要》(前集)卷十,第八页。

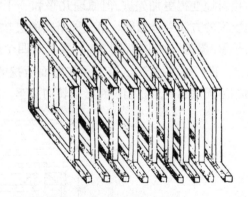

图 311　未覆盖的绪棚框架,采自《武经总要》(前集)卷十,第八页。

绪棚的顶部和侧面都用皮帘("笆")(图 309、310)覆盖,以保护木架和挖掘者不被箭石伤害。如果防御方把它或头车点燃,挖掘者应借助于"麻搭"(图 314)用稀泥浆洒涂燃烧的棚,并用"浑脱水袋"向火焰喷水(图 315)[1],它以新剥下的整张羊皮制成。

475　　关于坑道工兵在其中挖土并构筑绪棚的头车的描述如下:

身长 10 尺,宽 7 尺。前面高 7 尺,后面高 8 尺。用 2 根大木材作"地栿",前后两端各有一横梯级。前面的梯级尤要强壮粗大。上面,设置 4 根支柱,支柱上建一"衣梁"(大概是为了加强结构,并使支柱和梯保持竖立),上面铺"散子木"作为覆盖[2]。

---

① 《武经总要》(前集)卷十,第八页;插图,第六至八、九、十一页。
② 这种木料性质不明;它可能是难以作其他用途的木材,也可能是木削片或薄木片。

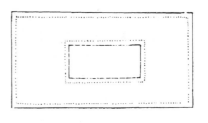

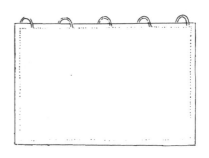

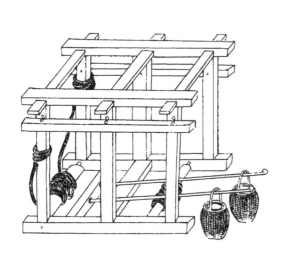

图 312 未覆盖的绪棚框架,采自《武经总要》
(前集)卷十,第六页。

图 313 绪棚的屏蔽物,采自《武经总要》
(前集)卷十,第六页。

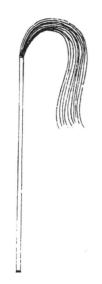

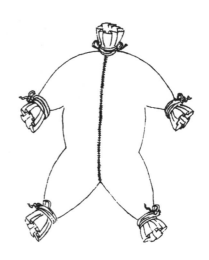

图 314 洒涂泥浆的麻搭,采自《武经总要》
(前集),卷十二,第二十七页。

图 315 浑脱水袋,采自《武经总要》
(前集)卷十,第十一页。

476

　　(顶盖的)中央,留一个洞(原文为"衣窍"),宽 2 尺,使人能上下穿过顶盖。顶盖上铺一垫(用编竹或生牛皮制成),垫上铺干草("穰")和麦秸("藁"),厚一尺多,其上再铺皮垫。这是用来防御抛石机抛掷的石块的。车的三面,安装栏杆("约竿")。①
　　头车的牌木:每牌长9尺,宽5尺②,厚6寸。顶上有一小孔。用皮绳把这些屏

---

① 原文的注中说,这些杆"像坐槛上竖立的杆"("如今坐槛上栏干"),"坐槛"可能是囚犯的棚车;参见 Chauncey S.Goodrich(1)。
② 原文为"寸",但看来是错的。

蔽物系于车上,垂在约竿外。木料(即约竿)无固定的数目,但必须(通过设置这些木料)遮密三面。牌外又悬垂皮簾。它们也是用以防御抛石机发射的石块。

在洞下设一梯,以便爬上顶盖。在前部,设置一幕簾("屏风壹笆"),中央开一射箭用的窗,窗边倚靠"木马"[①],以便窗后的士兵向外射击。

〈身长十尺,阔七尺,前高七尺,后高八尺,以两巨木为地栿,前后梯桄各一,前桄尤要壮大,上植四柱。柱头设涎衣梁,上铺散子木为盖,中留方窍,广二尺,容人上下。盖上铺皮笆一重,笆上铺穰蒿,厚尺余,穰蒿上又施皮笆,所以御砲石也。车上三面皆设约竿。头牌木每牌长九尺,阔五寸,厚六寸,首有小窍,以皮绳系著车盖,垂在约竿外。木无定数,但取遮密三面。牌外又垂皮笆,亦以御砲。方窍下置梯,以升盖上。前施屏风笆一,笆中开箭窗,倚以木马,令人于笆内射外。〉

从所附的插图(图316)可以了解头车的大概结构。

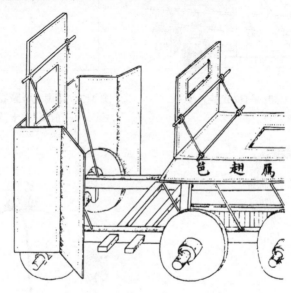

图316　头车,采自《武经总要》(前集)卷十,第九页。

运用头车进攻的方式如下:围攻者移动他们的战线直至离城墙500尺,于是,用重砲和密集的弓弩射击攻击防御者,使他们无法坚守阵地,坚持岗位。然后,用两根18尺长、插在前横梁之下后横梁之上的杆将车慢慢向前移动。当压低操纵杆使之向前移动时,车的前部始终保持距地面一尺以上,以免被卡住。也可以不利用长木杆而用木桩或铁栅条使车跳动前进。以后车上加了轮,更便于前进(和后退)。此外,一根强度为1000斤(680千克)的粗麻绳系在后横梁上,绳的另一端绕在位于攻击战线之后的绞车上。如果车需要撤退——例如当车已被点燃,车内的士兵又不能扑灭火焰时——转动绞车,把车收回。

当车前进时,坑道工兵在他们身后构筑绪棚。当到达城壕时,搬运工通过绪棚运送干草、麦秸和土把它填满。于是,车终于抵达城墙底部,认真地开始坑道作业。

从以上描述可以看出,头车是用来构筑地面之上或仅稍微陷入地面的绪棚的。不过,宋朝的坑道工兵也确以与墨家相同的方式挖掘地下坑道,如果进攻方成功地挖掘了进攻坑道,他们便采用与他们的古代前辈差不多的战术:他们肯定运用了相同的侦查坑道的方法。

① "木马"是支于三条腿上的水平木块,高三尺,长六尺。

图 317 表示一"土色毡簾"，它挂在垂直通向防御方主坑道的洞穴或支线的入口，以隐匿孔道。10 名战士带着剑和刀等短兵器潜伏在洞穴中，当敌人接近时，突然跳出，伏击他们①。

宋代的工兵不构建把可怕的艾气泵入坑道的桔槔，而构建尺寸与坑道的高和宽相称的"风扇车"。"风扇车"由竖立的支柱、二根横档、转轴以及插入转轴的四块方板组成。当遭遇敌人时，快速转动风扇把砾石、灰、谷糠（"籺"），纸制的其中充满碎瓷和碎石并以黄蜡、树脂或沥青和炭末熬制的糊涂傅的球弹，包含某种炸药的火球，以及烟推向前进，以伤害敌人，并使他们残废②（图 318）。

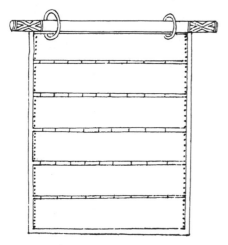
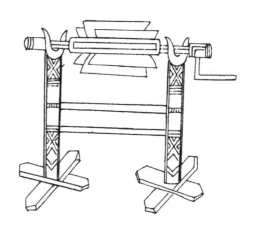

图 317　隐匿地下坑道的土色毡簾，　　　图 318　把烟和投掷物驱入坑道竖井的风扇车，
　　　采自《武经总要》（前集）卷十二，　　　　　采自《武经总要》（前集）卷十二，
　　　第三十八页。　　　　　　　　　　　　　第三十一页。

478

宋代的坑道工兵还配备了 6 尺 5 寸见方的"皮漫"，以保护他们不受坑道上的敌人通过各种反坑道（"翻身窟"）中挖的孔灌入的烟、毒品和其他有害物质的伤害。皮漫用不燃烧的火绳穿过四角的环绑于排沙柱上，以使之就位（图 319）③。

通过翻身窟灌入的有害物质一般是人粪秽臭之药（"人清臭药"），它们储存在 4 尺见方、2 尺深的木箱中。当敌人的坑道接近，并认为有必要击退进攻时，挖穿翻身窟，向敌人坑道插入一根管道，通过 4 尺见方的注盘和用鲜牛皮制的 4 尺长、3 尺宽的皮透槽把"人清臭药"（大概是干粉末状的）倒下（图 320）。

479

虽然《武经总要》仅建议围攻方使用这些器具，但是极可能防御方的坑道工兵也用它们来抗拒敌人④。

如果我们不简要地提到一些挖掘坑道的专用工具，我们对宋代早期的坑道作业技术的综述就将是不完整的：首先是"烈镤"，刃长 1 尺 5 寸，形状如葫芦制的瓶，上部尖，底部 8 寸见方，3 尺长的柄的端部有一叉。其次是"骥耳刀"，形状也如葫芦制的瓶，但刃长 1 尺，顶部尖，底部细，它也有 3 尺长的柄。这两种铁制工具用来松土，然后用锹和铲把土移

①　《武经总要》（前集）卷十二，第三十八页。
②　《武经总要》（前集）卷十二，第三十一页。
③　《武经总要》（前集）卷十，第二十五至二十六页。
④　《武经总要》（前集）卷十，第二十五至二十六页。

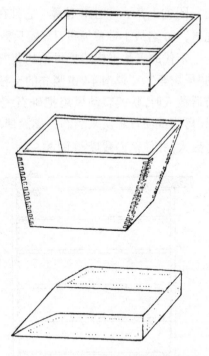

图 319　阻止有害物质进入坑道竖井和
　　　　地道的皮漫, 采自《武经总要》
　　　　(前集)卷十, 第二十五页。

图 320　将有害物质灌入敌坑道的器具,
　　　　采自《武经总要》(前集)卷十,
　　　　第二十五页。

480　走。"镭锥", 柄长 2 尺;刃长 2 尺半, 用于探测坑道是否已接近穿透其他坑道。"蛾眉镬", 刃
　　宽 5 寸, 柄长 3 尺;"凤头斧", 刃宽 8 寸, 柄长 2 尺半, 也用来松地下压实的土^①(图 321)。

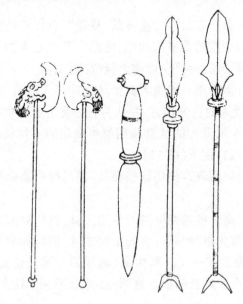

图 321　挖坑道的工具, 采自《武经总要》(前集)卷十, 第二十四页。

① 《武经总要》(前集)卷十, 第二十四页。

(xii) 蚁附(傅)

我们已经提到过,迫使蚁附的敌人离开城墙表面的方法之一是水平地或者垂直地悬挂燃烧的答。步兵密集进攻在古代中国的文献中称为"蚁附",因为无数的步兵像蚂蚁爬上房墙一样攀登城墙[①]。在《墨子》详细说明对这种进攻方式的防御的各篇中,描述了许多其他器械和方法,由于它们技术上的重要性,有理由引起我们的关注。

同样,在一个断片中,我们已注意到[②],墨家建议在城根的缓冲区埋设5尺长,周长半围(11.5厘米)多,两头均锋利的尖铁桩("锐铁杙")[③]。桩埋深3尺,共5排,排间距离3尺(约69.3厘米)。它们也被锤入城墙顶上的胸墙中。

这些尖铁桩或木桩无疑使进攻者企图以良好次序到达城根变得非常困难,并使攀登城墙成为更加困难的任务。被击落城墙的进攻者跌下后可能已被刺穿,即使不是立即死去,也必定要死亡。由于桩埋得很深,敌人想在短时间内除掉它可能是特别艰巨的任务。正因为这个原因,墨家建议采用铁桩,因为木桩在第一轮攻击波中就可被锯掉,当然他们必须在带有盾牌的同伴保护之下,使他们不受从城墙上发射和抛掷的物体的伤害。

在这个古老的布雷区之外,防御方可能已散布了铁蒺藜和破碎的陶片以阻滞敌人前进,但在两个关于防御蚁附的文字片断中,墨家建议构建庞大的粗制木栅,称为"柜"[①]。它应为10尺宽,设置于距城墙10尺处,用大小不同的木材截成10尺一段建成。木材深埋入地,使它们不能被拔起。似乎沿木栅每120尺,在一种称为"杀"的结构中,建造了两扇5尺宽、容易移动的轻便编条门。条还必须有"鬲",它可能是一座隔墙或10尺厚的外堡[④]。沿城墙顶部每30尺建造一灶,附近有炭火盆,沿城墙每4尺有一带钩的椿敲打入夯土墙中。钩上悬挂"悬火"。悬火必定是包含轻的易燃物的篮子。在篮间站立着"载火",载火可能是发射火箭的士兵。当敌人进攻时,让敌人进入门内,然后击鼓,射箭,把点燃的篮投下,使木栅燃烧,焚烧不幸陷入栅内的士兵。如果敌人扑灭了火,再次进攻,则重复以上步骤。一旦敌人溃逃,防守方最勇敢的战士们便从突击口("穴门")发起反攻,以歼灭敌人,并杀死其将军。

另一种用来对付蚁附的奇妙装置是"悬脾"。这是一个用2寸厚的木板制成的敞口箱。左右两侧高和宽皆为5尺,前后高(和宽?)3尺。运用一接有铁链的横梁从城墙上将箱垂下,铁链绕过一直径1尺6寸的滑轮与绞车相连。四名士兵驻在绞车旁升降木箱,一名士兵站在箱中,挥舞柄两头均有刃的24尺长矛刺向攀登城墙的敌军。可能箱的两侧装有板条,因此他可以通过木条间的空隙操纵长矛而不至于不必要地暴露自己。不过,原文没有明确这一点。在敌人密集进攻处,沿城墙表面每36尺配置一个悬脾,在危险较少处,每隔120尺配置一个。

另一种箱称为"火捽"或"传烫"。这是一种木槽,两端由轴长10尺的两个大车轮构成。车轮与轮毂熔("融")合,使之不能旋转,并用木料连接。将棘木钉入两个车轮构成槽

---

① 曹操对《孙子》中这一名词的注释,见《孙子十一家注》第五十九页,注七。

② 见上文 pp.264,444,445。

③ 原文为"柜"。我们据孙诒让和黄绍箕的订正;见岑仲勉(3)对"柜"的校订[Yates(5)pp.169—170,n.314]。这两个片断是同一原文的不同叙述,其中之一被抄写者误置于《备梯第五十六》中。

④ "鬲"可能是"隔"的简写,也可能是"鬲"的简写,鬲是一种悬挂钟的桁架[见《史记》卷二十三《礼书》,第二十一页;睡虎地秦墓竹简整理小组(1),第80页]。

481

482

的侧壁,各部分都厚厚地涂抹灰泥。槽内装满榆树枝和麻杆("蒸"),用绳把它吊在城墙上。当敌人进攻时,点燃槽中的容物,割断绳索,使槽落到攀登城墙的士兵中。然后,防御方随着传烫大概是用绳索或铁链把勇士送下,杀伤在铁杙中乱七八槽地努力扑灭火焰的敌人。

　　除了这些奇妙的器具以外,防守城墙的士兵还配备了"连殳",它可能是有一寸长的尖刺的金属球,用绳连接于柄上或连接于金属链上。链或柄长五尺①。这种殳或许是一种钉锤(mace),后来称为"棒"(见图 322)②,因为在曾侯乙墓中发现的七种兵器之一上的铭文是"曾侯郏之用殳"。这些兵器的杆,长度从 3.29 米至 3.40 米不等,直径从 2.8 厘米至 3.0 厘米不等,头部呈三棱矛状,杆上带二个铜球,相距 33 至 51 厘米。金属球如发掘者所说,或带尖刺(见图 323),或带突花图案③。

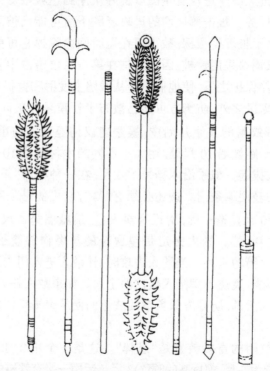

图 322　棒,采自《武经总要》(前集)卷十三,第十三页。

图 323　曾侯乙墓中发现的带刺球之殳,采自随县擂鼓墩一号墓考古发掘队(1),图版 9-2。

---

① 原文仅说连殳长五尺。

② 《武经总要》(前集)卷十三,第十三页。

③ 随县擂鼓墩一号墓考古发掘队(1),第 9 页及图版 9-2;湖北省博物馆(4),第 7 页;程欣人(1)。关于古代五兵之一殳的进一步讨论,见本书第五卷第八分册。

另一方面，连殳也可能是一种战枷，因为郭璞定义汉朝的兵器"金"为"今之连枷，所以打谷者"①。不过，这和防御者也装备的二尺长、六寸粗并带有二尺长的系绳的"连梃"必定是有区别的。连梃在《武经总要》中称为"铁链夹棒"，已在关于杠杆、铰链和链系的一章中讨论过了(见上文图115)②。《武经总要》的作者曾公亮(998—1078年)认为战枷是在汉朝通过西戎族传入中原的，他们在马背上使用它们来击倒汉朝的步兵。这种兵器很快在汉人中成为受喜爱之物③。不过，如果《墨子》城守诸篇如我们所认为的出自战国时代，则战枷的使用应是来源于中原土著的农业技术，而不是从少数民族输入的。

防御方抵抗蚁附所使用的兵器，除刀、弩、矛和戟等标准装备以外，还有柄长六尺、头长一尺半的锤和柄长六尺的斧。士兵们还向攀登城墙的敌军头上倾倒沸水、沙石，并在敌军抵达城根之前，用抛石机射击瓦解敌军的队形。《墨子》还提到了一种抵抗蚁附的有效机械——"行临"，但不幸，它的结构的详情在原文传播过程中已经遗失④。不过，在陈琳的不完整的《武军赋》中确实又提到了这种器械，它与"云梯"联系在一起⑤。我们可以猜测，它是一种特殊形式的行楼，用于敌军企图攀登城墙之处，以俯瞰敌军，并升高城墙的高度。

在资料中很少提到墨家以后若干世纪中对付蚁附的防御战术的发展，我们可以推断，他们所使用的器械和我们已遇到的所有其他器械一起，继续被后代所采用，当然会有适当的改进。很久以后，宋代的《武经总要》重复了唐代《太白阴经》的规定，描述了一种安装在车上的行幔，当进攻方向前推进时，它保护进攻者不受防御方抛射体的伤害。这种木幔和常规的幔一样，用木板制造，用鲜牛皮蒙覆，以防燃烧，并用固定在四轮车上的桔棒顶端的绳索悬挂⑥(上文图288)。可惜，没有给出任何部件的尺寸。大概这些车位于步兵战线的前头，用牛、马或人拉向前进，一名或几名士兵上下操纵桔棒，以升高或降低木幔，挡住敌人射来的抛射物。

最后，至少在宋代初期发明的一种供防御方抵抗蚁附的新器件是"狼牙拍"，它是前文已提到的蒺藜板的变异。狼牙拍用长5尺、宽4尺5寸、厚3寸的榆木制成，共有2200个狼牙铁钉钉于拍上，每个铁钉长5寸，重6两，突出木板3寸(原文如此)。拍的四边各有一刀刃，插入深度为一寸半。拍的前后安有两个铁环，穿入麻绳，把它挂在城墙上。当敌军进攻时，拍从城墙上落下，击中攀登城墙的士兵的头部，砸穿头盔，把他们从城墙击落⑦(上文图273)。

484

485

---

① 对《方言》的注释。见周祖谟《方言校笺及通检》，5/36/29。

② 本书第四卷第二分册，p.70。《通典》(卷一五二，第八〇〇页)提到"连梃"，但《太平御览》(卷三三七，第三页)引用时称为"连棒"。《通典》(卷一五二，第八〇〇页)区分了连枷和连棒。这些器具之间的差别不清楚，参见《太白阴经》卷四，第八十四页。

③ 《武经总要》(前集)卷十三，第十四至十五页。

④ 原文中，行临之后似有脱漏部分，不过没有一位《墨子》的注释者承认这一事实。

⑤ 《太平御览》卷三三六，第八页。

⑥ 《武经总要》(前集)卷十，第十九至二十页；《太白阴经》卷四，第八十页，被引用于《通典》卷一六〇，第八四六页和《太平御览》卷三三七，第二页。

⑦ 《武经总要》(前集)卷十二，第二十三页。

参 考 文 献 *

缩略语表

A　1800 年以前的中文和日文书籍

B　1800 年以后的中文和日文书籍与论文

C　西文书籍和论文

说明

1.参考文献 A，现以书名的汉语拼音为序排列。

2.参考文献 B，现以作者姓名的汉语拼音为序排列。

3.A 和 B 收录的文献，均附有原著列出的英文译名。其中出现的汉字拼音，属本书作者所采用的拼音系统。其　　487
具体拼写方法，请参阅本书第一卷第二章（pp. 23ff.）和第五卷第一分册书末的拉丁拼音对照表。

4.参考文献 C，系按原著排印。

5.在 B 中，作者姓名后面的该作者论著序号，均为斜体阿拉伯数码；在 C 中，作者姓名后面的该作者论著序
号，均为正体阿拉伯数码。由于本册未引用有关作者的全部论著，因此，这些序号不一定从（1）开始，也不一定
是连续的。有个别的可能未编入本册的参考文献中。

6.在缩略语表中，对于用缩略语表示的中文书刊等，尽可能附列其中文原名，以供参阅。

7.关于参考文献的详细说明，见于本书第一卷第二章（pp. 20ff.）。

---

*　钟少异、刘伟据原著编译。

缩 略 语 表

AA	Artibus Asiae	AJP	American Journal of Philology
AAAG	Annals of the Association of American Geographers	AM	Asia Major
		AP/HJ	Historical Journal, National Peiping Academy
A/AIHS	Archives Internationales d'Histoire des Sciences (continuation of Archeion)		《史学集刊》
AAN	American Anthropologist	APAW/PH	Abhandlungen d. preuss. Akademie der Wissenschaften Berlin(Phil. – Hist. Kl.)
ABAW/PH	Abhandlungen d. bayr. Akad. Wiss München (Phil.-Hist. Kl.)		
		APOLH	Acta Poloniae Historica
ACASA	Archives of the Chinese Art Society of America	AQR	Asiatic Quarterly Review
		ARCH	Archery
ACLS	American Council of Learned Societies	ARLC/DO	Annual Reports of the Librarian of Congress(Division of Orientalia)
ACP	Annales de Chimie et Physique	ARO	Archiv Orientalni(Prague)
ADVS	Advancement of Science (British Association, London)	ARSI	Annual Reports of the Smithsonian Institution
AGMNT	Archiv für die Geschichte der Mathematik, der Naturwissenschaft und der Technik (continued as QSGNM)	AS/BIHP	Bulletin of the Institute of History and Philology, Academia Sinica
			《中央研究院历史语言研究所集刊》
AGNT	Archiv für die Geschichte der Naturwissenschaft und der Technik (continued as AGM-NT)	ASCA	Asiatica
		ASEA	Asiatische Studien Études asiatiques
		BA	Baessler Archiv (Beiträge z. Völkerkunde herausgeg. a. d. Mitteln d. Baessler Instituts, Berlin)
AGWG/PH	Abhdl. d. Gesell. d. Wiss. z. Göttingen (Phil.-Hist. Kl.)		
AHR	American Historical Review	BCFA	Britain China Friendship Association
AHSNM	Acta Historica Scientiarum Naturalium et Medicinalium (Copenhagen/Odense)	BEFEO	Bulletin de l'École Française de l'Extrême Orient (Hanoi)

488

BEI　　Bulletin of the Essex Institute

BEO/　Bulletin des Études Orientales

IFD　　(Institut Français de Damas)

BGTI　Beiträge z. Gesch. d. Technik
　　　　und Industrie

BHCH　Bharat-Chin (India)

BIFS　Bulletin de l' Institut français
　　　　de sociologie

BIMA　Bulletin of the Institute of Math-
　　　　ematics and its Applications

BLSOAS Bulletin of the London School of
　　　　Oriental and African Studies

BMFEA Bulletin of the Museum of Far Eastern
　　　　Antiquities (Stockholm)

BMQ　British Museum Quarterly

BN　　Bibliothèque Nationale

BSEUC Bulletin de la Societé des Études
　　　　Indochinoises

CAMR　Cambridge Review

CCLT　Chien Chu Li Shih Yü Ti Li
　　　　《建筑历史与地理》

CEN　　Centaurus

CHJ　　Chhing-Hua Hsüeh Pao (Chhinghua
　　　　(Tsinghua) University Journal of
　　　　Chinese Studies)
　　　　《清华学报》(台湾)

CHKK　Chiang Han Khao Ku (Archae-
　　　　ol-ogy of the Yangtse and Han
　　　　River Region)
　　　　《江汉考古》

CHWSLT Chung Hua wên Shih Lun Tshung
　　　　(Collected Studies in the History
　　　　of Chinese Literature)
　　　　《中华文史论丛》

CIB　　China Institute Bulletin (New
　　　　York)

CINA　Cina

CKCH　Chung Kuo Chê Hsüeh

　　　　《中国哲学》

CKSYC Chung Kuo Shih Yen Chiu (Re-
　　　　search in Chinese History)
　　　　《中国史研究》

COMP　Comprendre (Soc. Eu. de Cul-
　　　　ture, Venice)

CPICT　China Pictorial
　　　　《人民画报》

CQR　　China Quarterly

CR　　China Review (Hong Kong and
　　　　Shanghai)

CSTC　Chün Shih Tsa Chih (Journ.
　　　　Military Matters, Nanking)
　　　　《军事杂志》(南京)

CYWW　Chung Yüan Wên Wu
　　　　《中原文物》

CZPH　Czasopismo Prawno-Historiczne

DCRI　Bulletin of the Deccan College
　　　　Research Institute (Poona)

DH　　Dialectics and Humanism

DI　　Der Islam

EAC　　East Asian Civilisations

EARLC　Early China

EHR　　Economic History Review

ER　　Eclectic Review

ERAMM Pa Lu Chün Chün Chêng Tsa
　　　　Chih (Eighth Route Army
　　　　Military Misc.)
　　　　《八路军军政杂志》

ESA　　Eurasia Septentrionalis Antiqua

EUR　　Europe (Paris)

EXPED　Expedition (Magazine of Ar-
　　　　chaeology and Anthropology),
　　　　Philadelphia

FAJAR　Fajar. Monthly of the Universi-
　　　　ty [of Malaya] Socialist Club

FEER　Far Eastern Economic Review

FEQ Far Eastern Quarterly (continued as Journal of Asian Studies)

FMNHP/AS Field Museum of Natural History (Chicago) Publications / Anthropological Series

GLAD Gladius (Études sur les Armes Anciennes, etc.)

GUZ Geist und Zeit

HCTP (JHU) Hangchou Ta Hsüeh Hsüeh Pao (Hangchow Univ. Journal) 《杭州大学学报》

HJAS Harvard Journal of Asiatic Studies

HKUP Hong Kong UniversityPress

HORIZ Horizon (New York)

HOT History of Technology (annual)

IAE Internationales Archiv f. Ethnographie

IDSR Interdisciplinary Science Reviews

IQ Islamic Quarterly

ISIS Isis

ISL Islam

JA Journal Asiatique

JAAR Journal of the American Academy of Religion

JAHIST Journal of Asian History (International)

JAOS Journal of the American Oriental Society

JAS Journal of Asian Studies (continuation of Far Eastern Quarterly, FEQ)

JEH Journal of Economic History

JEPH Journal of Ethnopharmacology

JGLGA Jahrbuch d. Gesellschaft f. löthringen Geschichte u. Altertumskunde

JHI Journal of the History of Ideas

JOP Journal of Physiology

JRAI Journal of the Royal Anthropological Institute

JRAS Journal of the Royal Asiatic Society

JRAS/KB Journal (or Transactions) of the Korea Branch of the Royal Asiatic Society

JRAS/NCB Journal of the North China Branch of the Royal Asiatic Society

JS Journal des Savants

JSAA Journal of the Society of Archer-Antiquaries

JWCBRS Journal of the West China Border Research Society

JWH Journal of World History (UNESCO)

KDVS/HFM Kgl. Danske Videnskabernes Selskab (Hist.-Filol. Medd.)

KHCK Kuo Hsüeh Chi Khan (Chinese Classical Quarterly) 《国学季刊》

KHS Kho Hsüeh (Science) 《科学》

KK Khao Ku (Archaeology) 《考古》

KKHP Khao Ku Hsüeh Pao (Archaeological Bulletin) 《考古学报》

KKJL Khao Ku Jên Lei Hsüeh Chi Khan (Bull. Dept of Arch. and Anth., Univ. Taiwan) 《考古人类学学刊》(台湾大学)

KKTH Khao Ku Thung Hsün (Archaeological Correspondent cont. as Khao Ku) 《考古通讯》

KKyWW	*Khao Ku yü Wên Wu* (Archaeology and Cultural Artefacts) 《考古与文物》
KSP	*Ku Shih Pien* 《古史辨》
LAN	*Language*
LSCH	*Li Shih* (= *Li Shih Chiao Hsüeh*) *Chiao Hsüeh* 《历史教学》
LSYC	*Li Shih Yen Chiu* (Peking) (Journal of Historical Research) 《历史研究》(北京)
MCB	*Mélanges Chinois et Bouddhiques*
MCH-SAMUC	*Mémoires concernant l' Histoire, les Sciences, les Arts, les Moeurs et les Usages, des Chinois, par les Missionaires de Pékin* (Paris 1776—)
MDGN-VO	*Mitteilungen d. deutsch. Gesell. f. Natur. u. Volkskunde Ostasiens*
MIHEC	*Mélanges publiés par l' Institut des Hautes Études Chinoises*
MINGS	*Ming Studies*
MIT	*Massachusetts Institute of Technology*
MS	*Monumenta Serica*
MSOS	*Mitteilungen d. Seminar f. orientalischen Sprachen* (Berlin)
MTCC	*Mo Tzu Chi Chhêng* 《墨子集成》
N	*Nature*
NCR	*New China Review*
NGM	*National Geographic Magazine*
NJKA	*Neue Jahrbücher f. d. klass. Altertum, Geschichte, deutsch. Literatur u. f. Pädagogik*
NKKZ	*Nihon Kagaku Koten Zensho*
NYR	*New Yorker*

OAZ	*Ostasiatische Zeitung*
OE	*Oriens Extremus* (Hamburg)
OR	*Oriens*
OTSU	*Otani Shigaku* 《大谷学报》
OUP	Oxford University Press
PA	*Pacific Affairs*
PEW	*Philosophy East and West* (Univ. of Hawaii)
PHFC	*Proceedings of the Hampshire Field Club and Archaeol. Soc.*
PKCS	*Pai Kho Chih Shih* (Peking) 《百科知识》(北京)
PLCCTC	*Pa Lu Chün Chhêng Tsa Chih* 《八路军军政杂志》
PP	*Past and Present*
PTKM	*Pên Tshao Kang Mu* 《本草纲目》
PVS	*Preuves* (Paris)
PWP	*Peiching Wan Pao* 《北京晚报》
QSGNM	*Quellen und Studien zur Geschichte der Naturwissenschaften und der Medezin* (continuation of *AGMNT* and, earlier *AGNT*)
RA	*Revue Archaéologique*
RAA/ AMG	*Revue des Arts Asiatiques/Annales du Musée Guimet*
RAAO	*Revue d 'Assyriologie et d 'Archéologie Orientale*
RBS	*Revue Bibliographique de Sinologie*
RC	*Rekishi To Chiri*
REA	*Revue des Études Anciennes*
REG	*Revue des Études Grecques*
RSO	*Rivista di Studi Orientali*
S	*Sinologica* (Basel)

489

SA　　　　Sinica（originally Chinesische Blätter f. Wissenschaften u. Kunst）

SAE　　　Saeculum

SAM　　　Scientific American

SBAW　　Sitzungsberichte d. Bayerischen Akademie d. Wissenschaften

SBE　　　Sacred Books of the East series

SCHNAT　Schule und Nation

SCIS　　　Sciences（Paris）

SHKS　　Shê Hui Kho Hsüeh（Chhinghua Journ. Soc. Sci.）
《社会科学》

SL　　　　Shui Li（Hydraulic Engineering）
《水利》

SOF　　　Studia Orientalia（Fennica）

SPMSE　Sitzungsberichte d. physik. med. Soc. Erlangen

SS　　　　Science and Society

ST　　　　Die Sterne

SUJCAH　Suchow University Journal of Chinese Art History

SWAW/PH　Sitzungsberichte d. k. Akad. d. Wissenschaften Wien

SYNTH　Synthèses（Brussels）

TBGZ　　Tōkyō Butsuri Gakko Zasshi（Journ. Tokyo College of Physics）
《东京物理学校杂志》

TCKM　　Thung Chien Kang Mu
《通鉴纲目》

TCULT　Technology and Culture

TGBCH　Tagebuch（Vienna）

TG/K　　Tōhō（Gakuhō, Kyoto（Kyoto Journal of Oriental Studies）
《东方学报》（京都）

TGNP　　Tetsugaku Nenpō
《哲学年报》

TG/T　　Tōhō Gakuhō, Tokyo（Tokyo Journal of Oriental Studies）
《东方学报》

TH　　　　Tien Hsia Monthly（Shanghai）

THG　　　Tōhō Gaku（Tokyo）（Eastern Studies）
《东方学》

TLTC　　Ta Lu Tsa Chih（Taipei）（Continent Magazine）
《大陆杂志》（台北）

TNS　　　Transactions of the Newcomen Society

TOSHG　Tōyō Shigaku
《东洋史学》

TP　　　　T'oung Pao（Archives concernant l'Histoire, les Langues, la Géographie l'Ethnographie et les Arts de l'Asie Orientale）, Leiden
《通报》（莱顿，荷兰）

TSCK　　Thu Shu Chi Khan
《图书季刊》

TSGH　　Tokyo Shinagakuhō（Bulletin of the Tokyo Sinological Society）
《东京支那学报》

TSHCC　Tshung Shu Chi Chhěng（1935—7）
《丛书集成》

TSK　　　Tōyō Shi Kenkyū（Research in East Asian History）
《东洋史研究》

TYG　　　Toyo Gakuho（Reports of the Oriental Society of Tokyo）
《东洋学报》（东京）

UC/PAAA　Univ. of California/Publications in American Archaeology and Anthropology

ULISSE　Ulisse（Italy）

UNASIA　United Asia（India）

VIAT   *Viator*

WP   *Wên Po*
   《文博》

WS   *Wên Shih*
   《文史》

WW   *Wên Wu*（see *WWTK*）
   《文物》

WWTK   *Wên Wu Tshan Khao Tzu Liao*
  （Reference Materials for History and Archaeology）（cont. as *Wên Wu*）
   《文物参考资料》

YCHP   *Yenching Hsüeh Pao*（Yenching University Journal of Chinese Studies）
   《燕京学报》

ZDMG   *Zestschrift d. deutsch. Morgenländischen Gesellschaft*

ZFE   *Zeitschrift f. Ethnol.*

ZHWK   *Zeitschrift. f. historische Wappenkunde*（cont. as *Zeitschr. f. hist. Wappen-und Kostumkunde*）

A.1800 年以前的中文和日文书籍

《百将传》

Memoirs of a Hundred Generals.

宋

张预

《抱朴子》

Book of the Preservation-of-Solidarity Master.

晋，4 世纪初，可能约为 320 年

葛洪

部分译文：Feifel（1，2）；Wu & Davis
（2）

内篇译本：Ware（5）

TT/1171—1173

《北齐书》

History of the Northern Chhi Dynasty［+ 550
to + 577］

唐，640 年

李德林，及其子李百药

部分译文：Pfizmaier（60）

有关摘译见 Frankel（1）之索引

《北堂书抄》

Book Records of the Northern Hall［ency-
clopaedia］.

唐，约 630 年

虞世南

《本朝军器考》（Honchō Gunkikō）

Investigation of the Military Weapons and
Machines of the Present Dynasty.

日本，序题 1709 年，跋题 1722 年，1737 年
刊印

新井白石（Arai Hakuseki，1659—1725 年）

《碧里杂存》

Miscellaneous Records of Pi-li.

明

董汉阳

《表异录》

Notices of Strange Things.

明

王志坚

《兵书要略》（Binh Thư' Yêu' Lư'o'c）

A Summary of the Most Important Things in
the Military Books.

越南，1116—1300 年之间

陈国峻（Trân Quôc Tuân）

《博古图录》

见《宣和博古图录》

《博物志》

Record of the Investigation of Things.

（参见《续博物志》）

晋，约 290 年（约始撰于 270 年）

张华

《仓颉篇》

Fascicle of Tshang Chieh.

传为秦始皇的丞相李斯所作，仓颉为黄帝之
臣，他观察鸟兽之迹而创造了书写文字

秦或汉初

清孙星衍序撰于 1785 年

《册府元龟》

Collection of Material on the Lives of Emperor
and Ministers［lit.（Lessons of ）the
Archives，（the True）Scapulimancy］，［a
governmentalethical and political encyclopae-
dia.］

宋，1005 年敕修，1013 年完成

王钦若、杨亿编

参阅：des Rotours（2），p. 91

《词林海错》

Sea of Poetical Pieces.

明

夏树芳

《陈书》

History of the Chhên Dynasty［+ 556 to +
580］.

唐，630 年

姚思廉，及其父姚察

部分译文：Pfizmaier（59）

有关摘译见 Frankel（1）之索引

《重刻十三经注疏》（附考证）

The Thirteen Classics with Commentary and Sub-commentary and Supplementary Philological Glosses, Reprint Edition.

清，1739 年

《楚辞》

Elegies of Chhu（State）［or, Songs of the South］.

周（有汉代作品窜入），约公元前 300 年

屈原（和贾谊、严忌、宋玉、淮南小山等）

部分译文：Waley（23）

译本：Hawkes（1）

《春秋》

Spring and Autumn Annals［i.e.Records of springs and Autumns］.

周，鲁国编年史，公元前 722—前 481 年之间

著者不详

见：Wu Khang（1）；Legge（11）

《春秋繁露》

String of Pearls on the *Spring and Autumn Annals*.

前汉，约公元前 135 年

董仲舒

见：Wu Khang（1）

部 分 译 文：Wieger（2）；Hughes（1）；d'Hormon（ed.）（2）

《大唐卫公李靖兵法》

The Art of War by Li, Duke of Wei of the Great Thang Dynasty.

《李卫公兵法》的另一名称

《大学》

The Great Learning［or The Learning of Greatness］.

周，约公元前 260 年

传统上归于曾参，但可能为孟子学生乐正克所著

译本：Legge（2）；Hughes（2）；Wilhelm（6）

《大学衍义》

Extension of the Ideas of the *Great Learning* ［Neo-Confucian ethics］.

宋，1229 年

真德秀

《大学衍义补》

Restoration and Extension of the Ideas of the *Great Learning*［contains many chapters of interest for the history of technology］.

明，约1480 年

丘濬

《道德经》

Canon of the Virtue of the Tao; or, Canon of the Ta. and its Manifestations.

周，早于公元前 300 年

传为李耳（老子）撰

译本：Waley（4），及其他

《登坛必究》

Knowledge Necessary for（Army）Commanders.

明，1599 年

王鸣鹤

参阅：W. Franke（4），p. 208

《东观汉记》

Han Records from the Tung Kuan［library］.

后汉，约 109 年

刘珍

《东坡志林》

Journal and Miscellany of Su Tung-Pho［compiled while in exile in Hainan］.

宋，1097—1101 年之间

苏东坡

译本：Yang Hsien-yi（1）

《东西洋考》

Studies on the Oceans East and West.

明，1618 年

张燮

《读史兵略》

Accounts of Battles in the Official Histories.

见：胡林翼（1）

《独醒杂志》

Miscellaneous Records of the Lone Watcher.

宋，1176 年

曾敏行

《范子计然》

见：《计倪子》

《方言》

Dictionary of Local Expressions.

前汉（杂有许多其后的内容），约公元前 15 年

扬雄

《风后握奇经》

Fêng Hou 's Manual of Grasping Extraordinary and Strange Events (and Turning them to one 's Advantage).

《握奇经》的另一名称

（风后是传说中的黄帝六大臣之首，为天文学和战争艺术之神）

《封神榜》

Pass-Lists of the Deified Heroes.

《封神演义》的通俗名称

《封神演义》

Stories of the Promotions of the Martial Genii [novel].

明，16 世纪中叶

传为许仲琳，更可能为陆西星所作

译本：Grube (1)

《风俗通义》

The Meaning of Popular Traditions and Customs.

后汉，175 年

应劭

《通检丛刊》之三

《富国策强兵策安民策》

Essays on Enriching the State, Strengthening the Army, and Pacifying the People.

宋，约 1045 年

李觏

《陔余丛考》

Miscellaneous Notes made while attending his aged Mother.

清，1790 年

赵翼

《高丽图经》

见《宣和奉使高丽图经》

《古今图书集成》

Complete Collection of Writings and Drawings, Old and New.

《图书集成》之全称

《古今注》

Commentary on Things Old and New.

晋，约 300 年

崔豹

见：des Rotours (1), p. xcviii

《管子》

The Book of Master Kuan.

周和西汉，可能主要编成于稷下学宫（公元前 4 世纪后期），部分采自较早的材料

传为管仲撰

部分译文：Haloun (2, 5), Than Po-Fu et al. (1), Rickett (1, 3)

《广东新语》

New Description of Kwangtung Province.

清，17 世纪晚期

屈大均

《广事类赋》

Extended Rhyming Encyclopaedia.

宋，扩充于清初，1699 年

吴淑原著，华希闵续

《广雅》

Enlargement of the *Erh Ra*; *Literary Exposition* [Dictionary].

三国（魏），230 年

张揖

《广雅疏证》

Correct Text of the *Enlargement of the Erh Ra*, *with Annotations and Amplifications*.

清，1796 年

王念孙

《广韵》

Revision and Enlargement of the *Dictionary of Characlers arranged according to their Sounds when split* [rhyming phonetic dictionary, based on, and including, the *Chhieh Yün* (《切韵》) and the *Thang Yün* (《唐韵》). *q. v.*]

宋，1011 年

陈彭年、丘雍等

见：Teng & Biggerstaff (1), p. 203

《鬼谷子》

Book of the Devil Valley Master.

周（部分内容可能属汉代或更晚），公元前 4 世纪

著者不详，可能为苏秦或其他纵横家

《桂海虞衡志》

Topography and Products of the Southern Provinces.

宋，1175 年

范成大

《国朝文类》

Classified Prose of the Present Dynasty (Yüan).

元，约 1340 年

萨都拉（天锡）、苏天爵编

参阅：Franke (14), p. 119

《国朝五礼仪》(Kukcho Orye-ŭi)

Instruments for the Five Ceremonies of the (Korean) Court.

朝鲜，1474 年

申叔舟，郑陟

参阅：Trollope (1), p. 21；Courant (1), no. 1047

《国朝续五礼仪》(Kukcho Sok Orye-iu)

A Continuation of the Instruments for the Five Ceremonies of the (Korean) Court.

朝鲜，1744 年

参阅：Courant (1), no. 1047

《国朝续五礼仪补》(Kukcho Sok Orye-ŭi Po)

An Extension of the Continuation of the Instruments for the Five Ceremonies of the (Korean) Court.

朝鲜，1751 年

参阅：Courant (1), no. 1047

《国语》

Discourses of the (ancient feudal) States.

东周、秦和西汉，含有许多采自古代文书档案的材料

著者不详

《海内十洲记》

Record of the Ten Sea Islands [or, of the Ten Continents in the World Ocean].

传为汉代，可能为 4 或 5 世纪

传为东方朔撰

《韩非子》

The Book of Master Han Fei.

周，公元前 3 世纪初期

韩非

译本：Liao Wên-Kuei (1)

《韩诗外传》

Moral Discourses Illustrating the Han Text of the Book of Odes (Mr Han's Recension).

西汉，约公元前 135 年

韩婴

《汉魏六朝百三家集》

The Collected Works of One Hundred and Three Authors from the Han, Wei and Six Dynasties.

明

张溥（1602—1641 年）

《鹖冠子》

Book of the Pheasant-Cap Master.

一部非常庞杂的文献，肯定不晚于 629 年，这为敦煌文献中的一件抄本所证明。其许多内容必属于周（公元前 4 世纪），而且主要内容不晚于汉（2 世纪），但正文中也混入了较晚的内容，包括 4 或 5 世纪的注释文字，它约占全书的七分之一［Haloun (5), p. 88］。或者，它还含有一部已佚的秦代"兵法书"。

传为鹖冠子著

TT/1161

《和漢船用集》(Wakan Senyōshū)

Collected Studies on the Ships used by the Japanese and Chinese.

日本，1776 年（作者序题 1761 年）

金澤兼光 (Kanazawa Kanemitsu)

（重印本，NKKZ, vol. 12）

《后汉书》

History of the Later Han Dynasty [＋25 to ＋220].

刘宋，450 年

范晔

志为司马彪（卒于 305 年）作，含有刘昭（约 510 年）之注，他第一个将之并入该

书

部分译文：Chavannes（6，16），Pfizmaier
　（52，53）

《引得》第 41 号

《虎钤经》

Tiger Seal Manual［military encyclopaedia］.

宋，962 年始撰，1004 年完成

许洞

参阅：Balazs & Hervouet（1），p. 236

《化书》

Book of the Transformations（in Nature）.

后唐，约 940 年

谭峭

TT/1032

《淮南子》（又名《淮南鸿烈》）

The Book of（the Prince of ）Huai-Nan［com-
pendium of natural philosophy］.

西汉，约公元前 120 年

淮南王刘安之门人撰

部分译文：Morgan（1）；Erkes（1）；Hugh-
es（1）；Chatley（1），Wieger（2）；Ames
（1），等等

《通检丛刊》之五

TT/1170

《黄石公三略》

The Three Stratagems of the Old Gentleman of
the Yellow Stone.

《三略》的另一名称

《皇元征缅录》（即《元朝征缅录》）

Records of the Imperial Mongol Expedition
against Burma（＋1300）.

元，1311 或 1312 年

《火龙经》

The Fire-Drake（Artillery）Manual.

明，1412 年，可能含有半个世纪前的材料

焦玉

此书第一部分包含三卷，伪托于诸葛武侯
　（即 3 世纪的诸葛亮），而作为合编者出现
　的刘基（1311—1375 年），实际上可能是
　合著者。第二部分也有三卷，托名刘基，
　但为毛希秉编或可能撰于 1632 年。第三
　部分有两卷，茅元仪撰（1628 年在世，
　《武备志》的作者），诸葛光荣编，方元

状、钟伏武之序题 1644 年。

《集韵》

Complete Dictionary of the Sounds of Charac-
ters.

（参见《切韵》、《广韵》）

宋，1037 年

丁度编

或为司马光编于 1067 年

《计范》

见《计倪子》

《计倪子》（又名《范子计然》）

The Book of Master Chi Ni.

周（越），公元前 4 世纪

传为范蠡撰

其师计然思想之记录

《纪效新书》

A New Treatise on Military and Naval Efficien-
cy.

明，1560 年。刊于 1562 年，经常重印

戚继光

《江表传》

The Story of Chiang Piao.

唐或早于唐

虞溥

《教射经》

Crossbowmen 's Manual.

唐，约 8 世纪

王琚

《金楼子》

Book of the Golden Hall Master.

梁，约 550 年

萧绎（梁元帝）

《金史》

History of the Chin（Jurchen）Dynasty［＋
1115 to ＋1234］.

元，约 1345 年

脱脱、欧阳玄

《引得》第 35 号

《金汤借箸十二筹》

Twelve suggestions for Impregnable Defence.

明，约 1630 年

李盘

书名的头两个字使人想起成语"金城汤池"

（坚固的城墙和沸腾的濠沟），比喻不可攻
破。

《晋书》

History of the Chin Dynasty ［+265 to +
419］.

唐，635 年

房玄龄

部分译文：Pfizmaier（54—57）

《天文志》译本：Ho Ping-Yü（1）

有关摘译见 Frankel（1）之索引

《九国志》

Historical Memoir on the Nine States（Wu,
Nan Thang, Wu-Yüeh, Chhien Shu, Hou
Shu, Tung Han, Nan Han, Min, Chhu
and Pei Chhu, in the Wu Tai Peri -
od）.

宋，约 1064 年

路振

《九章算术》

Nine Chapters on the Mathematical Art.

东汉（含有许多西汉甚或秦代的材料），1
世纪

著者不详

《救命书》

On Saving the Situation.

见《乡兵救命书》、《守城救命书》

《蹶张心法》

Manual of Crossbows Armed by Foot（and
Knee）.

明或清初

程冲斗

《浪迹丛谈》

见梁章钜（1）

《浪迹续谈》

见梁章钜（2）

《老子》

The book of Master Lao.

《道德经》的另一名称

《礼记》（即《小戴礼记》）

Record of Rites ［compiled by Tai the
Younger］.

（参见《大戴礼记》）

传为西汉，约公元前 70—前 50 年，实是东

汉作品，介乎公元 80—105 年，尽管其中
包含一些最早始于《论语》时代（约公元
前 465—前 450 年）的片断。

传为戴圣，实为曹褒编

译本：Legge（7），Couvreur（3），R. Wil-
helm（6）

《引得》第 27 号

《礼记注疏》

Record of Rites, with assembled Commen-
taries.

阮元（1816 年）编著

《蠡勺编》

Measuring the Ocean with a Calabash-Ladle
［title taken from a diatribe against narrow-
minded views in the biography of Tung-fang
Shuo in CHS］.

清，约 1799 年

凌扬藻

《李卫公兵法》

The Art of War by Li, Duke of Wei.

传为唐，约 660 年

传为李靖撰

《李卫公问对》

The Answers of Li, Duke of Wei（Li Ching
李靖）, to Questions（of the emperor Thang
Thai Tsung）（on the Art of War）.

《李卫公兵法》的另一名称

传为唐，但更可能产生于宋，11 世纪

著者不详

可能为阮逸所编

《练兵实纪》

Treatise on Military Training.

明，1568 年，刊于 1571 年，经常重印

戚继光

《练兵实纪杂集》

Miscellaneous Records concerning Military
Training（and Equipment）［the addendum
to Lien Ping Shih Chi（《练兵实纪》）, q.
v. in 6 chs. following the 9 chs. of the
main work.］

明，1568 年，刊于 1571 年

戚继光

《辽史》

History of the Liao (Chhitan) [+916 to +1125].

元，1343—1345 年

脱脱、欧阳玄

部分译文：Wittfogel, Fêng Chia-Shêng 等

《引得》第 35 号

《梁书》

History of the Liang Dynasty [+502 to +556].

唐，629 年

姚察及其子姚思廉

有关摘译见 Frankel (1) 之索引

《列国志传》

Stories of the Famous Countries of Old.

元或明

著者不详

见：Liu Tshun-Jên (6), pp. 76ff.

《列女传》

Lives of Celebrated Women.

年代不明，核心内容不晚于汉

传为刘向撰

《列仙传》

Lives of Famous Immortals.

（参见《神仙传》）

晋，3 或 4 世纪，然必有一些部分源于公元前 35 年，或稍晚于公元 167 年

传为刘向撰

译本：Kaltenmark (2)

《岭外代答》

Information on What is Beyond the Passes (lit. a book in lieu of individual replies to questions from friends).

宋，1178 年

周去非

《六臣注文选》

Six Subjects' Commentary to the Literary Anthology.

唐

李善（600—689 年）

《六韬》

The Six Quivers (Treatise on the Art of War).

周，可能为公元前 4 世纪

传为太公望撰

著者不详

见：Haloun (5), L. Giles (11)

《六韬直解》

Direct Explanations of the Liu Thao Six Quivers.

明，1371 年

刘寅

《六韬直解》

Direct Explanations of the Six Quivers.

刘寅（明）编辑及注释

《汉文大系》(1912 年)，1975 年东京重刊本

《吕氏春秋》

Master Lü's Spring and Autumn Annals（自然哲学概要）

周（秦），公元前 239 年

吕不韦聚集学者集体编撰

译本：R. Wilhelm (3)

《通检丛刊》之二

《论衡》

Discourses Weighed in the Balance.

东汉，公元 82 或 83 年

王充

译本：Forke (4)，参阅：Leslie (3)

《通检丛刊》之一

《洛阳伽蓝记》

(orLoyang Ka-Lan Chi；Sêng ka-lan transliterating sangharama)

Description of the Buddhist Temples and Monasteries at Loyang.

北魏，约 547 年

杨衒之

译本：Wang Yi-t'ung [Wang I-Thung]. A Record of Buddhist Monasteries in Lo-yang. Princeton Univ. Press, Princeton, 1984.

《毛诗音义》

Phonological and Semantic Glosses on the Mao Odes.

陆德明（556—627 年）

《梦梁录》

Dreaming of the Capital while the Rice is Cooking [description of Hangchow towards the end of the Sung].

宋，1275 年

吴自牧

《梦溪笔谈》

Dream Pool Essays.

宋，1086 年；最后增补于 1091 年

沈括

胡道静（1）校注本

参阅：Holzman（1）

《孟子》

The Book of Master Mêng (Mencius).

周，约公元前 290 年

孟轲

译本：Legge（3）；Lyall（1）等

《引得特刊》第 17 号

《秘本兵法》

Secret Book on the Art of War.

《三十六计》的另一名称

《明实录》

Veritable Records of the Ming Dynasty.

明，17 世纪初

官方编纂

《明史》

History of the Ming Dynasty ［ + 1368 to + 1643].

清，1646 年始纂，1736 年完成，1739 年初刊

张廷玉等

《明史稿》

Draft. Ming History.

清，1723 年上呈皇帝

万斯同、王鸿绪

《墨经》

见《墨子》

《墨子》

The Book of Master Mo.

周，公元前 4 世纪

墨翟及其弟子

1783 年毕沅校刻本，1876 年重印

译本：Mei Yi-Pao（1），Forke（3），Graham（12）

《引得特刊》第 21 号

TT/1162

《南华真经》

见《庄子》

《南史》

History of the Southern Dynasties ［Nan Pei Chhao period，+ 420 to + 589].

唐，约 670 年

李延寿

有关摘译见 Frankel（1）之索引

《嫩真子》

Book of the Truth-through-Indolence Master.

宋，1111—1117 年

马永卿

《齐民要术》

Important Arts for the People's Welfare ［lit. Equality].

北魏（及东魏或西魏），533—544 年之间

贾思勰

见：des Rotours（1），p. c；Shih Shêng-Han（1）

《齐孙兵法》

Chhi State Sun's Art of War.

《孙膑兵法》的另一名称

《前汉书》

History of the Former Han Dynasty ［ - 206 to + 24].

东汉，约 100 年

班固，死后（公元 92 年）由其妹班昭续撰

摘译本：Dubs（2），Pfizmaier（32—34，37—51），Wylie（2，3，10），Swann（1），等等

《引得》第 36 号

《切韵》

Dictionary of Characters arranged according to their Sounds when Split ［rhyming phonetic dictionary；the title refers to the *fan-chhieh* method of 'spelling' Chinese Characters-see Vol. Ⅰ. p. 33].

隋，601 年

陆法言

现仅存于《广韵》之内

见：Teng & Biggerstaff（1），p. 203

《钦定续文献通考》

Imperially Commissioned Continuation of the

Comprehensive Study of (the History of)
　　Civilisation
（参见《文献通考》、《续文献通考》）
清，1747 年敕修，1772 年（1784 年）刊印
齐召南、嵇璜等编
类似，但不等于王圻的《续文献通考》

《清朝文献通考》
（Continuation of the) Comprehensive Study
　　of (the History of) Civilisation for the
　　Chhing Dynasty
（参见《文献通考》、《续文献通考》）
清，1747 年敕修，直至 1785 年尚未编成
其续修见刘锦藻（1）
嵇璜编

《青箱杂记》
Miscellaneous Records on Green Bamboo
　　Tablets.
宋，1070 年
吴处厚

《清异录》
Exhilarating Talks on Strange Things.
五代至宋，约 965 年
陶毅

《曲洧旧闻》
Talks about Bygone Things beside the Winding
　　Wei (River in Honan).
宋，约 1130 年
朱弁

《群书治要》
Guide to the Most Important Things in the
　　Multitude of Books.
唐
魏徵

《三才图会》
Universal Encyclopaedia.
明，1609 年
王圻

《三国志》
History of the Three Kingdoms [+ 220 to +
　　280].
晋，约 290 年
陈寿
有关摘译见 Frankel (1) 之索引

《引得》第 33 号
《三国志演义》
The Romance of the Three Kingdoms [nov-
　　el].
元，约 1370 年完成，现知最早版本为 1494
　　年
罗贯中
毛宗岗约于 1690 年对之作了修订和大量改
　　写
译本：Brewitt-Taylor (1), Roberts (1)

《三略》
The Three Stratagems.
可能为刘宋，约 5 世纪
传为黄石公撰
著者不详

《三十六计》
The Thirty-Six Stratagems.
传为刘宋，约 430 年
传为檀道济撰

《商君书》
Book of the Lord Shang.
周，公元前 4 或前 3 世纪
传为公孙鞅撰
译本：Duyvendak (3)

《射经》
Manual of Shooting.
《教射经》的另一名称

《射書類聚國字解》(Shasho Ruiju Kokujikai)
Classified Collection of Facts about Archery
　　taken from (Chinese) Books and translated
　　into Japanese.
日本，1789 年
荻生徂徕（Ogyū Sorai）遗著

《神机制敌太白阴经》
Secret Contrivances for the Defeat of Enemies;
　　the Manual of the White Planet.
《太白阴经》的全称

《诗经》
Book of Odes [ancient folksongs].
周，公元前 11—前 7 世纪 [多布森 (Dob-
　　son) 的断代]
著者、编者不详
译本：Legge (8)；Waley (1)；karlgren

　　　（14）
《尸子》
　　The Book of Master Shih.
　　传为周，公元前 4 世纪；可能为 3 或 4 世纪
　　　作品
　　传为尸佼著
《拾遗记》
　　Memoirs on Neglected Matters.
　　晋，约 370 年
　　王嘉
　　参阅：Eichhorn (5)
《史记》
　　Historical Records [or perhaps better: Mem-
　　　oirs of the Historiographer (-Royal); down
　　　to - 99].
　　司马迁及其父司马谈
　　部分译文：Chavannes (1)；Pfizmaier (13—
　　　36)；Hirth (2)；Wu Khang (1)，Swann
　　　(1)，Burton Watson (1)，等等
　　《引得》第 40 号
《世本八种》
　　Book of Origins, Eight Versions [imperialge-
　　　nealogies, family names, legendary inven-
　　　tors, etc.].
　　汉（杂有周代材料），公元前 2 世纪
　　东汉宋衷注
《释名》
　　Expositor of Names.
　　2 世纪初
　　刘熙
《世说新语》
　　New Discourses on the Talk of the Times
　　　[notes of minor incidents from Han to
　　　Chin].
　　刘宋，5 世纪
　　刘义庆
　　梁刘竣注
　　译本：Mather (3)
《事物纪原》
　　Records of the Origins of Affairs and Things.
　　宋，约 1085 年
　　高承
《事物纪原集类》

　　The Recorded Origins of Things, Catego-
　　　rized.
　　宋
　　高承（活跃于 1078—1085 年）
《守城救命书》
　　On Saving the Situation by the (Successful)
　　　Defence of Cities.
　　明，1607 年
　　吕坤
　　参阅：Goodrich & Fang Chao-Ying (1)，p.
　　　1006
《守城录》
　　Cuide to the Defence of Cities [lessons of the
　　　sieges of T é-An in Hupei，+ 1127 to +
　　　1132].
　　宋，约 1140 和 1193 年（合并于 1225 年）
　　陈规、汤琦
　　参阅：Balazs & Hervouet (1)，p. 237
《书经》
　　Historical Classic [or, Book of Documents].
　　今文 29 篇基本是周代作品（若干篇或属于
　　　商）；古文 21 篇为梅颐伪造，约 320 年，
　　　利用了一些确属古代的断片。前者之中，
　　　有 13 篇据认为可上溯至公元前 10 世纪，
　　　有 10 篇为公元前 8 世纪，有 6 篇不早于
　　　公元前 5 世纪。一些学者则只同意，有
　　　16 或 17 篇为早于孔子时代的作品。
　　著者不详
　　见：Greel (4)
　　译本：Medhurst (1)；Legge (1, 10)；
　　　Karlgren (12)
《书经图说》
　　The Historical Classic with Illustrations.
　　　[published by imperial order].
　　清，1905 年
　　孙家鼎等编
《书叙指南》
　　The Literary South-Pointer [guide to style in
　　　letter-writing, and to technical terms].
　　宋，1126 年
　　任广
《水浒传》
　　Stories of the River-Banks [novel = All Men

are Brother 's and 'Water Margin'].

明，约初集于 1380 年，但起源于更古老的
　　戏曲和话本。现存最早的 100 回本为
　　1589 年刻印，系早于 1550 年的初刻本之
　　重刊。现存最早的 120 回本为 1614 年刻
　　印。

传为施耐庵撰

译本：Buck (1), Jackson (1)

《水经注》

Commentary on the *Waterways Classic* [geo-
　　graphical account greatly extended].

北魏，5 世纪末至 6 世纪初

郦道元

《水战议详论》

Advisory Discourse on Naval Warfare.

明，16 世纪晚期，早于 1586 年

王鸣鹤

《说郛》

Florilegium of (Unofficial) Literature.

元，约 1368 年

陶宗仪编

　　见：景培元 (*1*)；des Rotours (*4*), p. 43

《说文解字》

Analytical Dictionary of Characters (lit. Ex-
　　planations of Simple Characters and Analyses
　　of Composite Ones).

东汉，121 年

许慎

《说文通训定声》

　　见朱骏声 (*1*)

《说苑》

Garden of Discourses.

汉，约公元前 20 年

刘向

《说岳全传》

The Complete Story of General Yo (Fei), (of
　　the Sung Dynasty, + 12th cent.).

(Novel)

明，约 1550 年

钱彩

《司马法》

The Marshal 's Art of War.

周，可能为公元前 5 世纪，但现存本子可能

出自 5 或 6 世纪

传为司马穰苴著

《司马法直解》

Direct Explanations of the *Ssu-ma Fa*.

明，1371 年

刘寅

《四朝闻见录》

Record of Things Seen and Heard at Four Im-
　　perial Courts.

宋，13 世纪初

叶绍翁

《宋史》

History of the Sung Dynasty [+ 960 to +
　　1279].

元，约 1345 年

脱脱、欧阳玄

《引得》第 34 号

《隋书》

History of the Sui Dynasty [+ 581 to +
617].

唐，636 年（纪、传），656 年（志）

魏徵等

《孙子兵法》

Master Sun 's Art of War.

周（吴），公元前 5 世纪初

孙武

《孙子十一家注》

Eleven Commentaries on the *Sun Tzu Ping Fa*
　　(Master Sun 's Art of War).

宋，约 12 世纪

编者不详

影印本，上海，1978 年

《孙膑兵法》

Sun Pin 's Art of War.

周（齐），约公元前 335 年

孙膑

此书古已佚失，今于山东临沂银雀山汉墓中
　　发现

　　见：Anon. (*210*)

《太白阴经》

Manual of the White (and Gloomy) Planet (of
　　War; Venus)　　　[military encyclopae-
　　dia].

唐，759 年

李筌

《太公兵法》

The Grand Duke's Art of War.

《太平御览》

Thai-Phing Reign-period Imperial Encyclopaedia (lit. the Emperor's Daily Readings).

宋，983 年

李昉编

部分译文：Pfizmaier（84—106）

《天工开物》

The Exploitation of the Works of Nature.

明，1637 年

宋应星

译本：Sun Jên I-Tu & Sun Hsüeh-Chuan (1)

《天狗藝術論》（ *Tengu Geijutsu Ron* ）

Discourse on the Arts of the Mountain Demons.

日本，1729 年，

樗山佚斎（Chozan Shissai.）

译本：Kammer（1）

《唐六典》

Institutes of the Thang Dynasty (lit. Administrative Regulations of the Six Ministries of the Thang).

唐，738 或 739 年

李林甫编

参阅：des Rotours (2)，p. 99

《唐韵》

Thang Dictionary of Characters arranged according to their Sounds [rhyming phonetic dictionary based on, and including, the *Chhich rün* (《切韵》) q. v.].

唐，677 年，751 年修订重刊

长孙讷言（7 世纪）、孙愐（8 世纪）

现仅存于《广韵》之中

《陶斋吉金录》

见：端方（*1*）

《通典》

Comprehensive Institutes [a reservoir of source material on political and social history]

约 812 年（完成于 801 年）

包含了更早的刘秩《政典》

杜佑

见：Teng & Biggerstaff (1)，p. 148

《通鉴释文》

Explanation of Passages in the *Comprehensive Mirror* (of History, for Aid in Government).

宋，约 1090 年

史炤

《通俗文》

Commonly Used Synonyms.

东汉，180 年

服虔

《玉函山房辑佚书》卷六十一

《图书集成》

Imperial Encyclopaedia.

清，1726 年

陈梦雷等编

索引：L. Giles (2)

《王兵》

The King's Soldiers.

汉

著者不详

1972 年临沂银雀山出土汉简文献之一

见：Anon. (*215*)

《纬略》

Compendium of Non-Classical Matters.

宋，12 世纪末，约 1190 年

高似孙

《卫公兵法辑本》

Military Treatise of (Li) Wei-Kung.

唐，7 世纪

李靖

清汪宗沂辑

《尉缭子》

Master Wei Liao's (Treatise on the Art of War).

周（魏或晋），公元前 4 世纪或前 3 世纪

尉缭

《尉缭子直解》

Direct Explanations of the Wei Liao Tzu.

明，1371 年

刘寅

《魏氏（或作世）春秋》

Spring and Autumn Annals of the (San Kuo) Wei Dynasty.

晋，约 360 年

孙盛

《文献通考》

Comprehensive Study of (the History of) Civil-isation (lit. Complete Study of the Documentary Evidence of Cultural Achievements (in Chinese Civilisation).

宋，可能始撰于 1270 年，完成于 1317 年之前，1322 年刊印

马端临

参阅：des Rotours (2), p. 87

部分译文：Julien (2)；St Denys (1)

《文选》

General Anthology of Prose and Verse.

梁，530 年

萧统（梁太子）编

李善注，约 670 年

译本：von Zach (6)

《倭情屯田车铳议》

Discussions on the Use of Military-Agricultural Settlements, Muskets, Field Artillery and Mobile Shields against the Japanese (Pirates).

明，约 1585 年

赵士桢

《车铳图》是其补编

《握机经》

The Grasping Opportunities Manual; or, The Grasping the Trigger Manual (of the Art of War).

可能为汉，公元前 1 世纪或公元 1 世纪

或为刘宋，5 世纪

著者不详

《握奇经》

Manual of Grasping Extraordinary and Strange Events (and Turning them to One's Advantage).

前汉

公孙弘

《吴孙兵法》

Wu-State Sun's Art of War.

《孙子兵法》的另一名称

《吴越春秋》

Spring and Autumn Annals of the States of Wu and Yüeh.

东汉

赵晔

《吴子（兵法）》

Master Wu's (Art of War).

周，公元前 4 世纪，前 381 年之前

吴起

《武备秘书》

Confidential Treatise on Armament Technology [a compilation of selections from earlier works on the same subject].

清，17 世纪后期（1800 年重印）

施永图

《武备全书》

Complete Collection of Works on Armament Technology (including Gunpowder Weapons).

明，1621 年

潘康编

《武备新书》

New Book on Armament Technology [very similar to Chi Hsiao Hsin Shu (《纪效新书》), q. v.].

明，1630 年

传为戚继光撰，实际著者不详

《武备志》

Treatise on Armament Technology, Ming, prefaces of +1621, pr. +1628.

明，序题 1621 年，刊于 1628 年

茅元仪

参阅：Franke (4), p. 209

《武备志略》

Classified Material from the Treatise on Armament Technology.

清，约 1660 年

傅禹

《武备制胜志》

The Best Designs in Armament Technology.

明，约 1628 年

茅元仪

剑桥大学图书馆（the Cambridge University Library）藏 1843 年抄本

参阅：Franke（4），p. 209

《五代会要》

History of the Administrative Statutes of the Five Dynasties.

宋，961 年

王溥

《丛书集成》

《武经七书》

Seven Ancient Military Classics.

宋，1078—1085 年之间

何去非编

明，沈应明重编

《五经圣略》

The（Essence of the）Five（Military）Classics, for Imperial Consultation.

宋，约 1150 年

王洙

现只见于引述

《武经总要》

Collection of the Most Important Military Techniques [compiled by Imperial Order].

宋，1040（1044）年。1231 年及约 1510 年重刊

现存最早的是明刻本

曾公亮编，杨惟德、丁度协助

《武林旧事》

Institutions and Customs of the Old Capital （Hangchow）.

宋，约 1270 年（述及约始于 1165 年之事）

周密

《武试韬略》

A Classified Quiverful of Military Tests.

明，1621 年之前

汪万顷

《武书大全》

Complete Collection of the Military Books.

明，1636 年

尹商

参阅：陆达节（2），第 12 页

《武王伐纣平话》

The Story of King Wu's Expedition against Chou（Hsin, last emperor of Shang）.

元，1321 年之前

著者不详

译本：Liu Tshun-Fên（6）

《武艺图谱通志》

Illustrated Encyclopaedia of Military Arts.

朝鲜，1790 年

朴齐家（Pak Chega）、李德懋（Yi Tŏngmu）编

依据更早的韩峤（Han Kyo）稿本，它是 1590 年向在朝鲜与丰臣秀吉统率的日本人作战的中国军事技师请教的成果，参见该书的朝文本《武艺图谱通志谚解》

《西游记》

Story of a Journey to the West（or, Pilgrimage to the West）[novel; *Monkey*].

明，约 1560 年

吴承恩

译本：Waley（17），Yu（1）

《襄阳守城录》

An Account of the Defence of Hsiang-Yang （city），[＋1206 to ＋1207]，（by the Sung against the J/Chin）.

宋，约 1210 年

赵万年

此次围攻战与 1268—1273 年那次更著名的围攻战不同，并非蒙古人所为

参阅：Balazs & Hervouet（1），p. 95

《乡兵救命书》

On Saving the Situation by（the Raising of）Militia.

明，1607 年

吕坤

参阅：Goodrich & Fang Chao-Ying（1），p. 1006

《心史》

History of Troublous Times.

元，直至 1638 年才发现

郑思肖（所南）

《心书》

Book of the Hearts and Minds [on the importance of psychological conviction in warfare].

元或明初，托于三国（蜀汉）

传为诸葛亮撰

《新唐书》

New History of the Thang Dynasty ［＋618 to
　＋906］.

宋，1061 年

欧阳修、宋祁

参阅：des Rotours (2), p. 56

部分译文：des Rotours (1, 2), Pfizmaier
　(66—74)

有关摘译并见 Frankel (1) 之索引

《引得》第 16 号

《刑德》

On Punishments and Virtues ［military］.

汉

著者不详

1972 年马王堆发现的文献之一，书于绢上

《行军须知》

What an Army Commander in the Field Should
　Know.

宋，约 1230 年，1410 年、1439 年重刊

著者不详

李进撰序（明刻本）

附于明刻《武经总要》（后集）

参阅：冯家昇 (1), p. 61

《续博物志》

Supplement to the Record of the Investigation
　of Things.

（参见《博物志》）

宋，12 世纪中叶

李石

《续文献通考》

Continuation of the Comprehensive Study of
　(the History of) Civilisation.

（参见《文献通考》、《钦定续文献通考》）

明，1586 年，刊印于 1603 年

王圻编

《宣和博古图录》（即《博古图录》）

Hsüan-Ho reign-period Illustrated Record of An-
　cient Objects. ［Catalogue of the archaeological
　museum of the emperor Hui Tsung.］

宋，1111—1125 年

王黼（或作黻）等

《宣和奉使高丽图经》

Illustrated Record of an Embassy to Korea in
　the Hsüan-Ho reign-period.

宋，1124 年（1167 年）

徐兢

《荀子》

The Book of Master Hsün.

周，约公元前 240 年

荀卿

译本：Dubs (7), Knoblock (1, 2)

《盐铁论》

Discourses on Salt and Iron ［record of the de-
　bate of -81; on state control of commerce
　and industry］.

西汉，约公元前 80—前 60 年

桓宽

部分译文：Gale (1); Gale, Boodberg & Lin
　(1)

《盐邑志林》

Collected Records of Salt City.

明，约 1630 年

樊维城

《燕丹子》

(Life of) Prince Tan of Yen (d. -226) ［an
　embroidered version of the biography of
　Ching Kho (q. v.) in Shih Chi, ch.
　86, but perhaps containing some authentic
　details not-therein］.

可能为东汉，2 世纪末

著者不详

译本：Chêng Lin (1), H. Franke (11)

《伊滨集》

The I-Pin Collection.

元，约 1325 年

王沂

《易经》

The Classic of Changes ［Book of Changes］.

周，杂有西汉内容

编者不详

见：李镜池 (1, 2); Wu Shih-Chhang (1)

译本：R. Wilhelm (2), Legge (9), de
　Harlez (1)

《引得特刊》第 10 号

《逸周书》（即《汲冢周书》）

Lost Records of the Chou (Dynasty).

如果属实，应为周，公元前 245 年及其前。
公元 281 年发现于魏安釐王（公元前
276—前 245 年在位）之墓

著者不详

《阴符经》

The Harmony of the Seen and the Unseen.

唐，约 735 年（实质上并非遗存于世的战国
文献）

李筌

TT/30，参阅：*TT*/105—124

《营造法式》

Treatise on Architectural Methods.

宋，1097 年；刊于 1103 年，1145 年重印

李诫

《永乐大典》

Great Encyclopaedia of the Yung-Lo reign-peri-
od [only in manuscript].

总计 11 095 册，22 877 卷，现仅存约 370
卷

明，1407 年

解缙编

见：Yüan Thung-Li (1)

《玉海》

Ocean of Jade [encyclopaedia of quotations].

宋，1267 年，然直至 1337—1340 年或 1351
年尚未刊印

王应麟

参阅：des Rotours (2)，p. 96；Teng &
Biggerstaff (1)，p. 122

《御前军器集模》

Imperial Specifications for Army Equipment.

宋，约 1150 年

著者不详

现只见于引述

《元朝征缅录》

见《皇元征缅录》

《元经世大典》

Institutions of the Yüan Dynasty.

元，1329—1331 年

文廷式（1916 年）部分重编

参阅：Hummel (2)，p. 855

《元史》

History of the Yüan (Mongol) Dynasty [+
1206 to + 1367].

明，约 1370 年

宋濂等

《引得》第 35 号

《越绝书》

Book on the Destruction of Yüeh.

西汉，约 40 年

袁康

《云南机务抄黄》

A Study of the Taxation of Industrial operations
in Yunnan Province.

明

张纮

《造甲法》

Treatise on Armour-Making.

宋，约 1150 年

著者不详

现只见于引述

《造神臂弓法》

Treatise on the Making of the Strong Bow.

宋，约 1150 年

著者不详

现只见于引述

《战国策》

Historical Tales of the Intrigues of the Warring
States [semi-fictional].

秦

著者不详

译本：Crump (1)

《招魂》

The Calling Back of the Soul [perhaps a ritual
ode].

周，约公元前 240 年

传为宋玉作

或为景差所作

译本：Hawkes (1)

《昭忠录》

Book of Examples of Illustrious Loyalty.

元，约 1290 年

著者不详

参阅：Balazs & Hervouet (1)，p. 124

《真腊风土记》

Description of Cambodia.

元，1297 年

周达观

《阵纪》

Records of Army Formations and Tactics.

明，约 1546 年

何良臣

《志林》

Forest of Records.

见《东坡志林》

《周礼》

Record of the Institutions (lit. Rites) of (the Chou (Dynasty) [descriptions of all government official posts and their duties].

西汉，可能含有一些东周的材料

编者不详

译本：E. Biot (1)

《周礼正义》

Amended Text of the *Record of the Institutions* (*lit. Rites*) of the Chou (Dynasty) with Discussions (including the H/Han commentary of Chêng Hsüan 郑玄).

孙诒让（1899 年）编著

《诸蕃志》

Records of Foreign Peoples (and their Trade).

宋，约 1225 年 [这是伯希和（Pelliot）的断代；夏德和柔克义（Rockhill）则认为在 1242—1258 年之间]

赵汝适

译本：Hirth & Rockhill (1)

《诸葛亮集》

Collected Writings of Chu-ko Liang (Captain-General of Shu).

三国（蜀汉），200—234 年

诸葛亮

北京，1960 年重刊

《诸器图说》

Diagrams and Explanations of all Machines [mainly of his own invention or adaptation].

明，1627 年

王徵

《逐鹿记》

Record of Hunting the Deer.

明

王祎

《庄子》（即《南华真经》）

The Book of Master Chuang.

周，约公元前 290 年

庄周

译本：Legge (5); Feng Yu-Lan (5); Lin Yü-Thang (1)

《引得特刊》第 20 号

《资治通鉴》

Comprehensive Mirror (of History) for Aid in Government [－403 to ＋959].

宋，1065 年始撰，1084 年完成

司马光

参阅：des Rotours (2), p. 74; Pulleyblank (7)

部分译文：Fang Chih-Thung (1)

《资治通鉴辩误》

Correction of Errors in the *Comprehensive Mirror (of History), for Aid in Government*.

宋元，约 1275 年

胡三省

《左传》

Master Tso Chhiu-Ming's Enlargement of the *Chhun Chhiu* (*Spring and Autumn Annals*) [dealing with the period －722 to －453].

东周，编于公元前 430—前 250 年之间，但经过秦汉时期的儒家学者（特别是刘歆）的增改。此书是《春秋》三传中最大的一部，另两部为《公羊传》和《穀梁传》，但与它们不同，《左传》最初可能是一部独立的史书。

传为左邱明著

见：Karlgren (8); Maspero (1); Chhi Ssu-Ho (1); Wu Khan (1); Wu Shih-Chhang (1); Van der Loon (1); Eberhard, Müller & Henseling (1)

译本：Couvreut (1), Legge (11), Pfizmaier (1—12)

索引：Fraser & Lockhart (1)

B.1800 年以后的中文和日文书籍与论文

安金槐（2）

《试论郑州商代城址—隞都》

Hypothesis on the Remains of the Shang Dynasty City at Chêng-Chou.

《文物》，1961 年（no. 4—5），73—80

安金槐（3）

《试论河南龙山文化与夏商文化的关系》

Hypothesis on the Relationship between the Honan Lung-Shan Culture and the Hsia and Shang Dynasty Cultures.

载《中国考古学会第二次年会论文集（1980）》，文物出版社，北京，1982 年，153—160

安金槐（4）

《近年来河南夏商文化考古的新收获——为中国考古学会第四次年会而作》

Recent Archaeological Finds from Honan's Hsia and Shang Dynasty Cultures (Written for the Fourth Chinese Archaeological Conference).

《文物》，1983 年（no. 3），1—7

安志敏（3）

《关于郑州商城的几个问题》

Several Questions Regarding the Shang City at Chêng-Chou.

《考古》，1961 年（no. 8），448—450

白荣金（1）

《西周铜甲组合复原》

A Reconstruction of the Structure of Western Chou Armour.

《考古》，1988 年（no. 9）849—851、857

北京大学历史系考古教研室商周组（1）

《商周考古》

Shang and Chou Archaeology.

文物出版社，北京，1979 年

北京大学中国中古史研究中心（1）

《敦煌吐鲁番文献研究论集》

A Collection of Research Essays on Tun-huang and Turfan Documents.

中华书局，北京，1982 年

北京钢铁学院（1）

《中国冶金简史》

A Brief History of Chinese Metallurgy.

科学出版社，北京，1978 年

曹桂岑（1）

《淮阳平粮台龙山文化古城城名考》

Analysis of the City Name of the Ancient City of the Lung-Shan Culture at Phing-Liang-Thai, Huai-Yang.

载《1982 年河南省考古学会论文选集》，《中原文物》专刊，1983 年，11—18

岑仲勉（3）

《墨子城守各篇简注》

Simple Commentary on the Sections of the *Mo Tzu* Book dealing with the Defence of Cities.

中华书局，北京，1958 年；1959 年重印

常弘（1）

《读临沂汉简中孙武传》

Notes on the Biographical Data about Sun Wu found in the Han Dynasty Inscribed Slips from Lin-I.

《考古》，1975 年（no. 4），210

常任侠（1）

《汉画艺术研究》

Researches on the Art of Han Dynasty Painting.

上海出版公司，上海，1955 年

畅文斋（3）

《侯马地区古城址的新发现》

New Discoveries at the Remains of the Ancient Cities in the Hou-Ma Area.

《文物参考资料》，1958 年（no. 12），32—33

陈登元 (1)

《中国土地制》

Agrarian Systems in China.

上海商务印书馆，1932 年

陈奂 (1)

《诗毛氏传疏》

Sub-commentary to the Mao Commentary on the *Shih Ching* (Book of Songs).

《国学基本丛书》，商务印书馆，上海，1933 年

陈纪纲 (1)

《中国成语大辞典》

Great Dictionary of Chinese Proverbs.

台南，1976 年

陈阶平 (1)

《洴澼百金方》

The Phing-Phi Book of Metallurgical Processes.

1840 年

陈经 (1)

《求古精舍金石图》

Illustrations of Antiques in Bronze and Stone from the Spirit-of-Searching-Out-Antiquity Cottage.

1818 年

陈靖 (1)

《汉南水利谈》

On the Irrigation Systems of the South Bank of the Han River.

《水利》，1934 年（no. 6），262

陈梦家 (4)

《殷墟卜辞综述》

Complete Analysis of the Yin Hsü Oracle Bone Inscriptions.

科学出版社，北京，1956 年；1958 年重印

陈梦家 (5)

《汲冢竹书考》

A Study of Bamboo Books Discovered in the Wei Tombs in the +3rd century.

《图书季刊》，1944 年，新 5:2-3，1

陈梦家 (6)

《六国纪年表考证（上）》

Textual Criticism of the Chronological Tables of the Six States (vol. 1).

《燕京学报》，1949 年，（no. 36），97—139

陈廷元、李震 (1)（编）

《中国历代战争史》

A History of Wars and Military Campaigns in China, 16 vols. (With abundant maps).

三军大学、黎明文化事业公司，台北，1963 年；1972 年再版，1976 年最新版。共 16 卷

陈垣 (3)

《元西域人华化考》

On the Sinisation of 'Western People' during the Yüan Dynasty.

第一部分，《国学季刊》，1923 (no. 1)，573

第二部分，《燕京学报》，1927 (no. 2)，171

陈英略 (1)

《鬼谷子无字天书》

Kuei Ku Tzu's Secret Heavenly Book.

香港，1981 年

陈英略 (2)

《鬼谷子神机兵法》

Kuei Ku Tzu's Miraculous Art of War.

香港，1980 年

陈直 (1)

《墨子备城门等篇与居延汉简》

Preparation of City Walls and Gates' and Other Sections of *Mo Tzu* (The Book of Master Mo) and the Chü-Yen Slips.

《中国史研究》，1980 年 (no. 1)，117—130

程欣人 (1)

《古殳浅说》

Introduction to the Ancient Mace.

《江汉考古》，1980 年 (no. 2)，60—63

初师宾 (1)

《汉边塞守御器备考略》

Remarks on Defensive Weapons and Instruments of the Han Border Fortresses.

《汉简研究文集》，1984 年，142—222

初师宾 (2)

《居延烽火考述——兼论古代烽号的演变》

Textual Researches on the Chü-Yen Beacon Fires-with Discussion of the Evolution of Ancient Beacon Signals.

《汉简研究文集》，1984 年，335—398

大岛利（Ōshima Toshikazu）（1）

《中國古代の城についこ》

On the Walled Cities of Ancient China.

《東方學報》（京都），1959，30，39

摘要：RBS，1965 年，5（no. 67）

大庭脩（Ōba Osamu）（1）

《漢代にわける功次による昇進について》

On Promotion Based on Rank in the Han Dynasty.

《東洋史研究》，1953 年，12（no. 3），14—28

大庭脩（2）

《前漢の將軍》

《东洋史研究》，1967 年，26（no. 4），68—112

丁福保（1）（编）

《说文解字诂林》

The Forest of Explanations of the *Shuo-Wên Chieh-Tzu*.

上海医学书局，1930—1932 年東京國立博物館（Tōkyō-Kokuritsu Hakubutsukan）（1）等

《中國戰國時代の雄中山王國文物展》

Exhibition of the Remarkable Historical Relics of the Royal State of Chung-Shan of the Warring States Period in China.

東京，東京國立博物館編，1981 年

东下冯考古队（1）

《山西夏县东下冯遗址东区、中区发掘简报》

A brief report of the eastern and middle sections of the remains at Tung-Hsia-Fêng, Hsia Hsien, Shansi.

《考古》，1980 年（no. 2），97—107

董鉴泓（1）

《从隋唐长安城宋东京城看我国一些都城布局的演变》

A look at some of the changes in the structure of my country 's capitals from Chhang-An city of the Sui and Thang and the Eastern Capital (Kaifeng) of the Sung.

《科技史文集》，1980 年（no. 5），116—123

渡邊卓（Watanabe Takashi）（1）

《墨家の兵技巧書いついこ》

On the Technical Military Treatises of the Mohists.

《東京支那学報》，1957 年，3，1—19

渡邊卓（2）

《墨家の守した城邑につり》

On Towns and villages protected by Mo-Chia (the. Mohists).

《東方学》，1964 年，27，33—48

杜正胜（1）

《周秦城市的发展与特质》

Development and Characteristics of Chou and Chhin Cities.

《中央研究院历史语言研究所集刊》（台北），1980，51（no. 4），615—747

杜正胜（2）

《周代城邦》

Cities of the Chou Period.

联经出版事业公司，台北，1979 年

杜正胜（3）

《从考古资料论中原国家的起源及其早期的发展》

An Examination of the origins and early development of the Central Plains States of Ancient China based on archaelogical Data.

《中央研究院历史语言研究所集刊》（台北），1987，58（no. 1），1—82

端方（1）

《陶斋吉金录》

Record of Inscribed Metal Objects preserved in the Porcelain Studio Collection.

北京，1908 年

范文澜（1）

《中国通史简编》

A General History of China Concisely Arranged.

北京，1964 年修订版，共 2 卷

冯家昇（2）

《回教国为火药由中国传入欧洲的桥梁》

The Muslims as the Transmitters of Gupowder from China to Europe.

《史学集刊》, 1949 年, 1

冯家昇 (4)

《火药的由来及其传入欧洲的经过》

On the Origin of Gunpowder and its Transmission to Europe.

载《中国科学技术发明和科学技术人物论集》, 北京, 1955 年

冯家昇 (6)

《火药的发明和西传》

The Discovery of Gunpowder and its Transmission to the West.

华东人民出版社, 上海, 1954 年; 修订版, 上海人民出版社, 上海, 1962 年, 1978 年

冯家昇 (8)

《读西洋的几篇火药火器文后》

Notes on Reading some of the Western Histories of Gunpowder and Firearms.

《史学月刊》, 1949 年 (no. 7), 241

冯云鹏、冯云鹓 (1)

《金石索》

Collection of Carvings, Reliefs and Inscriptions.

这是关于汉代墓祠画像石的第一部近代出版物

1821 年

傅斯年、李济、梁思永、董作宾、吴金鼎、郭宝钧、刘屿霞 (1)

《城子崖》

Chhêng-Tzu-Yai.

中国考古报告集之一, 主编: 李济, 编辑: 梁思永、董作宾, 历史语言研究所专刊, 南京, 1934 年

傅熹年 (1)

《唐长安大明宫玄武门及重玄门复原研究》

Research on the Restoration of the Thang Dynasty Hsüan-Wu (Dark Warrior) Gate and the Chhung-Hsüan (Double Darkness) Gate, Ta-Ming (Great Luminous) Palace, Chhang-An.

《考古学报》, 1977 年 (no. 2), 131—157

傅振伦 (1)

《燕下都发掘报告》

Report on the Yen Hsia-Tu Excavations.

《国学季刊》, 1932 年, **3** (no. 1), 175—182

傅振伦 (2)

《燕下都发掘品的初步整理与研究》

Preliminary Classification of and Research on the Yen Hsia-Tu Discoveries.

《考古通讯》, 1955 年 (no. 4), 18—26

甘博文 (1)

《甘肃武威雷台东汉墓清理简报》

Brief Report of the Clearing of the Eastern Han Tombs at Lei-Thai in Wu-Wei County, Kansu.

《文物》, 1972 年 (no. 2), 16—19

甘肃居延考古队 (1)

《居延汉代遗址的发掘和新出土的简册文物》

Excavation of Han Dynasty Remains and the Newly Excavated Slips, Documents, and Artifacts, Chü-Yen.

《文物》, 1978 年 (no. 1), 1—25

甘肃省文物工作队、甘肃省博物馆 (1)

《汉简研究文集》

Collected Researches on Han Dynasty Slips.

甘肃人民出版社, 兰州, 1984 年

高敏 (1)

《秦汉时期的亭》

Posts (*Thing*) of the Chhin and Han Periods.

载《云梦秦简研究》, 中华书局, 北京, 1981 年, 302—315

高明 (1)

《略论汲县山彪镇一号墓的年代》

Brief Discussion of the Dating of Tomb Number One, Shan-Piao Chên, Chi County.

《考古》, 1962 年 (no. 4), 211—215

高至喜、刘廉银 (1) 等

《长沙市东北郊古墓葬发掘简报》

Short Report on the Excavations of Tombs (of Warring States and Later Periods) in the North-eastern suburbs of Chhang-Sha.

《考古通讯》, 1959 年 (no. 12), 649

宫川尚志 (Miyakawa Hisayuki) (1)

《六朝时代の村について》

On Villages of the Six Dynasties Period.

载《羽田博士頌壽記念東洋史論叢》，京都，1950 年，875—912；重刊于《六朝史研究：政治社會篇》，京都，1956 年，437—471

宫崎市定（Miyazaki Ichisada）（2）

《中國における村制の成立古代帝國崩壊の一面》

The Development of the Village System, in Ancient China; an Aspect of the Breakdown of Imperial Power.

《東洋史研究》，1960 年，18，569

摘要：RBS，1967 年，**6**（no. 39）

宫崎市定（3）

《支那城郭の起源異説》

A Different Theory on the Origin and Inner Wall and Outer Wall of Chinese Cities.

《歷史の地理》，1933 年，**32**（no. 3），23—39

宫崎市定（4）

《中國における聚落形體の変遷についこ》

On Changes in the Shape of Settlements in China.

《大谷史学》，1957 年，6，5—26

宫崎市定（5）

《中國城郭の起源異説》

A Different Theory of the Origin of Chinese Cities.

載京都大学東洋史研究会，I，50—65

宫崎市定（6）

《漢代の里制と唐代の坊制》

The System of *Li*（Wards）in the Han Dynasty and the System of *Fang*（Wards）in the Thang.

《東洋史研究》，1962 年，**21**（no. 3），27—50

谷霁光（1）

《府兵制度考释》

Studies on the Fu-Ping（Personal Bodyguard）System.

上海，1962 年

顾颉刚（5）

《与钱玄同先生论古史书》

On Ancient History-two letters to Chhien Hsüan-Thung.

《古史辨》，1926 年，1，59

英文摘要：CIB，1938 年，**3**（no. 67）

顾颉刚（9）

《秦汉的方士与儒生》

Taoists and Confucians in the Chhin and Han Epoch.

上海，1957 年

顾颉刚（10）

《史林杂识初编》

A Preliminary Collection of Miscellaneous Historical Studies.

北京，1963 年

顾颉刚（11）

《史林杂志》

Collected Studies on History.

北京，1963 年

關野雄（Sekino Takeshi）（1）

《中國考古學研究》

Researches in Chinese Archaeology.

東方文化研究所，東京大学出版社，東京，1956 年

關野雄、駒井和愛（Komai Kazuchika）（1）

《邯鄲：戰國時代趙都地址の発掘》

Han-tan: Excavation of the Ruins of the Capital of Chao in the Warring States Period. *Archaeologia Orientalis*, Series B. vol. 7.

遠東考古學會，東京，1954 年

關野貞（Sekino Tadashi）、谷井濟（Yatsui, S.）、栗山俊一（Kuriyama, S.）、小場恒吉（Oba, T.）、小川敬吉（Ogawa, K.）、野守健（Nomori, T.）（1）

《樂浪郡時代の遺蹟》

Archaeological Researches on the Ancient Lo-Lang Distinct（Korea）.

Spec. Reports Service of Antiquities, vols. 4 and 8（1 vol. text and 2 vols. plates）.

東京，1925 年，1927 年

广州市文物管理委员会、广州市博物馆（1）

《广州汉墓》

Han Tombs in Kuang-Chou.

中国田野考古报告集・考古学专刊，丁种第

二十一号

文物出版社，北京，1981 年

桂恒（3）

《试论百花潭嵌错图像铜壶》

Hypothesis Regarding the Inlaid Pictorial
Bronze *Hu*-Vessel from Pai-Hua-Than.

《文物》，1976 年（no. 3），47—51

郭宝钧（3）

《山彪镇与琉璃阁》

Shan-Piao-Chên and Liu-Li-Ko.

科学出版社，北京，1959 年

郭冰廉（1）

《湖北黄陂杨家湾的古遗址调查》

Investigation of the Ancient Remains at Yang-
Chia-Wan, Huang-Phi, Hupei.

《考古通讯》，1958 年（no. 1），56—58

郭德维、陈贤一（1）

《湖北黄陂盘龙城商代遗址和墓葬》

Shang Dynasty Remains and Graves at Phan-
Lung-Chhêng, Huang-Phi, Hupei.

《考古》，1964 年（no. 8），420—421

郭湖生（1）

《子城制度——中國城市史專題研究之一》

System of Tzu-Chhêng（Inner City）-A Study
in the History of Ancient Chinese Cities-
Part One of a Special Research Topic.

《東方學報》　（京都），1985 年（no. 57），
665—683.

郭化若（1）

《今译新编〈孙子兵法〉》

A New Transcription of the 'Art of War of
Master Sun' into Modern Chinese.

人民出版社，北京，1957 年

上海人民出版社，上海，1977 年

郭化若（2）

《〈宋本十一家注孙子〉代序》

Introduction to the Sung edition of the
'Eleven-Commentaries on the Sun Tzu Ping
Fa'（Master Sun's Art of War）, by
Tshao Tshao and others.

上海，1981 年，系依据 1961 年和 1962 年
之更早版本重印

郭化若（3）

《赤壁之役》

The Battle of the Red Cliff.

《八路军军政杂志》，1939 年（no. 2）

郭化若（4）

《淝水之役》

The Battle at the Fei River.

《八路军军政杂志》，1939 年（no. 4）

郭化若（5）

《齐燕即墨之战》

Battle at Chi-Mo between the States of Chhi
and Yen.

《八路军军政杂志》，1939 年（no. 5）

郭化若（6）

《孙子兵法之初步研究》

Preliminary Studies of Master Sun's Art of
War. Yenan, 1939.

延安，1939 年

又连载于《八路军军政杂志》，1939 年
（no. 11）；1939 年（no. 12）；1940 年
（no. 1）

郭化若（7）

《〈孔明兵法〉之一斑》

A Glimpse at Chu-ko Liang's Art of War'.

《八路军军政杂志》，1940 年（no. 3）（第
一部分）；1940 年（no. 4）（第二部分）

郭化若（8）（编译）

《十一家注孙子》

Eleven Commentaries on *Sun-Tzu*.

上海古籍出版社，上海，1978 年

郭化若等（1）

《抗日游击战争的战术问题》

Problems of Tactics in the Guerrilla Resistance
War against Japan.

中国文化书店，1939 年（第三版）

郭沫若（2）

《中国古代社会研究》

Studies in Ancient Chinese Society.

上海，1930 年；1932 年重印

较晚版本见郭沫若（9）（10）

郭沫若（4）

《青铜时代》

On the Bronze Age（in China）.

上海，1946 年；之后有 1947 年和 1951 年的

版本

郭铿若（1）

《福建莆田木兰陂》

On the Mu-Lan Dam at Phu-Thien in Fukien
Province.

《水利》，1936 年（no.11），20

河北省文化局文物工作队（1）

《河北易县燕下都故城勘察和试掘》

Reconnaissance and Trial Excavations of Yen
Hsia-Tu, I County, Hopei.

《考古学报》，1965 年（no.1），83—105（英
文摘要见 105—106 页）

河北省文化局文物工作队（2）

《河北易县燕下都第十六号墓发掘》

Excavation Tomb Number Sixteen at Yen
Hsia-Tu, I County, Hopei.

《考古学报》，1965 年（no.2），79—101（英
文摘要见 102 页）

河北省文化局文物工作队（3）

《1964—1965 年燕下都墓葬发掘报告》

Report on the 1964—1965 Excavations of the
Yen Hsia-Tu Graves.

《考古》，1965 年（no.11），548—561、598

河北省文化局文物工作队（4）

《燕下都第 22 号遗址发掘报告》

Report of the Excavation of Ruin Number
Twenty-Two, Yen Hsia-Tu.

《考古》，1965 年（no.11），562—570

河北省文化局文物工作队（5）

《燕下都遗址外围发现战国墓葬群》

The Warring States Cemetery Discovered on
the Outskirts of the Ruins of Yen Hsia-Tu.

《文物》，1965 年（no.9），60

河北省文物管理处（1）

《河北易县燕下都 44 号墓发掘报告》

Report on the Excavation of Ruin Number 44,
Yen Hsia-Tu, I County, Hopei.

《考古》，1975 年（no.4），228—240、243

河北省文物管理处（2）

《燕下都遗址出土奴隶铁颈锁和脚镣》

Slave Neck and Foot Shackles Excavated from
the Yen Hsia-Tu Remains.

《文物》，1975 年（no.6），89—91

河北省文物管理处（3）

《河北省平山县战国时期中山国墓葬发掘简
报》

Brief Report of the Warring States Period
Graves of the State of Chung-Shan, Phing-
Shan County, Hopei.

《文物》，1979 年（no.1），1—31

何丙郁、何冠彪（1）

《郭煌残卷"占云气书"研究（上）》

A Research on the Damaged Scroll of the Book
'Prognostication from Clouds and Vapours'
（Tunkuang ［CF51］ MS, Stein
Coll. no.3326）. Early ＋ 7th century,
copied in early ＋ 10th.

艺文印书馆，台北，1985 年；又载《文
史》，1985 年（no.25），67—94

何法周（1）

《〈尉缭子〉初探》

Preliminary Remarks on the 'Book of Master-
Wei Liao (on the Art of War)'.

《文物》，1977 年，2，28

河南省博物馆（1）

《郑州商城遗址内发现商代夯土台基和奴隶
头骨》

Shang Dynasty Pounded-Earth Foundations
and Skulls of Staves Discovered in the
Remains of the Shang City at Chèng-Chou.

《文物》，1974 年（no.9），1—2

河南省博物馆、郑州博物馆（1）

《郑州商代城址试掘简报》

Brief Report of the Survey of the Remains of
the Shang Dynasty Wall, Chèng-Chou.

《文物》，1977 年（no.1），21—31

河南省博物馆新郑工作站、新郑县文化馆（1）

《河南新郑郑韩故城的钻探和试掘》

Borings and Trial Excavations of the Ancint
Chêng and Han City at Hsin-Chêng, Ho-
nan.

《文物资料丛刊》，1980 年（no.3），56—66

河南省文物研究所、中国历史博物馆考古部（1）

《登封王城岗遗址的发掘》

Excavation of the Ancient Ruins at Wang-
Chhêng-Kang, Têng-Fêng.

《文物》, 1983 年（no.3）, 8—20

河南省文物研究所、周口地区文化局文物科 (1)

《河南省淮阳平粮台龙山文化城址试掘简报》

Brief Report of the Trial Excavations of the Lung-Shan Culture Remains at Phing-Liang-Thai, Huai-Yang, Honan Province.

《文物》, 1983 年（no.3）, 21—36

河崎孝治 (Kawasaki Takaharu) (1)

《清朝に於けろ墨子學-孫星衍墨子校本と畢沅墨子注》

On Studies of *Mo Tzu* in the Chhing-Sun Hsing-Yen's *Collated Edition of Mo Tzu* and Pi Yüan's *Commentary on Mo Tzu*.

《東方學》（日本）, 1988 年, 75, 113—133

贺昌群 (1)

《流沙坠简补正》

Supplementary Corrections of the *Lost Slips from the Shifting Sands*.

《图书季刊》, 1935 年, **2**（no.1）, 1—18

贺业钜 (1)

《试论周代两次城市建设高潮》

Some Notes on the Two High Tides of Urban Construction during the Chou Dynasty.

《建筑历史与地理》, 1981 年（no.1）, 36—45

贺云翔 (1)

《也谈我国古城形制的基本模式——读马世之先生文有感》

A Further discussion of the basic pattern of the shape of my country's ancient cities-a reaction to reading Mr Ma Shih-Chih's articles.

《中原文物》, 1986 年（no.2）, 97—99

赫懿行 (1)

《尔雅义疏》

Commentary on the *Literary Expositor* [with special reference to plant and animal names].

赫生活于 1757—1825 年, 此书在他死后初刊于 1856 年, 手稿可能撰于 1800 年前

《国学基本丛书》, 商务印书馆, 上海, 1934 年

参阅: 张永言（*1*）

洪秀全 (1)

《原道醒世训》

Teaching on the Genuine Way of Awaking the World.

《中国哲学史资料选辑·近代之部》, 北京, 1959 年, 共 2 册

侯马市考古发掘委员会 (1)

《侯马牛村古城南东周遗址发掘简报》

Brief Report on the Excavation of the Eastern Chou Remains of the Southern Section of the Ancient City at Niu-Tshun, Hou-Ma.

《考古》, 1962 年（no.2）, 55—62

侯仁之 (3)

《历史地理学的理论与实践》

The Theory and Practice of Historical Geography.

上海人民出版社, 上海, 1979 年

湖北省博物馆 (1)

《楚都纪南城的勘查与发掘》（上）

Exploration and Excavation of the Chhu Capital, Chi-Nan City（Part One）.

《考古学报》, 1982 年（no.3）, 325—349

湖北省博物馆 (2)

《楚都纪南城的勘查与发掘》（下）

Exploration and Excavation of the Chhu Capital, Chi-Nan City（Part Two）.

《考古学报》, 1982 年（no.4）, 477—506（英文摘要见 507 页）

湖北省博物馆 (3)

《随县曾侯乙墓》

The Tomb of Marquis I of Tsêng.

文物出版社, 北京, 1980 年

湖北省博物馆 (4)

《盘龙城商代二里冈期的青铜器》

Bronzes of the Erh-Li-Kang Period, Shang Dynasty, at Phan-Lung-Chhêng.

《文物》, 1976 年（no.2）, 26—41

湖北省博物馆、北京大学考古专业盘龙城发掘队 (1)

《盘龙城 1974 年度田野考古纪要》

Summary of the 1974 Archaeological Season at Phan-Lung-Chhêng.

《文物》, 1976 年（no.2）, 5—15

湖北省黄石市博物馆、中国金属学会出版委员

会、北京钢铁学院冶金史组（1）

《铜绿山——中国古矿冶遗址》

Thung-Lü-Shan-Ruins of the Ancient Chinese Mines.

文物出版社，北京，1980 年

胡道静（1）

《〈梦溪笔谈〉校正》

Corrected and Commented Edition of the Dream Pool Essays.

上海，1955 年，共 2 册

胡道静（2）

《新校正〈梦溪笔谈〉》

New Corrected Edition of the Dream Pool Essays（with additional annotations）.

中华书局，北京，1958 年

胡林翼（1）

《读史兵略》

Accounts of Battles in the Official Histories.

北京，1861 年

参阅：陆达节（1），159

胡厚宣（8）

《甲骨学商史论丛》

Collected Studies on the History of Shang based on Oracle Bones Studies.

成都，1944 年，共 3 集

台北，1972 年重印

湖南省文物管理委员会（1）

《湖南零陵东门外汉墓清理简报》

Brief Report of the Clearing of the Han Tombs outside the East Gate of Ling-Ling, Hunan.

《考古通讯》，1957 年（no.1），27—31

黄陂县文化馆（1）

《黄陂县作京城遗址调查简报》

Brief Report on the Investigation of the Remains of Tso-Ching-Chhêng, Huang-Phi County.

《江汉考古》，1985 年（no.4），11—19

黄河水库考古工作队（1）

《河南陕县刘家渠汉墓》

Han Dynasty Tombs at Liu-Chia-Chhü, Shan County, Honan.

《考古学报》，1965 年（no.1），107—167

黄盛璋（2）

《和林格尔汉墓壁画与历史地理问题》

The Han Dynasty Tomb Murals at Ho-Lin-Ko-Erh and Problems of Historical Geography.

《文物》，1974 年（no.1），38—46

黄盛璋（3）

《再论和林格尔汉墓壁画的地理与年代问题——兼评〈和林格尔汉墓壁画〉》

Review of Geographical and Chronological Problems of the Han Dynasty Tomb Murals at Ho-Lin-Ko-Erh: With Criticism of Han Dynasty Tomb Murals at Ho-Lin-Ko-Erh.

《考古与文物》，1982 年（no.1），94—98

黄盛璋（4）

《孙膑兵法擒庞涓篇释地》

An Explanation of the place of 'The Capture of Phang Chüan' in Sun Pin's Art of War.

《文物》，1977 年（no.2），72—79

嵇文甫（1）

《中国古代社会早熟性》

The Early Maturity of Society in Ancient China.

载《中国的奴隶制与封建制分期问题论文选集》，北京，1956 年，68—73

贾兰坡、盖培、尤玉柱（1）等

《山西峙峪旧石器时代遗址发掘报告》

Report on the excavation of the paleolithic site at Chih-Yü, Shansi Province.

《考古学报》，1972 年（no.1）39—58

姜宸英（1）

《湛园札记》

Notes（on the Classics）from the Still Garden.

1829 年

江苏省文物管理委员会（1）

《江苏徐州汉画像石》

Han Stone Reliefs from Hsü-Chou, Kiangsu.

北京，1959 年

姜馨（1）

《孙子兵法引例》

'Master Sun's Art of War' with Examples.

香港，1974 年

蒋介石（1）

《抗战与建国》

Fight to Resist and Build Up the Nation.

民尉主编, 香港民社, 1939 年

金发根 (1)

《永嘉乱后北方的豪族》

Wealthy and Powerful Clans of the North after the Yung-Chia Rebellion.

中国学术著作奖助委员会, 台北, 1964 年

金维诺 (2)

《和林格尔汉壁画墓年代的探索》

Exploration of the Dating of the Eastern Han Tomb Murals, Ho-Lin-Ko-Erh.

《文物》, 1974 年 (no.1), 47—50

京浦 (1)

《禹居阳城与王城岗遗址》

Yü Dwelling in Yang-Chhêng and the Remains of Wang-Chhêng-Kang.

《文物》, 1984 年 (no.2), 67—69

荆三林 (1)

《郑州古城址时代问题商榷》

Discussion of the Problems of Dating the Remains of the Ancient City Wall, Chêng-Chou.

《郑州大学学报》, 1980 年 (no.1), 21—26

荆三林 (2)

《再论郑州古城址的年代——答杨育彬同志》

Another Discussion of the Date of the Remains of the Ancient City Wall, Chêng-Chou-a Response to Comrade Yang Yü-Pin.

《郑州大学学报》, 1980 年 (no.3), 61—66

井崎隆兴 (Inosaki Takaoki) (1)

《元代の竹の専とその施行意義》

On the Bamboo Monopoly [for bows, crossbows, arrows and even charcoal for gunpowder] in the Yüan period [between + 1267 and + 1292].

《東洋史研究》 1957 年, **16**, 135

摘要: RBS 1962 年, **3** (no.263)

军事科学院 (1)

《中国近代战争史》

A History of Modern Chinese Warfare.

军事科学出版社, 北京, 1984—1985 年, 共 3 集

考古研究所洛阳发掘队 (1)

《洛阳涧滨东周城址发掘报告》

Excavation Report of the Remains of the Eastern Chou City on the Banks of the River Chien, Lo-Yang.

《考古学报》, 1959 年 (no.2), 15—34 (英文摘要见 34—36 页)

蓝蔚 (1)

《湖北黄陂县盘土城发现古城遗址及石器等》

The Remains of an Ancient City, Stone Artifacts, and Other Items Discovered at Phan-Thu-Chhêng, Huang-Phi, Hupei.

《文物参考资料》, 1955 年 (no.4), 118—119

蓝永蔚 (1)

《春秋时期的步兵》

Infantry in the Springs and Autumns Period.

中华书局, 北京, 1979 年

劳榦 (1)

《汉代兵制及汉简中的兵制》

The Military System of the Han Dynasty as recorded on Wood and Bamboo Slips.

《中央研究院历史语言研究所集刊》(南京), 1948 年 (no.10), 23

劳榦 (6)

《居延汉简考证》

Textual Criticism of the Han Dynasty Slips from Chü-Yen.

初刊于 1944 年

又载《中央研究院历史语言研究所集刊》(台北), 1959 年, **3** (no.1), 311—491

后收入《居延汉简考释之部》, 中央研究院历史语言研究所专刊, 第 40 号, 台北, 1960 年

劳榦 (7)

《汉晋西陲木简新考》

New Study of Wooden Slips from the western Frontier of the Han and the Chin Dynasties.

中央研究院历史语言研究所专刊 A, 第 27 号, 台北, 1983 年

劳榦 (8)

《居延汉简考释之部》

Documents of the Han Dynasty on Wooden Slips from Edsin Gol, Part 2: Transliteration and Commentaries.

中央研究院历史语言研究所专刊，第 40 号，
台北，1960 年

雷伯伦（1）

《中国文化与中国的兵》

Chinese Culture and the Soldiers of China.

万年青书店，台北，约 1975 年

雷海宗（1）

《中国的兵》

The Historical Development of the Chinese
Soldier.

《社会科学》，1935 年（no.1），1

英文摘要：*CIB*，1936 年，1，5
（abstr.no.12）

黎子耀（1）

《〈梦溪笔谈〉弓有六善说渊源于〈易
经〉——与闻人军同志商榷》

That the Expression 'The Bow has Six
Advantages' in the *Dream Pool Essays* is
based originally on the *Book of Changes*-a
consultation with Wên Jên-Chün.

《杭州大学学报》，1985 年，**15**（no.3），79

李复华（1）

《四川郫县红光公社出土战国铜器》

Warring States Bronze Implements unearthed in
Hung-Kuang Commune, Phi County,
Szechuan.

《文物》，1976 年（no.10），90

李零（1）

《关于银雀山简本〈孙子〉研究的商榷——
孙子著作时代和作者的重议》

Discussion of Research on the Yin-Chhüeh-
Shan Bamboo Slip Edition of *Sun-Tzu*：Re-
view of the Dating and Authorship of *Sun-
Tzu*.

《文史》，1979 年（no.7），23—34

李零（2）

《银雀山简本〈孙子〉校读举例》

Examples of Proofreading the Yin-Chhüeh
Shan Bamboo Slip Edition of *Sun-Tzu*.

《中华文史论丛》，1981 年（no.4），299—
313

李勤（1）

《西安交通大学西汉壁画墓》

A Western Han Tomb with Mural Paintings in
the Grounds of Chiao-Thung University in
Sian.

交通大学出版社，1991 年

李少一（1）

《说砲》

Brief Discourse on Trebuchets.

《百科知识》，1981 年，**5**（no.22，32）

李亚农（3）

《西周与东周》

Western Chou and Eastern Chou.

上海，1956 年

李遇春（1）

《汉长安城考古综述》

Summary of Archaeological Work on the Han
City of Chhang-An.

《考古与文物》，1981 年（no.1），122—124

李浴日（1）

《〈孙子兵法〉综合研究》

A Comprehensive Study of Master Sun's Art
of War.

台北，1975 年
（著于 1937 年）

李浴日（2）（编）

《中国兵学大系》

The Main Texts in（the History of）Chinese
Military Science.

台北，1957 年，共 14 卷

李亦园、杨国枢（1）

《中国人的性格，科际综合性的讨论》

A Symposium on the Character of the Chinese
People; an Interdisciplinary Approach.

中央研究院人类学研究所专刊 B，第 4 号，
台北，1972 年

李占（1）

《〈孙子兵法〉古今中外引例》

Ancient and Modern Examples of 'Master
Sun's Art of War' from China and
Abroad.

香港，1977 年

李宗侗（1）

《中国古代社会史》

A Social History of Ancient China.

台北，1963 年

李宗吾 (1)

《厚黑学》

The Theory of the Great Darkness.

香港，约 1971 年

郦纯 (1)

《太平天国制度初探》

Preliminary Studies on the Government System of the Thai-Phing Thien-Kuo (Heavenly Kingdom of Great Peace and Equality) .

北京，1963 年

梁嘉彬 (1)

《鬼谷子考》

A Study of the *Kuei Ku Tzu* Book.

《大陆杂志》，1955 年，**10**（no.4）

梁启超 (6)

《古书真伪及其年代》

On the Authenticity of Ancient Books and their Probable Datings.

讲学，记录者：周传儒、姚名达、吴其昌

中华书局，北京，1955 年；1957 年重印

梁园东 (1)

《中国政治社会史》

Political and Social History of China.

上海，1954 年，共 2 集

梁章钜 (1)

《浪跡丛谈》

Impressions Collected during Official Travels.

约 1845 年

梁章钜 (2)

《浪跡续谈》

Further Impressions Collected during Official Travels.

约 1846 年

林彪 (1)

《人民战争胜利万岁》

Long Live the Victory of the People 's War!

北京，1965 年

林巳奈夫 (Hayashi Minao) (5)

《中國殷周時代の武器》

Chinese Weapons of the Yin (Shang) and Chou Periods.

京都大学人文科学研究所，1972 年

林巳奈夫 (6)

《漢代の文物》

Cultural Relics of the Han Period.

京都大学人文科学研究所，1976 年

林巳奈夫 (7)

《戰國時代出土文物の研究》

Researches on Excavated Relics from the Warring States Period.

京都大学人文科学研究所，1985 年

林巳奈夫 (8)

《後漢時代の車馬行列》

Chariot and Horse Processions of the Later Han Period.

《東方學報》 （京都），1966 年 （no.37），183—226

临淄区齐国故城遗址博物馆 (1)

《临淄齐国故城的排水系统》

The Drainage System of the Ancient City of Lin-Tzu, State of Chhi.

《考古》，1988 年 （no.9），784—787

刘东亚 (1)

《河南鄢陵县古城址的调查》

Investigation of the Remain of an Ancient City in Yen-Ling County, Honan.

《考古》，1963 年 （no.4），225—226

刘锦藻 (1)

《清朝续文献通考》（一）

浙江古籍出版社，1988 年

刘启益 (1)

《敞都质疑》

Queries Regarding 'Ao-Tu' .

《文物》，1961 年 （no.10），39—40

刘义庆、刘孝标 (1)

《世说新语注》

Annotations on *A New Account of Tales of the World* .

华联出版社，台北，1968 年

刘云友 (1)

《中国天文史上的一个重要发现》

An Important Discovery in the History of Chinese Astronomy (the star-maps found at Ma-Wang-Tui near Chhang-Sha) .

《文物》, 1974 年（no.11）, 28

刘占成 (1)

《承弓器及其用法》

Crossbow Fittings.

《文博》, 1988 年（no.3）, 75—76

刘致平 (1)

《中国建筑类型和结构》

Types and Structures of Chinese Architecture.

建筑工程出版社, 北京, 1957 年

刘志远 (1)

《汉代市井考——说东汉市井画像砖》

Examination of Han Dynasty Market places-
Discussing Tiles Depicting Eastern Han
Market places.

《文物》, 1973 年（no.3）52—57

刘仲平 (1)

《〈司马法〉今注今译》

The 'Marshal's (Art of War)' rendered into
modern Chinese, with Commentaries and
Explanations.

商务印书馆, 台北, 1975 年

刘仲平 (2)

《〈尉缭子〉今注今译》

The 'Book of Master Wei Liao (on the Art of
War)' rendered into modern Chinese, with
Commentaries and Explanations.

商务印书馆, 台北, 1975 年

柳涵 (1)

《北朝的铠马骑俑》

Northern Dynasties Tomb-Figures of
Armoured Horses and Riders.

《考古》, 1959 年（no.2）, 97

娄子匡 (1)

《神话丛话》

Essays on the Myths (of China).

东方文化书局, 台北, 1969 年

鲁地 (1)

《〈三国演义〉论集》

Collected Studies on the 'Romance of the Three
Kingdoms'.

杭州, 1957 年

鲁地 (2)

《论淝水之战》

On the Battle of the Fei River.

上海人民出版社, 上海, 1975 年

鲁地 (3)

《论抗日游击战》

The Guerrilla Resistance War Against Japan.

延安, 1940 年

鲁迅 (1)

《中国小说史略》

A Brief History of Chinese Fiction.

著于 1923 年。人民文学出版社, 北京,
1953 年; 北京, 1963 年; 香港, 1967 年

译本, Yang Hsien-Yi & G. Yang (4)

鲁迅 (2)

《唐宋传奇集》

A Collection of Curious Tales from the Thang
and Sung Dynasties.

北京, 1958 年

陆达节 (1)

《历代兵书目录》

A Bibliography of (Chinese) Books on Military
Science [all periods].

南京, 1933 年; 台北, 1970 年重印

陆达节 (2)

《中国兵学现存书目》（附历代兵书概论）

A Bibliography of Extant Books on Military
Science; with an Appended Essay on this
genre of literature.

广州, 1944 年; 1949 年重印

陆懋德 (1)

《中国人发明火药火炮考》

A Study of the Invention of Gunpowder and
Gunpowder Weapons by the Chinese.

《清华学报》, 1928 年, **5**（no.1）, 1489

罗尔纲 (3)

《绿营兵志》

The Chinese Troops in the Chhing Dynasty.

中华书局, 北京, 1984 年

罗福颐 (3)

《临沂汉简概述》

A Résumé of the Han Bamboo Slips found at
Lin-I.

《文物》, 1974 年（no.2）, 32

罗哲文 (3)

《和林格尔汉墓壁画中所见的一些古建筑》

Some Ancient Architecture in the Han Tomb
　　Murals at Ho-Lin-Ko-Erh.

《文物》，1974 年（no.1），31—37

洛阳博物馆（1）

《洛阳中州路战国车马坑》

The Warring States Chariot and Horse Pit
　　at Chung-Chou Road, Lo-Yang.

《考古》，1974 年（no.3），171—178

骆子昕（1）

《汉魏洛阳城址考辨》

An examination of the remains of Han and Wei
　　city of Lo-Yang.

《中原文物》，1988 年（no.2），63—68

马国凡（1）

《成语》

Proverbs of China.

呼和浩特，1978 年

马南邨（邓拓）（1）

《三十六计》

The Book of the Thirty-six Stratagems.

《北京晚报》，1962 年，9 月 2 日

马南邨（2）

《燕山夜话》

Night Stories on Yen Mountain.

北京，1979 年

马世长（1）

《敦煌县博物馆藏星图、占云气书残卷——
敦博第五八号卷子研究之三》

The 'Star Map' and Damaged Scroll of the
　　Book 'Prognostication from Clouds and
　　Vapours' Held by the Tun-huang County
　　Museum- Researches on the Fifty-eighth
　　Scroll in the Tun-huang Museum, Part 3.

载北京大学中国中古史研究中心：《敦煌吐
鲁番文献研究论集》，中华书局，北京，
1982 年，477—508

马世之（1）

《关于春秋战国城的探讨》

Inquiries Regarding Cities of the Springs and
　　Autumns and Warring States Periods.

《考古与文物》，1981 年（no.4），93—98

马世之（2）

《试论我国古城形制的基本模式》

A Preliminary Discussion（Hypothesis）of the
　　Basic Pattern of the Shape of Ancient Chi-
　　nese Cities.

《中原文物》，1984 年（no.4），59—65

马世之（3）

《再论我国古城形制的基本模式——读贺云
翱先生"读马世之先生文有感"有感》

Another discussion of the basic pattern of the
　　shape of my country's ancient cities-a reac-
　　tion to reading Mr Ho Yün-Ao's'A Reac-
　　tion to reading Mr Ma Shih-Chih's arti-
　　cle'.

《中原文物》，1987 年（no.1），65—69

马世之（4）

《试论城的出现及其防御职能》

A Preliminary Discussion of the Appearance of
　　City Walls and Their Defensive Function.

《中原文物》，1988 年（no.1），66—71

马先醒（1）

《汉简与汉代城市》

Han Slips and Han Dynasty Cities.

简牍社，台北，1976 年

毛膺白（1）

《〈孙子兵法〉与〈孙膑兵法〉简介》

A Comparative Study of 'Master Sun's Art of
　　War' and 'Sun Pin's Art of War'.

香港，1978 年

毛泽东（1）

《毛泽东思想万岁》

Long Live Mao Tsê-Tung Thought.

香港，1960 年

毛泽东（2）

《毛泽东选集》

Selected Works of Mao Tsê-Tung.

北京，1966 年，共 4 卷

译 本：Foreign Languages Press, Peking,
　　　1967, 4 vlos.

梅原末治（Umehara Sueji）、小场恒吉（Oba
Tsunekichi）、榧本龟次郎（Kayamoto Kamejirō）
（1）

《樂浪王光墓》

The Tomb of Wang Kuang at Lo-Lang,

Korea.

朝鮮古蹟研究會, 考古學研究專題報告, 第2号, 汉城, 1935 年, 共 2 集

孟浩、陈慧、刘来城 (1)

　《河北武安午汲古城发掘记》

　An Account of Excavations at the old City of Wu-Chi at Wu-An in Hopei [including details of iron gearwheels of H/Han date].

　《考古通讯》, 1957 年 (no.4), 43

缪天华 (1)

　《成语典》

　A Dictionary of Proverbs.

　台北, 1973 年

那波利貞 (Naba Toshisada) (3)

　《塢主攷》

　Researches on the Heads of *Wu* (villages).

　《東亜人文學報》, **2** (no.4), 1—69 (467—535); 又载《史薈》, 1971 年, 30, 68—104

内蒙古文物工作队、内蒙古博物馆 (1)

　《和林格尔发现一座重要的东汉壁画墓》

　An Important Eastern Han Tomb with Murals Discovered at Ho-Lin-Ko-Erh.

　《文物》, 1974 年 (no.1), 8—23

内蒙古自治区博物馆、内蒙古自治区文物工作队 (1)

　《和林格尔汉墓壁画》

　Han Tomb Murals at Ho-Lin-Ko-Erh.

　文物出版社, 北京, 1978 年

庞朴 (1)

　《帛书五行篇研究》

　A Study on the Five Elements Material in the Ma- Wang-Tui Silk Manuscripts.

　齐鲁书社, 济南, 1980 年

彭邦炯 (1)

　《卜辞 "作邑" 蠡测》

　The Scope of the term 'Create a Town' in the Oracle Inscriptions.

　载胡厚宣等编:《甲骨探史录》, 三联书店, 北京, 1982 年, 265—302

平岡武夫 (Hiraoka Takeo) (1)

　《長安と洛陽》

　Chhang-An and Lo-Yang.

唐文明資料叢刊: 卷五, 索引, 平岡武夫、今井清 (Imai Kiyoshi); 卷六, 文献, 平岡武夫; 卷七, 地圖, 平岡武夫。京都, 1956 年

齐思和 (4)

　《孙子著作时代考》

　On the Date of Composition of the *Sun Tzu* (*Ping Fa*).

　《燕京学报》, 1939 年 (no.26), 175—190

钱穆 (4) (编)

　《中国学术史论集》

　A Collection of Studies on the History of the Arts and Sciences in China (collective work).

　台北, 1963 年

钱穆 (5)

　《墨子》

　Mo-Tzu (The Book of Master Mo).

　商务印书馆, 上海, 1930 年

秋山進午 (Akiyama Shingo) (1)

　《中國における王陵の成立と都城》

　On the Formation of Royal Mausolea and Capitals in China.

　载《考古學論考——小林行雄博士古稀記念論文集》, 平凡社, 東京, 1982 年, 903—929

群力 (1)

　《临淄齐国故城勘探纪要》

　Summary of the Exploration of the Ancient City of Lin-Tzu in the State of Chhi.

　《文物》, 1972 年 (no.5), 45—54

三上義夫 (Mikami, Yoshio) (21)

　《宋の陳規の守城錄之投石機の間接射撃》

　The *Shou Chhêng Lu* (Guide to the Defence of Cities) of Chhên Kuei of the Sung Dynasty, and the Use of Trebuchets.

　《東京物理学院雑誌》, 1941 年, no.600

杉本憲司 (Sugimoto Kenji) (1)

　《中國成郭成立試論——最近発掘例お中心に》

　Preliminary Essay on the Formation of Inner and Outer City Walls in China -Focussing on Examples of the Most Recent Excavations.

　　载《战國時代出土文物の研究》，147—195，
　　見：林巳奈夫（7）

山东省文物管理处（1）

　　《山东临淄齐故城试掘简报》

　　Brief Report of the Trial Excavations of the
　　Ancient City of the State of Chhi at Lin-
　　Tzu, Shantung.

　　《考古》，1961 年（no.6），289—297

山东省文物考古研究所（1）

　　《曲阜鲁国故城》

　　The Ancient City of the State of Lu, Chhü-
　　Fu.

　　齐鲁书社，济南，1982 年

山西省考古研究所侯马工作站（1）

　　《山西侯马晋国遗址牛村古城的试掘》

　　Trial Excavations of the ancient city of Niu-
　　Tshun at the remains of the Chin capital.

　　《考古与文物》，1988 年（no.1），57—60

山西省考古研究所侯马工作站（2）

　　《山西侯马呈王古城》

　　The ancient city of Chhêng-Wang, Hou-Ma,
　　Shansi.

　　《文物》，1988 年（no.3），28—34、49

山西省文管会侯马工作站（1）

　　《侯马北西庄东周遗址的清理》

　　The Clearing of the Eastern Chou Remains at
　　Pei-Hsi-Chuang, Hou-Ma.

　　《文物》，1959 年（no.6），42—44

山西省文管会侯马工作站（2）

　　《侯马东周时代烧陶窑址发掘纪要》

　　Summary of the Excavation of the Eastern
　　Chou Period Pottery Kilns at Hou-Ma.

　　《文物》，1959 年（no.6），第 45—46、44

山西省文管会侯马工作站（3）

　　《侯马地区东周两汉唐元墓发掘简报》

　　Brief Report of the Excavation of Eastern
　　Chou, Western and Eastern Han, Thang,
　　and Yüan Dynasty Tombs in the Vicinity of
　　Hou-Ma.

　　《文物》，1959 年（no.6），47—49

山西省文管会侯马工作站（4）

　　《1959 年侯马牛村古城南东周遗址发掘简

报》

　　Brief Report of the 1959 Excavation of the Re-
　　mains of the Southern Section of the Eastern
　　Chou City at Niu-Tshun, Hou-Ma.

　　《文物》，1960 年（no.8—9），11—14

山西省文物管理委员会（1）

　　《山西省文管会侯马工作站工作的总收获》

　　General Results of the Work Directed by the
　　Shansi Provincial Historical Relics
　　Commission at the Hou-Ma Site.

　　《考古》，1959 年（no.5），222—228

山西省文物管理委员会、山西省考古研究所（1）

　　《侯马东周殉人墓》

　　Eastern Chou Sacrificial Slave Tombs at Hou
　　Ma.

　　《文物》，1960 年（no.8—9），15—18

山西省文物管理委员会侯马工作站（1）

　　《山西侯马上马村东周墓葬》

　　Eastern Chou Tombs in Shang-Ma Village,
　　Hou-Ma, Shansi.

　　《考古》，1963 年（no.5），229—245

山西省文物管理委员会侯马工作站（2）

　　《山西襄汾赵康附近古城址调查》

　　Investigation of the Ancient City in the Vicinity
　　of Chao-Khang, Hsiang-Fên, Shansi.

　　《考古》，1963 年（no.10），544—549

山西省文物工作委员会（1）

　　《“侯马盟书”的发现、发掘与整理情况》

　　The Circumstances Surrounding the Discovery,
　　Excavation, and Arrangement of the ‘Hou-
　　Ma Covenant Texts’.

　　《文物》，1975 年（no.5），7—11

山西省文物工作委员会写作小组（1）

　　《侯马战国奴隶殉葬墓的发掘——奴隶制度
　　的罪证》

　　Excavation of Warring States Period Sacrificial
　　Slave Tombs at Hou-Ma and Incriminating
　　Evidence of a Slave System.

　　《文物》，1972 年（no.1），63—67

陕西省社会科学院考古研究所凤翔队（1）

　　《秦都雍城遗址勘查》

　　Exploration of the Remains of the Chhin
　　Capital of Yung-Chhêng.

《考古》，1963 年（no.8），419—422

陕西省文管会（1）

《统万城城址勘测记》

Account of the Survey of the Remains of
Thung-Wan Chhêng.

《考古》，1981 年（no.3），225—232

陕西省雍城考古队（1）

《秦都雍城钻探试掘简报》

Brief Report of the Borings and Trial Excava-
tion of the Chhin Capital Yung- Chhêng.

《考古与文物》，1985 年（no.2），7—20

陕西周原考古队（1）

《陕西岐山凤雏村西周建筑基址发掘简报》

Brief Report of the Excavation of the Western
Chou Building Foundations at Fêng-Chhu
Village, Chhi-Shan, Shênsi.

《文物》，1979 年（no.10），27—36

尚景熙（1）

《蔡国故城调查记》

An Account of the Investigation of the Ancient
City of the State of Tshai.

《河南文博通讯》，1980 年（no.2），30—32

沈阳部队《孙膑兵法》注释组（1）

《孙膑兵法注释》

Annotation and Elucidation of *Sun Pin's Art
of War*.

辽宁人民出版社，沈阳，1975 年

沈玉成、傅璇琮（1）

《中古文学丛考》

A Series of Textual Criticisms of the Middle
Ancient Chinese Literary Writings.

《中华文史论丛》，1981 年（no.3），1—21

施进钟（1）

《淝水大战》

The Great Battle on the Fei River.

上海人民出版社，上海，1976 年

石璋如（2）

《河南安阳后冈的殷墓》

Burials of the Yin（Shang）Dynasty at Hou-
Kang, Anyang.

《中央研究院历史语言研究所集刊》（南京），
1948 年，13，21—48

舒新城等（1）

《辞海》

The Sea of Words ［encyclopaedia］.

中华书局，上海，1947 年

睡虎地秦墓竹简整理小组（1）

《睡虎地秦墓竹简》

Bamboo Slips Discovered in a Chhin Tomb at
Shui-Hu-Ti.

文物出版社，北京，1978 年

四川省博物馆（1）

《成都百花潭中学十号墓发掘记》

An Account of the Excavation of Tomb Num-
ber Ten, Pai-Tai-Than Middle School,
Chhêng-Tu（Chengtu）.

《文物》，1976 年（no.3），40—46

四野開三郎（Hino Kaisaburō）（1）

《羊馬城——唐宋用語解の一》

The 'Sheep-Horse Wall': Explanation of a
Technical Term of the Thang and Sung
Dynasties.

《東洋史學》，1951 年，3，97—107

松井等（Matsui, Hitoshi）（1）

《支那の砲と抛石》

The（History of）Catapults and Trebuchets in
China.

《東洋學報》（東京），1911 年（no.1），395

宿白（1）

《隋唐长安城和洛阳城》

The Cities of Chhang-An and Lo-Yang in the
Sui and Thang dynasties.

《考古》，1978 年（no.6），409—425、401

随县擂鼓墩一号墓考古发掘队（1）

《湖北随县曾侯乙墓发掘简报》

Brief Report of the Excavation of the Tomb of
Marquis I of Tsêng, Sui County, Hupei.

《文物》，1979 年（no.7），1—24

孙次舟（2）

《墨子备城门以下数篇之真伪问题》

The Question of Authenticity of 'Preparation of
City Walls and Gates' and Later Sections of
Mo Tzu.

《古史辨》，6，188—189

孙一之（1）（编）

《武经七书；人生即战斗》

The Military Septuagint; Human Life consists of Combat.

澳门，约 1950 年

孙诒让 (2)

《墨子閒诂》

Establishment of the Text of *Mo Tzu*.

上海，1894 年

孙诒让 (4)

《周书斠补》

Collation and Supplement of the *Book of Chou*.

瑞安，1900 年

孙中山 (1)

《军人精神教育》

The Spiritual Education of Soldiers.

上海，1926 年

孙中山 (2)

《孙中山选集》

Selected Works of Sun Yat-Sen.

北京，1956 年，共 2 卷

谭旦冏 (1)

《中华民间工艺图说》

An Illustrated Account of the Industrial Arts as traditionally practised among the Chinese People.

中华丛书，台北、香港，1956 年

谭旦冏 (2)

《成都弓箭制作调查报告》

Report of an Investigation of the Bow and Arrow Making Industry in Chhêng-Tu (Szechuan).

《中央研究院历史语言研究所集刊》（台北），1951，**23** (no.1)，199（傅斯年纪念特刊）

译本：C. Swinburne（未发表）

摘要：H. Franke (22)，238

谭全基 (1)

《古代汉语基础》

Fundamentals of Classical Chinese Language.

中华书局，香港，1978 年

唐嘉弘 (1)

《略论殷商的"作邑"及其源流》

A Brief Discussion of the Yin-Shang term 'Create a Town' and its Origin.

《史学月刊》，1988 年 (no.1)，1—5

唐兰 (4)

《商鞅量与商鞅尺》

《国学季刊》，1935 年，**5** (no.4)，119—126

唐美君 (1)

《台湾土著民族之弩及弩之分布与起源》

The Crossbows of the Aboriginal Peoples of Formosa, and the Origin and Diffusion of the Crossbow.

《考古人类学集刊》（台湾大学），1958 年，11，5，附有英文摘要

陶正刚 (1)

《山西闻喜的"大马古城"》

The Ancient City of Ta-Ma. Wèn-Hsi, Shansi.

《考古》，1963 年 (no.5)，246—249

陶正刚、叶学明 (1)

《古魏城和禹王古城调查简报》

Brief Report of the Investigations of the Ancient Wei City and the Ancient City of King Yü.

《文物》，1962 年 (no.4—5)，59—65

陶正刚、王克林 (1)

《侯马东周盟誓遗址》

The Remains of the Eastern Chou Covenant Oath, Hou-Ma.

《文物》，1972 年 (no.4)，27—37

藤枝晃 (Fujieda Akira) (1)

《長城のまもり：河西地方出土の漢代木簡内容の概観》

The Defence of the Great Wall: Survey of the Han Dynasty Wooden Slips Excavated in the Ho-Hsi Region.

载《自然と文化別編》，vol.2，Ⅱ，京都，1955 年

田中淡 (Tanaka Tan) (1)

《先秦時代宮室建築序説》

Comments on Palace Architecture of the Pre-Chhin Period.

《東方學報》（京都）五十周年纪念特刊，1980 年，50，123—197

佟柱臣 (1)

《赤峰东八家石城址勘查记》

An Account of the Exploration of the Site of the Stone City, Tung-Pa-Chia, Chhih-

Fēng.

《考古通讯》，1957 年（no.6），15—22

童书业（1）

《春秋左传研究》

Studies on the 'Springs and Autumns Annals'
'Master Tsochhiu's Enlargement' of it.

上海，1980 年

铜绿山考古发掘队（1）

《湖北铜绿山春秋战国矿井遗址发掘简报》

Brief Report of the Excavation of the Remains
of the Springs and Autumns and Warring
States Mines at Thung-Lü-Shan, Hupei.

《文物》，1975 年（no.2），1—12

汪宁生（3）

《仰韶文化葬俗和社会组织的研究——对仰
韶母系社会说及其方法论的商榷》

Burial Customs and Social Organisation of the
Yang-Shao Culture-a Discussion of the Theo-
ry of Matrilineal Society in Yang-Shao Cul-
ture and its Methodology.

《文物》，1987 年（no.4），36—43

王恩田（1）

《曲阜鲁国故城的年代及其相关问题》

The Date of the ancient city of the State of Lu,
Chhü-Fu and Related Problems.

《考古与文物》，1988 年（no.2），48—55

王国维、罗振玉（1）

《流沙坠简考释》

A Trial Transcription of the Lost Slips from the
Drifting Sands.

1934 年罗振玉刊印于上虞

王剑英（1）

《汉代的屯田》

The thun-thien（military-agricultural colonies
or settlements）in Han times.

《历史教学》，1956 年（no.9）

王世民（1）

《秦始皇统一中国的历史作用——从考古学
上看文字、度量衡和货币的统一》

《考古》，1973 年（no.6），368

王先谦（4）

《汉书补注》

Supplementary Commentary on the History of

the Han Dynasy.

长沙王氏，1900 年

王先谦（5）

《后汉书集解》

Collected Explanations of the History of the
Later Han Dynasty.

长沙王氏，1915 年

商务印书馆，1959 年重印

王先慎（1）

《韩非子集解》

Collected Explanations of the Han Fei Tzu.

初版，1930 年

商务印书馆，台北，1956 年

王显臣、许保林（1）

《中国古代兵书杂谈》

Miscellaneous Discourses on China's Ancient
Military Books.

战士出版社，北京，1983 年

王毓铨（1）

《明代军屯制度的历史渊源及其特点》

Regulations for the chun-thun
（military-agricultural colonies or settle-
ments）in Ming times, and their special fea-
tures.

《历史研究》，1959 年（no.6）

王毓铨（2）

《明代的军户》

The Military Households in the Ming Dynasty.

《历史研究》，1959 年（no.8）

王仲殊（2）

《汉长安城考古工作的初步收获》

Preliminary Results of the Archaeological Work
at the Han City of Chhang-An.

《考古通讯》，1957 年（no.5），102—110

王仲殊（3）

《汉长安城考古工作续记》

Continued Account of the Archaeological Work
at the Han City of Chhang-An.

《考古通讯》，1958 年（no.4），23—32

王仲殊（4）

《中国古代都城概说》

A Survey of Ancient Chinese Capitals.

《考古》，1982 年（no.5），505—515

王子今、马振智 (1)

《秦汉"复道"考》

Research on 'Flying Galleries'.

《文博》, 1984 年 (no.3), 20—24

魏汝霖 (1)

《〈孙子〉今注今译》

The 'Book of Master Sun (on the Art of War)' rendered into modern Chinese with Commentaries and Explanations.

商务印书馆, 台北, 1975 年

魏汝霖 (2)

《〈黄石公三略〉今注今译》

The 'Three Stratagems of the Old Gentleman of the Yellow Stone' rendered into modern Chinese, with Commentaries and Explanations.

商务印书馆, 台北, 1975 年

魏汝霖、刘仲平 (1)

《中国军事思想史》

A History of Chinese Military Thought.

台北, 1967 年

文登、毕以珣 (1)

《孙子叙录》

A Discourse on the 'Sun Tzu [Ping Fa]'.

《诸子集成》, 北京, 1956 年, 6, 1—18

闻人军 (1)

《〈梦溪笔谈〉弓有六善考》

A Study of the Expression 'the Bow has Six Advantages' in the Dream Pool Essays.

《杭州大学学报》, 1984 年, **14** (no.4), 108；**15** (no.3), 82。第二部分有"兼答黎子耀先生"的副题

文物编辑委员会 (1)

《文物考古工作三十年》

Thirty Years of Historical Relic Archaeological Work.

文物出版社, 北京, 1979 年

吴承洛 (1)

《中西科学艺术文化历史编年对照》

Comparative Tables of Scientific Technological and Scholarly Achievements in China and Europe.

《科学》, 1925 年 (no.10), 1

吴承洛 (1)

《中国度量衡史》

History of Chinese Metrology.

商务印书馆, 上海, 1937 年；上海, 1957 年第二版

吴承志 (1)

《逊斋文集》

Literary Collections from the Modesty Studio.

约 1920 年

无谷 (1)

《三十六计》

On the 'Book of Thirty-six Stratagems'.

吉林, 1979 年

吴九龙 (2)

《银雀山汉简释文》

Transcription of the Han Slips from Silver-Sparrows Mountain.

文物出版社, 北京, 1985 年

吴铭生、戴亚东 (1)

《长沙出土的三座大型木椁墓》

Excavation of Three [Chhu] Tombs containing Large Wooden Sarcophagi at Chhang-Sha [dating from the Warring States Period, and Yielding the oldest known Chinese example of the equal-armed balance].

《考古学报》, 1957 年 (no.1), 93—101

摘要：RBS, 1962 年, 3, no.442

吴如嵩、王显臣 (1)

《李卫公问对校注》

Collated Commentary on the Book 'Questions and Answers of Li, Duke of Wei'.

中华书局, 北京, 1983 年

吴石仙 (1)

《新战略》

Outline of a New Strategy.

上海, 1924 年

吴毓江 (1)

《墨子校注》

The Collected Commentaries on the Book of Master Mo (including the Mohist Canon).

独立出版社, 重庆, 1944 年

五井直弘 (Goi Naohiro) (1)

《中國古代城郭史序説》

A Critical History of Ancient Chinese Walled
Cities.

载《西嶋定生博士還曆記念，東ァジァ史に
おにろ國家と農民》（The State and Peas-
ants in East Asian History），山川出版社，
東京，1984 年，1—28

夏鼐、殷玮璋 (1)

《湖北铜绿山古铜矿》

The Ancient Copper Mines at Thung-Lü Shan,
Hupei.

《考古学报》，1982 年（no.1），1—13（英文
摘要见 14 页）

夏曾佑 (1)

《中国古代史》

Ancient History of China

北京，1955 年

萧健 (1)

《欧战简讨》

A Brief Discussion on the War in Europe.

《军事杂志》，1940 年，130，9 月 15 日

萧健 (2)

《〈孙子兵法〉在现代战争中的价值》

The Value in Modern War of Master Sun's
'Art of War'.

《军事杂志》，1940 年，130，9 月 15 日

小場恒吉、榧本龟次郎

见：梅原末治、小場恒吉、榧本龟次郎
(1)

晓菡 (1)

《长沙马王堆汉墓帛书概述》

Brief Notes on the Silk Manuscripts of Ancient
Books found in the Han Dynasty Tomb at
Ma-Wang-Tui near Chhang-Sha.

《文物》，1974 年（no.9），40

谢承仁、宁可 (1)

《戚继光》

(A Biography of the Great Ming general) Chhi
Chi-Kuang.

上海，1959 年

谢锡益 (1)

《燕下都遗址琐记》

Notes on the Yen Hsia-Tu Remains.

《文物参考资料》，1957 年（no.9），61—64

谢稚柳 (2)

《唐五代宋元名迹》

Famous Relics of the Thang, Five Dynasties,
Sung and Yüan.

上海，1957 年

辛树帜 (3)

《禹贡新解》

The Yü Kung ('Tribute of Yü' Chapter of the
Shu Ching) with New Explanations.

香港，1973 年

徐伯安、郭黛姮 (1)

《宋〈营造法式〉术语汇释》

Commentaries on the Technological Terms in
the *Ying Tsao Fa Shih*.

载《建筑史论文集》，1984 年（no.6），1—79

徐东哲 (1)

《做人的学问》

The Philosophy of Living.

香港，约 1975 年

徐金星、杜玉生 (1)

《汉魏洛阳故城》

The Ancient City of Lo-Yang During the Han
and Wei Dynasties.

《文物》，1981 年（no.9），85—87

徐培根 (1)

《〈六韬〉今注今译》

The 'Six Quivers (Treatise on the Art of
War)' rendered into Modern Chinese,
with Commentaries and Explanations.

商务印书馆，台北，1975 年

徐松 (3)

《宋会要辑稿》

The Collected Institutes of the Sung Dynasty.

初刊于 1809 年

中华书局，北京，1957 年

徐中舒 (4)

《弋射与弩之溯源及关于此类名物之考释》

A Study of the Origin of Archery (I Shê) and
of the Crossbow (Nu), and the Etymology
of the Names of their Related Objects.

《中央研究院历史语言研究所集刊》（南京），
1934 年，4，417

许获 (1)

《略论临沂银雀山汉墓出土的古代兵书残简》

Notes on the Han Dynasty Bamboo Slips in-
scribed with the Texts of Ancient Treatises
on the Art of War unearthed from the Tomb
at Silver-sparrows Mountain near Lin- I .

《文物》, 1974 年 (no.2), 27

许仁图 (1)

《中国神话故事》

Chinese Mythological Tales.

台北, 1976 年

严灵峰 (1) (编)

《墨子集成》

The Book of Master Mo (Series) .

成文出版社, 台湾, 1975 年, 共 40 册

杨宝成 (1)

《登封王城岗与禹都阳城》

Wang-Chhêng-Kang, Têng-Fêng and 'Yang-
Chhêng, the Capital of Yü' .

《文物》, 1984 年 (no.2), 63—64、54

杨炳安 (1)

《孙子集校》

A Survey of the Textual Differences in the
Versions of 'Master Sun 's Art of War ' .

上海, 1959 年

杨德炳 (1)

《关于唐代对患病兵士的处理与程粮等问题
的初步探索》

Preliminary Exploration of Issues Regarding the
Treatment of Sick Soldiers and Military
Provisioning etc. in the Thang Dynasty.

载武汉大学历史系魏晋南北朝隋唐史研究室
编:《敦煌吐鲁番文书初探》, 武汉大学出
版社, 武汉, 1983 年, 486—499

杨富斗 (1)

《侯马西新发现一座古城遗址》

Newly Discovered Remains of an Ancient City
West of Hou-Ma.

《文物参考资料》, 1957 年 (no.10), 55—56

杨泓 (1)

《中国古兵器论丛》

Ancient Chinese Weapons and War-Gear.

文物出版社, 北京, 1980 年; 增订版,
1985 年

杨泓 (2)

《甲和铠: 中国古代军事装备札记之三》

Armour and Helmet; Third Note on Ancient
Chinese Military Equipment.

《文物》, 1978 年 (no.5), 77

杨泓 (3)

《战车与车战: 中国古代军事装备札记之一》

War Chariots and Chariot Fighting; First Note
on Ancient Chinese Military Equipment.

《文物》, 1977 年 (no.5), 82

杨泓 (4)

《关于铁甲、马铠和马镫问题》

On the Question of [the History of] Iron
Armour, Horse Armour and the Stirrup.

《考古》, 1961 年 (no.12), 693

杨泓 (5)

《中国古代的甲胄》

Studies on Ancient Chinese Armour and
Helmets.

《考古学报》, 1976 年 (no.1), 19; 1976 年
(no.2), 59

杨泓 (6)

《水战和战船: 中国古代军事装备札记之五》

Naval Battles and Warships: The Fifth Note
Regarding Ancient Chinese Military
Equipment.

《文物》, 1979 年 (no.3), 76—82; 后收入
《中国古兵器论丛》, 105—114

杨泓 (7)

《一部贯彻法家路线的古代军事著作——读
竹简本〈孙膑兵法〉》

An Ancient Military. Treatise in the Service of
the Legalist Political Line-Notes on the
Bamboo-Slip Copy of 'Sun Ping' s Art of
War.

《考古》, 1974 年 (no.6), 345—355

杨泓 (8)

《弓和弩》

Bows and Crossbows.

载杨泓 (1) 1985 年增订版, 190—232

杨家骆 (2)

《孙子兵法序》

Preface to Master Sun 's Art of War (Chêng

Lin 's edition and translation）.

重庆，1945 年；上海，1946 年

杨宽（3）

《战国史》

History of the Warring States Period.

上海人民出版社，上海，1955 年，1956 年

杨育彬（1）

《是郑州商城还是郑州隋唐城？——拜读荆三林先生大作"再论郑州古城址的年代"》

Was it 'Chêng-Chou：A City Wall of the Shang?'，or Was It 'Chêng-Chou：A City Wall of the Sui and Thang?' -Reactions to Mr Ching San-Lin 's 'Reexamination of the 1982 Dating of the Ancient City Wall at Chêng-Chou'.

载《1982 年河南省考古学会论文选集》，《中原文物》专刊，1983 年，29—35

杨育彬（2）

《郑州商城初探》

Preliminary Discussion of the Shang City Wall Chêng-Chou.

河南人民出版社，郑州，1985 年

叶学明（1）

《侯马牛村古城南东周遗址出土陶器的分期》

Classification of the Stages of the Pottery Vessels Excavated from the Southern Section of the Ancient Eastern Chou City at Niu-Tshun, Hou-Ma.

《文物》，1962 年（no.4—5），43—54

益人（笔名）（1）

《以〈孙子兵法〉的法门来充实个人的经济》

Giving Substance to Individual Economy by means of 'Master Sun 's Art of War'.

香港文化书店，香港，约 1975 年

银雀山汉墓竹简整理小组（1）

《临沂银雀山汉墓出土〈孙膑兵法〉释文》

Transcription of Sun Pin 's Art of War Discovered in a Han Tomb at Yin-Chhüeh-Shan, Lin-Ⅰ.

《文物》，1975 年（no.1），1—11、43

银雀山汉墓竹简整理小组（2）

《孙子兵法》

Sun-Tzu 's Art of War.

文物出版社，北京，1976 年

银雀山汉墓竹简整理小组（3）

《孙膑兵法》

Sun Pin 's Art of War.

文物出版社，北京，1975 年

银雀山汉墓竹简整理小组（4）

《银雀山竹书〈守法〉〈守令〉等十三篇》

Thirteen Sections, 'Rules for Defence,' 'Orders for Defence', etc.of the Bamboo Books from Yin-Chhüeh-Shan.

《文物》，1985 年（no.4），27—38

尹达（1）

《新石器时代》

The Neolithic Age.

三联书店，北京，1979 年

有坂鉊蔵（Arisaka Shōzō）（1）

《兵器沿革圖説》

Illustrated Account of the Development of Military Weapons.

東京，1916 年

有坂鉊蔵（2）

《兵器考》

A Study of Military Armaments, 4 vols.

雄山閣，東京，1935—1937 年

余敦康（1）

《从"易经"到"易传"》

From the 'I Ching' to 'the I Chuan'.

《中国哲学》，1982 年（no.1）

俞伟超（1）

《汉长安城西北部勘查记》

An Account of the Survey of the Northwestern Section of the Han City of Chhang-An.

《考古通讯》，1956 年（no.5），20—26

俞伟超（2）

《中国古代都城规划的发展阶段性——为中国考古学会第五次年会而作》

The phased nature of the development of city planning in ancient China-composed for the Fifth Annual Conference on Chinese Archaeology.

《文物》，1985 年（no.2），52—60

俞樾（1）

《诸子平议》

Fair Discussions of the Philosophers.

收入《墨子集成》，第 10 册

羽田明 (Haneda Akira) (1)

《天田辨疑》

Resolving Doubts about the 'Heavenly Fields'.

《東洋史研究》，1936，1（no.6），35—38
（543—546）

袁德星 (2)

《中华历史文物》

Chinese Historical Relics.

河洛图书出版社，台北，1976 年，共 2 卷

原田淑人 (Harada Yoshito)、驹井和愛 (Komai
Kazuchika) (1)

《支那古器圖考》

Chinese Antiquities (Pt 1, Arms and Armour;
Pt 2, Vessels [Ships] and Vehicles).

東方文化学院，東京，1937 年

原田淑人、田沢金吾 (Tazawa Kingo) (1)

《樂浪五官椽王盯の墳墓》

Lo -Lang；a Report on the Excavation of Wang
Hsü 's Tomb in the Lo-Lang Province (an
ancient Chinese Colony in Korea).

東京大学，東京，1930 年

云梦县博物馆 (1)

《湖北云梦瘌痢墩一号墓清理简报》

Brief Report of the Clearing of Tomb Number
One, La-Li-Tun, Yün-Mêng, Hupei.

《考古》，1984 年（no.7），607—614

云梦县文化馆文物工作组（张泽栋执笔）(1)

《云梦出土东汉陶楼》

A Pottery Tower of Eastern Han Date Excavat-
ed in Yün-Mêng.

《江汉考古》，1982 年（no.1），79—82

曾振 (1)

《〈唐太宗李卫公问对〉今注今译》

'The Dialogue Between Emperor Thai Tsung of
the Thang and Li, Duke of Wei (on Mili-
tary Questions)' rendered into modern
Chinese, with Commentaries and Explana-
tions.

商务印书馆，台北，1975 年

张光直 (1)

《关于中国初期"城市"这个概念》

On the concept of the 'city' in early China.

《文物》，1985 年（no.2），61—67

张鸿雁 (1)

《春秋战国时期城市在社会发展中的地位和
作用》

The Position and Function of Cities in Social
Development in the Springs and Autumns
and Warring States periods.

《文史哲》，1984 年（no.4），55—59

张乐水 (1)

《中国人的妙计》

The Unfathomable Stratagems of the Chinese
People.

香港，1971 年

张枬、王忍之 (1)（编）

《辛亥革命前十年间时论选集》

Collection of Topical Essays written during the
Ten Years preceding the Revolution of 1911.

共 4 册

第一卷上、下册，香港，1962 年

第二卷上、下册，北京，1963 年

张其昀 (3)

《中国军事史略》

A Concise History of the Chinese Military
System.

台北，1956 年

张其昀 (4)

《中国战史论集》

Collected Studies on History of War in China.

台北，1954 年

张其昀 (5)（编）

《中文大辞典》

An Encyclopedic Dictionary of the Chinese
Language.

台北，1973 年，共 10 卷

张谦 (1)

《中国古代著名战役选注》

Select Annotations on the Famous Battles of
Ancient China.

上海，1975 年

张维华 (1)

《试论曹魏屯田与西晋占田上的某些问题》

Remarks on the Question of the Extent of the

thun-thien（military-agricultural colonies or settlements）of the Wei State in the Three Kingdoms Period, and of the similar *chan-thien* of Western Chin dynasty.

《历史研究》, 1956 年（no.9）, 29

张习孔、曹增祥（1）

《在古战场上》

On the Ancient Battlefields of China.

中国青年出版社, 北京, 1962 年

张心澂（1）

《伪书通考》

A Complete Investigation of the（Ancient and Mediaeval）Books of Doubtful Authenticity.

1939 年, 上海商务印书馆, 共 2 卷；1957 年再版

张学海（1）

《浅谈曲阜鲁城的年代和基本格局》

Introduction to the Chronology and Basic Structure of the City of Lu, Chhü-Fu.

《文物》, 1982 年（no.12）, 13—16

张映文、吕智荣（1）

《陕西清涧县李家崖古城址发掘简报》

Brief Report of the excavations of the remains of the ancient city at Li-Chia-Yai, Chhing-Chien County, Shênsi.

《考古与文物》, 1988 年（no.1）, 47—56

张永言（1）

《论赫懿行的〈尔雅义疏〉》

A Discussion of Hao I-Hsing's 'Commentary on the Erh Ya'（1822）.

《中国语文》, 1962 年, 495, 502

摘要：*RBS*, 1969 年, **8**（no.505）

张泽栋

见：云梦县文化馆文物工作组（1）

张震泽（1）

《孙膑兵法校理》

Collation of *Sun Pin's Art of War*.

中华书局, 北京, 1984 年

赵铁寒（1）

《鬼谷子考辩》

A Study and Analysis of the *Kuei Ku Tzu* Book.

《大陆杂志》, 1957 年, **14**（no.5）；**14**

（no.6）

赵幼文（1）

《曹魏屯田制述论》

A Discussion of the *thun-thien*（military-agricultural colonies or settlements）of the Wei State（in the Three Kingdoms Period）.

《历史研究》, 1958 年（no.4）, 29

赵振铠（1）

《〈孙膑兵法·擒庞涓〉中几个城邑问题的探讨》

A Discussion on the Cities and Towns in the 'Capturing Phang Chüan' chapter in 'Sun Pin's Art of War'.

《文物》, 1976 年（no.10）, 51

郑良树（1）

《竹简帛书论文集》

Collected Studies on Bamboo Slips and Writings on Silk（round in Ancient Tombs）.

中华书局, 北京, 1982 年

郑振铎（1）（编）

《全国基本建设工程中出土文物展览图录》

Illustrated Catalogue of an Exhibition of Archaeological Objects discovered during the course of Engineering Operations in the National Basic Reconstruction Programme.

展览委员会, 北京, 1954 年

钟兆华（1）

《关于〈尉缭子〉某些问题的商榷》

A Discussion of Certain Problems concerning the 'Book of Master Wei Liao（on the Art of War）'.

《文物》, 1978 年（no.5）, 60

中国科学院考古研究所（1）

《长沙发掘报告》

Report on the Excavations at Chhang-Sha.

科学出版社, 北京, 1957 年

中国科学院考古研究所（2）

《西安半坡——原始氏族公社聚落遗址》

Pan-Pho, Sian：Remains of the Primitive Clan Communal Village.

文物出版社, 北京, 1963 年

中国科学院考古研究所（4）

《西安半坡》

Pan-Pho, Sian.

文物出版社，北京，1963 年

中国科学院考古研究所山西工作队 (1)

《山西夏县禹王城调查》

Investigation of King Yü's City in Hsia Coun-
ty, Shansi.

《考古》，1963 年 (no.9)，474—479

中国科学院考古研究所西安工作队 (1)

《唐代长安城明德门遗址发掘简报》

Brief Report of the Excavations of the Remains
of the Ming-Tê（Bright Virtue）Gate of
Thang Dynasty Chhang-An.

《考古》，1974 年 (no.1)，33—39

中国历史博物馆考古组 (1)

《燕下都遗址调查报告》

Investigative Report Regarding the Remains at
Yen Hsia-Tu.

《考古》，1962 年 (no.1)，10—19、54

中国社会科学院考古研究所洛阳工作队 (1)

《隋唐东都城址的勘查和发掘续记》

Reconnaissance of the Remains of the Eastern
Capitals of the Sui and Thang dynasties.

《考古》，1978 年 (no.6) 361—379

中国社会科学院考古研究所洛阳汉魏古城工作队
(1)

《偃师商城的初步勘探和发掘》

Preliminary Explorations and Discoveries of the
Shang City at Yen-Shih.

《考古》，1984 年 (no.6)，488—504、509

中国社会科学院考古研究所洛阳汉魏故城工作队
(1)

《汉魏洛阳城北魏建春门遗址的发掘》

The excavation of the remains of the Establish-
ing Spring Gate of the Northern Wei, in the
Han Wei city of Lo-Yang.

《考古》，1988 年 (no.9)，814—818

中国社会科学院考古研究所栎阳发掘队 (1)

《秦汉栎阳遗址的勘探和试掘》

Exploration and Survey of the Chhin and Han
Remains at Yüeh-Yang.

《考古学报》，1985 年 (no.3)，353—380，
英文摘要见 381 页

中华书局编辑部 (1)（编）

《云梦秦简研究》

Researches on the Chhin Dynasty Slips from
Yün-Mêng.

中华书局，北京，1981 年

周纬 (1)

《中国兵器史稿》

A Draft History of Chinese Weapons.

遗著，郭宝钧整理

三联书店，北京，1957 年

周勋初 (1)

《韩非子札记》

Reading Notes on the *Han Fei Tzu*.

江苏人民出版社，南京，1980 年

周祖谟 (1)

《方言校笺及通检》

Collated Annotation on and General Examina-
tion of the *Fang Yen*（*Regional Dialects*）.

巴黎大学北京汉学研究所，1951 年

北京科学出版社，影印再版

诸葛亮与武侯祠编写组 (1)

《诸葛亮与武侯祠》

Chu-ko Liang and the Memorial Temple to Wu-
Hou（The Martial Marquis）.

文物出版社，北京，1977 年

朱国炤 (1)

《上孙家寨木简初探》

Preliminary Notes on the Wooden Tablets from
Shang-Sun-Chia Chai.

《文物》，1981 年 (no.2)，27

朱骏声 (1)

《说雅》

Ancient Meanings of Words（an appendix to
the *Shuo Wên*）.

约 1840 年

朱玲玲 (1)

《中国古代都城平面布局的特点》

The Characteristics of Plane Layout of the Cap-
itals in Ancient China.

《历史地理》，1986 年 (no.4)，153—163

朱希祖 (3)

《墨子备城门以下二十篇系汉人伪书说》

The Theory that the Twenty Sections of *Mo-
tzu*（*The Book of Master Mo*）from 'Prepa-

ration of City Walls and Gates' on down were Forgeries by Han Authors.

《古史辨》，4，261—271

太平书局，香港，1963 年重印

朱右曾（1）

《逸周书集训校释》

Interpretation of and Commentary on the *I Chou Shu* (*The Extant Book of Chou*) (*KHCPTS* ed.).

商务印书馆，长沙，1940 年

朱执信（1）

《兵的改造与其心理》

The Reform of the Army and its Psychology.

上海，1920 年；1926 年再版

北京，1979 年新版

邹衡（1）

《夏商周考古学论文集》

Collected Essays on Hsia, Shang, and Chou Archaeology.

文物出版社，北京，1980 年

佐竷仁（Sato Hitoshi）（1）

《鬼谷子について》

On the *Kuei Ku Tzu* Book.

《哲学年報》，1955 年，18

Anon*.（20）

《洛阳中州路》

Antiquities (of the Neolithic, Chou and Han periods) discovered during the Rebuilding of Chung-Chou Street at Lo-Yang.

科学出版社，北京，1959 年

Anon.（205）

《马王堆汉墓帛书古地图论文集》

Discussion (With Facsimile Reproductions) of the Ancient Maps discovered in the Han Tomb (no.3) at Ma-Wang-Tui (-168).

文物出版社、新华出版社，北京，1976 年，1977 年

Anon.（210）

《银雀山汉墓竹简〈孙子兵法〉》

The Versions of 'Master Sun's Art of War' found on Bamboo Ships in a Han Tomb at Silver-sparrows Mountain.

文物出版社，北京，1976 年

参阅：《人民画报》，1974 年（no.9），28

Anon.（211）

《内蒙古文物资料选集》

Choice Collection of Cultural Objects of Inner Mongolia [album].

呼和浩特，1964 年

Anon.（215）

《临沂银雀山汉墓出土〈王兵〉篇释文》

A Transcription of the Han Dynasty Inscribed Bamboo Slips entitled 'the King's Soldiers' unearthed at Silver-sparrows Mountain near Lin-Ⅰ.

《文物》，1976 年（no.12），36

Anon.（216）

《银雀山简本〈尉缭子〉释文》

Transcription of the (Han Dynasty) Bamboo Ships Copy of the 'Wei Liao Tzu Book' unearthed at Silver-sparrows Mountain (near Lin-Ⅰ).

《文物》，1977 年（no.2），21

Anon.（217）

《银雀山简本〈尉缭子〉释文（附校注）》

Transcription of the (Han Dynasty) Bamboo Slips Copy of the 'Wei Liao Tzu Book' unearthed at Silver-sparrows Mountain (near Lin-Ⅰ), with a comparison of the Different Texts and Commentaries.

《文物》，1977 年（no.3），30

Anon.（218）

《青海大通县上孙家寨——五号汉墓》

Excavation of the Han Dynasty Tomb No.115 at Shang-Sun-Chia-Chai in Ta-Thung county, Chhinghai Province.

《文物》，1981 年（no.2），16

Anon.（219）

《山东临沂西汉墓发现〈孙子兵法〉和〈孙膑兵法〉等竹简的简报》

The Early Han Dynasty Bamboo Slips inscribed with the Texts of 'Master Sun's Art of War' and 'Sun Pin's Art of War' found at

---

* Anon. 表示所列文献的作者未署名，其中多为集体编著的作品。——编译者

Lin-Ⅰ in Shantung; a Report and Transcription.

《文物》, 1974 年 (no.12), 15

Anon. (220)

《大通上孙家寨汉简释文》

Transcription of the Han Dynasty (Bamboo) Slips from Shang-Sun-Chia-Chai in Ta-Thung County.

《文物》, 1981 年 (no.2), 22

Anon. (221)

《〈尉缭子〉注释》

The Text of the 'Book of Master Wei Liao (on the Art of War)' with its many Commentaries.

中國人民解放軍 86955 部队、上海师范大学编, 上海, 1978 年

Anon. (222)

《银雀山汉墓竹简〈孙膑兵法〉》

The 'Art of War of Sun Pin' found on Bamboo Slips in a Han Tomb at Silver-sparrows Mountain.

文物出版社, 北京, 1975 年

Anon. (223)

《孙膑传、〈孙膑兵法〉今译》

A Biography of Sun Pin, and a rendering into Modern Chinese of 'Sun Pin's Art of War'.

沈阳军区, 沈阳, 1978 年

Anon. (224)

《座谈长沙马王堆汉墓帛书》

An Introduction to the Silk Manuscripts discovered in the Han Tomb at Ma-Wang-Tui near Chhang-Sha.

《文物》, 1974 年 (no.9), 45

Anon. (246)

《战史论集》

Collected Studies on the History of War.

中国科学研究所, 台北, 1977 年

Anon. (248)

《孙子兵法新注》

New Annotations on Master Sun's Art of War.

中国人民解放军军事科学院, 北京, 1977 年

Anon. (249)

《军官服务之参考》

A Handbook for Duty Officers [in the Manchurian Armies].

奉天, 1926 年

Anon. (250)

《老子注释》

The Tao Tê Ching with annotations.

复旦大学哲学系, 上海, 1977 年

Anon. (251)

《义和团》

'The Society of Justice and Harmony' (the Boxer Rebellion).

上海, 1955 年, 共 4 集; 1961 年重印

Anon. (252)

《义和团档案史料》

Archival Materials on the 'Society of Justice and Harmony' (the Boxer Rebellion).

上海, 1959 年, 共 2 集

Anon. (253)

《革命军人须知》

What all Revolutionary Soldiers ought to Know.

国民革命军总司令部政治部, 1925 年

Anon. (254)

《孙子兵法浅释》

Master Sun's Art of War Simply Explained.

广西军区 0541 和 7332 部队注释

桂林, 1975 年

Anon. (255)

《国共特务战退休闲》

What happened During a Truce in the War between Communist and Nationalist.

香港, 1968 年

Anon. (256)

《军人宝鉴》

An Excellent Guide for Soldiers.

北京, 1924 年

Anon. (264)

《洛阳中州路战国车马坑》

Warring States Military Chariot Equipment excavated from the Pits at Chung-Chou

Street, Lo-Yang（crossbow trigger in pl.3 and fig.3; finish in fig.7）.

《考古》，1974 年（no.3），177

Anon.（265）

《新疆出土文物》

Cultural Relics unearthed in Sinkiang （ed.Museum of the Sinkiang Uighur Autonomous Region, Urumchi）.

文物出版社，北京，1975 年

Anon.（266）

《〈梦溪笔谈〉译注》

Interpretative Commentary on the *Dream Pool Essays*.

安徽科学出版社，合肥，1979 年

Anon.（540）

《汉唐壁画》

Han-Thang Murals.

文物出版社，北京，1974 年

Anon.（541）

《偃师尸乡沟发现商代早期都城遗址》

The Remains of an Early Shang Capital Discovered at Shih-Hsiang-Kou, Yen-Shih.

《考古》，1984 年（no.4），384

C. 西文书籍和论文

ACKER, WILLIAM R. B. (1). 'The Fundamentals of Japanese Archery' (with introduction in Japanese by Toshisuke Nasu) pr. pr. Kyoto, 1937.

ADAM, JEAN-PIERRE (1). *L'Architecture Militaire Grecque*. Picard, Paris, 1982.

ADELMANN, F. J. (ed.) (1). *Contemporary Chinese Philosophy*. Martinus Nijhoff, The Hague, 1982.

ADLER, B. (1). 'Das nordasiatische Pfeil; ein Beitrag zur Kenntnis d. Anthropo-Geographie des asiatischen Nordens.' *IAE*, 1901, **14** (Suppl.), 1.

ADLER, B. (2). 'Die Bogen Nordasiens' [including the Chinese bow] *IAE*, 1902, **15**, 1. (With notes by G. Schlegel, pp. 31 ff. and footnotes in the paper itself by Ratzel and Conrady.)

ALDRED, C. (1). 'Furniture, to the End of the Roman Empire'. In *A History of Technology*, ed. C. Singer *et al.* Oxford, 1956, vol. 2, 220.

AENEAS, TACTICUS, AESCLEPIODOTUS, ONASANDER (1). *With an English Translation by the members of the Illinois Greek Club* (1923). rpt. ed. Harvard University Press, Cambridge Mass., William Heinemann, London, 1977.

ALEKSEEV, V. M. (1). 'Otrazhenie borby s zavoevatelami v istorii i literature Kitaja.' *Izvestiya AN SSSR*, 1945, **4.5**, 187.

ALEKSEEV, V. M. (2). *Kitayskaya narodnaya kartina; Duhovnaya zhizn' starogo Kitaja v narodnykh izobrazheniya*. Izdatelstvo Nauka, Moscow, 1966.

ALEXANDER, A. E. & JOHNSON, P. (1). *Colloid Science*. 2 vols., Oxford, 1949.

ALLAN, SARAH (1). 'Sons of Suns; Myth and Totemism in Early China.' *BLSOAS*, 1981, **44**, 290.

ALLAN, SARAH (2). 'The identities of Tai Gong Wang (太公望) in Zhou and Han Literature.' *MS*, 1972–3, **30** 57–99.

ALLAN, SARAH & COHEN, A. P. (eds.) (1). *Legend, Lore and Religion in China* (Wolfram Eberhard Festschrift). Chinese Materials Center, San Francisco, 1979 (Asian Library Series, no. 13).

ALLEN, I. M. (1). 'Some Notes on Korean Archery.' *JSAA*, 1961, **4**, 5.

ALLOM, T. & WRIGHT, G. N. (1). *China, in a Series of Views, displaying the Scenery, Architecture and Social Habits of that Ancient Empire, drawn from original and authentic Sketches by T. A – Esq., with historical and descriptive Notices by Rev. G. N. W –*. 4 vols. Fisher, London & Paris, 1843.

AMES, ROGER T. (1). *The Art of Rulership. A Study of Ancient Chinese Political Thought*. Univ. of Hawaii Press, Honolulu, 1983.

AMIOT, J.-J.-M. (2). 'Sur l'Art Militaire des Chinois.' *MCHSAMUC*, 1782, **7**, 1–397 + xx. Supplément, 1782, **8**, 327–75. (The translations of *Sun Tzu Ping Fa* and *Wu Tzu* were first sent to Europe in 1766.) The material of the main part first appeared in a separate book: *Art Militaire des Chinois, ou Recueil d'anciens Traités sur la Guerre, composés avant l'Ère Chrétienne, par différents Généraux Chinois. Sur lesquels les Aspirants aux Grades Militaires sont obligés de subir des Examens. On y a joint Dix Préceptes adressés aux Troupes par l'Empereur Yong-Tcheng, père de l'Empereur regnant; et des Planches gravées pour l'intelligence des Exercices, des Evolutions, des Habillements, des Armes et des Instruments Militaires des Chinois. – Traduit en Français par le P. Amiot, Missionnaire à Pe-King, revu et publié par M. de Guignes*. Didot and Nyon, Paris, 1772. This prompted the work of de St Maurice & de Puy-Ségur (q.v.). The Supplement was stimulated by remarks in the *Recherches Philosophiques sur les Egyptiens et les Chinois* of de Pauw (q.v.).

AMIOT, J.-J.-M., see de Rochemonteux (1).

AN CHIN-HUAI (5). 'The Shang City at Cheng-chou and Related Problems.' In Chang K. C. (ed.) *Studies of Shang Archaeology*: Selected Papers from the International Conference on Shang Civilization. Yale Univ. Press, New Haven & London, 1986, 15–48.

ANDERSON, J. K. (1). *Military Theory and Practice in the Time of Xenophon*. Berkeley, Calif., 1970.

ANDRIES, R. (1). 'Military Concepts of the Philosophers during the Period of the Warring States'. In *The Role of the People's Liberation Army*, vol. 1, 22–6. Centre D'Etude du Sud-Est Asiatique et de l'Extrême Orient, Bruxelles, 1969.

ANON. (15). *Mittelälterliches Hausbuch*. Album of an arquebus-maker, containing various engineering drawings. MS Wolfsee Castle. Ed. A. von Essenwein, Frankfurt, 1887; H. T. Bossert & W. F. Storck, Leipzig, 1912. See Sarton (1), vol. 3, 1553.

ANON. (165). *A Contribution to the History of Dien-Bien-Phu*. Vietnamese Studies no. 3, Hanoi, 1965.

ANON. (166). *Our President Ho Chi-Minh*. Foreign Languages Publishing House, Hanoi, 1976.

ANON. (171). 'An Archaeological Find in the Tsaidam.' *JSAA*, 1960, **3**, 10, 18.

ASTBURY, N. F. (1) 'Fundamentals of Fibre Structure.' Oxford University Press, London, 1933. (Chapter V.)

AUBIN, FRANÇOISE (ed.) (1). *Études Song in Memoriam Étienne Balazs.*
  Ser. 1. *Histoire et Institutions.* 3 fascicles, Mouton, Paris, 1970–6.
  Ser. 2. *Civilisation.* École des Hautes Études en Sciences Sociales, Paris, 1980–.
AUROUSSEAU, L. (2). 'La Première Conquête Chinoise des Pays Annamites.' *BEFEO*, 1923, **23**, 137–264.

BACHRACH, B. S. (1). *Merovingian Military Organisation, 481 to 751.* Univ. Minnesota Press, Minneapolis, 1972.
  Rev. C. Gillmor *TCULT*, 1973, **14**, 497.
BADAWY, ALEXANDER (1). *A History of Egyptian Architecture. The First Intermediate Period, the Middle Kingdom, and the Second Intermediate Period.* University of California Press, Berkeley & Los Angeles, 1966.
BAGLEY, ROBERT W. (1). 'P'an-Lung-Ch'eng: A Shang City in Hupei.' *AA*, 1977, **39.3–4**, 165–219.
BAINTON, R. H. (1). *Christian Attitudes toward War and Peace.* Abingdon Press, Nashville, 1960.
BALAZS, É. (-S.) (8). 'Le Traité Juridique du *Souei-Chou* [*Sui Shu*].' *TP*, 1954, **42**, 113. Sep. pub. as *Études sur la Société et l'Économie de la Chine Médiévale*, no. 2. E. J. Brill, Leiden, 1954. (Bibliothèque de l'Inst. des Hautes Études Chinoises, no. 9.)
BALAZS, É. & HERVOUET, Y. (ed.) (1). *A Sung Bibliography* (Bibliographie des Sung). Chinese University Press, Hong Kong, 1978.
BALFOUR, H. (3). 'On the Structure and Affinities of the Composite Bow.' *JRAI*, 1889, **19**, 220.
BALFOUR, H. (4). 'On a Remarkable Ancient Bow and Arrows believed to be of Assyrian Origin.' *JRAI*, 1897, **26**, 210.
BALFOUR, H. (5). 'The Archer's Bow in the Homeric Poems.' *JRAI*, 1921, **51**, 291.
BALL, J. DYER (1). *Things Chinese; being Notes on Various Subjects connected with China.* Hong Kong, 1892, Murray, London, 1904, 5th ed. revised by E. T. C. Werner. Kelly & Walsh, Shanghai, 1925, repr. London, 1926.
BALMFORTH, EDMUND ELLIOT (1). 'A Chinese Military Strategist of the Warring States: Sun Pin.' Unpublished Ph.D. dissertation; Rutgers University, The State of New Jersey, 1979.
BARNARD, NOEL & SATŌ, TAMOTSU (1). *Metallurgical Remains of Ancient China.* Nichiōsha, Tokyo, 1975.
BARNETT, R. D. & FALKNER, M. (1). *The Sculptures of Aššur-nasir-apli II (Ashurnasirpal; r. −883 to −859), Tiglath-pileser III and Esarhaddon from the Central and Southwest Palaces at Nimrud.* London, 1962.
BARROW, JOHN (1). *Travels in China.* London, 1804. German tr. 1804; French tr. 1805; Dutch tr. 1809.
DE BARY, W. T. (ed.) (3). *Self and Society in Ming Thought.* Columbia Univ. Press, New York and London, 1970.
DE BARY, W. T. (ed.) (8). *Sources of the Chinese Tradition.* 2 vols. Columbia Univ. Press, New York, 1964.
BAUER, W. (tr.) (1). 'Der Fürst von Liu.' (Annotated translation of *Shih Chi*, ch. 55, on Chang Liang, marquis of Liu, one of the counsellors of the founder of the Chhien Han.) *ZDMG*, 1955, **106**, 166.
BAUER, W. (2). 'Der Herr vom Gelben Stein (Huang Shih Kung); Wandlungen einer chinesischen Legenden-figur.' *OE*, 1956, **3**, 137.
BAUER, W. (4). *China und die Hoffnung auf Glück; Paradiese, Utopien, Idealvorstellungen.* Hanser, München, 1971. Eng. tr. *China and the Search for Happiness; Recurring Themes in 4000 Years of Chinese Cultural History.* Seabury, New York, 1976.
BECK, J. H. (ed.) (1). *Liber Tertius de Ingeneis ac Edifitiis non usitatis by Mariano Jacopo detto il Taccola.* Milan, 1969.
BECK, T. (3). 'Der altgriechische u. altrömische Geschützbau nach Heron dem älteren, Philon, Vitruv und Ammianus Marcellinus.' *BGTI*, 1911, **3**, 163.
BENEDETTO, L. F. (1). *Marco Polo; il Libro ... detto Milione ...* Milan, 1932.
BERGMAN, C. A., MCEWEN, E. & MILLER, R. (1). Experimental Archery: Projectile Velocities and Comparison of Bow Performances. *AQ*, 1988, **62**, 658.
BERGMAN, FOLKE (1). *Archaeological Researches in Sinkiang.* Reports of the Sino-Swedish [Scientific] Expedition [to Northwest China]. 1939, vol. VII (pt 1).
BERTHELOT, M. (4). 'Pour l'Histoire des Arts Mécaniques et de l'Artillerie vers la Fin du Moyen Age (I).' *ACP*, 1891, 6ᵉ ser, **24**, 433. (Descr. of Latin MS. Munich, no. 197, the Anonymous Hussite engineer (German) c. +1430; of Ital. MS Munich, no. 197, Marianus Jacobus Taccola of Siena, c. +1440 of *De Machinis*, Marcianus, no. XIX, 5, c. +1449; and of *De Re Militari*, Paris, no. 7339. Paulus Sanctinus, c. +1450, the MS from Istanbul.
BERTHELOT, M. (5). Histoire des Machines de Guerre et des Arts Mécaniques au Moyen Age; (II) Le Livre d'un Ingénieur Militaire à la Fin du 14 ème Siècle. *ACP*, 1900, 7ᵉ ser, **19**, 289. (Descr. of MS *Bellifortis*, Gottingen, no. 63, Phil. K. Kyeser +1395 to +1405 and of Paris, MS no. 11015, Latin Guido da Vigevano, c. +1335.)
BERTHELOT, M. (6). 'Le Livre d'un Ingénieur Militaire à la Fin du 14 ème Siècle.' *JS*, 1900; 1 & 85. (Konrad Kyeser and his *Bellifortis*.)
BERTHELOT, M. (7). 'Sur le Traité *De Rebus Bellicis* qui accompagne le *Notitia Dignitatum* dans les Manuscrits.' *JS*, 1900, 171.
BERTHELOT, M. (8). 'Les Manuscrits de Léonard da Vinci et les Machines de Guerre.' *JS*, 1902, 116. (Argument that L. da Vinci knew the drawings in the +4th-century Anonymous *De Rebus Bellicis*, and also many inventions and drawings of them by the +14th- and early +15th-century military engineers.)
BEVERIDGE, H. (1). 'Oriental crossbows.' *AQR*, 1911, **32.3**, 344.

BICHURIN, N. I. (1). *Statisticheskoe opisanie Kitaskoi Imperii.* 2 vols. V. Tipografii Eduarda Pratsa, St Petersburg, 1842.

BIELENSTEIN, H. (2). 'The Restoration of the Han Dynasty.' *BMFEA*, 1954, **26**, 1–209, and sep. Göteborg, 1953.

BIELENSTEIN, HANS (5). 'Lo-Yang in Later Han Times.' *BMFEA*, 1976, **48**, 1–142.

BINGHAM, W. (1). *The Founding of the T'ang Dynasty; The Fall of Sui and Rise of T'ang – A Preliminary Survey.* Octagon, New York, 1975.

BIOT, E. (tr.) (1). *Le Tcheou-Li on Rites des Tcheou* [Chou]. 3 vols., Imp. Nat., Paris, 1851. (Photographically reproduced, Wêntienko, Peiping, 1930.)

BIOT, E. (18). 'Mémoire sur les Colonies Militaires et Agricoles des Chinois.' *JA*, 1850 (4ᶜ sér), **15**, 338 & 529.

BIOT, E. (19). 'Sur les Mœurs des Anciens Chinois d'après le *Chi-King* [*Shih Ching*].' *JA* 1843 (4ᶜ sér), **2**, 307 & 430. Eng. tr. by J. Legge, Appendix to Prolegomena to his edition of the *Shih Ching* (Book of Odes).

BIRCH, T. (1). *History of the Royal Society of London.* Millar, London, 1756.

BISHOP, WILLARD E. (1). 'A Chinese Arrow Puzzle with Five Nocks.' *JSAA*, 1958, **1**, 24.

BISHOP, WILLARD E. (2). 'Ancient Arrowheads of Chinese Origin.' *JSAA*, 1959, **2**, 19.

BISSET, N. G. (1). 'Arrow Poisons in China, Pt I, [*Aconitum* and *Antiaris*].' *JEPH*, 1979, **1**, 325.

BISSET, N. G. (2). 'Arrow Poisons in China, Pt II, *Aconitum* – Botany, Chemistry, Pharmacology.' *JEPH*, 1981, **4**, 247.

BLACKMORE, HOWARD, L. (5). *Hunting Weapons.* Walker, London, 1971.

BLAGODATOV, A. V. (1). *Zapiski o kitajskoi revolutsii 1925–1927 gg.* Izdatelstvo Nauka, Moscow, 1970.

BLANCHET, ADRIEN (1). *A propos de l'Enceinte de Carcassonne.* *REA*, 1922, **24**, 313–16.

BLEGEN, CARL W. (1). *Troy and the Trojans.* Thames and Hudson, London, 1963.

BLOCHET, E. (1). *Mussulman Painting, +12th to +17th Century.* Tr. C. M. Binyon, introd. E. D. Ross. Methuen, London, 1929.

BLOCHET, E. (2). *Histoire des Mongols.* (Tr. from the *Jamiʿ al-Tavārīkh* of Rashīd al-Dīn al-Hamsdānī.) E. J. Brill, Leyden, Luzac, London, 1911.

BLOCHET, E. (3). *Catalogue des MSS Arabes Bibliothèque Nationale, Paris.* 1925.

BOBROV, D. (1). *Political and Economic Role of the Military in the Chinese Communist Movement.* Cambridge, Mass. 1962.

BODDE, DERK (1). *China's First Unifier: A Study of the Ch'in Dynasty as seen in the life of Li Ssu (280?–208 BC).* Hong Kong: Hong Kong University Press 1967 (1938), 1st published by E. J. Brill, Leiden.

BODDE, D. (14). 'Harmony and Conflict in Chinese Philosophy.' In *Studies in Chinese Thought* (ed. Wright, A. F.) Chicago Univ. Press, Chicago, Ill. 1967, 19–80.

BODDE, D. (15). *Statesman, Patriot and General in Ancient China.* Three *Shih Chi* Biographies of the Ch'in Dynasty (255–206 B.C.). Amer. Or. Soc., New Haven, Conn. 1940. (Biographies of Lü Pu-Wei, Ching Kho and Mêng Thien.)

BODDE, D. (25). *Festivals in Classical China: New Year and Other Annual Observances during the Han Dynasty 206 B.C.–A.D. 220.* Princeton University Press/Chinese University of Hong Kong, Princeton, 1975.

BODDE, DERK (32). 'Marshes in Mencius and Elsewhere: A Lexicographical Note.' In David T. Roy and Tsuen-Hsun Tsien (eds.), *Ancient China – Studies in Early Civilization.* Chinese University of Hong Kong, Hong Kong, 1978, 157–66.

BOEHEIM, WENDELIN (1). *Handbuch d. Waffenkunde; das Waffenwesen in seiner Historischen Entwickelung vom Beginn des Mittelalters bis zum Ende des 18 Jahrhunderts.* Seemann, Leipzig, 1890. Photolitho reprint, Zentralantiquariat d. Deutschen Demokratischen Republik, Leipzig, 1982.

BOGUE, R. H. (1). *The Chemistry and Technology of Gelatin and Glue.* McGraw Hill, New York, 1922.

BOKSHCHANIN, A. A. (1). *Imperatorskii Kitai v nachale XV veka.* Moscow, 1976.

BONAPARTE, PRINCE NAPOLÉON-LOUIS, & FAVÉ, COL. I. (1). *Études sur le Passé et l'Avenir de l'Artillerie.* 4 vols. The first two written by Bonaparte, the second two by Favé, on the basis of the emperor's notes. Dumaine, Paris 1846–51 and 1862–3.
　　Vol. 1 First Part, chs. 1–4, Artillery on the Battlefield 1328 to 1643.
　　Vol. 2 Second Part, chs. 1–4 Artillery in Siege Warfare 1328 to 1643.
　　Vol. 3 Third Part, chs. 1–9 History of Gunpowder and Artillery to 1650.
　　Vol. 4 Third Part, chs. 10–14 History of Artillery 1650–1793.
　　Schneider (1), 10, gives date and place of first publication Liège, 1847, and Sarton (1), vol. 3, 726, describes 6 vols. to 1871.

BONGARS, JACQUES (ed.) (1). *Gesta Dei per Francos, sive Orientalium Expeditionum, et Regni Francorum Hierosolimitani Historia.* 2 vols. Hannover, 1611.

BOODBERG, P. A. (5). *The Art of War in Ancient China; a Study based upon the 'Dialogues of Li, Duke of Wei' [Li Wei Kung Wên Tui].* Inaug. Diss., Berkeley, 1930.

BOORMAN, S. A. (1). *The Protracted Game; A Wei-ch'i Interpretation of Maoist Revolutionary Strategy,* Oxford, New York, 1969.

BOOTS, J. L. (1). 'Korean Weapons and Armour [including Firearms].' *JRAS/KB*, 1934, **23.2**, 1–37, with 41 pls. and bibliography on pp. 47–8.

BORISKOVSKII, P. J. (1). *Pervobytnoe proshloe Vetnama.* Moscow, 1966.

BOYLE, J. A. (tr.) (1). *The Ta'rīkh-i Jahān-Gushā, (History of the World Conqueror, Chingiz Khan), by 'Alā'al-Dīn 'Aṭā-Malik [al-] Juvaynī* [+*1233 to +1283*]. 2 vols. Harvard Univ. Press, Cambridge, Mass, Univ. Manchester Press, Manchester, 1958.

BRADBURY, J. (1). *The Medieval Archer.* Boydell & Brewer, Woodbridge, 1985.

BRADBURY, J. (2). *The Medieval Siege.* Boydell & Brewer, Woodbridge, 1992.

BREWITT-TAYLOR, C. H. (tr.) (1). '*San Kuo' or the Romance of the Three Kingdoms.* Kelly & Walsh, Shanghai, 1926. Re-issued as *Lo Kuan-Chung's 'Romance of the Three Kingdoms', 'San Kuo Chih Yen I.'* Tuttle, Rutland, Vermont, and Tokyo, 1959.

BRICE, MARTIN H. (1). *Stronghold: A History of Military Architecture.* B. T. Batsford Ltd., London, 1984.

BROWNE, WILLIAM, A. (1). 'Chinese Archers' Ring Cases.' *JSAA*, 1962, **5**, 9. 'Errata & Addenda' [for this paper] *JSAA*, 1963, **6**, 35.

DE BRUYNE, N. A. (1). 'The Action of Adhesives.' *SAM*, 1962, **4**, 114–29.

DE BRUYNE, N. A. (2). 'The Extent of Contact between Glue and Adherend.' *Aero Research Technical Notes*, 1956, Bulletin no. 168.

DE BRUYNE, N. A. (3). 'How Glue Sticks.' *N*, 1957, **180**, 262.

BUCK, P. (tr.) (1). *All Men are Brothers.* (= The *Shui Hu Chuan*) New York, 1933.

BULLARD, M. R. (1). *China's Political-Military Evolution; the Party and the Military in the People's Republic, 1960–1984.* Westview, Boulder, Colo, 1985.

BULLING, A. (16). 'Ancient Chinese Maps; two Maps discovered in a Han Dynasty Tomb from the −2nd Century.' *EXPED*, 1978, **20.2**, 16.

Cafari et Continuatorum Annales Januae, see Pertz, G. H. (1).

CAHEN, C. (1). 'Un Traité d'Armurerie composé pour Saladin.' [Ṣalāḥ al-Dīn, +1138/+1193] (The *al-Tabṣira ...fī'l Ḥurūb* ... (Explanations of Defence and Descriptions of Military Equipment) written by Murḍā ibn 'Alī ibn Murḍā al-Ṭarsūsī, an Armenian of Alexandria, about +1185.) *BEO/IFD*, 1947, **12**, 103.

CAILLOIS, R. (1). 'Lois de la Guerre en Chine.' (A study of *Sun Tzu, Wu Tzu, Ssu-ma Ping Fa*, etc. after Amiot (2).) *PVS*, 1956, **16**, 16–30.

CAMMAN, S. VAN R. (1). 'Tibetan Monster Masks.' *JWCBRS*, 1940, A **12**, 9.

CAMMANN, S. VAN R. (4). 'Archaeological Evidence for Chinese Contacts with India during the Han Dynasty.' *S*, 1956, **5**, 1; abstr. *RBS*, 1959, **2**, no. 320.

DE CAMP, L. SPRAGUE (3). 'Master Gunner Apollonios'. *TCULT*, 1961, **2**, 240.

CARPEAUX, C. (1). *Le Bayon d'Angkor Thom; Bas-Reliefs publiés ... d'après les documents recueillis par le Mission Henri Dufour.* Leroux, Paris, 1910.

CASSANELLI, LUCIANA (1). *Le Mura di Roma; l'Architettura Militare nella Storia Urbana.* Luciano Casanelli, Gabriella Delfini e Daniela Fonti. Bulzoni, Roma, 1974.

CELL, C. P. (1). *Revolution at Work; Mobilisation Campaigns in China.* Academic Press, New York, London, 1977.

CHAKRAVARTI, P. C. (1). *The Art of War in Ancient India.* Dacca, 1941.

CHANG CHUN-SHU (1). 'The Han Colonists and their Settlements on the Chü-Yen Frontier.' *CHJ*, December 1966, **5.2**.

CHANG, K. C. (1). *The Archaeology of Ancient China.* Yale University Press, New Haven and London 1st ed. 1963; 3rd revised ed. 1977, 4th revised ed., 1986.

CHANG, K. C. (5). *Shang Civilization.* Yale University Press, New Haven & London, 1980.

CHANG, K. C. (7). *Early Chinese Civilization: Anthropological Perspectives* (Harvard Yenching Monograph series 23). Harvard University Press, Cambridge, Mass. and London, 1976.

CHANG, K. C. (ed.) (8). *Studies of Shang Archaeology: Selected Papers from the International Conference on Shang Civilization.* Yale U.P., New Haven and London, 1986.

CHANG, K. C. (9). 'Towns and Cities in Ancient China.' In Chang, K. C. (7).

CHANG, K. C. (10). 'Urbanism and the King in Ancient China.' In *World Archaeology*, 1974, **6.1**, 1–14.

CHANG, K. C. (11). 'Food and Food Vessels in Ancient China.' In Chang, K. C. *Early Chinese Civilization, Anthropological Perspectives* (1976) (i.e. Chang K. C. (7)) 115–48. (First published in *Transactions of the New York Academy of Sciences*, 1978, **35**, 495–520.)

CHANG SEN-DOU (1). 'Some Observations on the Morphology of Chinese Walled Cities.' *Annals of the Association of American Geographers*, 1970, **60**, 63–91.

CHANG SEN-DOU (2). 'The Morphology of Walled Capitals.' In G. William Skinner (1), *The City in Late Imperial China.* Stanford U.P., Stanford, 1977, 75–100.

CHAVANNES, E. (1). *Les Mémoires Historiques de Se-Ma Ts'ien* [Ssu-ma Chhien], 5 vols. Leroux, Paris, 1895–1905. (Photographically reproduced, in China, without imprint and undated.)

CHAVANNES, E. (11). *La Sculpture sur Pierre en Chine aux temps des deux dynasties Han.* Leroux, Paris, 1893.

CHAVANNES, E. (12). 'Introduction to the 'Documents Chinois découverts par Aurel Stein dans les Sables du Turkestan Oriental', tr. Mme. Chavannes & H. W. House. *NCR*, 1922, **4**, 341 (Reprinted, with Stein (6, 7) and H. K. Wright, in brochure form, Peiping, 1940.)

CHAVANNES, E. (12a). *Les Documents Chinois découverts par Aurel Stein dans les Sables du Turkestan Oriental* Oxford University Press, Oxford, 1913.

CHAVANNES, E. (14). *Documents sur les Tou-Kiue [Thu-Chüeh] (Turcs) Occidentaux, recueillis et commentés par E. C. . . . .*" Imp. Acad. Sci., St Petersburg, 1903. Repr. Paris, with the inclusion of the 'Notes Additionelles', n.d.

CHAVANNES, E. (17). 'Notes Additionelles sur les Tou-Kiue [Thu-Chüeh] (Turcs) Occidentaux.' *TP*, 1904, **5**, 1–110, with index and errata for Chavannes (14).

CHAVANNES, E. (25). 'Six Monuments de la Sculpture Chinoise.' *Ars Asiatica*, 1914, **2**, Van Oest, Bruxelles et Paris, 1914.

CHEN SHEN (1) 'Early Urbanization in the Eastern Zhou, in China (770–221 BC): Archaeological Implication. Unpublished paper presented at the 1993 Biennial Conference of the East Asia Council, Canadian Asian Studies Association, Montreal, Quebec, October 2, 1993.

CHÊNG LIN (tr.) (1). *Prince Dan of Yann [Yen Tan Tzu]*. World Encyclopaedia Institute, Chungking, 1945.

CHÊNG LIN (tr.) (2). *The Art of War, a military Manual [Sun Tzu Ping Fa] written ca. −510* (with original Chinese text). World Encyclopaedia Institute, Chungking, 1945, repr. World Book Co., Shanghai, 1946.

CHEREPANOV, A. I. (1). *Zapiski voennogo sovetnika v kitae; Iz istorii pervoi grazhdanskoi revolutionnoi voiny (1924–1927 gg.)*. Moscow, 1964.

CHEREPANOV, A. I. (2). *Severnyi pokhod natsionalno-revolutsionnoi armii Kitaya, 1926–1927 gg.* Moscow, 1968.

CH'I HSI-SHENG [CHHI HSI-SHÊNG] (1). *Warlord Politics in China 1916–1928*. Stanford Univ. Press, Calif., 1976.

CH'U TA-KAO [CHHU TA-KAO] (tr.) (2). *Tao Tê Ching, a new translation*. Buddhist Lodge, London, 1937.

CHIANG FÊNG-WEI (ed.) (1). *Gems of Chinese Literature*. Progress Press, Chungking, 1942.

CHOU YI-CHING (CHOU I-CHHING) (1). *La Philosophie Morale dans le Néo-Confucianisme (Tcheou Touen-Yi)* Preface by P. Demiéville, Presses Universitaires de France, Paris, 1954.

CHINESE ACADEMY OF ARCHITECTURE (1). *Ancient Chinese Architecture*, Joint Publishing Company, Hong Kong, China Building Industry Press, Beijing, 1982.

CHOW TSE-TSUNG [CHOU TSHÊ-TSUNG] (ed.) (1). *Wenlin: Studies in the Chinese Humanities*. U. of Wisconsin Press, Madison, 1968.

CHOW TSE-TSUNG [CHOU TSHÊ-TSUNG] (2). *The May the Fourth Movement; Intellectual Revolution in Modern China*. Harvard Univ. Press, Cambridge, Ma., 1960.

CHUONG THAU & PHAN DAI-DOAN (1). 'Two Typical Figures: Nguyen Trai and Nguyen Binh-Khiem', article in: *The Vietnamese Scholars in Vietnamese History, Vietnamese Studies* no. 56, Hanoi, 1979, 57–81.

CIPOLLA, C. M. (1). *Guns and Sails in the Early Phase of European Expansion, 1400 to 1700*. Collins, London, 1965. Ital. tr. 1969. Subsequently published together with (2) as *European Culture and Overseas Expansion*, Penguin, London, 1970.

CIPOLLA, C. M. (2). *Clocks and Culture, 1300 to 1700*. Collins, London, 1967. Subsequently published together with (1) as *European Culture and Overseas Expansion*. Penguin, London, 1970.

CLARK, J. G. D. (1). 'Neolithic Bows from Somerset, England; and the Prehistory, of Archery in North-West Europe.' *PPHS*, 1963, **29**, 50.

VON CLAUSEWITZ, KARL (1). *On War (Vom Kriege)*, tr. J. J. Graham, ed. F. N. Maude, London, 1940.

COLLET, A. (1). *Les Armes*. Presses Universitaires de France, Paris, 1986.

CONNOLLY, P. (1). *Greece and Rome at War*. Macdonald Phoebus, London, 1981.

CORDIER, H. (1). *Histoire Générale de la Chine*. 4 vols. Geuthner, Paris, 1920.

COTTERELL, ARTHUR (1). *The First Emperor of China*. Macmillan, London, 1981.

COULING, S. (1). *Encyclopaedia Sinica*. Kelly & Walsh, Shanghai, Oxford and London, 1917.

COURANT, M. (1). *Bibliographie Coréenne*. 3 vols. with 1 suppl. vol. (Pub. École. Langues Or. Viv. (3rd ser.) nos. 18, 19, 20.) Photolithographic reproduction, Burt Franklin, New York, 1975.

COUVREUR, F. S. (tr.) (1). *'Tch'ouen Ts'iou' [Chhun Chhiu] et 'Tso Tchouan' [Tso Chuan]; Texte Chinois avec Traduction Française*. 3 vols. Mission Press, Hochienfu, 1914.

COUVREUR, F. S. (2). *Dictionnaire Classique de la Langue Chinoise*. Mission Press, Hsienhsien, 1890 (photographically reproduced Vetch, Peiping, 1947).

CRAIGIE, P. C. (1). *The Problems of War in the Old Testament*. Eerdmans, Michigan, 1978.

CREDAND, ARTHUR GRAVES (1). 'The Bow Trap in China.' *JSAA*, 1977, **20**, 26.

CREEL, H. G. (2). *The Birth of China*. Fr. tr. by M. C. Salles, Payot, Paris, 1937. (References are to page numbers of the French ed.)

CREEL, H. G. (6). *Chinese Thought from Confucius to Mao Tsê-Tung*. Univ. of Chicago Press, Chicago, 1953. Crit. J. Needham, *SS*, 1954, 18.4, 373–75; Chan Wing-Tsit (Chhên Jung-Chieh), *PEW*, 1954, **4**, 181.

CREEL, H. G. (7). 'What is Taoism?' *JAOS*, 1956, **76**, 139.

CREEL, H. G. (9). *The Origins of Statecraft in China*, vol. 1, *The Western Chou Empire*. Univ. of Chicago Press, Chicago, Ill., 1970.

DE LA CROIX, HORST (1). 'The Literature of Fortification in Renaissance Italy.' *TCULT*, 1963, **4**, 30–50.

DE LA CROIX, HORST (2). *Military Considerations in City Planning*. Braziller, New York, 1972.

CRUMP, J. I. (tr.) (1). *The Chan Kuo Ts'e (Historical Tales of the Intrigues of the Warring States)*. Oxford, 1970.

CURWEN, M. D. (ed.) (1). *Chemistry and Commerce*. 4 vols. Newnes, London, 1935.

CUSHING, F. H. (1). 'The Arrow.' *AAN*, 1895, **8**, 344.

DAHAN, G. (ed.) (1). *Le Juif au Miroir de l'Histoire* (Bernhard Blumenkranz Festschrift). Picard, Paris, 1985.

DAREMBERG, C. & SAGLIO, E. (1). *Dictionnaire des Antiquités Grecques et Romains*. Hachette, Paris, 1875.

DATE, Q. T. (1). *The Art of War in Ancient India*. Mysore and Oxford, 1929.

DAY, C. B. (1). *Chinese Peasant Cults; a Study of Chinese Paper Gods*. Kelly & Walsh, Shanghai, 1940.

DELBRÜCK, H. (1). *Geschichte d. Kriegskunst in Rahmen der politischen Geschichte*. Stilke, Berlin, 1907–36, 7 vols.

    Vol. I   *Altertum;*

       II   *Römer und Germanen, Völkerwanderung, Übergang ins Mittelalter;*

       III   *Mittelalter;*

     IV–VII *Neuzert* (completed by E. Daniels & O. Haintz).

DEMIÉVILLE, P. (11). *Choix d'études sinologiques*. E. J. Brill, Leiden, 1973.

DEMIÉVILLE, PAUL (12). 'Le Bouddhisme et la Guerre.' *MIHEC*, 1957, **1**, 347–385.

DEMIÉVILLE, PAUL (13). 'Gauche et Droite en Chine.' In Demiéville (11).

DEMMIN, A. (1). *Die Kriegswaffen in ihrer historischen Entwicklung*, Leipzig, 1886, then 1893. Eng. tr. C. C. Black. *Weapons of War, being a history of arms and armour from the earliest period to the present time*. Bell & Daldy, London, 1870. Re-issued, with changed title, *Illustrated History of Arms and Armour from the earliest period to the present time*. Bell, London, 1877.

DENNIS, GEORGE T. (1). *Das Strategikon des Maurikios*. Österreichischen Akademie der Wissenschaften, Vienna, 1981.

DENNIS, GEORGE T. (2). *Maurice's Strategikon: Handbook of Byzantine Military Strategy*. University of Pennsylvania Press, Philadelphia, 1984.

DENNIS, GEORGE T. (3). *Three Byzantine Military Treatises*. Dumbarton Oaks Research Library and Collection, Washington D.C., 1985.

DENWOOD, P. (ed.) (1). *Arts of the Eurasian Steppelands*. David Foundation, London, 1978. (Colloquies on Art and Archaeology in Asia, No. 7.)

DIBNER, B. (1). 'Leonardo da Vinci; Military Engineer.' In *Studies and Essays in the History of Science and Learning* (Sarton Presentation Volume), ed. M. F. Ashley-Montagu. Schuman, New York, 1944, 85. Sep. pub. Brundy Library, New York, 1946.

DIELS, H. (1). *Antike Technik*. Teubner, Leipzig & Berlin, 1914, 2nd ed. 1920. Rev. B. Laufer, *AAN*, 1917, **19**, 71.

DIELS, H. & SCHRAMM, E. (ed. & tr.) (1). 'Herons *Belopoiika*.' *APAW/PH*, 1918, no. 2.

DIELS, H. & SCHRAMM, E. (ed. & tr.) (2). 'Philons *Belopoiika* [Bk. IV of the *Mechanica*].' *APAW/PH*, 1918 no. 16.

DIELS, H. & SCHRAMM, E. (ed. & tr.) (3). 'Excerpte aus Philons Mechanik [Bks. VII, *Paraskeuastika* and VIII, *Poliorketika*] vulgo Bk. IV.' (Mostly on tactical use of artillery.) *APAW/PH* 1919, no. 12.

DIEN, A. E. (1). 'A Study of Early Chinese Armour.' *AA*, 1981, **43.1–2**, 5–66.

DIESINGER, GUNTER, R. (1). *Vom General zum Gott; Kuan Yü (gest. +220) und seine 'posthume Karriere'*, Haag & Herden, Frankfurt a/M, 1984. (Heidelberger Schriften z. Ostasienkunde, no. 4.)

DOBSON, W. A. C. H. (1). 'Some Legal Instruments of Ancient China: The *Ming* and the *Meng*.' In Chow Tse-Tsung (ed.) (1), 269–82.

DODDS, W. (1). 'Crossbow Locks.' *JSAA*, 1963, **6**, 33.

DOLBY, W. & SCOTT, J. (tr.) (1). *War-Lords, and Twelve other Stories, translated from the Shih Chi (Records of the Historian)*. Southside, Edinburgh, 1974.

DORÉ, H. (1). *Recherches sur les Superstitions en Chine*. 15 vols. T'u-Se-Wei Press, Shanghai, 1914–29.

    Pt I, vol. 1, pp. 1–146: 'superstitious' practices, birth, marriage and death customs (*VS*, no. 32.)

    Pt I, vol. 2, pp. 147–216: talismans, exorcisms and charms (*VS*, no. 33.)

    Pt I, vol. 3, pp. 217–322: divination methods (*VS*, no. 34.)

    Pt I, vol. 4, pp. 323–488: seasonal festivals and miscellaneous magic (*VS*, no. 35.)

    Pt I, vol. 5, sep. pagination: analysis of Taoist talismans (*VS*, no. 36.)

    Pt II, vol. 6, pp. 1–196: Pantheon (*VS*, no. 39.)

    Pt II, vol. 7, pp. 197–298: Pantheon (*VS*, no. 41.)

    Pt II, vol. 8, pp. 299–462: Pantheon (*VS*, no. 42.)

    Pt II, vol. 9, pp. 463–680: Pantheon, Taoist (*VS*, no. 44.)

    Pt II, vol. 10, pp. 681–859: Taoist celestial bureaucracy (*VS*, no. 45.)

    Pt II, vol. 11, pp. 860–1052: city-gods, field-gods, trade-gods (*VS*, no. 46.)

    Pt II, vol. 12, pp. 1053–1286: miscellaneous spirits, stellar deities (*VS*, no. 48.)

    Pt III, vol. 13, pp. 1–263: popular Confucianism, sages of the Wên miao (*VS*, no. 49.)

    Pt III, vol. 14, pp. 264–606: popular Confucianism, historical figures (*VS*, no. 51.)

    Pt III, vol. 15, sep. pagination: popular Buddhism, life of Gautama (*VS*, no. 57.)

    Eng. tr. by M. Kennelly, 10 vols. Kelly & Walsh, Shanghai, 1911–34.

DRACHMANN, A. G. (2). 'Ktesibios, Philon and Heron; a Study in Ancient Pneumatics.' *AHSNM*, 1948, **4**, 1–197.

DRACHMANN, A. G. (3). 'Heron and Ptolemaios.' *CEN*, 1950, **1**, 117.

DRACHMANN, A. G. (4). 'Remarks on the Ancient Catapults [Calibration Formulae].' *Actes du VIIe Congrès International d'Histoire des Sciences*, Jerusalem, 1953, 279.

DRACHMANN, A. G. (9). *The Mechanical Technology of Greek and Roman Antiquity; a Study of the Literary Sources*. Munksgaard, Copenhagen, 1963.

DRACHMANN, A. G. (10). 'Biton and the Development of the Catapult.' In Y. Maeyama & W. E. Saltzer (ed), *Prismata* (Willy Hartner Festschrift), 1977, 119.

DREW, R. B. (1). 'The Hide and Bone Glue Industries.' In M. D. Curwen (ed), *Chemistry and Commerce*, vol. 4.

DUBINSKII, I. V. (1). *Primakov.* Izdatelstvo Molodaja Gvardija, Moscow, 1968.

DUBOIS-REYMOND, C. (2). 'Notes on Chinese Archery.' *JRAS/NCB*, 1912, **43**, 32.

DUBS, H. H. (2) (tr., with assistance of P'an Lo-Chi [Phan Lo-Chi] and Jen Tai [Jên Thai]). *History of the Former Han Dynasty, by Pan Ku, a Critical Translation with Annotations.* 2 vols. Waverly, Baltimore, 1938.

DUBS, H. H. (3). 'The Victory of Han Confucianism.' *JAOS*, 1938, **58**, 435. (Reprinted in Dubs (2), 341ff.)

DUBS, H. H. (4). 'An Ancient Chinese Stock of Gold [Wang Mang's Treasury].' *JEH*, 1942, **2**, 36.

DUBS, H. H. (5). 'The Beginnings of Alchemy.' *Isis*, 1947, **38**, 62.

DUBS, H. H. (6). 'A Military Contact between Chinese and Romans in 36 B.C.' *TP*, 1940, **36**, 64.

DUBS, H. H. (7). *Hsün Tzu; the Moulder of Ancient Confucianism.* Probsthain, London, 1927.

DUBS, H. H. (tr.) (8). *The Works of Hsün Tzu.* Probsthain, London, 1928.

DUBS, Homer H. (trans.) (37). *The History of the Former Han Dynasty by Pan Ku*, 3 vols. Waverly Press, Baltimore, 1938–55.

DUFFY, CHRISTOPHER (1). *Fire and Stone: The Science of Fortress Warfare 1660–1860.* David and Charles, Newton Abbott, London, Vancouver, 1975.

DUFFY, CHRISTOPHER (2). *Siege Warfare: The Fortress in the Early Modern World 1494–1660.* Routledge & Kegan Paul, London and Henley, 1979.

DUMAN, L. I. (1) 'Zavoevanie chinskoi imperiei Dzhungarii i vostochnogo Turkestana.' In S. L. Tikhvinskii ed., *Manzhurskoe vladychestvo v Kitae.* Izdatelstvo Nauka, Moscow, 1966.

DUMAN, L. I. (2) 'Vneshnepoliticheskie Sviazi drevnego Kitaya i istoki dannicheskoi sistemi.' In S. L. Tikhvinskii & L. S. Perelomov (eds.) *Kitai i sosedi v drevnosti i srednevekovye*, Moscow, 1970, 13–36.

DUNLOP, D. M. (1). *The History of the Jewish Khazars.* Princeton Univ. Press, Princeton, N.J., 1954.

DUYVENDAK, J. J. L. (tr.) (3). *The Book of the Lord Shang; a Classic of the Chinese School of Law.* Probsthain, London, 1928.

DUYVENDAK, J. J. L. (16). *An Illustrated Battle-Account in the History of the Former Han Dynasty.* TP, 1938, **34**, 249.

DUYVENDAK, J. J. L. (tr.) (18). '*Tao Té ching*', the Book of the Way and its Virtue. Murray, London, 1954 (Wisdom of the East Series). Crit. revs. P. Demiéville, *TP*, 1954, **43**, 95; D. Bodde, *JAOS*, *1954*, **74**, 211.

EBERHARD, ALIDE & EBERHARD, WOLFRAM (1). *Die Mode der Han- und Chin-Zeit.* de Sikkel, Antwerp, 1946.

EBERHARD, W. (6). 'Beiträge zur Kosmologischen Spekulation Chinas in der Han Zeit.' *BA*, 1933, **16**, 1. Summary in Eberhard (22).

EBERHARD, W. (9). *A History of China from the Earliest Times to the Present Day.* Routledge & Kegan Paul, London, 1950. Tr. from the Germ. ed. (Swiss pub.) of 1948 by E. W. Dickes. Turkish ed. *Čin Tarihi*, Istanbul, 1946. (crit. K. Wittfogel, *AA*, 1950, **13**, 103; J. J. L. Duyvendak, *TP*, 1949, **39**, 369; A. F. Wright, *FEQ*, 1951, **10**, 380.)

EBERHARD, W. (21). *Conquerors and Rulers; Social Forces in Mediaeval China.* 2nd. ed. revised, 1965. E. J. Brill, Leiden, 1952, Crit. E. Balazs, *ASEA*, 1953, **7**, 162; E. G. Pulleyblank, *BLSOAS*, 1953, **15**, 588.

EBERHARD, W. (22). 'Sternkunde and Weltbild in alten China.' *ST*, 1932, **12**, 129.

EBERHARD, W. (27). *The Local Cultures of South and East China.* E. J. Brill, Leiden, 1968.

EBERHARD, W. (29). *Guilt and Sin in Traditional China.* Univ. Calif. Press, Berkeley, Calif., 1967.

EBERHARD, W., MÜLLER, R. & HENSELING, R. (1). 'Beiträge z. Astronomie d. Han-Zeit. II.' *SPAW/PH*, 1933, **23**, 937.

EICHHORN, W. (14). *Heldensagen aus dem unteren Yangtze-tal (Wu Yüeh Chhun Chhiu)*, Steiner, Wiesbaden, 1969.

ELMER, ROBERT P. (1). *Target Archery.* London, 1952.

ELMY, D. G. (1). 'The Han Dynasty Crossbow.' *JSAA*, 1967, **10**, 41.

ELMY, D. G. (2). 'Chinese and Mongolian Notes.' *JSAA*, 1977, **20**, 34.

ELMY, D. G. (3). 'Notes on Eastern Crossbows.' *JSAA*, 1975, **18**, 25.

ELMY, D. G. (4). 'Exercise and Test Bows.' *JSAA*, 1983, **26**, 54.

ELMY, D. G. (5). 'The Japanese Arrow.' *JSAA*, 1986, **29**, 16.

ELMY, D. G. & GAUNT, G. D. (1). 'Chinese Stonebows.' *JSAA*, 1967, **10**, 29.

ELOTT, MILAN E. (1). 'Why We Miss.' *ARCH*, 1965, 51.

ELVIN, M. (2). *The Pattern of the Chinese Past; a Social and Economic Interpretation.* Stanford Univ. Press, Stanford, Calif., 1973.

ERBEN, W. (1). 'Beiträge z. Geschichte des Geschützwesens im Mittelalter.' *ZHWK*, 1916, **7**, 85, 117.

van ERDBERG CONSTEN, ELEANOR (2). 'A Hu with Pictoral Decoration.' *ACASA*, 1952, **6**, 18–32.

ERKES, E. (tr.) (1). 'Das Weltbild d. *Huai Nan Tzu*.' (transl. of ch. 4). *OAZ*, 1918, **5**, 27.

ESHERICK, JOSEPH (1). *The Origins of the Boxer Uprising.* University of California Press, Berkeley, 1987.

ESPÉRANDIEN, E. (1). *Souvenir du Musée Lapidaire de Narbonne.* Commission Archéologique, Narbonne, n.d.

ESPÉRANDIEN, E. (2). *Recueil Général des Bas-Reliefs, Statues et Bustes de la Gaule Romaine.* Imp. Nat. Paris, 1908, 1913.

VON ESSENWEIN, A. (1). *Mittelälterliches Hausbuch; Bilderhandschrift des 15 Jahrh* ... (Anon. 15). Keller, Frankfurt-am-Main, 1887.

FAIRBANK, J. K. (ed.) (5). *The Chinese World Order: Traditional China's Foreign Relations.* Harvard University Press, Cambridge, Mass., 1968.
FAIRBANK, WILMA (1). 'A Structural Key to Han Mural Art.' *HJAS,* 1942, **7**, 52.
FAIRBANK, WILMA (2). 'The Offering Shrines of "Wu Liang Tzu".' *HJAS,* 1941, **6.1**, 1–36.
VON FALKENHAUSEN, LOTHAR (1). Review article, '*Koshi Shunjū: A Collection of Studies on Ancient China,*' ed. Hayashi Minao (9), Kyōto, Hōyū Shoten, 1986. In *Cahiers d'Extrême Asie,* 1987, **3**, 175–83.
FANG, ACHILLES (tr.) (1). *Ssŭ Ma Kuang 1019–86. The Chronicle of the Three Kingdoms, 220–265, Chapters 69–78 from the Tzu Chih Tung Chien of 1019–86.* Harvard-Yenching Institute Studies no. 6, 2 vols. Harvard-Yenching Institute, Cambridge, Mass., 1952–65.
FARIS, NABIH AMIN & ELMER, R. P. (1). *Arab Archery; an Arabic MS of about +1500 'A Book on the Excellence of the Bow and Arrow', and the Description thereof.* Princeton Univ. Press, Princeton, NJ, 1945.
FEIFEL, E. (tr.) (3). '*Pao P'u Tzu (Nei Phien),* ch. 11, Translated and Annotated.' *MS,* 1946, **11.1**, 1.
FELDHAUS, F. M. (1). *Die Technik der Vorzeit, der Geschichtlichen Zeit, und der Naturvölker* (encyclopaedia). Engelmann, Leipzig and Berlin, 1914. Photographic reprint; Liebing, Würzburg, 1965.
FELDHAUS, F. M. (2). *Die Technik d. Antike u. d. Mittelalter.* Athenaion, Potsdam, 1931. (Crit. H. T. Horwitz, *ZHWK,* 1933, **13** (N.F. *4*), 170.)
FÊNG CHIA-SHÊNG (1). 'The Origin of Gunpowder and its Diffusion Westwards.' Unpub. MS.
FÊNG TA-JAN & KILBORN, L. G. (1). 'Nosu and Miao Arrow Poisons.' *JWCBRS,* 1937, **9**, 130.
FÊNG YU-LAN (tr.) (5). *Chuang Tzu; a new selected translation with an exposition of the philosophy of Kuo Hsiang.* Commercial Press, Shanghai, 1933.
FFOULKES, C. (1). *Armour and Weapons.* Oxford, 1909.
FFOULKES, C. (2). *Arms and Armament, an historical survey of the Weapons of the British Army.* Harrap, London, 1945.
FIENDORENKO, N. T. (1). *Kitajskie zapiski.* Isdatelstvo Sovetskii Pisatel, Moscow, 1958.
FINÓ, J. F. (1). 'Le Feu et ses Usages Militaires.' *GLAD,* 1970, **9**, 15.
FINÓ, J. F. (3). 'Machines de Jet Médiévales.' *GLAD,* 1973, **10**, 25.
FINSTERBUSCH, KÄTE (2). *Verzeichnis und Motivindex der Han Darstellungen,* 2 vols. O. Harrassowitz, Wiesbaden, 1966–71.
FITZGERALD, B. J. (tr.) (1). *Zen and Confucius in the Art of Swordmanship; the 'Tengu-geijutsu-ron' of Chozan Shissai.* From the German of R. Kammer. Routledge & Kegan Paul, London, 1978.
FLAVIUS VEGETIUS RENATUS (from recension of Nicholas Schwebel). *De Re Militari* (5 Books). Societas Bipartina, Argentaratum, 1806.
FOLEY, V., PALMER, E. & SOEDEL, W. (1). 'The Crossbow.' *SAM,* 1985, **252**, **1**, 104; followed by correspondence with R. A. Joslin, 1985, **252**, **5**, 5.
FOLEY, V. & SOEDEL, W. (1). 'Leonardo's Contributions to Theoretical Mechanics' (particularly in his studies of the crossbow). *SAM,* 1986, **255**, **3**, 104, 120.
FOLEY, V. & SOEDEL, W. (2). 'Ancient Catapults.' *SAM,* 1979, **240**, **3**, 120–8.
FORKE, A. (tr.) (3). *Me Ti [Mo Ti] des Sozialethikers und seine Schüler philosophische Werke.* Berlin, 1922. (*MSOS,* Beibände, *23* to *25*.)
FORKE, A. (tr.) (4). '*Lun Hêng*', *Philosophical Essays of Wang Ch'ung.* Vol. 1, 1907, Kelly & Walsh, Shanghai; Luzac, London; Harrassowitz, Leipzig. Vol. 2, 1911 (with the addition of Reimer, Berlin). (*MSOS,* Beibände 10 and 14.) Photolitho repr., Paragon, New York, 1962.
FORKE, A. (17). 'Der Festungskrieg im alten China.' *OAZ,* 1919, **8**, 103. (Repr. from Forke (3), 99ff.)
FORKE, A. (18). 'Über d. chinesischen Armbrust.' *ZFE,* 1896, **28**, 272. Eng. tr.: *JSAA,* 1986, **29**, 28.
FORKE, A. (19). 'Die Pekinger Läden u. ihre Abzeichen.' *MDGNKVO,* 1900, **8**, 1.
FORTUNE, R. (1). *Two Visits to the Tea Countries of China, and the British Tea Plantations in the Himalayas, with a Narrative of Adventures, and a Full Description of the Culture of the Tea Plant, the Agriculture, Horticulture and Botany of China.* 2 vols. Murray, London, 1853.
FOUCAULT, MICHEL (1). *Discipline and Punishment: the Birth of the Prison.* Vintage Books, New York, 1979.
FRANKE, H. (9). 'Europa in der ostasiatischen Geschichtsschreibung des 13 u. 14 Jahrhunderts.' *SAE,* 1951, **2.1**, 65.
FRANKE, H. (24). 'The Siege and Defence of Towns in Medieval China.' In *Chinese Ways in Warfare* (ed. Kierman & Fairbank), Harvard Univ. Press, Cambridge, Mass., 1974, 151.
FRANKEL, H. H. (1). *Catalogue of Translations from the Chinese Dynastic Histories for the Period +200 to +960.* (Inst. Internat. Studies, University of California, East Asia Studies, Chinese Dynastic Histories Translations, Suppl. vol. no. 1.) University of California Press, Berkeley and Los Angeles, 1957.
FU SSU-NIEN, LI CHI et al. (2) trans. Kenneth Starr. *Ch'eng-Tzu-Yai.* Yale University Publications in Anthropology 52, New Haven, 1956.
FULLER, J. F. C. (1). *Dragon's Teeth; a Study of War and Peace.* Constable, London, 1932.

GALE, E. M. (tr.) (1). *Discourses on Salt and Iron* ['*Yen Thieh Lun*'], *a Debate on State Control of Commerce and Industry in Ancient China; chapters 1–19 translated from the Chinese of Huan K'uan with introduction and notes*. E. J. Brill, Leiden, 1931. (Sinica Leidensia, no. 2.) Crit. P. Pelliot, *TP*, 1932, **29**, 127.

GALE, E. M., BOODBERG, P. A. & LIN, T. C. (tr.) (1). 'Discourses on Salt and Iron (Yen T'ieh-Lun), chapters 20–28.' *JRAS/NCB*, 1934, **65**, 73.

GAMBLE, S. D. (1). *Ting Hsien; a North China Rural Community*. Stanford Univ. Press, Stanford, Calif., 1968.

GARLAN, Y. (1). *Recherches de Poliorcétique Grecque*. Boccard, Limoges, 1974. (Bibl. des Écoles Françaises d'Athènes et de Rome, no. 223.)

GAUBIL, A. (12). *Histoire de Gentchiscan* [*Chingiz Khan*] *et de toute la Dinastie des Mongous ses Successeurs, Conquérans de la Chine*. Briasson & Piget, Paris, 1739.

GAWLIKOWSKI, K. (1). 'On the Sources of the Vitality of Classical Social and Political Concepts in China.' *DH*, 1975, **1**, 121–32.

GAWLIKOWSKI, K. (2). 'Traditional Chinese Concepts of Warfare and CCP Theory of People's War (1928–1949).' In *Understanding Modern China; Problems and Methods, XXVIth Conference of Chinese Studies, Ortisei–St. Ulrich, Italy, 1978. CINA*, 1979 (Supplement no. 2, 143–169).

GAWLIKOWSKI, K. (3). 'The Chinese Warlord System of the 1920's; its Origin and Transformations.' *APOLH*, 1974, **29**, 81.

GAWLIKOWSKI, K. (4). 'The Origins of the name *Middle Kingdom* (*Chung Kuo*).' *CZPH*, 1980, **32.1**, 35.

GAWLIKOWSKI, K. (5). 'The Interpretation of Causality by Chinese and Polish University Students.' *Ethnic Identity and National Characteristics. EAC*, 1982, **1**, 82–131.

GIBSON, G. (1). 'Archery in Old Chinese Poetry.' *JSAA*, 1973, **16**, 26.

GILES, H. A. (12). *Gems of Chinese Literature; Prose* 2nd ed. Kelly & Walsh, Shanghai, 1923. (i) For texts see Lockhart (1); (ii) abridged edition, without acknowledgement of authorship but with the inclusion of the Chinese texts of the pieces selected, ed. Chiang Fêng-Wei (1), Chungking, 1942.

GILES, L. (tr.) (11). *Sun Tzu on the Art of War* ['*Sun Tzu Ping Fa*']; *the oldest military Treatise in the World*. Luzac, London, 1910 (with original Chinese text). Repr. without notes, Nanfang, Chungking, 1945; also repr. in *Roots of Strategy*, ed. Phillips, T. R. (q.v.)

GODE, P. K. (1). 'The Mounted Bowman on Indian Battlefields from the Invasion of Alexander (−326) to the Battle of Panipat (+1761).' *DCRI*, 1947, 8, **1**, 1. (K. N. Dikshit Memorial Volume) Repr. in *Studies in Indian Cultural History*, vol. 2 (Gode Studies, vol. 5), 57.

GOLOUBEV, V. (2). 'Quelques Sculptures Chinoises.' *OAZ*, 1913, **2**, 326.

GOODRICH, CHAUNCEY S. (1). 'The Ancient Chinese Prisoner's Van.' *TP*, 1975, **61.4–5**, 215–31.

GOODRICH, CHAUNCEY S. (2). 'Riding Astride and the Saddle in Ancient China.' *HJAS*, 1984 (December), **44.2**, 279–306.

GOODRICH, L. CARRINGTON & FÊNG CHIA-SHÊNG (1). 'The Early Development of Firearms in China.' *ISIS*, 1946, **36**, 114. With important addendum giving a missing page *ISIS*, 1946, **36**, 250.

GRAHAM, A. C. (11). 'Later Mohist Treatises on Ethics and Logic reconstructed from the *Ta-Chhü* Chapter of the *Mo Tzu* Book.' *AM*, 1972, **17** (N.S.), 137.

GRAHAM, A. C. (12). *Later Mohist Logic, Ethics and Science*. Chinese University Press, Hong Kong, and School of Oriental and African Studies, London, 1978.

GRANET, MARCEL (1). *Danses et Légendes de la Chine Ancienne*, 2 vols. New ed., Presses Universitaires de France, Paris, 1959.

GRANET, M. (3). *La Civilisation Chinoise*. Renaissance du Livre, Paris, 1929; 2nd ed. Albin Michel, Paris, 1948. (Evol. de l'Hum, series, no. 25.) (Crit. Tung Wên-Chiang, *MSOS*, 1931, **34**, 161.)

GRANET, M. (6). *Études Sociologiques sur la Chine*. Presses Univ. de France, Paris, 1953.

GRANET, MARCEL (10). 'La droite et la gauche en Chine.' *BIFS*, 1933, **3.3**, 87–116; repr. in Granet, Marcel (6), 261–78. Eng. transl in R. Needham (tr.) (1), 43–58.

GRAYSON, CHARLES E. (1). 'Stone Bows.' *JSAA*, 1966, **9**, 32.

GRAYSON, CHARLES E. (2). 'Analysis of Bows & Arrows by X-Rays.' *JSAA*, 1963, **6**, 31.

GRIFFITH, S. B. (tr.) (1). *Sun Tzu; the Art of War*. Oxford, 1963. With foreword by R. H. Liddell-Hart.

GRIFFITH, S. B. (tr.) (2). *Mao Tsê-Tung on Guerrilla Warfare*. Praeger, New York & Washington, 1961.

GRIMAL, FRANÇOIS (1). *Cité de Carcassonne*. Caisse Nationale des Monuments Historiques, Paris, 1966.

GRINSTEAD, E. D. (1). 'Tangut Fragments in the British Museum.' *BMQ*, 1961, **24.3–4**, 82.

DE GROOT, J. J. M. (1). *Chinesische Urkunde z. Geschichte Asiens*. (1) *Die Hunnen d. vorchristlichen Zeit*; (2) *Die Westlande Chinas in d. vorchristl. Zeit*, ed. O. Franke. De Gruyter, Berlin, 1921. (Crit. by E. von Zach, *AM*, 1924, **1**, 125.)

GROSLIER, G. (1). *Recherches sur les Cambodgiens*. Challamel, Paris, 1921.

GROSLIER, G. (2). 'La Batellerie Cambodgienne du 8ᵉ au 13ᵉ siècle de notre Ère.' *RA*, 1917 (5ᵉ ser.), **5**, 198.

GROSSER, E. M. (1). 'The Reconstruction of a Chou Dynasty Weapon' [a pistol-crossbow]. *AA*, 1960, **23.2**, 83.

GROSSER, E. M. (2). 'A Further Note on the Chou-Dynasty Pistol-Crossbow.' *AA*, 1960, **23.3–4**, 209.

GRUBE, W. (tr.) (1). *Die Metamorphosen der Götter* (*Fêng Shên Yen I*), [Stories of the Promotions of the Martial Genii] Chs. 1–46, with summary of chs. 47–100 by H. Mueller. 2 vols. E. J. Brill, Leiden, 1912.

GURNEY, O. R. (1). *The Hittites*. Harmondsworth, Penguin books, revised ed. 1964 (Original ed. 1952).

GUTKIND BULLING, ANNALIESE (1). 'Ancient Chinese Maps.' *EXPED*, 1978, **20**, 2, 16–25.

HAEGER, J. (1). *Sieges in Sung and J/Chin China.* Inaug. Diss., Univ. Calif. Berkeley, 1968.

HAHNLOSER, H. R. (ed.) (1). *The Album of Villard de Honnecourt.* Schroll, Vienna, 1935.

HALE, J. R. (1). *Renaissance Fortification; Art or Engineering?.* Eighth Walter Neurath Memorial Lecture, London, Thames and Hudson, 1977.

HALL, BERT S. & WEST, DELMO C. (ed.) (1). *On Pre-Modern Technology and Science; Studies in Honour of Lynn White, Jr.*; being Vol. 1 of *Humana Civilitas; Sources and Studies relating to the Middle Ages and the Renaissance.* Centre for Mediaeval & Renaissance Studies, Univ. of California, Los Angeles/Undena Publications, Malibu, Calif., 1976.

HALOUN, G. (5). 'Legalist Fragments, I; *Kuan Tzu* ch. 55, and related texts.' *AM*, 1951 (n.s.), **2**, 85.

HAMILTON, T. M. (1). *Native American Bows.* Shumway, York (Pa.), 1972.

VON HAMMER-PURGSTALL, J. (2). 'Ú.d. Verfertigung und den Gebrauch von Bogen und Pfeil bei den Arabern und Türken.' *SWAW/PH*, 1851, **6**, 239, 278.

HANDLIN, JOANNA F. (1). *Action in Late Ming Thought: the Reorientation of Lü K'un and Other Scholar-Officials.* U. of California Press, Berkeley & Los Angeles, 1983.

HARADA, YOSHITO & KOMAI, KAZUCHIKA (1). *Chinese Antiquities.* Pt 1, *Arms and Armour*; Pt 2, *Vessels [Ships] and Vehicles.* Academy of Oriental Culture, Tokyo Institute, Tokyo, 1937.

HARDING, D. (ed.) (1). *Weapons; an International Encyclopaedia from B.C. 5000 to 2000 A.D.* Macmillan, London, 1980.

HARMUTH, E. (1). *Die Armbrust.* Graz, 1975.

HARPER, DONALD J. (2). 'Chinese Divination and Portent Interpretation.' Paper given to the ACLS Workshop on Divination and Portent Interpretation in Ancient China, 1983.

HART, V. G. (1). 'The Law of the Greek Catapult.' *BIMA* 1982, **18.3–4**, 58.

HAZARD, B. H., HOYT, J., KIM HA-TAI, SMITH, W. W. & MARCUS, R. (1). *Korean Studies Guide.* Univ. of Calif. Press, Berkeley and Los Angeles, 1954.

HEATH, E. G. & CHIARA, V. (1). *Brazilian-Indian Archery.* Simon Archery Foundation, Manchester Museum, Manchester, 1977.

HEIN, J. (1). 'Bogenhandwerk und Bogensport bei den Osmanen' [Archery among the Osmanli Turks]. *DI* 1925, **14**, 289.

HERRIGEL, E. (1). *Zen in the Art of Archery.* Tr. from German by R. F. C. Hull with introduction by D. T. Suzuki. Routledge & Kegan Paul, London, 1953.

D'HERVEY ST DENYS, M. J. L. (tr.) (1). *Ethnographie des Peuples Étrangers à la Chine; ouvrage composé au 13e siècle de notre ère par Ma Touan-Lin ... avec un commentaire perpétuel.* Georg & Mueller, Geneva, 1876–1883. 4 vols. [Translation of chs. 324–48 of the *Wên Hsien Thung Khao* of Ma Tuan-Lin.] Vol. 1. Eastern Peoples; Korea, Japan, Kamchatka, Taiwan, Pacific Islands (chs. 324–7). Vol. 2. Southern Peoples; Hainan, Tongking, Siam, Cambodia, Burma, Sumatra, Borneo, Philippines, Moluccas, New Guinea (chs. 328–32). Vol. 3. Western Peoples (chs. 333–9). Vol. 4. Northern Peoples (chs. 340–8).

HIGHTOWER, J. R. (2). 'The *Wên Hsüan* and Genre Theory.' *HJAS*, 1957, **20**, 512.

HIGHTOWER, J. R. (3). '*Han Shih Wai Chuan*'; Han Ying's Illustrations of the Didactic Application of the 'Classic of Songs'. Harvard Univ. Press, Cambridge, Mass., 1952.

HILL, DONALD R. (1). 'Trebuchets.' *VIAT*, 1973, **4**, 99.

HIMLY, K. (9). 'Die Abteilung der Spiele im 'Spiegel der Mandschu-Sprache'.' *TP*, 1895, **6**, 258, 345; 1896, **7**, 135; 1897, **8**, 155; 1898, **9**, 299; 1899, **10**, 369; 1901 (N.S.) **2**, 1.

HINAGO MOTOO (1). Translated and adapted by William H. Coaldrake. *Japanese Castles.* Kodansha International Ltd. and Shibundo, Tokyo, New York and San Francisco, 1986.

HIRTH, F. (3). *Ancient History of China; to the end of the Chou Dynasty.* Columbia Univ. Press, New York, 1908; 2nd ed. 1923.

HIRTH, F. & ROCKHILL, W. W. (tr.) (1). *Chau Ju-Kua; His work on the Chinese and Arab Trade in the 12th and 13th centuries, entitled 'Chu-Fan-Chi'* Imp. Acad. Sci., St Petersburg, 1911. (Crit. G. Vacca, *RSO*, 1913, **6**, 209; P. Pelliot, *TP*, 1912, **13**, 446; E. Schaer, *AGNT*, 1913, **6**, 329; O. Franke, *OAZ*, 1913, **2**, 98; A. Vissière, *JA* (11ᵉ sér.), **3**, 196.)

HITTI, P. K. (1). *History of the Arabs.* 4th ed. Macmillan, London, 1949; 6th ed. 1956.

HO PING-TI (3). 'Loyang (+495 to +534); a Study of Physical and Socio-Economic Planning of a Metropolitan Area.' *HJAS*, 1966, **26**, 52.

HOBBES, THOMAS (1). *Leviathan, or, the Matter, Forme and Power of a Commonwealth, Ecclesiasticall and Civil.* 1651. Ed. M. Oakeshott, Blackwell, Oxford, n.d. (but after 1934). Also in *The English Works of T. H.*, ed. Sir W. Molesworth (vol. 3), Bohn, London, 1939.

HOGG, IAN (1). *The History of Fortification.* Orbis Publishing, London, 1981.

HOLLISTER-SHORT, G. (1). 'The Sector and Chain; a Historical Enquiry.' *HOT*, 1979, **4**, 149.

HOLLISTER-SHORT, G. J. (5). 'Antecedents and Anticipations of the Newcomen Engine.' *TNS*, 1980, **52**, 103.

HOLT, ALAIN (1). 'An Unusual Chinese Arrow.' *JSAA*, 1979, **22**, 16.

HOPKINS, E. W. (1). 'The Social and Military Position of the Ruling Class in India, as represented by the Sanskrit Epic.' *JAOS*, 1889, **13**, 57–372 (with index) (military techniques, 181–329).

HOPKINS, L. C. (5). 'Pictographic Reconnaissances, I.' *JRAS*, 1917, 773.

HOPKINS, L. C. (15). 'Archaic Chinese Characters, II.' *JRAS*, 1937, 209.

HORNELL, J. (25). 'South Indian Blow-guns, Boomerangs and Crossbows.' *JRAI*, 1924, **54**, 326.

D'HORMON, A. (ed.) (2). *Lectures Chinoises*. École Franco-Chinoise, Peiping, 1945–.

D'HORMON, A. (ed.) (3). 'Tong Tchong-chou (董仲舒) Tch'ouen-Ts'ieou Fan-Lou (春秋繁露) (fragments), in d'Hormon, A. (ed.) (2), 1–17.

HORWITZ, H. T. (6). 'Beiträge z. aussereuropäischen u. vorgeschichtlichen Technik.' *BGTI*, 1916, **7**, 169.

HORWITZ, H. T. (13). [with the assistance of Hsiao Yü-Mei & Chu Chia-Hua]. 'Die Armbrust in Ostasien.' *ZHWK*, 1916, **7**, 155.

HORWITZ, H. T. (14). 'Zur Entwicklungsgeschichte d. Armbrust.' *ZHWK*, 1919, **8**, 311. With two supplementary notes under the same title, *ZHWK*, 1921, **9**, 73, 114, 139.

HORWITZ, H. T. (15). 'Über die Konstruktion von Fallen und Selbstschüssen.' *BGTI*, 1924, **14**, 85. Rev. K. Himmelsbach, *ZHWK*, 1927, **11**, 291.

HORWITZ, H. T. (16). 'Ein chinesisches Armbrustschloss in amerikanischen Besitz.' *ZHWK*, 1927, **11**, 286.

HORWITZ, HUGO T. (17). 'Über Altägyptische und Assyrische Belagerungsgeräte.' *ZHWK*, 1933, 3–8, 31–7.

HORWITZ, H. T. & SCHRAMM, E. (1). 'Schieber an antiken Geschützen.' *ZHWK*, 1921, **9**, 139.

HOTALING, S. J. (1). 'The City Walls of Han Ch'ang-an.' *TP*, 1978, **64**, 1.

HOWORTH, SIR HENRY H. (1). *History of the Mongols; from the 9th to the 19th Century*. 3 vols. Longmans Green, London, 1876–1927. Repr. in 5 vols., Chhêng Wên, Taipei, 1970.

HSÜ, CHO-YUN (1). *Ancient China in Transition: An Analysis of Social Mobility, 722–222 B.C.* Stanford U.P., Stanford, 1965.

HSÜ, FRANCIS, *see* Hsü Lang-Kuang.

HSÜ LANG-KUANG (2). *Americans and Chinese*. New York, 1953.

HSÜ LANG-KUANG (3). *Under the Ancestors' Shadow; Kinship, Personality and Social Mobility in China*. Stanford Univ. Press, Stanford, Calif., 1971. Orig. pub., *Under the Ancestors' Shadow, Chinese Culture and Personality*, Routledge & Kegan Paul, London, 1949.

HU SHIH (2). *The Development of the Logical Method in Ancient China*. Oriental Book Co., Shanghai, 1922. Crit. P. Pelliot, *TP*, 1923, 309.

HUARD, P. (2). 'Sciences et Techniques de l'Eurasie.' *BSEIC*, 1950, **25.2**, 1.

HUBER, E. (3). *Bier und Bierbereitung bei den Völkern der Urzeit*.
　Vol. 1 *Babylonien und Ägypten*;
　Vol. 2 *Die Völker unter babylonischen Kultureinfluss; Auftreten des gehopften Bieres*;
　Vol. 3 *Der ferne Osten und Äthiopien*.
　Gesellschaft f.d. Geschichte und Bibliographie des Brauwesens, Institut f. Gärungsgewerbe, Berlin, 1926–8.

HUCKER, C. O. (5). 'Hu Tsung-Hsien's Campaign against Hsü Hai, +1556.' In Kierman & Fairbank (ed.) (1), *Chinese Ways in Warfare*, 273.

HUGHES, JAMES QUENTIN (1). *Military Architecture*. Evelyn, London, 1974.

HULOT, JEAN AND FOUGÈRES, GUSTAVE (1). *Selinonte, Colonie Dorienne en Sicile: La Ville, L'Acropole et les Temples*. Paris, Librairie Générale de l'Architecture et des Arts décoratifs, Ch. Massin ed., 1910.

HULSEWÉ, A. F. P. (1). *Remnants of Han Law; Introductory Studies and an Annotated Translation of chs. 22 and 23 of the 'History of the Former Han Dynasty.'* E. J. Brill, Leiden, 1955, Vol. 1 only. (Sinica Leidensia, no. 9.)

HULSEWÉ, A. F. P. (6). *Remnants of Ch'in Law: An annotated translation of the Ch'in Legal and Administrative Rules of the 3rd Century B.C. Discovered in Yün-Meng Prefecture, Hupei Province in 1975*. Sinica Leidensia 17, E. J. Brill, Leiden, 1985.

HULSEWÉ, A. F. P. (7). Review of W. Eichhorn, (14) *Heldensagen* ... *TP*, 1971, **57**, 166–8. (Technical terms for the constituent parts of the bronze crossbow-trigger.)

HULSEWÉ, A. F. P. (8). 'Again the Crossbow Trigger Mechanism.' *TP*, 1978, **64**, 253.

HUNGERFORD, R. C. (1). 'Chinese Thumb-ring Cases.' *JSAA*, 1986, **29**, 65.

HUU NGOC & VU KHIEU (1). *Nguyen Trai – One of the Greatest Figures of Vietnamese History and Literature*. Foreign Language Publishing House, Hanoi, 1980.

HUURI, K. (1). 'Zur Geschichte des mittelalterlichen Geschützwesens aus orientalischen Quellen.' *SOF*, 1941, **9**, 3.

ILIUSHECHKIN, V. P. (1). *Krestianskaya voina Tajpinov*. Izdatelstvo Nauka, Moscow, 1967.

JACKSON, J. H. (tr.) (1). *Water Margin (Shui Hu Chuan)*. London, 1937. (A translation based on the 70-chapter version but without the verses.)

JÄHNS, M. (1). *Geschichte d. Kriegswissenschaften, vornehmlich in Deutschland*. Oldenbourg, München & Leipzig, 1889.
　vol. i. *Altertum, Mittelalter, 15 & 16 Jahrhundert*.

vol. ii. *17 & 18. Jahrh. bis zum Auftreten Freidrichs d. Grossen* (1740)

vol. iii. *Das 18. Jahrh. seit dem Auftr. Fr. d. Gross.* (1740/1800)

JÄHNS, M. (2). *Handbuch eine Geschichte d. Kriegswesens von der Urzeit bis zur Renaissance; technische Teil, Bewaffnung, Kampfweise, Befestigung, Belagerung.* 2 vols. Leipzig, 1880, repr. Berlin, 1897.

JÄHNS, M. (3). *Entwicklungsgeschichte d. alten Trutzwaffen; mit einem Anhang u.d. Feuerwaffen.* Berlin, 1899.

JAKINF, see N. I. BICHURIN.

JAMES, MONTAGUE R. (ed.) (2). *The Treatise of Walter de Milamete, 'De Nobilitatibus, Sapientiis et Prudentiis Regum', reproduced in facsimile from the unique MS.* [+1326–7] *preserved at Christ Church, Oxford, together with a Selection of Pages from the Companion MS. of the Treatise 'De Secretis Secretorum Aristotelis', preserved in the Library of the Earl of Leicester at Holkham Hall* [Norfolk] *with an Introduction* ... Roxburghe Club, London, 1913.

JANCHEVITSKII, D. (1). *U sten nedvizhimogo Kitaya. Dnevnik Korrespondenta Novogo Kraja na teatre voyennikh deistvii v: Kitaye 1900 goda.* St Petersburg–Port Arthur, 1903.

JANSE, O. R. T. (5). *Archaeological Research in Indo-China.* 2 vols. (Harvard-Yenching Monograph Series, nos. 7 and 10.) Harvard Univ. Press, Cambridge, Mass., 1947 and 1951. (Also in *RAA/AMG*, 1935, **9**, 144, 209; 1936, **10**, 42.)

JOHNSON, ANNE (1). *Roman Forts of the First and Second Centuries AD in Britain and the German Provinces.* Adam and Charles Block, London, 1983.

JOHNSON, STEPHEN (1). *The Roman Forts of the Saxon Shore,* 2nd ed. (Orig ed. 1976). Paul Elek, London, 1979.

JOHNSON, STEPHEN (2). *Late Roman Fortifications.* B. T. Batsford Ltd., London, 1983.

JULIEN, STANISLAS (8). Translations from *TCKM* relative to +13th-century sieges in China (in Reinaud & Favé, 2). *JA,* 1849 (4ᵉ sér.), **14**, 284ff.

JULIEN, STANISLAS (12). 'Documents Historiques sur les Tou-Kioue' (Turcs), extraits du 'Pien-i-tien' et traduits du chinois par M. S. Julien. JA nᵉ sér. 1864, vol. 3 pp. 325/367, 490/549, vol. 4 pp. 200/242, 391/430, 453/477.

AL-JUWAINĪ, see Boyle, J. A. (1).

AL-JUZJANĪ, see Raverty, H. G. (1).

KAHN, H. L. (1). *Monarchy in the Emperor's Eyes; Image and Reality in the Ch'ien-lung Reign.* Harvard University Press, Cambridge, Mass., 1971.

KALUZHNAYA, H. M. (1). *Vosstanie Ihetuanei, 1898–1901.* Izdatelstvo Nauka, Moscow, 1978.

KALYANOV, V. (1). *Dating the 'Arthaśāstra'.* Papers presented by the Soviet Delegation at the 23rd International Congress of Orientalists, Cambridge, 1954 (Indian Studies, pp. 25, 40, Russian with English abridgement).

KAMMER, R. (ed, and annotated) (1). *The Way of the Sword; the Tengu-Geijutsu-Ron of Chozan Shissai.* (Transl. into English by Betty Fitzgerald.) Routledge and Kegan Paul, London, 1978.

KARAEV, G. N. (1). *Voennoe iskusstvo drevnego Kitaya.* Voenizdat, Moscow, 1959.

KARLBECK, O. (1). *Catalogue of the Collection of Chinese and Korean Bronzes at Hallwyl House, Stockholm.* Stockholm, 1938.

KARLGREN, B. (1). 'Grammata Serica; Script and Phonetics in Chinese and Sino-Japanese.' *BMFEA,* 1940, **12**, 1. (Photographically reproduced as separate volume, Peking, 1941.)

KARLGREN, B. (2). 'Legends and Cults in Ancient China.' *BMFEA,* 1948, **18**, 199.

KARLGREN, B. (tr.) (14). *The Book of Odes; Chinese Text, Transcription and Translation.* Museum of Far Eastern Antiquities, Stockholm, 1950. (A reprint of the translation only from his papers in *BMFEA,* **16** and **17**.)

KARLGREN, BERNHARD (19). 'Glosses on the Ta Ya and Sung Odes.' *BMFEA,* 1946, **18**, 1–198.

KARLGREN, BERNHARD (20). *Grammata Serica Recensa.* Reprinted from *BMFEA,* 1957, **29**, Stockholm, 1964.

KAZANIN, I. (1). *V. Shtabe Blzhuhera.* Izdatelstvo Nauka, Moscow, 1966.

KEEGAN, J. (1). *The Face of Battle.* Cape, London, 1976; Penguin, London, 1978.

DE KEGHEL, M. (1). *Traité Général de la Fabrication des Colles, des Glutinants et Matières d'Apprêts.* Gauthier-Villars, Paris, 1959.

KEIGHTLEY, DAVID N. (5). 'Religion and the Rise of Urbanism.' *JAOS,* **93-4** Oct.–Dec. 1973, **93-4**, 527–538.

KEIGHTLEY, DAVID N. (6). 'The Origin of the Ancient Chinese City: A Comment.' *EARLC,* 1975, **1**, 63–5.

KEPING, K. B. (1). *Sun Tzŭ v Tangutskom perevode; Faksimile ksilografa, izdanie teksta, perevod, vvedenie, kommentarii, grammaticeskii ochak, slovar'i priloserie.* Izdatelstvo Nauka, Moscow, 1979. (Panyatriki pismenosti Vostoka, no. 49.)

KIERMAN, F. A. (tr.) (1). *Ssu-ma Ch'ien's Historiographical Attitude as reflected in Four Late Warring States Biographies* [in *Shih Chi*]. Harrassowitz, Wiesbaden, 1962. (Studies on Asia, Far Eastern and Russian Institute, Univ. of Washington, Seattle, no. 1.)

KIERMAN, F. A. (2). 'Phases and Modes of Combat in Early China' [Chou and Warring States periods]. In Kierman & Fairbank (ed.) (1), *Chinese Ways in Warfare,* 27.

KIERMAN, F. A. & FAIRBANK, J. K. (ed.) (1). *Chinese Ways in Warfare.* Harvard University Press, Cambridge, Mass. 1974.

KIMM CHUNG-SE (tr.) (1). 'Kuèi-Kŭh-Tzè (Kuei Ku Tzu); Der Philosoph vom Teufelstal.' *AM,* 1927, **4**, 108.

KIPLING, RUDYARD (2). *Songs from Books.* Macmillan, London, 1914.

KIPLING, RUDYARD (3). *Rewards and Fairies.* Macmillan, London, 1910.

KLOPSTEG, P. E. (1). *Turkish Archery and the Composite Bow* pr. pr. Evanston, Ill. 1947 (2nd ed.).

KNECHTGES, DAVID R. (1). *The Han Rhapsody: A Study of the Fu of Yang Hsiung (53 B.C.–A.D. 18).* Cambridge University Press, Cambridge, 1976.

KNOBLOCK, JOHN. (1) *Xunzi: A Translation and Study of the Complete Works.* 2 vols. Stanford University Press, Stanford, 1988.

KOCH, H. W. (1). *The Rise of Modern Warfare, 1618 to 1815.* Hamlyn, London, 1981.

KÖCHLY, H. & RÜSTOW, W. (tr.) (1). *Griechische Kriegsschriftsteller.* 3 vols. Engelmann, Leipzig, 1853–5.

KÖHLER, G. (1). *Die Entwickelung des Kriegswesens und der Kriegführung in der Ritterzeit von Mitte des 11. Jahrh. bis zu den Hussitenkriegen.* 5 vols. Koebner, Berlin, 1886–90. No index.

KONCHITS, N. I. (1). *Kitayskie dnevniki, 1925–1926.* Izdatelstvo Nauka, Moscow, 1969.

KONRAD, N. I. (1). *Sun-Szy* [Sun Tzu]; *Traktat o Voyennom Iskusstve – Parevod i Issledovanie.* Izdatelstvo Akademii Nauk SSSR, Moscow & Leningrad, 1950.

KONRAD, N. I. (2). *U-Szy* [Wu Tzu]; *Traktat o Voyennom Iskusstve.* Izdatelstvo Vostokhnoi Literatura, Moscow, 1958.

KONRAD, N. I. (3). *Izbrannye trudy, Sinologiya.* Izdatelstvo Nauka, Moscow, 1977.

KORFMANN, M. (1). 'The Sling as a Weapon.' *SAM*, 1973, 229, **4**, 34, 132.

KOTARBINSKI, T. (1). 'Sources of General Problems Concerning the Efficiency of Actions.' *DH*, 1975, no. 1, pp. 5–15.

KRACKE, E. A. (1). *Civil Service in Early Sung China (+960 to +1067) with particular emphasis on the development of controlled sponsorship to foster administrative responsibility.* Harvard Univ. Press, Cambridge, Mass., 1953. (Harvard-Yenching Institute Monograph Series, no. 13). (revs. L. Petech, *RSO*, 1954, **29**, 278; J. Prüsek, *OLZ*, 1955, **50**, 158).

KRAUSE, F. (1). 'Fluss- und Siegefechte nach Chinesischen Quellen aus der Zeit der Chou- und Han-Dynastie und der Drei Reiche.' *MSOS*, 1915, **18**, 61.

KROEBER, A. L. (1). *Anthropology.* Harcourt Brace, New York, 1948.

KROEBER, A. L. (7). 'Arrow Release Distributions.' *UC/PAAA*, 1927, **23**, 283.

KROL, J. L. (1). 'O konceptsii "Kitay-varvary".' In L. P. Delyusin (ed.) *Kitay – obshchestvo i gosudarstvo.* Izdatel-stvo Nauka, Moscow, 1977, 13–29.

KROMAYER, J. & VEITH, G. (ed.) (1). *Heerwesen und Kriegsführung d. Griechen u. Römer,* Beck, München, 1928. (*Handbuch d. Altertumswissenschaft,* ed. I. v. Müller & W. Otto, Section IV, Pt 3, vol. 2.)

KRYUKOV, M. V. (1). See Vsevelodovich, R. (1).

KU PAO-KU (tr.) (1). *Deux Sophistes Chinois; Houei Che [Hui Shih] et Kong-souen Long [Kung-sun Lung].* Presses Univ. de France (Imp. Nat.), Paris, 1953. (Biblioth. de l'Instit. des Hautes Études Chinoises, no. 8.) (Crit. P. Demiéville, *TP*, 1954, **43**, 108.) 'Notes Complémentaires sur "Deux Sophistes Chinois"', in *Mélanges pub. par l'Inst. des Htes. Études Chinoises* 1957, vol. 1, 447. (Biblioth. de l'Instit. des Htes Études Chinoises, no. 11). Abstr. *RBS*, 1962, **3**, no. 809.

KUHN, P. A. (1). 'The Taiping Rebellion.' Article in *Cambridge History of China,* ed. D. Twitchett & J. K. Fairbank, vol. 10, Cambridge, 1978, 264.

KUPPER, J. R. (1). 'Notes Léxicographiques.' *Revue d'Assyriologie et d'Archéologie Orientale,* 1951, **45·3**, 120–30.

LACOSTE, E. (tr.) (1). 'La Poliorcétique d'Apollodore de Damas.' *REG*, 1890, **3**, 268.

LAFFIN, J. (1). *The Face of War.* London, 1963.

LAKE, F. & WRIGHT, H. (1). *A Bibliography of Archery.* Simon Archery Foundation, Manchester Museum, Manchester, 1974.

LAKING, SIR GUY, F. (1). *A Record of European Arms and Armour through seven centuries.* 3 vols. Bell, London, 1920.

LAMB, HAROLD (1). *Tamerlane the Earth-Shaker.* Butterworth, London, 1929.

DE LANA, FRANCESCO TERTÜ (1). *Magisterium Naturae et Artis; opus Physico-Mathematicum . . .* 3 vols. Ricciardus, Brescia, 1684–92.

LANG, OLGA (2). 'The Good Iron of the New Chinese Army.' *PA*, 1939, 12, **1**, 203.

LAPINA, Z. G. (1). *Politicheskaya borba v srednevekovom Kitae.* Izdatelstvo Nauka, Moscow, 1970.

LARY, D. (1). *Warlord Soldiers; Chinese Common Soldiers, 1911–1935.* Contemporary China Institute Publications, London, 1985.

LASSUS, J. B. A. & DARCEL, A. (eds.) (1). *The Album of Villard de Honnecourt.* Paris, 1858. Facsimile additions by J. Quicherat and Eng. tr. by R. Willis, London, 1859.

LATHAM, J. D. & PATERSON, W. F. (1). *Saracen Archery* (an English Version and Exposition of a Mameluke work on Archery, ca. +1368). London, 1970.

LATTIMORE, O. (1). *Inner Asian Frontiers of China.* Oxford Univ. Press, London and New York, 1940. (Amer. Geogr. Soc. Research Monograph Series, no. 21.)

LAU, D. C. (tr.) (4). *Confucius, The Analects; Translation and Introduction.* Penguin, London, 1979.

LAU, D. C. (tr.) (5). *Lao Tzu 'Tao Te Ching'* Penguin Books, London, 1963, 2nd ed. Chinese Univ. Press, Hong Kong, 1982.

LAU, D. C. (6). 'Some notes on the *Sun Tzu.' BLSOAS*, 1965, **27.2**, 319–35.

LAUBIN, REGINALD & GLADYS (1). *American-Indian Archery*. University of Oklahoma Press, Norman, Okla., 1980.

LAUFER, B. (15). 'Chinese Clay Figures, Pt I; Prolegomena on the History of Defensive Armor.' *FMNHP/AS*, 1914, **13**, no. 2 (Pub. no. 177).

LAUFER, B. (47). Review of Diels (1), *Antike Technik*, 1914. *AAN*, 1917, **19**, 71.

LAVER, E. (1). 'A Chinese Composite Reflex Bow.' *JSAA*, 1963, **6**, 7.

LAWRENCE, A. W. (2). *Greek Aims in Fortification*. Clarendon Press, Oxford, 1979.

LAWRENCE, G. H. M. (1). *Taxonomy of Vascular Plants*. Macmillan, New York, 1951.

LAWTON, THOMAS (1). *Chinese Art of the Warring States Period; Change and Continuity, 480–222 B.C.* Freer Gallery of Art Smithsonian Institution, Washington D.C. 1982.

LEBEAU, CHARLES (1). *Histoire du Bas-Empire*. 27 vols, Paris, 1757–1811, 2nd ed. (St Martin & Brosset) 21 vols, Paris, 1824–36.

LEGGE, J. (1). *The Texts of Confucianism, translated. Pt I, The Shu King, the Religious portions of the Shih King, the Hsiao King*. Oxford, 1879. (*SBE*, vol. 3; reprinted in various eds.; Com. Press, Shanghai.)

LEGGE, J. (2). *The Chinese Classics etc.: Vol. 1. Confucian Analects, The Great Learning, and the Doctrine of the Mean*. Legge, Hongkong, 1861; Trübner, London, 1861.

LEGGE, J. (tr.) (3). *The Chinese Classics, etc.: Vol. 2. The Works of Mencius*. Legge, Hongkong, 1861; Trübner, London, 1861. Photolitho re-issue, Hong Kong Univ. Press, Hong Kong, 1960 with supplementary volume of concordance tables and notes by A. Waley.

LEGGE, J. (tr.) (4). *A Record of Buddhistic Kingdoms; an account by the Chinese monk Fa-Hien of his travels in India and Ceylon (+399 to +414) in search of the Buddhist books of discipline*. Oxford, 1886.

LEGGE, J. (tr.) (5). *The Texts of Taoism*. (Contains (a) *Tao Tê Ching*, (b) *Chuang Tzu*, (c) *Thai Shang Kan Ying Phien*, (d) *Chhing Ching Ching*, (e) *Yin Fu Ching*, (f) *Jih Yung Ching*.) 2 vols. Oxford, 1891; photolitho reprint, 1927. (*SBE*, 39 and 40.)

LEGGE, J. (tr.) (7). *The Texts of Confucianism*: Pt III. *The 'Li Ki'*. 2 vols. Oxford, 1885; reprint, 1926. (*SBE*, nos. 27 and 28.)

LEGGE, J. (tr.) (8). *The Chinese Classics, etc.*: Vol. 4, Pts 1 and 2. *She King; The Book of Poetry*. 1. The First Part of the *She King*; or, the Lessons from the States; and the Prolegomena. 2. The Second, Third and Fourth Parts of the *She King*; or the Minor Odes of the Kingdom, the Greater Odes of the Kingdom; the Sacrificial Odes and Praise-Songs; and the Indexes. Lane Crawford, Hong Kong, 1871; Trübner, London, 1871. Repr. without notes, Com. Press, Shanghai, n.d. Photolitho re-issue, Hong Kong Univ. Press, Hong Kong, 1960, with supplementary volume of concordance tables etc.

LEGGE, J. (tr.) (9). *The Texts of Confucianism*. Pt II. *The 'Yi King'* [*I Ching*]. Oxford, 1882, 1899. (*SBE*, no. 16.)

LEGGE, J. (11). *The Chinese Classics, etc.*: Vol. 5, Pts 1 and 2. *The 'Ch'un Ts'ew' with the 'Tso Chuen'* ('Chhun Chhiu' and 'Tso Chuan'). Lane Crawford, Hong Kong, 1872; Trübner, London, 1872. Photolitho re-issue, Hong Kong Univ. Press, Hong Kong, 1960, with supplementary volume of concordance tables etc.

LEPPER, FRANK A. (1). *Trojan's Column: a new edition of the Cichorius plates*. Alan Sutton, Gloucester, 1988.

LEPRINCE-RINGUET, L. *et al.* (ed.) (1). *Les Inventeurs Célèbres; Sciences Physiques et Applications*. Mazenod, Paris, 1950.

LEROI-GOURHAN, A. (1). *Évolution et Techniques*; vol. I: *L'Homme et la Matière*; vol. II: *Milieu et Techniques*. Albin Michel, Paris, 1943, 1945.

LEWIS, MARK, E. (1). *Sanctioned Violence in Early China*. State University of New York Press, Albany, 1990.

LI CHI (ed. in chief), LIANG SSU-YUNG and TUNG TSO-PIN (ed.), FU SSU-NIEN, WU CHIN-TING, KUO PAO-CHÜN and LIU YÜ-HSIA (1), trans. Kenneth Starr. *Ch'eng-tzŭ-yai. The Black Pottery Culture Site at Lung-shan-chen in Li Ch'eng-hsien Shantung Province*. Geoffrey Cumberledge, Oxford U.P., London, 1956.

LI CHHIAO-PHING (ed. & tr., with 14 collaborators) (2). '*Thien Kung Khai Wu*' (*The Exploitation of the Works of Nature*); *Chinese Agriculture and Technology in the Seventeenth Century, by Sung Ying-Hsing*. China Academy, Taipei, 1980. (Chinese Culture Series II, no. 3.)

LI GUOHAO [LI KUO-HAO], ZHANG MENGWEN [CHANG MÊNG-WÊN], CAO TIANQIN [TSHAO THIEN-CHHUN] (ed. in chief), HU DAOJING [T. C. HU] (exec. ed.) (1). *Explorations in the History of Science and Technology in China; a Special Number of the 'Collections of Essays on Chinese Literature and History'*. (Compiled in honour of the eightieth birthday of Joseph Needham, FRS, FBA.) Chinese Classics Publishing House, Shanghai, 1982.

LI XUEQIN [LI HSÜEH-CHHIN] (1). (Chang, K. C. tr.) *Eastern Zhou and Qin Civilizations*. Yale U.P., New Haven and London, 1985.

LIAO WÊN-KUEI (tr.) (1). *The Complete Works of Han Fei Tzu; a Classic of Chinese Legalism*. 2 vols. Probsthain, London, 1939, 1959.

LIAO WÊN-KUEI (tr.) (2). Translation of chs. 49 and 50 (Hsien Hsüeh) of *Han Fei Tzu*. *TH*, 1940, **10**, 179; 'Learned Celebrities; a Criticism of the Confucians and the Mohists' *HJAS*, 1938, **3**, 161.

LIAO WÊN-KUEI (tr.) (5). *The Complete Works of Han Fei Tzu; A Classic of Chinese Political Science*. London, 1939.

LIBBRECHT, ULRICH (1). *Chinese Mathematics in the Thirteenth Century: The Shu-shu chiu-chang of Ch'in Chiu-shao*. MIT Press, Cambridge, Ma., 1973.

LIN, P. J. (tr.) (1). *A Translation of Lao Tzu's Tao Tê Ching and Wang Pi's Commentary*. Ann Arbor, 1977. (Michigan Papers in Chinese Studies.)

LIN YUÏANG (3). *My Country and My People.* Heinemann, London, 1936, repr. Taipei, 1975.

LISEVICH, I. S. (1). *Literaturnaya mysl Kitaya na rubezhe drevnosti i srednikh vekov.* Izdatelstvo Nauka, Moscow, 1979.

LIU, F. F. (1). *A Military History of Modern China, 1924–1949.* Princeton Univ. Press, Princeton, N.J., 1956.

LIU JO-YU (JAMES) (1). *The Chinese Knight-Errant.* Chicago, 1967, Routledge & Kegan Paul, London, 1967.

LIU TSHUN-JÊN (6). *The Authorship of the 'Fêng Shen Yen I'* (with a preface by Arthur Waley). Harrassowitz, Wiesbaden, 1962. ('Buddhist and Taoist Influences on Chinese Novels,' vol. 1.) Ph.D. Thesis, London, 1957.

LIU JAMES T. C. (2). *Reform in Sung China; Wang An-Shih (+ 1021 to + 1086) and his New Policies.* Harvard Univ. Press, Cambridge, Mass. 1959. (Harvard East Asian Studies, no. 3.)

LO JUNG-PANG (10). 'The Art of War in the Chhin and Han Periods; −221 to +220.' MS.

LO JUNG-PANG (12). 'Missile Weapons in pre-modern China.' Contribution to the Meeting of the Association for Asian Studies, Chicago, 1967.

LOEWE, M. (4). *Records of Han Administration.* 2 vols., Cambridge University Press, Cambridge, 1967.

LOEWE, M. (11). 'The Campaigns of Han Wu Ti.' In Kierman & Fairbank (ed.) (1), *Chinese Ways in Warfare*, 67.

LOEWE, M. (12). 'The Han View of Comets.' *BMFEA*, 1980, **52**, 1.

LOEWE, MICHAEL (18). 'Han Administrative Documents: Recent Finds from the North West.' *TP*, 1986, **72**, 291–314.

LOEWE, R. (2). 'Jewish Evidence for the History of the Crossbow.' In G. Dahan ed. (1) *Le Juif au Miroir de l'Histoire* (Blumenkranz Festschrift), 87.

LONGMAN, C. J. (1). 'The Bows of the Ancient Assyrians and Egyptians.' *JRAI*, 1894, **24**, 49.

LONGMAN, C. J., WALROND, H. *et al.* (1). *Archery.* Longmans Green, London, 1894.

LOT, F. (1). *L'Art Militaire et les Armées au Moyen-Age en Europe et dans le Proche Orient.* 2 vols. Payot, Paris, 1946.

LU GWEI-DJEN (4). 'The First Half-Life of Joseph Needham.' In Li Guohao [Li Kuo-Hao] et al. ed. (1), *Explorations in the History of Science and Technology in China*, 1.

LU GWEI-DJEN & NEEDHAM, JOSEPH (5). *Celestial Lancets; a History and Rationale of Acupuncture and Moxa.* Cambridge University Press, Cambridge, 1980.

LU GWEI-DJEN, NEEDHAM, JOSEPH & PHAN CHI-HSING (1). 'The Oldest Representation of a Bombard.' ('Research Note' under the copyright of the Society for the History of Technology, 1988).

LU HSÜN (1). *A Brief History of Chinese Fiction*, tr. Yang Hsien-Yi & Gladys Yang. Foreign Languages Press, Peking, 1959.

LU MOU-TÊ (1). Untersuchung ü.d. Erfindung der Geschütze u.d. Schiesspulvers in China.' *SA*, 1938, **13**, 25 and 99b. (A translation of Lu Mou-Tê (1) by Liao Pao-Shêng.)

LUTTWAK, E. (1). *The Grand Strategy of the Roman Empire from the First Century A.D. to the third.* Johns Hopkins Univ. Press, Baltimore, 1976.

McCLAIN, JAMES L. (1). *Kanazawa: A Seventeenth Century Japanese Castle Town.* Yale U.P., New Haven, 1982.

McCRINDLE, J. W. (2). *Ancient India as described by Ktesias the Knidian; being a translation of the abridgement of his Indica by Photios, and of the fragments of that work preserved in other Writers, with notes, etc.* Thacker & Spink, Calcutta, 1882.

McDERMOTT, JOSEPH P. (1). 'Dualism in Chinese Thought and Society.' In Adelmann (ed.) (1), 1–25.

McEWEN, E. (1). 'Persian Archery Texts; Ch. 11 of Fakhr-i Mudabbir's *Ādāb al-Ḥarb* (early + 13th. Cent.)' *IQ*, 1978, **18.3–4**), 76.

McEWEN, E. (2). 'Nomad Archery; Some Observations on Composite Bow Design and Construction.' Art. in *Arts of the Eurasian Steppelands*, ed. P. Denwood (1), 1977, 188.

McEWEN, E. (3). 'Korean Bow Construction.' *JSAA*, 1973, **16**, 8.

McEWEN, E. (4). 'Chinese & Korean Crossbow Bows.' *JSAA*, 1973, **16**, 32.

McEWEN, E. (5). 'The Chinese Thumb-ring.' MS for *JSAA*, Nov. 1972.

McEWEN, E. & ELMY, D. G. (1). 'Whistling Arrows.' *JSAA*, 1970, **13**, 23.

McGOVERN, W. M. (1). *Early Empires of Central Asia.* Univ. of North Carolina Press, Chapel Hill, 1939.

McLEOD, KATRINA C. D. & YATES, ROBIN D. S. (1). 'Forms of Ch'in Law: an Annotated Translation of the *Feng-chen Shih*.' *HJAS*, 1981, **41.1**, 111–63.

McLEOD, WALLACE E. (1). 'An Unpublished Egyptian Composite Bow in The Brooklyn Museum.' *JSAA*, 1960, **3**, 13.

McLEOD, WALLACE E. (2). 'Were Egyptian Composite Bows Made in Asia?' *JSAA*, 1969, **12**, 19.

McLEOD, WALLACE E. (3). *Composite Bows from the Tombs of Tut'ankhamūn.* Griffith Institute, Oxford, 1970.

McNEILL, WILLIAM H. (1). *The Pursuit of Power; Technology, Armed Force, and Society since A.D. 1000.* Basil Blackwell, Oxford, 1982.

MACHIAVELLI, NICCOLÒ (1). *The Art of War in Seven Books.* Henry C. Southwick, Albany, New York 1815.

MAEYAMA, Y. & SALTZER, W. G. (1). ΠΡΙΣΜΑΤΑ [Prismata]; *Naturwissenschaftsgeschichtliche Studien.* Steiner, Wiesbaden, 1977. (Festschrift for Willy Hartner.)

DE MAILLA, J. A. M. DE MOYRIAC (tr.) (1). *Histoire Générale de la Chine, on Annales de cet Empire, traduites du Tong*

Kien Kang Mou [*Thung Chien Kang Mu*]. 13 vols. Pierres & Clousier, Paris, 1777. (This translation was made from the edition of + 1708; Hummel (2), 689.)

MAJOR, JOHN S. (4). 'Notes on the Nomenclature of the Winds and Directions in the Early Han.' *TP*, 1979, **65.1-3**, 66-80.

MANSI, J. D. et al. (1). *Sacrorum Conciliorum Nova et Amplissima Collectio*. Florence 1759 to 1798.

MAO TSÊ-TUNG (1). *On Practice*. (Orig. Supplement to *People's China*), Peking 1951.

MAO TSÊ-TUNG (2). *Selected Works*. 5 vols. Lawrence & Wishart, London, 1954-.

MAO TSÊ-TUNG (3). *Basic Tactics* (tr. Schram). Praeger, New York & London, 1966.

MAO TSÊ-TUNG (4). *Selected Military Writings*. Foreign Languages Press, Peking, 1963.

MARGOULIÉS, G. (3). *Anthologie Raisonnée de la Littérature Chinoise*. Payot, Paris, 1948.

MARNEY, JOHN (1). *Liang Chien-Wen Ti*. Twayne Publishers, Boston, 1976.

MARSDEN, E. W. (1). *Greek and Roman Artillery; Historical Development*. Oxford, 1969.

MARSDEN, E. W. (2). *Greek and Roman Artillery; Technical Treatises*. Oxford, 1971.

MARTIN, W. A. P. (2). *The Lore of Cathay*. Revell, New York and Chicago, Oliphant, Edinburgh and London, 1901.

MASPERO, G. (1). Le Royaume de Champa. Serialised in *TP* 1910-11 (Vols. 11-12). Also published separately Paris, 1928.

MASPERO, H. (1). 'La Composition et la Date du *Tso Chuan*.' *MCB*, 1931, **1**, 137.

MASPERO, H. (2). *La Chine Antique*. Boccard, Paris, 1927. (Histoire du Monde, ed. E. Cavaignac; vol. 4.) (Rev. B. Laufer, *AHR*, 1928, **33**, 903.) 2nd. edition revised down to 1930 only, with Chinese characters, ed. P. Demiéville, Imp. Nat. Paris, 1955.

MASPERO, H. (9). 'Notes sur la Logique de Mo-Tseu [Mo Tzu] et de Son École.' *TP*, 1928, **25**, 1.

MASPERO, H. (18). 'Études d'Histoire d'Annam.' *BEFEO*, 1916, **16**, 1; 1918, **18.3**, 1.

MASPERO, H. (29). *Les Documents Chinois de la Troisième Expédition de Sir Aurel Stein en Asie Centrale*. Trustees of the British Museum, London, 1953.

MASPERO, H. (33). *China in Antiquity*. Translated by Frank A. Kierman Jr., from Maspero (2). University of Massachusetts Press, Amherst, 1978.

MATHER, R. B. (tr.) (3). Liu I-Ching [Liu I-Chhing]. *A New Account of the Tales of the World*. University of Minnesota, Minneapolis, 1976.

MATHEWS, R. H. (1). *Chinese–English Dictionary*. Harvard Univ. Press, Cambridge, Mass., 1956, many times reprinted, e.g. Taipei, 1975.

MAYER, K. P. (1). 'On Variations in the Shapes of the Components of the Chinese *nu chi* (crossbow 'latch' [trigger mechanism]).' *TP* 1965, **52**, 7; with correction in *TP* 1967, **53**, 293.

MAYERS, W. F. (6). 'On the Introduction and Use of Gunpowder and Firearms among the Chinese, with Notes on some Ancient Engines of Warfare, and Illustrations.' *JRAS/NCB*, 1870 (NS), **6**, 73. Comment by E. H. Parker *CR*, 1887, **15**, 183.

MEDHURST W. H. (tr.) (1). *The 'Shoo King'* [*Shu Ching*], *or Historical Classic, being the most ancient authentic record of the Annals of the Chinese Empire, illustrated by later commentators*. Mission Press, Shanghai, 1846. (Word by word translation with inserted Chinese characters.)

MEHREN, A. F. M. (tr.) (1). *Manuel de la Cosmographie du Moyen Age, traduit de l'Arabe 'Nokhbet ed-dahr fi 'adjaib-il-birr, wal-bah'r de Shems ed-dîn abou-' Abdallah Moh'ammed de Damas.'* Copenhagen, 1874.

MEI, YI-PAO (trans.) (1). *The Ethical and Political Works of Motse* (*Mo Tzu*). A. Probsthain, London, 1929.

MICHAEL, F. (1). *The Origin of Manchu Rule in China*. Baltimore, 1942.

MICHAEL, F. (2). *The Taiping Rebellion; History and Documents*. 2 vols. Seattle, 1966.

MIELI, A. (1). *La Science Arabe, et son Rôle dans l'Evolution Scientifique Mondiale*. E. J. Brill, Leiden, 1938. Repr. E. J. Brill, Leiden, 1966 with additional bibliography and analytic index by A. Mazaheri.

MILSKY, M. (1). 'Les Souscripteurs de 'l'Histoire Générale de la Chine' du P. de Mailla; Aperçus du Milieu Sinophile Français.' In *Les Rapports entre la Chine et l'Europe au Temps des Lumières* (Actes du 2ᵉ Colloque International de Sinologie, Chantilly) ed. J. Sainsaulieu. Cathasia, Paris, 1980, 101.

MINORSKY, V. F. (ed. & tr.) (4). *Sharaf al-Zamān Ṭāhir al-Marwazī on China, the Turks and India* (*c. 1120*). Royal Asiatic Soc, London, 1942 (Forlong Fund Series, no. 22.)

MONTANDON, G. (1). *L'Ologénèse Culturelle; Traité d'Ethnologie Cyclo-Culturelle et d'Ergologie Systématique*. Payot, Paris, 1934.

DE MORANT, GEORGES SOULIÉ (1). *La Musique en Chine*. E. Leroux, Paris, 1911.

MORGAN, E. (tr.) (1). *Tao the Great Luminant; Essays from Huai Nan Tzu, with introductory articles, notes and analyses*. Kelly and Walsh, Shanghai, n.d. (1933?).

MORSE, E. S. (1). 'Ancient and Modern Methods of Arrow-Release.' *BEI*, 1885, **17.10-12**, 150.

MORSE, E. S. (2). *Additional Notes on Arrow-Release*. Peabody Museum, Salem, Mass., 1922.

MOTE, F. W. (3). 'The T'u-mu Incident of 1449.' In Kierman & Fairbank (1), 243-72.

MOULE, A. C. (3). 'The Bore on the Ch'ien-T'ang River in China.' *TP*, 1923, **23**, 135.

MOULE, A. C. (13). 'The Siege of Saianfu [Hsiang-yang] and the Murder of Achmach Bailo; two chapters of Marco Polo.' *JRAS/NCB*, 1927, **58**, 1; 1928, **59**, 256.

Moule, A. C. & Pelliot, P. (tr. & annot.) (1). *Marco Polo (1254 to 1325)*; *The Description of the World*. 2 vols. Routledge, London, 1938. Repr. AMS Press, New York, 1976. Further notes by P. Pelliot (posthumously pub.). 2 vols. Impr. Nat. Paris, 1960.

Muratori, L. A. (ed.) (1). *Rerum Italicarum Scriptores, ex Codicibus L. A. M. Collegit, Ordinavit et Praefationibus Auxit*. 25 vols. Milan, 1728–51; 2nd ed. Città di Castello, & P. Fedele ed. G. Carducci & V. Fiorini 1923–34.

Mus, P. (2). 'Les Ballistes du Bayon.' *BEFEO*, 1929, **29**, 331. (Études Indiennes et Indochinoises, pt 3.)

Naquin, S. (1). *Shantung Rebellion; the Wang Lun Uprising of 1774*. Yale Univ. Press, New Haven, Conn. 1981.

Needham, Joseph (32). *The Development of Iron and Steel Technology in China*. Second Biennial Dickinson Memorial Lecture to the Newcomen Society, 1956. Repr. W. Heffer & Sons Ltd, Cambridge, 1964.

Needham, Joseph (36). *Human Law and the Laws of Nature in China and the West*. Oxford Univ. Press, London, 1951. (Hobhouse Memorial Lectures at Bedford College, London, no. 20.) Abridgment of (37).

Needham, Joseph (37). 'Natural Law in China and Europe.' *JHI*, 1951, **12**, 3 & 194 (corrigenda, 628).

Needham, Joseph (47). 'Science and China's Influence on the West.' In *The Legacy of China*, ed. R. N. Dawson. Oxford, 1964, 234; paperback ed. 1971, Dutch tr. 1973.

Needham, Joseph (48). 'The Prenatal History of the Steam-Engine.' (Newcomen Centenary Lecture.) *TNS*, 1963, **35**, 3–58.

Needham, Joseph (51). 'Le Dialogue entre l'Europe et l'Asie' *COMP*, 1954, **12**, 131; repr. *SYNTH*, 1958, **13.43**, 91; Engl. text 'The Dialogue of Europe and Asia' *BCFA*, London, (mimeographed), 1955; repr. *FAJAR*, 1960, **2** (nos. 7, 8, 9) *UNASIA* 1956, **8**, (no. 5) Germ. tr. 'Zwiegespräch zwischen Europa und Asien' *SCHNAT*, 1955 **1** (no. 3); abridged in *TGBCH*, 1956, **11** (no. 3) Ital. tr. 'Il Dialogo tra l'Europa e l'Asia' *ULISSE*, 1958 **5** (nos. 28–29), 1643. Bengali tr. *BHCH*, 1959 **1** (no. 3). Sinhalese tr. by Martin Wickramasinghe, Gunasena, Colombo, 1959. Also as article in *The Glass Curtain between Asia and Europe*, ed. Raghavan Iyer, Oxford, 1965, 279.

Needham, Joseph (54). 'L'Asie et l'Europe devant les Problèmes de la Science et la Technique.' *EUR*, 1955, **33** (no. 116–17), 24. (Sorbonne lecture for the Union Rationaliste.) Germ. tr. by H. Vinedey 'Asien und Europa im Spiegel wissenschaftlich und technische Probleme', *GUZ*, 1957, **2**, 35.

Needham, Joseph (59). 'The Roles of Europe and China in the Evolution of Oecumenical Science,' *JAHIST*, 1966, **1**, 1. As Presidential Address to Section X, British Association, Leeds, 1967, in *ADVS*, 1967, **24**, 83; repr. *IDSR*, 1976, **1.3**, 202.

Needham, Joseph (65). *The Grand Titration; Science and Society in China and the West* (Collected Addresses). Allen & Unwin, London, 1969.

Needham, Joseph (81). 'China's Trebuchets, Manned and Counterweighted.' In Lynn White Festschrift, *Humana Civilitas* ed. B. S. Hall & D. C. West, 1976, 107.

Needham, Joseph, *see* Topping A. & Needham J.

Needham, Joseph & Needham, Dorothy M. (ed.) (1). *Science Outpost*. Pilot Press, London, 1948.

Needham, Rodney (ed. & tr.) (1). *Right and Left: Essays on Dual Symbolic Classification*. Univ. of Chicago Press, Chicago, 1973.

Nef. J.-V. (1). *La Route de la Guerre Totale; Essai sur les Relations entre la Guerre et la Progrès Humain*. Colin, Paris, 1949. (Cahiers de la Fondation Nationale des Sciences Politiques, no. 11.) Eng. tr., enlarged and revised, *Western Civilisation since the Renaissance; Peace, War, Industry and the Arts* (small print edition). Eng. tr. again enlarged and revised, New York, 1963, *War and Human Progress; an Essay on the Rise of Industrial Civilisation*. Russell & Russell, New York, 1968.

van Ness, P. (1). *Revolution and Chinese Foreign Policy; Peking Support for Wars of National Liberation*. Univ. of California Press, Berkeley, Calif., 1970.

Neuburger, A. (1). *The Technical Arts and Sciences of the Ancients*. Methuen, London, 1930. Tr. by H. L. Brose from *Die Technik d. Altertums*. Voigtländer, Leipzig, 1919 (with a drastically abbreviated index and the total omission of the bibliographies appended to each chapter, the general bibliography, and the table of sources of the illustrations).

Neugebauer, O. (6). 'Über eine Methode zur Distanzbestimmung Alexandria-Rom bei Heron.' *KDVS/HFM*, 1939, **26**, **2**, 21, and no. 7.

Newberry, P. E. (1). *Beni Hasan [Excavations]*. Archaeol. Survey, London, 1893, 1894.

Nivison, David S. (2). '1040 as the Date of the Chou Conquest.' *EARLC*, **8**, 1982–3, 76–8.

Nivison, David S. (3). 'The Dates of Western Chou.' *HJAS*, Dec. 1983, **43**, 2, 481–580.

Norman, Jerry & Mei Tsu-Lin. (1). 'The Austroasiatics in Ancient South China; some Lexical Evidence.' *MS*, 1976, **32**, 293–4.

O'Connor, Richard (1). *The Spirit Soldiers: A Historical Narrative of the Boxer Rebellion*. Putnam, New York, 1973.

d'Ohsson, Mouradja (1). *Histoire des Mongols depuis Tchingniz Khan jusqu'à Timour Bey ou Tamerlan*. 4 vols. van Cleef, The Hague and Amsterdam, 1834–52.

Oliver, R. P. (1) 'A Note on the *De Rebus Bellicis*.' *CP*, 1955, **50**, 113.

Olschki, L. (10). *L'Asia di Marco Polo*. Sansoni, Florence 1957. Eng. tr. by J. A. Scott, *Marco Polo's Asia; an*

Introduction to his Description of the World, called Il Milione. University of California Press, Berkeley & Los Angeles, 1960.

OMAN, C. W. C. (1). *A History of the Art of War in the Middle Ages.* 1st ed. 1 vol. 1898; 2nd ed. 2 vols. 1924 (much enlarged); vol. 1, +378/+1278; vol. 2, +1278/+1485, Methuen, London (the original publication had been a prize essay printed at Oxford in 1885; this was reprinted in 1953 by the Cornell Univ. Press, Ithaca N.Y., with editorial notes and additions by J. H. Beeler). Crit. Fêng Chia-Shêng (*3*).

OTTERBEIN, KEITH F. (1). *The Evolution of the Art of War: A Cross-Cultural Study.* Human Relations Area Files Press, New Haven, Conn., 1970.

PANKENIER, DAVID W. (1). 'Astronomical Dates in Shang and Western Chou.' *EARLC*, **7**, 1981-2, 2-37.

PAPINOT, E. (1). *Historical and Geographical Dictionary of Japan.* Overbeck, Ann Arbor, Mich., 1948; lithoprinted from original edn., Kelly & Walsh, Yokohama, 1910. Eng. tr. of *Dictionnaire d'Histoire et de Géographie du Japon.* Sanseido, Tokyo; Kelly & Walsh, Yokohama, 1906.

PARKER, E. H. (6). 'Military Engines.' *CR*, 1887, **15**, 253.

PARSONS, TALCOTT & SHILS, E. A. (1). *Toward a General Theory of Action.* Harvard University Press, Cambridge, Mass., 1951.

PATERSON, Lt. Cdr. W. F. (1). 'A Han Period Thumb-ring.' *JSAA*, 1974, **17**, 7.

PATERSON, Lt. Cdr. W. F. (2). 'The Chinese Crossbow Lock.' *JSAA*, 1968, **11**, 24.

PATERSON, Lt. Cdr. W. F. (3). 'A Bow from the Far East.' *JSAA*, 1966, **9**, 19.

DE PAUW, C. (1). *Recherches Philosophiques sur les Égyptiens et les Chinois* ... (Vols. IV and V of *Oeuvres Philosophiques*), Cailler, Geneva, 1774. 2nd. ed., Bastien, Paris, Rep. An. III, 1795. (Crit. Kao Lei-Ssu [Aloysius Ko, S. J.], *MCHSAMUC*, 1777, **2**, 365 (2nd pagination), 1-174.)

VON PAWLIKOWSKI-CHOLEWA, A. (1). *Die Heere des Morgenlandes.* de Gruyter, Berlin, 1940.

PAYNE-GALLWEY, SIR RALPH (1). *The Crossbow, Mediaeval and Modern, Military and Sporting; its Construction, History and Management, with a Treatise on the Balista and Catapult of the Ancients.* Longmans Green, London, 1903, repr. Holland, London, 1958.

PAYNE-GALLWEY, SIR RALPH (2). *A Summary of the History, Construction and Effects in Warfare of the Projectile-Throwing Engines of the Ancients; with a Treatise on the Structure, Power and Management of Turkish and other Oriental Bows of Mediaeval and Later Times.* Longmans Green, London, 1907 (separately paged, no index), practically identical with: *Appendix to the Book of the Crossbow and Ancient Projectile Engines,* Longmans Green, London, 1907. (The *Summary* is more richly illustrated and has a fuller text than the *Appendix* yet its preface is dated Dec. 1906 while that of the latter is dated Jan. 1907.)

PEAKE, C. H. (1). 'Some Aspects of the Introduction of Modern Science into China'. *ISIS*, 1934, **22**, 173.

PEGOLOTTI, FRANCESCO BALDUCCI (1). *La Pratica della Mercatura.* (c. +1340) ed. A. Evans, Cambridge, Mass., 1936.

PELLIOT, P. (33). *Mémoires sur les Coutumes de Cambodge de Tcheou Ta-Kouan* [*Chou Ta-Kuan*]; version nouvelle, suivie d'un Commentaire inachevé, Maisonneuve, Paris, 1951. (Oeuvres Posthumes, no. 4.)

PELLIOT, P. (67). *Histoire Ancienne du Tibet.* Paris, 1961.

PÊNG HAO (i.e. PHÊNG HAO) (1). 'The Sword of the Prince of Yüeh, found in a tomb of Chu in Kiangling.' In *New Archeological Finds in China,* vol. 2. Foreign Languages Press, Peking, 1978, 43-47.

PERELOMOV, L. S. (1). *Shang Czjun Shu* [Shang Chün Shu] – kniga Pravitela Oblasti Shan. Izdatelstvo Nauka, Moscow, 1968.

PERELOMOV, L. S. (2). *Konfutsianstvo i legizm'v politicheskoi istorii Kitaya.* Izdatelstvo Nauka, Moscow, 1981.

PERRIN, NOEL (with the assistance of Kuroda Eishoku & Sato Kiyondo) (1). *Giving up the Gun; Japan's Reversion to the Sword, 1543 to 1879.* Godine, Boston, 1979. Pre-pub. abstr. in *NYR* 1965, 20 Nov., 211. Rev. J. R. Bartholomew *SCIS* 1979, 19, **7**, 25.

PERSHITS, A. I., MONGAIT, A. L. & ALEKSEEV, V. P. (1). *Istoriya pervobytnogo obshuchestva.* Moscow, 1967.

PERTZ, G. H. (ed.) (1). 'Cafari et Continuatorum Annales Januae', in *Monumenta Germaniae Historica,* vol. 18. Hannover, 1863. [MSS Paris, nos. 773 and 10136.]

PESCHEL, O. (2). *Geschichte der Erdkunde bis auf Alexander von Humboldt und Carl Ritter,* 2nd ed. ed. S. Ruge, 1877, reprinted without change, 1961.

PFIZMAIER, A. (tr.) (34). 'Die Feldherren Han Sin, Pêng Yue, und King Pu' [Han Hsin, Phêng Yüeh & Ching Pu]. *SWAW/PH*, 1860, **34**, 371, 411, 418. (Tr. chs. 90 (in part), 91, 92, *Shih Chi*, ch. 34, *Chhien Han Shu*; not in Chavannes (1).

PFIZMAIER, A. (tr.) (37). 'Die Gewaltherrschaft Hiang Yü's' [Hsiang Yü]. *SWAW/PH*, 1860, **32**, 7. (Tr. ch. 31, *Chhien Han Shu*.)

PFIZMAIER, A. (tr.) (42). 'Die Heerführer Li Kuang und Li Ling.' *SWAW/PH*, 1863, **44**, 511. (Tr. ch. 54, *Chhien Han Shu*.)

PFIZMAIER, A. (tr.) (44). 'Die Heerführer Wei Tsing und Ho Khiu-Ping' (Wei Chhing and Ho Chhü-Ping) *SWAW/PH*, 1864, **45**, 139. (Tr. ch. 55, *Chhien Han Shu*.)

PFIZMAIER, A. (52) (tr.). 'Zur Geschichte d. Zwischenreiches von Han.' *SWAW/PH*, 1869, **61**, 275, 309. (Tr. chs. 41, 42 *Hou Han Shu*.)

PFIZMAIER, A. (53) (tr.). 'Die Aufstände Wei-Ngao's und Kungsun Scho's' (Wei Ao and Kung-sun Shu). *SWAW/PH*, 1869, **62**, 159. (Tr. ch. 43 *Hou Han Shu*.)

PFIZMAIER, A. (66) (tr.). 'Zur Geschichte d. Aufstände gegen das Haus Sui.' *SWAW/PH*, 1878, **88**, 729, 743, 766, 799. (Tr. chs. 1, 84, 85, 86 *Hsin Thang Shu*.)

PFIZMAIER, A. (67) (tr.). 'Seltsamkeiten aus den Zeiten d. Thang' I and II. 1, *SWAW/PH*, 1879, **94**, 7, 11, 19, II, *SWAW/PH*, 1881, **96**, 293. (Tr. chs. 34–36 (*Wu Hsing Chih*), 88, 89 *Hsin Thang Shu*.)

PFIZMAIER, A. (68) (tr.). 'Darlegung der chinesischen Ämter.' *DWAW/PH*, 1879, **29**, 141, 170, 213; 1880, **301**, 305, 341. (Tr. chs. 46, 47, 48, 49A *Hsin Thang Shu*; cf. des Rotours (1).)

PFIZMAIER, A. (69) (tr.). 'Die Sammelhäuser der Lehenkönige Chinas.' *SWAW/PH*, 1880, **95**, 919. (Tr. ch. 49B *Hsin Thang Shu*; cf. des Rotours (1).)

PFIZMAIER, A. (70) (tr.). 'Über einige chinesische Schriftwerke des siebenten und achten Jahrhunderts n. Chr.' *SWAW/PH*, 1879, **93**, 127, 159. (Tr. chs. 57, 59 (in part: *I Wên Chih* including agriculture, astronomy, mathematics; war, five-element theory) *Hsin Thang Shu*.)

PFIZMAIER, A. (71) (tr.). 'Die philosophischen Werke Chinas in dem Zeitalter der Thang.' *SWAW/PH*, 1878, **89**, 237. (Tr. ch. 59 (in part: *I Wên Chih*, philosophical section, including Buddhism) *Hsin Thang Shu*.)

PFIZMAIER, A. (72) (tr.). 'Der Stand der chinesische Geschichtsschreibung in dem Zeitalter der Thang' (original has Sung as misprint). *DWAW/PH*, 1877, **27**, 309, 383. (Tr. chs. 57 (in part), 58 (*I Wên Chih*, history and classics section) *Hsin Thang Shu*.)

PFIZMAIER, A. (73) (tr.). 'Zur Geschichte d. Gründung d. Hauses Thang.' *SWAW/PH*, 1878, **91**, 21, 46, 71. (Tr. chs. 86 (in part), 87, 88 (in part) *Hsin Thang Shu*.)

PFIZMAIER, A. (74) (tr.). 'Nachrichten von Gelehrten Chinas.' (Scholars such as Khung Ying-Ta, Ouyang Hsün, etc.) *SWAW/PH*, 1878, **91**, 694, 734, 758. (Tr. chs. 198, 199, 200 *Hsin Thang Shu*.)

PHAN HUY-LE *et al.* (1). *Nos Traditions Militaires*. Études Vietnamiennes, no. 55, Hanoi, 1978.

PHILLIPS, T. R. (ed.) (1). *Roots of Strategy*. Lane, London, 1943. (A collection of classical Tactica, including Sun Tzu, Vegetius, de Saxe, Frederick the Great, and Napoleon.)

PITT-RIVERS, A. H. LANE-FOX (5). *A Catalogue of the Anthropological Collection lent by Col. Lane Fox for Exhibition at the Bethnal Green Branch of the Kensington Museum, June, 1874*. Eyre & Spottiswood, London, 1877.

PLATH, J. H. (2). 'Das Kriegswesen d. alten Chinesen, nach chinesischen Quellen.' *SBAW*, 1873, **3**; sep. pub. München, 1873.

PLATT, COLIN (1). *The Castle in Medieval England and Wales*. Charles Scribner's New York, Sons, 1982.

POMERANTS, G. S. (1). 'Nekotorye osobennosti literaturnogo protsessa na Vostoke.' In *Literatura i kultúra Kitaya; sbornik statei k 90–letiyu so dnya rozhdeniya V. M. Alekseeva*, 293–303. Izdatelstvo Nauka, Moscow, 1972.

POUX, JOSEPH (1). *La Cité de Carcassonne; Précis Historique, Archaeologique et Descriptif*. Toulouse, E. Privat, 1923.

POUX, JOSEPH (2). trans. Henri Peyre. *The City of Carcassonne; Historical, Archaeological and Descriptive Handbook*. Toulouse, E. Privat, 1926.

POZDNEEVA, L. D. (1). *Ateisty, materialisty, dialektyki drevnego Kitaya, Jan Chzhu–Leczy–Chuangczy*. Izdatelstvo Nauka, Moscow, 1967.

POWELL, R. L. (1). *The Rise of Chinese Military Power*. Princeton Univ. Press, Princeton, N.J., 1955.

PRAWDIN, M. (1). *The Mongol Empire; its Rise and Legacy*. Tr. E. & C. Paul. Allen & Unwin, London, 1940, repr. 1952, 1953.

PREVITÉ-ORTON, C. W. (ed.) (1). *The Shorter Cambridge Mediaeval History*, vol. 1 *The Later Roman Empire to the 12th Century*, vol. 2 *The 12th Century to the Renaissance*. Cambridge, 1953.

PRIMAKOV, V. M. (1). *Zapiski volontera*. Izdatelstvo Nauka, Moscow, 1967.

PULLEYBLANK, E. G. (5). 'A Geographical Text of the Eighth Century' [in ch. 3 (ch. 34) of the *Thai Po Yin Ching*, +759]. In *Silver Jubilee Volume of the Zinbun Kagaku Kenkyusyo Kyoto University*, 1954, 301 (*TG/K*, 1954, **25**, pt 1).

PURCELL, V. (4). *The Boxer Uprising; a Background Study*. Cambridge University Press, Cambridge, 1963.

PUSEY, J. R. (1). *China and Charles Darwin*. Harvard University Press, Cambridge, Mass., 1983 (Harvard East Asian Monographs, no. 100). Rev. J. Needham, *CQR*, 1984.

PUTYATA, D. V. (1). *Vooruzhonnye sily Kitaya*, St Petersburg, 1889.

PUTYATA, D. V. (2). *Kitay; Ocherki geografii, ekonomicheskogo sostoyaniya, administrativnogo i voennogo ustroistva Seredinnoi Imperii i voennogo znacheniya pogranichnoi s Rosiei polos*. Voennaya Tipografiya, St Petersburg, 1895.

QUATREMÈRE, E. M. (tr.) (1). *Histoire des Mongols de la Perse; écrite en Persan par Raschid-el-din* (part of the *Jami' al-Tavārīkh* of Rashid al-Dīn). Imp. Roy., Paris, 1836 (Vol. 1; only one vol. published).

RAGLAN, LORD (1). *How Came Civilisation?* Methuen, London, 1939.

RAND, C. C. (1). *The Role of Military Thought in Early Chinese Intellectual History*. Ph.D. thesis, Harvard Univ., 1977.

RAND, CHRISTOPHER C. (2). 'Li Ch'üan and Chinese Military Thought.' *HJAS*, 1979, **39**. 1, 107–37.

RANDALL, J. T. & JACKSON S. F. (ed.) (1). *The Nature and Structure of Collagen*. Butterworth, London, 1953.

RANKIN, MARY BACKUS (1). *Early Chinese Revolutionaries: Radical Intellectuals in Shanghai and Chekiang, 1902–1911.* (Harvard East Asian Studies Series, 50) Harvard U.P., Cambridge Mass., 1971.

RATHGEN, B. (1). *Das Geschütz im Mittelalter; Quellenkritische Untersuchungen:* [. . .] VDI Verlag, Berlin, 1928. Crit. Fêng Chia-Shêng (3). 'Confused, ill-digested, repetitious and tendentious, but represents much useful toil', Partington (5), 130.

RAUSING, GAD & HALKET, RUDOLF (1). *The Bow; Some Notes on its Origin and Development.* Lund, 1967. Acta Archaeologica Lundensia Series, No. 6.

RAVERTY, H. G. (tr.) (1). *Ṭabaḳāt-ı Nāṣerī; a general History of the Muhammedan Dynasties of Asia, including Hindustan from 810 to 1260, and the Irruption of the Infidel Mughals* [Mongols] *into Islam, by the Maulānā, Minhāj ud-Dīn, Abū 'Umar-i 'Uṣmān* [al-Juzjānī]. Gilbert & Rivington, London, 1881. (Bibliotheca Indica, for the Asiatic Society of Bengal.)

RAWSON, JESSICA (1). *Ancient China; Art and Archaeology.* British Museum, London, 1980.

RAZIN, E. A. (1). *Istoriya voennogo iskusstva.* Voenizdat, Moscow, 1955.

READ, BERNARD E. (1) (with LIU JU-CHHIANG). *Chinese Medicinal Plants from the 'Pên Tshao Kang Mu'* [+ 1596] . . . *a Botanical, Chemical and Pharmacological Reference List.* (Publication of the Peking Nat. Hist. Bull.) French Bookstore, Peiping, 1936 (chs. 12–37 of *PTKM*), rev. W. T. Swingle, *ARLC/DO,* 1937, 191. Originally published as *Flora Sinensis,* Ser. A, Vol. 1, *Plantae Medicinalis Sinensis,* 2nd ed., *Bibliography of Chinese Medicinal Plants from the Pên Tshao Kang Mu,* + 1596, by B. E. Read & Liu Ju-Chhiang. Dept. of Pharmacol., Peking Union Med. Coll. & Peking Lab. of Nat. Hist., Peking, 1927. First ed. Peking Union Med. Coll., 1923.

REHM, A. (1). 'Parapegmastudien'. *ABAW/PH,* 1941 (nF), **19,** 22.

REHM, A. & SCHRAMM, E. (ed. & tr.) (1). 'Biton's Bau von Belagerungsmaschinen und Geschützen (griechisch und deutsch).' *ABAW/PH,* 1929 (nF), no. 2.

REIFFERSCHEID, M. (1) ed. *Annae Comnenae Porphyrogenitae Alexias.* 2 vols. Leipzig, 1884.

REINACH, S. (2). 'Un Homme à Projets du Bas-Empire.' *RA,* 1922 (5ᶜ sér.), **16,** 205 (text, translation and commentary of the Anonymus *De Rebus Bellicis,* ca. +370).

REINAUD, J. T. (3). 'De l'Art Militaire chez les Arabes au Moyen Age' *JA,* 1848, (4ᶜ sér), **12,** 193.

REINAUD, J. T. (4). *Extraits de Histoires Arabes relatifs aux Guerres des Croisades.* 4 vols. Paris, 1829. In J. F. Michaud's 'Bibliothèque des Croisades'.

REINAUD, J. T. & FAVÉ, I. (1) *Histoire de l'Artillerie,* pt 1; *Du Feu Grégeois, des Feux de Guerre, et des Origines de la Poudre à Canon, d'après des Textes Nouveaux.* Dumaine, Paris, 1845. (Crit. rev. by D[efrémer]y *JA,* 1846 (4ᶜ ser.), **7,** 572; E. Chevreul, *JS,* 1847, 87, 140, 209.)

REINAUD, J. T. & FAVÉ, I. (2) *Du Feu Grégeois, des Feux de Guerre, et des Origines de la Poudre à Canon chez les Arabes, les Persans et les Chinois. JA,* 1849 (4ᶜ ser.), **14,** no. 68, 257–327.

REISCHAUER, E. O. (5). *Japan, Past and Present.* Knopf, New York, 1946, revised ed. 1953, 1964.

REISCHAUER, E. O. (5). *The Japanese.* Harvard University Press, Cambridge, Mass., 1977.

REISCHAUER, E. O. (6). *Japan, the Story of a Nation.* Knopf, New York, 1964.

RENN, L. (1). *Warfare and the Relation of War to Society.* Faber, London, 1939.

RHOADS, E. J. M. (1). *The Chinese Red Army, 1927–1963; an Annotated Bibliography.* Harvard University Press. Cambridge, Mass., 1964.

RICHMOND, I. A. (1). *Trajan's Army on Trajan's Column.* British School of Rome, London, 1982.

RICHMOND, J. (1). *The City Wall of Imperial Rome.* Oxford, 1930.

RICKETT, W. A. (tr.) (1). *Kuan-Tzu: a Repository of Early Chinese Thought. A Translation and Study of Twelve Chapters; with a foreword by Derk Bodde.* Vol. 1 only. Hong Kong University Press, Hong Kong 1965. (Rev. T. Pokora, *ARO,* 1967, 169.)

RICKETT, W. A. (2). '*Kuan Tzu* and the Newly Discovered Texts on Bamboo and Silk.' In Bodde Festschrift, ed. le Blanc & Blader (1), 1987.

RICKETT, W. A. (tr.) (3). *Guanzi: Political, Economic, and Philosophical Essays from Early China: a Study and Translation.* Vol. 1. Princeton University Press, Princeton N.J., 1985.

RIEGEL, J. K. (1). 'A Summary of Some Recent *Wenwu* and *Kaogu* Articles on Mawangdui Tombs Two and Three.' *EARLC,* 1975, **1,** 10.

RIEGEL, J. K. & HARPER DONALD J. (1). 'Mawangdui Tomb Three; Documents, the Maps.' *EARLC,* 1976, **2,** 69.

RIEGEL, JEFFREY K. (3). 'Early Chinese Target Magic.' *Journal of Chinese Religions,* **10,** 1982, 1–18.

RIFTIN, B. L. (1). *Istoricheskaya epopeya i folklornaya traditsiya v Kitae* (*Ustnye i knizhnye versii 'Troetsarstviya'*) Izdatelstvo Nauka, Moscow, 1970.

RIPLEY, S. D. (1). 'Roaming India's Naga Hills.' *NGM,* 1955, **107,** 247.

ROBERTS, MOSS (tr.) (1). *Three Kingdoms: China's Epic Drama, by Lo Kuan-Chung.* Pantheon, New York, 1976.

DE ROCHEMONTEUX, C. (1). *Joseph Amiot et les Derniers Survivants de la Mission Française à Pékin (1750 à 1795) Nombreux Documents inédits, avec Carte.* Picard, Paris, 1915.

ROCK, JOSEPH F. (1). *The Ancient Na-Khi Kingdom of Southwest China.* 2 vols. (with magnificent collotype illustrations). Harvard University Press, Cambridge, Mass., 1947 (Harvard-Yenching Monograph Series, no. 9.)

ROGERS, S. L. (1). 'The Aboriginal Bow and Arrow in North America and East Asia.' *AAN*, 1940, **42**, 255.

ROHDE, F. (2). 'Die Abzugsvorrichtung der frühen Armbrust und ihre Entwicklung.' *ZHWK*, 1933, **13** (nF **4**), 100.

VON ROMOCKI, S. J. (1). *Geschichte d. Explosivstoffe* 2 vols. (usually bound in one). Oppenheim (Schmidt), Berlin, 1895, repr. Jannecke, Hannover, 1896. Vol. i *Geschichte der Sprengstoffchemie, der Sprengtechnik und des Torpedowesens bis zum Beginn der neuesten Zeit* (with introduction by M. Jähns). Vol. ii *Die rauchschwachen Pulver in ihrer Entwickelun bis zur Gegenwart*. Two Vol. Photolitho repr. Gerstenberg, Hildesheim, 1976. Crit. Fêng Chia-Shêng (3).

ROREX, ROBERT A. & WEN FONG (tr. & ed.) (1). *Eighteen Songs of a Nomad Flute; the Story of Lady Wen-Chi – a Fourteenth-Century Handscroll in the Metropolitan Museum of Art, New York City*. Metropolitan Museum, New York, 1974.

ROSCHER, W. H. (1). *Ausführliches Lexikon der Griechischen und Römischen Mythologie* [...] *unter Mitredaktion von T. Schreiber*. Rösher, Leipzig, 1884–1937.

ROSE, W. (1). *Anna Comnena über die Bewaffnung der Kreuzfahrer*. *ZHWK*, 1921, **9**, 1.

ROSSI, LINO (1). *Trajan's Column and the Dacian Wars*. (translation revised by J. M. C. Toynbee) Thames & Hudson, London, 1971.

ROSSOV M. (1). *Vooruzhonnyie sily Kitaya v period preobrazovanii 1906–9*. Shtab Voisk Dal'nego Vostoka, Harbin, 1906.

DES ROTOURS, R. (tr.) (2). *Traité des Examens* (translation of chs. 44 and 45 of the *Hsin Thang Shu*). Leroux, Paris, 1932. (Bibl. de l'Inst. des Hautes Études Chinoises, no. 2.)

ROWE, WILLIAM T. (1). *Hankow; Commerce and Society in a Chinese City, 1796–1889*. Stanford University Press, Stanford, 1984.

ROY, D. T. & T. H. TSIEN (eds.) (1). *Ancient China: Studies in Early Civilization*. Chinese University Press, Hong Kong, 1978.

RUDAKOV, A. (1). *Obshchestvo'I-he-tuan i ego znachenie v poslednikh sobytyakh na Dal'nem Vostoke, Sushinskij i K°*. Vladivostock, 1901.

RUDOLPH, R. C. (16). 'The Minatory Crossbowman in Early Chinese Tombs.' *ACASA*, 1965, **19**, 8.

RUHLMANN, R. (1). 'Traditional Heroes in Chinese Popular Fiction.' In *The Confucian Persuasion* (ed. A. F. Wright), pp. 141–76, Stanford Univ. Press, Stanford, 1960.

RÜSTOW, W. & KÖCHLY, H. (1). *Geschichte d. griechischen Kriegswesens von der ältesten Zeit bis auf Pyrrhos*. Aarau, 1852.

RZHEVUSKII, G. (1). *Japonsko-kitayskaya voina 1894–1895*. St Petersburg, 1896.

DE ST DENYS. See d'Hervey St Denys.

SARTON, GEORGE (1). *Introduction to the History of Science*. Vol. 1, 1927; Vol. 2, 1931 (2 parts); Vol. 3, 1947 (2 parts). Williams and Wilkins, Baltimore (Carnegie Institution Publ. no. 376.).

SCARBOROUGH, W. & ALLAN C. WILFRID (1). *A Collection of Chinese Proverbs*. Presbyterian Mission Press, Shanghai, 1926; repr. Paragon, New York, 1964.

SCHAFER, E. H. (14). 'The Last Years of Ch'ang-an.' *OE*, 1963, **10**, 133–79.

SCHEFER, C. (2). 'Notice sur les Relations des Peuples Mussulmans avec les Chinois depuis l'Extension de l'Islamisme jusquà la fin du 15e Siècle.' In *Volume Centenaire de l'Ecole des Langues Orientales Vivantes, 1795–1895*. Leroux, Paris, 1895, 1–43.

SCHLÄGER, HELMUT (1). 'Zu Paestaner Problemen.' *Mitteilungen des Deutschen archäologischen Instituts*, Romische Abteilung, **72**, 1965, 182–97.

SCHLEGEL, G. (7). *Problèmes Géographiques; les Peuples Étrangers chez les Historiens Chinois*.
  (a) Fu-Sang Kuo (ident. Sakhalin and the Ainu). *TP*, 1892, **3**, 101.
  (b) Wên-Shen Kuo (ident. Kuriles). *Ibid.*, 490.
  (c) Nü Kuo (ident. Kuriles). *Ibid.*, 495.
  (d) Hsiao-Jen Kuo (ident. Kuriles and the Ainu). *TP*, 1893, **4**, 323.
  (e) Liu-Kuei Kuo and Ta-Han Kuo (ident. Kamchatka and the Chukchi). *Ibid.*, 334.
  (f) Chhang-Jen Kuo and Ta-Jen Kuo (ident. islands between Korea and Japan). *Ibid.*, 343.
  (g) Chün-Tzu Kuo (ident. Korea, Silla). *Ibid.*, 348.
  (h) Pai-Min Kuo (ident. Korean Ainu). *Ibid.*, 355.
  (i) Chhing-Chhiu Kuo (ident. Korea). *Ibid.*, 402.
  (j) Hei-Chih Kuo (ident. Amur Tungus). *Ibid.*, 405.
  (k) Hsüan-Ku Kuo (ident. Siberian Giliak). *Ibid.*, 410.
  (l) Lo-Min Kuo and Chiao-Min Kuo (ident. Okhotsk coast peoples). *Ibid.*, 413.
  (m) Ni-Li Kuo (ident. Kamchatka and the Chukchi). *TP*, 1894, **5**, 179.
  (n) Pei-Ming Kuo (ident. Behring straits islands). *Ibid.*, 201.
  (o) Yu-I Kuo (ident. Kamchatka tribes). *Ibid.*, 213.
  (p) Han-Ming Kuo (ident. Kuriles). *Ibid.*, 218.
  (q) Wu-Ming Kuo (ident. Okhotsk coast peoples). *Ibid.*, 224.

(r) San Hsien Shan (the magical islands in the Eastern Sea, perhaps partly Japan). *TP*, 1895, **6**, 1.

(s) Liu-Chu Kuo (the Liu Chhius islands, partly confused with Taiwan, Formosa). *Ibid.*, 165.

(t) Nü-Jen Kuo (legendary, also in Japanese fable). *Ibid.*, 247. A volume of these reprints, collected; but lacking the original pagination, is in the Library of the Royal Geographical Society Chinese transl. under name *Hsi Lo-Ko.* (Rev. F. de Mély, *JS*, 1904.)

SCHLEGEL, G. (9). *Geographical Notes*

(a) The Nicobar and Andaman Islands. *TP*, 1898, **9**, 177.

(b) Lang-ga-siu (Lang-ya-hsiu), Lang-ga-su (Lang-ya-hsü) and Sih-lan-shan (Hsi-lan-shan), (ident. Ceylon). *Ibid.*, 191.

(c) Ho-ling (ident. Kaling). *Ibid.*, 273.

(d) Maliur and Malayu. *Ibid.*, 288.

(e) Ting-ki-gi (Ting-chi-i), (ident. Ting-gü). *Ibid.*, 292.

(f) Ma-it, Ma-it-tung, Ma-iëp-ung. *Ibid.*, 365.

(g) Tun-sun, or Tian-sun (Tien-sun), (ident. Tenasserim or Tānah-sāri). *TP*, 1899, **10**, 33.

(h) Pa-hoang (Pho-huang Kuo), Pang-khang (Phêng-khêng Kuo), Pang-hang (Phêng-hêng Kuo), (ident. Pahang or Panggang). *Ibid.*, 38.

(i) Dziu-hut (Jou-fo Kuo), (ident. Djohor, Johore). *Ibid.*, 47.

(j) To-ho-lo, or Tok-ho-lo (Tu-ho-lo), (ident. Takōla or Takkōla). *Ibid.*, 155.

(k) Ho-lo-tan (Kho-lo-tan) or Ki-lan-tan (Chi-lan-tan), (ident. Kelantan). *Ibid.*, 159.

(l) Shay-po (Shê-pho), (ident. Djavā, Java). *Ibid.*, 247.

(m) Tan-tan, or Dan-dan (ident. Dondin?). *Ibid.*, 459.

(n) Ko-la (Ko-lo) or Ko-la-pu-sa-lo (Ko-lo-fu-sha-lo), (ident. Kora-bēsar). *Ibid.*, 464.

(o) Moan-la-ka (Man-la-chia), (ident. Malacca). *Ibid.*, 470.

SCHLIEMANN, HENRY (1). *Ilios: The City and Country of Trojans: The Results of Researches and Discoveries on the Site of Troy and throughout the Troad in the Years 1871–72–73–78–79. Including an Autobiography of the Author.* John Murray, London, 1880.

SCHLIEMANN, HENRY (2). *Troja: Results of the Latest Researches and Discoveries on the Site of Homer's Troy and in the Heroic Tumuli and other Sites made in the Year 1882 and a Narrative of a Journey in the Troad in 1881.* Harper and Brothers, New York, 1884.

SCHMIDT, H. H. (1). *Die Drei Strategien des Herrn vom Gelben Stein (Huang Shih Kung San Lüeh).* Lang, Frankfurt-an-Main, 1983. (Wurzburger Sino-Japanica, no. 11.)

SCHNEIDER, RUDOLF (1). *Die Artillerie des Mittelalters, nach den Angaben der Zeitgenossen dargestellt.* Weidmann, Berlin, 1910.

SCHNEIDER, RUDOLF (2). *Geschütze nach handschriftlichen Bildern.* Metz, 1907.

SCHNEIDER, RUDOLF (3). *Anonymi 'De Rebus Bellicis' Liber; Text und Erläuterungen.* Weidmann, Berlin, 1908.

SCHNEIDER, RUDOLF (4). 'Griechischer Poliorketiker.' *AGWG/PH* 1908, (nF) **10**, no. 1; 1908, **11**, no. 1; 1912, **12**, no. 5; *JGLG* 1905, **17**, 284.

SCHNEIDER, RUDOLF (5). 'Geschütze.' In Pauly-Wissowa, *Realenzyklopädie d. Klass. Altertumswissenschaft*, Vol. 7 (1), 1298ff.

SCHNEIDER, RUDOLF (6). 'Anfang und Ende der Torsionsgeschütze.' *NJKA*, 1909, **23**, 133.

SCHRAMM, E. (1). *Griechisch-römische Geschütze; Bemerkungen zu der Rekonstruktion.* Scriba, Metz, 1910 (with plates almost identical with those in Diels & Schramm, 1, 2, 3; also *JGLGA*, 1904, **16**, 1, 142; 1906, **18**, 276; 1909, **21**, 86.

SCHRAMM, E. (2). 'Poliorketik [d. Griechen u. Römer].' In Kromayer & Veith, *Heerwesen und Kriegsführung d.G.u.R.* (q.v.), 209–47.

SCHULTZ, ALWIN (1). *Das höfische Leben zur Zeit der Minnesinger* [12th & 13th cents.]. 2 vols. 2nd edn. Hirzel, Leipzig, 1889.

SELIGMAN, C. G. (6). 'Note on the Preparation and Use of the Kenyah [Sarawak] Dart-Poison, *ipoh.*' *JRAI*, 1902, **32**, 239. 'On the Physiological Action of the Kenyah Dart-2 Poison *ipoh*, and its active principle Antiarin.' *JOP*, 1903, **29**, 39.

SERRUYS, H. (2). 'Towers in the Northern Frontier Defences of the Ming.' *MINGS*, 1982, **14**, 8.

SEYSCHAB, C. A. (1). *The Claims and Reality of the 'Right Way' (chêng tao) of Confucianism, and the Development of the 'Stratagems' (chi) of the 'Way of Deception' (kuei tao), as the True Principles of Politics in Ancient China.* München, 1979 (mimeograph).

SHAMASASTRY, R. (tr.) (1). *Kautilya's 'Arthaśāstra'.* With introduction by J. F. Fleet. Wesleyan Mission Press, Mysore, 1929.

SHARMA, G. (1). *The Indian Army through the Ages.* Allied Publishers, Bombay–New Delhi, 1966.

SHAUGHNESSY, EDWARD L. (1). 'Historical Perspectives on the Introduction of the Chariot into China.' *HJAS*, 1988 (June), **48.1**, 189–237.

SHEPPARD, HAJI A. MUBIN (1). *Malayan Forts.* Museum Directorate, Federation of Malaya, Kuala Lumpur, 1961.

SHIH, VINCENT, *see* Shih Yu-chung.

SHIH, YU-CHUNG (2). *The Taiping Ideology; its Sources, Interpretations, and Influences.* University of Washington Press, Seattle, 1972.

SHKOLJAR, S. A. (1). 'L'Artillerie de Jet à l'Époque Sung.' In Balazs Festschrift, ed. Aubin, F. *Études Song in Memoriam Étienne Balazs,* Ser. 1 *Historie et Institutions,* no. 2, 119.

SHKOLJAR, S. A. (2). Kitaiskaia Doogniestrelunaia Artilleriya. [Chinese Pre-Gunpowder Artillery]. Isdatelstvo Nauka (Glaunaia Redakshnia Vostoshnoi Literaturir), Moscow, 1980.

SIDORENKO, E. J. (1). *Sun-Czy [Sun Tzu]; Traktat o Voyennom Iskusstve* (in Russian) Voyennoe Izdatelstvo, Moscow, 1955.

SIL, NARASINGHA PRASAD (1). 'Political Morality vs. Political Necessity; Kauṭilya and Machiavelli Revisited.' *JAHIST,* 1985, **19**, 101.

SINGER, C., HOLMYARD, E. J., HALL, A. R. & WILLIAMS, T. I. (ed.) (1). *A History of Technology.* 5 vols. Oxford, 1954–8. Revs. M. J. Finley, *EHR,* 1959, **12**, 120; J. Needham, *CAMR,* 1957, 299; 1959, 227; E. J. Bickerman & G. Mattingly, *AJP,* 1956, **77**, 96; 1958, **79**, 317.

SINHA, B. P. (1). 'The Art of War in Ancient India, 600 B.C. to A.D. 300.' *JWH,* 1957, **4**, 123.

SKINNER, G. WILLIAM (1). *The City in Late Imperial China.* Stanford. U.P., Stanford, 1977.

SKINNER, G. WILLIAM (2). "Cities and the Hierarchy of Local Systems. In *The City in Late Imperial China,* G. William Skinner ed. Stanford University Press, Stanford, 1977, 275–351.

SKINNER, G. WILLIAM (3). 'Marketing and Social Structure in Rural China.' Part 1, *JAS,* 1964–5, **24**, 3–44. Part 2. *JAS,* 1964–5, **24**, 195–228.

SMITH, ARTHUR H. (1). *Proverbs and Common Sayings from the Chinese, together with much related and unrelated Matter, interspersed with Observations on Chinese Things-in-General.* Shanghai 1882, 1885. Rev. ed. American Presbytarian Mission Press, Shanghai, 1902.

SMITH, V. A. (1). *Oxford History of India, from the earliest times to 1911.* 2nd ed. ed. S. M. Edwardes. Oxford, 1923.

SNODGRASS, A. McE. (1). *Arms and Armour of the Greeks.* Thames & Hudson, London, 1967.

SNOW, E. (1). *Red Star Over China.* Gollancz, London, 1937, 1938.

SOLOMON, R. H. (1). *Mao's Revolution and Chinese Political Culture.* University of California Press, Berkeley, Calif., 1971.

SOMMARSTRÄN, B. (1). *Archaeological Researches in the Edsen-Gol Region Inner Mongolia. Part II. Reports from the Scientific Expedition to the North-Western Provinces of China under the Leadership of Dr Sven Hedin.* Publication 41, Statens Ethnografiska Museum, Stockholm, 1958.

VON SOMOGYI, JOSEPH (1). 'Ein arabischer Bericht über die Tataren im *Ta'rīkh al-Islām* von al-Dhahabī.' *ISL,* 1937, **24**, 105.

SOROKIN, PITIRIM A. (1). *Sociological Theories of Today.* Harper, New York, and Evanston, Ill. 1966.

SOURNIA, BERNARD (1). *Aigues-Mortes.* Caisse Nationale des Monuments Historiques, Paris, 1981.

SOUSTELLE J. (2). *The Daily Life of the Aztecs.* London, 1955, repr. 1961.

SQUIERS, GRANVILLE (1). 'Tartar Training for the use of the Bow.' *JSAA,* 1958, **1**, 10.

STARGARDT, JANICE (ed.). *Asia Antiqua; The Archaeology of East and South-East Asia.* Duckworth, London, 1975.

STEIN, SIR AUREL (4). *Serindia; Detailed Report of Explorations in Central Asia and Westernmost China [...].* Oxford, 1921.

STEIN, R. A. (2). 'Jardins en Miniature d'Extrême-Orient; le Monde en Petit.' *BEFEO,* 1943, **42**, 1–104.

STEINHARDT, NANCY SHATZMAN (1). 'Why were Chang'an and Beijing so different?' *Journal of the Society of Architectural Historians,* 1986, **12**, 339–57.

STEWART, KEITH (1). 'The Machine-Gun Bow; a Narrative of the Second Campaign in China, 1842.' *JSAA,* 1958, **1**, 11.

STONE, G. C. (1). *A Glossary of the Construction, Decoration and Use of Arms and Armour, in all Countries and all Times, together with some closely related Subjects.* New York, 1931. Southworth, Portland, Maine, 1934, repr. 1961 Brussel, New York.

STRÄTZ, V. (tr.) (1). *Liu T'ao; ein spätantiker Text zur Kriegskunst.* Bock-Herchen, Münster, 1979.

STRONG, ANNA LOUISE (1). *China's Millions,* vol. 2: *Across China's Northwest and Gobi Desert to Moscow.* Coward McCaun, New York, 1928.

STUART, G. A. (1). *Chinese Materia Medica; Vegetable Kingdom, extensively revised from Dr F. Porter Smith's work.* Amer. Presbyt. Mission Press, Shanghai, 1911. An expansion of Smith F. P. (1).

SUN, E-TU ZEN & SUN SHIOU-CHUAN [SUN JEN I-TU & SUN HSÜEH-CHUAN] (tr.) (1). '*T'ien-Kung K'ai-Wu*', Chinese Technology in the Seventeenth Century, by Sung Ying-Hsing. Pennsylvania State Univ. Press, University Park and London, Penn. 1966.

SWANN, E. (1). 'Some Fine Hampshire Forts.' *PHFC,* 1914, **7.1**, 45.

SWINFORD, CHARLES B. (tr.) (1). 'An Investigation of the Bow and Arrow Industry in Chhêngtu, Szechuan', AS from the Chinese of Than Tan-Chhiung (2) BIHP, Academia Sinica (Taipei) 1951 (Fu Ssu-Nien Festschrift (No. 1)), **23**, 199.

SWINFORD, CHARLES B. (2). 'Chinese Archery.' *JSAA,* 1978, **21**, 10; 1979, **22**, 20.

TACCOLA, JACOPO MARIANO. Collections of Technical Drawings in Hydraulic and other aspects of Engineering sometimes entitled *De Machinis* (*Libri Decem*), c. 1438–49. *MSS. Cod. Lat. XIX, 5*, San Marco, Venice and Paris, BN 7239. See Sarton (1) vol. 3, 1552; Berthelot (4); Bonaparte & Favé (1) vol. 3, pl. III, 43ff.; Thorndike (9); Reinaud & Favé (1).

TAKAGAWA SHUKAKU (1). *How to Play Go* [*wei-chhi*]. Japanese *Go* Association, Tokyo, 1956; 25th ed. 1975.

TAN, CHESTER C. (1). *The Boxer Catastrophe*. New York, Octagon Books, 1967.

TANIGAWA MICHIO (1). tr. Joshua A. Fogel. *Medieval Chinese Society and the Local Community*. University of California Press, Berkeley, Los Angeles, London, 1985.

TARN, W. W. (4). *Hellenistic Military and Naval Developments*. Cambridge, 1930.

TASKER, R. (1). 'Searching for a Soul.' *FEER*, 1982, May 7.

TASKIN, V. S. (1), *see* Vsevolodovich R. (1).

TENG SSU-YÜ & BIGGERSTAFF, K. (1). *An Annotated Bibliography of Selected Chinese Reference Works*. Harvard-Yenching Institute, Peiping, 1936. (Yenching Journal of Chinese Studies, Monograph no. 12.) 2nd ed., revised, Harvard Univ. Press, Cambridge, Mass., 1950. (Harvard-Yenching Institute Studies, no. 2.) 3rd ed., extensively revised, Harvard Univ. Press, 1971. Rev. N. Sivin *ISIS*, 1974, **64**, 534.

THAN TAN-CHHIUNG (1)–(2). 'Investigative Report on Bow and Arrow Manufacture in Chhêngtu, Szechuan.' *SUJCAH* 1981, **11**, 143–216. Tr. by C. B. Swinford.

THOMPSON, A. H. (1). *Military Architecture in England during the Middle Ages*. Oxford University Press, Oxford, 1912.

THORNDIKE, L. (9). 'Marianus Jacobus Taccola' [*De Machinis*]. *A/AIHS*, 1955, **8**, 7.

TIAN, AN (THIEN AN) (1), David D. Buck. 'Archaeological Exploration of the Lu City at Qufu (Chhü Fu).' (Translation of 'Qu fu Lu-Chhêng Kantan' (Chhü-Fu Lu-Chhêng Khan-Than) *Wên Wu* (Cultural Relics) 1982, **12**, 1–12. *Chinese Sociology and Anthropology* Fall, 1988, **19.1**, 9–34.

TOMKINSON, L. (1). *Studies in the Theory and Practice of Peace and War in Chinese History and Literature*. Friends' Centre, Shanghai, 1940.

TOPPING, A. & NEEDHAM, JOSEPH (1). 'Clay Soldiers; the Army of Emperor Chhin.' *HORIZ*, 1977, **19.1**, 4.

TORRANCE, T. (2). 'The Origin and History of the Irrigation Work of the Chêngtu Plain.' *JRAS/NCB*, 1924, **55**, 60. With addendum: 'The History of [the State of] Shu; a free translation of [part of] the *Shu Chih* [ch. 3 of *Hua Yang Kuo Chih*].

TOY, S. (1). *Castles; a Short History of Fortifications, − 1600 to + 1600*. Heinemann, London, 1939.

TOY, S. (2). *A History of Fortification from 3000 B.C. to A.D. 1700*. William Heinemann, London, 1955.

TOYNBEE, A. (2). *The World and the West*. Oxford, 1957.

TOYNBEE, A. (3). *East to West; a Journey Round the World*. Oxford, 1959.

TOYNBEE, A. J. (ed.) (4). *Cities of Destiny*. Thames and Hudson, London, 1967.

TRAUTZETTEL, R. (1). 'Sung Patriotism as a First Step toward Chinese Nationalism.' In *Crisis and Prosperity in Sung China* (ed. J. W. Haeger). University of Arizona Press, Tucson, Ariz., 1975, 199–213.

TRAUTZETTEL, R. (2). 'Individuum und Heteronomie; Historische Aspekte des Verhältnisses von Individuum und Gesellschaft in China.' *SAE*, 1977, 340.

TRENCH, C. CHEVENIX (1). *A History of Marksmanship*. Longman, London, 1972.

TROUSDALE, WILLIAM (1). *The Long Sword and Scabbard Slide in Asia*. Smithsonian Institution Press, Washington D.C., 1975.

TSUNODA RYUSAKU (1). *Japan in the Chinese Dynastic Histories* [Later Han to and including Ming], ed. L. C. Goodrich, Typewritten. Perkins & Perkins, South Pasadena, Calif. 1951. (Perkins Asiatic Monographs, no. 2.)

TURNEY-HIGH, H. H. (1). *Primitive War; Its Practice and Concept*. Univ. of South Carolina Press, Columbia, S.C. 1949.

UCCELLI, A. (ed.) (1). (with the collaboration of G. Somigli, G. Strobino, E. Clausetti, G. Albenga, I. Gismondi, G. Canestrini, E. Gianni & R. Giacomelli). *Storia della Tecnica dal Medio Evo ai nostri Giorni*. Hoeppli, Milan, 1945.

[UCELLI DI NEMI, G.] (ed.) (3). *Le Gallerie di Leonardo da Vinci nel Museo Nazionale della Scienza e della Tecnica* [*Milano*]. Museo Naz. d. Sci. e.d. Tecn., Milan, 1956.

UMEHARA, S. (1). 'Two Remarkable Lo-lang Tombs of Wooden Construction excavated near Pyongyang, Korea.' *ACASA*, 1954, **8**, 10. Rev. G. J. Lee, *AA*, 1955, **18**, 319.

USHER, A. P. (1). *A History of Mechanical Inventions*. McGraw-Hill, New York, 1929; 2nd ed. revised Harvard Univ. Press, Cambridge, Mass., 1954. (Rev. Lynn White, *ISIS*, 1955, **46**, 290.)

VANDERMEERSCH, LÉON (1). Review of Paul Wheatley, *The Pivot of the Four Quarters, a Preliminary Enquiry into the Origins and Character of the Ancient Chinese City*. *TP*, 1973, **59**, 1–5, 254–62.

VASILIEV, L. S. (1). 'Nekotorye osobennosti sistemy myshleniya, povedeniya i psikhologii v tradicionnom Kitae,' in *Kitai, traditsii i sovremennost*, ed. L. P. Delyusin. Izdatelstvo Nauka, Moscow, 1976.

VERMEULE, EMILY (1). *Greece in the Bronze Age.* University of Chicago Press, Chicago and London, 1964.

VIEILLEFOND, J. R. (1). *Jules l'Africain; Fragments des 'Cestes' provenant de la Collection des Tacticiens Grecs.* Paris, 1932.

VIOLLET-LE-DUC, E. E. (1). *Dictionnaire Raisonné de l'Architecture française du 11ème an 16 ème Siècles.* 10 vols. Bance, Paris, 1861.

DE VISDELON, C. (1). *Histoire Abrégié de la Grande Tartarie.* Supplement to d'Herbelot's *Bibliothèque Orientale* (q.v.)., 1779, vol. 4, 42–296.

VISHNYAKOVA-AKIMOVA, V. V. (1). *Dva goda v vosstavshem Kitae, 1925–1927, Vospominaniya.* Izdatelstvo Nauka, Moscow, 1965.

VLADIMIR, M. (1). *The China-Japan Wars Compiled from Japanese, Chinese and Foreign Sources.* London, 1896.

VO NGUYEN GIAP (1). *Selected Writings.* Foreign Languages Publishing House, Hanoi, 1977.

VOGAK, M. (1). 'Izvlecheniya iz donesenii Generalnogo Shtaba polkovnika Vogaka.' In *Sbornik geograficheskikh, topograficheskich i statisticheskikh materialov po Azii.* (Repr. from vols. 60, 61.) St. Petersburg, 1895.

VOGEL, K. (tr.) (2). *Chiu Chang Suan Shu; Neun Bücher Arithmetische Technik – ein chinesisches Rechenbuch für den praktischen Gebrauch aus der frühen Hanzeit (−202 bis +9).* Vieweg, Braunschweig, 1968. (Ostwalds Klassiker d. exakten Naturwissenschaften, New series, no. 4.)

VOS, M. F. (1). 'Scythian Archers in Archaic Attic Vase-Painting.' In *Archaeologica Traiectina, edita ab Academiae Rheno-Traiectinae Instituto Archaeologico,* vol. 6.

VSEVELODOVICH, RUDOLPH (1). *Vyatkin: Syma Tsian', Istoricheskie Zapiskie (Shi Tsyi)* [=Shih Chi, i.e. Ssu-ma Chhien's 'Historical Records'] *perevod s kitaiskogo i komentarii R. V. Vyatkina i V. S. Taskina pod obschei redaktsei R. V. Vyatkina; vstupitelnaya statiya M. V. Kryukova ...* Vol. 1. Izdatelstvo Nauka, Moscow, 1972. (Pamyatniki Pisemnosti Vostoka, No. 32.)

VYATKIN, R. V. (1), *see* Vsevelodovich R. (1).

VYSOGORETS, V. (V. E. GOREV) (1). *Kitayskaya armiya; Ocherki po osnovnym voprosam vooruzhonnykh sil sovremennogo Kitaya.* Gosudarstvennoe Izdatelstvo, Moscow–Leningrad, 1930.

WADA, T. (1). 'Schmuck und Edelsteine bei den Chinesen'. *MDGNVO,* 1904, **10**, 1.

WADA, Y. (1). 'A Korean Rain-Gauge of the +15th Century'. *QJRMS,* 1911, **37**, 83 [translation of Wada (1)]; *KMO/SM,* 1910, *1*; *MZ,* 1911, 232. (Figure reproduced in Feldhaus, 865).

WALES, H. G. QUARITCH (3). *Ancient South-East Asian Warfare.* Quaritch, London, 1952.

WALEY, A. (tr.) (1). *The Book of Songs.* Allen & Unwin, London, 1937.

WALEY, A. (4). *The Way and its Power; a study of the Tao Te Ching and its Place in Chinese Thought* (tr. of the *Tao Tê Ching* with introduction and notes). Allen & Unwin, London, 1934.

WALEY, A. (tr.) (5). *The Analects of Confucius.* Allen & Unwin, London, 1938.

WALEY, A. (17). *Monkey, by Wu Chhêng-Ên.* Allen & Unwin, London, 1942.

WALLACKER, B. E. (3). 'Notes on the History of the Whistling Arrow.' *OR,* 1958, **11.1–2**, 181. (Leonardo Olschki Festschrift).

WALLACKER, B. E. (4). 'Studies on Mediaeval Chinese Siegecraft; the Siege of Yü-pi, +546.' *JAS,* 1969, **28**, 789–801.

WALLACKER, B. E. (5). 'Two Concepts in Early Chinese Military Thought [*Chêng* and *chhi*]' *LAN,* 1966, **42.2**, 295.

WALLACKER, B. E. (6). 'Studies in Medieval Chinese Siegecraft: The Siege of Ying-Ch'uan, A.D. 548–549.' *JAS,* 1971, **30.3**, 611–22.

WALLACKER, B. E. (7). 'Studies in Medieval Chinese Siegecraft: the Siege of Chien-K'ang, A.D. 548–549.' *JAH,* 1971, **5**, 35–54.

WALLACKER, B. E., KNAPP, R. G., VAN ALSTYNE, A. J. & SMITH, R. J. (ed.) (1). *Chinese Walled Cities; a Collection of Maps from Shina Tokaku no Gaiyo.* Chinese University Press, Hongkong, 1979.

WANG LING (1). 'On the Invention and Use of Gunpowder and Firearms in China.' *ISIS,* 1947, **37**, 160.

WANG NING-SHENG (1), translated by David N. Keightley. 'Yangshao Burial Customs and Social Organizations. A Comment on the Theory of Yangshao Matrilineal Society and its Methodology.' *EARLC,* 1985–7, **11–12**, 6–32.

WANG ZHONGSHU (WANG CHUNG-SHU) (1). *Han Civilization,* tr. by Chang Kwang-Chih et al. Yale University Press, New Haven, 1982.

WATSON, BURTON (tr.) (1). '*Records of the Grand Historian of China', translated from the Shih Chi of Ssu-ma Ch'ien.* 2 vols., Columbia Univ. Press, New York, 1961.

WATSON, BURTON (tr.) (4). *Chuang Tzu; the Basic Writings.* Columbia Univ. Press, New York and London, 1964.

WATSON, BURTON (tr.) (5). *Hsün Tzu; the Basic Writings.* Columbia Univ. Press, New York, 1963.

WATSON, BURTON (tr.) (7). *Mo Tzu, the Basic Writings.* Columbia Univ. Press, New York, 1963.

WATSON, BURTON (tr.) (8). *Han Fei Tzu; the Basic Writings.* Columbia University Press, New York, 1964.

WATSON, JAMES L. AND RAWSKI, EVELYN S. (ed.) (1). *Death Ritual in Late Imperial and Modern China.* U. of California Press, Berkeley, 1988.

WATSON, WM. (6). *Cultural Frontiers in Ancient East Asia.* University Press, Edinburgh, 1971.

WEBER, CHARLES D. (1). 'Chinese Pictorial Bronze Vessels of the Late Chou Period Part I.' *AA*, 1966, **28.2–3**, 107–40 and plates, 141–54.

WEBER, CHARLES D. (2). 'Chinese Pictorial Bronzes of the Late Chou period. Part II. *AA*, 1966, **28.4**, 271–302 and plates, pp. 303–11.

WEBER, CHARLES D. (3) and (4). 'Chinese Pictorial Bronze Vessels of the Late Chou Period Part III and Part IV.' (3) *AA*, 1967, **29.2–3**, 115–73 and plates, 175–92. (4) *AA*, 1968, **30.2–3**, 145–214 and plates, 215–36.

WEBER, CHARLES D. (5). *Chinese Pictorial Bronzes of the Late Chou Period.* Artibus Asiae, Ascona, 1968.

WEBER, MAX (3). *The Religion of China: Confucianism and Taoism.* (H. H. Gerth, tr. & ed.). Free Press, Glencoe Ill., 1951.

WEIGAND, J. (tr.) (1). *Staat und Militär im Altchinesischen Militärtraktat Wei Liao Tzu.* Inaug. Diss. Würzburg, 1969.

WERHAHN-MEES, K. (1). *Ch'i Chi-Kuang; Praxis der Chinesischen Kriegsführung.* Bernard & Graefe, München, 1980.

WERNER, E. T. C. (1). *Myths and Legends of China.* Harrap, London, 1922.

WERNER, E. T. C. (3). *Chinese Weapons.* Royal Asiatic Society (North China Branch), Shanghai, 1932.

WERNER, E. T. C. (4). *A Dictionary of Chinese Mythology.* Kelly & Walsh, Shanghai, 1932.

WESCHER, C. (ed.) (1). *Poliorcétique des Grecs.* (Texts only.) Imp. Imp. Paris, 1867.

WHEATLEY, P. (2). *The Pivot of the Four Quarters; A Preliminary Enquiry into the Origins & Character of the Ancient Chinese City.* Edinburgh Univ. Press, Edinburgh, Aldine, Chicago, 1971.

WHITE, LYNN (7). *Medieval Technology and Social Change.* Oxford, 1962. Revs. A. R. Bridbury *EHR*, 1962, **15**, 371; R. H. Hilton & P. H. Sawyer *PP*, 1963 (no. 24), 90; J. Needham *ISIS*, 1963, **54** (no. 4).

WHITE, LYNN (20). 'The Eurasian Context of Mediaeval Europe.' *Proc. XIIth Congress of the International Musicological Society, Berkeley, Calif. 1977.* Ed. D. Heartz & B. Wade, Kassel, Bärenreiter, 1982, 1–10.

WIEDEMANN, E. (7). 'Beiträge z. Gesch d. Naturniss; VI Zur Mechanik und Technik bei d. Arabern'. *SPMSE*, 1906, **38**, 1. Repr. in (23), vol. 1, 173.

WIEDEMANN, E. (23). *Aufsätze zur arabischen Wissenschaftsgeschichte* (a reprint of his 79 contributions in the series 'Beiträge z. Gesch. d. Naturwissenschaften' in *SPMSE*), ed. W. Fischer, with full indexes, 2 vols. Olm, Hildesheim and New York, 1970.

WIEGER L. (1). *Textes Historiques*; histoire politique de la Chine depuis l'origine, jusqu'en 1929. 2 vols. (Comp. and Tr.). Mission Press, Hien-hien [Hsienhsien], 1929.

WIEGER, L. (6). *Taoisme.* Vol. 1. *Bibliographie Générale*: (1) Le Canon (Patrologie); (2) Les Index Officiels et Privés. Mission Press, Hsienhsien, 1911. (Crit. by P. Pelliot, *JA*, 1912, 141.)

WIEGER, L. (7). *Taoisme.* Vol. 2. *Les Pères du Système Taoiste* (tr. selections of Lao Tzu, Chuang Tzu, Lieh Tzu). Mission Press, Hsienhsien, 1913.

WIENS, H. J. (3). *China's March towards the Tropics; A discussion of the southward penetration of China's culture, peoples and political control in relation to the non-Han peoples of South China, and in the perspective of historical and cultural geography.* Shoestring, Hamden, Conn. 1954.

WILBUR, C. M. (2). 'The History of the Crossbow, illustrated from Specimens in the U. S. National Museum.' *ARSI*, 1936, 427. (Smithsonian Institution Pub. no. 3438.)

WILHELM, HELLMUT (3). *Gesellschaft und Staat in China.* Vetch, Peking, 1944. Rev. É. Balazs, *ER*, 1946, 119.

WILHELM, HELLMUT (15). 'From Myth to Myth; the Case of Yo Fei's Biography.' In *Confucian Personalities*, ed. A. F. Wright & D. Twitchett. Stanford Univ. Press, Stanford, Calif. 1962, 146.

WILHELM, RICHARD (tr.) (2). '*I Ging*' [*I Ching*]; *Das Buch der Wandlungen.* 2 vols. (3 books, pagination of 1 and 2 continuous in first volume). Diederichs, Jena, 1924. (Eng. tr. C. F. Baynes (2 vols). Bollingen-Pantheon, New York, 1950). See Vol. 2, 308.

WILLIAMS, S. WELLS (1). *The Middle Kingdom; a Survey of the Geography, Government, Literature [or Education], Social Life, Arts, [Religion] and History, [etc.] of the Chinese Empire and its Inhabitants.* 2 vols. Wiley, New York, 1848; later eds. 1861, 1900; London, 1883.

WILLIAMSON, THOMAS (1). *Oriental Field Sports.* London, 1807.

WINTER, F. E. (1). *Greek Fortifications.* London, Routledge & Kegan Paul, 1971.

WINTRINGHAM, T. (1). *Weapons and Tactics.* Faber & Faber, London, 1943.

WOOD, J. G. (1). *The Natural History of Man.* 2 vols. Routledge, London, 1868–70.

WRIGHT, A. F. & TWITCHETT, D. (ed.) (1). *Confucian Personalities.* Stanford Univ. Press, Stanford, Calif., 1962.

WRIGHT, ARTHUR F. (11). 'Symbolism and Function: Reflections on Ch'ang-an and other Great Cities'. *JAS*, **24.4**, August 1965, 667–79.

WRIGHT, ARTHUR (13). 'Ch'ang-an' [Chhang-an]. In Arnold Toynbee ed. *Cities of Destiny*, London, Thames and Hudson, 1967, 138–49.

WU CHING-HSIUNG (JOHN) (1). 'Translation of the *Tao Tê Ching*, by Lao Tzu'. *TH*, 1939, **9**, 401, 498; 1940, **10**, 66. Sep. pub. St John's University Press, New York, 1961.

WU HUNG (1). *The Wu Liang Ci and Eastern Han Offering Shrines.* (unpublished Ph.D. dissertation) 1987.

WU, JOHN, *see* Wu Ching-Hsiung.

WU SHIH-CHHANG (1). *A Short History of Chinese Prose Literature.*

WYCHERLEY, R. E. (1). *How the Greeks Built Cities*, 2nd ed., 1st ed. 1962). W. W. Norton, New York, 1976.

XIONG CUNRUI (1). 'The Planning of Daxingcheng, The First Capital of the Sui Dynasty.' *Papers on Far Eastern History*, March, 1988, **37**, 43–77.

YADIN, YIGAEL (1). *The Art of Warfare in Biblical Lands.* 2 vols. Weidenfeld and Nicholson, London, McGraw-Hill, New York, 1963.

YANG, C. K. (1). *Religion in Chinese Society; a Study of the Contemporary Social Functions of Religion and Some of their Historical Factors.* Univ. Calif. Press, Berkeley, Calif., 1961.

YANG HSIEN-YI & YANG, GLADYS (tr.) (4). *A Brief History of Chinese Fiction* by Lu Hsün (*Chung-Kuo Hsiao Shuo Shih Lüeh*) Foreign Languages Press, Peking, 1959.

YANG LIEN-SHÊNG (8). 'Notes on Maspero's "Les Documents Chinois de la Troisième Expédition de Sir Aurel Stein en Asie Centrale'. *HJAS*, 1955, **18**, 142. Reprinted in Yang Lien-Shêng (17).

YANG LIEN-SHÊNG (15). 'Historical Notes on the Chinese World Order.' In *The Chinese World Order; Traditional Chinese Foreign Policy*, ed. J. K. Fairbank. Harvard University Press, Cambridge, Mass. 1968, repr. 1974.

YANG LIEN-SHÊNG (17). *Excursions in Sinology.* Harvard-Yenching Institute Studies XXIV, Harvard University Press, Cambridge, Ma., 1969.

YATES, ROBIN D. S. (2). *Towards a Reconstruction of the Tactical Chapters of Mo Tzu (ch. 14).* Inaug. Diss. (M.A.); Univ. of California, Berkeley, 1975.

YATES, ROBIN D. S. (3). 'Siege Engines and Late Zhou Military Technology.' In *Explorations in the History of Science and Technology in China*, ed. Li Guohao, Zhang Mengwen, Cao Tianqin & (Li Kuo-Hao, Chang Mêng-Wên, Tshao Thien-Chhin & Hu Tao-Ching), Shanghai, 1982, 409.

YATES, ROBIN D. S. (4). 'The Mohists on Warfare; Technology, Technique, and Justification.' *JAAR*, 1979, **47** (no. 35, Thematic Issue), 549.

YATES ROBIN D. S. (5). *The City under Siege: Technology and Organization as seen in the Reconstructed Text of the Military Chapters of Mo Tzu.* Phd. Dissertation (unpublished), Harvard University, 1980.

YATES, ROBIN D. S. (6). 'Social Status in the Ch'in: Evidence from the Yün-meng Legal Documents. Part One: Commoners.' *HJAS*, June 1987, **47.1**, 197–237.

YATES, ROBIN D. S. (7). 'New Light on Ancient Chinese Military Texts: Notes on their nature and evolution, and the development of military specialization in Warring States China,' *TP*, 1988, **74**, 211–248.

YETTS, W. P. (13). 'The Horse; a Factor in Early Chinese History.' *ESA*, 1934, **9**, 231.

YU, ANTHONY (tr.) (1). *The Journey to the West.* University of Chicago Press, Chicago, 1977.

YULE, SIR HENRY (ed.) (1). *The Book of Ser Marco Polo the Venetian, concerning the Kingdoms and Marvels of the East, translated and edited, with Notes, by H. Y. . . ,* 1st ed. 1871, repr. 1875. 3rd ed., 2 vols. ed. H. Cordier. Murray, London, 1903 (reprinted 1921), 3rd ed. also issued Scribner, New York, 1929. With a third Volume, *Notes and Addenda to Sir Henry Yule's Edition of Sir Marco Polo*, by H. Cordier. Murray, London, 1920. Photolitho offset reprint in 2 vols., Armorica, St Helier and Philo, Amsterdam, 1975.

YULE, SIR HENRY (2). *Cathay and the Way Thither; being a Collection of Mediaeval Notices of China.* 2 vols. Hakluyt Society Pubs. (2nd ser.) London, 1913–15 (1st ed. 1866). Revised by H. Cordier, 4 vols. Vol. 1, (no. 38), *Introduction; Preliminary Essay on the Intercourse between China and the Western Nations previous to the Discovery of the Cape Route.* Vol. 2, (no. 33), *Odoric of Pordenone.* Vol. 3, (no. 37), *John of Monte Corvino and others.* Vol. 4, (no. 41), *Ibn Baṭṭuṭah and Benedict of Goes.* Photolitho reprint, Peiping, 1942.

ZAGORIA, D. (1). 'The Strategic Debate in Peking.' In *China in Crisis* (ed. Tang Tsou) vol. 2. *China's Policies in Asia and America's Alternatives.* Univ. of Chicago Press, Chicago, 1968.

ZHANG XUEHAI (CHANG HSÜEH-HAI) (1). Trans. David D. Buck. 'Discussion of the Periodization and Basic Groundplan of the Lu City at Qufu.' In *Archaeological Explorations at the Ancient Capital of Lu at Qufu in Shandong Province, Chinese Sociology and Anthropology*, Fall 1986, **19**, 1, 35–48.

索 引[*]

说明

1. 本卷原著索引系巴巴拉·赫德（Barbara Hird）编制。本索引据原著索引译出，个别条目有所改动。

2. 本索引按汉语拼音字母顺序排列。第一字同音时，按四声顺序排列；同音同调时，按笔画多少和笔顺排列。

3. 各条目所列页码，均指原著页码。数字加 * 号者，表示这一条目见于该页脚注。

4. 在一些条目后面所列的加有括号的阿拉伯数码，系指参考文献；斜体阿拉伯数码，表示该文献属于参考文献 B；正体阿拉伯数码，表示该文献属于参考文献 C。

5. 除外国人名和有西文论著的中国人名外，一般未附原名或相应的英译名。

---

* 钟少异、刘伟据原著索引编译。

A

D

G

K

L

N

Q

R

S

X

Y

译 后 记

本册的翻译由本办公室委托钟少异等承担。

钟少异具体组织和协调译、校并负责统稿。具体的译、校分工为：

作者的话	钟少异 译	程健民 校
(a) 导言	钟少异 译	程健民 校
(b) 中国的兵法文献	高　道 译	程健民 校
(c) 中国军事思想的特点	高　道 译	程健民 校
(d) 抛射武器	钟少异 译	程健民 校
(e) 早期攻守城技术	程健民 译	钟少异 校
参考文献	钟少异 译	刘　伟 核
索引	钟少异 译	刘　伟 重编

译、校工作完成后，杨泓和王兆春审定了译稿；译稿的体例统一和译名核定工作则分别由姚立澄和胡维佳负责。

翻译中遇到的一些疑难问题，得到了叶山教授的书面解答，也曾面询过石施道先生的意见。

李约瑟《中国科学技术史》

翻译出版委员会办公室

2000 年 4 月 6 日